21世纪高职高专机械设计制造类专业教材

机械制造技术基础

（第2版）

吴 拓 主编

清華大學出版社
北京

内 容 简 介

本书是为适应高等职业教育的机械制造类或近机类专业教学体系改革的需要，将机械制造金属切削原理与刀具、金属切削机床概论、机床夹具设计、机械制造工艺学，以及金属工艺学等几门专业课程中的核心教学内容有机地结合起来，从培养技术应用能力和加强工程素质教育出发，以机械制造技术的基本原理为主线，进行综合编写而成的一门系统的机械制造专业基础课教材。全书共分三篇十二章。第一篇金属切削加工及装备，包括金属切削加工基本知识、金属切削过程及其基本规律、金属切削加工基本理论的应用、典型金属切削加工方法及刀具、金属切削机床概论。第二篇机械制造工艺，包括机械加工工艺规程、典型表面和典型零件的加工工艺、特种加工与其他新加工工艺、机械加工质量的技术分析。第三篇常用机床夹具及其设计，包括机床夹具及机床夹具设计概要、工件的定位与夹紧、刀具导向与夹具的对定。

本书注重实际应用，突出基本概念，内容翔实，表达精炼，可供高等职业教育机械制造类或近机类专业使用，也可供有关工程技术人员参考。

图书在版编目（CIP）数据

机械制造技术基础 / 吴拓主编. -- 2 版. -- 北京 ：清华大学出版社，2025. 6. --（21 世纪高职高专机械设计制造类专业教材）. -- ISBN 978-7-302-69068-9

Ⅰ. TH16

中国国家版本馆 CIP 数据核字第 20257RS743 号

责任编辑：孟毅新　孙汉林
封面设计：何凤霞
责任校对：刘　静
责任印制：曹婉颖

出版发行：清华大学出版社
网　　址：https://www.tup.com.cn，https://www.wqxuetang.com
地　　址：北京清华大学学研大厦 A 座　　**邮　　编**：100084
社 总 机：010-83470000　　**邮　　购**：010-62786544
投稿与读者服务：010-62776969，c-service@tup.tsinghua.edu.cn
质量反馈：010-62772015，zhiliang@tup.tsinghua.edu.cn
课件下载：https://www.tup.com.cn，010-83470410
印 装 者：三河市君旺印务有限公司
经　　销：全国新华书店
开　　本：185mm×260mm　　**印　　张**：22.25　　**字　　数**：537 千字
版　　次：2007 年 12 月第 1 版　2025 年 6 月第 2 版　　**印　　次**：2025 年 6 月第1次印刷
定　　价：69.00 元

产品编号：086104-01

第2版前言

《机械制造技术基础》一书自出版以来重印了十余次，编者出于一种强烈的职业责任和教学改革意识，在总结多年教学实践经验的基础上，认真吸取兄弟院校专业教学改革的成功经验，注重加强基础教育并突出能力培养。同时，紧跟科技形势发展和教学改革的要求，适当融入一些反映国内外新成果、新技术的内容，以扩大知识面；在内容上注重知识的有机整合。

近年来，随着信息化技术潮涌般地发展，从各类数据中快速获得有价值信息、不断挖掘企业潜力的大数据技术的开发，工业自动化技术、数控加工技术等先进制造技术的快速发展，人工智能、虚拟制造时代的到来，传统制造技术受到了前所未有的冲击与考验。传统的机械制造技术仍是基础技术，但需融合快速发展的现代制造技术，才能满足我国机械制造业(尤其是机械装备业)对人才的需求。在这方面，本书修订后得以体现。

为了更加直观地反映本书的课程内涵，修订后的第2版具有如下鲜明特色。

(1) 篇章设置使知识结构更加明晰。本书共分三篇，即将机械制造技术分为三大模块，使得知识结构更加清楚、明晰，既反映了它们的独立性，又反映了它们的相关性。

(2) 内容丰富使知识体系更加完整。增加的内容让知识更具前瞻性，让学生既掌握传统知识，又着眼当代先进制造技术，树立科学发展和不断创新的意识。

(3) 主旨明确，内容精炼，实用性强。本书编写遵循四个原则：一是突出“职业”特色；二是以“必需、够用”为度(即内容需满足实际应用，避免冗余或缺失)；三是以培养职业能力为目标；四是以传统机械制造技术为基础，结合当代机械制造技术的新概念、新特点、新技术及新发展，充分体现机械制造技术知识的完整性、系统性及科学性。

(4) 综合性强、适应面宽。机械制造及自动化、数控加工、模具制造等机械类专业都可选用本书。本书既适用于教学，又适合自学，可供高等职业教育院校机械类或近机类相关专业使用，也可供有关工程技术人员参考。

本书分三篇共十二章。第一篇是金属切削加工及装备，包括金属切削加工基本知识、金属切削过程及其基本规律、金属切削加工基本理论的应用、典型金属切削加工方法及刀具、金属切削机床概论；第二篇是机械制造工艺，包括机械加工工艺规程、典型表面和典型零件的加工工艺、特种加工与其他新加工工艺、机械加工质量的技术分析；第三篇是常用机床夹具及其设计，包括机床夹具及机床夹具设计概要、工件的定位与夹紧、刀具导向与夹具的对定。

本书内容翔实，鉴于现在一般大学课程设置较多，课时设定大多较难满足需要，在教材上建议：①授课应根据课时数的安排和专业方向的设置做出合理配备，采取精讲和甄选相结合的原则,确保知识覆盖全面,讲解时主次分明、详略得当;②建议学生采用“牛刍式”学习法:先快速通览知识框架,再逐步深入消化重点内容。

值得注意的是,限于篇幅,本书删掉了许多图表。为了方便学生学习和理解,编者会在本书多媒体课件的相关章节中插入这些图表。

本人虽殚精竭虑、字斟句酌、一丝不苟地投入编写,但囿于水平有限,书中难免仍有疏漏和不当之处,恳请广大读者不吝批评指正。

编　者

2025年3月

目 录

第一篇 金属切削加工及装备

第1章 金属切削加工基本知识 …… 2

1.1 金属切削加工概述 …… 2

1.1.1 金属切削加工的概念 …… 2

1.1.2 金属切削加工的功能 …… 2

1.2 切削运动和切削要素 …… 3

1.2.1 切削运动 …… 3

1.2.2 工件上的表面 …… 5

1.2.3 切削要素 …… 5

1.3 刀具材料 …… 6

1.3.1 刀具材料应具备的性能 …… 7

1.3.2 常用刀具材料 …… 7

1.4 刀具几何参数 …… 11

1.4.1 刀具切削部分的结构要素 …… 11

1.4.2 刀具角度的参考系 …… 12

1.4.3 刀具的标注角度 …… 13

1.4.4 刀具工作角度 …… 14

习题与思考题 …… 15

第2章 金属切削过程及其基本规律 …… 16

2.1 金属切削的变形过程 …… 16

2.1.1 变形区的划分 …… 16

2.1.2 切屑的形成及其形态 …… 17

2.1.3 已加工表面变形与加工硬化 …… 18

2.1.4 影响切削变形的主要因素 …… 18

2.2 切削力与切削功率 …… 19

2.2.1 切削力 …… 19

2.2.2 切削功率与单位切削功率 …… 20

2.3 切削热与刀具磨损 …… 21
2.3.1 切削热与切削温度 …… 21
2.3.2 刀具磨损与刀具耐用度 …… 23
习题与思考题 …… 27

第3章 金属切削加工基本理论的应用 …… 28

3.1 切屑控制 …… 28
3.1.1 切屑形状的分类 …… 28
3.1.2 切屑的流向、卷曲和折断 …… 29
3.1.3 断屑措施 …… 31
3.2 工件材料的切削加工性 …… 32
3.2.1 切削加工性的概念及评定指标 …… 32
3.2.2 影响材料切削加工性的因素 …… 33
3.2.3 改善难加工材料的切削加工性的途径 …… 34
3.3 前刀面上的摩擦与积屑瘤 …… 35
3.3.1 刀—屑接触面上的摩擦特性及摩擦系数 …… 35
3.3.2 积屑瘤 …… 35
3.4 切削液及其选用 …… 37
3.4.1 切削液的作用 …… 37
3.4.2 切削液的种类及应用 …… 38
3.5 刀具几何参数的合理选择 …… 40
3.5.1 前角的选择 …… 41
3.5.2 后角的选择 …… 42
3.5.3 主偏角和副偏角的选择 …… 43
3.5.4 刃倾角的功用和选择 …… 43
3.6 切削用量的合理选择 …… 44
3.6.1 切削用量的选择原则 …… 44
3.6.2 背吃刀量、进给量和切削速度的合理选择 …… 45
3.6.3 切削用量的优化及切削数据库 …… 46
3.7 超高速切削与超精密切削加工简介 …… 46
3.7.1 超高速切削 …… 46
3.7.2 精密加工和超精密加工 …… 48
3.7.3 细微加工技术 …… 50
习题与思考题 …… 51

第4章 典型金属切削加工方法及刀具 …… 52

4.1 车削加工及车刀 …… 52
4.1.1 车削加工 …… 52
4.1.2 车削加工的特点 …… 55

4.1.3 车刀 …… 55
4.2 铣削加工及铣刀 …… 57
4.2.1 铣削工艺 …… 57
4.2.2 铣削方式 …… 60
4.2.3 铣刀 …… 61
4.3 钻镗加工及钻头、镗刀 …… 63
4.3.1 钻削工艺 …… 63
4.3.2 钻削刀具 …… 64
4.3.3 镗削工艺 …… 66
4.3.4 镗刀 …… 68
4.4 刨削、插削和拉削加工及其刀具 …… 68
4.4.1 刨削加工及刨刀 …… 68
4.4.2 插削加工及插刀 …… 70
4.4.3 拉削加工及拉刀 …… 71
4.5 齿轮加工及切齿刀具 …… 73
4.5.1 齿轮加工方法 …… 73
4.5.2 齿轮加工刀具 …… 73
4.6 磨削加工与砂轮 …… 78
4.6.1 普通磨削 …… 78
4.6.2 高效磨削 …… 79
4.6.3 砂带磨削 …… 81
4.6.4 高精度小粗糙度值磨削 …… 81
4.6.5 磨削加工的工艺特点 …… 82
4.6.6 磨削砂轮 …… 82
4.7 自动化生产及其刀具 …… 84
4.7.1 金属切削加工自动化 …… 84
4.7.2 自动化生产对刀具的特殊要求 …… 85
4.8 光整加工方法综述 …… 85
4.8.1 宽刃细刨 …… 86
4.8.2 刮削 …… 86
4.8.3 研磨 …… 86
4.8.4 珩磨 …… 87
4.8.5 超精加工 …… 88
4.8.6 抛光 …… 89
习题与思考题 …… 89

第5章 金属切削机床概论 …… 91

5.1 金属切削机床概述 …… 91
5.1.1 机床的分类及型号的编制方法 …… 91

5.1.2 机床的传动原理及运动分析 …… 93
5.2 车床…… 97
5.2.1 CA6140 型卧式车床 …… 97
5.2.2 其他类型车床简介…… 100
5.3 磨床 …… 102
5.3.1 M1432A 型万能外圆磨床…… 103
5.3.2 其他磨床简介…… 105
5.4 齿轮加工机床 …… 108
5.4.1 滚齿机…… 109
5.4.2 插齿机…… 112
5.4.3 齿轮精加工机床…… 112
5.5 其他机床 …… 114
5.5.1 钻床、镗床 …… 114
5.5.2 铣床…… 118
5.5.3 刨床、插床、拉床…… 119
5.5.4 组合机床…… 122
5.6 数控机床 …… 123
5.6.1 数控机床的工作原理及组成…… 124
5.6.2 数控机床的特点与分类…… 125
5.6.3 数控机床举例…… 126
5.6.4 数控机床的发展趋势…… 131
习题与思考题…… 132

第二篇 机械制造工艺

第6章 机械加工工艺规程 …… 136
6.1 机械加工过程与工艺规程的基本概念 …… 136
6.1.1 生产过程与工艺过程…… 136
6.1.2 机械加工工艺规程…… 140
6.2 工艺规程的制定 …… 142
6.2.1 零件图的研究和工艺分析…… 142
6.2.2 毛坯的选择…… 143
6.2.3 定位基准的选择…… 146
6.2.4 工艺路线的拟订…… 149
6.2.5 工序内容的设计…… 153
6.3 机械加工生产效率和技术经济分析 …… 161
6.3.1 时间定额…… 161
6.3.2 提高机械加工生产效率的工艺措施…… 162
6.3.3 工艺过程的技术经济分析 …… 163

6.4　装配工艺基础 …………………………………………………………………… 164
6.4.1　装配工艺概述…………………………………………………………… 164
6.4.2　保证装配精度的工艺方法……………………………………………… 166
6.4.3　装配工艺规程的制定…………………………………………………… 168
习题与思考题……………………………………………………………………… 170

第7章　典型表面和典型零件的加工工艺 ………………………………………… 172

7.1　典型表面的加工工艺 …………………………………………………………… 172
7.1.1　外圆加工………………………………………………………………… 172
7.1.2　孔(内圆面)加工………………………………………………………… 174
7.1.3　平面加工………………………………………………………………… 180
7.1.4　成型(异型)面加工……………………………………………………… 182
7.2　典型零件的加工工艺过程 ……………………………………………………… 189
7.2.1　轴类零件的加工………………………………………………………… 190
7.2.2　箱体类零件的加工……………………………………………………… 204
7.2.3　圆柱齿轮加工…………………………………………………………… 211
习题与思考题……………………………………………………………………… 215

第8章　特种加工与其他新加工工艺 ……………………………………………… 217

8.1　特种加工工艺 …………………………………………………………………… 217
8.1.1　特种加工概述…………………………………………………………… 217
8.1.2　电火花加工……………………………………………………………… 218
8.1.3　电化学加工……………………………………………………………… 222
8.1.4　高能束加工……………………………………………………………… 227
8.1.5　超声波加工……………………………………………………………… 234
8.2　其他新技术新工艺简介………………………………………………………… 237
8.2.1　直接成型技术…………………………………………………………… 237
8.2.2　少无切削加工…………………………………………………………… 239
8.2.3　水射流切割技术………………………………………………………… 241
习题与思考题……………………………………………………………………… 242

第9章　机械加工质量的技术分析 ………………………………………………… 244

9.1　机械加工精度 …………………………………………………………………… 244
9.1.1　加工精度概述…………………………………………………………… 244
9.1.2　影响加工精度的因素及其分析………………………………………… 246
9.1.3　加工误差的综合分析…………………………………………………… 252
9.1.4　保证和提高加工精度的主要途径……………………………………… 254
9.2　机械加工表面质量 ……………………………………………………………… 256
9.2.1　机械加工表面质量的含义……………………………………………… 256

9.2.2 表面质量对零件使用性能的影响 …… 257
9.2.3 影响机械加工表面粗糙度的因素及减小表面粗糙度值的工艺措施 …… 258
9.2.4 影响表面物理力学性能的工艺因素 …… 259
9.2.5 磨削的表面质量 …… 260
9.2.6 控制表面质量的工艺途径 …… 263
习题与思考题 …… 267

第三篇 常用机床夹具及其设计

第10章 机床夹具及机床夹具设计概要 …… 270
10.1 机床夹具概述 …… 270
10.1.1 机床夹具在机械加工中的作用 …… 270
10.1.2 机床夹具的分类 …… 272
10.1.3 机床夹具的组成 …… 273
10.1.4 机床夹具的现状及发展方向 …… 274
10.2 机床夹具设计的基本要求及步骤 …… 275
10.2.1 机床夹具设计的基本要求 …… 275
10.2.2 机床夹具设计的基本步骤 …… 276
10.2.3 机床夹具图样设计 …… 276
习题与思考题 …… 278

第11章 工件的定位与夹紧 …… 279
11.1 工件的定位 …… 279
11.1.1 工件定位的基本原理 …… 279
11.1.2 工件定位中的限制 …… 281
11.1.3 工件定位中的定位基准 …… 282
11.1.4 定位误差分析 …… 283
11.2 定位装置的设计 …… 291
11.2.1 对定位元件的基本要求 …… 291
11.2.2 常用定位元件所能限制的自由度 …… 291
11.2.3 常用定位元件的选用 …… 291
11.3 工件夹紧方案的确定 …… 296
11.3.1 夹紧装置的组成及其设计原则 …… 296
11.3.2 确定夹紧力的基本原则 …… 297
11.4 工件夹紧装置的设计 …… 301
11.4.1 常用夹紧机构及其选用 …… 301
11.4.2 夹紧机构的设计要求 …… 311
11.4.3 夹紧动力源装置 …… 313

习题与思考题 …… 315

第12章　刀具导向与夹具的对定 …… 318

12.1　刀具的导向与对定 …… 318
12.1.1　刀具导向方案的确定与导向装置的设计 …… 318
12.1.2　刀具对定方案的确定与对定装置的设计 …… 319
12.2　夹具的对定 …… 320
12.2.1　夹具切削成型运动的定位 …… 321
12.2.2　夹具的对刀 …… 324
12.3　夹具的分度装置 …… 326
12.3.1　夹具分度装置及其对定 …… 326
12.3.2　分度装置的常用机构 …… 328
12.3.3　精密分度 …… 332
12.4　夹具的靠模装置 …… 336
12.4.1　靠模装置及其类型 …… 336
12.4.2　靠模装置的设计 …… 337
12.5　夹具体和夹具连接元件的设计 …… 338
12.5.1　夹具体及其设计 …… 338
12.5.2　夹具连接元件及其设计 …… 341
习题与思考题 …… 342

参考文献 …… 343

第一篇

金属切削加工及装备

第 1 章　金属切削加工基本知识
第 2 章　金属切削过程及其基本规律
第 3 章　金属切削加工基本理论的应用
第 4 章　典型金属切削加工方法及刀具
第 5 章　金属切削机床概论

第 1 章

金属切削加工基本知识

1.1 金属切削加工概述

1.1.1 金属切削加工的概念

一般情况下，通过铸造、锻造、焊接和各种轧制的型材毛坯精度低、表面粗糙度值大，不能满足零件的使用性能要求，必须进行切削加工才能成为零件。

金属切削加工是通过金属切削刀具与工件之间的相对运动，从毛坯上切除多余的金属，使工件达到规定的几何形状、尺寸精度和表面质量，从而获得合格零件的一种机械加工方法。

金属切削加工分为机械加工和钳工加工两大类。机械加工是指通过各种金属切削机床对工件进行切削加工，其基本形式有车削、铣削、钻削、镗削、刨削、拉削、磨削、珩磨、抛光以及各种超精加工等。钳工加工是指使用手工切削工具在钳台上对工件进行加工，其基本形式有划线、錾削、锉削、锯削、刮削、研磨以及钻孔、铰孔、攻螺纹(加工内螺纹)、套螺纹(加工外螺纹)等。此外，机械装配和设备修理也属于钳工工作。

在现代机械制造中，除少数零件采用精密铸造、精密锻造以及粉末冶金或工程塑料压制等方法直接获得零件(有的局部零件仍需切削加工)外，绝大多数零件仍需通过切削加工，以保证加工精度和表面粗糙度的要求。因此，金属切削加工在机械制造中占有十分重要的地位。在切削加工中，选择合理的加工方法，对于保证产品加工质量、提高生产效率和降低成本是非常重要的。

1.1.2 金属切削加工的功能

任何机器或机械装置都是由多个零件组成的。组成机械设备的零件虽然多种多样，但常见的有以下三大类：轴类零件，如传动轴、齿轮轴、螺栓、销等；盘类零件，如齿轮、端盖、挡环、法兰盘等；支架类零件，如连杆、支架、减速箱机体和机盖等。

任何一个零件又都是由若干个基本表面组成的。零件的基本表面(见图 1-1)主要有以下几种。

1. 圆柱面

圆柱面是以直线为母线，以圆为轨迹，且母线垂直于轨迹所在平面作旋转运动所形成的表面(见图 1-1(a))。

2. 圆锥面

圆锥面是以直线为母线，以圆为轨迹，且母线与轨迹所在平面相交成一定角度作旋转运动所形成的表面（见图 1-1(b)）。

3. 平面

平面是以直线为母线，以另一直线为轨迹作平移运动所形成的表面（见图 1-1(c)）。

4. 成型表面

成型表面是以曲线为母线，以圆为轨迹作旋转运动或以直线为轨迹作平移运动所形成的表面（见图 1-1(d)）。

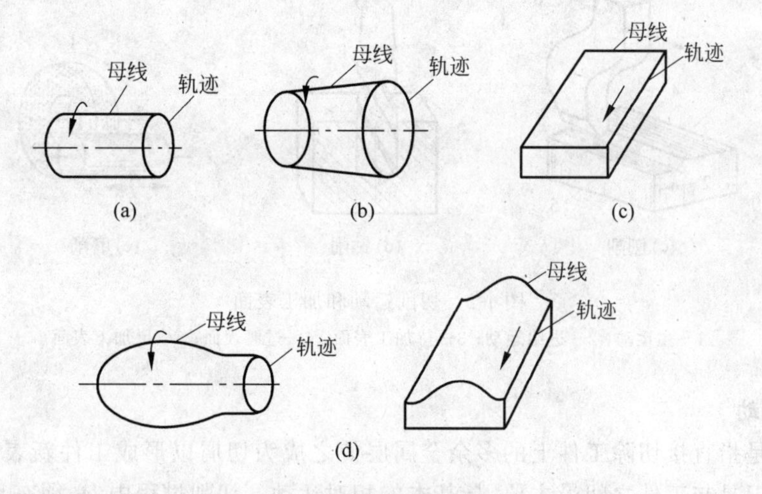

图 1-1　零件的基本表面

机械零件的这些表面大多由切削加工得到。不同的零件表面需要采用不同的加工方法，加工零件必须合理地、按顺序加工出各个表面。

1.2　切削运动和切削要素

1.2.1　切削运动

在金属切削加工中，刀具和工件间必须完成一定的切削运动，才能从工件上切去一部分多余的金属层。切削运动是为了形成工件表面所必需的、刀具与工件之间的相对运动。

各种切削加工的切削运动，都是由直线运动和回转运动这样一些简单的基本运动组合而成的。不同数目的运动单元，按照不同大小的比值、不同的相对位置和方向进行组合，即构成各种切削加工的运动。例如，刨削和拉削等为一个直线运动；圆盘拉刀加工为一个回转运动；车削、铣削、钻削、镗孔、铰孔、车螺纹等为一个回转运动和一个直线运动组合，也是目前应用最广泛的一种组合形式；锯削、仿型刨削为两个直线运动组合；铣削回转体表面为两个回转运动组合；铣螺旋槽、铣螺纹、磨外圆、磨内圆、滚刀滚齿轮等为两个回转运动和一个直线运动组合，这也是目前应用很广泛的一种运动组合形式；此外还有其他一些运动组合形式及切削加工方法。

切削运动按其作用不同，分为主运动和进给运动，如图 1-2 所示。

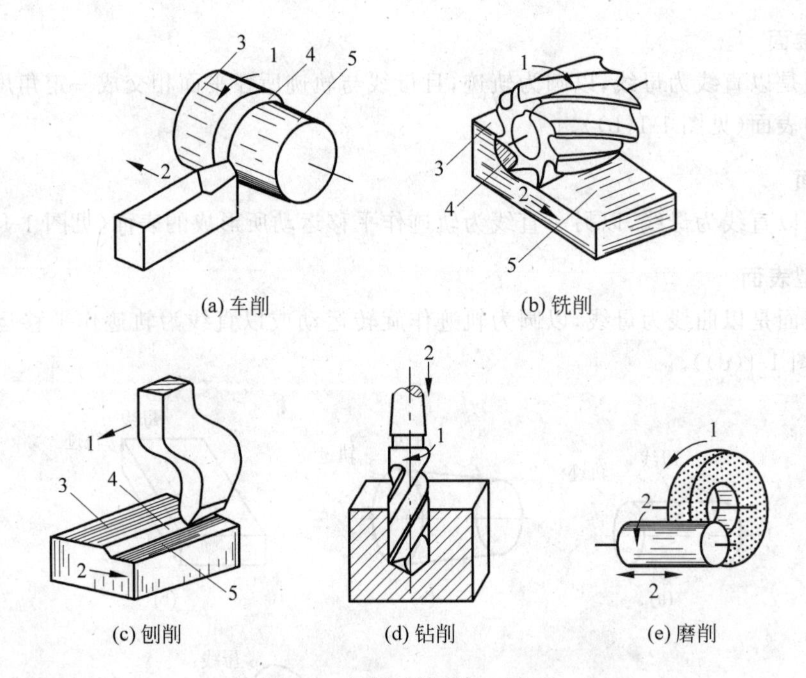

图 1-2 切削运动和加工表面

1—主运动；2—进给运动；3—待加工表面；4—过渡表面；5—已加工表面

1. 主运动

主运动是指直接切除工件上的多余金属层使之成为切屑以形成工件新表面的运动，是切削加工时刀具与工件之间最主要、最基本的相对运动。切削过程中，必须有且只有一个主运动，它的速度最快，消耗的功率最大。主运动可以是直线运动，也可以是旋转运动。车削的主运动是工件的旋转运动；铣削和钻削的主运动是刀具的旋转运动；磨削的主运动是砂轮的旋转运动；刨削的主运动是刀具(牛头刨床)或工件(龙门刨床)的往复直线运动等。

刀具切削刃上选取点相对于工件的主运动的瞬时速度称为切削速度，用矢量 $\vec{v}_c$ 表示。对于回转体工件或旋转类刀具而言，在转速一定时，由于切削刃上各点的回转半径不同，因而切削速度也不同。在计算时，应以最大的切削速度为准。

2. 进给运动

进给运动是指使新的切削层金属不断地投入切削，从而切出整个工件表面的运动。进给运动可以是一个或者多个，切削过程中有时也可以没有单独的进给运动，例如拉削加工。进给运动的速度较小，消耗的功率也较小。进给运动可以是连续运动，也可以是间断运动；可以是直线运动，也可以是旋转运动。车削的进给运动是刀具的移动；铣削的进给运动是工件的移动；钻削的进给运动是钻头沿其轴线方向的移动；内、外圆磨削的进给运动是工件的旋转运动和移动等。

切削刃上选取点相对于工件的进给运动的瞬时速度称为进给速度，用矢量 $\vec{v}_f$ 表示。

切削加工过程中，为了实现机械化和自动化，提高生产效率，一些机床除切削运动外，还需要辅助运动，例如切入运动、空程运动、分度转位运动、送夹料运动以及机床控制运动等。

3. 合成切削运动

主运动和进给运动可以由刀具或工件分别完成，或者由刀具单独完成。主运动和进给运动可以同时进行，如车削、铣削等；也可以交替进行，如刨削、插削等。主运动和进给运动同时进行时，刀具切削刃上某一点相对于工件的合成运动称为合成切削运动。合成切削运动的瞬时速度用矢量 $\vec{v}_e$ 表示，$\vec{v}_e=\vec{v}_c+\vec{v}_f$。切削刃上各点处的合成速度矢量不一定相等。

$\vec{v}_c$ 和 $\vec{v}_f$ 所在的平面称为工作平面，以 P_{fe} 表示。

在工作平面内，同一瞬时主运动方向与合成切削运动方向之间的夹角称为合成切削速度角，以 η 表示，如图1-3所示。

由 η 角的定义可知

$$\tan\eta=\frac{v_f}{v_c}=\frac{f}{\pi d} \tag{1-1}$$

式中：d——切削刃选定点处工件的旋转直径，其随着车刀进给而不断变化；

f——进给量。

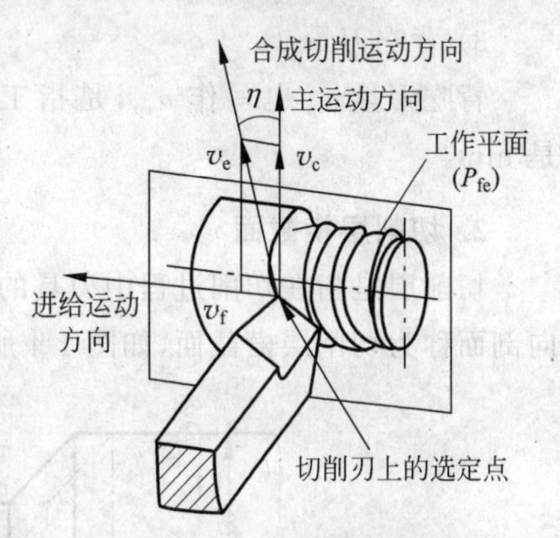

图1-3　合成切削运动速度角

1.2.2　工件上的表面

在切削运动的作用下，工件上的金属层不断地被刀具切削并转变为切屑，从而加工出所需要的工件新表面。在这一新表面的形成过程中，工件上始终存在着三个不断变化的表面。

(1) 待加工表面：工件上有待切除金属层的表面。

(2) 已加工表面：工件上被刀具切除多余金属后形成的新表面。

(3) 过渡表面：在待加工表面和已加工表面之间，由切削刃正在切削的那个表面。它将在下一次切削过程中被切除。

1.2.3　切削要素

切削要素包括切削用量和切削层横截面。

1. 切削用量

切削用量是指切削加工过程中切削速度、进给量和背吃刀量(切削深度)三个要素的总称。它表示主运动和进给运动量，用于调整机床的工艺参数。

1) 切削速度 v_c

切削速度是指切削刃上选定点相对于工件的主运动的瞬时线速度，单位为 m/s 或 m/min。当主运动为旋转运动时，切削速度的计算公式如下：

$$v_c=\frac{\pi dn}{1000} \tag{1-2}$$

式中：d——完成主运动的刀具或工件的最大直径，单位为 mm；

n——主运动的转速，单位为 r/s 或 r/min。

在生产中，磨削速度的单位用 m/s，其他加工的切削速度单位习惯用 m/min。

2) 进给量 f

进给量是指工件或刀具的主运动每转或每一行程刀具与工件两者在进给运动方向上的相对位移量，单位是 mm/r。

当主运动为往复直线运动时,进给量为每往复一次的位移量。

进给速度 v_f 是指刀具切削刃上选定点相对于工件进给运动的瞬时速度。进给量 f 与进给速度 v_f 之间的关系为

$$v_f = fn \tag{1-3}$$

式中: n——主运动的转速,单位为 r/s 或 r/min。

3) 背吃刀量

背吃刀量 a_p 也写作 a_{sp},是指工件已加工表面和待加工表面之间的垂直距离,单位是 mm。

2. 切削层横截面

切削层是指在切削过程中刀具的刀刃在一次走刀中所切除的工件材料层。切削层的轴向剖面称为切削层横截面,如图 1-4 所示。

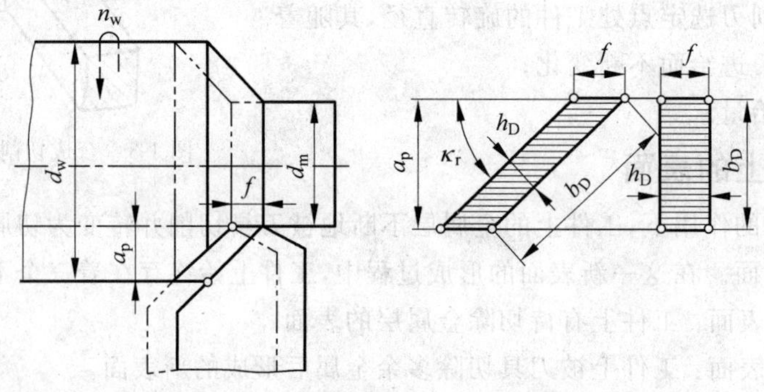

图 1-4 纵车外圆时的切削层要素

切削层的横截面要素是指切削层的横截面尺寸,包括切削层公称宽度 b_D、切削层公称厚度 h_D 和切削层公称横截面积 A_D 三个要素。

1) 切削层公称宽度 b_D

切削层公称宽度是指刀具主切削刃与工件的接触长度,单位是 mm。

2) 切削层公称厚度 h_D

切削层公称厚度是指刀具或工件每移动一个进给量 f 时,刀具主切削刃相邻的两个位置之间的垂直距离,单位是 mm。

3) 切削层公称横截面积 A_D

切削层公称横截面积即切削层横截面的面积,单位是 mm^2,可以表示为

$$A_D \approx b_D \cdot h_D = a_p \cdot fA_D \tag{1-4}$$

1.3 刀具材料

在切削过程中,刀具直接承担切除工件余量和形成已加工表面的任务。刀具切削性能的优劣,取决于构成刀具切削部分的材料、几何形状和刀具结构。然而,无论刀具结构如何先进,几何参数如何合理,如果刀具材料选择不当,都将不能正常工作,刀具材料对刀具的使用寿命、加工质量、加工效率和加工成本影响极大。新型刀具材料的出现和采用,常常使刀

具耐用度成数倍、几十倍地提高，而且使一些难加工材料的切削加工成为可能。因此，应当重视刀具材料的正确选择和合理使用，重视新型材料的研制。

1.3.1 刀具材料应具备的性能

在切削加工时，刀具切削部分与切屑、工件相互接触，承受着很大的压力和强烈的摩擦，刀具在高温下进行切削的同时，还承受着切削力、冲击和振动，因此刀具材料必须满足以下基本要求。

1. 高的硬度和耐磨性

这是满足刀具抵抗机械摩擦磨损的需要。刀具切削部分的硬度，一般应在 60HRC 以上。耐磨性是材料硬度、强度、化学成分、显微组织等的综合效果，组织中碳化物、氮化物等硬质点的硬度越高、颗粒越小、数量越多、弥散状态分布越均匀，则耐磨性越高。

2. 足够的强度和韧性

这是满足刀刃在承受重载荷及机械冲击时不致破损的需要。切削时，刀具切削部分要承受很大的切削力、冲击和振动，为避免崩刃和折断，刀具材料应具有足够的强度和韧性。

3. 高的耐热性

这是满足刀具热稳定性的需要。刀具的耐热性又称为热硬性，即刀具材料在高温下必须能保持高的硬度、耐磨性、强度和韧性，才能完成切削任务。材料的耐热性越好，允许的切削速度也就越高。

4. 良好的导热性和较小的膨胀系数

这是提高加工精度的需要。在其他条件相同的情况下，刀具材料的导热系数越大，则由刀具传出的热量越多，有利于降低切削温度、提高刀具耐用度。线膨胀系数小，则刀具的热变形小，加工误差也小。

5. 稳定的化学性能和良好的抗黏结性能

这是提高刀具抗化学磨损的需要。刀具材料的化学性能稳定，在高温、高压下，才能保持良好的抗扩散、抗氧化的能力。刀具材料与工件材料的亲和力小，则刀具材料的抗黏结性能好，黏结磨损小。

6. 良好的工艺性能和经济性

这是为了便于使用和推广的需要。刀具材料具有良好的工艺性能，可以进行锻、轧、焊接、切削加工和磨削、热处理等，方便制造加工，满足各种加工的需要。同时，刀具材料还应具备良好的综合经济性，即材料价格及刀具制造成本不高，资源丰富，耐用度高，则使分摊到每个工件的刀具成本不高，从而有利于推广应用。

1.3.2 常用刀具材料

常用的刀具材料主要有工具钢(包括碳素工具钢、合金工具钢和高速钢)、硬质合金、陶瓷和超硬刀具材料(金刚石、立方氮化硼)四大类。目前使用量最大的刀具材料是高速钢和硬质合金。碳素工具钢和合金工具钢是早期使用的刀具材料，由于它们的耐热性较差，现在已较少使用，主要用于手工工具或低速切削刀具，如锉刀、拉刀、丝锥和板牙等。

1. 高速钢

高速钢是加入了 W、Mo、Cr、V 等合金元素的高合金工具钢，其合金元素 W、Mo、Cr、V

等与C化合形成高硬度的碳化物,使高速钢具有较好的耐磨性。W和C的原子结合力很强,提高了马氏体受热时的分解稳定性,使钢在550～600℃时仍能保持高硬度,增加了钢的热硬性。Mo的作用与W基本相同,并能细化碳化物晶粒,提高钢中碳化物的均匀性,从而提高钢的韧性。V与C的结合力比W的更强,V使钢的热硬性提高的作用比W更强烈。W和V的碳化物在高温时起到有力地阻止晶粒长大的作用。Cr在高速钢中的主要作用是提高淬透性,也可提高回火稳定性和抑制晶粒长大。

高速钢具有高的强度和高的韧性,具有一定的硬度(热处理硬度在62～66HRC)和良好的耐磨性,其红硬温度可达600～660℃。它具有较好的工艺性能,可以制造刃形复杂的刀具,如钻头、丝锥、成型刀具、铣刀、拉刀和齿轮刀具等。刃磨时切削刃锋利,故又名锋钢。

高速钢根据切削性能,可分为普通高速钢和高性能高速钢;根据化学成分,可分为钨系、钨钼系和钼系高速钢;根据制造方法,可分为熔炼高速钢和粉末冶金高速钢。

1)普通高速钢

普通高速钢工艺性能好,切削性能可满足一般工程材料的常规加工要求。常用的品种有W18Cr4V钨系高速钢、W6Mo5Cr4V2钨钼系高速钢、W9Mo3Cr4V钨钼系高速钢。

2)高性能高速钢

高性能高速钢是在普通型高速钢中增加C、V元素,并添加Co、Al等合金元素的新钢种。其常温硬度可达67～70HRC,耐磨性和耐热性有显著提高,能用于不锈钢、耐热钢和高强度钢等难加工材料的切削加工。

3)粉末冶金高速钢

粉末冶金高速钢是把高频感应炉熔炼好的高速钢钢水置于保护气罐中,用高压惰性气体(如氩气)雾化成细小的粉末,然后用高温(1100℃)、高压(100MPa)压制、烧结而成。它克服了一般熔炼方法产生的粗大共晶偏析的缺陷,热处理变形小,韧性、硬度较高,耐磨性好。用它制成的刀具,可切削各种难加工材料。和熔炼高速钢相比,粉末冶金高速钢具有如下优点。

(1)由于可获得细小而均匀的结晶组织,完全避免了碳化物的偏析,从而提高了钢的硬度和强度。

(2)由于物理力学性能各向同性,可减少热处理变形与应力,因此可用于制造精密刀具。

(3)由于钢中的碳化物细小均匀,使磨削加工性得到显著改善。

(4)粉末冶金高速钢提高了材料的利用率。

粉末冶金高速钢目前应用较少,原因主要在于其成本较高,价格相当于硬质合金,因此主要用来制成各种精密刀具和形状复杂的刀具。

4)高速钢刀具的表面涂层

高速钢刀具表面涂层处理的目的是在刀具表面形成硬度高、耐磨性好的表面层,以减少刀具磨损,提高刀具的切削性能。高速钢刀具表面涂层的方法有蒸汽处理、低温气体氮碳共渗、辉光离子渗氮等。此外还可采用真空溅射的方法在刀具表面沉积一层TiC或TiN(厚约10μm),使刀具表面形成一层高硬度的薄膜,以提高刀具的耐用度。这种工艺要求在真空、500℃的环境下进行。

涂层高速钢是一种复合材料,基体是强度高、韧性好的高速钢,而表层是具有高硬度、高耐磨性的其他材料。涂层高速钢刀具的切削力小、切削温度下降约25%,切削速度、进给量可提高一倍左右,刀具寿命显著提高。

2. 硬质合金

1）硬质合金的组成与性能

硬质合金是由高硬度、高熔点的金属碳化物和金属黏结剂，经过粉末冶金工艺制成的。硬质合金刀具中常用的碳化物有 WC、TiC、TaC、NbC 等，黏结剂有 Co、Mo、Ni 等。

常用的硬质合金中含有大量的 WC、TiC，因此硬度、耐磨性、耐热性均高于高速钢。常温硬度为 89～94HRA，红硬温度高为 800～1000℃。切削钢时，切削速度约为 220m/min。在合金中加入了熔点更高的 TaC、NbC 后，可使红硬温度提高到 1000～1100℃，切削钢的切削速度进一步提高到 200～300m/min。但是硬质合金的抗弯强度低、韧性差，怕冲击振动，工艺性能较差，不易做成型状复杂的整体刀具。

硬质合金的物理力学性能取决于合金的成分、粉末颗粒的粗细以及合金的烧结工艺。在硬质合金中，金属碳化物所占比例大，则硬质合金的硬度就高，耐磨性就好；反之，若黏结剂的含量高，则硬质合金的硬度就会降低，而抗弯强度和冲击韧性则有所提高。当黏结剂的含量一定时，金属碳化物的晶粒越细，则硬质合金的硬度越高。合金中加入 TaC、NbC 有利于细化晶粒，提高合金的耐热性。

2）普通硬质合金的分类、牌号及其使用性能

普通硬质合金按其化学成分与使用性能分为四类：钨钴类、钨钴钛类、钨钴钛钽（铌）类和碳化钛基类。

（1）钨钴类（YG 类）硬质合金。YG 类硬质合金相当于 ISO 标准的 K 类，主要由 WC 和 Co 组成，其常温硬度为 88～91HRA，切削温度为 800～900℃，常用的牌号有 YG3、YG6、YG8 等。YG 类硬质合金的抗弯强度和冲击韧性较好，不易崩刃，适合切削脆性材料，如铸铁。YG 类硬质合金的刃磨性较好，刃口可以磨得较锋利，同时导热系数较大，可以用来加工不锈钢和高温合金钢等难加工材料、有色金属及纤维层压材料。但是，YG 类硬质合金的耐热性和耐磨性较差，因此一般不用于普通碳钢的切削加工。

（2）钨钴钛类（YT 类）硬质合金。YT 类硬质合金相当于 ISO 标准的 P 类，主要由 WC、TiC 和 Co 组成，其常温硬度为 89～93HRA，切削温度为 800～1000℃，常用的牌号有 YT5、YT15、YT30 等。YT 类硬质合金中加入 TiC，使其硬度、耐热性、抗黏结性和抗氧化能力均有所增强，从而提高了刀具的切削速度和刀具耐用度。YT 类硬质合金的抗弯强度和冲击韧性较差，故主要用于切削一般切屑呈带状的普通碳钢及合金钢等塑性材料。

（3）钨钴钛钽（铌）类（YW 类）硬质合金。YW 类硬质合金相当于 ISO 标准的 M 类，它是在普通硬质合金中加入了 TaC 或 NbC 等稀有难熔金属碳化物，从而提高了硬质合金的韧性和耐磨性，使其具有较好的综合切削性能。YW 类硬质合金主要用于不锈钢、耐热钢的加工，也适用于普通碳钢和铸铁的切削加工，因此被称为通用型硬质合金。常用的牌号有 YW1、YW2 等。

（4）碳化钛基类（YN 类）硬质合金。YN 类硬质合金相当于 ISO 标准的 P 类，又称为金属陶瓷。它是以 TiC 为主要成分、以 Ni 和 Mo 为黏结剂的硬质合金。它具有很高的硬度；与工件材料的亲和力较小，不易形成屑瘤；可采用较高的切削速度，切削速度为 300～400m/min；耐热性好，在 1000～1300℃的高温下仍能进行切削。因此，它适用于高速精加工普通钢、工具钢和淬火钢，但其抗塑性变形能力差，抗崩刃性差，只适合连续切削。

3) 其他硬质合金及其使用性能

(1) 超细晶粒硬质合金。普通硬质合金中 WC 的粒度为几微米,细晶粒硬质合金中 WC 的粒度则在 1.5μm 左右,超细晶粒硬质合金中 WC 的粒度则在 0.2～1μm,其中大多数在 0.5μm 以下。这是一种高硬度、高强度兼备的硬质合金,具有硬质合金的高硬度和高速钢的高强度。因此,这类合金可用于间断切削,特别是难加工材料的间断切削。由于其性能稳定可靠,是目前用于自动车床上较理想的刀具材料。

(2) 涂层硬质合金。涂层硬质合金采用韧性较好的基体和硬度、耐磨性极高的表层(TiC、TiN、Al_2O_3 等,厚度为 5～13μm),通过化学气相沉积(CVD)等方法实行表面涂层,是 20 世纪 60 年代的重大技术进展。这类合金较好地解决了刀具的硬度、耐磨性与强度、韧性之间的矛盾,因而具有良好的切削性能。这类合金多用于普通钢材的精加工或半精加工。

涂层材料主要有 TiC、TiN、Al_2O_3 及其他复合材料。目前,单涂层刀片已很少使用,大多采用 TiC-TiN 复合涂层或 TiC-Al_2O_3-TiN 三复合涂层。

(3) 钢结硬质合金。钢结硬质合金的代号为 YE。它以 WC、TiC 作硬质相,以高速钢(或合金钢)作黏结相。其硬度、强度与韧性介于高速钢和硬质合金之间,可以进行锻造、切削、热处理与焊接,可用于制造模具、拉刀、铣刀等形状复杂的刀具。

3. 其他刀具材料

1) 陶瓷

陶瓷具有很高的高温硬度和耐磨性,在 1200℃高温时仍具有较好的切削性能,其化学稳定性好,在高温下不易氧化,与金属亲和力小,不易发生黏结和扩散。有较低的摩擦系数,不易产生积屑瘤。但陶瓷具有抗弯强度低、冲击韧性差、导热性能差、线膨胀系数大的缺点。因此,主要用于冷硬铸铁、淬硬钢、有色金属等材料的精加工和半精加工。

根据化学成分,陶瓷可分为高纯氧化铝陶瓷、复合氧化铝陶瓷和复合氮化硅陶瓷等。

随着陶瓷材料制造工艺的改进,通过添加某些金属碳化物、氧化物,细化 Al_2O_3 晶粒,将有利于提高其抗弯强度和冲击韧性,使得陶瓷刀具的使用范围进一步扩大。

2) 金刚石

金刚石是碳的同素异构体。它的硬度极高,接近于 10000HV(硬质合金仅为 1300～1800HV),是目前已知的最硬材料。金刚石分天然和人造两种,天然金刚石的质量好,但价格昂贵,资源少,用得较少;人造金刚石是在高压高温条件下由石墨转化而成。

金刚石刀具的主要优点如下。

(1) 有极高的硬度与耐磨性,可加工 65～70HRC 的材料。

(2) 有良好的导热性和较低的热膨胀系数,因此切削加工时不会产生大的热变形,有利于精密加工。

(3) 刃面粗糙度较小,刃口非常锋利,因此能胜任薄层切削,用于超精密加工。

金刚石刀具主要用于对有色金属及其合金进行精密加工、超精加工,还能切削高硬度非金属材料,以及难加工的复合材料的加工。但金刚石与铁的亲和作用大,因此不宜加工钢铁等黑色金属材料。金刚石的热稳定性较差,当切削温度高于 800℃时,在空气中金刚石即发生碳化,刀具产生急剧磨损,丧失切削能力。

3) 立方氮化硼(CBN)

立方氮化硼是六方氮化硼的同素异构体,是人类已知的硬度仅次于金刚石的物质。

立方氮化硼刀片可用机械夹固或焊接的方法固定在刀杆上，也可以将立方氮化硼与硬质合金压制在一起成为复合刀片。

立方氮化硼刀具的主要优点如下。

(1) 有很高的硬度与耐磨性，硬度达到 8000～9000HV，仅次于金刚石。

(2) 有很高的热稳定性和良好的化学惰性，1300℃时不发生氧化和相变，与大多数金属、铁系材料都不起化学作用。因此能高速切削高硬度的钢铁材料及耐热合金，刀具的黏结与扩散磨损较小。

(3) 有较好的导热性，与钢铁的摩擦系数较小。

(4) 抗弯强度与断裂韧性介于陶瓷与硬质合金之间。

由于 CBN 材料的一系列优点，使它能对淬硬钢、冷硬铸铁进行粗加工与半精加工；同时，还能高速切削高温合金、热喷涂材料等难加工材料。

1.4　刀具几何参数

1.4.1　刀具切削部分的结构要素

金属切削刀具的种类很多，但任何刀具都由切削部分(刀头)和夹持部分(刀柄)组成，虽然刀具形态各异，但其切削部分(楔部)都有一定的共性，都是由刀面、切削刃构成。切削部分通常以外圆车刀的切削部分为基本形态，其他各类刀具都可看成是它的演变和组合，故以普通车刀为例，对刀具切削部分的结构要素作出定义，现以图 1-5 所示说明如下。

1. 前刀面 A_γ

前刀面是切下的切屑流过的刀面。如果前刀面是由几个相互倾斜的表面组成的，则可从切削刃开始，依次把它们称为第一前刀面(有时称为倒棱)、第二前刀面等。

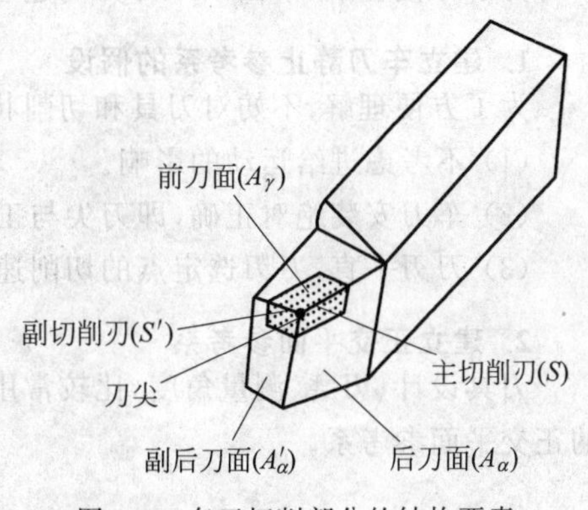

图 1-5　车刀切削部分的结构要素

2. 后刀面 A_α

后刀面是与工件上新形成的过渡表面相对的刀面，也可以分为第一后刀面(有时称刃带)、第二后刀面等。

3. 副后刀面 A'_α

与副切削刃毗邻、与工件上已加工表面相对的刀面。同样，副后刀面也可以分为第一副后刀面、第二副后刀面等。

4. 主切削刃 S

前刀面与后刀面相交而得到的切削边锋。主切削刃在切削过程中，承担主要的切削任务，完成金属切除工作。

5. 副切削刃 S'

前刀面与副后刀面相交而得到的切削边锋。它协同主切削刃完成金属切除工作，以最终形成工件的已加工表面。

6. 刀尖

刀尖是指主切削刃和副切削刃的连接处相当短的一部分切削刃。常用的刀尖有三种形式：交点(点状)刀尖、圆弧(修圆)刀尖和倒棱(倒角)刀尖，如图1-6所示。

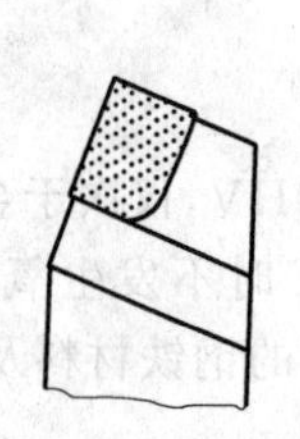
(a) 交点刀尖(切削刃实际交点)

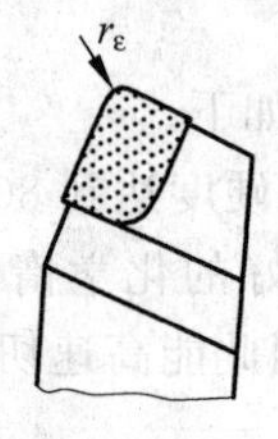

(b) 圆弧刀尖

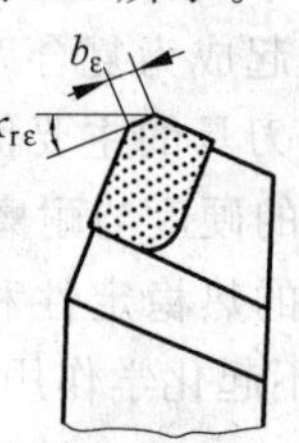

(c) 倒棱刀尖

图1-6 刀尖的形状

1.4.2 刀具角度的参考系

刀具要从工件上切下金属，就必须使刀具切削部分具有合理的几何形状。刀具角度是确定刀具几何形状的重要参数。为了确定和测量刀具各表面和各刀刃在空间的相对位置，必须建立用以度量各刀刃、各刀面空间位置的基准坐标平面即参考系。

用来确定刀具几何角度的参考系有两类：一类称为刀具标注角度参考系，即静止参考系，在刀具设计图上所标注的角度，刀具在制造、测量和刃磨时，均以它为基准；另一类称为刀具工作角度参考系，它是确定刀具在切削运动中有效工作角度的参考系。它们的区别在于：前者由主运动方向确定，后者则由合成切削运动方向确定。由于通常情况下进给速度远小于主运动速度，所以，刀具工作角度近似等于刀具标注角度。

为了方便理解，下面以车刀为例建立静止参考系。

1. 建立车刀静止参考系的假设

为了方便理解，不妨对刀具和切削状态作出如下假设。

(1) 不考虑进给运动的影响。

(2) 车刀安装绝对正确，即刀尖与工件中心等高，刀杆轴线垂直工件轴线。

(3) 刀刃平直，刀刃选定点的切削速度方向与刀刃各处的平行。

2. 建立正交平面参考系

刀具设计、刃磨、测量角度，比较常用的是正交平面参考系。建立一个如图1-7(a)所示的正交平面参考系。

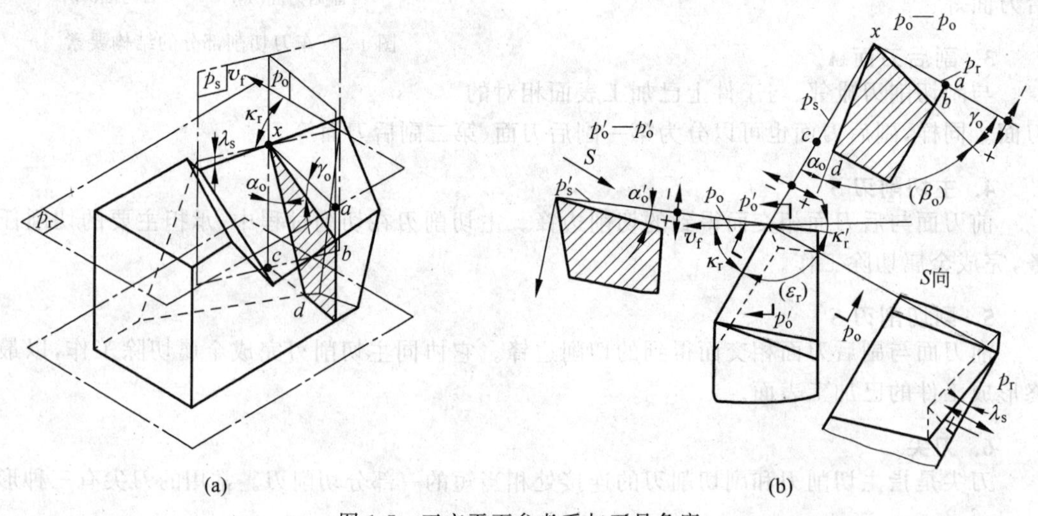

图1-7 正交平面参考系与刀具角度

正交平面参考系由以下三个两两互相垂直的平面组成。

(1) 切削平面 p_s。切削平面是指通过刀刃上选定点，包含该点假定主运动方向和刀刃的平面，即切于工件过渡表面的平面。

(2) 基面 p_r。基面是指通过刀刃上选定点，垂直于该点假定主运动速度方向的平面。由假设可知，它平行于安装底面和刀杆轴线。

(3) $p_o—p_o$ 平面(又称为正交平面)。它是过主切削刃上选定点，同时垂直于基面和切削平面的平面。

在图 1-7(a)中，由 p_s、p_r、$p_o—p_o$ 组成一个正交平面参考系。这是目前生产中比较常用的刀具标注角度参考系。

1.4.3　刀具的标注角度

刀具在设计、制造、刃磨和测量时，都是用刀具标注角度参考系中的角度来标明切削刃和刀面的空间位置的，故这些角度称为刀具的标注角度。

由于刀具角度的参考系沿切削刃上各点可能是变化的，因此所定义的角度均应指切削刃选定点处的角度。凡未指明者，则一般是指切削刃上与刀尖毗邻的那一点的角度。

下面通过普通外圆车刀给各标注角度下定义，并加以说明，如图 1-7(b)所示。这些定义具有普遍性，也可以用于其他类型的刀具。

1. 在基面中测量的角度

(1) 主偏角 κ_r：主切削刃在基面上的投影与进给运动方向之间的夹角。

(2) 副偏角 κ_r'：副切削刃在基面上投影与进给运动反方向之间的夹角。

(3) 刀尖角 ε_r：主切削刃、副切削刃在基面上投影的夹角。

由上可知：$\kappa_r+\kappa_r'+\varepsilon_r=180°$。

2. 在 $p_o—p_o$ 截面中测量的角度

(1) 前角 γ_o：基面与前刀面之间的夹角。它有正、负之分，当前刀面低于基面时，前角为正，即 $\gamma_o>0$；前刀面高于基面时，前角为负，即 $\gamma_o<0$。

(2) 主后角 α_o：后刀面与切削平面之间的夹角。加工过程中，一般不允许 $\alpha_o<0$。

(3) 楔角 β_o：后刀面与前刀面之间的夹角。

由上可知：$\beta_o=90°-(\alpha_o+\gamma_o)$。

3. 在切削平面中测量的角度

刃倾角 λ_s：主切削刃与基面之间的夹角。刃倾角有正、负之分，当刀尖处在切削刃上最高位置时，取正号；若刀尖处于切削刃上最低位置时，取负号；当主切削刃与基面平行时，刃倾角为零。

4. 在副 $p_o—p_o$ 截面中测量的角度

(1) 副前角 γ_o'：副基面与副前刀面之间的夹角。

(2) 副后角 α_o'：副后刀面与副切削平面之间的夹角。该角度影响表面粗糙度及振动。加工过程中，一般也不允许 $\alpha_o'<0$。

5. 在副切削平面中测量的角度

刃倾角 λ_s'：副切削刃与副基面之间的夹角。

1.4.4 刀具工作角度

以上所讲的刀具标注角度,是在假定运动条件和假定安装条件下的标注角度。如果考虑合成运动和实际安装情况,则刀具的参考系将发生变化,刀具角度也发生了变化。按照刀具工作中的实际情况,在刀具工作角度参考系中确定的角度,称为刀具工作角度。

由于通常进给运动在合成切削运动中所起的作用很小,所以,在一般安装条件下,可用标注角度代替工作角度。这样,在大多数场合下,不必进行工作角度的计算。只有在进给运动和刀具安装对工作角度产生较大影响时,才需计算工作角度。

1. 进给运动对工作角度的影响

以横向进给切断工件为例,如图1-8所示。切削刃相对于工件的运动轨迹为阿基米德螺旋线,实际切削平面 p_{se} 为过切削刃而切于螺旋线的平面,而实际基面 p_{re} 又恒与之垂直,因而就引起了实际切削时前、后角的变化,分别称为工作前角 γ_{oe} 和工作后角 α_{oe},其大小分别为

$$\gamma_{oe}=\gamma_o+\eta \tag{1-5}$$

$$\alpha_{oe}=\alpha_o-\eta \tag{1-6}$$

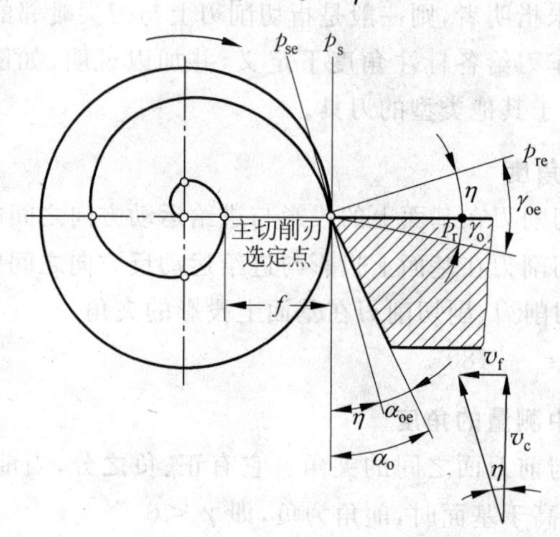

图1-8 横向进给对工作角度的影响

由式(1-6)可以看出,工件直径减小或进给量增大都将使 η 值增大,工作后角减小。在一般情况下(如普通车削、镗削、端铣),η 增值很小,故可略去不计。但在车螺纹或丝杠、铲背时,η 增值很大,它是不可忽略的。

同理,纵车时刀具角度也有类似的变化,不过一般车削外圆时,可以忽略不计,但车螺纹时则必须考虑,如图1-9所示。

2. 刀具安装情况对工作角度的影响

(1) 刀具安装高度对工作角度的影响。如图1-10所示,车刀车外圆,当刀尖安装得高于工件中心线时,则切削平面变为 p_{se},基面变为 p_{re},刀具角度也随之变为工作前角 γ_{oe} 和工作后角 α_{oe}。

分析图1-10可知,这时前角会增大,后角会减小。

当刀尖低于工件中心线时,情况则正好相反。

(2) 刀杆中心线与进给方向不垂直时也会对工作角度产生影响。当车刀刀杆中心线与

进给方向不垂直时，主偏角和副偏角将发生变化，其增大和减小的角度增量为 G。工作主偏角和工作副偏角计算如下：

$$\kappa_{re}=\kappa_r \pm G \tag{1-7}$$

$$\kappa'_{re} \pm G=\kappa'_r \tag{1-8}$$

式中：G——刀杆中心线的垂线与进给运动方向之间的夹角。

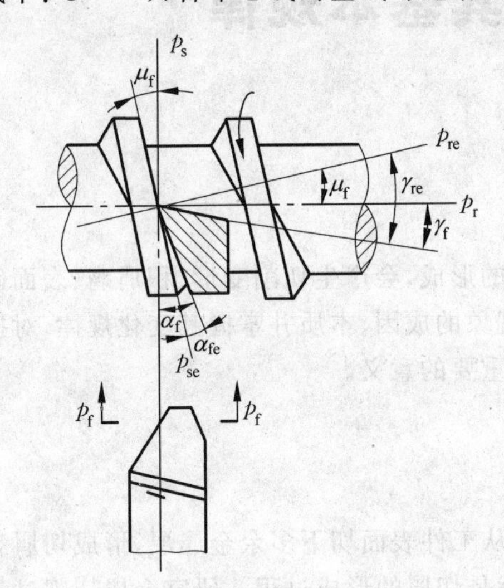

图 1-9　纵向进给对工作角度的影响

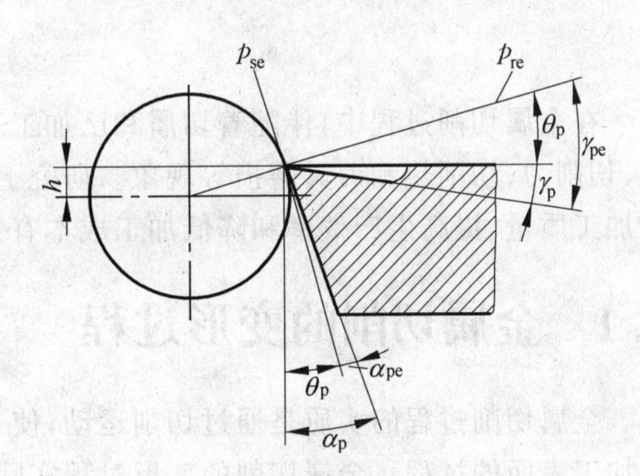

图 1-10　刀具安装高低对工作角度的影响

习题与思考题

1-1　切削加工由哪些运动组成？它们各起什么作用？

1-2　外圆车削时，工件上出现哪些表面？如何定义这些表面？

1-3　切削用量三要素是指什么？如何定义？

1-4　试绘制简图表示内孔车削的切削深度、进给量、切削厚度与切削宽度。

1-5　刀具切削部分有哪些结构要素？如何定义？

1-6　试绘图说明正交平面标注角度参考系的构成。

1-7　刀具标注角度与工作角度有何区别？

1-8　已知外圆车刀切削部分的主要角度是：$\gamma_o=30°$，$\alpha_o=\alpha'_o=5°$，$\kappa_r=75°$，$\kappa'_r=12°$，$\lambda_s=+5°$，试绘制外圆车刀切削部分的工作图。

1-9　如何判定车刀前角 γ_o、后角 α_o、刃倾角 λ_s 的正负？

1-10　切断车削时，进给运动如何影响工作角度？

1-11　刀具切削部分的材料必须具备哪些性能？为什么？

1-12　普通高速钢的常用牌号有哪几种？常用的硬质合金有哪几种？

1-13　陶瓷、立方氮化硼、金刚石等刀具材料各有什么特点？

1-14　涂层硬质合金刀具有什么特点？

1-15　粗加工铸铁应选用哪种牌号的硬质合金？为什么？精加工 45# 钢工件应选用什么牌号的硬质合金？为什么？

第2章

金属切削过程及其基本规律

在金属切削过程中，伴随着切屑和已加工表面的形成，会产生切削变形、积屑瘤、表面硬化、切削力、切削热和刀具磨损等现象。研究上述现象的成因、本质并掌握其变化规律，对提高加工质量、提高生产效率和降低加工成本有十分重要的意义。

2.1 金属切削的变形过程

金属切削过程的实质是通过切削运动，使刀具从工件表面切下多余金属层，形成切屑和已加工表面的过程。金属切削的变形过程实际上就是切屑的形成过程。研究金属切削过程中的变形规律，对于切削加工技术的发展和指导实际生产都非常重要。

2.1.1 变形区的划分

在金属切削过程中，被切削金属层经受刀具的挤压作用，发生弹性变形、塑性变形，直至切离工件，形成的切屑沿刀具前刀面排出。图 2-1 所示为金属切削过程中的滑移线和流线示意图。所谓滑移线，是指等剪切应力曲线（图 2-1 中的 *OA* 线、*OM* 线等），流线表示被切削金属的某一点在切削过程中流动的轨迹。如图 2-1 所示，通常将切削区域大致分为三个变形区。

1. 第一变形区

由 *OA* 线和 *OM* 线围成的区域（Ⅰ）称为第一变形区，也称剪切滑移区。从 *OA* 线开始发生塑性变化到 *OM* 线止，晶粒的剪切滑移基本完成。这是切削过程中产生变形的主要区域，在此区域内产生塑性变形形成切屑。

2. 第二变形区

第二变形区是指刀—屑接触区（Ⅱ）。切屑沿前刀面流出时进一步受到前刀面的挤压和摩擦，切屑卷曲，靠近前刀面处晶粒纤维化，其方向基本上和前刀面平行。

3. 第三变形区

第三变形区是指刀—工接触区（Ⅲ）。已加工表面受到切削刃钝圆部分与后刀面的挤压和摩擦产生变形，造成晶粒纤维化与表面加工硬化。

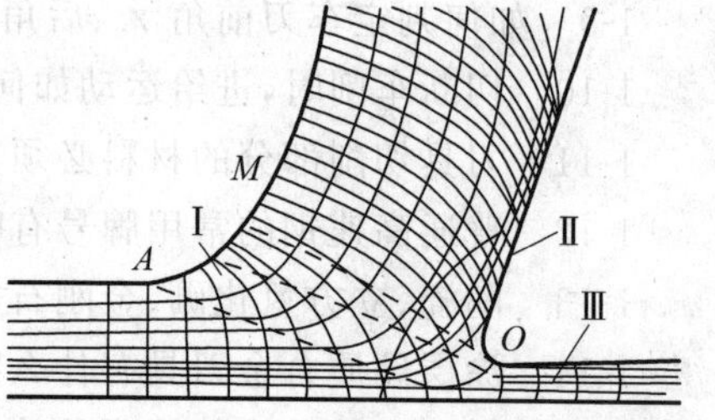

图 2-1　金属切削过程中的滑移线和流线示意图

这三个变形区汇集在切削刃附近，应力比较集中而且复杂。三个变形区的变形是互相牵连的，切削变形是一个整体，并且是在极短的时间内完成的。

2.1.2　切屑的形成及其形态

1. 切屑的形成

切屑形成过程可以这样描述：当刀具和工件开始接触时，材料内部产生应力和弹性变形；随着切削刃和前刀面对工件材料的挤压作用加强，工件材料内部的应力和变形逐渐增大，当剪应力达到材料的屈服强度 τ_s 时，材料将沿着与走刀方向成 45°的剪切面滑移，即产生塑性变形。剪切力随着滑移量的增加而增加，如图 2-2 所示，当剪应力超过工件材料的强度极限时，切削层金属便与工件基体分离，从而形成切屑沿前刀面流出。由此可以得出，第一变形区变形的主要特征是沿滑移面的剪切变形，以及随之产生的加工硬化。

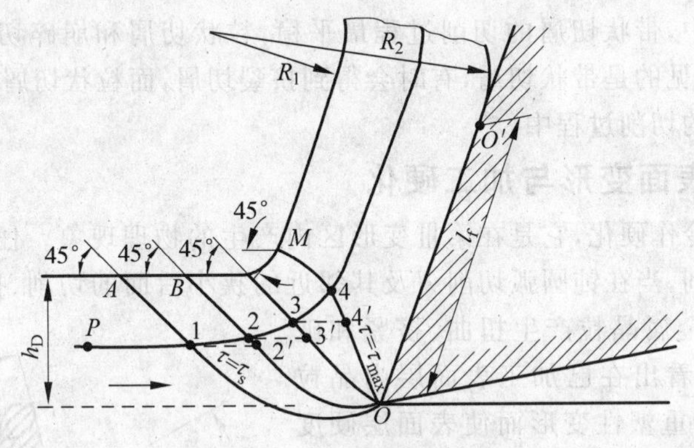

图 2-2　切屑的形成过程

可用一个平面 OM 表示第一变形区，剪切面 OM 与切削速度方向的夹角称为剪切角 φ。

切屑形成过程，就其本质来说，是被切削层金属在刀具切削刃和前刀面作用下，经受挤压而产生剪切滑移变形的过程。

2. 切屑的形态

由于工件材料性质和切削条件不同，切削层变形程度也不同，因此产生的切屑也多种多样。归纳起来，主要有以下四种类型，如图 2-3 所示。

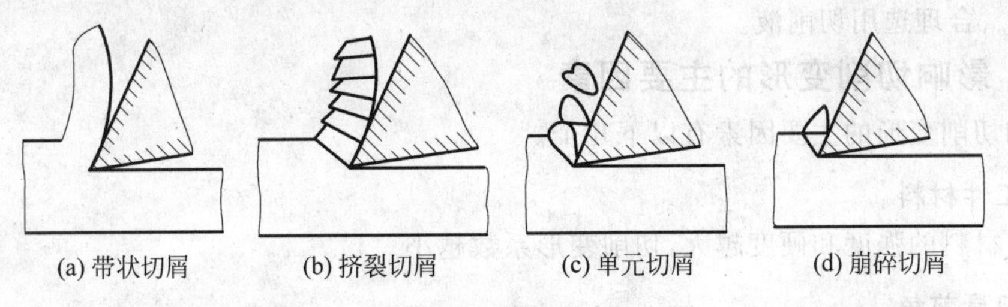
(a) 带状切屑　(b) 挤裂切屑　(c) 单元切屑　(d) 崩碎切屑

图 2-3　切屑形态

(1) 带状切屑。如图 2-3(a)所示，切屑延续成较长的带状，这是一种常见的切屑。一般切削钢材(塑性材料)时，如果切削速度较高、切削厚度较薄、刀具前角较大，则会切出内表面光滑而外表面呈毛茸状的切屑。

(2) 节状切屑又称挤裂切屑。如图 2-3(b)所示，这类切屑的外形与带状切屑不同之处在于内表面有时有裂纹，外表面呈锯齿形。大多在加工塑性金属材料时，如果切削速度较低、切削厚度较大、刀具前角较小,容易得到这种屑型。

(3) 粒状切屑又称单元切屑。如图 2-3(c)所示,对于切削塑性金属材料,如果整个剪切平面上的剪应力超过了材料的断裂强度,挤裂切屑便被切离成颗粒状。采用小前角或负前角的车刀,以极低的切削速度和大的切削厚度切削时,会产生这种形态的切屑。

应当指出的是,对同一种工件材料,当采用不同的切削条件切削时,以上三种切屑形态会随切削条件的改变而相互转化。

(4) 崩碎切屑。如图 2-3(d)所示,这是属于脆性材料的切屑。这种切屑的形状是不规则的,加工表面是凹凸不平的。加工铸铁等脆性材料时,由于抗拉强度较低,刀具切入后,切削层金属只经受较小的塑性变形就被挤裂,或在拉应力状态下脆断,形成不规则的碎块状切屑。工件材料越脆、切削厚度越大、刀具前角越小,越容易产生这种切屑。

以上四种切屑中,带状切屑的切削过程最平稳,粒状切屑和崩碎切屑的切削力波动最大。在生产中,最常见的是带状切屑,有时会得到挤裂切屑,而粒状切屑则很少见,崩碎切屑只出现在脆性材料的切削过程中。

2.1.3 已加工表面变形与加工硬化

加工硬化也称冷作硬化,它是在第Ⅲ变形区内产生的物理现象。任何刀具的切削刃口都很难磨得绝对锋利,当在钝圆弧切削刃及其邻近的狭小后面的切削、挤压和摩擦作用下,使已加工表面层的金属晶粒产生扭曲、挤紧和破碎,从图 2-4 中可以看出在已加工表面层内晶粒的变化,这种经过严重塑性变形而使表面层硬度增高的现象称为加工硬化。金属材料经硬化后提高了屈服强度,并在已加工表面上出现显微裂纹和残余应力,降低材料疲劳强度。许多金属材料,例如高锰钢、高温合金等由于冷硬严重,在切削时使得刀具寿命显著下降。

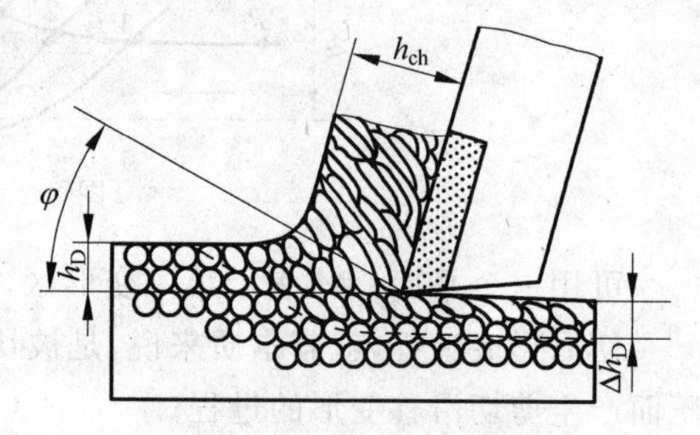

图 2-4 已加工表面层内晶粒的变化

材料的塑性越大,金属晶格滑移越容易,以及滑移面越多,硬化越严重。

生产中通常采取以下措施来降低硬化程度:磨出锋利切削刃、增大前角或后角、减小背吃刀量 a_p、合理选用切削液。

2.1.4 影响切削变形的主要因素

影响切削变形的主要因素有以下几个。

1. 工件材料

工件材料的强度和硬度越大,切削变形系数越小。

2. 刀具前角

刀具前角越大,切削刃越锋利,前刀面对切削层的挤压作用越小,并能直接增大剪切角 φ,则切削变形就越小。但刀具前角增大,作用在前刀面的平均法应力 σ_{av} 会随之减小,因此摩擦系数会增大。

3. 切削速度

在切削塑性金属材料时,切削速度对切削变形的影响比较复杂,需要分别讨论。在有积屑瘤的切削速度范围内($v_c \leqslant 40$m/min),切削速度通过切积屑瘤来影响切削变形。在积屑瘤增长阶段，切削速度增加，积屑瘤高度增大，实际前角增大，从而使切削变形减小；在积屑瘤消退阶段，切削速度增加，积屑瘤高度减小，实际前角减小，切削变形随之增大。积屑瘤最大时切削变形达最小值，积屑瘤消失时切削变形达最大值。

在无积屑瘤的切削速度范围内，切削速度越大，则切削变形越小。其主要有两个方面的原因：一是由于切削速度越高，切削温度越高，摩擦系数降低，使剪切角增大，切削变形减小；二是切削速度增高时，金属流动速度大于塑性变形速度，使切削层金属尚未充分变形，就已从刀具前面流出成为切屑，从而使第一变形区后移，剪切角增大，切削变形进一步减小。

切削铸铁等脆性材料时，一般不形成积屑瘤。当切削速度增大时，切削变形相应减小。

4. 切削厚度

切削厚度对切削变形是通过摩擦系数影响的。切削厚度增加，作用在前刀面上的平均法向力 σ_{av} 增大，摩擦系数 μ 减小，即摩擦角减小，剪切角 φ 增大，因此切削变形减小。

2.2 切削力与切削功率

2.2.1 切削力

切削过程中作用在刀具与工件上的力称为切削力。它是制定机械制造工艺、设计机床、设计刀具和夹具时的主要技术参数。

1. 切削力的来源

在刀具作用下，被切削层金属、切屑和已加工表面金属都在发生弹性变形和塑性变形。如图 2-5 所示，有法向力分别作用于前、后刀面。由于切屑沿前刀面流出，故有摩擦力作用于前刀面；刀具和工件间有相对运动，又有摩擦力作用于后刀面。因此，切削力的来源有两个方面：一是切削层金属、切屑和工件表面层金属的弹性变形、塑性变形所产生的抗力；二是刀具与切屑、工件表面间的摩擦阻力。

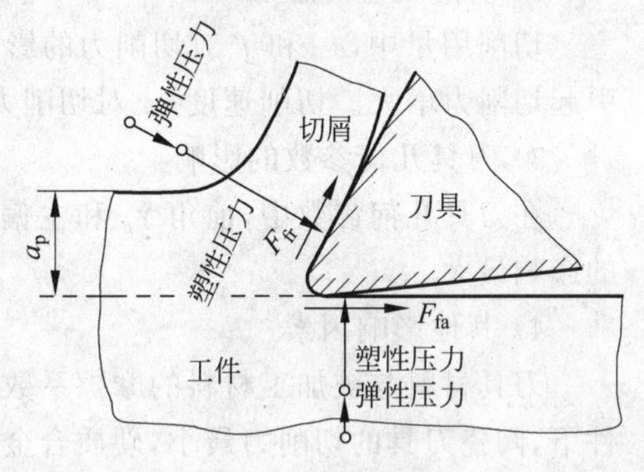

图 2-5　切削力的来源

2. 切削力的分解

作用在刀具上的各种力的总和形成作用在刀具上的合力 F_r。为了便于测量和应用，可以将合力 F_r 分解为三个相互垂直的分力 F_c、F_p、F_f。

(1) 主切削力(切向力)F_c。它是主运动方向上的切削分力，切于过渡表面并与基面垂直，消耗功率最多。它是计算刀具强度、设计机床零件、确定机床功率的主要依据。

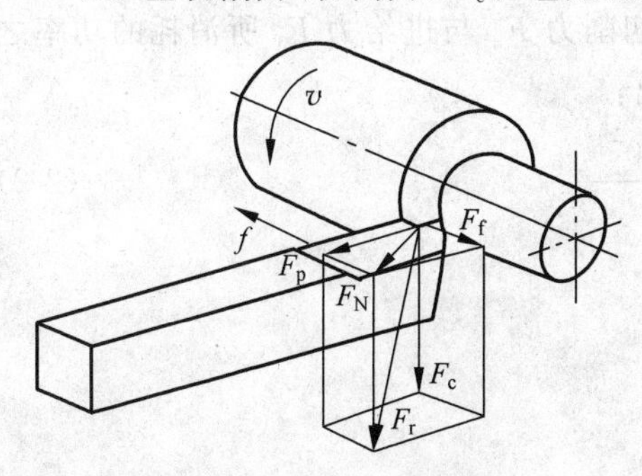

图 2-6　切削力的分解

(2) 进给力(轴向力)F_f。它是作用在进给方向上的切削分力，处于基面内并与工件轴线平行。它是设计走刀机构、计算刀具进给功率的依据。

(3) 背向力(径向力)F_p。它是作用在吃刀方向上的切削分力，处于基面内并与工件轴线垂直。它是确定与工件加工精度有关的工件挠度、切削过程的振动的力。

如图 2-6 所示，有

$$F_r=\sqrt{F_c^2+F_N^2}$$
$$=\sqrt{F_c^2+F_p^2+F_f^2} \tag{2-1}$$

根据实验，当$\kappa_r=45°$和$\gamma_o=15°$时，F_c、F_f、F_p之间有以下近似关系：

$$F_p=(0.4\sim0.5)F_c,\quad F_f=(0.3\sim0.4)F_c,\quad F_r=(1.12\sim1.18)F_c$$

随着切削加工时的条件不同，F_c、F_f、F_p之间的比例可在较大范围内发生变化。

3. 影响切削力的因素

在切削过程中，影响切削力的因素很多，凡影响切削变形和摩擦系数的因素，都会影响切削力。从切削条件方面分析，主要有工件材料、切削用量、刀具几何参数等。

1）工件材料

一般来说，材料的强度越高、硬度越大，切削力也越大。这是因为强度、硬度高的材料，切削时产生的变形抗力大。

在强度、硬度相近的材料中，塑性、韧性大的，或加工硬化严重的，切削力大。加工铸铁等脆性材料时，切削层的塑性变形很小，加工硬化小，形成崩碎切屑，与前刀面的接触面积小，摩擦力也小，故切削力就比加工钢小。

同一材料，热处理状态不同，金相组织不同，硬度就不同，同时也影响切削力的大小。

2）切削用量的影响

切削用量中，a_p和f对切削力的影响较明显。当a_p或f增大时，变形力、摩擦力增大，引起切削力增大。切削速度v_c对切削力的影响则不大。

3）刀具几何参数的影响

在刀具几何参数中，前角γ_o和主偏角κ_r对切削力的影响比较明显，前角γ_o对切削力的影响最大。

4）其他影响因素

刀具材料与被加工材料的摩擦系数直接影响摩擦力，进而影响切削力。在相同切削条件下，陶瓷刀具的切削力最小，硬质合金刀具的切削力次之，高速钢刀具的切削力最大。

此外，合理选择切削液可降低切削力。刀具后刀面的磨损对切削力也将产生影响，刀具后刀面磨损量增大，摩擦加剧，切削力也随之增大。

2.2.2 切削功率与单位切削功率

1. 切削功率

切削过程中消耗的功率称为切削功率，它是主切削力F_c与进给力F_f所消耗的功率之和。当F_c及v_c已知时，切削功率P_c可由下式求出：

$$P_c=\frac{F_c v_c\times10^{-3}}{60} \tag{2-2}$$

式中：P_c——切削功率(kW)；

F_c——主切削力(N)；

v_c——切削速度(m/min)。

机床电动机所需的功率P_E应为

$$P_E=\frac{P_c}{\eta_m} \tag{2-3}$$

式中：η_m——机床的传动效率，一般取 $\eta_m=0.80\sim0.85$。

2. 单位切削功率

单位时间内切下单位体积金属需要的功率称为单位功率，用 p_c 表示(单位为 kW/mm³)，则

$$p_c=\frac{P_c}{Q}=\frac{P_c}{1000v_c a_p f} \tag{2-4}$$

式中：Q——单位时间内的金属切除量(mm³/s)。

2.3　切削热与刀具磨损

2.3.1　切削热与切削温度

切削热与切削温度是切削过程中的又一重要物理现象。由于切削热引起切削温度的升高，使工件产生热变形，直接影响工件的加工精度和表面质量。切削温度是影响刀具耐用度的主要因素。因此，研究切削热与切削温度的产生和变化规律，有十分重要的实用意义。

1. 切削热的产生和传出

在刀具的切削作用下，切削层金属发生弹性变形和塑性变形，这是切削热的一个来源；同时，在切屑与前刀面，工件与后刀面间消耗的摩擦功也将转化为热能，这是切削热的又一个来源，如图2-7所示。

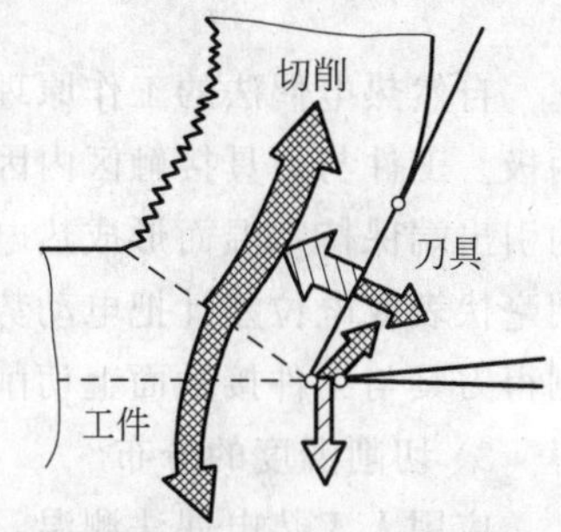

图2-7　切削热的来源

切削热由切屑、工件、刀具以及周围的介质传导出去。

根据热力学平衡原理，产生的热量和传散的热量相等，即

$$Q_s+Q_r=Q_c+Q_t+Q_w+Q_m \tag{2-5}$$

式中：Q_s——工件材料弹、塑性变形产生的热量；

Q_r——切屑与前刀面、加工表面与后刀面摩擦产生的热量；

Q_c——切屑带走的热量；

Q_t——刀具传散的热量；

Q_w——工件传散的热量；

Q_m——周围介质带走的热量。

影响热传导的主要因素是工件和刀具材料的导热系数以及周围介质的状况。如果工件材料的导热系数较高，由切屑和工件传导出去的热量就多，切削区温度就较低。如果刀具材料的导热系数较高，则切削区的热量容易从刀具传导出去，也能降低切削区的温度。采用冷却性能好的水溶剂切削液能有效降低切削温度。

切削热是由切屑、工件、刀具和周围介质按一定比例传散的。

2. 切削温度及其测定方法

1) 切削温度的概念

在生产中，切削热对切削过程的影响是通过切削温度体现出来的。切削温度是指切削

过程中切削区域的温度。

2）切削温度的测定

切削温度及其在切屑—工件—刀具中的分布可利用热传导和温度场的理论计算确定，常用的是通过实验方法测定。

切削温度的测量方法很多，如自然热电偶法、人工热电偶法、热敏涂色法、热辐射法和远红外法等。生产实践中最方便、最简单、最常用的是采用自然热电偶法。在车床上利用自然热电偶法测量切削温度的装置如图 2-8 所示。

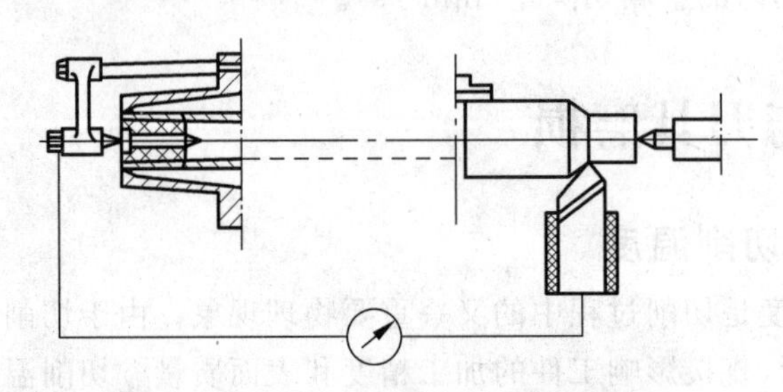

图 2-8 自然热电偶法测量切削温度

自然热电偶法的工作原理：利用工件材料与刀具材料的化学成分不同而组成热电偶的两极。工件与刀具接触区内因切削热的作用使温度升高而形成热端，而刀具的尾端与工件的引出端保持室温而形成热电偶的冷端。这样在刀具与工件的回路中便有热电动势产生。用毫伏表或电位差计把电动势记录下来，根据预先标定的刀具—工件热电偶标定曲线，便可测得刀具与工件接触面上切削温度的平均值。

3）切削温度的分布

应用人工热电偶法测温，并辅以传热学计算所得到的刀具、切屑和工件的切削温度分布情况如图 2-9 所示。

由图 2-9 可知，工件、切屑、刀具的切削温度分布组成一个温度场。温度场对刀具磨损的部位、工件材料性能的变化、已加工表面质量等都有影响。切削温度分布体现出如下规律。

（1）剪切面上各点温度几乎相同。

（2）前、后刀面上的最高温度都不在刀刃上，而是在离刀刃有一定距离的地方（摩擦热沿刀面不断增加的原因）。

（3）剪切区中，垂直剪切面方向的温度梯度很大。

（4）切屑底层上的温度梯度很大。

（5）后刀面接触长度较小，加工表面受到的是一次热冲击。

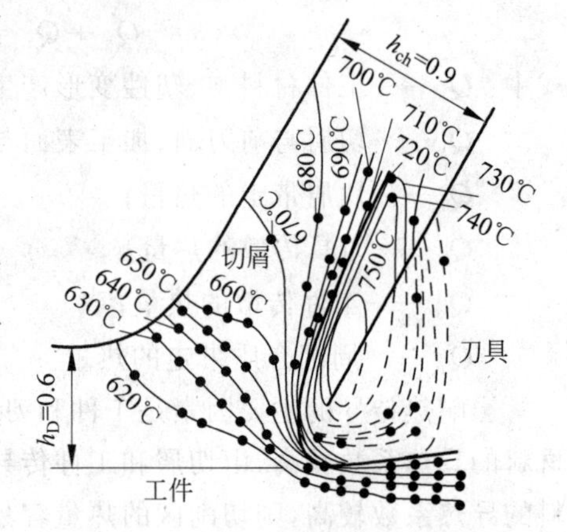

图 2-9 刀具、切屑和工件的切削温度分布

（6）工件材料塑性越大，切削温度分布越均匀；材料脆性越大，最高温度点离刀刃越近。

（7）材料导热系数越低，刀具前、后面温度越高。

3. 影响切削温度的主要因素

工件材料、切削用量、刀具的几何参数、刀具的磨损、切削液等是影响切削温度的主要因素。

1）工件材料

被加工工件材料不同，切削温度会相差很大，因为各种材料的强度、硬度、塑性和导热系数不同而形成的。工件材料的强度、硬度、塑性越大，切削力越大，产生的热越多，使切削温度升高。导热系数大时则热量散失快，使切削温度降低。所以，切削温度是切削热产生与散失的综合结果。

2）切削用量

（1）背吃刀量 a_p。一方面，a_p 增加，变形和摩擦加剧，产生的热量增加；另一方面，a_p 增加，切削宽度按比例增大，实际参与切削的刃口长度也按比例增加，散热条件同时得到改善。因此，a_p 对切削温度的影响较小。

（2）进给量 f。f 增大，产生的热量增加。虽然 f 增大，切削厚度增大，切屑的热容量大，带走的热量多，但切削宽度不变，刀具的散热条件没有得到改善，因此切削温度有所上升。

（3）切削速度 v。v 增大，单位时间内金属切除量按比例增加，产生的热量增大，而刀具的传热能力没有任何改变，切削温度将明显上升，因而切削速度对切削温度的影响最为显著。

切削温度是对刀具磨损和刀具使用寿命影响最大的因素，在金属切除率相同的条件下，为了有效地控制切削温度以延长刀具使用寿命，在机床条件允许时，选用较大的背吃刀量和进给量比选用高的切削速度有利。

3）刀具的几何参数

刀具的几何参数中前角 γ_o 和主偏角 κ_r 对切削温度的影响比较明显。

（1）前角 γ_o。γ_o 增大，剪切角随之增大，切削变形、摩擦力均减小，产生的切削热减小，使切削温度降低。但是前角进一步增大，则楔角 β_o 减小，使刀具的传热能力降低，切削温度反而逐渐升高，且刀尖强度下降。

（2）主偏角 κ_r。在 a_p 相同的情况下，κ_r 增大，刀具切削刃的实际工作长度缩短，刀尖角减小，传热能力下降，因而切削温度会上升。反之，若 κ_r 减小，则切削温度下降。

（3）刀尖圆弧半径 r_ε。r_ε 增大，刀具切削刃的平均主偏角 κ_r 减小，切削宽度按比例增大，刀具的传热能力增大，切削温度下降。

4）切削液

合理使用切削液对降低切削温度、减小刀具磨损、提高已加工表面质量有明显的效果。切削液的导热率、比热容和流量越大，浇注方式越合理，则切削温度越低，冷却效果越好。

5）刀具的磨损

刀具的磨损达到一定数值后，磨损对切削温度的影响会增大，随着切削速度的提高，影响就越显著。

2.3.2　刀具磨损与刀具耐用度

刀具在切削过程中，在高温、高压条件下，前、后刀面分别与切屑、工件产生强烈的摩擦，刀具材料会逐渐被磨损消耗或出现其他形式的损坏，如图 2-10 所示。刀具过早、过多的磨损将对切削过程和生产效率带来很大的影响。

1. 刀具磨损形式

刀具磨损可分为正常磨损和非正常磨损两种形式。正常磨损是指刀具材料的微粒被工件或切屑带走的现象。非正常磨损是指由于冲击、振动、热效应等原因,致使刀具崩刃、碎裂而损坏,这一现象也称为破损。

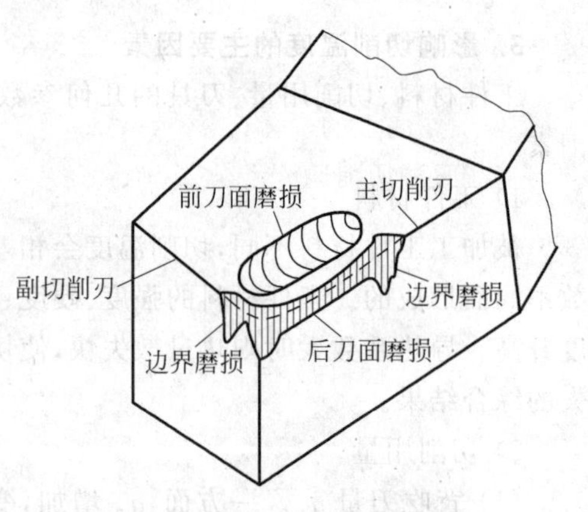

图 2-10　刀具的磨损形式

1) 正常磨损

刀具的正常磨损方式一般有以下三种。

(1) 后刀面磨损。由于加工表面与后刀面之间存在着强烈的摩擦,在后刀面的切削刃附近很快就磨出一段后角为0的小棱面,这种磨损形式称为后刀面磨损,如图2-11(a)所示。后刀面磨损一般发生在以较小的切削厚度、较低的切削速度切削脆性材料或塑性金属材料的情况下。在切削刃实际工作范围内,后刀面磨损是不均匀的,刀尖部分由于强度和散热条件差,磨损严重;切削刃靠近待加工表面部分,由于上道工序的加工硬化或毛坯表面的缺陷,磨损也比较严重。因为一般刀具的后刀面都会发生磨损,而且测量比较方便,因此常以后刀面的磨损量的平均值 VB 表示刀具的磨损程度。

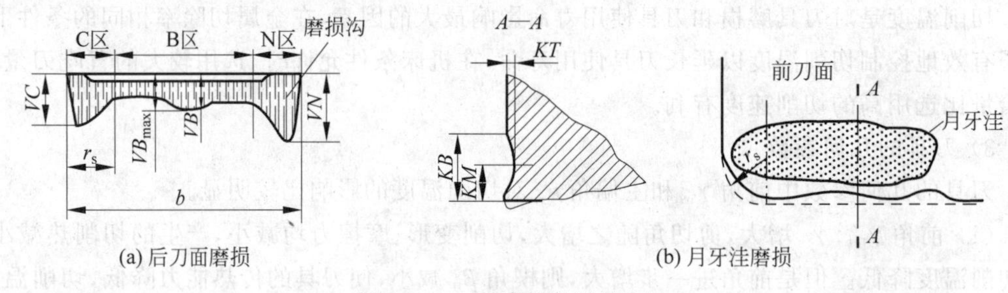

图 2-11　刀具磨损的测量位置

(2) 前刀面磨损。在切削塑性材料时,若切削速度和切削厚度都较大时,因前刀面的摩擦大、温度高,当刀具的耐热性和耐磨性稍有不足时,在前刀面上主切削刃附近就会磨出一段月牙洼形的凹坑,如图2-11(b)所示。在磨损过程中,月牙洼逐渐变深、变宽,使刀刃强度逐渐下降。前刀面磨损量一般用月牙洼磨损深度 KT 表示。

(3) 前、后刀面同时磨损。在切削塑性材料且切削厚度适中时,经常会出现前刀面与后刀面同时发生磨损的形式,常在主切削刃靠近工件外皮处及副切削刃靠近刀尖处磨出较深的沟纹。

2) 非正常磨损

刀具的非正常磨损主要指刀具的脆性破损(如崩刃、碎断、剥落、裂纹破损等)和塑性破损(如塑性流动等)。它主要是由于刀具材料选择不合理,刀具结构、制造工艺不合理,刀具几何参数不合理,切削用量选择不当,刀具刃磨或使用时操作不当等原因所致。

2. 刀具磨损的原因

刀具在高温、高压下进行切削时,正常磨损是不可避免的,经常是机械的、热力的、化学的三种作用的综合结果。正常磨损有磨料磨损、扩散磨损和化学磨损等。

1）磨料磨损

工件材料中含有一些硬度极高的硬质点，如碳化物、积屑瘤碎片、已加工表面的硬化层等，工件或切屑上的硬质点在刀具表面上划出沟纹而形成的磨损称为磨料磨损，又称为机械磨损。它在各种切削速度下都存在，但对低速切削的刀具，磨料磨损是刀具磨损的主要原因。

因此，作为刀具材料，必须具有更高的硬度，有较多、较细且分布均匀的碳化物硬质点，才能提高其抗磨料磨损能力。

2）黏结磨损

切削塑性材料时，切削区存在着很大的压力和强烈的摩擦，切削温度也较高，切屑、工件与前、后刀面之间的吸附膜被挤破，形成新的表面并紧密接触，因而发生黏结（冷焊）现象。刀具表面局部强度较低的微粒被切屑或工件带走，这样形成的磨损称为黏结磨损，又称为冷焊磨损。黏结磨损一般在中等偏低的切削速度下较严重。黏结磨损的程度主要与刀具材料，刀具表面形状与组织，切削时的压力、温度，材料间的亲和程度，刀具、工件材料间的硬度比，切削条件及工艺系统刚度等有关。

3）扩散磨损

切削时，在高温下刀具与工件、切屑接触的摩擦面使其化学元素 C、Co、W、Ti、Fe 等互相扩散到对方内部。当刀具中的一些元素扩散后，改变了原来刀具材料中化学成分的比值，使其性能下降，加快了刀具的磨损。

影响扩散磨损的主要因素除刀具、工件材料的化学成分外，主要是切削温度。切削温度较低，扩散磨损较轻，随着切削温度的升高，扩散磨损加剧。

4）化学磨损

化学磨损又称为氧化磨损。在一定温度下，刀具材料与周围介质起化学反应，在刀具表面形成一层硬度较低的化合物而被切屑带走；或因刀具材料被某种介质腐蚀，造成刀具的化学磨损。

5）相变磨损

用高速钢刀具切削时，当切削温度超过其相变温度（550～600℃）时，刀具材料的金相组织会发生变化，由回火马氏体转变为奥氏体，使硬度降低，磨损加快。故相变磨损是高速钢磨损的主要原因之一。

6）热电磨损

热电磨损是指在切削区高温作用下，刀具与工件材料形成热电偶，使刀具与切屑及工件间有热电流通过，可加快刀具表面层的组织变得脆弱而磨损加剧。试验表明，在刀具、工件的电路中加以绝缘，可明显减轻刀具磨损。

刀具磨损的原因错综复杂，且各类磨损因素相互影响，通过上述分析可知，对于一定的刀具、工件材料，切削温度和机械摩擦对刀具磨损具有决定性影响。

3. 刀具的磨损过程和磨钝标准

1）刀具的磨损过程

在一定的切削条件下，刀具磨损将随着切削时间的延长而加剧。图 2-12 所示为典型的硬质合金车刀磨损曲线。由图 2-12 可知，刀具的磨损分三个阶段。

（1）初期磨损阶段。因刀具新刃磨的表面粗糙不平，残留砂轮痕迹，开始切削时磨损较快，一般所耗时间比曲线表示的还要短。初期磨损量的大小，与刀具刃磨质量直接相关。一

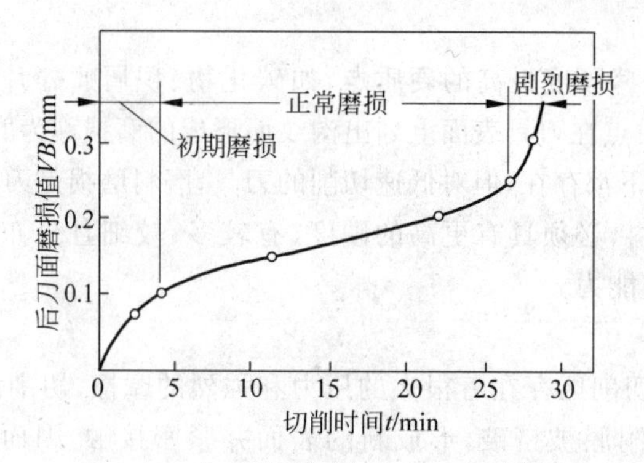

图 2-12 典型的硬质合金车刀磨损曲线

般经研磨过的刀具,初期磨损量较小。

(2) 正常磨损阶段。经初期磨损后,刀面上的粗糙表面已被磨平,压强减小,磨损比较均匀、缓慢。后刀面上的磨损量将随切削时间的延长而近似地成正比例增加,此阶段时间较长。它是刀具工作的有效阶段。

(3) 急剧磨损阶段。当刀具磨损达到一定限度后,已加工表面粗糙度变差,摩擦加剧,切削力、切削温度猛增,磨损速度增加很快,往往产生振动、噪声等,致使刀具失去切削能力。

因此,刀具应避免达到急剧磨损阶段,在这个阶段到来之前,就应更换新刀或新刃。

2) 刀具的磨钝标准

刀具磨损到一定限度时就不能继续使用,这个磨损限度称为磨钝标准。国际标准 ISO 规定以 1/2 背吃刀量处后刀面上测定的磨损带宽度 VB 值作为刀具磨钝标准。

根据加工条件的不同,磨钝标准应有所变化。粗加工应取大值,工件刚性较好或加工大件时应取大值,反之则取小值。

自动化生产中的精加工刀具,常以沿工件径向的刀具磨损量作为刀具的磨钝标准,称为刀具径向磨损量 NB 值。

目前,在实际生产中,常根据切削时突然发生的现象,如产生振动、已加工表面质量变差、切屑颜色改变、切削噪声明显增加等来决定是否更换刀具或刀刃。

4. 刀具耐用度

1) 刀具耐用度的基本概念

刀具耐用度是指一把新刀从开始切削一直到磨损量达到磨钝标准为止所经过的总切削时间,单位为分钟,用 T 来表示。而刀具的使用寿命,应等于刀具耐用度乘以重磨次数。需要指出,新国家标准将刀具耐用度定义为刀具使用寿命,而把刀具使用寿命定义为刀具总使用寿命。

2) 切削用量对刀具耐用度的影响

对于同一种材料的切削加工,当刀具材料、几何参数确定之后,对刀具耐用度的影响就是切削用量。由于用理论分析法导出的它们之间的数量关系与实际情况不符,因此目前是以实验方法即经验公式来建立它们之间的关系。

通过分析刀具耐用度经验公式可知:

(1) 当其他条件不变时,切削速度提高一倍,耐用度 T 将降低到原来的 3.125%;

(2) 若进给量提高一倍,而其他条件不变时,耐用度则降低到原来的 21%;

(3) 当其他切削条件不变时,若切削深度提高一倍,则耐用度仅降低到原来的 78%。

由此可知,切削用量三要素对刀具耐用度的影响相差悬殊,v 对 T 的影响最大,其次是 f,而 a_p 的影响最小。因此,在实际使用中,在使刀具耐用度降低较少而又不影响生产效率的前提下,应尽量选取较大的背吃刀量 a_p 和较小的切削速度 v,使进给量大小适中。

3) 影响刀具耐用度的主要因素

影响刀具耐用度的因素主要有以下四个方面。

(1) 刀具材料。刀具材料的抗弯强度和硬度越高,耐磨性和耐热性越好,则刀具抗磨损的能力就越强,耐用度也越高。

(2) 刀具的几何参数。前角 γ_o 增大,可使切削时的摩擦、切削力减小,使切削温度降低,刀具耐用度提高;但前角 γ_o 太大,则刀具强度降低,散热差,刀具耐用度也会降低。主偏角 κ_r 和副偏角 κ_x' 减小、刀尖圆弧半径 r_ε 增大,都会使刀刃工作长度增加,如果改善散热条件,切削温度降低,并使刀尖强度提高,因而使刀具耐用度提高。

(3) 切削用量。切削用量对刀具耐用度的影响较为明显,由式(1-1)和式(1-2)可知,其中切削速度 v 影响最大,进给量 f 次之,而背吃刀量 a_p 影响最小。

(4) 工件材料的强度、硬度越高,导热性越差,则切削力大,切削温度高,故刀具磨损越快,刀具耐用度越低。同时,工件材料材质的纯度和均匀性,会对刀具的非正常磨损带来很大的影响。

4) 合理选择刀具耐用度

刀具耐用度对切削加工的生产效率和生产成本有较大的影响。如果刀具耐用度定得过高,虽然可以减少换刀次数,但必须减小切削用量,从而使生产效率降低、成本提高。反之,若将刀具耐用度定得过低,虽然可以采用较大的切削用量,但是势必会增加换刀和磨刀的次数与时间,同样会降低生产效率,增加成本。因此,应该根据具体的切削条件和生产技术条件制定合理的刀具耐用度数值。

在实际生产中,刀具合理耐用度的确定方法有两种:最高生产效率耐用度 T_p 和最低生产成本耐用度 T_c。一般 T_p 略低于 T_c。

习题与思考题

2-1　怎样划分金属切削变形区?各变形区有何特点?

2-2　怎样衡量金属切削变形程度?

2-3　影响切削变形的主要因素有哪些?试说明它们的影响规律。

2-4　切削力的来源是什么?车削时切削力如何分解?

2-5　影响切削力的主要因素有哪些?试说明它们的影响规律。

2-6　切削热是如何产生与传散的?

2-7　影响切削温度的主要因素有哪些?试说明它们是如何影响切削温度的。

2-8　简述刀具的正常磨损形式及刀具磨损的原因。

2-9　什么是刀具耐用度?影响刀具耐用度的主要因素有哪些?

第 3 章 金属切削加工基本理论的应用

3.1 切屑控制

在切削过程中，尤其是在自动化机床的切削过程中，切屑的失控将会严重影响操纵者的安全及机床的正常工作，并导致刀具损坏和划伤已加工表面。因此，切屑的控制是切削加工中一个十分重要的技术问题。

3.1.1 切屑形状的分类

生产中由于加工条件不同，形成的切屑形状多种多样。根据 ISO 规定并由我国生产工程学会切削专业委员会推荐的《单刃车削刀具寿命试验》(GB/T 16461—2016)的规定，切屑的形状与名称分为八类，如表 3-1 所列。

表 3-1 切屑形状的分类

类别	示意图		
	1-1 长	1-2 短	1-3 缠乱
带状切屑		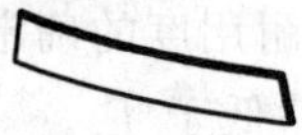	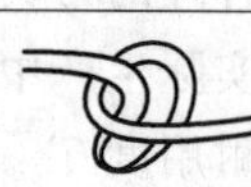
	2-1 长	2-2 短	2-3 缠乱
管状切屑	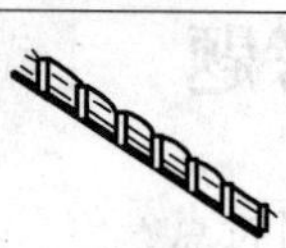		
	3-1 平	3-2 锥	—
盘旋状切屑	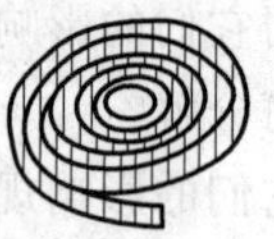	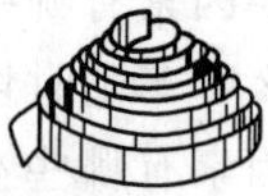	—
	4-1 长	4-2 短	4-3 缠乱
环形螺旋切屑		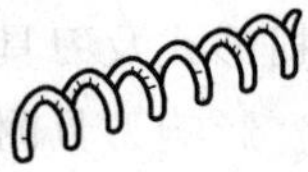	

续表

类　别	示　意　图		
锥形螺旋切屑	5-1 长 	5-2 短 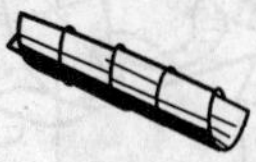	5-3 缠乱 
弧形切屑	6-1 连接 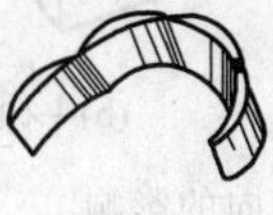	6-2 松散 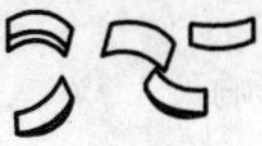	—
单元切屑		—	—
针形切屑	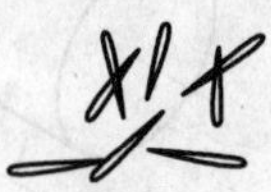	—	—

比较理想的切屑形状是：短管状切屑(2-2)、平盘旋状切屑(3-1)、锥盘旋状切屑(3-2)、短环形螺旋切屑(4-2)和短锥形螺旋切屑(5-2)，以及带防护罩的数控机床和自动机床上得到的单元切屑(7)和针形切屑(8)。其中最安全、散热效果较好的切屑形状是短屑中的“C”“6”形状的和约长 100mm 的螺旋切屑。

3.1.2　切屑的流向、卷曲和折断

1. 切屑的流向

为了不损伤已加工表面和方便处理切屑，必须有效地控制切屑的流向。如图 3-1 所示，车刀除主切削刃起主要切削作用外，倒角刀尖和副切削刃处也有非常少的部分参加切削，由于切屑流向是垂直于各切削刃的方向，因此最终切屑的流向是垂直于主、副切削刃的终点连线方向，通常该流出方向与正交平面夹角为 η_c，η_c 称为流屑角。刀具上影响流屑方向的主要参数是刃倾角 λ_s，这是因为 $+\lambda_s$ 与 $-\lambda_s$ 对切屑作用力方向不同造成的。如图 3-2(a)所示，$-\lambda_s$ 使切屑流向已加工表面；如图 3-2(b)所示，$+\lambda_s$ 使切屑流向待加工表面。

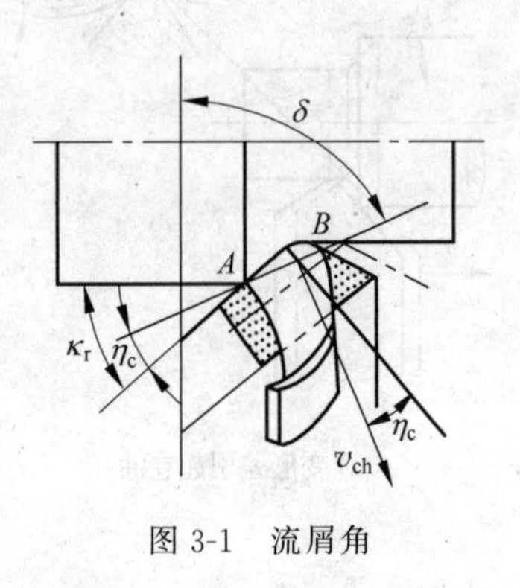

图 3-1　流屑角

2. 切屑的卷曲机理

切屑的卷曲是由于切屑内部变形或碰到断屑槽等障碍物造成的，如图 3-3～图 3-5 所示。

当用平前刀面切削时，只要 v_c 不是很高，切屑常会自行卷曲，其原因是切削时形成积屑瘤，积屑瘤有一定的高度，切屑沿积屑瘤顶面流出，离开积屑瘤后一段距离即与前刀面相切，从而发生了弯曲。

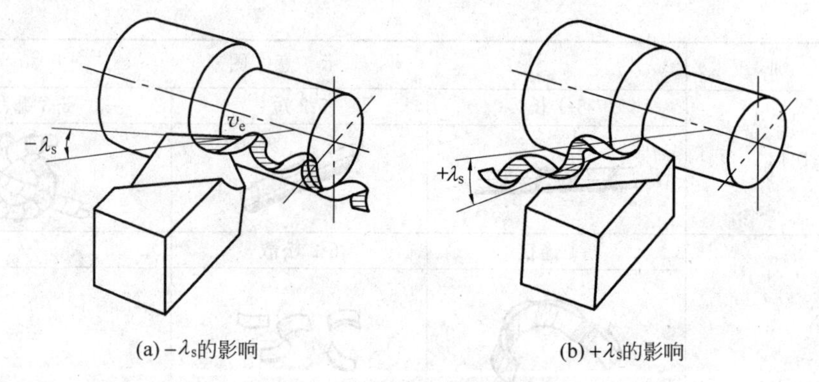

(a) $-\lambda_s$的影响　　(b) $+\lambda_s$的影响

图 3-2　刃倾角对切屑流向的影响

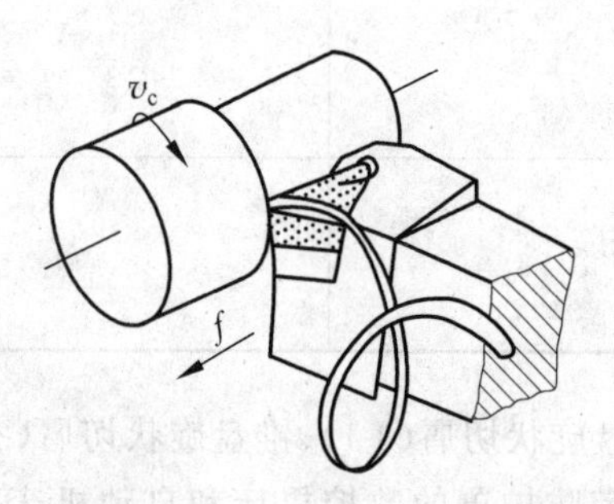

图 3-3　切屑未遇阻碍形成长的带状切屑

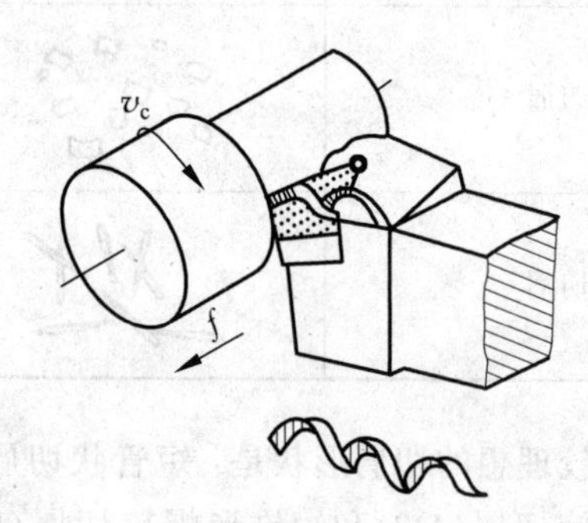

图 3-4　切屑在卷屑槽内形成螺旋状切屑

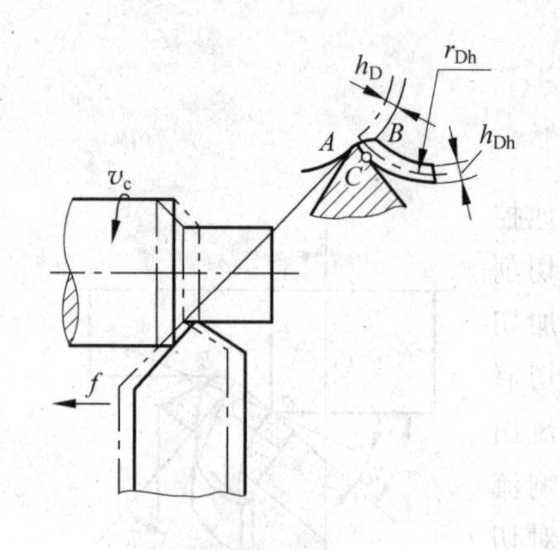

(a) 变形差引起卷曲

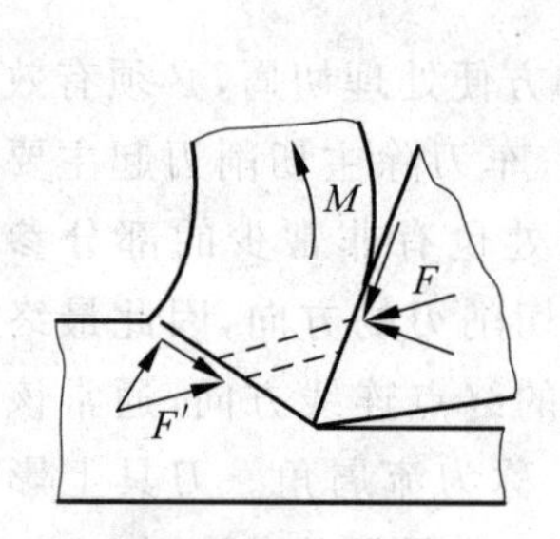

(b) 力矩引起卷曲

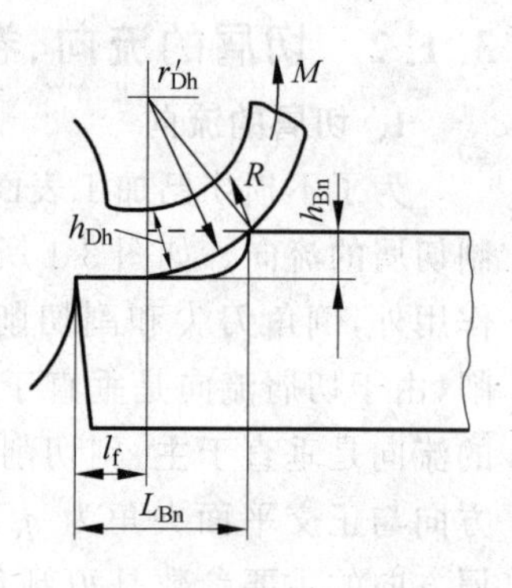

(c) 断屑器作用引起卷曲

图 3-5　切屑卷曲机理

生产上常用的是强迫卷屑法，即在前刀面上磨出适当的卷屑槽，或附加卷屑台，当切屑流过时，使其卷曲。

3. 切屑的折断机理

切屑经第Ⅰ、第Ⅱ变形区严重变形后，硬度增加，塑性降低，性能变脆。当切屑经变形自然卷曲或经断屑槽等障碍物强制卷曲产生的拉应变超过切屑材料的极限应变值时，切屑即会折断，如图 3-6 所示。

长螺卷屑的折断是因为长螺卷屑达到一定长度后，由于重力的作用而下垂，并在离卷屑槽不远处弯曲，在弯曲的地方产生弯曲应力，当弯曲应力达到一定值之后，加上切屑的甩动而促使它折断。

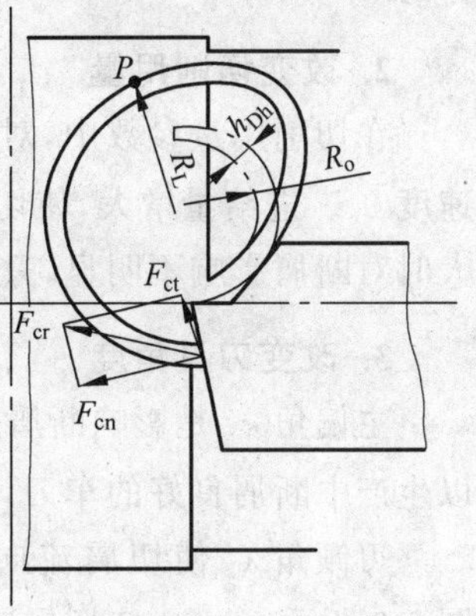

图 3-6　切屑折断时的受力及弯曲

3.1.3　断屑措施

为了保护机床和人身安全、保护已加工表面和刀具不受损伤，在生产实际中除了有效地控制切屑流向外，常常要人为地采取断屑措施。常用的断屑措施有以下几种。

1. 磨制断屑槽

对于焊接硬质合金车刀，在前刀面上可磨制如图 3-7 所示的折线型、直线圆弧形和全圆弧形三种断屑槽。折线型和圆弧形适用于加工碳钢、合金钢、工具钢和不锈钢；全圆弧形的槽底前角 γ_n 大，适用于加工塑性大的金属材料和重型刀具。

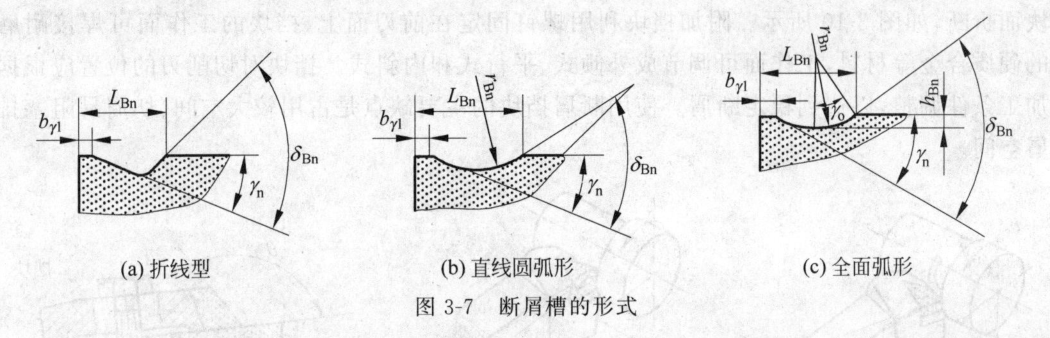

(a) 折线型　(b) 直线圆弧形　(c) 全面弧形

图 3-7　断屑槽的形式

在使用断屑槽时，影响断屑效果的主要参数是：槽宽 L_{Bn}、槽深 h_{Bn}(r_{Bn})。槽宽 L_{Bn} 的大小应确保一定厚度的切屑在流出时碰到断屑台。

断屑槽在前刀面上的位置有三种形式(见图 3-8)，即外倾式、平行式(适用于粗加工)和内斜式(适用于半精加工和精加工)。

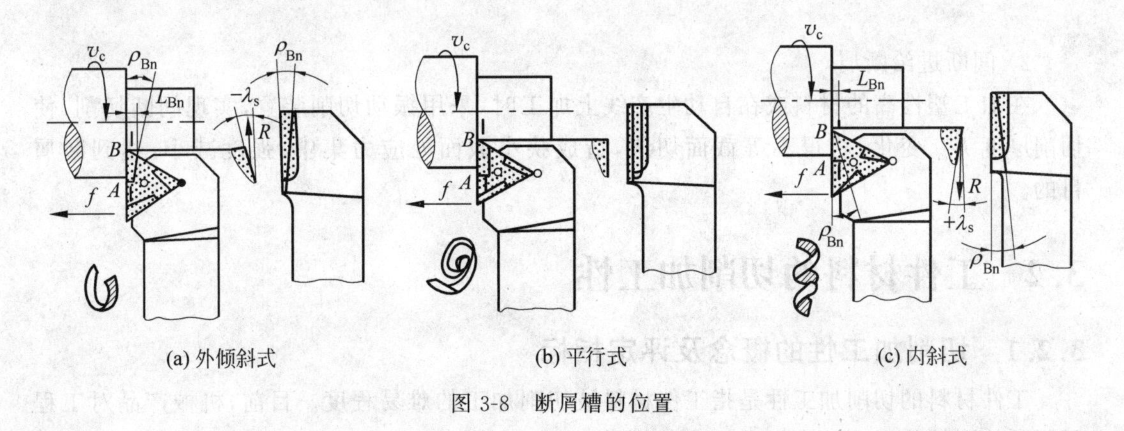

(a) 外倾斜式　(b) 平行式　(c) 内斜式

图 3-8　断屑槽的位置

2. 改变切削用量

在切削用量参数中，对断屑影响最大的是进给量 f，其次是背吃刀量 a_p，最小的是切削速度 v_c。进给量增大，使切屑厚度 h_{ch} 增大，当受到碰撞后切屑容易折断。背吃刀量 a_p 增大时对断屑影响不明显，只有当同时增加进给量时，才能有效地断屑。

3. 改变刀具角度

主偏角 κ_r 是影响断屑的主要因素。主偏角 κ_r 增大，切屑厚度 h_{ch} 增大，容易断屑。所以生产中断屑良好的车刀，均选取较大的主偏角，通常取 $\kappa_r=60°\sim90°$。

刃倾角 λ_s 使切屑流向改变后，使切屑碰到加工表面上或刀具后面上造成断屑，如图 3-9 所示。$-\lambda_s$ 使切屑流出碰撞待加工表面形成“C”“6”形切屑；$+\lambda_s$ 使切屑流出碰撞后刀面形成“C”形或短螺旋切屑并自行甩断。

4. 其他断屑方法

1）附加断屑装置

为了使切屑流出时可靠地断屑，可在前刀面上固定附加断屑挡块，使流出的切屑碰撞挡块而折断，如图 3-10 所示。附加挡块利用螺钉固定在前刀面上，挡块的工作面可焊接耐磨的硬质合金等材料，工作面可调节成外倾式、平行式和内斜式。挡块对切削刃的位置应根据加工条件调整，以达到稳定断屑。使用断屑挡块的主要缺点是占用较大空间、切屑易阻塞排屑空间。

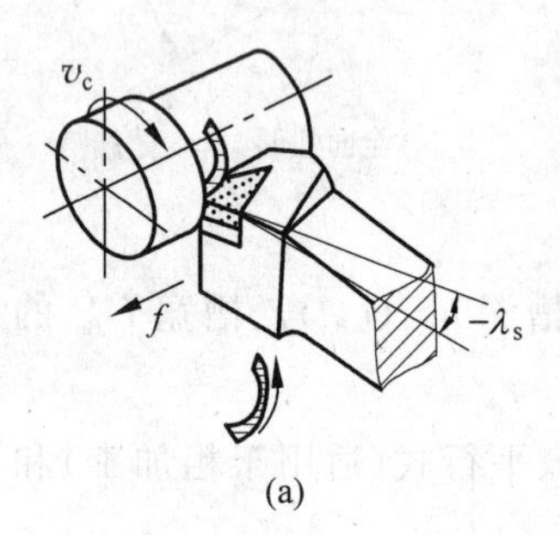

图 3-9　刃倾角 λ_s 对断屑的影响

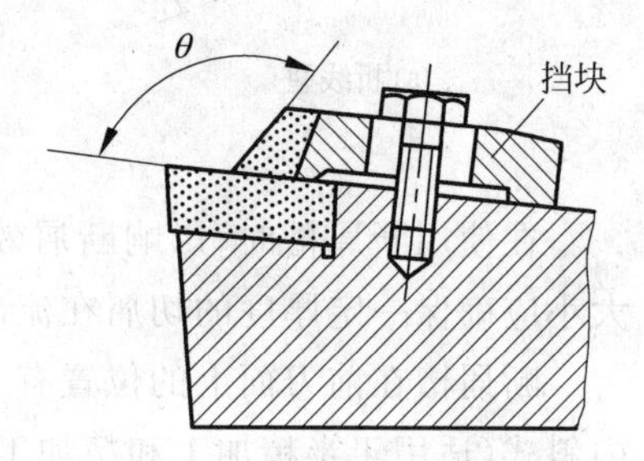

图 3-10　附加断屑装置

2）间断进给断屑

在加工塑性高的材料或在自动生产线上加工时，采用振动切削装置，实现间断切削，使切削厚度 h_{ch} 变化，获得不等截面切屑，造成狭小截面处应力集中、强度减小，达到断屑目的。

3.2　工件材料的切削加工性

3.2.1　切削加工性的概念及评定指标

工件材料的切削加工性是指工件材料被切削加工的难易程度。目前，机械产品对工程材料的使用性能要求越来越高，而高性能材料的切削加工难度更大。研究材料切削加工性的目的，是为了找出改善难加工材料的切削加工性的途径。

切削加工性是一个相对性概念。它的标志方法也很多，主要有以下几个方面。

1. 考虑生产效率和刀具耐用度的标志方法

在保证高生产效率的条件下，加工某种材料时，刀具耐用度越高，表明该材料的切削加工性越好。在保证相同刀具耐用度的条件下，加工某种材料所允许的最大切削速度越高，表明该材料的切削加工性越好。在相同的切削条件下，达到刀具磨钝标准时所能切除的金属体积越大，表明该材料的切削加工性越好。

2. 考虑已加工表面质量的标志方法

在一定的切削条件下，以加工某种材料是否容易达到所要求的加工表面质量的各项指标来衡量。在切削加工中，表面质量主要是对工件表面所获得的表面粗糙度而言的。在合理选择加工方法的前提下，容易获得较小表面粗糙度的材料，其切削加工性好。

3. 考虑安全生产和工作稳定性的标志方法

在相同的切削条件下，单位切削力较小的材料，其切削加工性较好。在重型机床或刚性不足的机床上，考虑到人身和设备的安全，切削力的大小是衡量材料切削加工性的一个重要标志。在自动化生产或深孔加工中，工件材料在切削加工中越容易断屑，其切削加工性越好。

由此可知，某材料被切削时，如果刀具的耐用度越大，允许的切削速度越高，表面质量越容易保证，切削力越小，越容易断屑，则这种材料的切削加工性越好；反之，切削加工性差。但同一种材料很难在各项加工性的指标中同时获得良好评价，很难找到一个简单的物理量来精确地规定和测量它。因此，在实际生产中，常常只取某一项指标，来反映材料切削加工性的某一侧面。

常用的衡量材料切削加工性的指标为 v_T，其含义是：当刀具耐用度为 T 时，切削某种材料所允许的切削速度，单位是 min。v_T 越高，加工性越好。通常取 $T=60\text{min}$，v_T 记作 v_{60}；对于一些难加工材料，可取 $T=30\text{min}$ 或 15min，则 v_T 记作 v_{30} 或 v_{15}。

通常以强度 $\sigma_b=0.637\text{GPa}$ 的 $45^{\#}$ 钢的 v_{60} 作为基准，记作 $(v_{60})_j$；而把其他各种材料的 v_{60} 与它相比，这个比值 K_v 称为相对加工性，即

$$K_v=\frac{v_{60}}{(v_{60})_j} \tag{3-1}$$

当 $K_v>1$ 时，表示该材料比 $45^{\#}$ 钢更易切削；当 $K_v<1$ 时，表示该材料比 $45^{\#}$ 钢更难切削。

各种材料的相对加工性 K_v 乘以 $45^{\#}$ 钢的切削速度，即可得出切削各种材料的可用速度。

目前，常用的工件材料的切削加工性请查阅相应的金属切削加工手册。

3.2.2 影响材料切削加工性的因素

工件材料切削加工性的好坏，主要决定于工件材料的物理力学性能、化学成分、热处理状态和表层质量等。因此，影响材料切削加工性的主要因素有以下几个方面。

1. 材料的硬度和强度

工件材料在常温或高温下的硬度、强度越高，则在加工中的切削力越大，切削温度越高，刀具耐用度越低，故切削加工性差。有些材料的硬度和强度在常温时并不高，但随着切削温度增加，其硬度和强度提高，切削加工性变差，例如 20CrMo 钢便是如此。

2. 材料的塑性和韧性

工件材料的塑性越大,其切削变形越大;韧性越强,则切削消耗的能量越多,这都会使切削温度升高。塑性和韧性高的材料,刀具表面冷焊现象严重,刀具容易磨损,且切屑不易折断,因此切削加工性变差。而材料的塑性及韧性过低时,使切屑与前刀面接触面过小,切削力和切削热集中在刀刃附近,将导致刀具切削刃破损加剧和工件已加工表面质量下降。因此,材料的塑性和韧性过大或过小,都将使其切削加工性能下降。

3. 材料的导热性

工件材料的导热性越差,则切削热在切削区域内越难散失,刀具表面的温度越高,会使刀具磨损严重,刀具耐用度降低,故切削加工性差。

4. 材料的化学成分

工件材料中所含的各种合金元素会影响材料的性能,造成切削加工性的差异。例如,材料含碳、锰、硅、铬、钼的分量多,会使材料的硬度提高,切削加工性变差。含镍量增多,韧性提高,导热性降低,故切削加工性变差。在工件材料中含铅、磷、硫,会使材料的塑性降低,切屑易折断,有利于改善切削加工性。在工件材料中含氧和氮,易形成氧化物和氮化物,氧化物的硬质点和硬而脆的氮化物会加速刀具磨损,使切削加工性变差。

此外,金属材料的各种金相组织及采用不同的热处理方法,都会影响材料的性能,而形成不同的切削加工性。

3.2.3 改善难加工材料的切削加工性的途径

目前,在高性能结构的机械设备中都需要使用许多难加工材料,其中以高强度合金结构钢、高锰钢、不锈钢、高温合金、钛合金、冷硬铸铁以及各种非金属材料(如陶瓷、玻璃钢等)最为普遍。为了改善这些材料的切削加工性,许多科学工作者进行了大量的试验研究,找到了一些改善材料切削加工性的基本途径。

1. 合理选择刀具材料

根据工件材料的性能和加工要求,选择与之相适应的刀具材料,如切削含钛元素的不锈钢、高温合金和钛合金,宜用YG类硬质合金刀具,其中选用YG类中细颗粒牌号,能明显提高刀具寿命。加工工程塑料和石材等非金属材料,也应选择YG类刀具。切削钢和铸铁,尤其是冷硬铸铁,则选用Al_2O_3基陶瓷刀具。高速切削淬硬钢和镍基合金,则可选用Si_3N_4基陶瓷刀具。铣削60HRC模具钢则可选用CBN刀具,其高速铣削的效率要比电加工高近10倍。

2. 适当选择热处理

材料的切削加工性并不是一成不变的。生产中通常采用热处理方法来改变材料的金相组织,以达到改善切削加工性能的目的。例如,对低碳钢进行正火处理,能适当地降低其塑性和韧性,使加工性能提高;对高碳钢或工具钢进行球化退火,使其金相组织中片状和网状渗碳体转变为球状渗碳体,从而降低其硬度,改善切削加工性能。

3. 适当调剂化学元素

调剂材料的化学成分也是改善其切削加工性的重要途径。例如,在钢中加入少量硫、铅、钙、磷等元素,可略微降低其强度和韧性,提高其切削加工性能;在铸铁中加入少量硅、铝等元素,可促进碳元素的石墨化,使其硬度降低,切削加工性能得到改善;在不锈钢中加入硒元素，可改善其硬化程度。

4. 采用新的切削加工技术

随着切削加工技术的发展，一些新的切削加工方法也相继问世，例如加热切削、低温切削、振动切削、在真空中切削和绝缘切削等，都可有效地解决难加工材料的切削问题。

此外，还可通过选择加工性好的材料状态，以及选择合理的刀具几何参数、制订合理的切削用量、选用合适的切削液等措施来改善难切削材料的加工性能。

3.3　前刀面上的摩擦与积屑瘤

当切屑从前刀面流出时，在前刀面上必然存在着刀—屑的摩擦。它影响切削变形、切削力、切削温度和刀具磨损；此外还影响积屑瘤和鳞刺的形成，从而影响已加工表面的质量。

3.3.1　刀—屑接触面上的摩擦特性及摩擦系数

在塑性金属切削过程中，切屑在流经刀具的前刀面时，由于强烈的挤压作用和剧烈的变形，会产生几百摄氏度乃至上千摄氏度的高温和 2～3GPa 的高压，使切屑底部与前刀面形成黏结和发生剧烈的摩擦。这种摩擦与一般金属接触面间的摩擦不同。如图 3-11 所示，刀—屑接触区分为黏结区和滑动区两部分。在黏结区内的摩擦为内摩擦，该处所受的剪应力 τ_γ 等于材料的剪切屈服强度 τ_s，即 $\tau_\gamma=\tau_s$；在滑动区内的摩擦为外摩擦，该处的剪应力 τ_γ 由 τ_s 逐渐减小到零。图 3-11 中也表示在整个接触区上的正应力 σ_γ 分布情况，在刀刃处最大，离切削刃越远，前刀面上的正应力越小，并逐渐减小到零。可见切向力和正应力在刀—屑接触面上是不等的，所以前刀面上各点的摩擦是不同的，因此摩擦系数也是变化的。由于一般材料的内摩擦系数远远大于外摩擦系数，所以在研究前刀面摩擦时应以内摩擦为主。

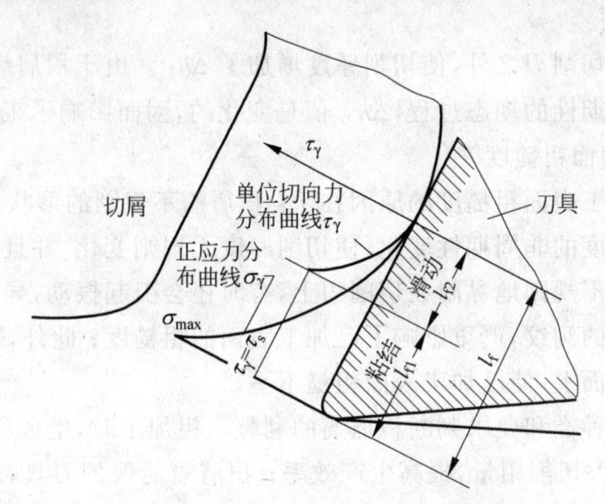

图 3-11　刀—屑接触面上的摩擦特性

3.3.2　积屑瘤

1. 积屑瘤及其形成过程

1）积屑瘤

在用中等或较低的切削速度切削塑性较大的金属材料时，往往会在切削刃上黏附一个楔形硬块,称为积屑瘤。它是在第二变形区内,由于摩擦和变形形成的物理现象。积屑瘤的硬度约为工件材料的2～3倍,可以替代刀刃进行切削。

2）积屑瘤的成因

积屑瘤的成因目前尚有不同的解释,通常认为是切屑底层材料在前刀面上黏结(又称为冷焊)并不断层积的结果。在切削过程中,由于刀—屑间的摩擦,使刀具前刀面十分洁净,在一定温度和压力下,切屑底层金属与前刀面接触处发生黏结,使与前刀面接触的切屑底层金属流动较慢,而上层金属流动较快,流动较慢的切屑底层称为滞流层。滞流层金属产生的塑性变形大,晶粒纤维化程度高,纤维化的方向几乎与前刀面平行,并发生加工硬化。如果温度和压力适当,滞流层金属与前刀面黏结成一体,形成了积屑瘤,如图3-12所示。随后,新的滞流层在此基础上逐层积聚,使积屑瘤逐渐长大,直到该处的温度和压力不足以产生黏结为止。积屑瘤在形成过程中是一层层增高的,且到一定高度会脱落,它经历了从生成、长大到脱落的周期性过程。

2. 积屑瘤对切削过程的影响

积屑瘤对切削过程有积极的作用,也有消极的影响。

1）保护刀具

从图3-12可以看出,积屑瘤包围着切削刃,同时覆盖着一部分前刀面。积屑瘤一旦形成,便代替切削刃和前刀面进行切削,从而减少了刀具磨损,起到保护刀具的作用。

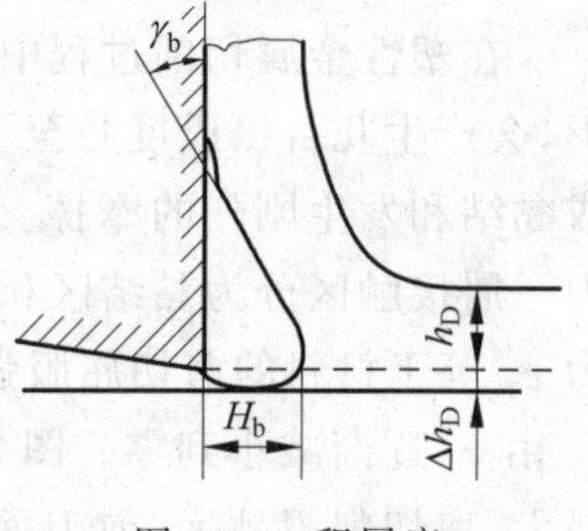

图3-12 积屑瘤

2）增大前角

积屑瘤具有30°左右的前角,因此减少了切削变形,降低了切削力。

3）增大切削厚度

积屑瘤前端伸出切削刃之外,使切削厚度增加了Δh_D。由于积屑瘤的产生、成长与脱落是一个带有一定的周期性的动态过程,Δh_D值是变化的,因而影响了工件的尺寸精度。

4）增大已加工表面粗糙度

积屑瘤增大已加工表面粗糙度的原因在于：积屑瘤不规则的形状和非周期性的生成与脱落会引起积屑瘤高度的非周期性变化,使切削厚度无规则变化,并且积屑瘤高度的非周期性变化使得积屑瘤很不规则地黏附在切削刃上,有时还会引起振动,导致在已加工表面上刻划出深浅和宽窄不同的沟纹,严重影响了已加工表面的粗糙度；此外,脱落的积屑瘤碎片还可能残留在已加工表面上,使已加工表面粗糙不平。

人们根据加工的种类和要求判断积屑瘤的利弊。粗加工时,生成积屑瘤后切削力减小,使能耗降低；还可加大切削用量,提高生产效率；积屑瘤能保护刀具,减少刀具磨损。从这方面看来,积屑瘤对粗加工是有利的。但对精加工来说,积屑瘤会降低尺寸精度和增大表面粗糙度,因此对其是不利的。

3. 影响积屑瘤形成的因素

在切削条件中影响积屑瘤形成的主要因素是工件材料、切削速度、刀具前角及切削液等。

塑性大的工件材料,刀—屑间的摩擦系数和接触长度较大,生成积屑瘤的可能性就大,而脆性材料一般不产生积屑瘤。切削速度对积屑瘤的影响最大，切削速度很低（<1～3m/min）或很高（>80m/min）都很少产生积屑瘤，切削速度对积屑瘤形成的影响主要是通过切削温度体现出来的。实验证明，当切削速度提高致使切削温度高于 500℃时，则不会产生积屑瘤。在中等速度范围内最容易产生积屑瘤，以 $v_c \approx 20$m/min 切削普通钢时，积屑瘤高度最大。这是因为该切削速度形成的切削温度使摩擦系数增大造成的。刀具前角越大，则切屑变形和切削力减小，降低了切削温度，从而抑制积屑瘤的产生或减小积屑瘤的高度，因此精加工时可以采用大前角切削；使用切削液，可以降低切削温度，改善摩擦状况，从而抑制积屑瘤的产生或减小积屑瘤的高度。

3.4　切削液及其选用

在切削过程中，合理使用切削液可以减小切削力和降低切削温度，改善刀具与工件、刀具与切屑之间的摩擦状况，从而改善已加工表面质量，延长刀具寿命，降低动力消耗。此外，选用高性能的切削液，也是改善某些难加工材料切削加工性的有效途径之一。

3.4.1　切削液的作用

1. 冷却作用

切削液浇注在切削区后，通过切削液的热传导、对流和汽化等方式，把切屑、工件和刀具上的热量带走，降低了切削温度，起到冷却作用，从而有效地减小了工艺系统的热变形，减少了刀具磨损。

切削液冷却性能的好坏，取决于它的导热系数、比热容、汽化热、汽化速度、流量和流速等。一般来说，水基切削液冷却性能好，而油基切削液冷却性能差。

2. 润滑作用

切削液渗透到刀具、切屑与加工表面之间，其中带油脂的极性分子吸附在刀具的前、后刀面上，形成物理性吸附膜。若与添加在切削液中的化学物质发生化学反应，则形成化学吸附膜。从而在高温时减小切屑、工件与刀具之间的摩擦，减少黏结，减少刀具磨损，提高已加工表面质量。

3. 清洗作用

在金属切削中，为了防止碎屑、铁锈及磨料细粉黏附在工件、刀具和机床上，影响工件已加工表面质量和机床加工精度，要求切削液具有良好的清洗作用。清洗性能的好坏与切削液的渗透性、流动性和使用压力有关。为了改善切削液的渗透性、流动性，一般常加入剂量较大的表面活性剂和少量矿物油，配制成高水基合成液、半合成液或乳化液，可提高清洗能力。

4. 防锈作用

为了防止工件、机床受周围介质腐蚀，要求切削液具有一定的防锈作用。防锈作用的强弱取决于切削液本身的性能和防锈添加剂的性质。防锈添加剂的加入可在金属表面吸附或化合形成保护膜，防止与腐蚀介质接触而起到防锈作用。

切削液对于改善切削条件、减少刀具磨损、提高切削速度、提高已加工表面质量、改善材料的切削加工性等，都有一定的积极意义。

切削液应具有抗泡性、抗霉菌变质能力,应达到排放时不污染环境、对人体无害的要求,并应考虑其使用的经济性。

3.4.2 切削液的种类及应用

1. 切削液的种类

金属切削加工中,常用的切削液可分为以下三大类。

1) 水溶液

水溶液是以水为主要成分的切削液。由于天然水虽有很好的冷却作用,但其润滑性能太差,又易使金属材料生锈,因此不能直接作为切削液在切削加工中使用。为此,常在水中加入一定含量的油性、防锈等添加剂制成水溶液,改善水的润滑、防锈性能,使水溶液在保持良好冷却性能的同时,还具有一定的润滑和防锈性能。

2) 乳化液

乳化液是将乳化油用水稀释而成。乳化油主要是由矿物油、乳化剂、防锈剂、油性剂、极压剂和防腐剂等组成。稀释液不透明,呈乳白色。乳化液的冷却、润滑性能较好,成本较低,废液处理较容易,但其稳定性差,夏天易腐败变质,并且稀释液不透明,很难看到工作区。

3) 切削油

切削油的主要成分是矿物油,少数采用矿物油和动、植物油的复合油。切削油中也可以根据需要再加入一定量的油性、极压和防锈添加剂,以提高其润滑和防锈性能。纯矿物油在实际使用中常加入硫、氯等添加剂可制成极压切削油。切削油在精加工和加工复杂形状工件(如成型面、齿轮、螺纹等)时,润滑和防锈效果较好。

2. 切削液中的常用添加剂

为了改善切削液的性能所加入的化学物质称为添加剂。常用的添加剂有以下几种。

1) 油性添加剂

油性添加剂含有极性分子,能降低油与金属表面的界面张力,使切削液很快渗透到切削区,形成物理吸附膜,减少刀具与切屑、工件界面的摩擦。但这种吸附膜只能在较低温度(<200℃)下起到较好的润滑作用,所以它主要用于低速精加工。常用的油性添加剂有动植物油、脂肪酸、胺类、醇类及脂类等。

2) 极压添加剂

极压添加剂是含硫、磷、氯、碘的化合物,这些化合物在高温下与金属表面发生化学反应生成化学反应膜,在切削中起极压润滑作用。因此,在高温、高压条件下使用的切削液中必须添加极压添加剂,能显著提高极压状态下切削液的润滑效果。常用的极压添加剂有氯化石蜡、二烷基二硫代磷酸锌等。

3) 乳化剂

乳化剂是使矿物油和水乳化形成稳定乳化液的物质。乳化剂具有亲水、亲油的性质,能起乳化、增容、润湿、洗涤、润滑等作用,其分子是由极性基团与非极性基团两部分组成。极性基团是亲水的,称作亲水基团,可溶于水;非极性基团是亲油的,叫亲油基团,可溶于油。油水本来是互不相溶的,加入乳化剂后能定向地排列并吸附在油水两极界面上,极性端向水,非极性端向油,把油和水连接起来,降低油—水的界面张力,使油以微小的颗粒稳定地分散在水中,形成稳定的“水包油”型乳化液。乳化剂在水基切削液中还能吸附在金属表面上形成润滑膜，起油性剂的润滑作用。

目前生产上通常使用的乳化剂种类很多，在水基切削液中，应用比较广泛的是阴离子乳化剂和非离子乳化剂。前者如石油磺酸钠、油酸钠皂等，它价格便宜，且有碱性，同时具有防锈和润滑性能。后者如聚氧乙烯脂肪醇醚、聚氧乙烯烷基酚醚等，它不怕硬水，也不受 pH 值的限制，清洗能力好，而且分子中的亲水、亲油基可以根据需要加以调节。

有时为了提高乳化液的稳定性，在乳化液中加入适量的乳化稳定剂如乙醇、乙二醇等。

除上述添加剂外，还有防锈添加剂（如石油磺酸钡、亚硝酸钠）、消泡剂（如二甲基硅油等）和防霉剂（如苯酚等）。

在配制切削液时，根据具体情况，添加几种添加剂，可得到效果良好的切削液。

3. 切削液的合理使用

1）切削液的合理选择

切削液应根据刀具材料、加工要求、工件材料和加工方法的具体情况选用，以便得到良好的效果。

粗加工时，切削用量大，产生大量的切削热，为降低切削区的温度，应选用以冷却为主的切削液。高速钢刀具耐热性差，故高速钢刀具切削时必须使用切削液。硬质合金、陶瓷刀具耐热性好，一般不用切削液。但在数控机床上进行高速切削时，必须使用切削液，如果选用水溶液或低浓度的乳化液，应连续、充分地浇注，以免高温下刀片冷热不匀，产生热应力而导致裂纹。精加工时，切削液的主要作用是减小工件表面粗糙度和提高加工精度，所以应选用润滑性能好的极压切削油或高浓度的水溶液及乳化液。

从加工材料考虑，切削钢料等塑性金属材料时，需使用切削液。切削铸铁、青铜等脆性材料时，一般不用切削液。对于高强度钢、高温合金等难加工材料的切削加工，应选用极压切削液。加工铜及其合金时不宜用含硫的切削液；切削铝合金时不能用含氯的切削液；加工镁及其合金时不能用水溶液；加工铝及其合金时也不用水溶液，应选用中性或 pH 值不太高的切削液。

从加工方法考虑，如果磨削时的温度过高，就会产生大量的细屑和砂末等，影响加工质量。因此，磨削液应有较好的冷却性能和清洗性能，并应有一定的润滑性和防锈性。一般磨削加工常用普通乳化液和水溶液。对于钻孔、攻丝、铰孔、拉削等，宜用极压切削液。齿轮刀具切削时，应采用极压切削油。对于数控机床、加工中心，应选用使用寿命长的高浓度水溶液及乳化液，而且要求切削液应适应于多种材料和多种加工方式。

此外，值得注意的是，在精密机床上加工工件时不宜使用含硫的切削液。

2）切削液的使用方法

普遍使用的方法是浇注法。该方法使用方便，但流速慢，压力低，难以直接渗透切削区的高温处，影响切削液的效果。切削时，应尽量直接浇注到切削区。车削和铣削时，切削液流量约为 10～20L/min，如图 3-13 所示。深孔加工时，应采用高压冷却法，把切削液直接喷射到切削区，并带出碎屑。工作压力约为 1～10MPa，流量为 50～150L/min。

喷雾冷却法是一种较好的使用切削液的方法。压缩空气以 0.3～0.6MPa 的压力通过喷雾装置，把切削液从 $\phi1.5\sim\phi3$mm 的喷口中喷出，形成雾状，高速喷至切削区，如图 3-14 所示。由于雾状液滴的汽化和渗透作用，吸收了大量的热量，从而取得良好的润滑效果。

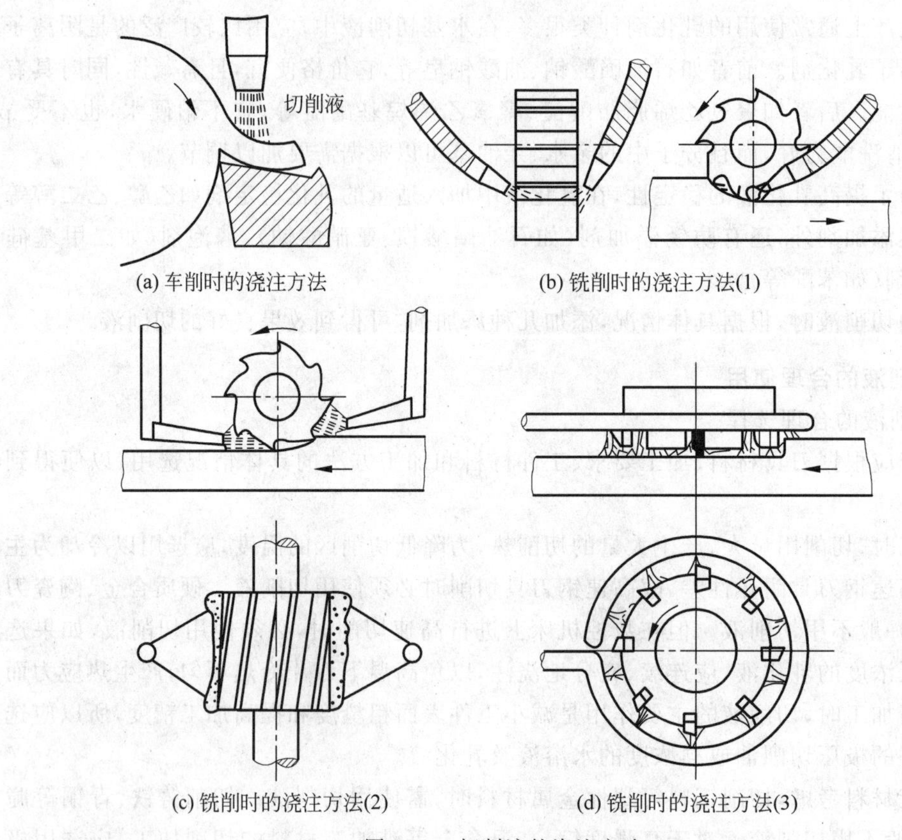

(a) 车削时的浇注方法

(b) 铣削时的浇注方法(1)

(c) 铣削时的浇注方法(2)

(d) 铣削时的浇注方法(3)

图 3-13 切削液的浇注方法

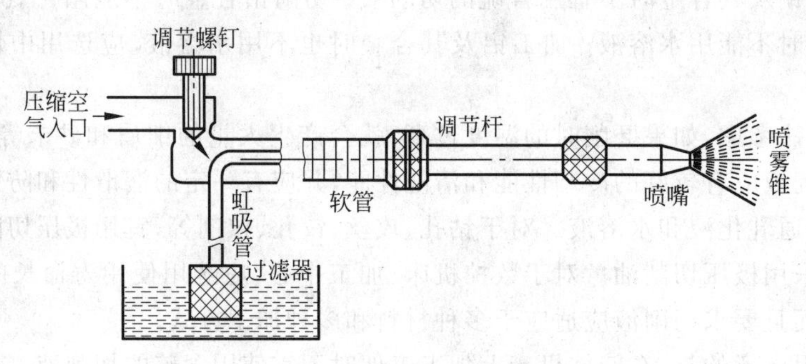

图 3-14 喷雾冷却装置原理图

3.5 刀具几何参数的合理选择

刀具几何参数包括刀具的几何角度、前刀面形式和切削刃形状等参数。刀具的合理几何参数是指在保证加工质量的前提下,能够获得最高的刀具耐用度,从而能够达到提高生产效率、降低生产成本的刀具几何参数。

3.5.1　前角的选择

1. 前角的功用

前角是刀具上重要的几何参数之一，其主要作用有如下几点。

1）影响切削变形程度

前角增大，切削变形将减小，从而减小切削力、切削功率、切削热。

2）影响已加工表面的质量

增大前角，能减少切削层的塑性变形和加工硬化程度，抑制积屑瘤和鳞刺的产生，减小切削时的振动，从而提高加工表面质量。

3）影响切削刃强度及散热状况

增大前角，会使楔角减小，使切削刃强度降低、散热体积减小。前角过大，可能导致切削刃处应力过大而造成崩刃。

4）影响切屑形态与断屑效果

减小前角，可以使切屑变形增大，从而使切屑容易卷曲和折断。

由此可见，前角的大小、正负不可随意而定，它对切削变形、切削力、切削功率和切削温度均有很大影响，同时也决定着切削刃的锋利程度和坚固强度，也影响着刀具耐用度和生产效率。

2. 前角的选择原则

1）根据工件材料选择

加工塑性材料时前角宜大，而加工脆性材料时前角宜小；材料强度和硬度越高，前角越小，甚至取负值。

2）根据刀具材料选择

高速钢强度、韧性好，加工时可选较大的前角；硬质合金强度低、脆性大，加工时应选用较小的前角；陶瓷刀具强度、韧性更低，脆性更大，故加工时前角宜更小些。

3）根据加工要求选择

粗加工和断续切削，切削力和冲击较大，应选用较小的前角；精加工时，为使刀具锋利，提高表面加工质量，应选用较大的前角；当机床功率不足或工艺系统刚性较差时，可取较大的前角，以减小切削力和切削功率，减轻振动。

3. 前刀面及其选用原则

常用的前刀面形式有五种，如图3-15所示。

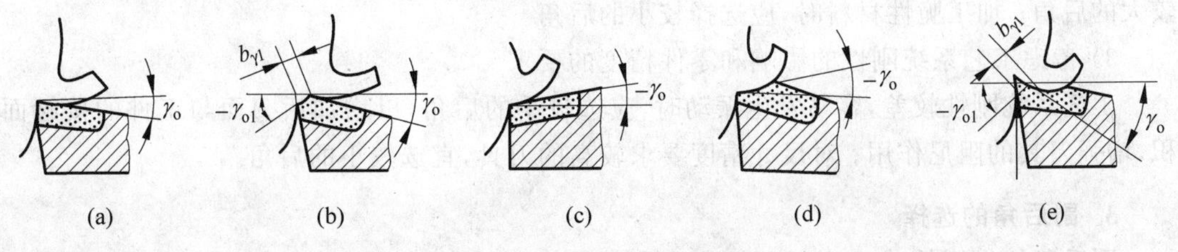

图3-15　前刀面的形式

1）正前角平面型（见图3-15(a)）

这种形式的特点是结构简单、刀刃锋利，但刀尖强度低，传热能力差，多用于加工易切削材料,常用于精加工用刀具、成型刀具或多刃刀具(如铣刀)。

2)正前角平面带倒棱型(见图3-15(b))

这种形式是在刃口上磨出很窄的负前角倒棱面,称为负倒棱。它对提高刀具刃口强度、改善散热条件、增加刀具耐用度有很明显的效果。这种形式多用于粗加工铸锻件或断续切削。

3)负前角单面型(见图3-15(c))和负前角双面型(见图3-15(d))

切削高强度、高硬度材料时,为使脆性较大的硬质合金刀片承受压应大,而采用负前角。当刀具磨损主要产生于后刀面时,可采用负前角单面型。当刀具前刀面有磨损,刃磨前刀面会使刀具材料损失过大,应采用负前角双面型。这时负前角的棱面应具有足够的宽度,以确保切屑沿该面流出。

4)正前角曲面带倒棱型(见图3-15(e))

这种形式是在平面带倒棱的基础上,前刀面上又磨出一个曲面,称为卷屑槽或月牙槽。它可以增大前角,并能起到卷屑的作用。这种形式多用于粗加工和半精加工。

3.5.2 后角的选择

1. 后角的功用

后角的主要功用是减小后刀面与加工表面间的摩擦,具体表现为以下三方面。

(1)增大后角,可减小加工表面上的弹性恢复层与后刀面的接触长度,从而减小后刀面的摩擦与磨损,提高刀具耐用度。

(2)增大后角,楔角则减小,使切削刃刃口钝圆半径减小,刃口越锋利。

(3)后刀面磨钝标准 VB 相同时,后角大的刀具达到磨钝标准,磨去的金属体积大,从而加大刀具的磨损值 NB,影响工件尺寸。

增大后角,刃口锋利,可提高加工表面质量。但后角过大,会降低刃口强度和散热能力,使刀具磨损加剧。

2. 后角的选择原则

1)根据加工要求选择

精加工时,切削用量较小,为了减小摩擦,保证加工表面质量要求,宜选择较大的后角;粗加工、强力切削或断续切削时,为保证刀具刃口强度,应选较小的后角。

2)根据工件材料选择

加工高强度、高硬度钢时,为保证刃口强度,应选择较小的后角;加工塑性材料时,应选较大的后角;加工脆性材料时,应选择较小的后角。

3)考虑工艺系统刚性的影响和零件精度的要求

工艺系统刚性较差,容易发生振动时,应选较小的后角,以增加后刀面与工件的接触面积,增强刀具的阻尼作用;对尺寸精度要求较高的刀具,宜选较小的后角。

3. 副后角的选择

副后角的作用是减少副后刀面与已加工表面的摩擦。副后角一般取较小值,通常为1°～3°。

3.5.3　主偏角和副偏角的选择

1. 主偏角和副偏角的功用

1）影响已加工表面的残留面积高度

减小主偏角和副偏角，可以减小已加工表面的残留面积高度，从而减小已加工表面粗糙度，副偏角对理论粗糙度影响更大。

2）影响切削层尺寸和断屑效果

在背吃刀量和进给量一定时，增大主偏角，切削宽度减小，切削厚度增大，有利于断屑。

3）影响刀尖强度

主偏角直接影响切削刃工作长度和单位长度切削刃上的切削负荷。在背吃刀量和进给量一定的情况下，增大主偏角和副偏角，刀尖强度降低，散热面积和容热体积减小，切削宽度减小，切削刃单位长度上的负荷随之增大，因而刀具的耐用度会下降。

4）影响切削分力的比例关系

增大主偏角可减小背向分力 F_p，但增大了进给分力 F_f。F_p 的减小，有利于减小工艺系统的弹性变形和振动。

2. 主偏角的选择

1）根据加工工艺系统的刚性选择

粗加工、半精加工和工艺系统刚性较差时，为了减小振动，提高刀具耐用度，应选择较大的主偏角。

2）根据工件材料选择

加工很硬的材料，为减轻单位长度切削刃上的负荷，改善刀尖散热条件，提高刀具耐用度，应选择较小的主偏角。

3）根据工件已加工表面形状选择

加工阶梯轴时，选 $\kappa_r=92°$；如果车外圆、端面和倒 45°倒角时，可选 $\kappa_r=45°$。

3. 副偏角的选择

副偏角是影响表面粗糙度的主要角度，它的大小还影响刀尖强度。

副偏角的选择原则：在不影响摩擦和振动的条件下，尽可能选取较小的副偏角。

3.5.4　刃倾角的功用和选择

1. 刃倾角的功用

1）影响切屑流向

刃倾角 λ_s 的大小和正负直接影响流屑角，即直接影响切屑的卷曲和流出方向（参见图 3-2 和图 3-9）。

2）影响刀尖强度及断续切削时切削刃上受冲击的位置

当 $\lambda_s=0$ 时，切削刃全长同时接触工件，因而冲击较大；当 $\lambda_s>0$ 时，刀尖首先接触工件，容易崩刃；当 $\lambda_s<0$ 时，远离刀尖的切削刃的其余部分首先接触工件，从而保护了刀尖，切削过程也比较平稳。

3）影响切削刃的锋利程度

刃倾角只要不等于零，都将增大前角，具有斜角切削的特点，因此可以使切削刃变得锋利。

4) 影响切削刃的实际工作长度

刃倾角的绝对值越大,斜角切削时的切削刃工作长度越大,切削刃上单位长度的负荷越小,有利于提高刀具的耐用度。

5) 影响切削分力的比例

λ_s 由 0°变化到−45°时,F_p 约增大1倍,F_f 下降1/3,F_c 基本不变。F_p 的增大,将导致工件变形甚至引起振动,从而影响加工精度和表面质量。

2. 刃倾角的选择

选择刃倾角时,根据具体加工条件进行具体分析。

1) 根据加工要求选择

一般精加工时,为防止切屑划伤已加工表面,选择 $\lambda_s=0°\sim+5°$;粗加工时,为提高刀具强度,选择 $\lambda_s=0°\sim-5°$;微量精车、精镗、精刨时,选择 $\lambda_s=45°\sim75°$的大刃倾角。

2) 根据工件材料选择

车削淬硬钢等高硬度、高强度材料时,常取较大的负刃倾角。车削铸铁件时,常取 $\lambda_s\geqslant0°$。

3) 根据加工条件选择

加工断续表面、加工余量不均匀表面,或在其他产生冲击振动的切削条件下,通常取负刃倾角。

4) 根据刀具材料选择

金刚石和立方氮化硼车刀,通常取 $\lambda_s=0°\sim-5°$。

刀具切削部分的各构造要素中,最关键的部位是切削刃,它完成切除余量与形成加工表面的任务,而刀尖则是工作条件最恶劣的部位。为提高刀具耐用度,必须设法保护切削刃和刀尖。为此,可以采用负倒棱、过度刃、修光刃等形式。

切削刀具的各角度间是互相联系、互相影响的,而任何一个合理的刀具几何参数,都应在多因素的相互联系中确定。

3.6 切削用量的合理选择

当确定了刀具几何参数之后,还需要选定切削用量参数才能进行切削加工。切削用量的合理确定,对加工质量、生产效率、刀具耐用度和加工成本都有重要影响。"合理"的切削用量,是指充分发挥刀具和机床的性能,保证加工质量、高的生产效率及低的加工成本下的切削用量。我们应根据具体条件和要求,考虑约束条件,正确选择切削用量。

3.6.1 切削用量的选择原则

选择切削用量必须遵循以下原则。

(1) 根据零件加工余量和粗、精加工要求,选定背吃刀量 a_p。

(2) 根据加工工艺系统允许的切削力,其中包括机床进给系统、工件刚度以及精加工时表面粗糙度要求,确定进给量。

(3) 根据刀具寿命,确定切削速度 v_c。

(4) 所选定的切削用量应该在机床功率允许的范围。

因此，一组切削用量必须考虑到加工余量、刀具寿命、机床功率、表面粗糙度和工艺系统的刚度等因素。

3.6.2　背吃刀量、进给量和切削速度的合理选择

1. 背吃刀量 a_p 的合理选择

背吃刀量 a_p 一般是根据加工余量来确定的。

粗加工（表面粗糙度 $R_a=12.5\sim50\mu m$）时，尽可能一次走刀即切除全部余量，在中等功率的机床上，取 $a_p=8\sim10mm$；如果余量太大或不均匀、工艺系统刚性不足或者断续切削时，可分几次走刀。

半精加工（$R_a=3.2\sim6.3\mu m$）时，取 $a_p=0.5\sim2mm$。

精加工（$R_a=0.8\sim1.6\mu m$）时，取 $a_p=0.1\sim0.4mm$。

2. 进给量 f 的合理选择

粗加工时，对表面质量没有太高的要求，而切削力往往较大，合理的 f 应是工艺系统刚度（包括机床进给机构强度、刀杆强度和刚度、刀片的强度、工件装夹刚度等）所能承受的最大进给量。生产中 f 常根据工件材料材质、形状尺寸，刀杆截面尺寸，已定的 a_p，从切削用量手册中查得。一般情况下，当刀杆尺寸、工件直径增大，f 可较大；a_p 增大，因切削力增大，f 应选择较小的；加工铸铁时的切削力较小，所以 f 可大些。

精加工时，进给量主要受加工表面粗糙度限制，一般取较小值。但进给量过小，切削深度过薄，刀尖处应力集中，散热不良，使刀具磨损加快，反而使表面粗糙度加大。所以，进给量也不宜过小。

3. 切削速度 v 的合理选择

由已定的 a_p、f 及 T，根据式(1-2)，再结合查阅有关的切削用量手册，获得相关的切削用量系数和修正系数，即可计算 v。

选择切削速度的一般原则如下。

(1) 粗车时，a_p、f 均较大，v 应取较小值；精车时 a_p、f 均较小，v 应取较大值。

(2) 工件材料强度、硬度较高时，应选较小的 v 值；反之，应选较大的 v 值。材料加工性较差时，应选较小的 v 值；反之，应选较大的 v 值。在同等条件下，易切钢的 v 值高于普通碳钢的 v 值；加工灰铸铁的 v 值低于碳钢的 v 值；加工铝合金、铜合金的 v 值高于加工钢的 v 值。

(3) 刀具材料的性能越好，v 值选得越大。

此外，在选择 v 值时，还应注意以下几点。

(1) 精加工时，应尽量避开容易产生积屑瘤和鳞刺的速度值域。

(2) 断续切削时，为减小冲击和热应力，应适当降低 v 值。

(3) 在易发生振动的工艺状况下，v 值应避开自激振动的临界速度。

(4) 加工大件、细长件、薄壁件及带硬皮的工件时，应选用较低的 v 值。

(5) 确定 v 值后，还应校验切削功率和机床功率。

总之，选择切削用量时，可参照有关手册的推荐数据，也可凭经验根据选择原则确定。

3.6.3 切削用量的优化及切削数据库

1. 切削用量的优化

切削用量的优化是指在一定的预定目标及约束条件下,选择最佳的切削用量。在切削用量三要素中,背吃刀量 a_p 主要取决于加工余量,没有多少选择余地,一般都可事先给定,而不参与优化。所以切削用量的优化主要是指切削速度 v 与进给量 f 的优化组合。因此作为常用的优化目标函数有以下三种。

(1) 利用单件生产时间表示的,最高生产效率目标函数: $t_m = f(v_c, f)$。

(2) 利用单件生产所需成本表示的,最低生产成本目标函数: $C_t = f(v_c, f)$。

(3) 利用单位时间或单件生产获得利润表示的,最大利润目标函数: $P = f(v_c, f)$。

生产中,v 和 f 的数值是不能任意选择的。它们要受到机床、工件、刀具及切削条件等方面的限制。

(1) 机床方面: 机床功率、机床运动参数(n,f)和机床薄弱机构的强度和刚性等。

(2) 刀具方面: 刀具寿命、刀杆强度和刚性、刀片的强度等。

(3) 工件方面: 工件强度和刚性、加工表面粗糙度等。

根据这些约束条件,可建立一系列约束条件不等式。

对所建立的目标函数及约束方程求解,便能很快获得 v 和 f 的最优解。

一般来说,求解方法不止一种,但计算工作量很大。目前,随着电子计算技术特别是微型计算机技术的不断发展,可用科学的方法来寻求最佳切削用量,从而代替人工计算。这种做法业已逐步进入实用阶段。

2. 切削数据库简介

金属切削数据库,就是存储"切削用量手册"所搜集的许多切削加工数据的计算机管理系统,它具有对切削数据实现采集、查询、评定、优化、校验、维护、制表和输出等功能。它储存有经过优化的各种加工方法和加工各种工程材料的切削数据。使用它,可明显地提高产品的加工质量,降低成本,提高企业的经济效益。它还可以为数控机床、加工中心以及CAD、CAM、FMS、CIMS等提供所需的各种数据。

金属切削数据库的服务对象主要是机械制造工厂,只要接通电话或传真都可向数据库咨询或索取所需数据。如装有计算机终端机,还可通过电话线与数据库接通,用户可自行查找所需数据。这样,工厂不必做切削试验来获取切削数据,就可从数据库中获得对新材料切削所需的参数,可使工厂获得更好的经济效益。

在科学技术飞速发展的今天,新的工程材料不断涌现,切削数据库所起的作用尤其显著。

3.7 超高速切削与超精密切削加工简介

3.7.1 超高速切削

1. 超高速切削的基本概念

超高速加工技术是指采用比常规切削速度高很多的高生产效率先进切削方法。

超高速加工的切削速度范围取决于工件材料、加工方法。

(1) 就加工材料而言,目前一般认为超高速切削的切削速度是:切削铜、铝及其合金为大于3000m/min,切削钢和铸铁为大于1000m/min,切削高合金钢、镍基耐热合金为300m/min,切削钛合金为200m/min,切削纤维增强塑料为2000~9000m/min。

(2) 就加工方法而言,超高速切削的速度是:车削为700~7000m/min,铣削为300~6000m/min,钻削为200~1100m/min,磨削为80~160m/s等。

2. 超高速切削的特点

与常规切削加工相比,超高速切削有如下特点。

1) 切削力小

超高速切削时,由于切削温度使加工材料受到一定程度的软化,因此切削力减小。

2) 切削变形小

超高速切削时,剪切角 φ 随切削速度的提高而迅速增大,因而使切削变形减小的幅度较大。

3) 切削温度低

超高速切削时,切削产生的热量大部分被切屑带走,因此工件上温度不高;此外,据相关资料表明,当超高速切削的速度增加到一定值时,切削温度会随着速度的增加而下降。

4) 加工精度高

超高速切削时,刀具激振频率远离工艺系统固有频率,不易产生振动;又由于切削力小、热变形小、残余应力小,易于保证加工精度和表面质量;切削热传入工件的比例减小,加工表面可保持良好的物理力学性能。

5) 刀具耐用度相对有所提高

常规切削时,切削速度提高,刀具寿命急剧下降,但超高速切削时,刀具寿命下降的速率减小。

6) 加工效率高

超高速切削时,主轴转速和进给的高速化,使得机动时间和辅助时间大幅度减少,加工自动化程度提高,加工效率得到大幅度提高。

7) 加工能耗低

超高速切削时,单位功率的金属切除率显著增大,从而降低了能耗,提高了能源和设备的利用率。

3. 超高速切削的关键技术

尽管超高速加工具有众多的优点,但由于技术复杂,且对相关技术要求较高,使其应用受到一定的限制。与超高速加工密切相关的关键技术如下。

1) 超高速切削刀具

超高速切削用的刀具材料要求强度高、耐热性能好。常用的刀具材料有:添加TaC、NbC的含TiC高的硬质合金,涂层硬质合金,金属陶瓷,立方氮化硼(CBN)或聚晶金刚石(PCD)刀具。

2) 超高速主轴和进给机构

超高速主轴机构是超高速切削机床必备的构件。电磁主轴是超高速主轴单元的理想结构,轴承可采用高速陶瓷滚动轴承或磁浮轴承。进给机构则采用快速反应的数控伺服系统,采用多头螺纹行星滚柱丝杠代替目前的滚珠丝杠,或采用直线伺服电动机。

3) 其他先进制造技术

此外,超高速切削的机床还必须配备超高速加工在线自动检测装置、高效的切屑处理装置、高压冷却喷射系统和安全防护装置。超高速切削还必须紧密结合控制技术、毛坯制造技术、干切技术等。

4. 超高速切削的应用

超高速切削的工业应用主要集中在以下几个领域。

(1) 航空航天工业领域,用于加工大型整体构件、薄壁类零件、微孔槽类零件和叶轮叶片、钛和钛合金零件等。

(2) 汽车工业领域,用于加工伺服阀、各种泵和电机的壳体、电机转子、汽缸体等。

(3) 模具工具工业领域,由淬硬材料加工模具,省去工序,节约工时。

(4) 超精密微细切削加工领域,用于加工 0.5mm 左右的小孔等,生产效率和加工精度高。

3.7.2 精密加工和超精密加工

精密及超精密加工对尖端技术的发展起着十分重要的作用。当今各主要工业化国家都投入了巨大的人力和物力来发展精密及超精密加工技术,它已经成为现代制造技术的重要发展方向之一。

1. 精密加工和超精密加工的概念

精密和超精密加工主要是根据加工精度和表面质量两项指标来划分的。精密加工是指精度在 10~0.1μm(IT5 或 IT5 以上),表面粗糙度 R_a 为 0.1μm 以下的加工方法,如金刚车、高精密磨削、研磨、珩磨、冷压加工等,用于精密机床、精密测量仪器等制造业中的关键零件如精密丝杠、精密齿轮、精密导轨、微型精密轴承、宝石等的加工。超精密加工是指工件尺寸公差为 0.1~0.01μm 数量级,表面粗糙度 R_a 为 0.001μm 数量级的加工方法,如金刚石精密切削、超精密磨料加工、电子束加工、离子束加工等,用于精密组件、大规模和超大规模集成电路及计量标准组件制造等方面。这种划分只是相对的,随着生产技术的不断发展,其划分界限将逐渐向前推移。

2. 实现精密和超精密加工的条件

精密和超精密加工形成了内容极为广泛的制造系统工程,它涉及超微量切除技术、高稳定性和高净化的工作环境、设备系统、工具条件、工件状况、计量技术、工况检测及质量控制等。其中的任一因素对精密和超精密加工的加工精度与表面质量都将产生直接或间接的不同程度的影响。

1) 加工环境

精密加工和超精密加工必须在超稳定的加工环境中进行,因为加工环境的极微小变化都可能影响加工精度。超稳定的加工环境主要是指环境必须满足恒温、防振、超净三方面要求。

(1) 恒温。温度增加 1℃时,100mm 长的钢件会产生 1μm 的伸长,精密加工和超精密加工的加工精度一般都是微米级、亚微米级或更高。因此,为了保证加工区极高的热稳定性，精密加工和超精密加工必须在严密的多层恒温条件下进行，即不仅放置机床的房间应保持恒温，还要对机床采取特殊的恒温措施。

（2）防振。机床振动对精密加工和超精密加工有很大的危害，为了提高加工系统的动态稳定性，除了在机床设计和制造上采取各种措施外，还必须用隔振系统来保证机床不受或少受外界振动的影响。

（3）超净。在未经净化的一般环境下，尘埃数量极大，绝大部分尘埃的直径小于1μm，也有不少直径在1μm以上甚至超过10μm的尘埃。这些尘埃如果落在加工表面上，可能将表面拉伤；如果落在量具测量表面上，就会造成操作者或质检员的错误判断。因此，精密加工和超精密加工必须有与加工相适应的超净工作环境。

2）工具切(磨)削性能

精密加工和超精密加工必须能均匀地去除不大于工件加工精度要求的极薄的金属层。当精密切削(或磨削)的背吃刀量 a_p 在1μm以下时，背吃刀量可能小于工件材料晶粒的尺寸，切削在晶粒内进行，切削力要超过晶粒内部非常大的原子结合力才能切除切屑，因此作用在刀具上的剪切应力非常大。刀具的切削刃必须能够承受这个巨大的剪切应力和由此而产生的很大的热量。一般的刀具或磨粒材料是无法承受的，因为普通材料的刀具其切削刃的刃口不可能刃磨得非常锋利，平刃性也不可能足够好，这样会在高应力、高温下快速磨损。一般磨粒经受高应力、高温时，也会快速磨损。这就需要对精密切削刀具的微切削性能进行认真的研究，找到满足加工精度要求的刀具材料及结构。此外，刀具、磨具等工具必须具有很高的硬度和耐磨性，以保持加工的一致性，一般采用金刚石、CBN超硬材料刀具。

3）机床设备

精密加工和超精密加工必须依靠高精密加工设备。高精密加工机床应具备以下条件。

（1）机床主轴有极高的回转精度及很高的刚性和热稳定性。

（2）机床进给系统有超精确的匀速直线性，保证在超低速条件下进给均匀，不发生爬行。

（3）为了在超精密加工时实现微量进给，机床必须配备位移精度极高的微量进给机构。

（4）必须采用微机控制系统、自适应控制系统，避免手工操作引起的随机误差。

4）工件材料

精密加工和超精密加工对工件的材质也有很高的要求。选择材料时，不仅要从强度、刚度方面考虑，而且更要注重材料的加工工艺性。为了满足加工要求，工件材料本身必须均匀一致，不允许存在微观缺陷，有些零件甚至对材料组织的纤维化都有一定要求，如精密硬磁盘的铝合金盘基就不允许存在组织纤维化。

5）测控技术

精密测量与控制是精密加工和超精密加工的必要条件，加工中常常采用在线检测、在位检测、在线补偿、预测预报及适应控制等手段，如果不具备与加工精度相适应的测量技术，就不能判断加工精度是否达到要求，也就无法为加工精度的进一步提高指明方向。测量仪器的精度一般总是要比机床的加工精度高一个数量级，目前超精密加工所用测量仪器多为激光干涉仪和高灵敏度的电气测量仪。

对于精密测量与控制来说，灵敏的误差补偿系统也是必不可少的。误差补偿系统一般由测量装置、控制装置及补偿装置三部分组成。测量装置向补偿装置发出脉冲信号，后者接受信号后进行脉冲补偿。每次补偿量的大小,取决于加工精度及刀具磨损情况。每次补偿量越小,补偿精度越高,工件尺寸分散范围越小,对补偿机构的灵敏度要求也就越高。

3. 精密加工和超精密加工的特点

精密加工和超精密加工当前正处于不断发展之中,从加工条件可知,其特点主要体现在以下几个方面。

(1) 加工对象。精密加工和超精密加工都以精密元件、零件为加工对象。精密加工的方法、设备和对象是紧密联系的。

(2) 多学科综合技术。精密加工和超精密加工光凭孤立的加工方法是不可能得到满意的效果的,还必须考虑到整个制造工艺系统和综合技术,在研究超精密切削理论和表面形成机理时,还要研究与其有关的其他技术。

(3) 加工检测一体化。超精密加工的在线检测和在位检测极为重要,因为加工精度很高,表面粗糙度参数值很低,如果工件加工完毕后卸下再检测,当发现问题时就很难再进行加工。

(4) 生产自动化技术。采用计算机控制、误差补偿、自适应控制和工艺过程优化等生产自动化技术,可以进一步提高加工精度和表面质量,避免手工操作人为引起的误差,保证加工质量及其稳定性。

4. 常用的精密、超精密加工方法

精密加工和超精密加工方法主要分为两类:一类是采用金刚石刀具对工件进行超精密的微细切削和应用磨料磨具对工件进行珩磨、研磨、抛光、精密和超精密磨削等;另一类是采用电化学加工、三束加工、微波加工、超声波加工等特种加工方法及复合加工。

1) 金刚石刀具的超精密切削

金刚石刀具的超精密切削主要是应用天然单晶金刚石车刀对铜、铝等软金刚石刀具它们不仅具有很好的高温强度和高温硬度,而且其材料本身质地细密,经过仔细修研,刀刃的几何形状很好,切削刃钝圆半径极小。

2) 精密磨削及金刚石超精密磨削

精密磨削是指加工精度为1～0.1μm,表面粗糙度 R_a 为0.16～0.006μm的磨削方法;而超精密磨削是指加工精度在0.1μm以下,表面粗糙度 R_a 为0.04～0.02μm以下的磨削方法。

精密磨削主要是靠对普通磨料砂轮的精细修整,使磨粒具有较高的微刃性和等高性,等高的微刃在磨削时能切除极薄的金属,从而获得具有极细微磨痕、极小残留高度的加工表面,再加上无火花阶段微刃的滑擦、抛光作用,使工件得到很高的加工精度。超精密磨削则是采用人造金刚石、立方氮化硼(CBN)等超硬磨料砂轮对工件进行磨削加工。

3.7.3 细微加工技术

微型机械是科技发展的重要方向,如未来的微型机器人可以进入人体血管清除"垃圾"、排除"故障"等,而细微加工则是微型机械、微电子技术发展的根本,为此世界各国都投入巨资进行此项工作的研究与开发,例如目前正在蓬勃开展的"纳米加工技术"的研究。

细微加工技术是指制造微小尺寸零件、部件和装置的加工和装配技术,它属于精密、超精密加工的范畴。因而其工艺技术包括精密与超精密的切削及磨削方法、绝大多数的特种加工方法、与特种加工有机结合的复合加工方法三类。

习题与思考题

3-1　切屑形状有哪些种类？各类切屑有什么特征？各类切屑是在什么情况下形成的？

3-2　为什么要研究卷屑与断屑？试述卷屑和断屑的机理。

3-3　什么是工件材料的切削加工性？影响材料切削加工性的主要因素有哪些？如何改善工件材料的切削加工性能？

3-4　积屑瘤对切削过程有哪些影响？若要避免产生积屑瘤应采取哪些措施？

3-5　试概述刀—屑摩擦的特点。为什么刀—屑摩擦不服从古典摩擦法则？

3-6　切削液有哪些作用？它分为哪几类？加工中应如何选用？

3-7　刀具的前角、后角、主偏角、副偏角、刃倾角各有何作用？如何选用合理的刀具切削角度？

3-8　选择切削用量应遵循哪些原则？为什么？

3-9　什么是高速切削？超高速切削的特点是什么？

3-10　什么是精密和超精密切削？精密和超精密切削的难点是什么？实现精密和超精密切削应具备哪些条件？

3-11　什么是细微加工？细微加工包含哪些工艺技术内容？

第 4 章

典型金属切削加工方法及刀具

4.1 车削加工及车刀

4.1.1 车削加工

1. 车削加工的含义

车削加工是指工件旋转作主运动、刀具移动作进给运动的切削加工方法。车削加工应用十分广泛,车床一般占机械加工车间机床总数的 25%～50%,甚至更多。车削加工可以在卧式车床、立式车床、转塔车床、仿型车床、自动车床、数控车床以及各种专用车床上进行,主要用来加工各种回转表面,如外圆、内圆、端面、锥面、螺纹、回转成型面、回转沟槽的加工以及钻孔、扩孔、铰孔、滚花等,如图 4-1 所示。

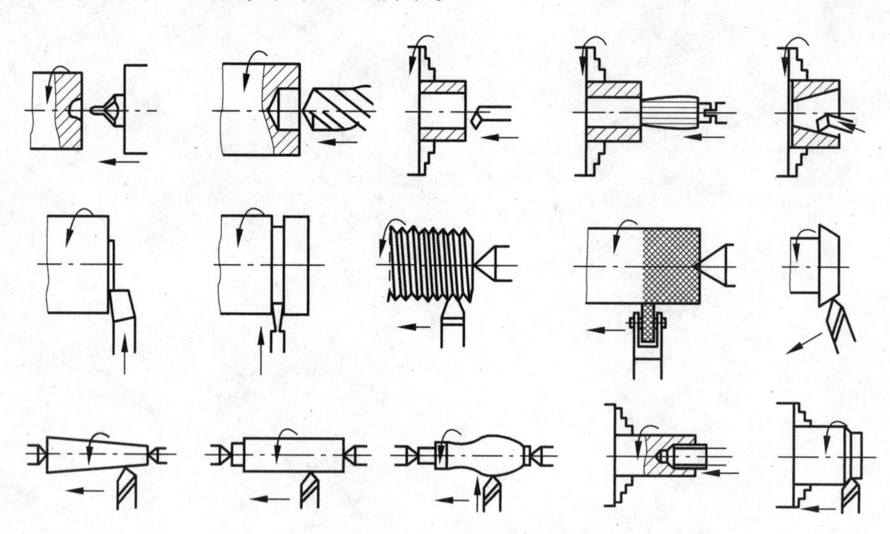

图 4-1　车削工作

工件在车床上的装夹方法如图 4-2 所示。其中,图 4-2(a)为三爪卡盘装夹;图 4-2(b)为四爪卡盘装夹;图 4-2(c)为花盘装夹;图 4-2(d)为花盘-弯板装夹;图 4-2(e)为双顶尖装夹;图 4-2(f)和(g)为中心架、跟刀架辅助支承,以减小弯曲变形;图 4-2(h)为心轴装夹。

2. 车削加工的分类

根据所选用的车刀角度和切削用量的不同,车削可分为荒车、粗车、半精车、精车和精细

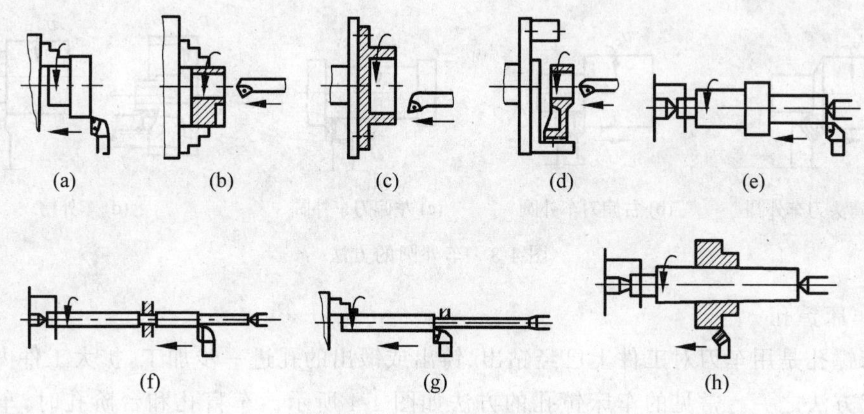

图 4-2　车床的装夹方法

车。各种车削所能达到的加工精度和表面粗糙度各不相同，必须按加工对象、生产类型、生产效率和加工经济性等方面的要求合理选择。

1）荒车

毛坯为自由锻件或大型铸件时，其加工余量很大且不均匀，荒车可切除其大部分余量，减少其形状和位置偏差。荒车工件的尺寸精度为 IT18～IT15，表面粗糙度 $R_a>80\mu m$。

2）粗车

中小型锻件和铸件可直接进行粗车。粗车后工件的尺寸精度为 IT13～IT11，表面粗糙度 $R_a=25\sim12.5\mu m$。低精度表面可以粗车作为其最终加工工序。

3）半精车

尺寸精度要求不高的工件或精加工工序之前可安排半精车。半精车后工件的尺寸精度为 IT10～IT8，表面粗糙度 $R_a=6.3\sim3.2\mu m$。

4）精车

精车一般指最终加工，也可作为光整加工的预加工工序。精车后工件的尺寸精度为 IT8～IT7，表面粗糙度 $R_a=1.6\sim0.8\mu m$。对于精度较高的毛坯，可不经过粗车而直接进行半精车或精车。

5）精细车

精细车主要用于有色金属加工或者精度要求很高且形状复杂、不便磨削与光整加工的钢件的最终加工，用来代替磨削加工大型精密外圆表面。精细车后工件的尺寸精度等级为 IT7～IT6，表面粗糙度值 $R_a=0.8\sim0.2\mu m$。精细车所用车床应具有很高的精度和刚度；刀具应具有高的耐磨性，通常采用通过仔细刃磨并研磨后获得很锋利刀刃的金刚石或细晶粒硬质合金刀具。车削时，采用高切削速度、小背吃刀量和极小进给量。

3. 车削加工的工艺范围

1）车外圆

车外圆是最常见、最基本的车削方法。各种车刀车削中小型零件外圆（包括车外回转槽）的方法如图 4-3 所示。

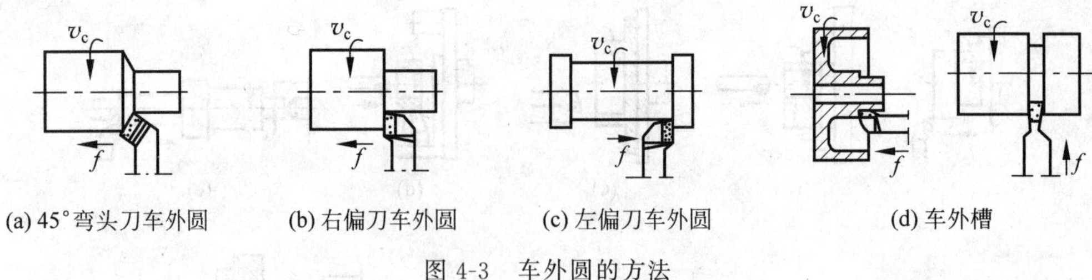

图 4-3　车外圆的方法

2）车床镗孔

车床镗孔是用车刀对工件上已经钻出、铸出或锻出的孔进一步加工，扩大工件内表面的常用加工方法之一。常见的车床镗孔的方法如图 4-4 所示。车盲孔和台阶孔时，车刀先纵向进给，当车到孔的根部时，再横向由外向中心进给车端面或台阶端面。车床镗孔时，由于刀杆细长，刚性差，加工过程中容易产生"让刀"现象，使孔出现"喇叭口"，必须采取措施予以克服。

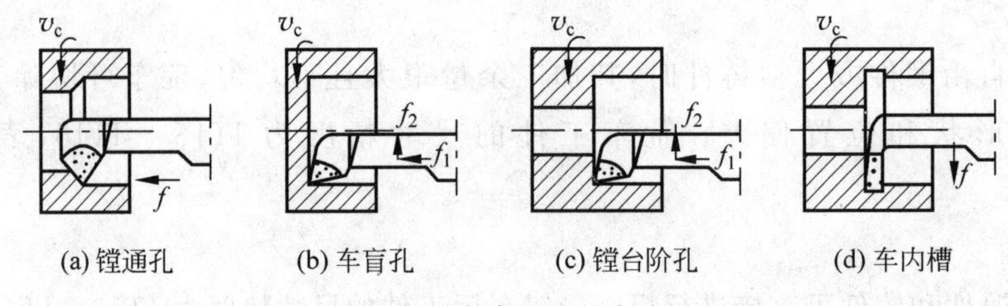

图 4-4　车床镗孔的方法

3）车平面

车平面主要是车工件的端平面(包括台肩端面)，常见的方法如图 4-5 所示。车床加工平面，其平面度与车床的精度和切削用量的选择有关。

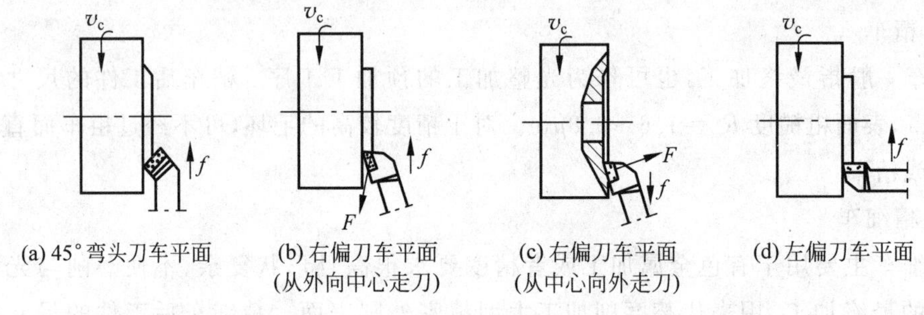

图 4-5　车平面的方法

4）车锥面

锥面可以看作内、外圆的一种特殊形式。锥面有内锥面和外锥面之分。锥面配合紧密，拆卸方便，多次拆卸后仍能保持准确的对中性，广泛应用于要求对中准确和需要经常拆卸的配合件上。常用的标准圆锥有莫氏圆锥、米制圆锥和专用圆锥三种。莫氏圆锥分成 0、1、2、…、6 共 7 个号，0 号尺寸最小(大端直径为 9.045mm)，6 号尺寸最大(大端直径为 63.384mm)，其锥角 $\alpha/2$ 在 1°30′左右，且每个号均不相同。米制圆锥有 8 个号，即 4、6、80、

100、120、140、160、200 号，其号数系指大端直径尺寸(mm)，各号锥度固定不变，均为 1∶20。专用圆锥有 1∶4、1∶12、1∶50、7∶24 等，多用于机器零件或某些刀具的特殊部位。例如，1∶50 圆锥用于圆锥定位销和锥铰刀；7∶24 圆锥用于铣床主轴锥孔及铣刀杆的锥柄。

车锥面的方法有小刀架转位法、尾座偏移法、靠模法和宽刀法等。

5）车回转成型面

机械设备上常常要应用一些具有回转成型面的零件，如圆球、手柄等。车削回转成型面常用的方法除双手控制法外，还有靠模法和用刀刃形状与成型面母线形状相吻合的成型刀进行车削的成型刀法。这些方法车削出来的成型面往往粗糙度值较大。

6）车螺纹

螺纹种类很多，常见的有三角螺纹、梯形螺纹、方牙螺纹和模数螺纹。各种螺纹按旋向可分为右旋螺纹和左旋螺纹；按螺旋线数目可分为单线螺纹和多线螺纹。车削螺纹通常在卧式车床上用螺纹车刀进行加工，不同种类的螺纹，车削方法略有不同。

4.1.2　车削加工的特点

车削加工的工艺范围很广，归纳起来，车削加工有如下特点。

1. 适用范围广泛

车削是轴类、盘类、套类等回转体零件不可缺少的加工工序。

2. 容易保证零件加工表面的位置精度

因为通常各加工表面都具有同一回转轴线。

3. 适宜有色金属零件的精加工

当有色金属零件精度高、粗糙度值小时，若采用磨削，则容易堵塞砂轮，这时可采用金刚石车刀精车完成。

4. 生产效率较高

车削过程大多是连续的，切削过程比刨削和铣削平稳，同时可采用高速切削和强力切削，使生产效率大幅度提高。

5. 生产成本较低

车削用的车刀是刀具中最简单的一种，制造、刃磨和安装都很方便；而且车床附件较多，可满足一般零件的装夹，生产准备时间较短。

4.1.3　车刀

车削加工使用的刀具主要是各种车刀，还可采用各类钻头、铰刀及螺纹刀具等。

1. 车刀的种类

车刀是金属切削加工中最常用的刀具之一，也是研究铣刀、刨刀、钻头等其他切削刀具的基础。车刀通常是只有一条连续切削刃的单刃刀具，可以适应外圆、内孔、端面、螺纹以及其他成型回转表面等不同的车削要求。

1）按加工表面的特征分类

按加工表面的特征可分为外圆车刀、内孔车刀、端面车刀、切槽车刀、螺纹车刀、成型车刀等。图 4-6 所示为常用车刀的形式，图注括号内的数字表示形式的代号。

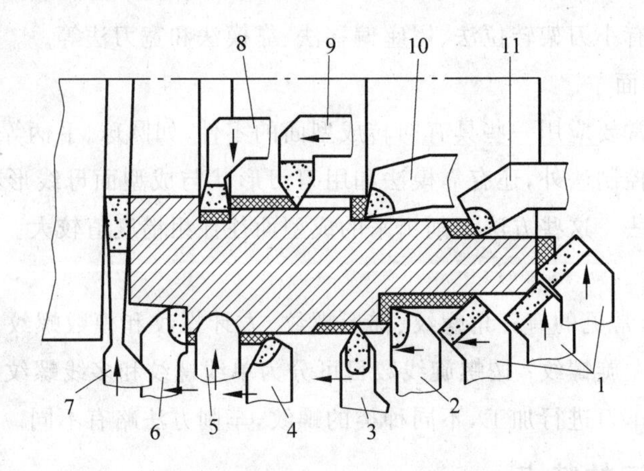

图 4-6　车刀的形式

1—45°端面车刀(02)；2—90°外圆车刀(06)；3—外螺纹车刀(16)；4—70°外圆车刀(14)；5—成型车刀；6—90°左切外圆车刀(06L)；7—切断车刀(07)，车槽车刀(04)；8—内孔车槽车刀(13)；9—内螺纹车刀(12)；10—95°内孔车刀(09)；11—75°内孔车刀(08)

2）按车刀的结构分类

按车刀的结构可分为整体式车刀、焊接式车刀、机夹式车刀、可转位式车刀、焊接装配式车刀等，如图 4-7 所示。

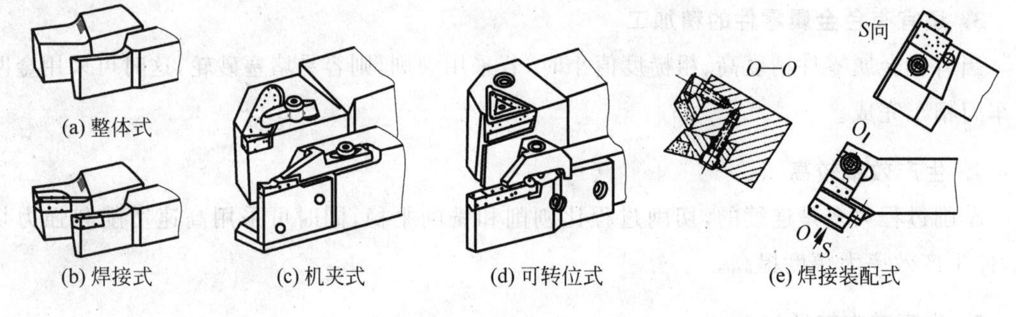

图 4-7　车刀的结构类型

2. 成型车刀

成型车刀又称样板刀，其刃形是根据工件的轴向截面形状设计的，是加工回转成型表面的专用高效刀具。它主要用于大批量生产，在半自动车床或自动车床上加工内、外回转成型表面。成型车刀具有加工质量稳定、生产效率高、刀具使用寿命长等特点。

成型车刀的分类方法很多，下面只介绍两种常用的分类方法。①按结构和形状可以分为平体成型车刀、棱体成型车刀和圆体成型车刀，如图 4-8 所示。②按进刀方式分为径向成型车刀(见图 4-8)和切向成型车刀(见图 4-9)。

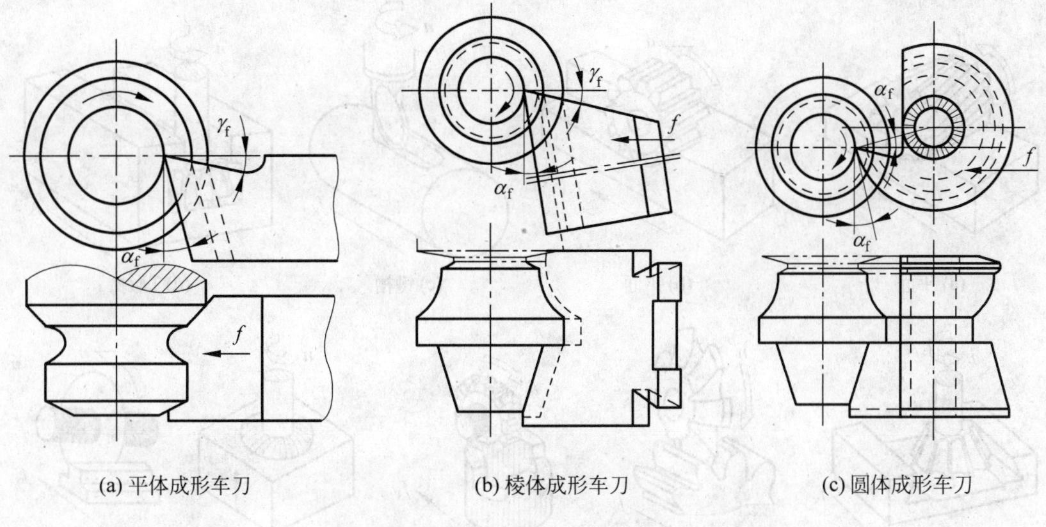

图 4-8　径向成型车刀的种类

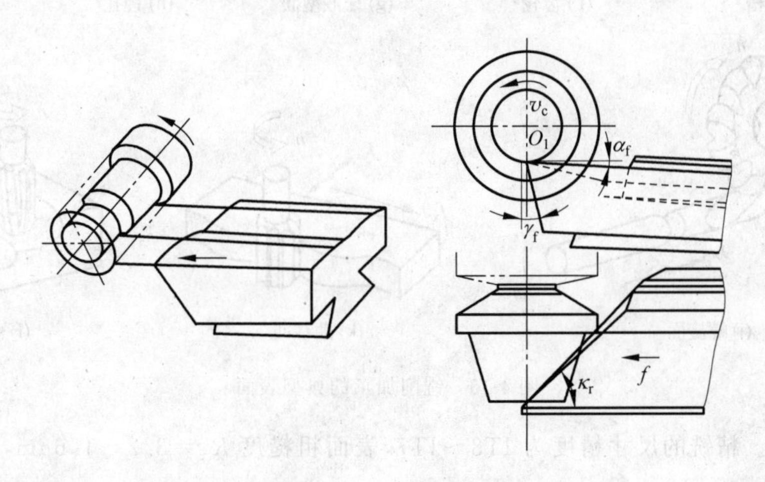

图 4-9　切向成型车刀

4.2　铣削加工及铣刀

4.2.1　铣削工艺

铣削加工是指铣刀旋转作主运动、工件移动作进给运动的切削加工方法。铣削加工可以在卧式铣床、立式铣床、龙门铣床、工具铣床以及各种专用铣床上进行。

铣削可加工平面(按加工时所处的位置又分为水平面、垂直面和斜面)、沟槽(包括直角槽、键槽、V 形槽、燕尾槽、T 形槽、圆弧槽、螺旋槽)和成型面等,还可进行孔加工(包括钻孔、扩孔、铰孔、铣孔)和分度工作。铣削加工的典型表面如图 4-10 所示。

铣削可分为粗铣、半精铣和精铣。粗铣后两平行平面之间的尺寸公差等级为 IT13～IT11,表面粗糙度 R_a＝25～12.5μm。半精铣的尺寸精度为 IT10～IT9,表面粗糙度 R_a＝

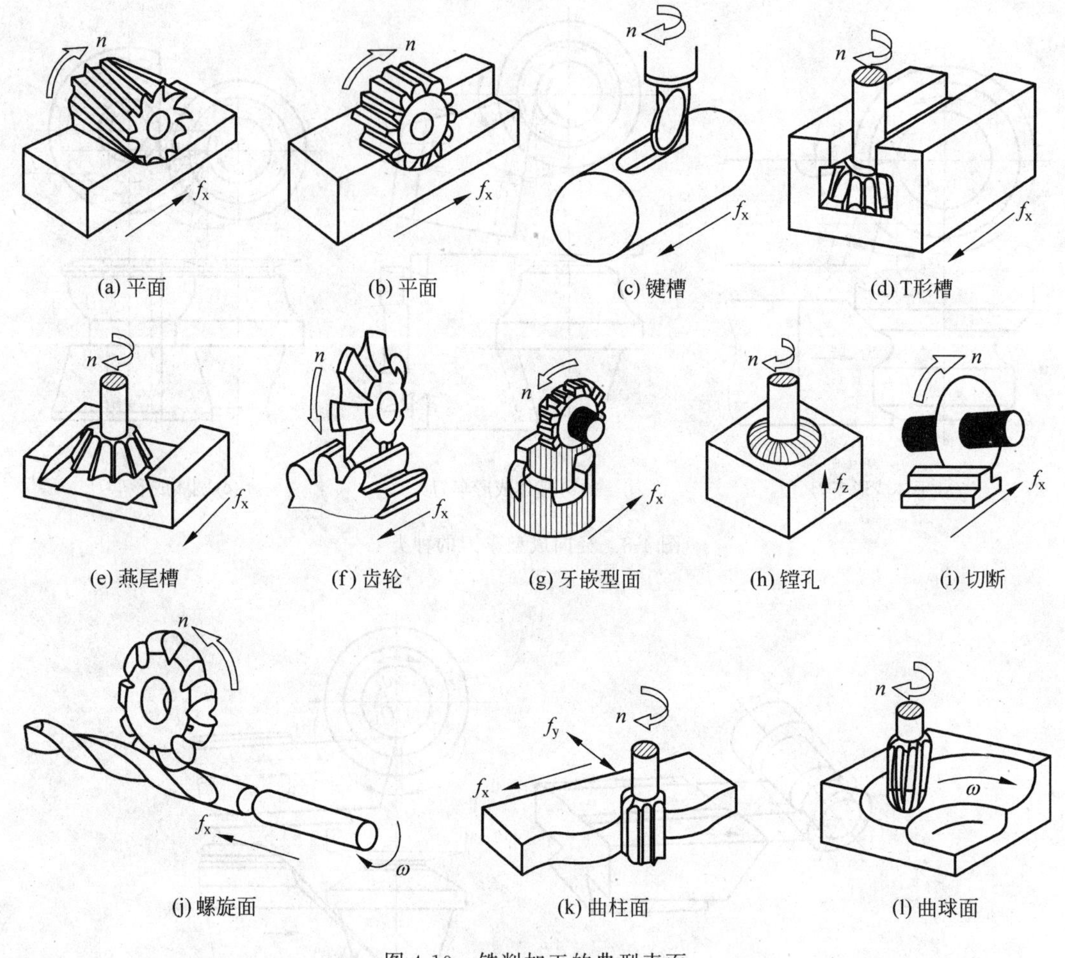

图 4-10 铣削加工的典型表面

6.3～3.2μm。精铣的尺寸精度为 IT8～IT7,表面粗糙度 R_a＝3.2～1.6μm,直线度可达 0.08～0.12mm/m。

工件在铣床上常用的装夹方法有平口虎钳装夹、压板螺栓装夹、V 形铁装夹和分度头装夹等,如图 4-11 所示。

1. 铣平面

铣平面是平面加工的主要方法之一,有端铣、周铣和两者兼有三种方式,所用刀具有镶齿端铣刀、套式立铣刀、圆柱铣刀、三面刃铣刀和立铣刀等,如图 4-12 所示。

2. 铣沟槽

铣沟槽通常采用立铣刀加工。一般直角槽可直接用立铣刀铣出; V 形槽则用角度铣刀直接铣出; T 形槽和燕尾槽则应先用立铣刀切出直角槽,再用角度铣刀铣出; 铣螺旋槽时,则需要工件在作等速移动的同时还要作等速旋转,且应保证工件轴向移动 1 个导程时刚好自身转 1 周; 铣弧形槽时,可采用立铣刀,并使用附件圆形工作台。

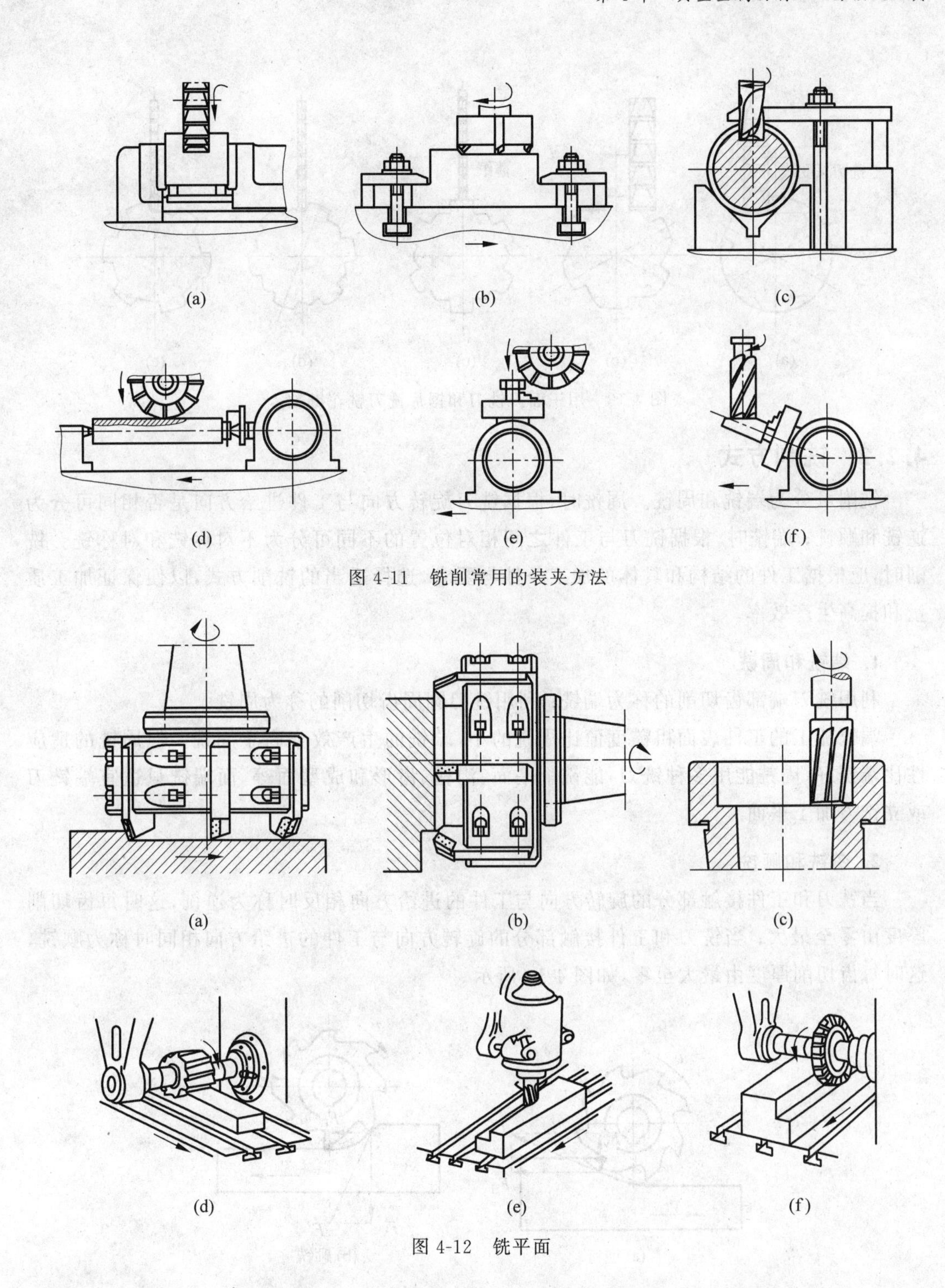

图 4-11　铣削常用的装夹方法

图 4-12　铣平面

3. 铣花键轴

花键轴在机械传动中广泛应用。当花键轴加工批量小时，可在铣床上加工。图 4-13 所示为采用三面刃铣刀和锯片铣刀在卧式铣床上利用分度头铣花键轴。

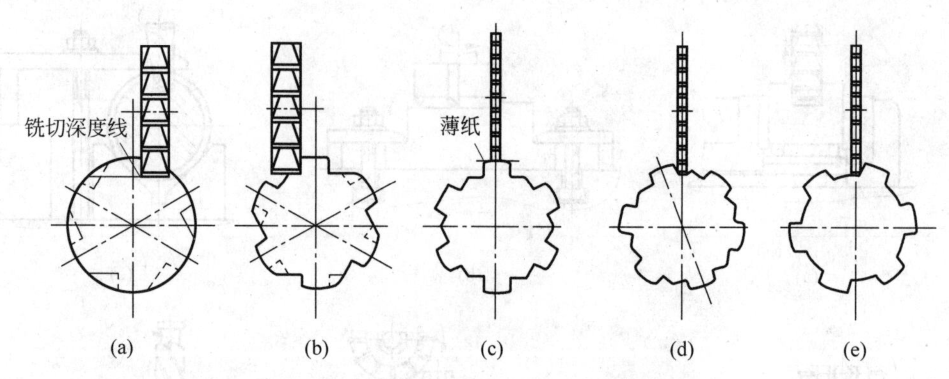

图 4-13 用三面刃铣刀和锯片铣刀铣花键轴

4.2.2 铣削方式

铣削可分为端铣和周铣。周铣时,根据铣刀旋转方向与工件进给方向是否相同可分为逆铣和顺铣;端铣时,根据铣刀与工件之间相对位置的不同可分为不对称铣和对称铣。铣削时,应根据工件的结构和具体的加工条件与要求,选择适当的铣削方式,以便保证加工质量和提高生产效率。

1. 端铣和周铣

利用铣刀端部齿切削的称为端铣;利用铣刀圆周齿切削的称为周铣。

端铣加工的工件表面粗糙度值比周铣的小,端铣的生产效率高于周铣。但周铣的适应性比端铣好,周铣能用多种铣刀,能铣削平面、沟槽、齿形和成型面等,而端铣只适宜端铣刀或立铣刀加工平面。

2. 逆铣和顺铣

当铣刀和工件接触部分的旋转方向与工件的进给方向相反时称为逆铣,这时每齿切削厚度由零至最大;当铣刀和工件接触部分的旋转方向与工件的进给方向相同时称为顺铣,这时每齿切削厚度由最大至零,如图 4-14 所示。

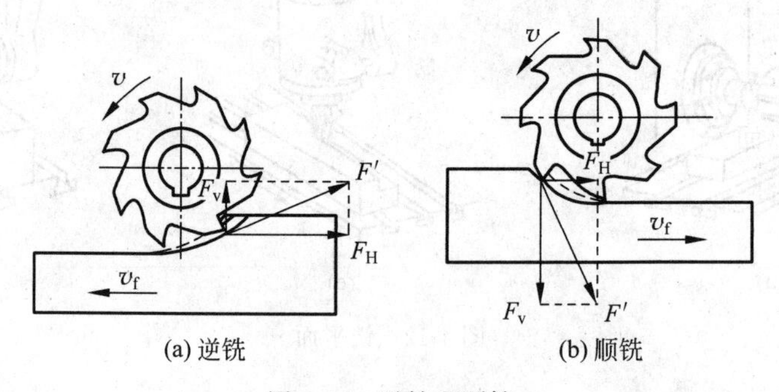

图 4-14 逆铣和顺铣

顺铣有利于提高刀具耐用度和工件夹持的稳定性,但容易引起振动,只能对表面无硬皮的工件进行加工,且要求铣床装有调整丝杠和螺母间隙的装置;而使用没有调整间隙装置的铣床以及加工具有硬皮的铸件、锻件毛坯时,一般都采用逆铣。

3. 不对称铣和对称铣

当工件铣削宽度偏于端铣刀回转中心一侧时，称为不对称铣削。图 4-15(a)为不对称逆铣，切削厚度由小至大，刀齿作用在工件上的纵向分力与进给方向相反，可防止工作台窜动；图 4-15(b)为不对称顺铣，一般不采用。

当工件与铣刀处于对称位置时，称为对称铣(见图 4-15(c))。两个刀齿作用在工件上的纵向力有一部分抵消，一般不会出现纵向工作台窜动现象。对称铣适用于工件宽度接近端铣刀直径且刀齿较多的情况。

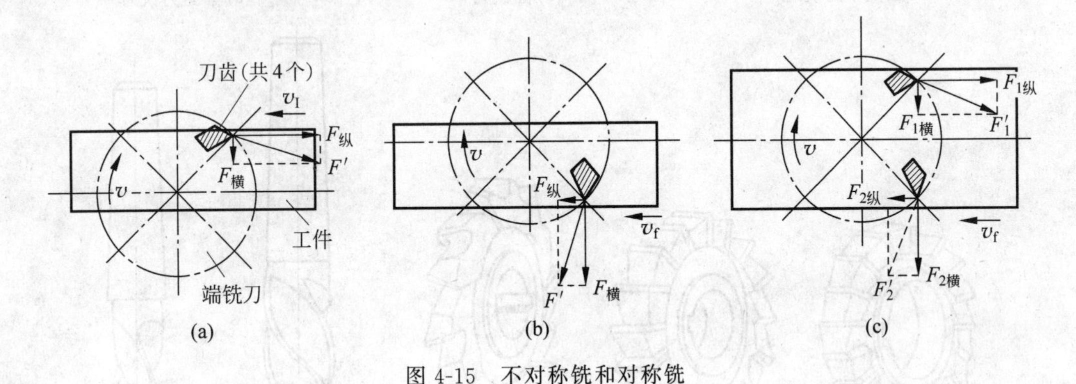

图 4-15　不对称铣和对称铣

4.2.3　铣刀

1. 铣刀的类型

铣刀是一种多齿、多刃刀具。根据用途，铣刀可分为以下几类(见图 4-16)。

1) 圆柱平面铣刀

如图 4-16(a)所示，圆柱平面铣刀切削刃为螺旋形，其材料有整体高速钢和镶焊硬质合金两种，用于在卧式铣床上加工平面。

2) 面铣刀

面铣刀又称为端铣刀，如图 4-16(b)所示，该铣刀主切削刃分布在铣刀端面上，主要采用硬质合金可转位刀片，多用于立式铣床上加工平面，生产效率高。

3) 盘铣刀

盘铣刀分为单面刃、双面刃、三面刃和错齿刃四种，如图 4-16(c)～(f)所示，该铣刀主要用于加工沟槽和台阶。

4) 锯片铣刀

锯片铣刀实际上是薄片槽铣刀，齿数少，容屑空间大，主要用于切断和切窄槽。

5) 立铣刀

如图 4-16(g)所示，立铣刀圆柱面上的螺旋刃为主切削刃，端面刃为副切削刃，它不能沿轴向进给。该类型铣刀有锥柄和直柄两种，装夹在立铣头的主轴上，主要加工槽和台阶面。

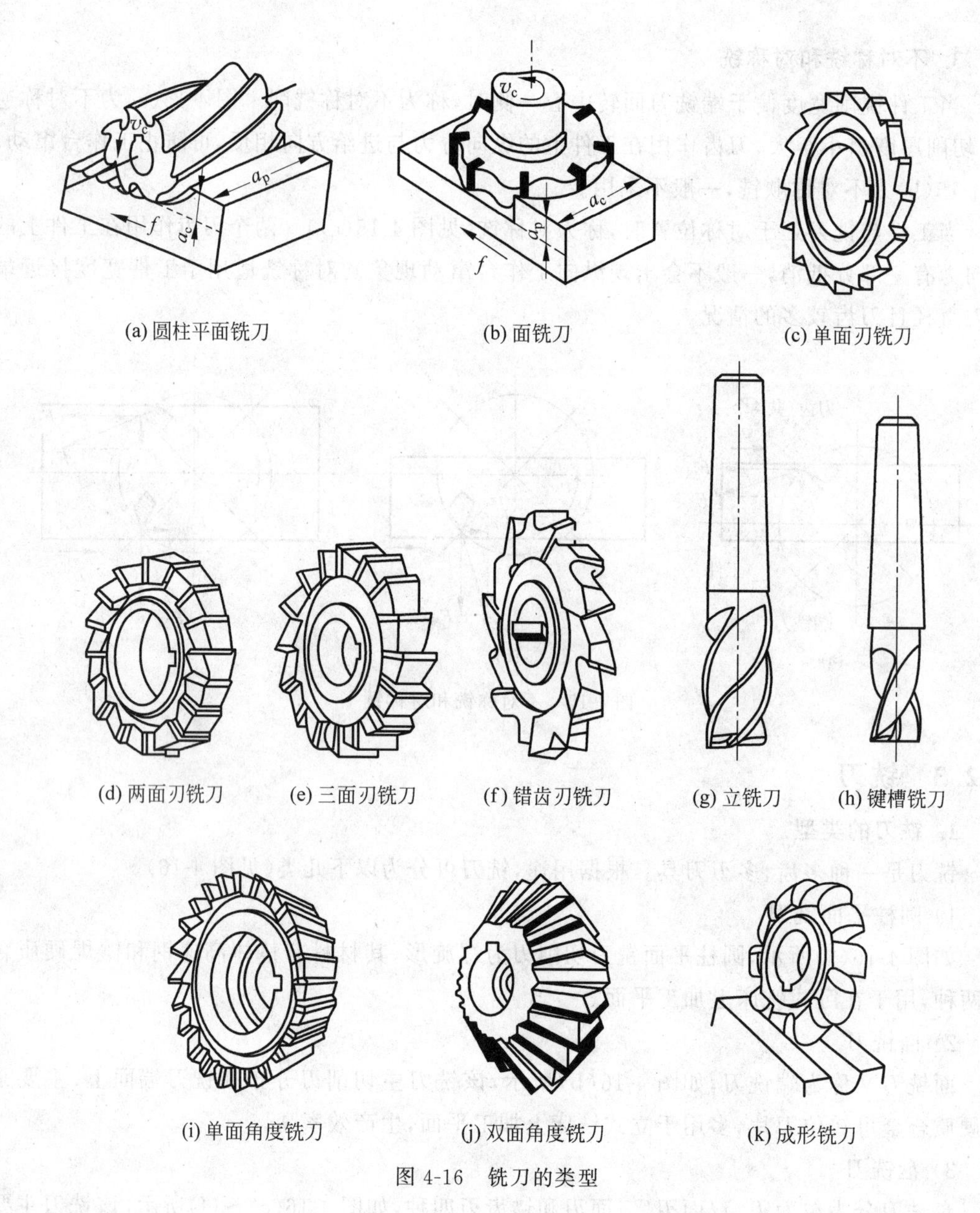

(a) 圆柱平面铣刀　(b) 面铣刀　(c) 单面刃铣刀

(d) 两面刃铣刀　(e) 三面刃铣刀　(f) 错齿刃铣刀　(g) 立铣刀　(h) 键槽铣刀

(i) 单面角度铣刀　(j) 双面角度铣刀　(k) 成形铣刀

图 4-16　铣刀的类型

6）键槽铣刀

如图 4-16(h)所示，键槽铣刀是铣键槽的专用刀具，其端刃和圆周刃都可作为主切削刃，只重磨端刃。铣键槽时，先轴向进给切入工件，然后沿键槽方向进给铣出键槽。

7）角度铣刀

如图 4-16(i)、(j)分为单面和双面角度铣刀，用于铣削斜面、燕尾槽等。

8）成型铣刀

图 4-16(k)所示为成型铣刀之一。成型铣刀用于普通铣床上加工各种成型表面，其廓形根据被加工工件的廓形来确定。

2. 模具铣刀

模具铣刀如图 4-17 所示，用于加工模具型腔或凸模成型表面，在模具制造中广泛应用，是数控机床等机械化加工模具的重要刀具。它是由立铣刀演变而来的，主要分为圆锥形立铣刀（直径 $d=6\sim20$mm，半锥角 $\alpha/2=3°、5°、7°、10°$）、圆柱形球头立铣刀（直径 $d=4\sim63$mm）和圆锥形球头立铣刀（直径 $d=6\sim20$mm，半锥角 $\alpha/2=3°、5°、7°、10°$）。模具铣刀类型和尺寸按工件形状和尺寸来选择。

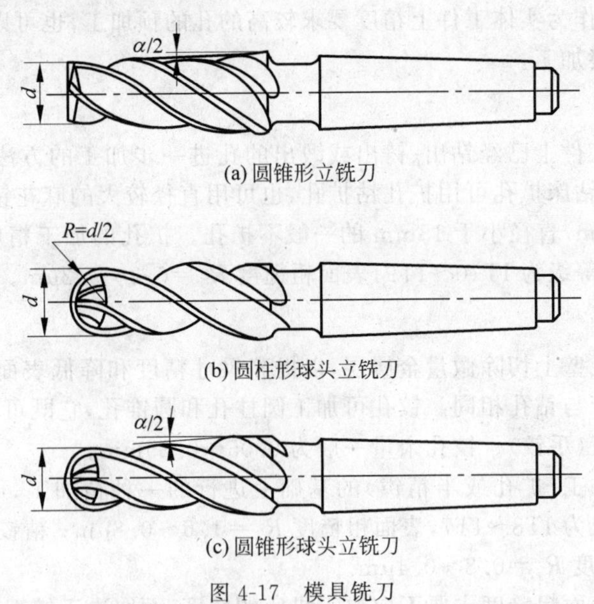

图 4-17　模具铣刀

硬质合金模具铣刀可取代金刚石锉刀和磨头来加工淬火后硬度小于 65HRC 的各种模具，它的切削效率可提高几十倍。

4.3　钻镗加工及钻头、镗刀

4.3.1　钻削工艺

用钻头或铰刀、锪钻在工件上加工孔的加工方法统称为钻削加工，如图 4-18 所示。它可以在台式钻床、立式钻床、摇臂钻床上进行，也可以在车床、铣床、铣镗床等机床上进行。在钻床上加工时，工件不动，刀具作旋转主运动，同时沿轴向移动作进给运动。

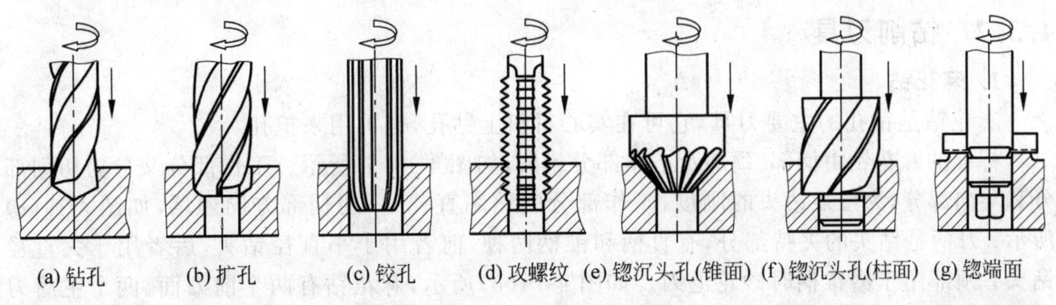

图 4-18　钻削加工

1. 钻孔

用钻头在实体材料上加工孔的方法称为钻孔。钻孔通常属于粗加工,其尺寸公差等级为IT13~IT11,表面粗糙度 R_a=50~12.5μm。

钻孔最常用的刀具是麻花钻。由于麻花钻的结构和钻削条件存在"三差一大"(即刚度差、导向性差、切削条件差和轴向力大)的问题,再加上钻头的横刃较长,而且两条主切削刃手工刃磨难以准确对称,从而使钻孔具有钻头易引偏、孔径易扩大和孔壁质量差等工艺问题。因此,钻孔通常作为实体工件上精度要求较高的孔的预加工,也可以作为实体工件上精度要求不高的孔的终加工。

2. 扩孔

用扩孔刀具对工件上已经钻出、铸出或锻出的孔进一步加工的方法称为扩孔。扩孔所用机床与钻孔相同,钻床扩孔可用扩孔钻扩孔,也可用直径较大的麻花钻扩孔。扩孔钻的直径规格为10~100mm,直径小于15mm的一般不扩孔。扩孔的加工精度比钻孔高,属于半精加工,其尺寸公差等级为IT10~IT9,表面粗糙度 R_a=6.3~3.2μm。

3. 铰孔

用铰刀在工件孔壁上切除微量金属层,以提高尺寸精度和降低表面粗糙度的方法称为铰孔。铰孔所用机床与钻孔相同。铰孔可加工圆柱孔和圆锥孔,它既可以在机床上进行(机铰),也可以手工进行(手铰)。铰孔余量一般为0.05~0.25mm。

铰孔是在半精加工(扩孔或半精镗)的基础上进行的一种精加工,可分为粗铰和精铰。粗铰的尺寸公差等级为IT8~IT7,表面粗糙度 R_a=1.6~0.8μm;精铰的尺寸公差等级为IT7~IT6,表面粗糙度 R_a=0.8~0.4μm。

铰孔的精度和表面粗糙度主要不取决于机床的精度,而取决于铰刀的精度、安装方式以及加工余量、切削用量和切削液等条件。因此,铰孔时,应采用较低的切削速度,精铰 $v_c \leqslant$ 0.083m/s(即5m/min),避免产生振动、积屑瘤和过多的切削热;宜选用较大的进给量,要施加合适的切削液;机铰时铰刀与机床最好用浮动连接方式,以避免因铰刀轴线与被铰孔轴线偏移而使铰出的孔不圆,或使孔径扩大;铰孔之前最好用同类材料试铰,以确保铰孔质量。

4. 锪孔和锪凸台

用锪钻(或代用刀具)加工平底和锥面沉孔的方法称为锪孔,加工孔端凸台的方法称为锪凸台。锪孔一般在钻床上进行。它虽不如钻、扩、铰应用广泛,但也是一种不可缺少的加工方法。

4.3.2 钻削刀具

1. 麻花钻

麻花钻是钻孔的主要刀具,它可在实心材料上钻孔,也可用来扩孔。

标准的麻花钻由柄部、颈部及工作部分组成,如图4-19(a)所示。工作部分又分为切削部分和导向部分,为增强钻头的刚度,工作部分的钻芯直径 d_c 朝柄部方向递增,如图4-19(c)所示;刀柄是钻头的夹持部分,有直柄和锥柄两种,前者用于小直径钻头,后者用于大直径钻头;颈部用于磨锥柄时砂轮退刀。如图4-19(b)所示,麻花钻有两个前刀面、两个主后刀面、两个副后刀面、两条主切削刃、两条副切削刃和一条横刃。

麻花钻的主要结构参数为外径 d_0,它按标准尺寸系列设计;钻芯直径 d_c,它决定钻头

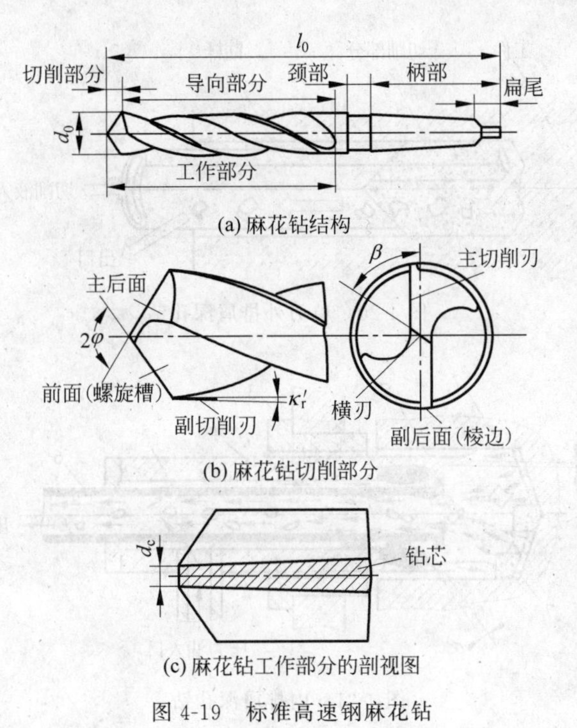

(a) 麻花钻结构

(b) 麻花钻切削部分

(c) 麻花钻工作部分的剖视图

图 4-19　标准高速钢麻花钻

的强度及刚度，并影响容屑空间；顶角 2φ，通常 $2\varphi=116°\sim120°$；螺旋角 β，它是圆柱螺旋形刃带与钻头轴线的夹角，加工钢、铸铁等材料，钻头直径 $d_0>10\text{mm}$ 时，$\beta=25°\sim33°$。

2. 铰刀

铰刀分为圆柱铰刀和锥度铰刀，两者又有机用铰刀和手动铰刀之分。圆柱铰刀多为锥柄，其工作部分较短，直径规格为 10～100mm，其中常用的为 10～40mm；圆柱手动铰刀为柱柄，直径规格为 1～40mm，锥度铰刀常见的有 1∶50 锥度铰刀和莫氏锥度铰刀两种。

铰刀也属于定径刀具，适宜加工中批量或大批量生产中不宜拉削的孔，也适宜加工单件小批量生产中的小孔($D<10\sim15\text{mm}$)、细长孔($L/D>5$)和定位销孔。

3. 深孔钻

深孔加工时，由于孔的深径比较大，钻杆细而长，刚性差，切削时很容易走偏和产生振动，加工精度和表面粗糙度难以保证，加之刀具在近似封闭的状态下工作，因此必须特别注意导向、断屑和排屑、冷却和润滑等问题。

图 4-20 所示为单刃外排屑深孔钻，又称枪钻，它主要用来加工小孔(直径为 3～20mm)，孔的深径比可大于 100。其工作原理是：高压切削液从钻杆和切削部分的油孔进入切削区，以冷却、润滑钻头，并把切屑沿钻杆与切削部分的 V 形槽冲出孔外。

图 4-21 所示为高效、高质量加工的内排屑深孔钻，又称喷吸钻，它用于加工深径比小于 100、直径为 16～65mm 的孔。它由钻头、内管及外管三部分组成。2/3 的切削液以一定的压力经内外钻管之间输至钻头，并通过钻头上的小孔喷向切削区，对钻头进行冷却和润滑，此外 1/3 的切削液通过内管上 6 个月牙型的喷嘴向后喷入内管，由于喷速高，在内管中形成低压区而将前端的切屑向后吸，在前推后吸的作用下，排屑顺畅。

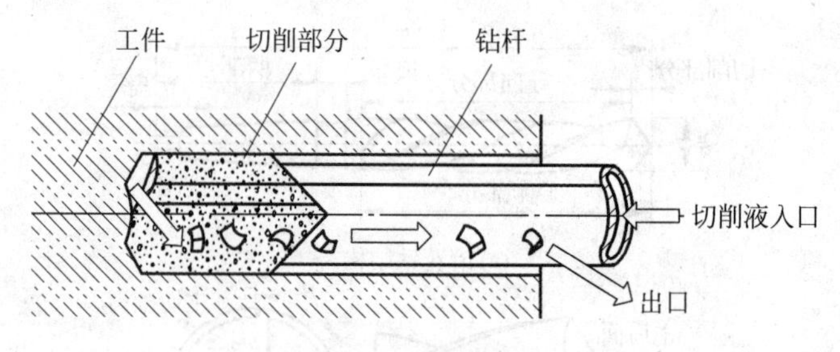

图 4-20 单刃外排屑深孔钻

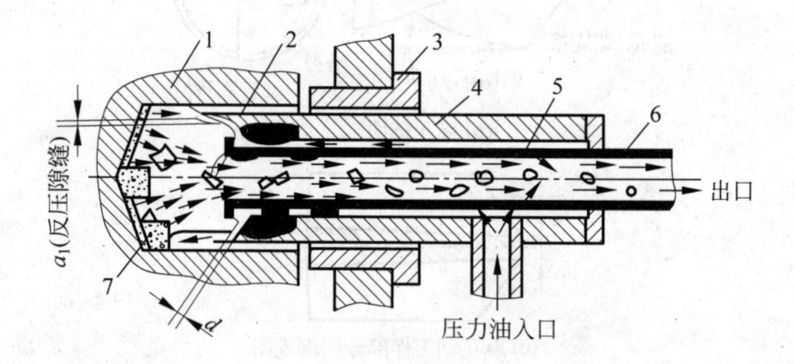

图 4-21 内排屑深孔钻

1—工件；2—小孔；3—钻套；4—外钻管；5—喷嘴；6—内钻杆；7—钻头

4.3.3 镗削工艺

1. 镗削工作

镗刀旋转作主运动;工件或镗刀作进给运动的切削加工方法称为镗削加工。镗削加工主要在铣镗床、镗床上进行,是加工孔常用的方法之一。

在铣镗床上镗孔的方法如图 4-22 所示。单刃镗刀是把镗刀头安装在镗刀杆上,其孔径大小依靠调整刀头的悬伸长度来保证,多用于单件小批量生产中。在普通铣镗床镗孔,与车孔基本类似,粗镗的尺寸公差等级为 IT12～IT11,表面粗糙度 $R_a=25\sim12.5\mu m$; 半精镗为 IT10～IT9,表面粗糙度 $R_a=6.3\sim3.2\mu m$; 精镗为 IT8～IT7,表面粗糙度 $R_a=1.6\sim0.8\mu m$。

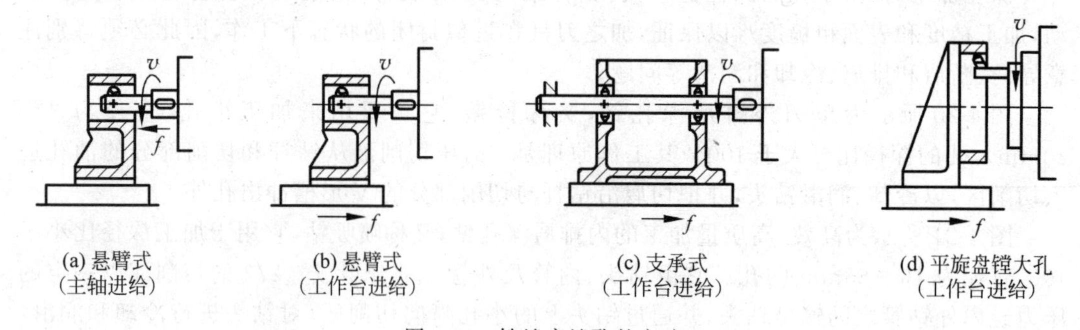

图 4-22 铣镗床镗孔的方法

值得指出的是,铣镗床镗孔主要用于机座、箱体、支架等大型零件上孔和孔系的加工。此外,铣镗床还可以加工外圆和平面,主要加工箱体和其他大型零件上与孔有位置精度要求、需要与孔在一次安装中加工出来的短而大的外圆和端平面等。

镗削除了加工孔之外,还可进行铣削和车削加工。在生产中,某些工件因为安装、定位方面的原因,要求在一次安装中加工出有关的表面。这些工作在镗床上完成较为方便。

2. 镗削方式

在镗床上镗孔,按其进给形式可分为主轴进给和工作台进给两种方式。在主轴进给方式的工作过程中,随着主轴的进给,主轴悬伸长度是变化的,主轴刚度也是随之变化的。刚度的变化,易使孔产生锥度误差;另外,随着主轴悬伸长度的增加,由自重所引起的弯曲变形也随之增大,因而镗出的轴线是弯曲的。因此,这种方式只适宜镗削长度较短的孔。工作台进给方式镗削较短的孔时,主轴是悬臂式(见图 4-22(b));镗削箱体两壁相距较远的同轴孔系时,需采用支承式(见图 4-22(c));镗削大孔时可采用平旋盘镗削(见图 4-22(d))。

镗削加工经常用于镗削箱体的孔系。孔系分为同轴孔系、平行孔系和垂直孔系。箱体加工的技术关键是如何保证孔系的加工精度。镗削箱体孔系通常采用坐标法和镗模法两种方法。

1) 坐标法

坐标法是将被加工各孔间的孔距尺寸先换算成两个相互垂直的坐标尺寸,然后按坐标尺寸调整机床主轴与工件在水平方向和垂直方向的相互位置来保证孔间距的。其尺寸精度随获得坐标的方法而异:采用游标尺装置的,精度一般为±0.1mm,适用于孔间距精度要求较低的情况;采用百分表装置的,精度一般为±0.04mm,适用于孔间距精度要求较高的情况;对于孔间距精度要求更高,或者兼有角度精度要求的情形,通常需要使用配备有光学测量读数装置的坐标镗床。

2) 镗模法

镗模法是利用一种称为镗模的专用夹具来镗孔的。镗模上有两块模板,将工件上需要加工的孔系位置按图纸要求的精度提高 1 级复制在两块模板上,再将这两块模板通过底板装配成镗模,并安装在镗床的工作台上。工件在镗模内定位夹紧,镗刀杆支承在模板的导套里,这样既增加了镗刀杆的刚性,又能保证同轴孔系的同轴度和平行孔系的平行度要求,如图 4-23 所示。镗孔时,镗刀杆与镗床主轴应浮动连接。镗刀杆浮动接头如图 4-24 所示。这样,孔系的位置精度主要取决于镗模的精度而不是机床的精度。

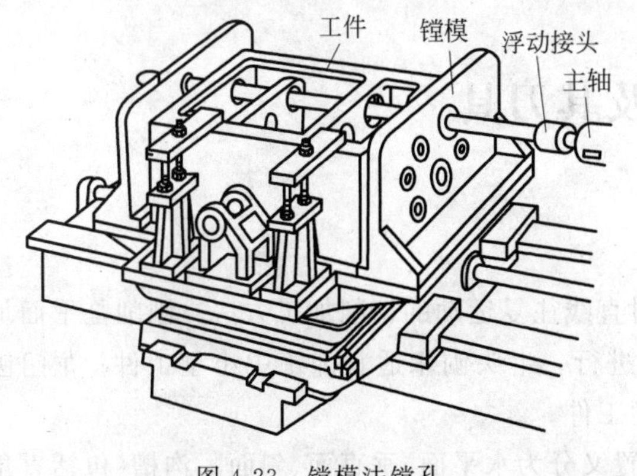

图 4-23　镗模法镗孔

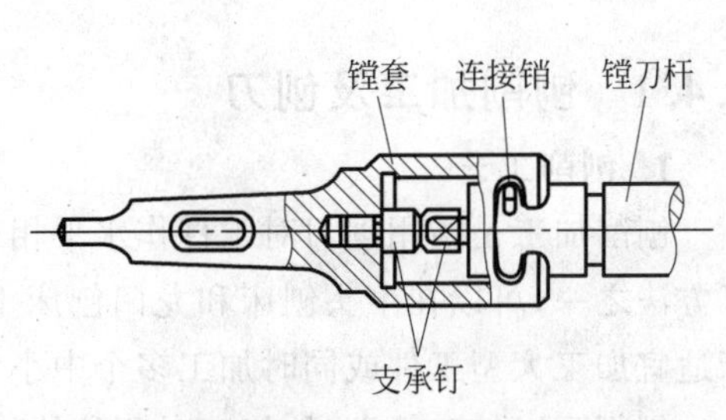

图 4-24　镗刀杆浮动接头

4.3.4 镗刀

镗刀种类很多,一般分为单刃镗刀与多刃镗刀两大类。单刃镗刀如图4-25所示,其结构简单,通用性好,大多有尺寸调节装置。在精密镗床上常采用如图4-26所示的微调镗刀,以提高调整精度。双刃镗刀如图4-27所示,它两边都有切削刃,工作时可以消除径向力对镗杆的影响;镗刀上的两块刀片可以径向调整,工件的孔径尺寸和精度由镗刀径向尺寸保证。双刃镗刀多采用浮动连接结构,刀体以动配合状态浮动地安装在镗杆的径向孔中,工作时刀块在切削刃的作用下保持平衡对中,以消除镗刀片的安装误差所引起的不良影响。双刃浮动镗的实质是铰孔,只能提高尺寸精度和降低表面粗糙度,不能提高位置精度,因此必须在单刃精镗之后进行,适宜加工成批生产中孔径较大($D=40\sim330$mm)的孔。

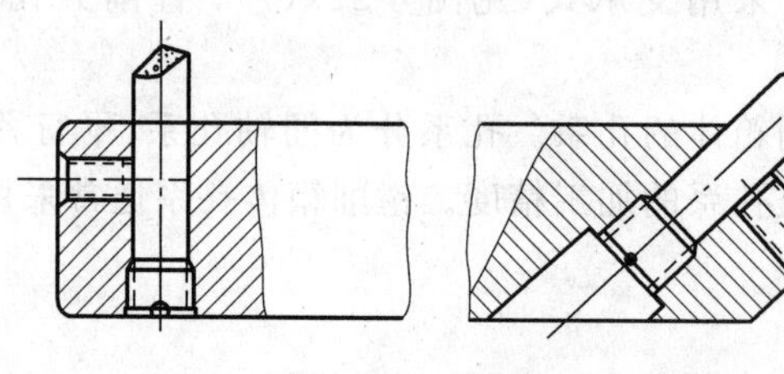

图4-25 单刃镗刀

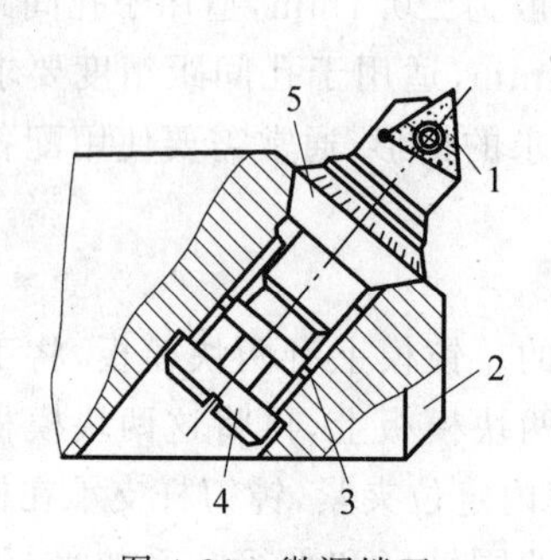

图4-26 微调镗刀

1—紧固螺钉;2—微调螺母;3—刀块;4—刀片;5—导向键

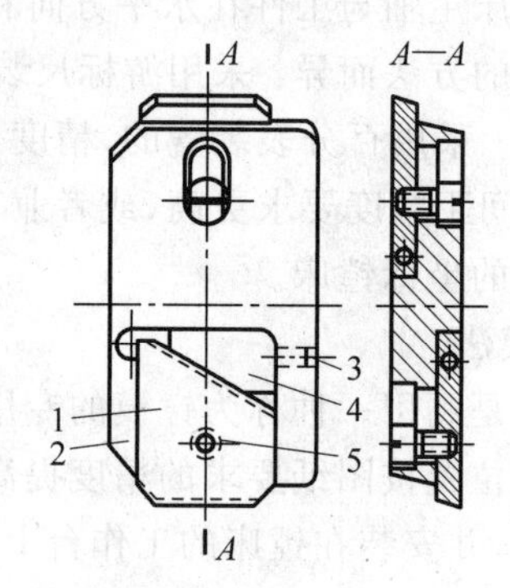

图4-27 双刃镗刀

1—刀片;2—刀体;3—尺寸调节螺钉;4—斜面垫板;5—刀片夹紧螺钉

4.4 刨削、插削和拉削加工及其刀具

4.4.1 刨削加工及刨刀

1. 刨削工艺

刨削加工是指用刨刀对工件作水平相对直线往复运动的切削加工方法。刨削是平面加工方法之一,可以在牛头刨床和龙门刨床上进行。牛头刨床适宜加工中小型工件;龙门刨床适宜加工大型工件或同时加工多个中小型工件。

刨削可以加工平面(按加工时所处的位置又分为水平面、垂直面、斜面)、沟槽(包括直角槽、V形槽、燕尾槽、T形槽)和直线形成型面等。普通刨削一般分为粗刨、半精刨和精刨。

粗刨后两平面之间的尺寸公差等级为 IT13～IT11，表面粗糙度 $R_a=25\sim12.5\mu m$；半精刨的尺寸公差等级为 IT10～IT9，表面粗糙度 $R_a=6.3\sim3.2\mu m$；精刨的尺寸公差等级为 IT8～IT7，表面粗糙度 $R_a=3.2\sim1.6\mu m$，直线度可达 0.04～0.08mm/m。

刨平面和沟槽的方法如图 4-28 所示。

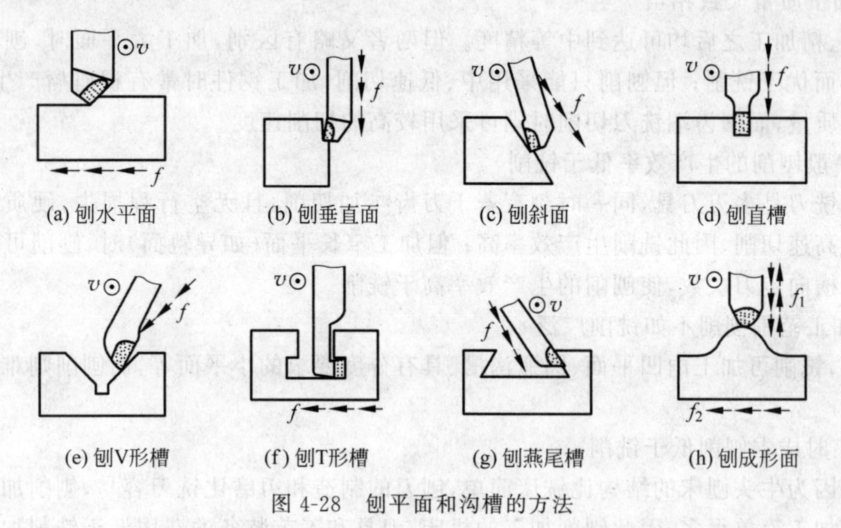

图 4-28　刨平面和沟槽的方法

2. 刨刀

刨削所用的刀具是刨刀，常用的刨刀如图 4-29 所示，有平面刨刀、偏刀、角度刀以及成型刀等。刨刀切入和切出工件时，冲击很大，容易发生“崩刃”和“扎刀”现象，因而刨刀刀杆截面比较粗大，以增加刀杆的刚性，而且往往做成弯头，使刨刀在碰到硬点时可适当产生弯曲变形而缓和冲击，以保护刀刃。

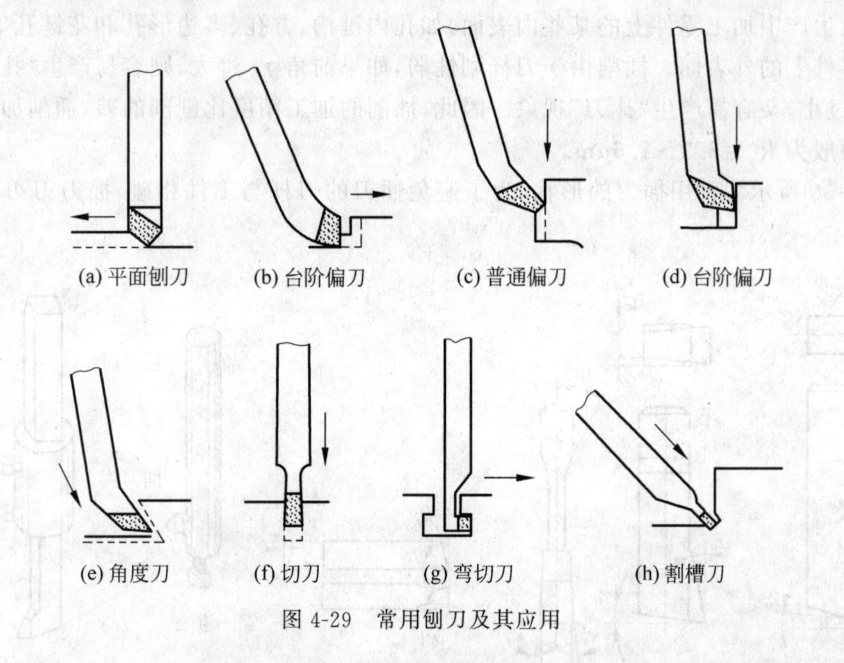

图 4-29　常用刨刀及其应用

3. 刨削与铣削加工的比较

虽然刨削和铣削均以加工平面和沟槽为主,但由于所用机床、刀具和切削方式不同,致使它们在工艺特点和应用方面存在较大的差异。现将刨削与铣削加工分析比较如下。

1) 加工质量大致相当

经粗、精加工之后均可达到中等精度。但两者又略有区别,加工大平面时,刨削因无明显接刀痕而优于铣削;但刨削只能采用中、低速切削,加工钢件时常有积屑瘤产生,会影响工件表面质量,而镶齿端铣刀切削时则可采用较高的切削速度。

2) 一般刨削的生产效率低于铣削

因为铣刀是多刃刀具,同一时刻有若干刀齿参加切削,且无空行程损失,硬质合金铣刀还可采用高速切削,因此铣削生产效率高;但加工窄长平面(如导轨面)时,刨削可因工件变窄而减少横向走刀次数,使刨削的生产效率高于铣削。

3) 加工范围刨削不如铣削广泛

例如,铣削可加工内凹平面、圆弧沟槽、具有分度要求的小平面等,而刨削则难以完成这类工作。

4) 工时成本刨削低于铣削

这是因为牛头刨床的结构比铣床简单,刨刀的制造和刃磨比铣刀容易,刨削加工的夹具也比铣削加工简单得多,因此刨削加工的机床、刀具和工艺装备的费用低于铣削加工。

5) 刨削不如铣削应用广泛

铣削适用于各种生产批量,而刨削通常更适用于单件小批量生产及修配工作中。

4.4.2 插削加工及插刀

插削加工是指用插刀对工件作垂直相对直线往复运动的切削加工方法。插削与刨削基本相同,只是插削是在插床上沿垂直方向进行,可视为"立式刨床"加工。插削主要用于在单件小批量生产中加工零件上的某些内表面,如孔内键槽、方孔、多边形孔和花键孔等,也可加工某些零件上的外表面。插削由于刀杆刚性弱,如果前角 γ_o 过大,则容易产生"扎刀"现象;如果 γ_o 过小,又容易产生"让刀"现象。因此,插削的加工精度比刨削的差,插削加工的表面粗糙度一般为 $R_a=6.3\sim1.6\mu m$。

图 4-30 所示为常用插刀的形状,为了避免插刀的刀杆与工件相碰,插刀刀刃应该突出于刀杆。

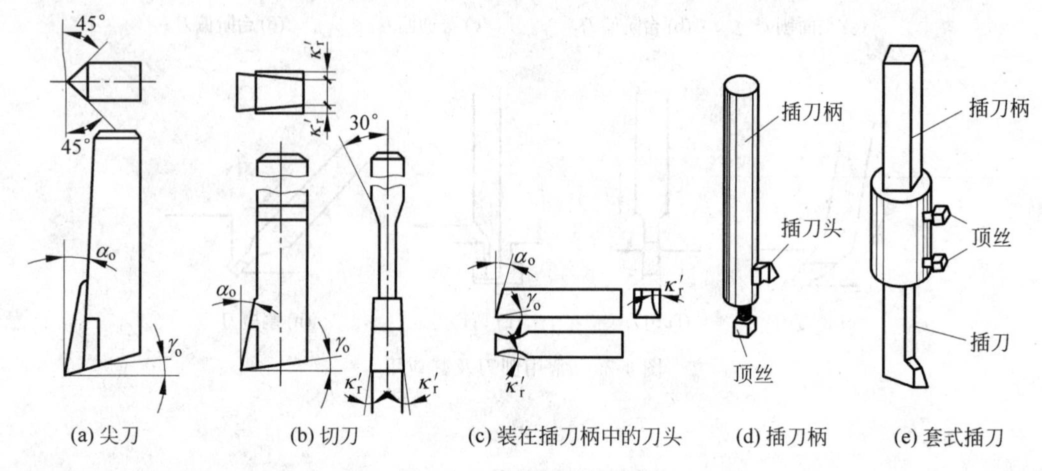

图 4-30 常用插刀的形状

4.4.3　拉削加工及拉刀

1. 拉削工艺

拉削加工是指用拉刀加工工件内、外表面的加工方法。拉削在拉床上进行。拉刀的直线运动为主运动，拉削无进给运动，其进给是靠拉刀的每齿升高量来实现的，因此拉削可以看作按高低顺序排列成队的多把刨刀进行的刨削，它是刨削的进一步发展。拉削一般在低速下工作，常取 $v=2\sim8\text{m/min}$，以避免产生积屑瘤。

拉削可以加工内表面（如各种型孔）和外表面（如平面、半圆弧面和组合表面等），图 4-31 所示为拉削加工的典型表面。

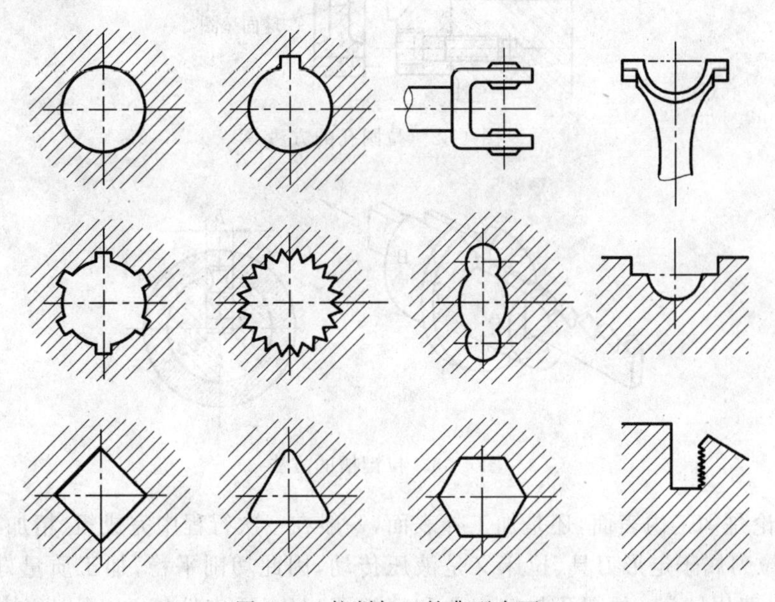

图 4-31　拉削加工的典型表面

拉削可分为粗拉和精拉。粗拉的尺寸公差等级为 IT8～IT7，表面粗糙度 $R_a=1.6\sim0.8\mu\text{m}$；精拉的尺寸公差等级为 IT7～IT6，表面粗糙度 $R_a=0.8\sim0.4\mu\text{m}$。

1）拉圆孔

拉削圆孔的孔径一般为 8～125mm，孔的深径比 $L/D\leqslant5$。拉削圆孔时工件不需要夹紧，只以已加工过的一个端面为支撑面，当工件端面与拉削孔的轴线不垂直时，可依靠球面浮动支承装置自动调节，始终使受力方向与端面垂直，以防止拉刀崩刃和折断，装置中一般采用弹簧使球面保持贴合，避免从装置体上脱落。拉圆孔的方法如图 4-32 所示。

2）拉孔内单键槽

拉键槽的方法如图 4-33 所示，拉削时导向心轴的 A 端安装工件，B 端插入拉床的“支撑”中，拉刀穿过工件圆柱孔及心轴上的导向槽作直线移动，拉刀底部的垫片用以调节工件键槽的深度以及补偿拉刀重磨后齿高的减少量。

3）拉平面

拉平面的方法是采用平面拉刀进行一次性加工。拉削可加工单一的敞开平面，也可加工组合平面。

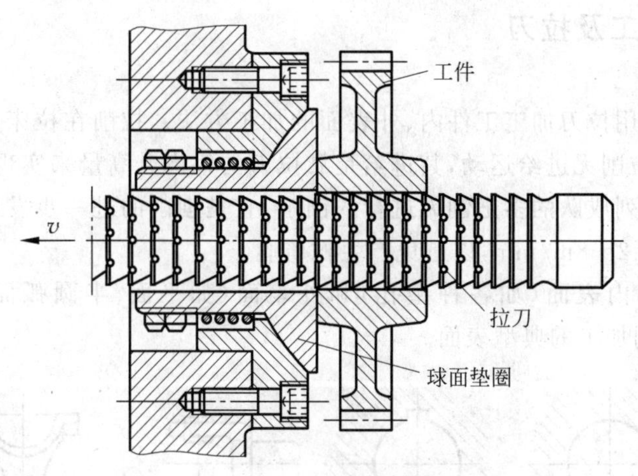

图 4-32　拉圆孔的方法

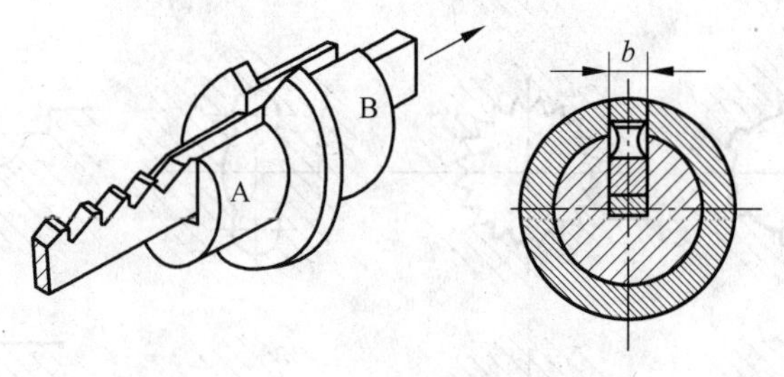

图 4-33　拉键槽的方法

拉削不论是加工内表面,还是加工外表面,一般在一次行程中完成粗、精加工,生产效率很高;由于拉刀属于定形刀具,拉床又是液压传动,因此切削平稳,加工质量好;但拉刀制造复杂,工时费用较高;拉圆孔与精车孔和精镗孔相比,适应性较差。因此,拉削加工广泛应用于大批量生产中。

2. 拉刀

拉削是一种高生产效率、高精度的加工方法,拉削质量和拉削精度主要依靠拉刀的结构和制造精度。

普通圆孔拉刀的结构如图 4-34 所示,它由头部、颈部、过渡锥部、前导部、切削部、校准部和后导部组成,如果拉刀太长,还可在后导部后面加一个尾部,以便支承拉刀。

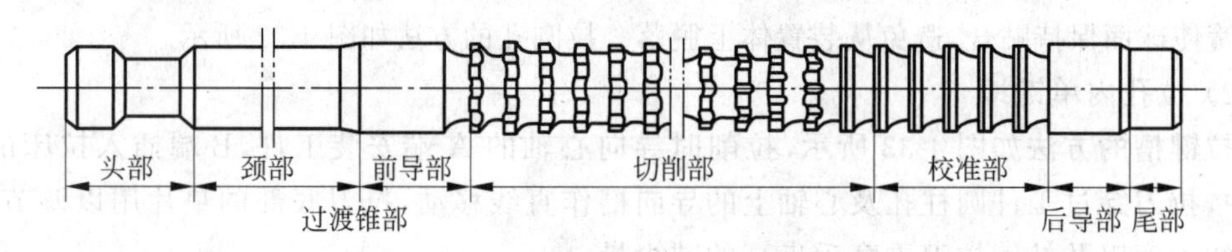

图 4-34　普通圆孔拉刀的结构

平面拉刀可制成整体式的(加工较小平面),但更多的是制成镶齿式的(加工大平面),镶嵌硬质合金刀片,以提高拉削速度,且便于刃磨和调整。

4.5　齿轮加工及切齿刀具

4.5.1　齿轮加工方法

齿轮是机械传动系统中传递运动和动力的重要零件。齿轮的结构形式多样，应用十分广泛。常见的齿轮传动类型如图 4-35 所示。

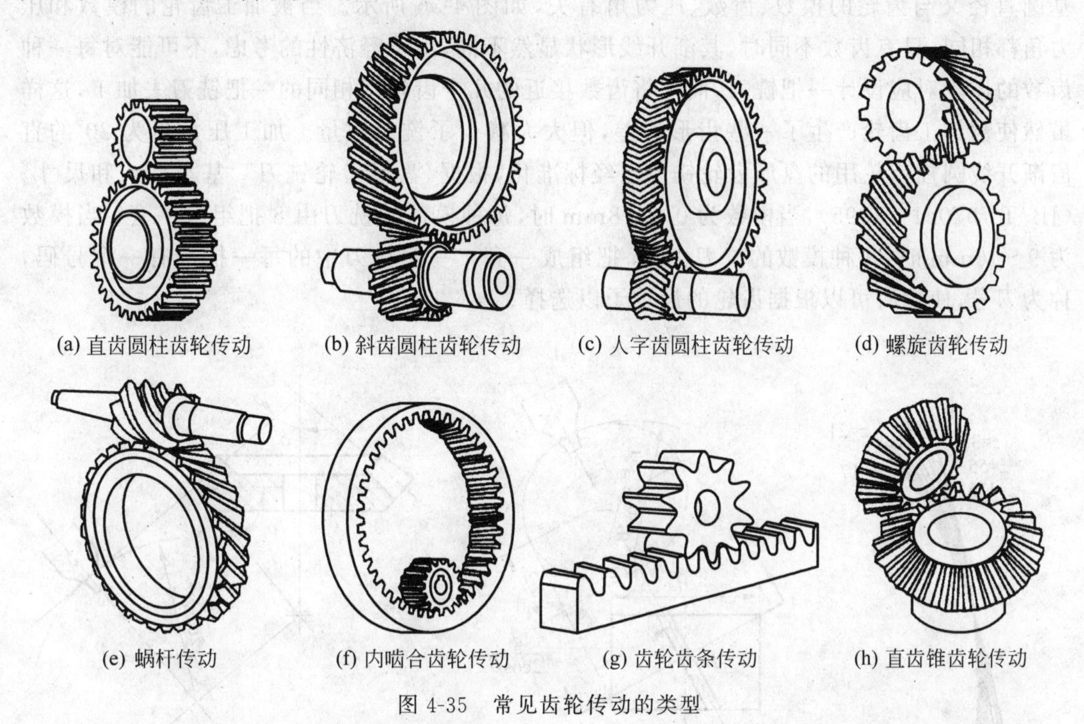

(a) 直齿圆柱齿轮传动　(b) 斜齿圆柱齿轮传动　(c) 人字齿圆柱齿轮传动　(d) 螺旋齿轮传动

(e) 蜗杆传动　(f) 内啮合齿轮传动　(g) 齿轮齿条传动　(h) 直齿锥齿轮传动

图 4-35　常见齿轮传动的类型

目前，工业生产中所使用的大部分齿轮都是经过切削加工获得的。齿轮的切削加工方法按其成型原理可分为成型法和展成法两大类。

成型法加工齿轮，要求所用刀具的切削刃形状与被切齿轮的齿槽形状相吻合。例如，在铣床上用盘形铣刀或指形铣刀铣削齿轮，在刨床、拉床或插床上用成型刀具刨削、拉削或插削齿轮。模数 $m \leqslant 16$ 的齿轮，一般用盘形齿轮铣刀在卧式铣床上加工；$m > 16$ 的齿轮，通常用指形齿轮铣刀在专用铣床或立式铣床上加工。

展成法又称范成法、包络法。展成法加工齿轮是利用齿轮的啮合原理进行的，即把齿轮啮合副（齿条—齿轮、齿轮—齿轮）中的一个转化为刀具，另一个为工件，并强制刀具和工件作严格的啮合运动而展成切出齿廓。根据齿轮齿廓以及加工精度的不同，展成法加工齿轮最常用的方法主要有滚齿、插齿，精加工齿形的方法有剃齿、磨齿、珩齿、研齿等。

4.5.2　齿轮加工刀具

为适应各种类型齿轮加工的需要，齿轮加工刀具的种类繁多，切齿原理也不尽相同。

1. 成型法加工齿轮刀具

1) 盘形齿轮铣刀

盘形齿轮铣刀是一种铲齿成型铣刀。当盘形齿轮铣刀前角为零时，其刃口形状就是被加工齿轮的渐开线齿形。齿轮齿形的渐开线形状由基圆大小决定，基圆越小，渐开线越弯曲；基圆越大，渐开线越平直；基圆无穷大时，渐开线变为直线，即为齿条齿形。而基圆直径又与齿轮的模数、齿数、压力角有关，如图4-36所示。当被加工齿轮的模数和压力角都相同，只有齿数不同时，其渐开线形状显然不同，出于经济性的考虑，不可能对每一种齿数的齿轮对应设计一把铣刀，而是将齿数接近的几个齿轮用相同的一把铣刀去加工，这样虽然使被加工齿轮产生了一些齿形误差，但大大减少了铣刀数量。加工压力角为20°的直齿渐开线圆柱齿轮用的盘形齿轮铣刀已经标准化，根据《盘形齿轮铣刀　基本型式和尺寸》(JB/T 7970.1—1995)，当模数为0.3～8mm时，每种模数的铣刀由8把组成一套；当模数为9～16mm时，每种模数的铣刀由15把组成一套。一套铣刀中的每一把都有一个号码，称为刀号，使用时可以根据齿轮的齿数予以选择。

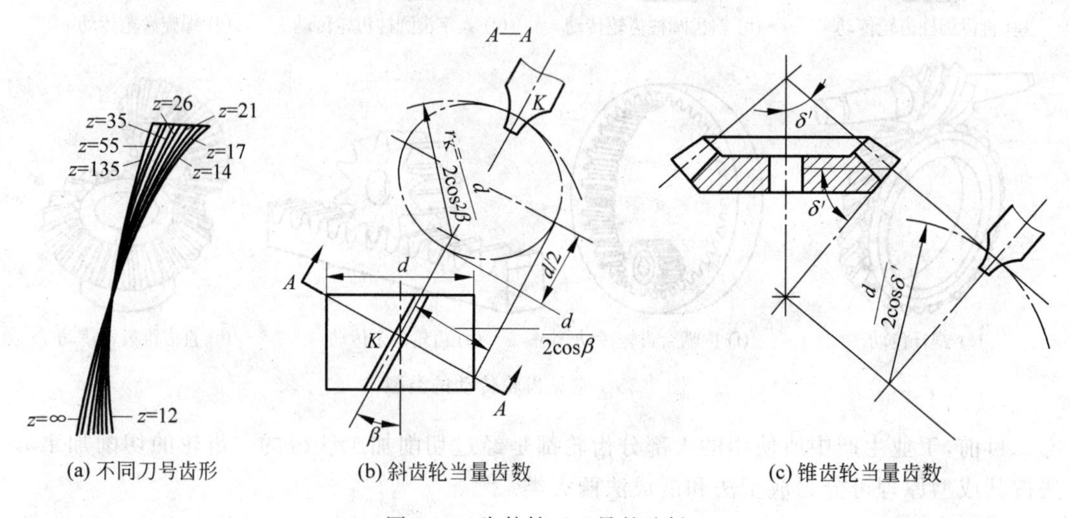

(a) 不同刀号齿形　(b) 斜齿轮当量齿数　(c) 锥齿轮当量齿数

图4-36 齿轮铣刀刀号的选择

2) 指形齿轮铣刀

指形齿轮铣刀如图4-37所示，它实质上是一种成型立铣刀，有铲齿和尖齿结构，主要用于加工 $m=10$～100mm 的大模数直齿、斜齿以及无空刀槽的人字齿齿轮等。指形齿轮铣刀工作时相当于一个悬臂梁，几乎整个刃长都参与切削，因此切削力大，刀齿负荷重，宜采用小进给量切削。指形齿轮铣刀还没有标准化，需根据需要进行专门设计和制造。

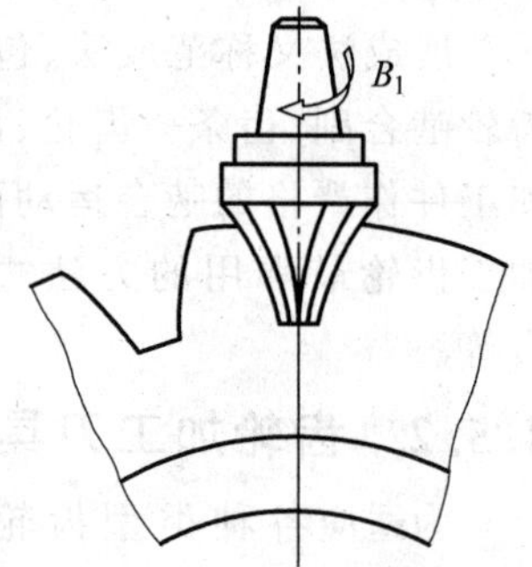

图4-37 指形齿轮铣刀

2. 展成法加工齿轮刀具

这里只介绍几种渐开线展成法加工齿轮的刀具。

1) 齿轮滚刀

齿轮滚刀是一种展成法加工齿轮的刀具，它相当于一个螺旋齿轮，其齿数很少(或称头数，通常是一头或两头)，螺旋角很大，实际上就是一个蜗杆，如图 4-38 所示。渐开线蜗杆的齿面是渐开线螺旋面，根据形成原理，渐开线螺旋面的发生母线是在与基圆柱相切的平面中的一条斜线，该斜线与端面的夹角就是此螺旋面的基圆螺旋升角 λ_b，用此原理可车削渐开线蜗杆，如图 4-39 所示。车削时车刀的前刀面切于直径为 d_b 的基圆柱，车蜗杆右齿面时车刀低于蜗杆轴线，车左齿面时车刀高于蜗杆轴线，车刀取前角 $\gamma_f=0°$，齿形角为 λ_b。

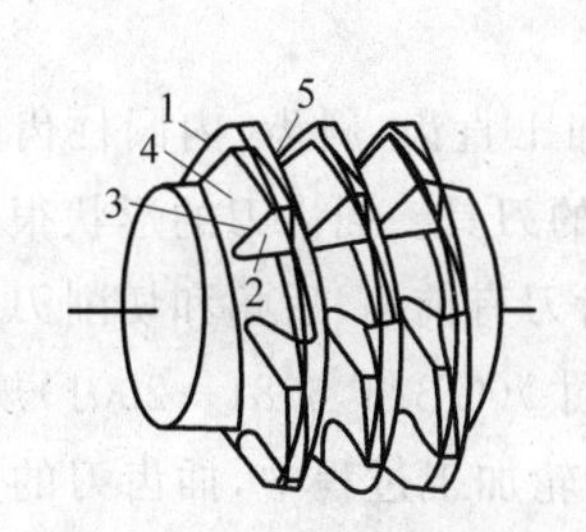

图 4-38　滚刀的基本蜗杆

1—蜗杆表面；2—前面；3—侧刃；
4—侧铲面；5—后刀面

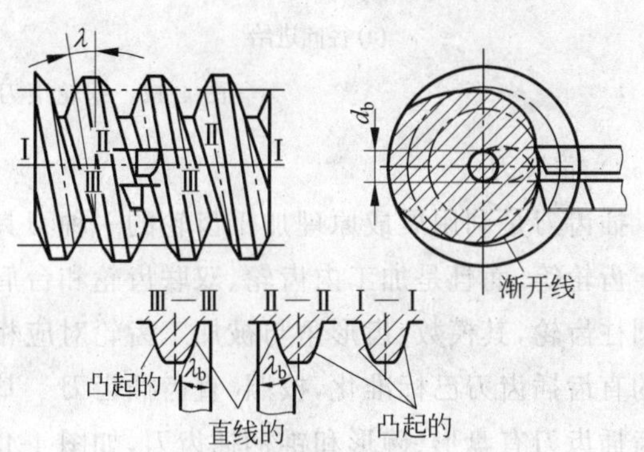

图 4-39　渐开线蜗杆齿面的形成

用滚刀加工齿轮的过程类似于交错轴螺旋齿轮的啮合过程，如图 4-40 所示。滚齿的主运动是滚刀的旋转运动，滚刀转一圈，被加工齿轮转过的齿数等于滚刀的头数，以形成展成运动。为了在整个齿宽上都加工出齿轮齿形，滚刀还要沿齿轮轴线方向进给；为了得到规定的齿高，滚刀还要相对于齿轮作径向进给运动；加工斜齿轮时，除上述运动外，齿轮还有一个附加转动，附加转动的大小与斜齿轮螺旋角大小有关。

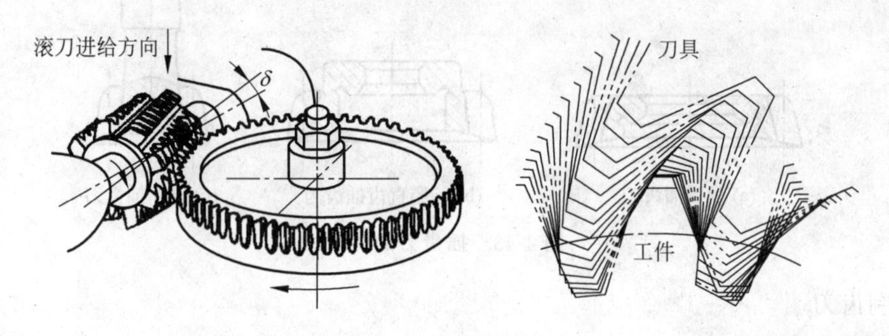

图 4-40　滚齿过程

2）蜗轮滚刀

蜗轮滚刀加工蜗轮的过程是模拟蜗杆与蜗轮啮合的过程，如图 4-41 所示。蜗轮滚刀相当于原蜗杆，只是上面制作出切削刃。蜗轮滚刀的基本蜗杆的类型和基本参数都必须与原蜗杆相同，加工每一规格的蜗轮需用专用的滚刀。用滚刀加工蜗轮可采用径向进给或切向进给，如图 4-42 所示。

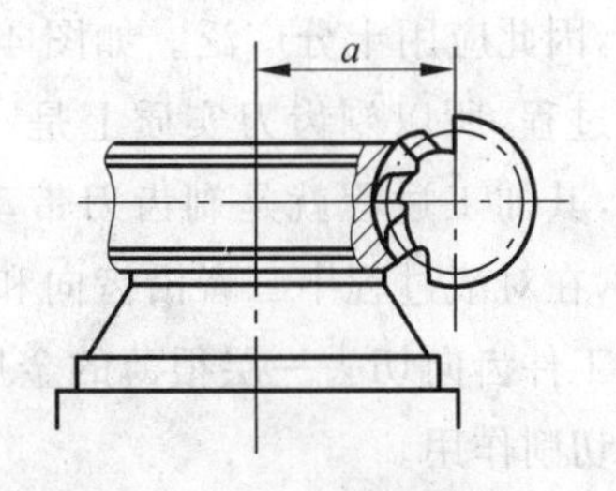

图 4-41　蜗轮的滚切

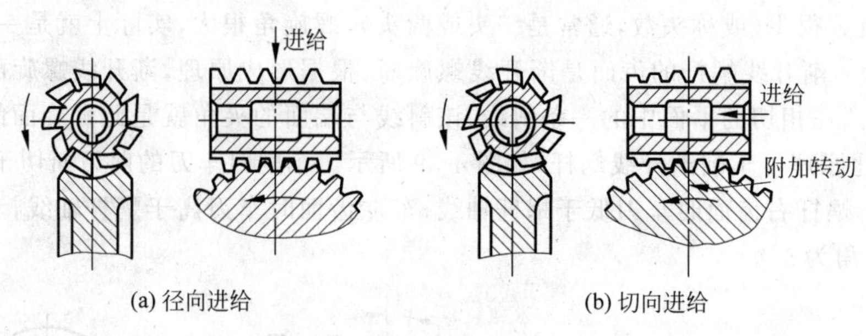

(a) 径向进给　　(b) 切向进给

图 4-42　蜗轮滚刀的进给方式

3）插齿刀

插齿刀是利用展成原理加工齿轮的一种刀具，它可用来加工直齿、斜齿、内圆柱齿轮和人字齿轮等，而且是加工内齿轮、双联齿轮和台肩齿轮最常用的刀具。插齿刀的形状很像一个圆柱齿轮，其模数、齿形角与被加工齿轮对应相等，只是插齿刀有前角、后角和切削刃。常用的直齿插齿刀已标准化，按照《直齿插齿刀　基本型式和尺寸》(GB/T 6081—2001)规定，直齿插齿刀有盘形、碗形和锥柄插齿刀，如图 4-43 所示。在齿轮加工过程中，插齿刀的上下往复运动是主运动，向下为切削运动，向上为空行程。此外还有插齿刀的回转运动与工件的回转运动相配合的展成运动。开始切削时，在机床凸轮的控制下，插齿刀还有径向的进给运动，沿半径方向切入工件至预定深度后径向进给停止，而展成运动仍继续进行，直至齿轮的齿牙全部切完为止。为避免插齿刀回程时与工件摩擦，还有被加工齿轮随工作台的让刀运动，如图 4-44 所示。

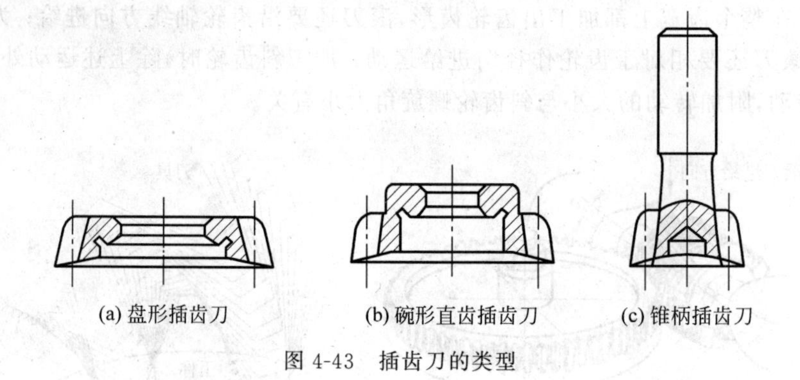
(a) 盘形插齿刀　　(b) 碗形直齿插齿刀　　(c) 锥柄插齿刀

图 4-43　插齿刀的类型

4）剃齿刀

剃齿刀常用于未淬火的软齿面圆柱齿轮的精加工，其精度可达 6 级以上，且生产效率很高，因此应用十分广泛。如图 4-45 所示，由于剃齿在原理上属于一对交错轴斜齿轮啮合传动过程，所以剃齿刀实质上是一个高精度的螺旋齿轮，并且在齿面上沿齿向开了很多刀刃槽，其加工过程就是剃齿刀带动工件作双面无侧隙的对滚，并对剃齿刀和工件施加一定压力，在对滚过程中二者沿齿向和齿形面均产生相对滑移，利用剃齿刀沿齿向开出的锯齿刀槽沿工件齿向切去一层很薄的金属，在工件的齿面方向因剃齿刀无刃槽，虽有相对滑动，但不起切削作用。

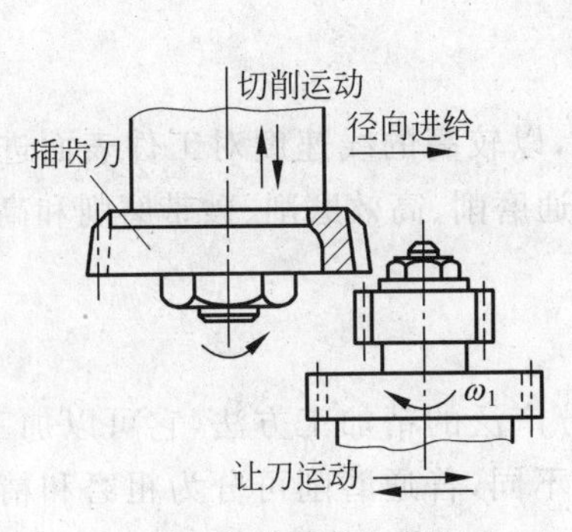

图 4-44　插齿刀的切削运动

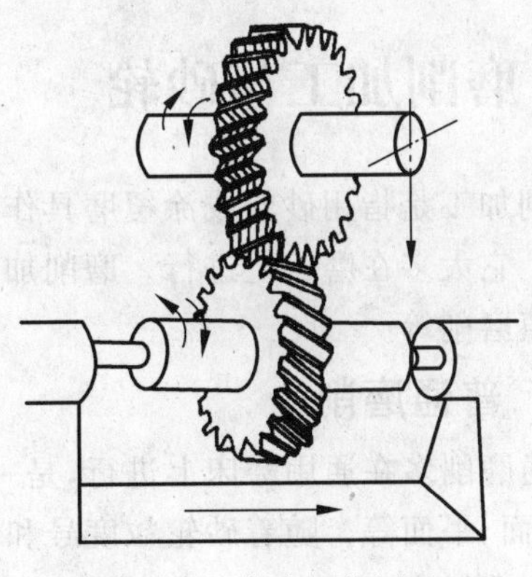

图 4-45　剃齿工作原理

5）磨齿及磨具

磨齿多用于淬硬齿轮的齿面精加工，有的还可直接用来在齿坯上磨制小模数齿轮。磨齿能消除淬火后的变形，加工精度最低为 6 级，有的可磨出 3、4 级精度齿轮。

磨削齿面用的砂轮需要专门的机构用金刚石进行修整，使其截面形状和精度满足一定的要求。

磨齿有成型法和展成法两大类，多数为展成法磨齿。展成法磨齿又分为连续磨齿和分度磨齿两类，如图 4-46 所示，其中蜗杆形砂轮磨齿的效率最高，而大平面砂轮磨齿的精度最高。磨齿加工的加工精度高，修正误差能力强，而且能加工表面硬度很高的齿轮，但磨齿加工效率低，机床复杂，调整困难，因此加工成本高，适用于齿轮精度要求很高的场合。

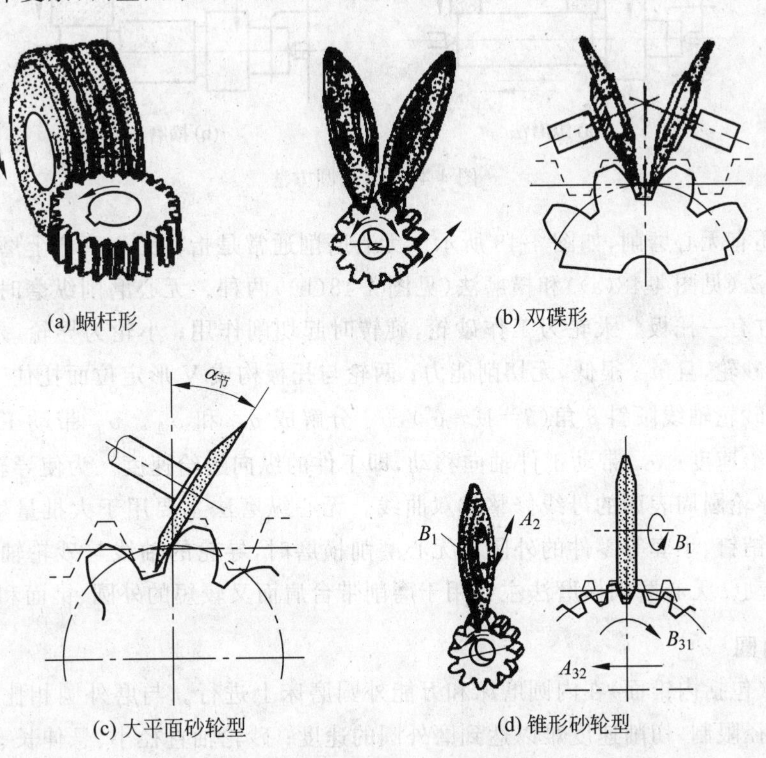

图 4-46　展成法磨齿及磨齿砂轮

4.6 磨削加工与砂轮

磨削加工是指用砂轮或涂覆磨具作为切削工具,以较高的线速度对工件表面进行加工的方法。它大多在磨床上进行。磨削加工可分为普通磨削、高效磨削、砂带磨削和高精度小粗糙度值磨削等。

4.6.1 普通磨削

普通磨削多在通用磨床上进行,是一种应用十分广泛的精加工方法,它可以加工外圆、内圆、锥面、平面等。随着砂轮粒度号和切削用量的不同,普通磨削可分为粗磨和精磨。粗磨的精度等级为IT8～IT7,表面粗糙度 $R_a=0.8\sim0.4\mu m$;精磨的精度等级可达IT6～IT5(磨内圆为IT7～IT6),表面粗糙度 $R_a=0.4\sim0.2\mu m$。

1. 磨外圆

磨外圆(包括外锥面)在普通外圆磨床和万能外圆磨床上进行,具体方法有纵磨法和横磨法两种,如图4-47所示。纵磨法加工精度较高,R_a 较小,但生产效率较低;横磨法生产效率较高,但加工精度较低,R_a 较大。因此,纵磨法广泛用于各种类型的生产中;而横磨法只适用于大批量生产中磨削刚度较好、精度要求较低、长度较短的轴类零件上的外圆表面和成型面。

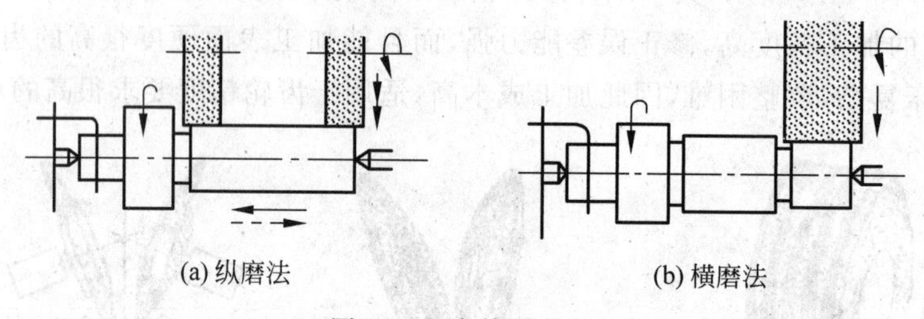

图4-47 磨外圆方法

此外,还有无心磨削,如图4-48所示。无心磨削通常是指在无心磨床上磨削外圆,其方法也有纵磨法(见图4-48(a))和横磨法(见图4-48(b))两种。无心磨削纵磨时,工件放在两轮之间,下方有一托板。大轮为工作砂轮,旋转时起切削作用;小轮为导轮,是磨粒极细的橡胶结合剂砂轮,且 $v_{导}$ 很低,无切削能力;两轮与托板构成V形定位面托住工件。由于导轮的轴线与砂轮轴线倾斜 β 角($\beta=1°\sim6°$),$v_{导}$ 分解成 $v_{工}$ 和 $v_{进}$。$v_{工}$ 带动工件旋转,即工件的圆周进给速度;$v_{进}$ 带动工件轴向移动,即工件的纵向进给速度。为使导轮与工件直线接触,应把导轮圆周表面的母线修整成双曲线。无心纵磨法主要用于大批量生产中磨削细长光滑轴及销钉、小套等零件的外圆。无心磨削横磨时,导轮的轴线与砂轮轴线平行,工件不作轴向移动。无心磨削横磨法主要用于磨削带台肩而又较短的外圆、锥面和成型面等。

2. 磨内圆

磨内圆(包括内锥面)在内圆磨床和万能外圆磨床上进行。与磨外圆相比,由于磨内圆的砂轮受孔径限制,切削速度难以达到磨外圆的速度;砂轮轴直径小、悬伸长、刚度差,易弯曲变形和振动,且只能采用很小的背吃刀量;砂轮与工件成内切圆接触,接触面积大,磨削

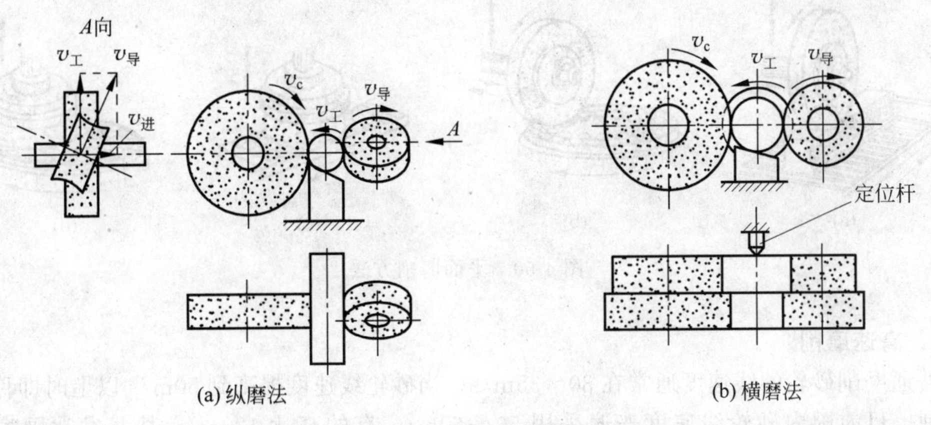

(a) 纵磨法　　(b) 横磨法

图 4-48　无心磨削方法

热多,散热条件差,表面易烧伤。因此,磨内圆比磨外圆生产效率低很多,加工精度和表面质量较难控制。

磨削内圆时,需根据磨削表面的有关结构和孔径大小,采用不同形式的砂轮和不同的紧固方法。图 4-49(a)用来磨削通孔,(b)用来磨削孔及其台阶面,(c)用来磨削 $\phi15$ 以下的小孔,砂轮与砂轮轴之间用黏结剂紧固。

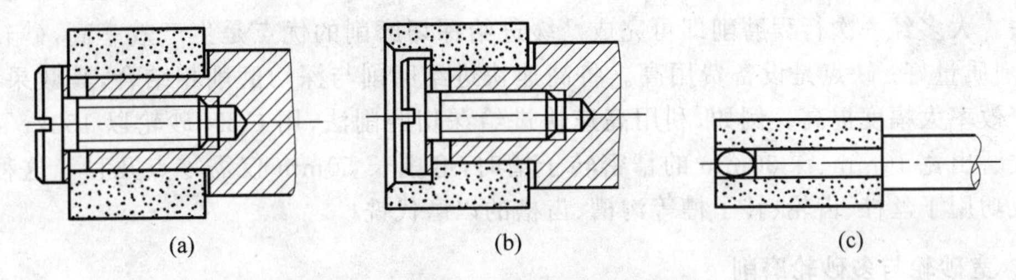

(a)　　(b)　　(c)

图 4-49　内圆磨削的砂轮及砂轮紧固方法

3. 磨平面

磨平面在平面磨床上进行,其方法有周磨法和端磨法两种,如图 4-50 所示。周磨法砂轮与工件的接触面积小,磨削力小,磨削热少,冷却与排屑条件好,砂轮磨损均匀,所以磨削精度高,表面粗糙度 R_a 较小,磨削的两平面之间的尺寸公差等级可达 IT6～IT5,表面粗糙度 $R_a=0.8\sim0.2\mu m$,直线度可达 0.02～0.03mm/m,但生产效率较低,多用于单件小批量生产中,大批量生产中也可采用。端磨法生产效率较高,但加工质量略差于周磨法,多用于大批量生产中磨削精度要求不高的平面。

磨平面常作为铣平面或刨平面后的精加工,特别适宜磨削具有相互平行平面的零件。此外,还可磨削导轨平面。机床导轨多是几个平面的组合,在成批或大量生产中,常在专用的导轨磨床上对导轨面作最后的精加工。

4.6.2　高效磨削

随着科学技术的发展,作为传统精加工方法的普通磨削也在逐步向高效率和高精度的方向发展。高效磨削常见的有高速磨削、缓进给深磨削、恒压力磨削、宽砂轮和多砂轮磨削等。

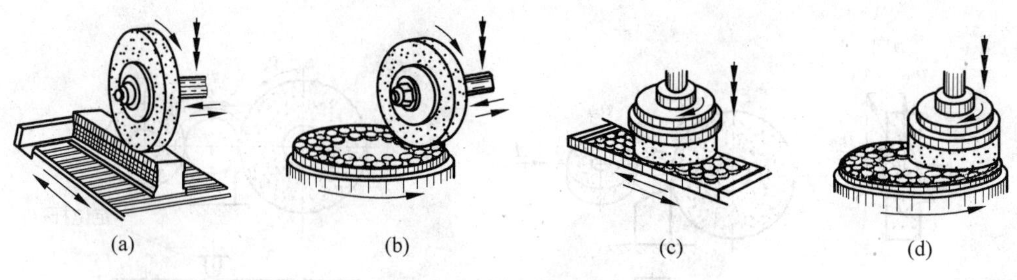

图 4-50 平面磨削方法

1. 高速磨削

普通磨削砂轮的线速度通常在30～35m/s。当砂轮线速度提高到50m/s以上时即称为高速磨削。目前国内砂轮线速度普遍采用50～60m/s,有的高达120m/s,某些发达国家已达230m/s。高速磨削可获得明显的技术经济效果,生产效率一般可提高30%～100%,砂轮耐用度提高0.7～1倍,工件表面粗糙度 R_a 可稳定地达到0.8～0.4μm。高速磨削目前已应用于各种磨削工艺,不论是粗磨还是精磨,无论是单件小批量还是大批量生产,均可采用。但高速磨削对磨床、砂轮、冷却液供应均提出相应的要求。

2. 缓进给深切磨削

缓进给深切磨削的深度约为普通磨削的100～1000倍,可达3～30mm,是一种强力磨削方法。大多经一次行程磨削即可完成。缓进给深切磨削的优点是生产效率高,砂轮损耗小,磨削质量好；缺点是设备费用高。将高速快进给磨削与深切磨削相结合,其效果更佳,使生产效率大幅度提高。例如,利用高速快进给深切磨削法,用CBN砂轮以150m/s的速度一次磨出宽10mm、深30mm的精密转子槽时,磨削长50mm仅需零点几秒。这种方法现已成功用于丝杠、齿轮、转子槽等沟槽、齿槽的以磨代铣。

3. 宽砂轮与多砂轮磨削

宽砂轮磨削是用增大磨削宽度来提高磨削效率的磨削方法。普通外圆磨削的砂轮宽度为50mm左右,而宽砂轮外圆磨削砂轮宽度可达300mm,平面磨削可达400mm,无心磨削可达1000mm。宽砂轮外圆磨削一般采用横磨法,主要用于大批量生产中,例如磨削花键轴、电机轴以及成型轧辊等。其尺寸公差等级可达IT6,表面粗糙度 R_a 可达0.4μm。

多砂轮磨削实际上是宽砂轮磨削的另一种形式,其尺寸公差等级和 R_a 与宽砂轮磨削相同。多砂轮磨削适用于大批量生产,目前多用于外圆和平面磨削。近年来在内圆磨床也开始采用这种方法,用于磨削零件上的同轴孔系。

4. 恒压力磨削

恒压力磨削实际上是横磨法的一种特殊形式,其原理如图4-51所示。磨削时,无论外界因素如磨削余量、工件材料硬度、砂轮钝化程度等如何变化,砂轮始终以预定的压力压向工件,直到磨削结束为止。推进砂轮的液压系统压力由减压阀调节,预先可通过试验找出最佳磨削压力,以便获得最佳效果。恒压力磨削加工质量稳定可靠,生产效率高；可避免砂轮超负荷工作,操作安全。恒压力磨削目前已在生产中得到应用,并收到良好的技术经济效果。例如,利用恒压力磨削317球轴承内圈外滚道,其圆弧半径 R 为13mm,磨削余量为0.5mm,磨削时间只要15s,圆度误差不超过2μm,尺寸误差在10～20μm,表面粗糙度 R_a = 0.8～0.4μm。

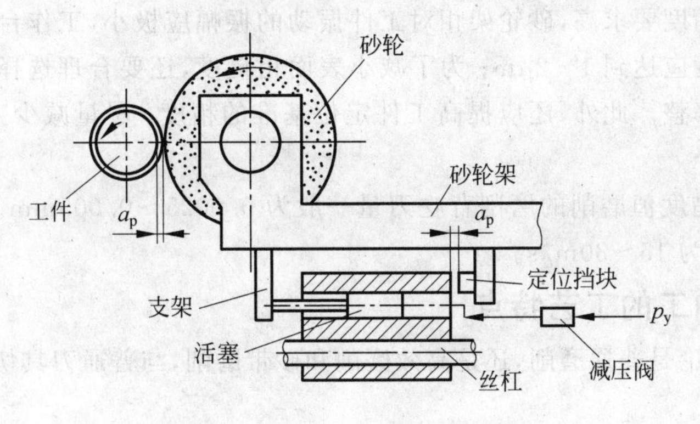

图 4-51　恒压力磨削原理图

4.6.3　砂带磨削

利用砂带根据加工要求以相应的接触方式对工件进行加工的方法称为砂带磨削，如图 4-52 所示。它是近年来发展起来的一种新型高效工艺方法。

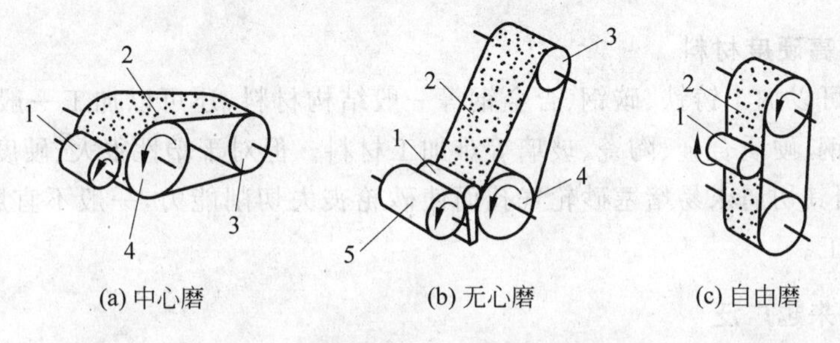

图 4-52　砂带磨削

1—工件；2—砂带；3—张紧轮；4—接触轮；5—导轮

砂带所用磨料大多是精选出来的针状磨粒，应用静电植砂工艺，使磨粒均直立于砂带基体且锋刃向上、定向整齐均匀排列，因而磨粒具有良好的等高性，磨粒间容屑空间大，磨粒与工件接触面积小，且可使全部磨粒参加切削。因此，砂带磨削效率高，磨削热少，散热条件好。砂带磨削的工件，其表面变形强化程度和残余应力均大大低于砂轮磨削。砂带磨削多在砂带磨床上进行，也可在卧式车床、立式车床上利用砂带磨头或砂带轮磨头进行，适宜加工大、中型尺寸的外圆、内圆和平面。

4.6.4　高精度小粗糙度值磨削

工件表面粗糙度 R_a 低于 0.2μm 的磨削工艺，统称为小粗糙度值磨削。小粗糙度值磨削不仅可获得极小的 R_a，而且能获得很高的加工精度。

高精度小粗糙度值磨削是指使工件表面粗糙度 R_a 控制在 0.16μm 以下的磨削工艺，主要指以下三种：精密磨削(R_a=0.16～0.06μm)、超精密磨削(R_a=0.04～0.02μm)、镜面磨削(R_a=0.01μm)。其加工精度很高，表面粗糙度 R_a 极小，加工质量可达到光整加工水平。

提高精度和减小表面粗糙度 R_a 是相互联系的。为了提高精度需要采用高精度磨床，其砂轮主轴旋转精度要求高,砂轮架相对工件振动的振幅应极小,工作台应无爬行,横向进给机构的重复精度应达到1～2μm;为了减小表面粗糙度,还要合理选择砂轮,并对砂轮进行精细的平衡和修整。此外,还应提高工件定位基准的精度;尽量减少工件的受力变形和受热变形。

高精度小粗糙度值磨削的磨削背吃刀量一般为0.0025～0.005mm。为了减小磨床振动,磨削速度一般为15～30m/s。

4.6.5 磨削加工的工艺特点

综上所述,无论是普通磨削,还是高效磨削和砂带磨削,与普通刀具切削加工相比,它具有如下工艺特点。

1. 加工精度高

磨削属于高速多刃切削,其切削刃刀尖圆弧半径比一般车刀、铣刀、刨刀要小得多,能在工件表面上切下一层很薄的材料;磨削过程是磨粒挤压、刻划和滑擦综合作用的过程,有一定的研磨抛光作用;磨床比一般金属切削机床的加工精度高,刚度和稳定性好,且具有微量进给机构。

2. 可加工高硬度材料

磨削不仅可以加工铸铁、碳钢、合金钢等一般结构材料,还可以加工一般刀具难于切削的高硬度淬硬钢、硬质合金、陶瓷、玻璃等难加工材料。但对于塑性很大、硬度很低的有色金属及其合金,因其切屑末易堵塞砂轮气孔而使砂轮丧失切削能力,一般不宜磨削,而多采用刀具切削精加工。

3. 应用越来越广泛

磨削可加工外圆、内圆、锥面、平面、成型面、螺纹、齿形等多种表面,还可刃磨各种刀具。随着精密铸造、模锻、精密冷轧等先进毛坯制造工艺日益广泛应用,毛坯的加工余量较小,可不必经过车、铣、刨等粗加工和半精加工,直接用磨削便可达到较高的尺寸精度和较小的表面粗糙度 R_a 的要求。因此,磨削加工获得越来越广泛的应用和日益迅速的发展。目前在工业发达国家,磨床已占到机床总数的30%～40%,而且还有不断增加的趋势。

4.6.6 磨削砂轮

1. 砂轮的特性及选择

磨具一般分为六大类,即砂轮、砂瓦、砂带、磨头、油石、研磨膏。砂轮是磨削加工中最常用的磨具,它由黏合剂将磨料颗粒黏结,经压坯、干燥、焙烧而成,结合剂并未填满磨料间的全部空间,因而有气孔存在。磨料、结合剂、气孔三者构成了砂轮的三要素。

砂轮的特性由磨料的种类、磨料的颗粒大小、结合剂的种类、砂轮的硬度和砂轮的组织这五个基本参数所决定。砂轮的特性及其选择请查阅相关手册[《普通磨料代号》(GB/T 2476—2016)]。

1) 磨料

磨料是构成砂轮的主要成分,它担负着磨削工作,必须具备很高的硬度、耐磨性、耐热性和韧性,才能承受磨削时的热和切削力。常用的磨料有氧化物系、碳化物系、超硬磨料系。其中立方氮化硼是我国近年发展起来的新型磨料,其硬度比金刚石略低,但其耐热性可达

1400℃，比金刚石的 800℃ 约高一倍，而且对铁元素的亲和力低，所以适合于磨削既硬又韧的钢材，在加工高速钢、模具钢、耐热钢时，其工作能力超过金刚石 5～10 倍，且立方碳化硼的磨粒切削刃锋利，可减少加工表面的塑性变形，磨出的表面粗糙度比一般砂轮小 1～2 级。立方氮化硼是一种很有发展前途的磨料。

2）粒度

粒度是指磨料颗粒的大小，通常用筛分法确定粒度号，例如可通过每英寸长度上有 80 个孔眼的筛网的磨粒，其粒度号即为 80#。磨粒粒度对生产效率和表面粗糙度有很大影响，一般粗加工要求磨粒粒度号小，加工软材料时，为避免堵塞砂轮，也应采用小粒度号磨料，精加工要求磨粒粒度号大。磨料根据其颗粒大小又分为磨粒和磨粉两类，磨料颗粒大于 40μm 时，称为磨粒；磨粒小于 40μm 时，称为磨粉。

3）结合剂

结合剂的作用是将磨粒黏合在一起，使砂轮具有必要的形状和强度，它的性能决定砂轮的强度、耐冲击性、耐腐蚀性、耐热性和砂轮寿命。常用的结合剂有陶瓷结合剂、树脂结合剂、橡胶结合剂和金属结合剂。陶瓷结合剂由黏土、长石、滑石、硼玻璃和硅石等陶瓷材料配制而成，其化学性质稳定，耐水、耐酸、耐热、成本低，但较脆，所以除切断砂轮外，大多数砂轮都用陶瓷结合剂。树脂结合剂的主要成分是酚醛树脂，也有采用环氧树脂的，其强度高、弹性好，所以多用于高速磨削、切断、开槽等。橡胶结合剂多数采用人造橡胶，它比树脂结合剂更富有弹性，可使砂轮具有良好的抛光作用。金属结合剂常见的是青铜结合剂，主要用于制作金刚石砂轮，其特点是型面成型性好，强度高，有一定韧性，但自砺性差，主要用于粗磨、半精磨硬质合金以及切断光学玻璃、陶瓷、半导体等。

4）硬度

砂轮的硬度是反映磨粒在磨削力的作用下，从砂轮表面上脱落的难易程度。砂轮硬，表示磨粒难以脱落；砂轮软，表示磨粒容易脱落。砂轮的软硬主要由结合剂的黏结强度决定，与磨粒本身的硬度无关。砂轮硬度对磨削质量和生产效率有很大影响，砂轮硬度的选择主要根据加工工件材料的性质和具体的磨削条件来考虑。

5）组织

砂轮的组织表示磨粒、结合剂和气孔三者体积的比例关系，磨粒在砂轮体积中所占比例越大，砂轮的组织越紧密，气孔越小；反之，组织越疏松。砂轮组织分为紧密、中等、疏松三大类，细分为 0～14 组织号，其中 0～3 号为紧密型，4～7 号为中等型，8～14 号为疏松型。

2. 砂轮的形状和代号

1）砂轮的形状

根据不同的用途、磨削方式和磨床类型，可将砂轮制成不同的形状和尺寸，并已标准化。常用砂轮形状可查阅相关的磨料手册。

2）砂轮的标记

在生产中，为了便于对砂轮进行管理和选用，通常将砂轮的形状、尺寸和特性标注在砂轮端面上，其顺序为：形状、尺寸、磨料、粒度号、硬度、组织号、结合剂、线速度，其中尺寸一般指外径(mm)×厚度(mm)×内径(mm)。例如，PSA350×40×75WA60K5B40 即代表该砂轮为双面凹形，外径为 350mm，厚度为 40mm，内径为 75mm，白刚玉磨料，60 粒度，中软硬度，中等 5 号组织，树脂结合剂，最高线速度为 40m/s。

4.7 自动化生产及其刀具

4.7.1 金属切削加工自动化

分析车削加工过程不难发现,即使是最简单的加工,也需要进行一系列的操作。除了直接进行切削加工的操作外,还有如工件装夹、刀具安装调整、开车、刀具移向工件、确定进给量、接通自动进给、切断自动进给、退刀、停车、测量、卸工件等许多操作,都是必不可少的。自动化的加工过程,实际上是一种严格的程序控制过程。根据加工过程的全部内容,设定一个严格的程序,使上述各种动作和运动在这个程序的控制下有序地进行。20世纪40年代,人们通过设计各种高效的自动化机床,并用物料自动输送装置将单机连接起来,形成了以单一品种、大批量生产为特征的成熟的刚性自动化生产方式。

当以大量生产方式制造的产品使市场趋于饱和时,人们提出了产品多样化的要求。对于产品制造者,这又是一个新的课题:既要保证高的生产质量和效率,又要有能迅速灵活地更新、调整产品,变单一品种、大批量生产为多品种的中、小批量生产。由此开始了使刚性自动化向柔性自动化发展的历程。

人们做过许多探索和尝试,找到了一种称为组合机床的形式,其中液压式组合机床比较容易实现控制程序的改变。组合机床自动线得到了成功的应用。但是,由于一个工件的加工过程需要依次在多台机床上装卸,制约了表面间相互位置精度的提高。

20世纪50年代,集成电路、计算机技术的发展,使数控技术应运而生,并开发了能执行多种加工工作的、复杂的机床控制器,它彻底改变了过去的各种模式,以数字信息为指令,控制能够接受数字信息的执行装置的动作和运动。随着计算机性能的提高,人们积极地开发了各种计算机辅助编程软件,使车床、线切割和铣床等机床都能方便地进行二维以致三维的数控加工,实现了单机柔性自动化加工。

软件方面,CAD/CAM技术的发展,已经可以方便地在计算机上建立零件模型,通过后置处理确定加工工艺,自动编制加工程序,并将相关指令直接送入数控机床进行自动加工。硬件方面,突破了传统机床受刀具数量和运动自由度限制的有限加工能力,设计制造了带有可以存放多达数十把刀具的刀库和自动换刀装置以及可以多达五轴联动的各种加工中心,大大扩大了工件在一次装夹中可以加工的范围,从而可以采用“工序集中”方式进行自动加工;由于高性能的刀具和精确控制的刀具位置,以及诸多表面的加工能在一次安装中进行,工件各表面能得到很高的尺寸精度和相互位置精度。所有这些进展,很好地实现了柔性加工。

单机柔性加工发展的必然结果是向自动化的更高的阶段——以柔性生产线和柔性制造系统(FMS)的方式组织生产。1968年诞生了世界第一条柔性生产线,后来进一步出现了柔性制造系统。作为柔性制造系统,除了生产线上各种设备对工件进行自动加工外,还包括材料、工件、刀具、工艺装备等物料的自动存放、自动传输和自动更换,生产线的自动管理和控制,工况的自动监测和自动排故,各种信息的收集、处理和传递等。

1974年,美国人哈林顿又进一步提出了计算机集成制造系统(CIMS)的概念,其中包含两个基本观点:其一是企业生产的各个环节,即从市场分析、产品设计、加工制造、经营管理到售后服务的全部生产活动是一个不可分割的整体,要统一考虑;其二是整个生产过程实质上是一个数据的采集、传递和加工处理的过程,最终形成的产品可以看作数据的物质表现。CIMS 作为制造业的新一代生产方式,是技术发展的可能和市场竞争的需要共同推动的结果。集成度的提高,使各种生产要素的配置可以更好地优化,潜力可以更充分地发挥;实际存在的各种资源的明显的或潜在的浪费可以得到最大限度地减少甚至消除,从而可以获得更好的整体效益。

机械加工自动化生产可分为以自动化生产线为代表的刚性专门化自动化生产和以数控机床、加工中心为主体的柔性通用化自动化生产。就刀具而言,在刚性专门化自动化生产中,是以提高刀具专用化程度来获得最佳总体效益的;在柔性自动化生产中,是以尽可能提高刀具标准化、通用化程度来取得最佳总体效益的。

4.7.2　自动化生产对刀具的特殊要求

机械加工自动化生产要求刀具除具备普通机床用刀具应有的性能外,还应满足自动化加工所必需的要求。

(1) 刀具应有高的可靠性和寿命。刀具的可靠性是指刀具在规定的切削条件和时间内,完成额定工作的能力。为了提高刀具的可靠性,必须严格控制刀具材料的质量,严格遵循刀具制造工艺,特别是在热处理和刃磨工序,严格检查刀具质量。自动化生产的刀具寿命是指保持加工尺寸精度条件下,一次调刀后使用的基本时间。该寿命又称为尺寸寿命。实践表明,刀具尺寸寿命与刀具磨损量、工艺系统的变形和刀具调整误差等因素有关。为了保证刀具寿命,又要在规定时间内完成切削工作,应采用切削性能好、耐磨性高的刀具材料或者选用较大的 a_p、f 和较低的 v_c。

(2) 采取各种措施,保证可靠地断屑、卷屑和排屑。

(3) 能快速地换刀或自动换刀。

(4) 能迅速、精确地调整刀具尺寸。

(5) 刀具应有很高的切削效率。

(6) 应具有可靠的刀具工作状态监控系统。

切削加工过程中,刀具的磨损和破损是引起停机的重要因素。因此,对切削过程中刀具状态的实时监控与控制,已成为机械加工自动化生产系统中必不可少的措施。

数控机床和加工中心的切削加工应适应小批量多品种加工,并按预先编好的程序指令自动地进行加工。对数控机床和加工中心用的刀具还有下列要求。

(1) 必须从数控加工的特点出发来制订数控刀具的标准化、系列化和通用化结构体系。数控刀具系统应是一种模块式、层次化,可分级更换、组合的体系。

(2) 对于刀具及其工具系统的信息,应建立完整的数据库及其管理系统。

(3) 应有完善的刀具组装、预调、编码标识与识别系统。

(4) 应建立切削数据库,以便合理地利用机床与刀具。

4.8　光整加工方法综述

光整加工是指在精车、精镗、精铰、精磨的基础上,旨在获得比普通磨削更高精度(IT6~IT5 或更高)和更小的表面粗糙度(R_a=0.1~0.01μm)的研磨、珩磨、超精加工和抛光等加工，从广义上讲，它还包括刮削、宽刃细刨和金刚石刀具切削等。

4.8.1 宽刃细刨

宽刃细刨是在普通精刨的基础上，通过改善切削条件，使工件获得较高的形状精度和较小的表面粗糙度的一种平面精密加工方法，如图4-53所示。加工时，把工件安装在龙门刨床上，利用宽刃细刨刀以很低的切削速度(v_c<5m/min)和很大的进给量在工件表面上切去一层极薄的金属。它要求机床精度高、刚度好，刀具刃口平直光洁，使用合适的切削液。宽刃细刨的直线度可达0.01～0.02mm/m，表面粗糙度R_a=1.6～0.8μm，常用于成批和大量生产中加工大型工件上精度较高的平面(如导轨面)，以代替刮削和导轨磨削。

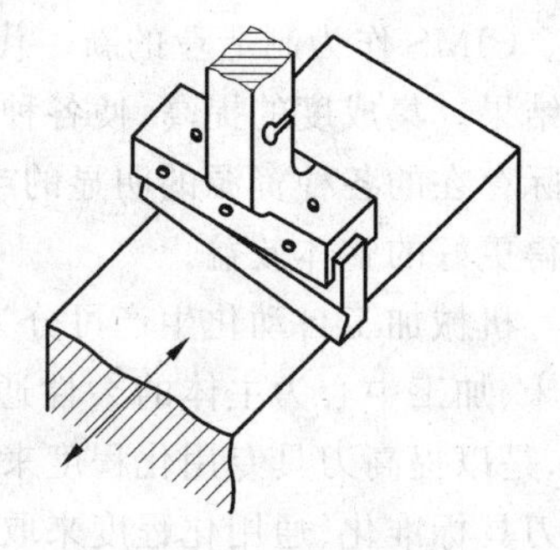
图4-53 宽刃细刨

4.8.2 刮削

刮削是用刮刀刮除工件表面薄层的加工方法。它一般在普通精刨和精铣基础上，由钳工手工操作，如图4-54所示。刮削余量为0.05～0.4mm。刮削前，在精密的平板、平尺、专用检具或与工件相配的偶件表面上涂一层红丹油(亦可涂在工件上)，然后工件与其贴紧推磨对研。对研后工件上显示出高点，再用刮刀将显出的高点逐一刮除。经过反复对研和刮削，可使工件表面的显示点数逐渐增多并越来越均匀，这表明工件表面形状误差在逐渐减小。平面刮削的质量常用25mm×25mm方框内均布的点数来衡量，框内的点数越多，说明平面的平面度精度越高。平面刮削的直线度为0.01mm/m，目前最高为0.005～0.0025mm/m。刮削多用于单件小批量生产中加工各种设备的导轨面、要求高的固定结合面、滑动轴承轴瓦以及平板、平尺等检具。刮削可使两个平面之间达到紧密吻合，并形成具有润滑油膜的滑动面。刮削还用于某些外露表面的修饰加工，刮出各种漂亮整齐的花纹，以增加其美观程度。

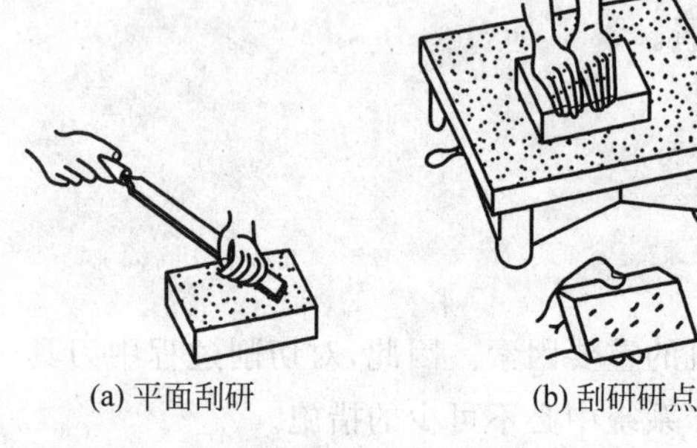
(a) 平面刮研　(b) 刮研研点

图4-54 平面刮削

4.8.3 研磨

研磨是指利用研磨工具和研磨剂，从工件表面磨去一层极薄的工件材料的光整加工方法。研磨是在良好的预加工基础上对工件进行0.01～0.1μm微量切削的，研磨可使尺寸精度达到IT6～IT3，形状精度如圆度为0.001mm，表面粗糙度为R_a=0.1～0.018μm。

研磨剂由磨料、研磨液及辅料调配而成。磨料一般只用微粉。研磨液用煤油、植物油或煤油加机油，起润滑、冷却以及使磨料能均匀地分布在研具表面的作用。辅料指油酸、硬脂酸或工业用甘油等强氧化剂，使工件表面生成一层极薄的疏松的氧化膜，以提高研磨效率。

研磨工具简称研具，它是研磨剂的载体，用以涂敷和镶嵌磨料，发挥切削作用。研具的材料应比待研物的工件硬，并具有一定的耐磨性，组织均匀。常用铸铁做研具。

研磨余量一般为 0.005～0.02mm，必要时可分为粗研和精研。精研的磨料粒度为 $280^{\#}$～W14，精研为 W14～W15。

手工研磨外圆和内圆的方法如图 4-55 所示。手工研磨平面则是将研磨剂涂在研具（即研磨平板）上，手持工件作直线往复运动或其他轨迹的运动。

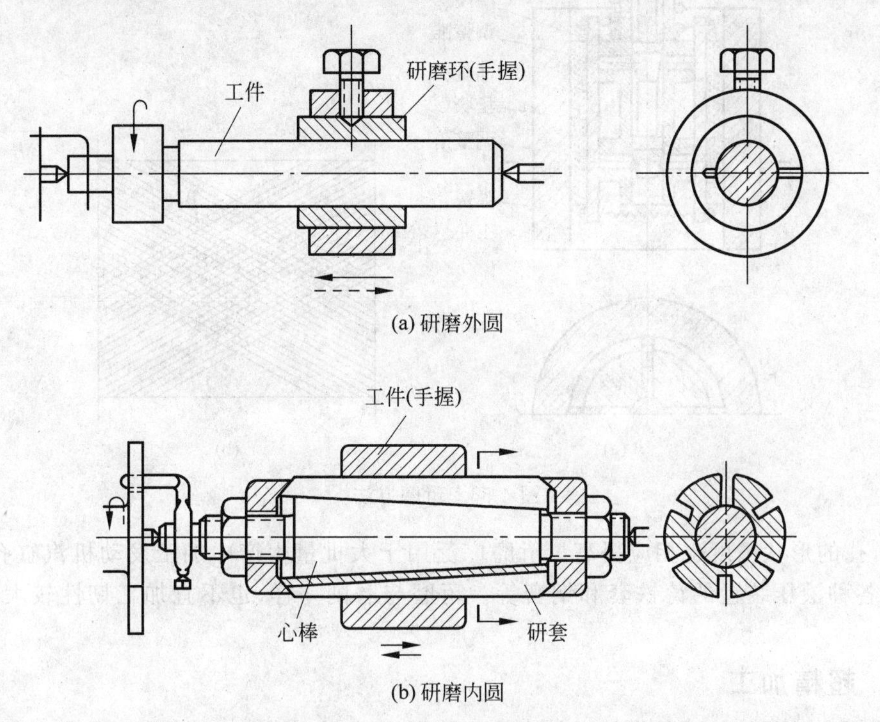

图 4-55　外圆和内圆的研磨方法

研磨可加工钢、铸铁、铜、铝及其合金、硬质合金、半导体、陶瓷、玻璃、塑料等材料，可加工常见的各种表面，且不需要复杂和高精度设备，方法简便可靠，容易保证质量。但研磨一般不能提高表面位置精度，且生产效率低。研磨作为一种传统的精密加工方法，仍广泛用于现代工业中各种精密零件的加工，例如精密量具、精密刀具、光学玻璃镜片以及精密配合表面等。单件小批量生产用手工研磨，大批量生产可在研磨机上进行。

4.8.4　珩磨

珩磨是指利用珩磨工具对工件表面施加一定压力，珩磨工具同时作相对旋转和直线往复运动，磨除工件表面极小余量的一种精密加工方法，如图 4-56 所示。珩磨多在精磨或精镗的基础上在珩磨机上进行，单件小批量生产也可在立式钻床上进行，多用于加工圆柱孔。

珩磨孔用的工具称为珩磨头，其结构多种多样，图 4-56(a)所示的是一种较为简单的机械式珩磨头。在成批大量生产中，广泛采用气动、液压珩磨头，自动调节工作压力。

珩磨余量一般为 0.02～0.15mm。为获得较低的表面粗糙度，磨削轨迹应呈均匀而不重复的交叉网纹，如图 4-56(b)所示，粗珩时 $2\theta=40°$～$60°$，精珩时 $2\theta=15°$～$45°$。珩磨头与主轴浮动连接，使其沿孔壁自行导向，使油石与孔壁均匀接触。珩磨时应施加切削液以冲走破碎脱落的磨粒和屑末，并起冷却润滑作用。珩磨的孔径范围为 15～500mm，孔的深径比可超过 10。珩磨生产效率较高，其尺寸公差等级为 IT6～IT4，表面粗糙度 R_a 为 0.2～

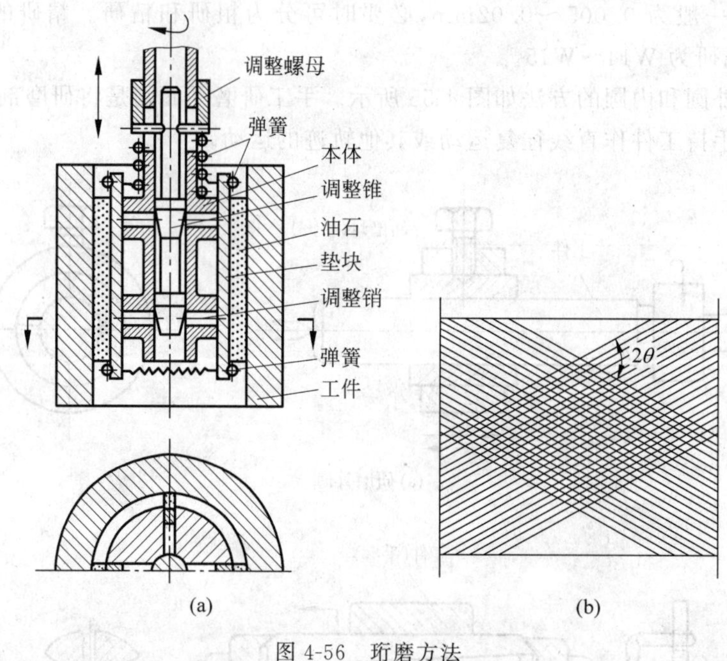

图 4-56 珩磨方法

0.04μm,孔的形状精度也相应提高。珩磨广泛用于大批量生产中加工发动机汽缸孔、连杆大头孔、各种液压装置的铸铁套和钢套等。珩磨与磨削一样,也不宜加工韧性较大的有色金属。

4.8.5 超精加工

这里所说的超精加工是指用极细磨粒的油石,以恒定压力(5～20MPa)和复杂相对运动对工件进行微量磨削,以降低表面粗糙度为主要目的的光整加工方法。

外圆超精加工如图 4-57 所示,工件以较低的速度(v=10～50m/min)旋转,油石一方面以 12～25Hz 的频率、1～3mm 的振幅作往复振动,另一方面以 0.1～0.15mm/r 的进给量纵向进给;油石对工件表面的压力,靠调节上面的压力弹簧来实现。在油石与工件之间注入具有一定黏度的切削液,以清除屑末和形成油膜。加工时,油石上每一磨粒均在工件上刻画出极细微且纵横交错而不重复的痕迹,切除工件表面上的微观凸峰。随着凸峰逐渐降低,油石与工件的接触面积逐渐加大,压强随之减小,切削作用相应减弱。当压力小于油膜表面张力时,油石与工件即被油膜分开,切削作用自行停止。

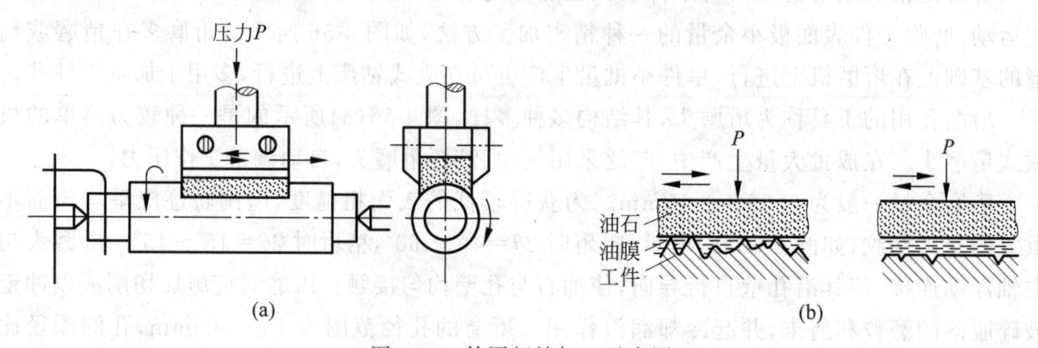

图 4-57 外圆超精加工示意图

超精加工平面与超精加工外圆类似。

超精加工只能切除微观凸锋，一般不留加工余量或只留很小的加工余量(0.003～0.01mm)。超精加工主要用于降低粗糙度值，加工后表面粗糙度 R_a 为 0.1～0.01μm，可使零件配合表面间的实际接触面积大为增加，但超精加工一般不能提高尺寸精度、形状精度和位置精度，工件在这方面的精度要求应由前面的工序保证。超精加工生产效率很高，常用于大批量生产中加工曲轴、凸轮轴的轴颈外圆、飞轮、离合器盘的端平面以及滚动轴承的滚道等。

4.8.6　抛光

抛光是用涂有抛光膏的软轮(即抛光轮)高速旋转对工件进行微弱切削，从而降低工件表面粗糙度、提高光亮度的一种光整加工方法。

软轮用皮革、毛毡、帆布等材料叠制而成，具有一定的弹性，以便工作时能按工件表面形状变形，增大抛光面积或加工曲面。抛光膏由较软的磨料(氧化铁、氧化铬等)和油脂(油酸、硬脂酸、石蜡、煤油等)调制而成。磨料的选用取决于工件材料，抛光钢件可用氧化铁及刚玉，抛光铸铁件可用氧化铁及碳化硅，抛光铜铝件可用氧化铬。

抛光时，软轮转速很高，其线速度一般为 30～50m/s。软轮与工件之间应有一定压力。油酸、硬脂酸一类强氧化剂物质在金属工件表面形成氧化膜以加大抛光时的切削作用。抛光时产生大量的摩擦热，使工件表层出现极薄的金属熔流层，对原有微观沟痕起填平作用，从而获得光亮的表面。

抛光一般在磨削或精车、精铣、精刨的基础上进行，不留加工余量。经过抛光后，表面粗糙度 R_a 为 0.1～0.012μm，并可明显地增加光亮度。抛光不能提高尺寸精度、形状精度和位置精度。因此，抛光主要用于表面的修饰加工及电镀前的预加工。

习题与思考题

4-1　简述车削加工的工艺范围及其特点。试说明工件在车床上装夹的方法。

4-2　简述各车削阶段所能达到的加工精度和加工质量。

4-3　常用的标准圆锥有哪些？各有哪些规格型号？

4-4　车削螺纹应注意哪些方面？

4-5　常用车刀有哪些类型？

4-6　简要说明铣削加工的工艺范围。

4-7　常见的铣削方式有哪些？各有什么特点？常用的铣刀有哪些类型？模具铣刀有何特点？

4-8　试说明钻孔、扩孔、铰孔所要求预留的加工余量为多少？它们所能达到的精度如何？

4-9　简述镗削加工的工艺范围。试说明镗削加工的方式及其加工精度。

4-10　简要说明浮动镗刀的结构特点及工作原理，并阐述其对加工精度的影响。

4-11　试比较在加工平面方面刨削与铣削的特点。

4-12　简要说明齿轮加工的方法及其所使用的机床和刀具。

4-13　试说明磨削加工的工艺特点。常见的普通磨削加工有哪些？试说明无心磨削加工的原理及其加工方法。

4-14 常见的高效磨削有哪些?各有何工艺特点?

4-15 常用的磨具有哪些?磨削砂轮的结构要素有哪些?选择砂轮的基本参数有哪些?这些基本参数的具体含义是什么?

4-16 自动化生产对刀具有哪些特殊要求?

4-17 常见的光整加工方法有哪些?试分别说明其工艺特点。

第5章

金属切削机床概论

5.1 金属切削机床概述

金属切削机床是用切削方法将金属毛坯加工成具有一定形状、尺寸和表面质量的机械零件的机器。它是机械制造业的主要加工设备，所担负的加工工作量占机械制造总工作量的40%～60%。由于它是制造机器的机器，通常又称为工作母机或工具机，习惯上称为机床。

5.1.1 机床的分类及型号的编制方法

机床的品种和规格繁多，为了便于区别和管理，必须对机床加以分类和编制型号。

1. 机床的分类

机床主要是按加工性质和所用刀具进行分类的。目前我国将机床分为12大类，即车床、钻床、镗床、磨床、齿轮加工机床、螺纹加工机床、铣床、刨插床、拉床、超声波及电加工机床、切断机床、其他机床。每一大类中的机床，按结构、性能和工艺特点还可细分为若干组，每一组又细分为若干系(系列)。除上述基本分类方法外，机床还可按照通用性程度分为通用机床、专门化机床、专用机床；按照加工精度不同分为普通机床、精密机床、高精度机床；按照自动化程度分为手动、机动、半自动、自动机床；按照重量和尺寸不同分为仪表机床、中型机床、大型机床、重型机床、超重型机床；按照机床主要部件的数目分为单轴、多轴机床或单刀、多刀机床等。

随着机床的发展，其分类方法也将不断发展。机床数控化引起了机床传统分类方法的变化，这种变化主要表现在机床品种不是越分越细，而是趋向综合。金属切削机床类、组别划分请查阅相关手册。

2. 机床型号的编制方法

机床的型号必须简明地反映出机床的类型、通用特性、结构特性及主要技术参数等。我国的机床型号现在是按照1994年颁布的标准《金属切削机床型号编制方法》(GB/T 15375—2008)编制而成的。

《金属切削机床型号编制方法》(GB/T 15375—2008)规定，采用汉语拼音字母和阿拉伯数字相结合的方式、按照一定规律排列来表示机床型号。现将通用机床的型号表示方法说明如下。

1) 机床类别代号

它用大写的汉语拼音字母表示。如“车床”的汉语拼音是“Chechuang”，所以用“C”表示。当需要分成若干分类时,分类代号用阿拉伯数字表示,位于类别代号之前,但第一分类号不予表示,如磨床类分为M、2M、3M三个分类。机床的类别代号见表5-1。

表5-1 机床的类别代号

类别	车床	钻床	镗床	磨床			齿轮加工机床	螺纹加工机床	铣床	刨插床	拉床	电加工机床	切断机床	其他机床
代号	C	Z	T	M	2M	3M	Y	S	X	B	L	D	G	Q
读音	车	钻	镗	磨	二磨	三磨	牙	丝	铣	刨	拉	电	割	其

2)机床的特性代号

它包括通用特性和结构特性,也用大写的汉语拼音字母表示。

(1)通用特性代号。当机床除具有普通性能外,还具有表5-2所示的各种通用特性时,则应在类别代号之后加上相应的特性代号,也用大写的汉语拼音字母表示。如数控车床用“CK”表示,精密卧式车床用“CM”表示。

表5-2 通用特性代号

通用特性	高精度	精密	自动	半自动	数控	加工中心(自动换刀)	仿型	轻型	加重型	高速	简式	柔性加工单元	数显
代号	G	M	Z	B	K	H	F	Q	C	S	J	R	X
读音	高	密	自	半	控	换	仿	轻	重	速	简	柔	显

(2)结构特性代号。为了区别主参数相同而结构不同的机床,在型号中用大写的汉语拼音字母表示结构特性代号。如CA6140型是结构上区别于C6140型的卧式车床。结构特性代号由生产厂家自行确定,在不同型号中意义可不一样。当机床已有通用特性代号时,结构特性代号应排在其后。为避免混淆,通用特性代号已用过的字母以及字母“I”和“O”都不能作为结构特性代号。

3)机床的组别和系列代号

它用两位数字表示。每类机床按用途、性能、结构分为10组(即0～9组),每组又分为10个系列(即0～9系列)。有关机床类、组、系列的划分及其代号可参阅有关资料。

4)机床主参数、设计序号、第二主参数的代号

机床的主参数、设计序号、第二主参数都是用两位数字表示的。主参数表示机床的规格大小,反映机床的加工能力;第二主参数是为了更完整地表示机床的加工能力和加工范围。主参数和第二主参数均用折算值表示。机床主参数及其折算方法可参阅有关资料。当某些机床无法用主参数表示时,则在型号中主参数位置用设计序号表示,设计序号不足两位数者,可在其前加“0”。

5)机床重大改进序号

当机床的性能和结构有重大改进时,按其设计改进的次序分别用汉语拼音字母“A、B、C…”表示,附在机床型号的末尾,以示区别。如C6140A即为C6140型卧式车床的第一次重大改进。

5.1.2　机床的传动原理及运动分析

1. 机床的传动原理

为了实现加工过程中的各种运动，机床必须具备如下三个基本部分。

(1) 执行件。执行机床运动的部件，如主轴、刀架、工作台等，其任务是装夹刀具和工件，直接带动它们完成一定形式的运动并保持准确的运动轨迹。

(2) 运动源。为执行件提供运动和动力的装置。如交流异步电动机、直流电动机、步进电动机等。

(3) 传动装置。传递运动和动力的装置。通过它把运动源的运动和动力传给执行件，使之获得一定速度和方向的运动；也可将两个执行件联系起来，使二者之间保持某种确定的运动关系。

1) 机床传动链的概念

机床的传动装置有机械、液压、电气、电液、气动等多种形式，本书将主要讲述机械传动装置。机械传动装置依靠传动带、齿轮、齿条、丝杆螺母等传动件实现运动联系。使执行件和运动源以及两个有关的执行件保持运动联系的一系列顺序排列的传动件，称为传动链。联系运动源和执行件的传动链，称为外联系传动链；联系两个有关的执行件的传动链，称为内联系传动链。

通常传动链中包括两类传动机构：一类是传动比和传动方向固定不变的定比传动机构，如定比齿轮副、蜗轮蜗杆副、丝杆螺母副等；另一类是可根据加工要求变换传动比和传动方向的换置机构，如挂轮变速机构、滑移齿轮变速机构、离合器换向机构等。

2) 机床传动原理图

为了便于分析和研究机床的传动联系，常用一些简明的符号把机床的传动原理和传动路线表示出来，这就是机床的传动原理图。

传动原理图如图 5-1 所示，其中假想线代表传动链所有的定比传动机构，菱形块代表所有的换置机构。图 5-1(a)所示为铣平面的传动原理图。圆柱铣刀铣平面需要铣刀旋转运动和工件直线移动两个独立的简单运动，有两条外联系传动链：传动链"1—2—u_v—3—4"将运动源(电动机)和主轴联系起来，使铣刀获得一定转速和转向的旋转运动 B_1；传动链"5—6—u_f—7—8"将运动源和工作台联系起来，使工件获得一定进给速度和方向的直线运动 A_2。铣刀的转速、转向以及工件的进给速度、方向可通过换置机构 u_v 和 u_f 改变。图 5-1(b)所示为车圆柱螺纹的传动原理图。车圆柱螺纹需要工件旋转和车刀移动的复合运动，有两条传动链：外联系传动链"1—2—u_v—3—4"将运动源和主轴联系起来，使工件获得旋转运动；内联系传动链"4—5—u_x—6—7"将主轴和刀架联系起来，使工件和车刀保持严格的运动关系，即工件每转 1 转，车刀准确地移动工件螺纹一个导程的距离，利用换置机构 u_x 实现不同导程的要求。图 5-1(c)所示为车圆锥螺纹的传动原理图。车圆锥螺纹需要三个单元运动组成的复合运动：工件的旋转运动 B_{11}、车刀的纵向直线移动 A_{12} 和横向直线移动 A_{13}。这三个单元运动之间必须保持严格的运动关系：工件转 1 转的同时，车刀纵向移动一个工件螺纹导程 L 的距离，横向移动 $L \cdot \tan\alpha$ 的距离(α 为圆锥螺纹的斜角)。为保证上述运动关系，需在主轴与刀架纵向溜板之间用传动链"4—5—u_x—6—7"联系，在刀架纵向溜板与横向溜板之间用传动链"7—8—u_y—9"联系，这两条传动链显然都是内联系传动链。外联系

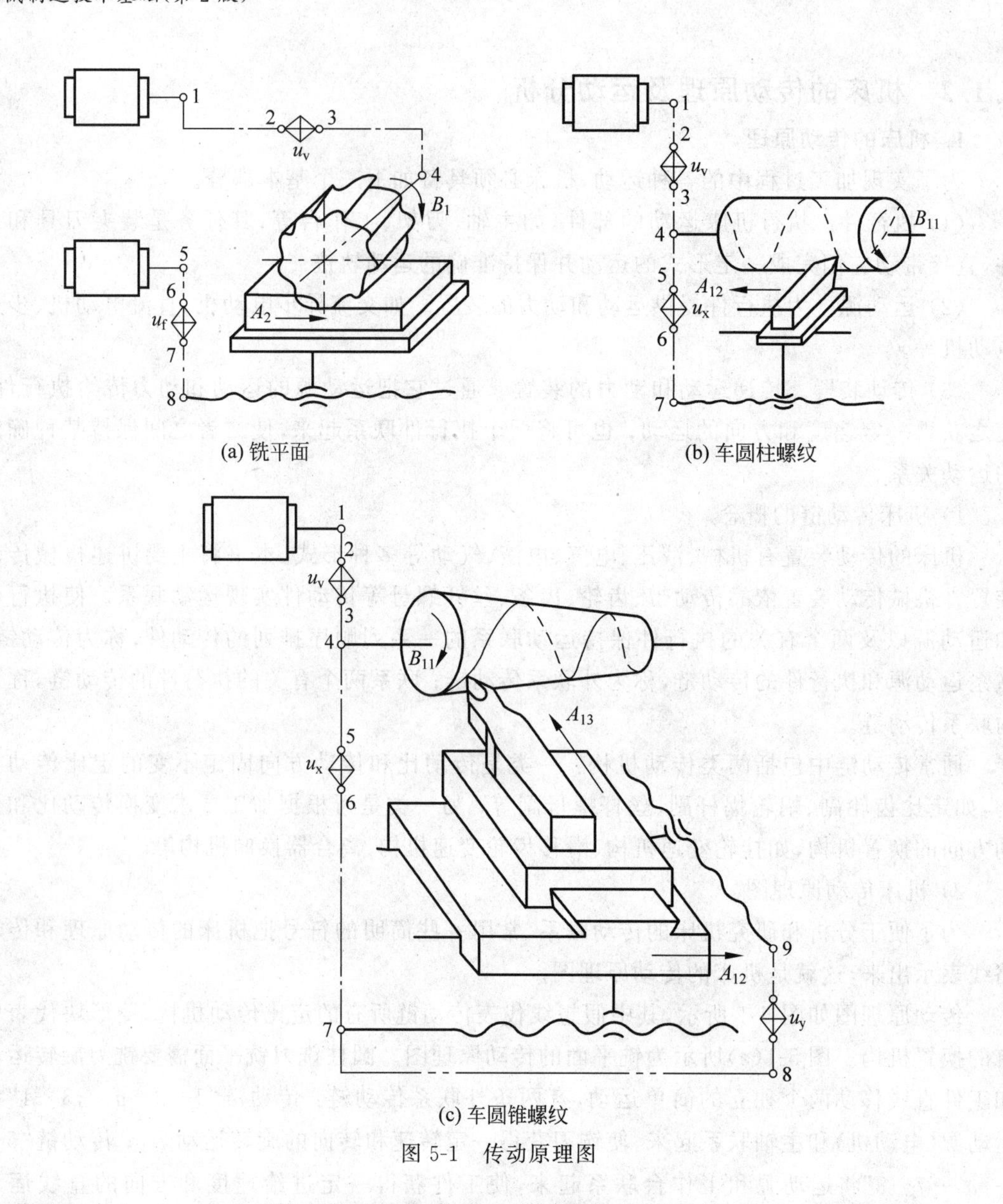

图 5-1 传动原理图

传动链"1—2—u_v—3—4"使主轴和刀架获得一定速度和方向的运动。

由此可知,为实现一个复合运动,必须有一条外联系传动链和一条或几条内联系传动链。由于内联系传动链联系的是复合运动内部必须保持严格运动关系的两个单元运动,因此内联系传动链中不能有传动比不确定或瞬时传动比变化的传动机构(如带传动、摩擦传动)。

2. 机床的传动系统及运动分析

实现机床加工过程中全部成型运动和辅助运动的各传动链,组成机床的传动系统。根据执行件所完成动作的作用的不同,传动系统中各传动链又分为主运动传动链、进给运动传动链、展成运动传动链、分度运动传动链等。

图 5-2 为万能升降台铣床的传动系统图。它是表示机床全部运动传动关系的示意图,图中各传动元件用简单的规定符号表示[符号含义见国家标准《机械制图 机构运动简图用图形符号》(GB/T 4460—2013)],并标明齿轮和蜗轮的齿数、蜗杆头数、丝杠导程、带轮直径、

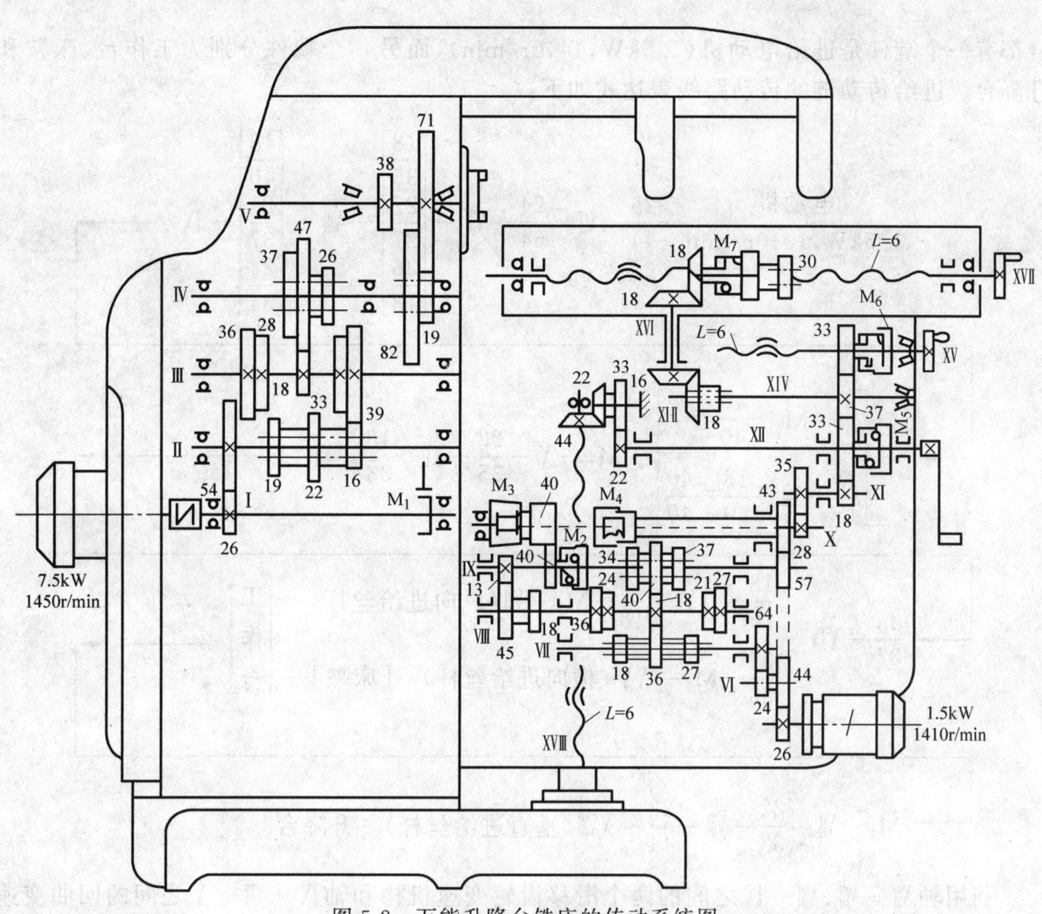

图 5-2　万能升降台铣床的传动系统图

电动机功率和转速等；传动链中的传动元件按照运动传递的顺序，以展开图的形式画在能反映主要部件相互位置关系的机床外形轮廓中。

分析图 5-2 所示的传动系统图可知，其中有 5 条传动链，下文介绍主运动传动链、进给传动链和快速空行程传动链。

1）主运动传动链

主运动传动链的两端件是主电动机(7.5kW,1450r/min)和主轴Ⅴ。运动由电动机经弹性联轴器、定比齿轮副以及三个滑移齿轮变速机构，驱动主轴Ⅴ旋转，可使其获得 3×3×2＝18 级不同的转速。主轴旋转运动的启停以及转向的改变由电动机的启停和正反转实现。轴Ⅰ右端有多片式电磁制动器 M_1，用于主轴停车时进行制动，使主轴迅速而平稳地停止转动。主运动传动链的传动路线表达式如下：

$$\begin{matrix}\text{电动机}\\ 7.5\text{kW},1450\text{r/min}\end{matrix}—\text{Ⅰ}—\frac{26}{54}—\text{Ⅱ}—\begin{bmatrix}\frac{16}{39}\\ \frac{19}{36}\\ \frac{22}{33}\end{bmatrix}—\text{Ⅲ}—\begin{bmatrix}\frac{18}{47}\\ \frac{28}{37}\\ \frac{39}{26}\end{bmatrix}—\text{Ⅳ}—\begin{bmatrix}\frac{19}{71}\\ \frac{82}{38}\end{bmatrix}—\text{Ⅴ(主轴)}$$

2）进给传动链

进给传动链有 3 条，即纵向进给传动链、横向进给传动链、垂直进给传动链。3 条传动链都有一个端件是进给电动机(1.5kW,1410r/min),而另一个端件分别为工作台、床鞍和升降台。进给传动链的传动路线表达式如下:

$$\begin{matrix}\text{电动机}\\ 1.5\text{kW},1410\text{r/min}\end{matrix}-\frac{26}{44}-\text{VI}-\frac{24}{64}-\text{VII}-\begin{bmatrix}\frac{18}{36}\\ \frac{27}{27}\\ \frac{36}{18}\end{bmatrix}-\text{VIII}-\begin{bmatrix}\frac{18}{40}\\ \frac{21}{37}\\ \frac{24}{34}\end{bmatrix}-\text{IX}\rightarrow$$

$$\rightarrow\begin{bmatrix}M_2-\frac{40}{40}\\ \frac{13}{45}-\text{VIII}-\frac{18}{40}-\frac{40}{40}\end{bmatrix}-M_3-\text{X}-\frac{28}{35}-\text{XI}-\frac{18}{33}-\text{XII}\rightarrow$$

$$\rightarrow\frac{33}{37}-\text{XIV}-\begin{matrix}\frac{18}{16}-\text{XVI}-\frac{18}{18}-M_7-\text{VIII}(\text{纵向进给丝杆})-\\ \frac{37}{33}-M_6-\text{XV}(\text{横向进给丝杆})-[\text{床鞍}]-\end{matrix}\begin{bmatrix}\text{工}\\ \text{作}\\ \text{台}\end{bmatrix}\rightarrow$$

$$\rightarrow M_5-\text{VII}-\frac{22}{33}-\text{VIII}-\frac{22}{44}-\text{XVIII}(\text{垂直进给丝杆})-\text{升降台}$$

利用轴Ⅶ—Ⅷ、Ⅷ—Ⅸ之间的两个滑移齿轮变速机构和轴Ⅸ—Ⅷ—Ⅹ之间的回曲变速机构,可使工作台变换3×3×2=18级不同的进给速度。工作台进给运动的换向,由改变电动机旋转方向实现。

3) 快速空行程传动链

这是辅助运动传动链,它的两个端件与进给传动链相同。由图5-2可知,接通电磁离合器 M_4 而脱开 M_3 时,进给电动机的运动便由定比齿轮副 $\frac{26}{44}-\frac{44}{57}-\frac{57}{43}$ 和 M_4 传给轴Ⅹ,以后再沿着与进给运动相同的传动路线传至工作台、床鞍和升降台。由于这一传动路线的传动比大于进给路线的传动比,因而获得快速运动。快速运动方向的变换(左右、前后、上下)同样也由电动机改变旋转方向实现。

3. 机床的运动计算

机床的运动计算通常有两种情况:一是根据传动系统图提供的有关数据,确定某些执行件的运动速度或位移量;二是根据执行件所需的运动速度、位移量,或有关执行件之间所需保持的运动关系,确定相应传动链中换置机构(通常为挂轮变速机构)的传动比,以便进行必要的调整。

以下举例说明机床运动计算的步骤。

例5-1　根据图5-2所示传动系统,计算工作台纵向进给速度。

(1) 确定传动链的两端件:进给电动机—工作台。

(2) 根据两端件的运动关系,确定它们的计算位移:电动机1410r/min—工作台纵向移

动 v_f 纵(单位为 mm/min)。

(3) 根据计算位移以及传动路线中各传动副的传动比,列出运动平衡式:

$$v_{f纵}=1410\times\frac{26}{44}\times\frac{24}{64}u_{Ⅶ-Ⅷ}u_{Ⅷ-Ⅸ}u_{Ⅸ-Ⅹ}\ \frac{28}{35}\times\frac{18}{33}\times\frac{33}{37}\times\frac{18}{16}\times\frac{18}{18}\times 6$$

式中:$u_{Ⅶ-Ⅷ}$、$u_{Ⅷ-Ⅸ}$、$u_{Ⅸ-Ⅹ}$ 分别为Ⅶ—Ⅷ、Ⅷ—Ⅸ、Ⅸ—Ⅹ之间齿轮变速机构的传动比。

(4) 根据平衡式,计算出执行件的运动速度或位移量(本例为工作台的纵向进给速度):

$$\begin{aligned}v_{f纵\max}&=1410\times\frac{26}{44}\times\frac{24}{64}\times\frac{36}{18}\times\frac{24}{34}\times\frac{40}{40}\times\frac{28}{35}\times\frac{18}{33}\times\frac{33}{37}\times\frac{18}{16}\times\frac{18}{18}\times 6\\&=1180(\text{mm/min})\end{aligned}$$

$$\begin{aligned}v_{f纵\text{mix}}&=1410\times\frac{26}{44}\times\frac{24}{64}\times\frac{18}{36}\times\frac{18}{40}\times\frac{13}{45}\times\frac{18}{40}\times\frac{40}{40}\times\frac{28}{35}\times\frac{18}{33}\times\frac{33}{37}\times\frac{18}{16}\times\frac{18}{16}\times 6\\&=23.5(\text{mm/min})\end{aligned}$$

例 5-2　根据图 5-3 所示螺纹进给传动链,确定挂轮变速机构的换置公式。

(1) 传动链两端件:主轴—刀架。

(2) 计算位移:主轴旋转 1 转—刀架移动 L(L 为工件螺纹导程,单位为 mm)。

(3) 运动平衡式:$1\times\frac{60}{60}\times\frac{30}{45}\times\frac{a}{b}\times\frac{c}{d}=\frac{L}{P}$(图 5-3 中 $P=12$mm)。

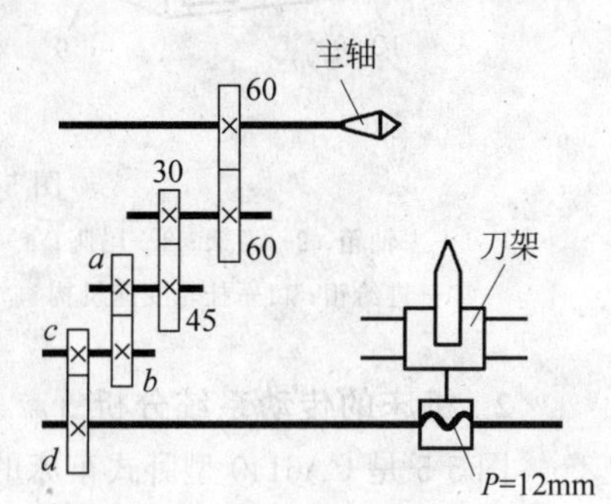

图 5-3　螺纹进给传动链

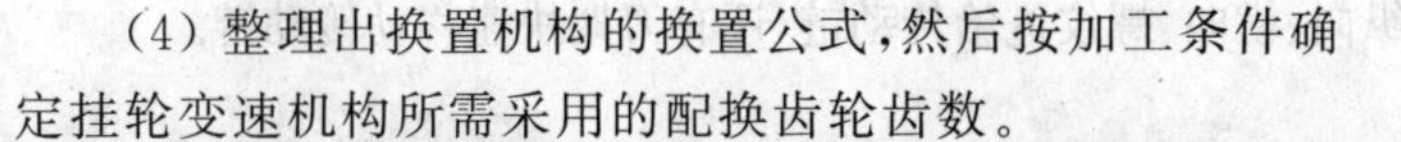

(4) 整理出换置机构的换置公式,然后按加工条件确定挂轮变速机构所需采用的配换齿轮齿数。

设工件螺纹导程 $L=6$mm,代入运动平衡式,得出换置公式

$$u_x=\frac{a}{b}\times\frac{c}{d}=\frac{L}{8}=\frac{6}{8}=\frac{2}{2}\times\frac{3}{4}=\frac{35}{35}\times\frac{45}{60}$$

即配换齿轮的齿数为

$$a=b=35;\quad c=45,\quad d=60$$

5.2 车床

车床的用途极为广泛,在金属切削机床中所占比重最大。车床的种类很多,按其结构和用途可分为卧式车床、立式车床、转塔车床、回轮车床、落地车床、液压仿型多刀自动和半自动车床以及各种专门化车床(如曲轴车床、凸轮车床、铲齿车床、高精度丝杠车床等)。

5.2.1 CA6140 型卧式车床

1. 机床的主参数

CA6140 型卧式车床的外形如图 5-4 所示。

卧式车床的主参数是床身上工件的最大回转直径,第二主参数是最大工件长度。CA6140 型卧式车床的主参数为 400mm,第二主参数有 750mm、1000mm、1500mm、2000mm 四种。

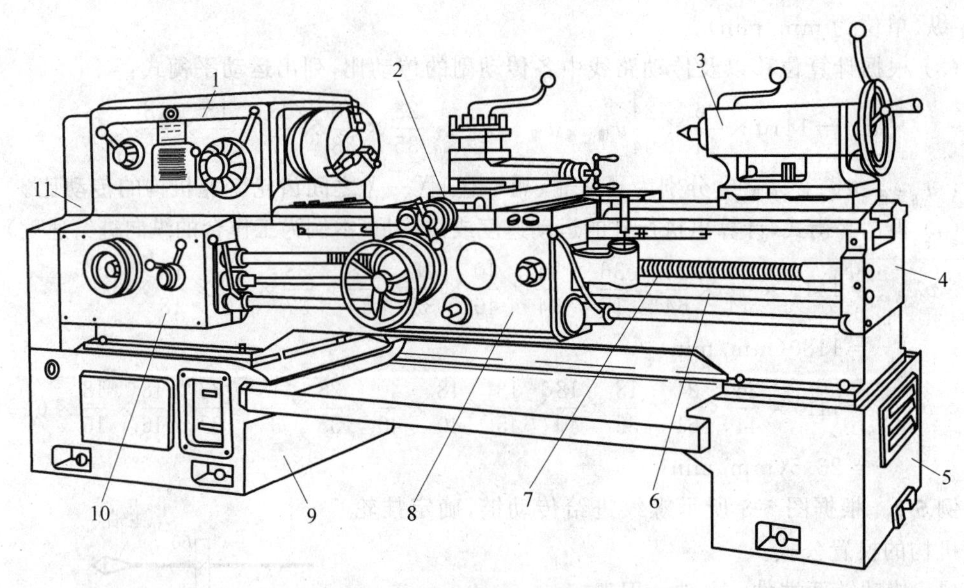

图 5-4 CA6140 型卧式车床的外形

1—主轴箱；2—刀架；3—尾座；4—床身；5—右底座；6—光杠；7—丝杠；8—溜板箱；9—左底座；10—进给箱；11—挂轮变速机构

2. 机床的传动系统分析

图 5-5 是 CA6140 型卧式车床的传动系统图,它可以分解为主运动传动链和进给运动传动链。进给运动传动链又可分解为纵向、横向、螺纹进给传动链,还有刀架快速移动传动链。

1) 主运动传动链

CA6140 型卧式车床的主运动传动链可使主轴获得 24 级正转转速(10～1400r/min)及 12 级反转转速(14～1580r/min)。主运动传动链的两端件为主电动机和主轴。运动由电动机(7.5kW,1450r/min)经 V 带传至主轴箱中的轴Ⅰ。轴Ⅰ上装有双向摩擦片式离合器 M_1,其作用是控制主轴的启动、停止、正转和反转。

2) 螺纹进给传动链

CA6140 型卧式车床的螺纹进给传动链使机床实现车削公制、英制、模数制和径节制四种标准螺纹,此外还可车削大导程、非标准和较精密的螺纹。这些螺纹可以是右旋的,也可以是左旋的。

3) 纵向和横向进给传动链

当进行非螺纹工序车削加工时,可使用纵向和横向进给传动链。该传动链由主轴经过公制或英制螺纹传动路线至进给箱轴 XⅦ,其后运动经齿轮副 $\frac{28}{56}$ 传至光杆 XIX,再由光杆经溜板箱中的传动机构,分别传至齿轮齿条机构和横向进给丝杠 XXⅦ,使刀架作纵向或横向机动进给。

溜板箱中由双向牙嵌式离合器 M_8、M_9 和齿轮副 $\frac{40}{48}$、$\frac{40}{30}\times\frac{30}{48}$ 组成两个换向机构,分别用于变换纵向和横向进给运动的方向。利用进给箱中的基本螺距机构和增倍机构,以及进给传动链的不同传动路线,可获得纵向和横向进给量各 64 种。

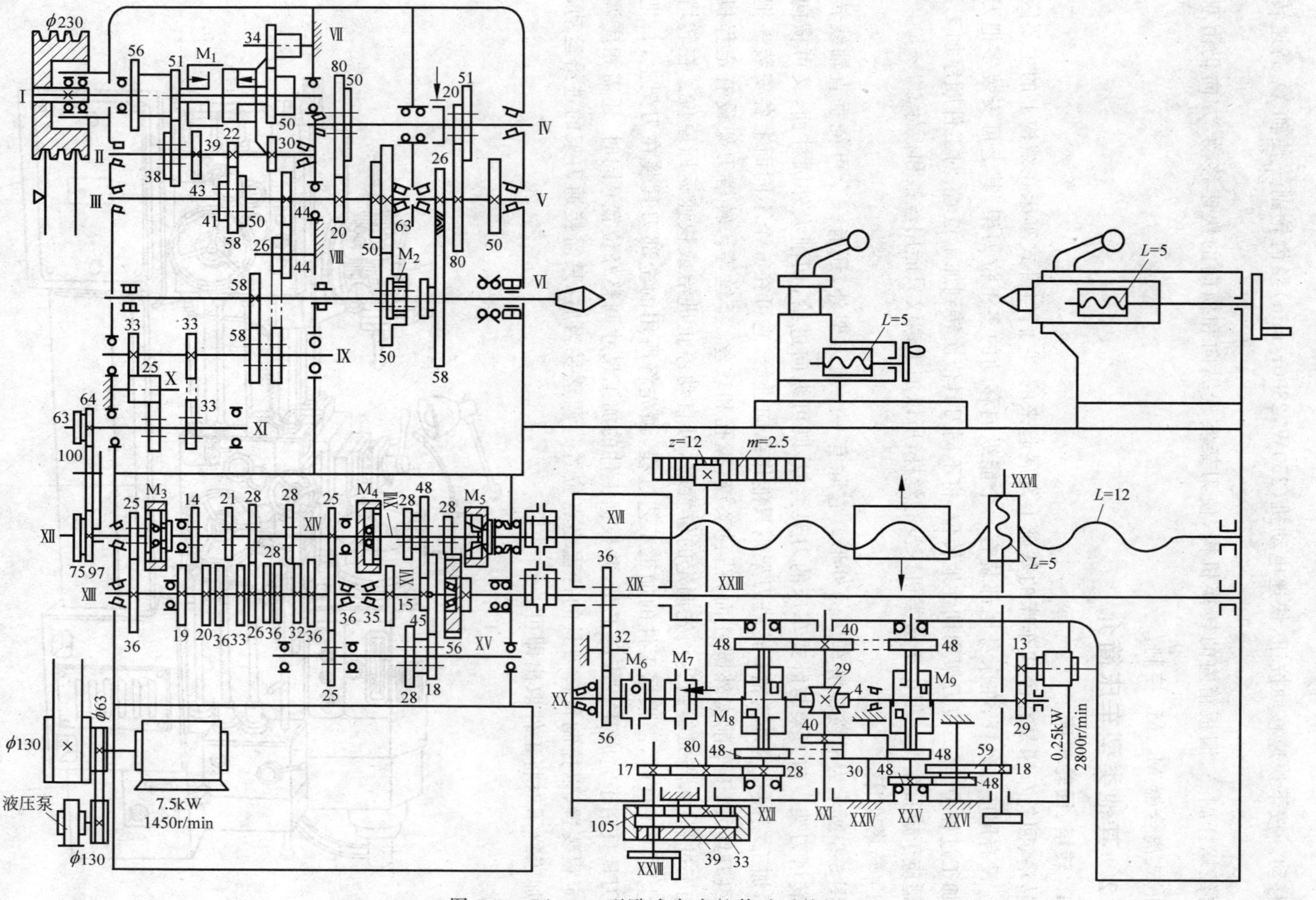

图 5-5　CA6140 型卧式车床的传动系统图

4）刀架快速移动传动链

为了减轻工人的劳动强度和缩短辅助时间，刀架快速移动传动机构可使刀架实现机动快速移动。按下快速移动按钮，快速电动机(250W，2800r/min)经齿轮副$\frac{13}{29}$使轴XX高速转动，再经蜗杆副$\frac{4}{29}$、溜板箱内的转换机构，使刀架实现纵向和横向的快速移动，方向仍由双向牙嵌式离合器M_8、M_9控制。

5.2.2 其他类型车床简介

1. 转塔、回轮车床

转塔、回轮车床是在卧式车床的基础上发展起来的，它们与卧式车床在结构上的主要区别是：没有尾座和丝杆，在床身尾部装有一个能纵向移动的多工位刀架，其上可安装多把刀具。加工过程中，多工位刀架周期性地转位，将不同刀具依次转到加工位置，对工件顺序加工，因此适应于成批生产。但由于这类机床没有丝杆，所以加工螺纹只能用丝锥和板牙。

1）转塔车床

图5-6所示为滑鞍转塔车床的外形。它除有一个前刀架外，还有一个可绕垂直轴线转位的转塔刀架。前刀架与卧式车床的刀架类似，既可纵向进给，切削大外圆柱面，又可横向进给，加工端面和内外沟槽；转塔刀架则只能作纵向进给，它可在6个不同面上各安装一把或一组刀具，用于车削内外圆柱面，钻、扩、铰、镗孔和攻丝、套丝等。转塔刀架设有定程机构，加工过程中，当刀架到达预先调定的位置时，可自动停止进给或快速返回原位。在转塔车床上加工工件时，需根据工件的加工工艺过程，预先将所用的全部刀具装在刀架上，每把(组)刀具只用于完成某一特定工序，并根据工件的加工尺寸调整好位置；同时，还需相应调整好定程装置，以控制每一刀具的行程终点位置。调整妥当后，只需接通刀架的进给运动，并在加工终了时将工件取出即可。

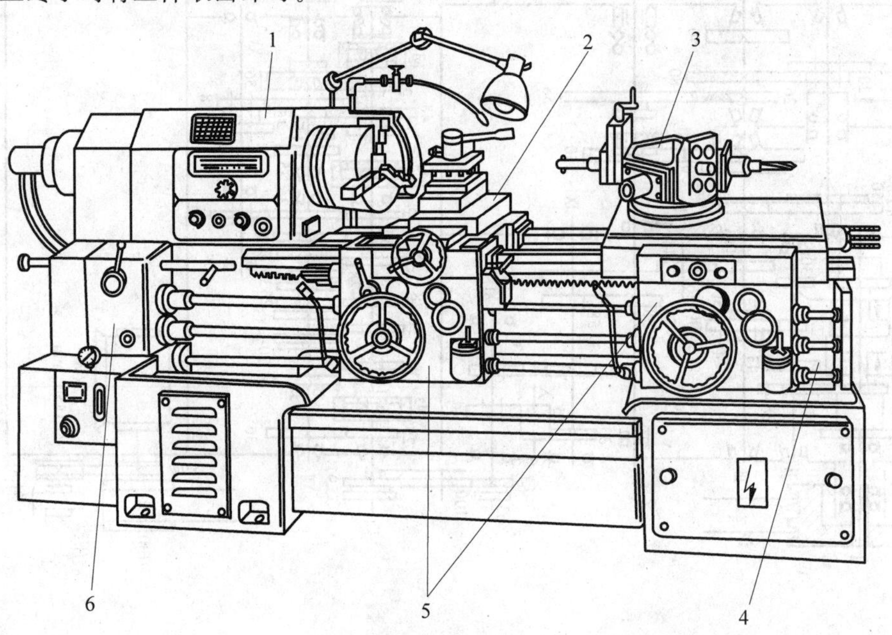

图5-6 滑鞍转塔车床

1—主轴箱；2—前刀架；3—转塔刀架；4—床身；5—溜板箱；6—进给箱

2）回轮车床

图 5-7 所示为回轮车床的外形。回轮车床没有前刀架，只有一个可绕水平轴线转位的圆盘形回轮刀架，其回转轴线与主轴轴线平行，刀架上沿圆周均匀分布着许多轴向孔（一般为 12～16 个），供安装刀具使用，当刀具孔转到最高位置时，其轴线与主轴轴线在同一直线上。回轮刀架随纵向溜板一起，可沿着床身导轨作纵向进给运动，进行车内外圆、钻孔、扩孔、铰孔和加工螺纹等；还可绕自身轴线缓慢旋转，实现横向进给，以进行车削成型面、沟槽、端面和切断等。回轮车床加工工件时，除采用复合刀夹进行多刀切削外，还常常利用装在相邻刀孔中的几个单刀刀夹同时进行切削。

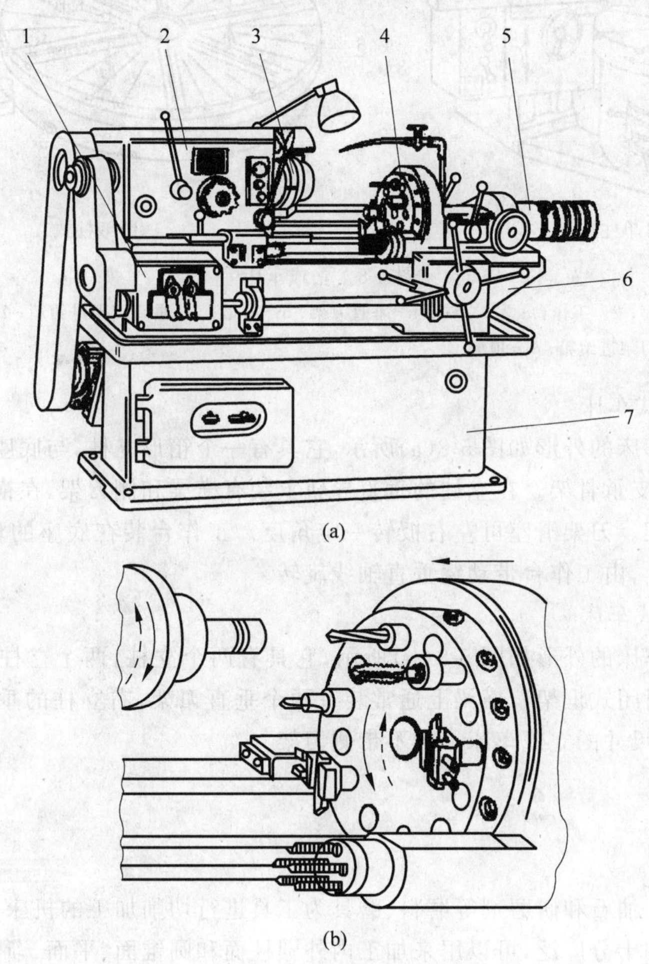

图 5-7　回轮车床的外形

1—进给箱；2—主轴箱；3—夹头；4—回轮刀架；5—挡块轴；6—床身；7—底座

2. 立式车床

立式车床主要用于加工径向尺寸大而轴向尺寸相对较小且形状比较复杂的大型或重型工件。立式车床的结构特点主要是主轴垂直布置，并有一个直径很大的圆形工作台，工作台台面水平布置，方便安装笨重工件。

立式车床分为单柱式和双柱式两种，如图 5-8 所示。

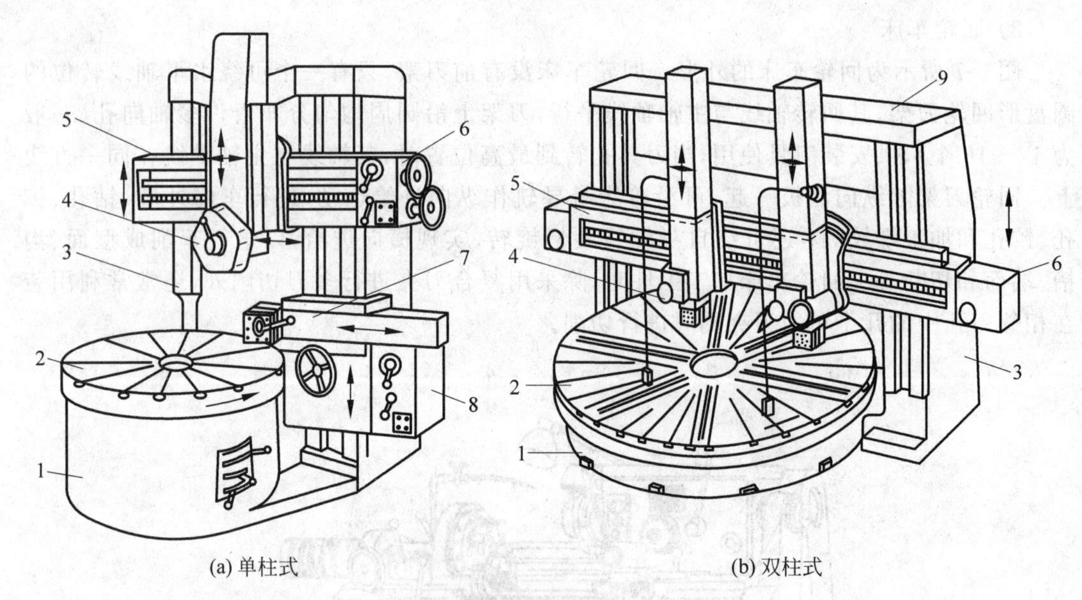

(a) 单柱式

(b) 双柱式

图 5-8 立式车床

1—底座；2—工作台；3—立柱；4—垂直刀架；5—横梁；6—垂直刀架进给箱；7—侧刀架；8—侧刀架进给箱；9—顶梁

1）单柱式立式车床

单柱式立式车床的外形如图 5-8(a)所示,它具有一个箱形立柱,与底座固定地联成一个整体,构成机床的支承骨架。在立柱的垂直导轨上装有横梁和侧刀架,在横梁的水平导轨上装有一个垂直刀架。刀架滑座可左右扳转一定角度。工作台装在底座的环形导轨上,工件安装在它的台面上,由工作台带动绕垂直轴线旋转。

2）双柱式立式车床

双柱式立式车床的外形如图 5-8(b)所示,它具有两个立柱,两个立柱通过底座和上面的顶梁连成一个封闭式框架。横梁上通常装有两个垂直刀架,右立柱的垂直导轨上有的装有一个侧刀架,大尺寸的立式车床一般不带侧刀架。

5.3 磨床

用砂轮、砂带、油石和研磨剂等磨料、磨具为工具进行切削加工的机床,统称为磨床。

磨床工艺范围十分广泛,可以用来加工内外圆柱面和圆锥面、平面、渐开线齿廓面、螺旋面以及各种成型面,还可以刃磨刀具和进行切断等。

磨床主要用于零件的精加工,尤其是淬硬钢和高强度特殊材料零件的精加工。目前也有少数高效磨床用于粗加工。由于各种高硬度材料应用的增多以及精密毛坯制造工艺的发展,很多零件甚至不经其他切削加工工序而直接由磨削加工成成品。因此,磨床在金属切削机床中的比重正在不断上升。

磨床的种类很多,主要有外圆磨床、内圆磨床、平面磨床、工具磨床和专门用来磨削特定表面和工件的专门化磨床(如花键轴磨床、凸轮轴磨床、曲轴磨床、导轨磨床等)。以上均为使用砂轮作磨削工具的磨床,此外还有以柔性砂带为磨削工具的砂带磨床和以油石及研磨剂为切削工具的精磨磨床等。

5.3.1　M1432A 型万能外圆磨床

万能外圆磨床是应用最普遍的一种外圆磨床，其工艺范围较宽，除了能磨削外圆柱面和圆锥面外，还可磨削内孔和台阶面等。M1432A 型万能外圆磨床则是一种最具典型性的外圆磨床，主要用于磨削 IT7～IT6 级精度的圆柱形或圆锥形的外圆和内孔，表面粗糙 R_a 为 1.25～0.08μm。

万能外圆磨床的外形如图 5-9 所示，由床身、砂轮架、内磨装置、头架、尾座、工作台、横向进给机构、液压传动装置和冷却装置等组成。

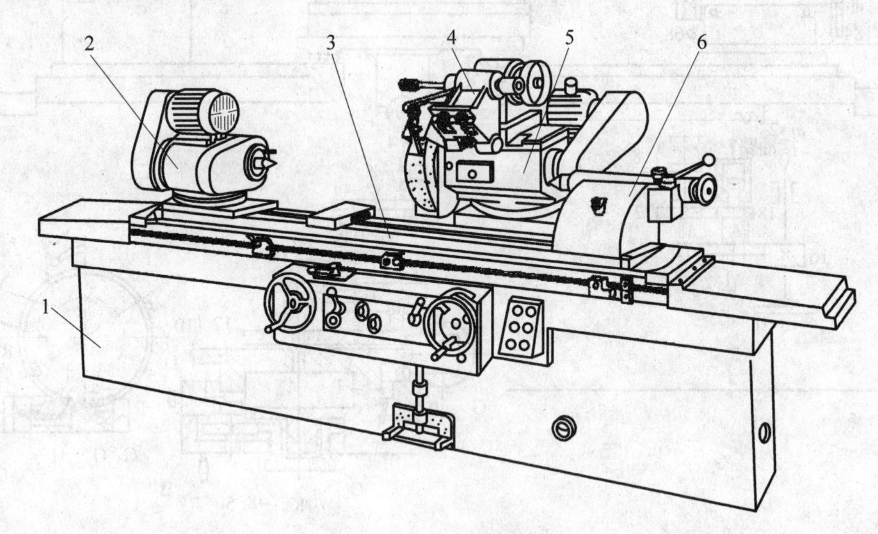

图 5-9　万能外圆磨床

1—床身；2—头架；3—工作台；4—内磨装置；5—砂轮架；6—尾座

1. 机床的运动与传动系统

1) 机床的运动

为了实现磨削加工，M1432A 型万能外圆磨床具有以下运动。

(1) 外磨和内磨砂轮的旋转主运动，用转速 $n_{砂}$ 或线速度 $v_{砂}$ 表示。

(2) 工件的旋转进给运动，用转速 $n_{工}$ 或线速度 $v_{工}$ 表示。

(3) 工件的纵向往复进给运动，用 $f_{纵}$ 表示。

(4) 砂轮的横向进给运动，用 $f_{横}$ 表示。

2) 机床的机械传动系统

M1432A 型万能外圆磨床的机械传动系统如图 5-10 所示。

(1) 砂轮主轴的传动链。外圆磨削时砂轮主轴旋转的主运动 $n_{砂}$ 是由电动机(1440r/min，4kW)通过 4 根 V 带和带轮 $\frac{\phi 126\text{mm}}{\phi 112\text{mm}}$ 直接传动的。通常，外圆磨削时 $v_{砂} \approx 35\text{m/s}$。内圆磨削时砂轮主轴旋转的主运动 $n_{砂}$ 是由电动机(2840r/min，1.1kW)通过平带和带轮 $\left(\frac{\phi 170\text{mm}}{\phi 50\text{mm}}\text{或}\frac{\phi 170\text{mm}}{\phi 32\text{mm}}\right)$ 直接传动的，更换平带轮可使内圆砂轮主轴获得约 10000r/min 或 15000r/min 两种高转速。内圆磨具装在支架上，为了保证安全生产，内圆砂轮电动机的启

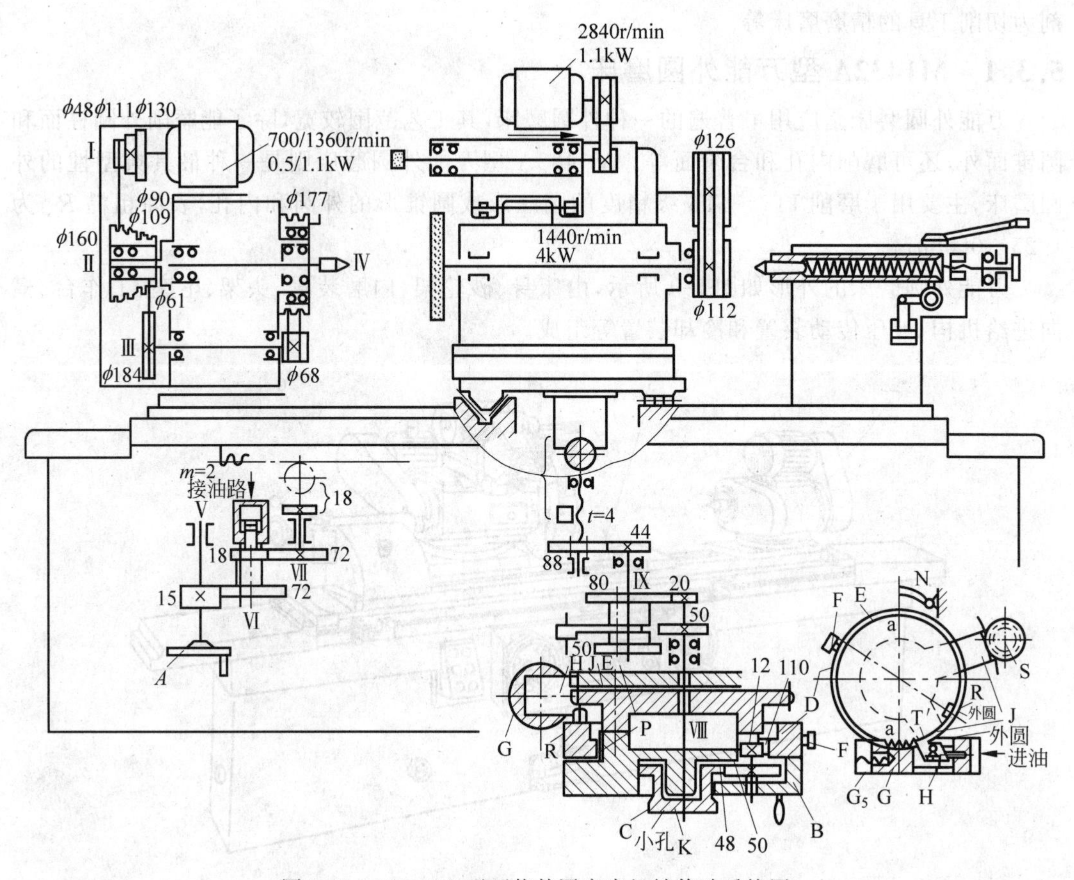

图 5-10　M1432A 型万能外圆磨床机械传动系统图

动与内圆磨具支架的位置有联锁作用,只有支架翻到工作位置时,内圆砂轮电动机才能启动,这时外圆砂轮架快速进退手柄在原位上自动锁住,不能快速移动。

(2) 头架拨盘的传动链。这一传动用于实现工件的圆周进给运动。工件由双速电动机经V带塔轮及两级V带传动,使头架的拨盘或卡盘驱动工件,并可获得6种转速。

(3) 滑鞍及砂轮架的横向进给传动链。滑鞍及砂轮架的横向进给可用手摇手轮B实现,也可由进给液压缸的活塞G驱动,实现周期自动进给。

(4) 工作台的驱动。工作台的驱动通常采用液压传动,以保证运动的平稳性,并可实现无级调速和往复运动循环自动化;调整机床及磨削阶梯轴的台阶面和倒角时,工作台也可由手轮A驱动。手轮转1转,工作台纵向进给量约为6mm。工作台的液压传动和手动驱动之间有互锁装置,以避免因工作台移动时带动手轮转动而引起伤人事故。

2. 机床的主要结构

1) 砂轮架

砂轮架中的砂轮主轴及其支承部分结构直接影响零件的加工质量,应具有较高的回转精度、刚度、抗震性及耐磨性,是砂轮架中的关键部分。砂轮主轴的前、后径向支承均采用"短三瓦动压型液体滑动轴承",如图5-11所示,每一副滑动轴承由三块扇形轴瓦组成,每块轴瓦都支承在球面支承螺钉的球头上,调节球面支承螺钉的位置即可调整轴承的间隙,通常轴承间隙为 0.015～0.025mm。砂轮主轴运转的平稳性对磨削表面质量影响很大，所以对于装在砂轮主轴上的零件都要经过仔细平衡，特别是砂轮，安装到机床上之前必须进行静平衡，电动机还需经过动平衡。

2）内圆磨具及其支架

在砂轮架前方以铰链连接方式安装着一个支架，内圆磨具就装在支架孔中，使用时将其翻下，如图 5-12 所示，不用时翻向上方。磨削内孔时，砂轮直径较小，要达到足够的磨削线速度，就要求砂轮主轴具有很高的转速(10000r/min 和 15000r/min)，内圆磨具要在高转速下运转平稳，主轴轴承应具有足够的刚度和寿命，并且由重量轻、厚度小的平带传动，主轴前、后各用两个 D 级精度的角接触球轴承支承，且用弹簧预紧。

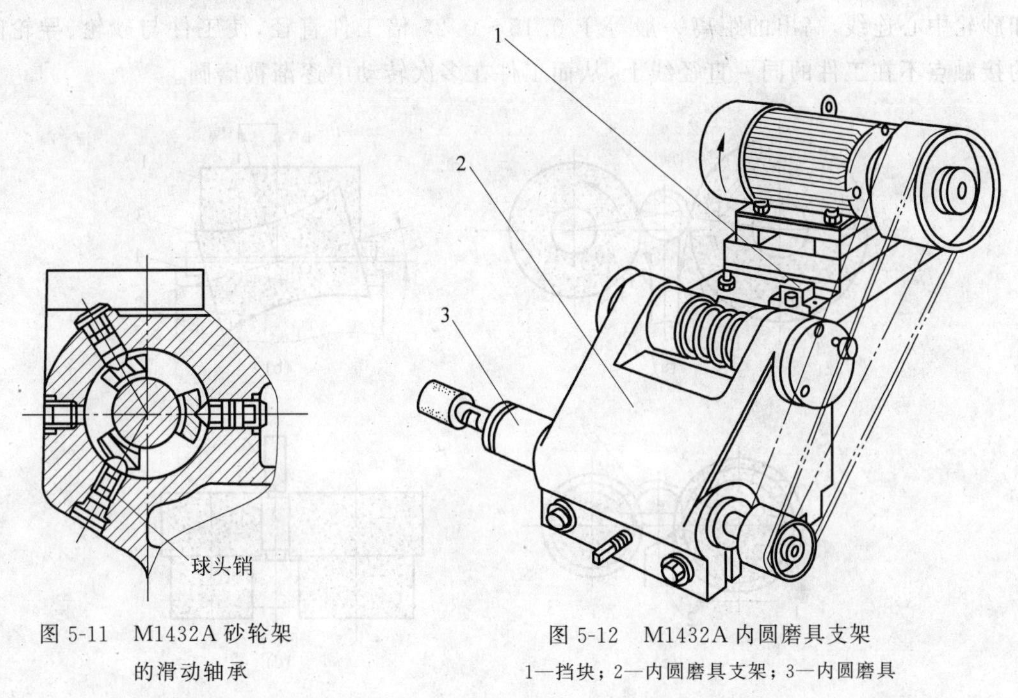

图 5-11　M1432A 砂轮架的滑动轴承

图 5-12　M1432A 内圆磨具支架
1—挡块；2—内圆磨具支架；3—内圆磨具

3）头架

根据不同的加工需要，头架主轴和前顶尖可以转动或固定不动。

5.3.2　其他磨床简介

1. 普通外圆磨床

普通外圆磨床的结构与万能外圆磨床基本相同，不同之处如下。

(1) 头架和砂轮架不能绕垂直轴线在水平面内调整角度。

(2) 头架主轴不能转动，工件只能用顶尖支承进行磨削。

(3) 没有配置内圆磨具。

因此，普通外圆磨床工艺范围较窄，只能磨削外圆柱面，或依靠调整工作台的角度磨削较小的外圆锥面。但由于主要部件结构层次减少，刚性提高，故可采用较大的磨削用量，提高生产效率，同时也易于保证磨削质量。

2. 无心磨床

无心磨床通常是指无心外圆磨床,它适用于大批量磨削细长轴以及不带孔的轴、套、销等零件。无心外圆磨削时,工件不是支承在顶尖上或夹持在卡盘中,而是直接放在砂轮和导轮之间,由托板和导轮支承,工件被磨削的表面本身就是定位基准面。无心外圆磨削的工作原理如图5-13所示。无心磨削有纵磨法(又称贯穿磨法)和横磨法(又称切入磨法)两种。纵磨法如图5-13(b)所示,导轮轴线相对于工件轴线倾斜$\alpha=1°\sim6°$的角度,粗磨时取大值,精磨时取小值。横磨法如图5-13(d)所示,工件无轴向运动,导轮作横向进给,为使工件在磨削时紧靠挡块,一般取$\alpha=0.5°\sim1°$的角度。无心磨削时,工件中心必须高于导轮和砂轮中心连线,高出的距离一般等于0.15～0.25倍工件直径,使工件与砂轮、导轮间的接触点不在工件的同一直径线上,从而工件在多次转动中逐渐被磨圆。

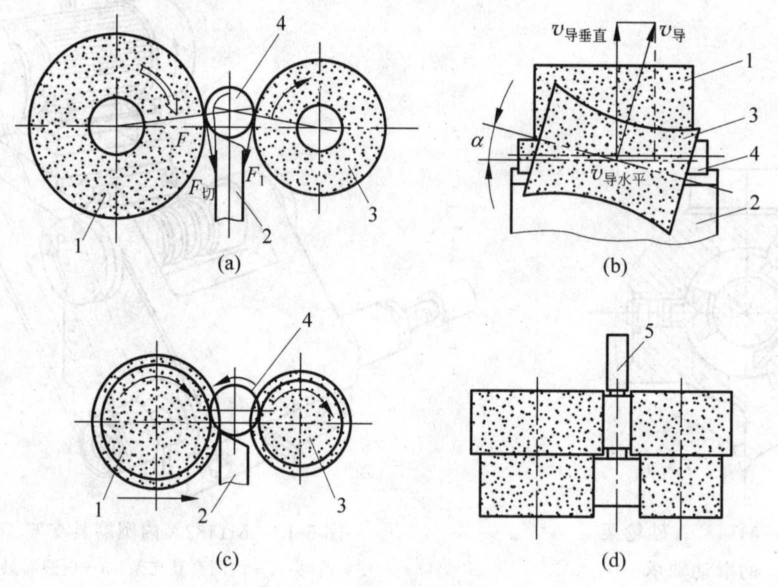

图5-13　无心外圆磨削工作原理

1—砂轮；2—托板；3—导轮；4—工件；5—挡板

3. 内圆磨床

内圆磨床的主要类型有普通内圆磨床、无心内圆磨床和行星内圆磨床。普通内圆磨床是生产中应用最广的一种,其外形如图5-14所示。

内圆磨床可以磨削圆柱形或圆锥形的通孔、盲孔和阶梯孔。内圆磨削大多采用纵磨法,也可用切入法。

磨削内圆还可采用无心磨削。如图5-15所示,无心内圆磨削时,工件支承在滚轮和导轮上,压紧轮使工件紧靠导轮,工件即由导轮带动旋转,实现圆周进给运动。砂轮除了完成主运动外,还作纵向进给运动和周期横向进给运动。加工结束时,压紧轮沿箭头A方向摆开,以便卸下工件。

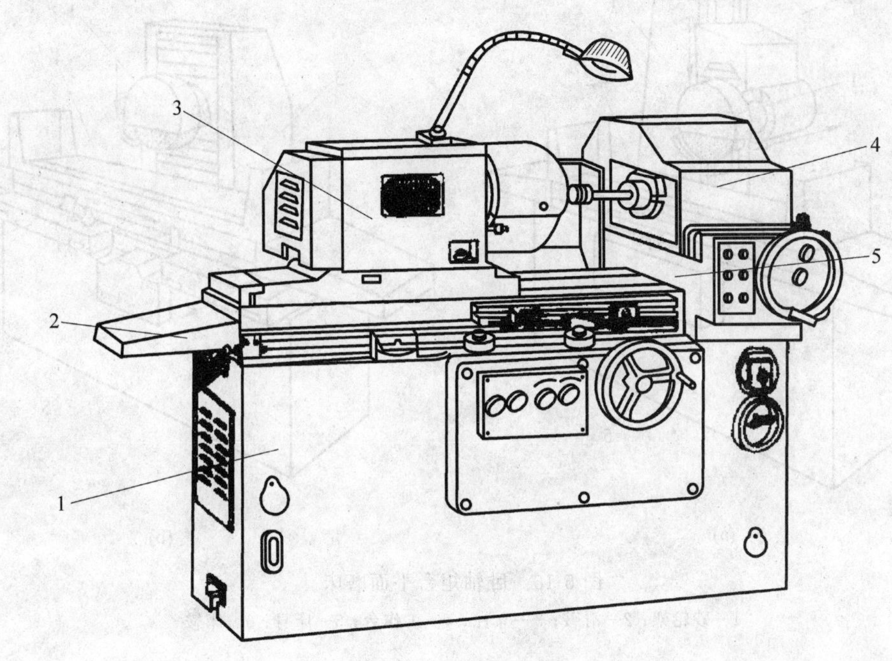

图 5-14　普通内圆磨床

1—床身；2—工作台；3—头架；4—砂轮架；5—滑鞍

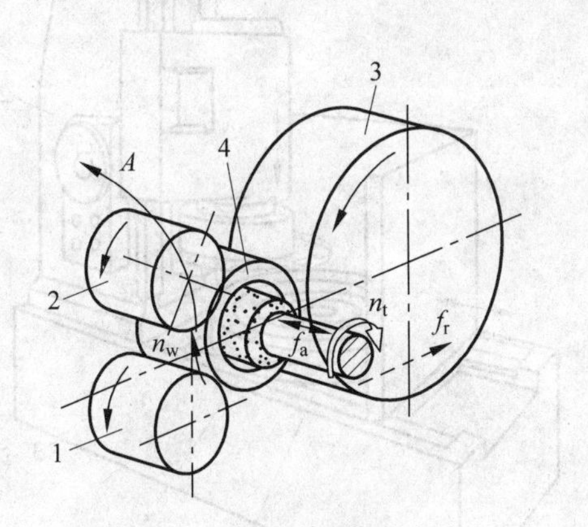

图 5-15　无心内圆磨削方式

1—滚轮；2—压紧轮；3—导轮；4—工件

4. 平面磨床

平面磨床用于磨削各种零件的平面。根据砂轮的工作面不同,可分为用砂轮周边进行磨削的平面磨床,其砂轮主轴常处于水平位置即卧式；用砂轮端面进行磨削的平面磨床,其砂轮主轴常为立式。根据工作台形状的不同,平面磨床又可分为矩形工作台磨床和圆形工作台平面磨床。所以,根据砂轮工作面和工作台形状的不同,平面磨床主要有以下四种类型：卧轴矩台平面磨床、卧轴圆台平面磨床、立轴矩台平面磨床和立轴圆台平面磨床。其中卧轴矩台平面磨床和立轴圆台平面磨床最为常见,其外形及结构分别如图 5-16 和图 5-17 所示。

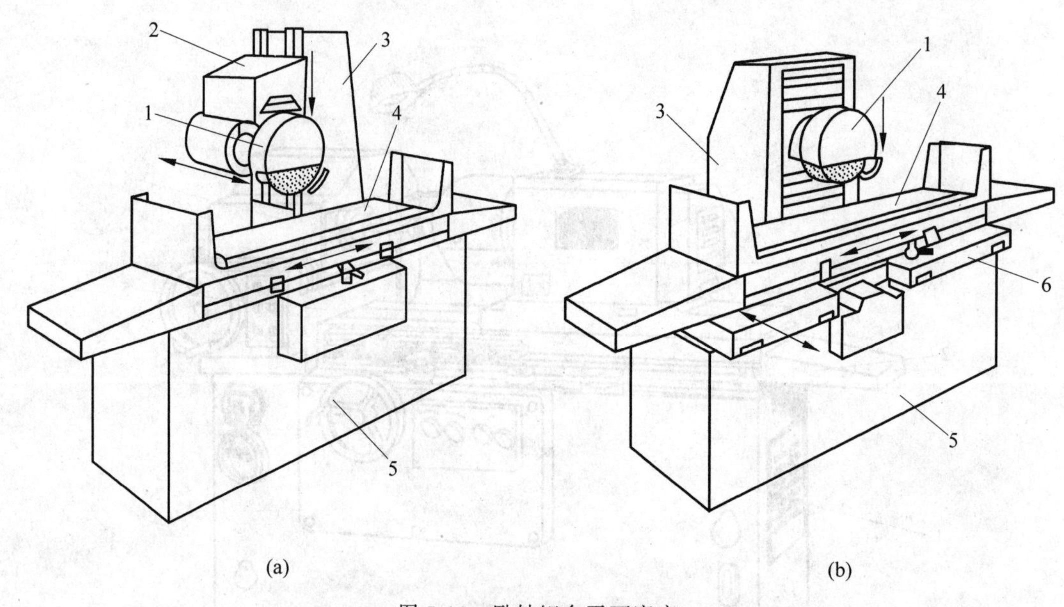

图 5-16 卧轴矩台平面磨床

1—砂轮架；2—滑鞍；3—立柱；4—工作台；5—床身；6—床鞍

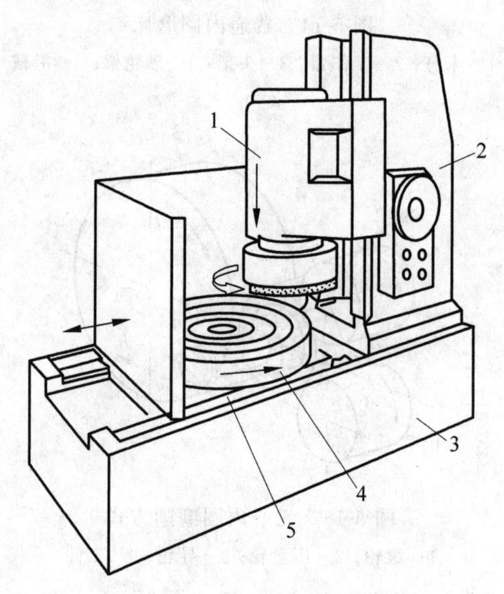

图 5-17 立轴圆台平面磨床

1—砂轮架；2—立柱；3—床身；4—工作台；5—床鞍

5.4 齿轮加工机床

齿轮种类较多，根据齿轮应用的场合对其精度的要求，齿轮加工机床分为滚齿机、插齿机、剃齿机、珩齿机、磨齿机、研齿机等各种不同类型。这里仅介绍几种最常用的齿轮加工机床。

5.4.1　滚齿机

滚齿机主要用于滚切外啮合直齿和斜齿圆柱齿轮及蜗轮，多数为立式；也有卧式的，用于加工齿轮轴、花键轴和仪表类中的小模数齿轮。

1. 滚齿机运动分析

滚齿加工是按包络法加工齿轮的一种方法。滚刀在滚齿机上滚切齿轮的过程，与一对螺旋齿轮的啮合过程相似。滚齿机的滚切过程应包括两种运动：一是强迫啮合运动（包络运动）；二是切削运动（主运动和进给运动）。这两种运动分别由齿坯、滚刀和刀架来完成。

1）加工直齿圆柱齿轮时滚齿机的运动分析

（1）展成运动。展成运动是滚刀与工件之间的包络运动，是一个复合表面成型运动，如图5-18所示，它可分解为滚刀的旋转运动 B_{11} 和齿坯的旋转运动 B_{12}，由于是强迫啮合运动，所以 B_{11} 和 B_{12} 之间需要一个内传动链，以保持其正确的相对运动关系，若滚刀头数为 K，工件齿数为 z，则滚刀每转 $1/K$ 转，工件应转 $1/z$ 转，该传动链为：滚刀—4—5—i_x—6—7—工件，如图5-19所示。

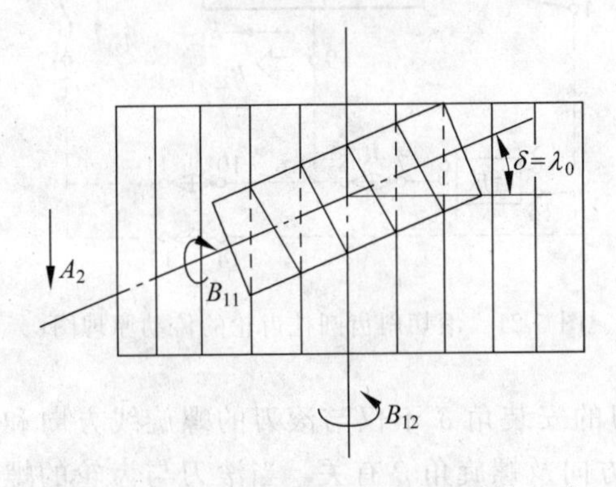

图5-18　滚切直齿圆柱齿轮时所需的运动

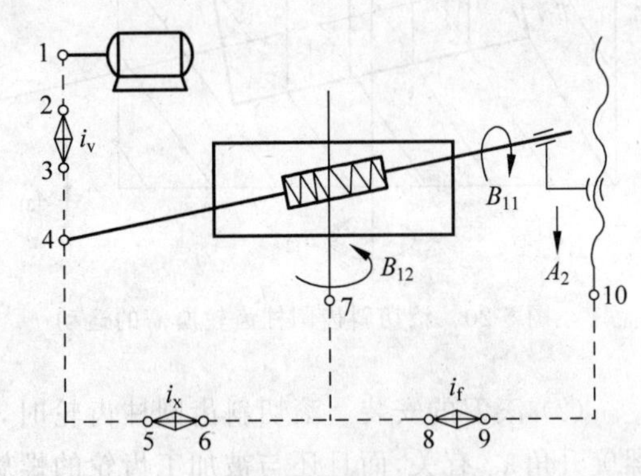

图5-19　滚切直齿圆柱齿轮的传动链

（2）主运动。展成运动还应由一条外联系传动链与动力源联系起来，这条传动链在图5-19中为：电动机—1—2—i_v—3—4—滚刀，它使滚刀和工件共同获得一定的速度和方向的运动，故称为主运动链。

（3）垂直进给运动。为了形成直齿，如图5-18所示，滚刀还需作轴向的直线运动 A_2，该运动使切削得以连续进行，是进给运动。垂直进给运动链在图5-19中为：工件—7—8—i_f—9—10—刀架升降丝杆，这是一条外联系传动链，工作台可视为间接动力源，轴向进给量是以工作台每转1转时刀架的位移量（mm）来表示的。通过改变传动链中换置机构的传动比 i_f，可调整轴向进给量的大小，以适应表面粗糙度的不同要求。

（4）滚刀的安装。因为滚刀实质上是一个大螺旋角齿轮，其螺旋升角为 λ_0，加工直齿齿轮时，为了使滚刀的齿向与被切齿轮的齿槽方向一致，滚刀轴线与被切齿轮端面倾斜 δ 角（这个角称为安装角）在数值上应等于滚刀的螺旋升角 λ_0。用右旋滚刀滚切直齿齿轮时，滚刀的安装如图5-18所示；如用左旋滚刀滚切，则倾斜方向相反。图中虚线表示滚刀与齿坯接触一侧的滚刀螺旋线方向。

2）加工斜齿圆柱齿轮时滚齿机的运动分析

(1) 运动分析。斜齿圆柱齿轮与直齿圆柱齿轮的端面齿廓都为渐开线，不同之处在齿线，前者为螺旋线，后者为直线。因此，在滚切斜齿圆柱齿轮时，除了同滚切直齿时一样，需要展成运动、主运动、垂直进给运动之外，为了形成螺旋齿线，在滚刀作垂直进给运动的同时，工件还必须在参与范成运动的基础上，再作一附加旋转运动，而且垂直进给运动与附加运动之间，必须保持严格的运动匹配关系，即滚刀沿工件轴向移动1个工件的螺旋线导程时，工件应准确地附加转动±1转。滚切斜齿圆柱齿轮所需的运动如图5-20所示，其实际传动原理图如图5-21所示。滚切斜齿圆柱齿轮的附加运动传动链为：刀架(滚刀移动)—12—13—i_y—14—15—合成—6—7—i_x—8—9—工作台(工件附加转动)。由此可知，滚切斜齿圆柱齿轮需要两个复合运动，而每个复合运动必须有一条外联系传动链和一条或几条内联系传动链，这里则需要四条传动链：两条内联系传动链及与之配合的两条外联系传动链。

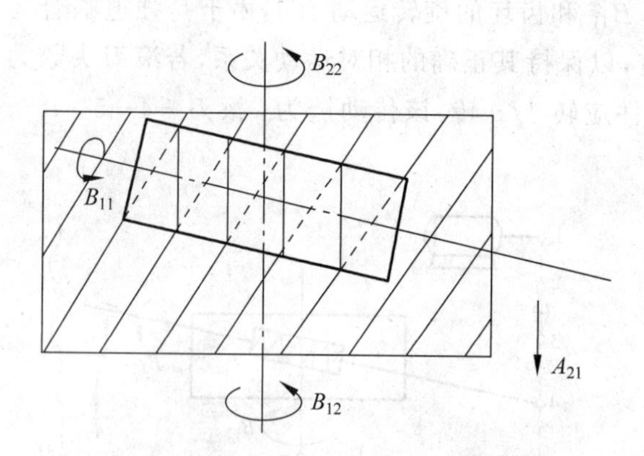

图 5-20　滚切斜齿圆柱齿轮所需的运动

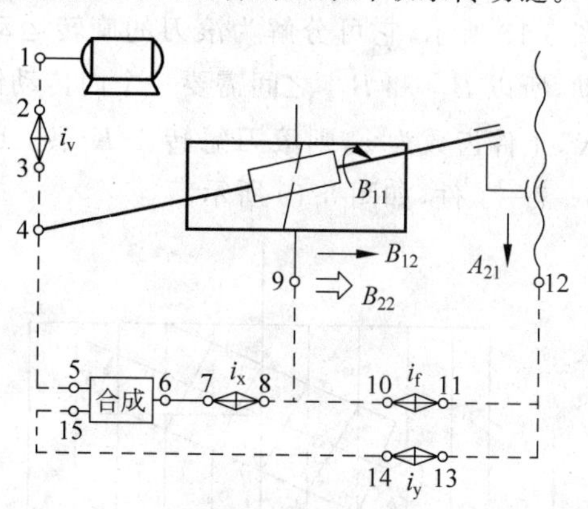

图 5-21　滚切斜齿圆柱齿轮的传动原理图

(2) 滚刀的安装。滚切斜齿圆柱齿轮时，滚刀的安装角δ不仅与滚刀的螺旋线方向和螺旋升角λ_0有关，而且还与被加工齿轮的螺旋线方向及螺旋角β有关。当滚刀与齿轮的螺旋线方向相同时，滚刀的安装角$\delta=\beta-\lambda_0$，当滚刀与齿轮的螺旋线方向相反时，滚刀的安装角$\delta=\beta+\lambda_0$，如图5-22所示。

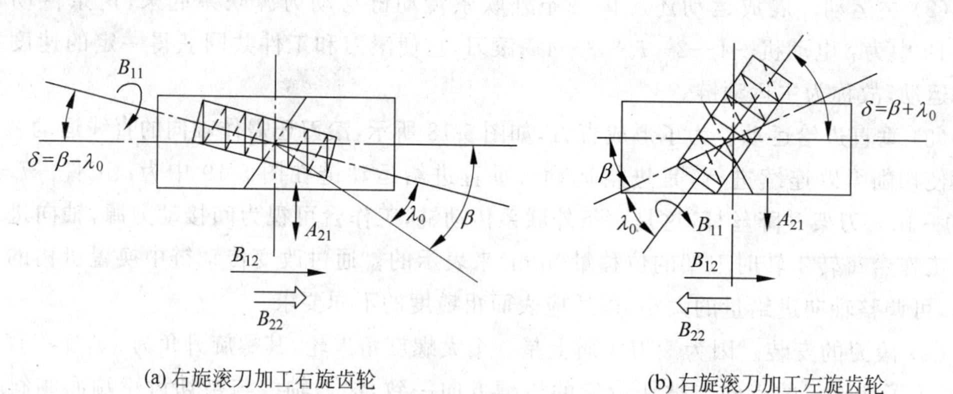

图 5-22　滚切斜齿圆柱齿轮时滚刀的安装角

(3) 工件附加转动的方向。工件附加转动B_{22}的方向如图5-23所示，图中ac'是斜齿圆柱齿轮的齿线。滚刀在位置Ⅰ时，切削点在 a 点；滚刀下降 Δf 到达位置Ⅱ时，需要切削的是 b' 点而不是 b 点。如果用右旋滚刀滚切右旋齿轮，那么工件应比滚切直齿时多转一些，如图 5-23(a)所示；滚切左旋齿轮，则工件应比滚切直齿时少转一些，如图 5-23(b)所示。滚切斜齿圆柱齿轮时，刀架向下移动一个螺旋线导程，工件应多转或少转 1 转。

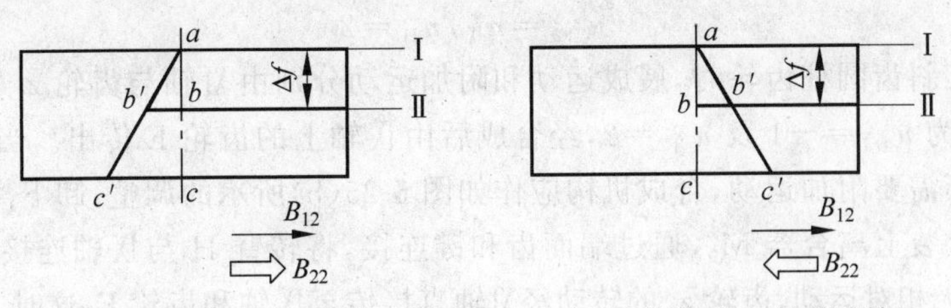

图 5-23　用右旋滚刀滚切斜齿圆柱齿轮时工件附加转动的方向

2. 滚齿机的结构

滚齿机有立柱移动式和工作台移动式两种，图 5-24 所示 Y3150E 型滚齿机是一种中型通用工作台移动式滚齿机。该机床主要用于加工直齿和斜齿圆柱齿轮，也可用径向切入法加工蜗轮，但径向进给只能手动操作，可加工工件最大直径为 500mm，最大模数为 8mm。Y3150E 型滚齿机的传动系统只有主运动、展成运动、垂直进给和附加运动传动链，另外还有一条刀架空行程传动链，用于快速调整机床部件。

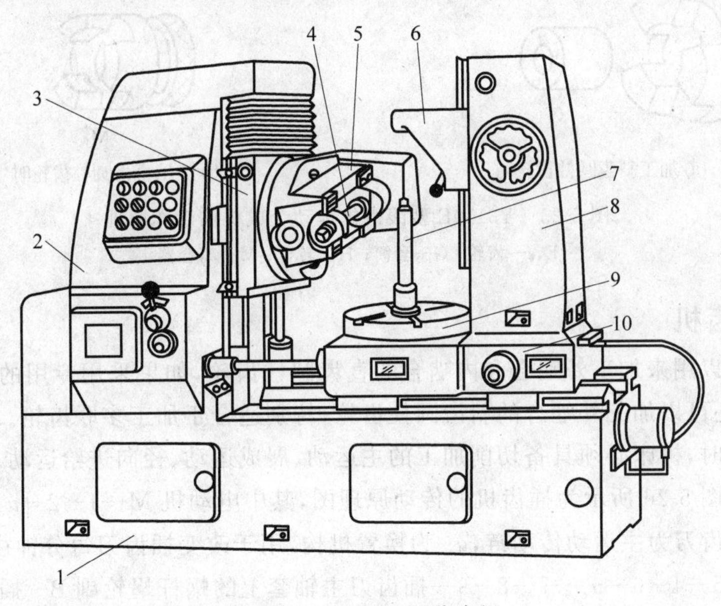

图 5-24　Y3150E 型滚齿机

1—床身；2—立柱；3—刀架溜板；4—刀杆；5—刀架体；6—支架；7—心轴；8—后立柱；9—工作台；10—床鞍

在 Y3150E 型滚齿机上加工斜齿圆柱齿轮时，需要通过运动合成机构将展成运动和附加运动合成为工件的运动，其原理如图 5-25 所示，该机构由模数 $m=3$mm、齿数 $z=30$、螺旋角 $\beta=0°$ 的四个弧齿锥齿轮组成。当加工斜齿圆柱齿轮时，合成机构应作如图 5-25(a)所示的调整，在Ⅸ轴上先装上套筒 G，并用键连接，再将离合器 M_2 空套在套筒 G 上，使 M_2 的端面

齿与空套齿轮 z_1 的端面齿及转臂 H 端面齿同时啮合，此时可通过齿轮 z_1 将运动传递给转臂 H，根据行星传动原理对合成机构进行分析得出，Ⅸ轴与齿轮套Ⅺ的传动式为

$$u_{合1}=n_{Ⅸ}/n_{Ⅺ}=-1 \tag{5-1}$$

Ⅸ轴与转臂的传动比为

$$u_{合2}=n_{Ⅸ}/n_{H}=2 \tag{5-2}$$

因此，加工斜齿圆柱齿轮时，展成运动和附加运动分别由Ⅺ轴与齿轮 z_f 输入合成机构，其传动比分别为 $u_{合1}=-1$ 及 $u_{合2}=2$，经合成后由Ⅸ轴上的齿轮 E 传出。当加工直齿圆柱齿轮时，工件不需要附加运动，合成机构应作如图 5-25(b)所示的调整，卸下离合器 M_2 及套筒 G，在Ⅸ轴上装上离合器 M_1，通过端面齿和键连接，将转臂 H 与Ⅸ轴连接成一体，此时 4 个锥齿轮之间无相对运动，齿轮 z_c 的转动经Ⅺ轴直接传至Ⅸ轴和齿轮 E，这时 $u_{合}=n_{Ⅸ}/n_{Ⅺ}=1$，即Ⅸ轴与Ⅺ轴同速同向转动。

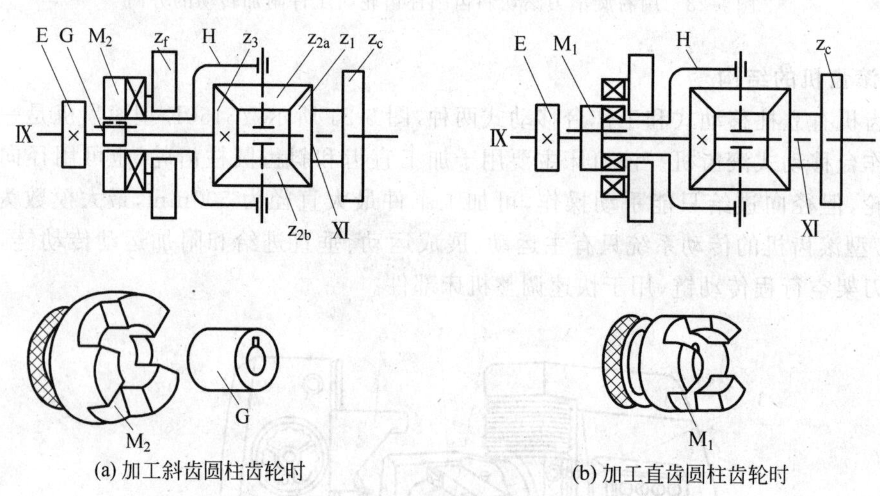

图 5-25 Y3150E 型滚齿机运动合成机构工作原理

E、z—齿轮；G—套筒；H—转臂；M—离合器

5.4.2 插齿机

插齿机可以用来加工外啮合和内啮合的直齿圆柱齿轮，如果采用专用的螺旋导轨和斜齿轮插齿刀，还可以加工外啮合的斜齿圆柱齿轮，特别适合于加工多联齿轮。

插齿加工时，机床必须具备切削加工的主运动、展成运动、径向进给运动、圆周进给运动和让刀运动。图 5-26 所示为插齿机的传动原理图，其中电动机 M—1—2—u_v—3—5—曲柄偏心盘 A—插齿刀为主运动传动链，u_v 为换置机构，用于改变插齿刀每分钟往复行程数；曲柄偏心盘 A—5—4—6—u_s—7—8—9—插齿刀主轴套上的蜗杆蜗轮副 B—插齿刀为圆周进给运动传动链，u_s 为调节插齿刀圆周进给量的换置机构；插齿刀—蜗杆蜗轮副 B—9—8—10—u_c—11—12—蜗杆蜗轮副 C—工件为展成运动传动链，u_c 为调节插齿刀与工件之间传动比的换置机构，当刀具转 $1/z_{刀}$ 转时，工件转 $1/z_c$ 转。由于让刀运动及径向切入运动不直接参加工件表面成型运动，因此图中未表示出来。

5.4.3 齿轮精加工机床

铣齿、滚齿和插齿属于齿轮的齿形加工，可以直接加工较低精度的齿轮，但对于精度高

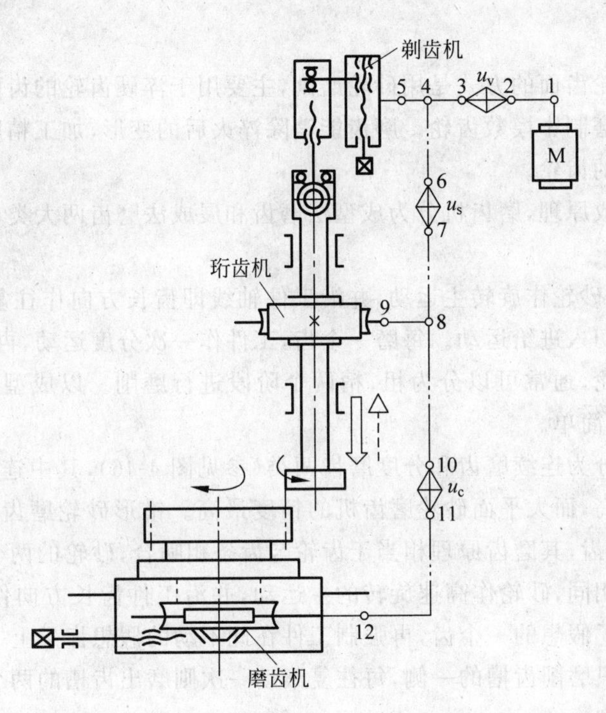

图 5-26 插齿机的传动原理图

于 7 级或齿形需要淬火处理的齿轮，在齿形加工之后还要进行齿形的精加工，进一步提高齿形精度。用于齿形精加工的机床有剃齿机、磨齿机和珩齿机。

1. 剃齿机

剃齿机是一种采用展成法加工齿轮的机床。剃齿机使用类似螺旋齿轮的剃齿刀，与装在心轴上的被剃齿轮啮合，并带动它旋转，进行一种"自由啮合"的展成加工。为了剃出全齿宽，工作台需带动被剃齿轮作往复直线运动。在工作台每往复行程终了时，剃齿刀需作径向进给运动，以便进行多次剃削直至达到规定尺寸。剃齿过程中，剃齿刀时而正转，剃削轮齿的一个侧面；时而反转，剃削轮齿的另一个侧面。

剃齿加工主要是提高齿形精度和齿向精度，可使齿轮精度为 6～7 级，表面粗糙度 R_a 为 0.8～0.4μm，但剃齿不能修正分齿误差，剃齿前的齿形多用滚齿加工，精度只能比最终精度低 1 级，即多为 7～8 级。

2. 珩齿机

珩齿机是一种利用金刚石磨料与环氧树脂浇铸而成的、具有较高齿形精度的"螺旋齿轮"珩磨轮对齿轮齿形进行精加工的机床。

珩齿与剃齿原理相同，不同的是珩磨轮的转速比剃齿刀高得多。当珩磨轮以很高的速度带动被珩磨齿轮旋转时，可在齿面上切除一层极薄的金属，从而减小齿面的粗糙度值，适当降低齿轮传动的噪声。珩齿主要用于剃齿后还要淬火的齿轮的精加工，用以去除氧化皮和齿面轻微磕碰产生的毛刺，并进一步减小齿面粗糙度值。珩齿对齿形误差和齿向误差的修整作用不大。

3. 磨齿机

磨齿机加工齿轮齿面的方式是用砂轮磨削，主要用于淬硬齿轮的齿面精加工，有的还可直接用来在齿坯上磨制小模数齿轮。磨齿能消除淬火后的变形，加工精度最低为6级，有的可磨出3、4级精度的齿轮。

按照齿形的形成原理，磨齿机分为成型法磨齿和展成法磨齿两大类，多数磨齿机为展成法磨齿。

成型法磨齿时，砂轮作旋转主运动，并沿工件轴线即齿长方向作往复的轴向进给运动，也可在工件径向作切入进给运动。每磨一个齿，工件作一次分度运动，再磨下一个齿。对于精度要求较高的齿轮，通常可以分为粗、精两个阶段进行磨削。以成型法原理工作的磨齿机，机床的运动比较简单。

展成法磨齿又分为连续磨齿和分度磨齿两类(参见图4-46)，其中连续磨削的蜗杆形砂轮磨齿机的效率最高，而大平面砂轮磨齿机的精度最高。锥形砂轮磨齿机属于单齿分度型机床，每次磨削一个齿，其磨齿原理相当于齿轮与齿条相啮合，砂轮的两个侧面修整成锥面，其截面形状与齿条相同，砂轮作高速旋转的主运动，并沿工件齿长方向作往复进给运动，两侧面的母线就形成了假想的一个齿，再强制工件在此不动的假想齿条上一边啮合一边滚动，往一个方向滚动时只磨削齿槽的一侧，每往复滚动一次则磨出齿槽的两个侧面，工件经多次分度后即可磨削成型。

磨齿加工精度高，修正误差能力强，而且能加工表面硬度很高的齿轮，但磨齿加工效率低，机床复杂，调整困难，因此加工成本高，适用于齿轮精度要求很高的场合。

5.5 其他机床

5.5.1 钻床、镗床

钻床和镗床都是孔加工用机床，主要加工外形复杂、没有对称放置轴线的工件，如杠杆、盖板、箱体、机架等零件上的单孔或孔系。

1. 钻床

钻床一般用于加工直径不大、精度要求较低的孔，可以完成钻孔、扩孔、铰孔、刮平面以及攻丝等工作(见图4-18)。钻床的主参数是最大钻孔直径。根据用途和结构的不同，钻床可分为台式钻床、立式钻床、摇臂钻床、深孔钻床以及专门化钻床(如中心孔钻床)等。

1) 立式钻床

立式钻床的外形及结构如图5-27所示，主要由底座、工作台、立柱、电动机、传动装置、主轴变速箱、进给箱、主轴和操纵手柄组成。进给箱右侧的手柄用于使主轴升降；工件安放在工作台上，工作台和进给箱都可沿立柱调整其上下位置，以适应不同高度的工件。立式钻床是用移动工件的办法来使主轴轴线对准孔中心的，因而操作不便，常用于中、小型工件的孔加工，工件上的孔径一般大于13mm。

2) 摇臂钻床

在大型工件上钻孔，通常希望工件不动，而能任意调整钻床主轴位置，以适应加工需要，这就需要用摇臂钻床。摇臂钻床的外形及结构如图5-28所示，主要由底座、工作台、立柱、摇臂、电动机、传动装置、主轴变速箱、进给箱、主轴和操纵手柄组成，摇臂能绕立柱旋转，主轴箱可在摇臂上横向移动，同时还可松开摇臂锁紧装置，根据工件高度，使摇臂沿立柱升降。摇臂钻床可以方便地调整刀具的位置以对准被加工孔的中心，而不需要移动工件，因此适合在大直径、笨重的或多孔的大、中型工件上加工孔。

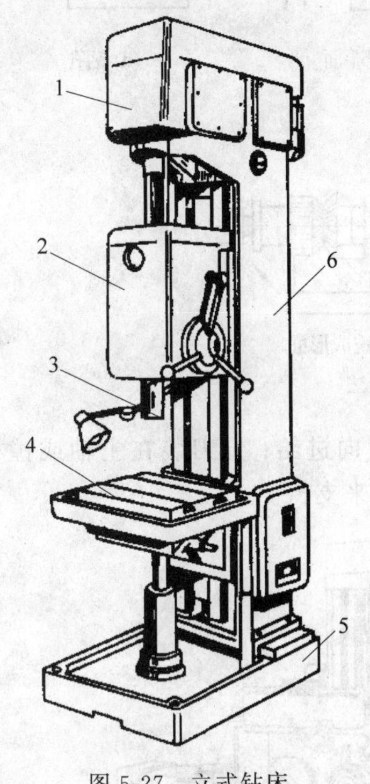

图 5-27　立式钻床

1—变速箱；2—进给箱；3—主轴；4—工作台；5—底座；6—立柱

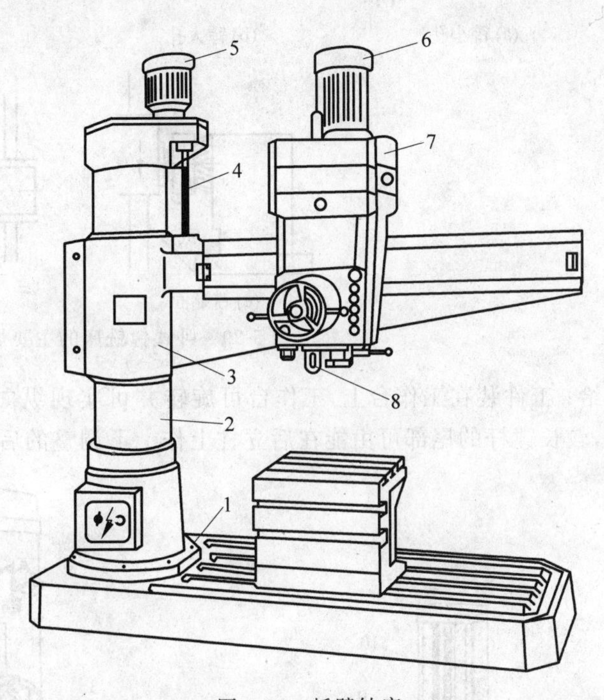

图 5-28　摇臂钻床

1—底座；2—立柱；3—摇臂；4—丝杆；5、6—电动机；7—主轴箱；8—主轴

3）其他钻床

台式钻床是一种主轴垂直布置、钻孔直径小于 15mm 的小型钻床，由于加工孔径较小，台钻主轴转速可以很高，适用于加工小型零件上的各种孔。深孔钻床是使用特制的深孔钻头，专门加工深孔的钻床，如加工炮筒、枪管和机床主轴等零件上的深孔。为避免机床过高和便于排屑，深孔钻床一般采用卧式布置；为减少孔中心线的偏斜，通常是由工件转动作为主运动，钻头只作直线进给运动而不旋转。

2. 镗床

镗床用于加工尺寸较大、精度要求较高的孔、内成型表面或孔内环槽，特别是分布在不同位置、轴线间距离精度和相互位置精度要求很严格的孔系，其加工工艺如图 5-29 所示。通常，镗刀旋转为主运动，镗刀或工件的移动为进给运动。根据用途，镗床可分为卧式镗铣床、坐标镗床、金刚镗床、落地镗床以及数控镗铣床等。

1）卧式镗铣床

卧式镗铣床的外形结构如图 5-30 所示，其主轴水平布置并可轴向进给，主轴箱可沿前立柱导轨垂直移动，主轴箱前端有一个大转盘，转盘上装有刀架，它可在转盘导轨上作径向

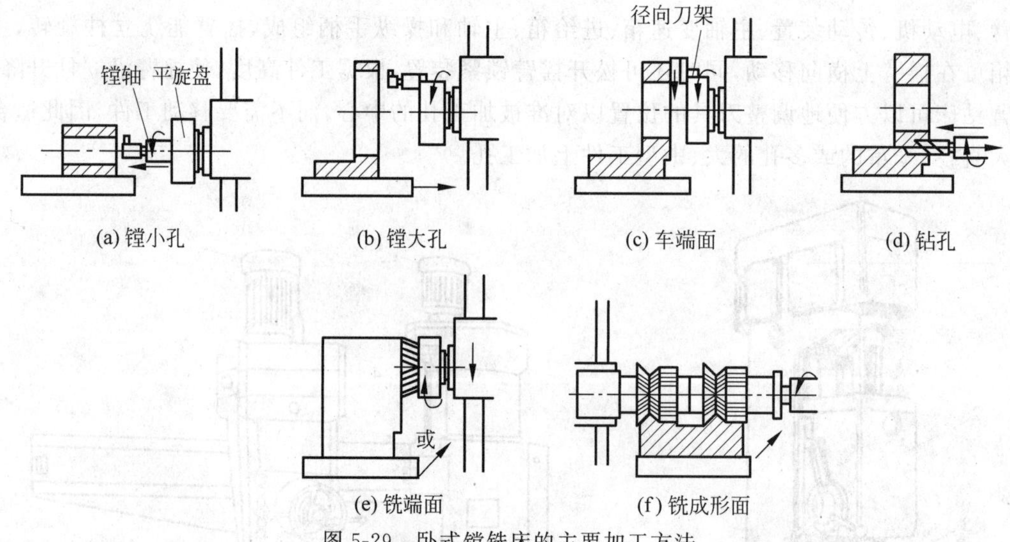

图 5-29　卧式镗铣床的主要加工方法

进给；工件装在工作台上，工作台可旋转并可实现纵向或横向进给；镗刀装在主轴或镗杆上，较长镗杆的尾部可由能在后立柱上作上下调整的后支承来支持。

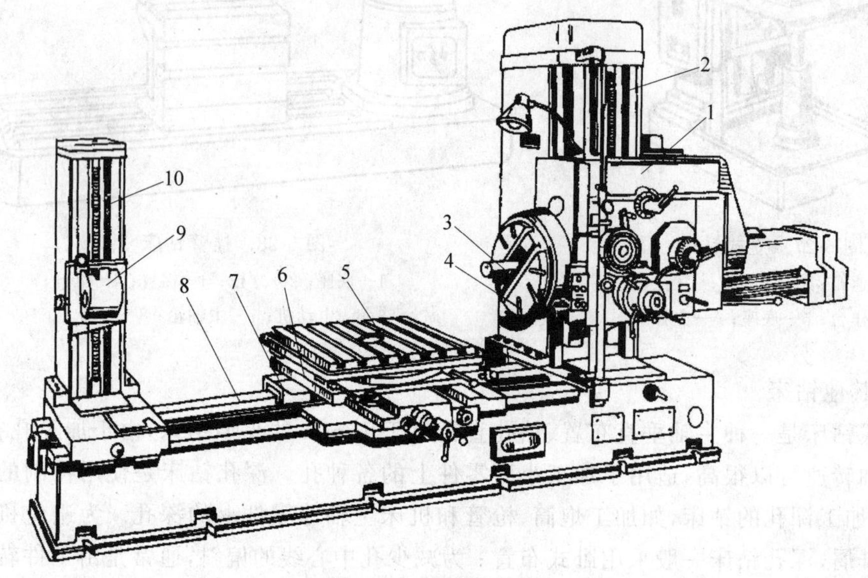

图 5-30　卧式镗铣床

1—主轴箱；2—前立柱；3—镗轴；4—平旋盘；5—工作台；6—上滑座；7—下滑座；8—床身；9—后支承；10—后立柱

2）坐标镗床

坐标镗床用于孔本身精度及位置精度要求都很高的孔系加工，如钻模、镗模和量具等零件上的精密孔加工，也能钻孔、扩孔、铰孔、锪端面、切槽等。坐标镗床主要零部件的制造和装配精度都很高，具有良好的刚度和抗震性，并配备有坐标位置的精密测量装置，除进行孔系的精密加工外，还能进行精密刻度、样板的精密划线，孔间距及直线尺寸的精密测量等。坐标镗床按其布局形式不同，可分为立式单柱、立式双柱、卧式坐标镗床，分别如图 5-31、图 5-32、图 5-33 所示。

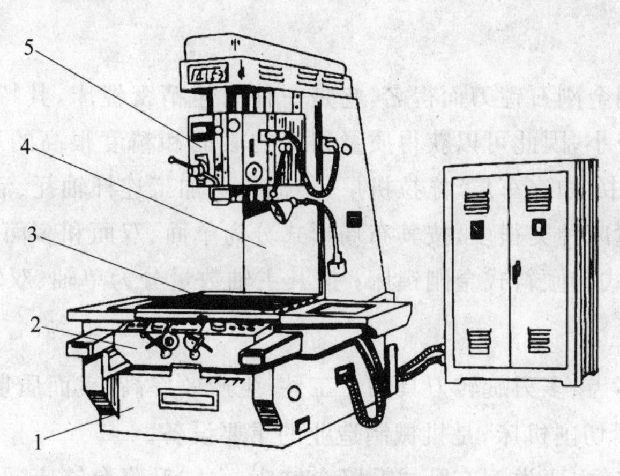

图 5-31　立式单柱坐标镗床

1—床身；2—床鞍；3—工作台；4—立柱；5—主轴箱

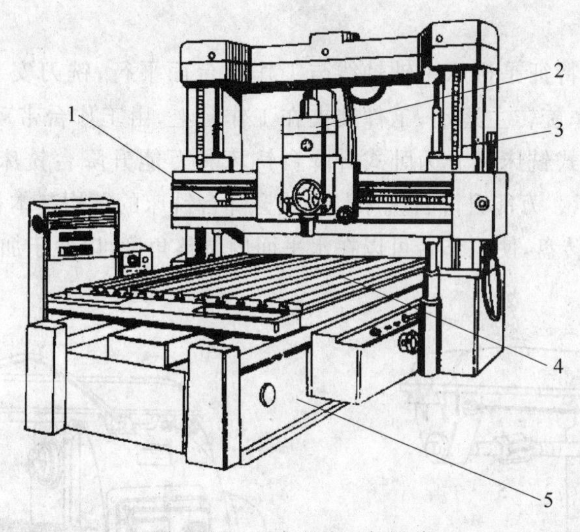

图 5-32　立式双柱坐标镗床

1—横梁；2—主轴箱；3—立柱；4—工作台；5—床身

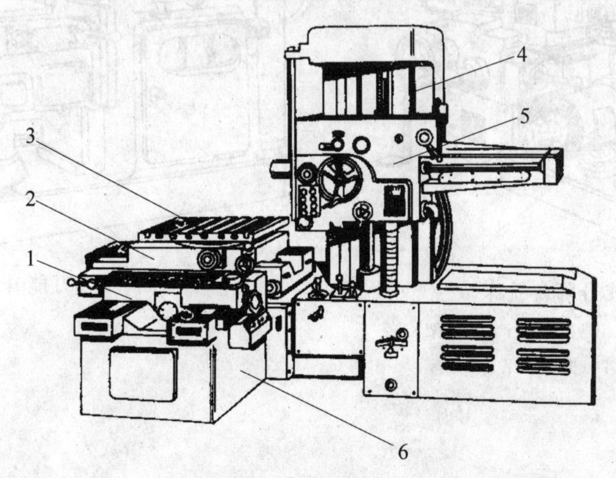

图 5-33　卧式坐标镗床

1—横向滑座；2—纵向滑座；3—回转工作台；4—立柱；5—主轴箱；6—床身

3）金刚镗床

金刚镗床因采用金刚石镗刀而得名，它是一种高速精密镗床，其特点是切削速度高，而切削深度和进给量极小，因此可以获得质量很高的表面和精度很高的尺寸。金刚镗床主要用于成批、大量生产中，如汽车厂、拖拉机厂、柴油机厂加工连杆轴瓦、活塞、油泵壳体等零件上的精密孔。金刚镗床种类很多，按其布局形式分为单面、双面和多面金刚镗床；按其主轴的位置分为立式、卧式和倾斜式金刚镗床；按其主轴数量分为单轴、双轴和多轴金刚镗床。

5.5.2 铣床

铣床是一种用多齿、多刃旋转刀具加工工件、生产效率高、表面质量好、工艺范围十分广泛(见图4-10)的金属切削机床，是机械制造业的重要设备。

铣床的种类很多，主要类型有卧式升降台铣床、立式升降台铣床、圆工作台铣床、龙门铣床、工具铣床、仿型铣床以及各种专门化铣床等。

1. 卧式铣床

卧式铣床的主要特征是机床主轴轴线与工作台台面平行，铣刀安装在与主轴相连接的刀轴上，由主轴带动作旋转主运动，工件装夹在工作台上，由工作台带动工件作进给运动，从而完成铣削工作。卧式铣床又分为卧式升降台铣床和万能升降台铣床，其外形结构分别如图5-34和图5-35所示。万能升降台铣床与卧式升降台铣床的结构基本相同，只是在工作台和床鞍之间增加了一副转盘，使工作台可以在水平面内调整角度，以便于加工螺旋槽。

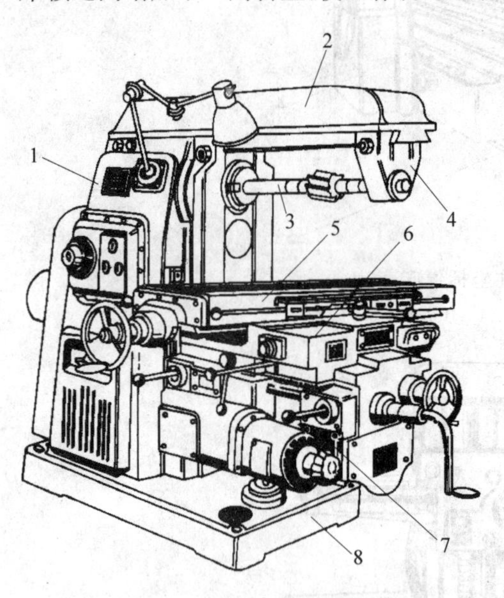

图5-34 卧式升降台铣床

1—床身；2—悬臂；3—铣刀心轴；4—挂架；
5—工作台；6—床鞍；7—升降台；8—底座

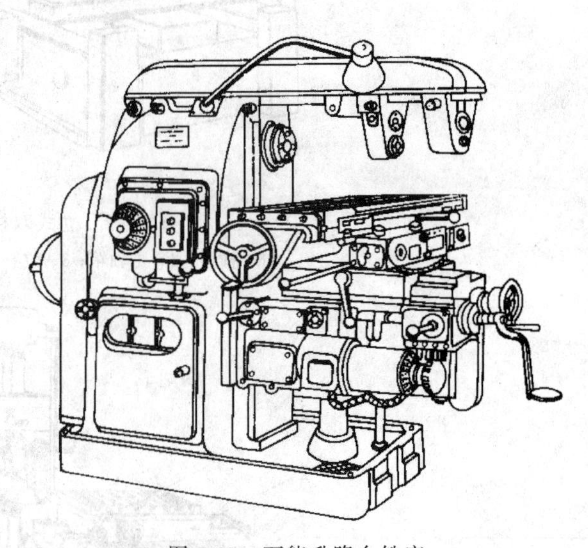

图5-35 万能升降台铣床

2. 立式铣床

立式铣床与卧式铣床的主要区别在于其主轴是垂直安置的。图5-36所示为常见的一种立式升降台铣床，其工作台、床鞍及升降台与卧式铣床相同，铣头可根据加工需要在垂直平面内调整角度，主轴可沿轴线方向进给或调整位置。

3. 圆工作台铣床

图 5-37 所示为一种双柱圆工作台铣床，它有两根主轴，在主轴箱的两根主轴上可分别安装粗铣和半精铣用的端铣刀。圆工作台上可装夹多个工件，加工时，圆工作台缓慢转动，完成进给运动，从铣刀下通过的工件便已铣削完毕。这种铣床装卸工件的辅助时间可与切削时间重合，因而生产效率高，适用于大批量生产中通过设计专用夹具，铣削中、小型零件。

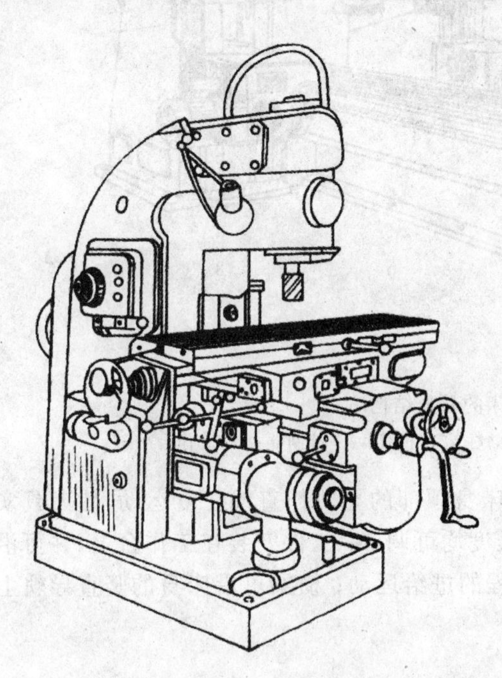

图 5-36　立式升降台铣床

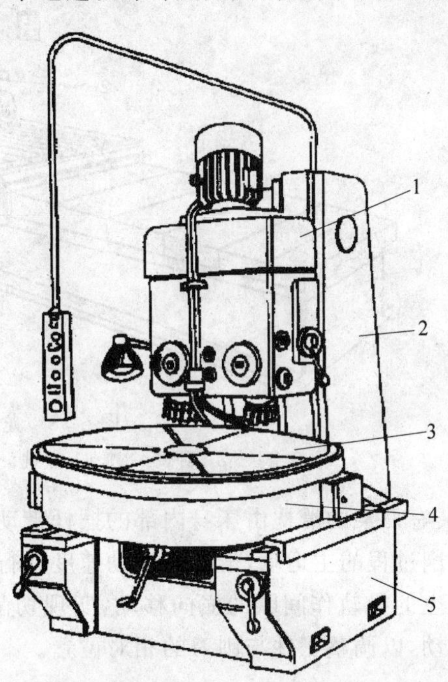

图 5-37　双柱圆工作台铣床
1—主轴箱；2—立柱；3—圆工作台；4—滑座；5—底座

4. 龙门铣床

龙门铣床是一种大型高效能的铣床，主要用于加工各类大型、重型工件上的平面和沟槽，借助附件还可以完成斜面和内孔等的加工。龙门铣床的主体结构呈龙门式框架，如图 5-38 所示，其横梁上装有两个铣削主轴箱(立铣头)，可在横梁上水平移动，横梁可在立柱上升降，以适应不同高度的工件的加工；两个立柱上又各装一个卧铣头，卧铣头也可在立柱上升降；每个铣头都是一个独立部件，内装主运动变速机构、主轴及操纵机构，各铣头的水平或垂直运动都可以是进给运动，也可以是调整铣头与工件间相对位置的快速调位运动；铣刀的旋转为主运动。龙门铣床的刚度高，可多刀同时加工多个工件或多个表面，生产效率高，适用于成批大量生产。

5.5.3　刨床、插床、拉床

刨床、插床、拉床均属直线运动机床，主要用于加工各种平面、沟槽、通孔以及其他成型表面。

1. 牛头刨床

牛头刨床的外形结构如图 5-39 所示，因其滑枕和刀架形似牛头而得名。牛头刨床工作

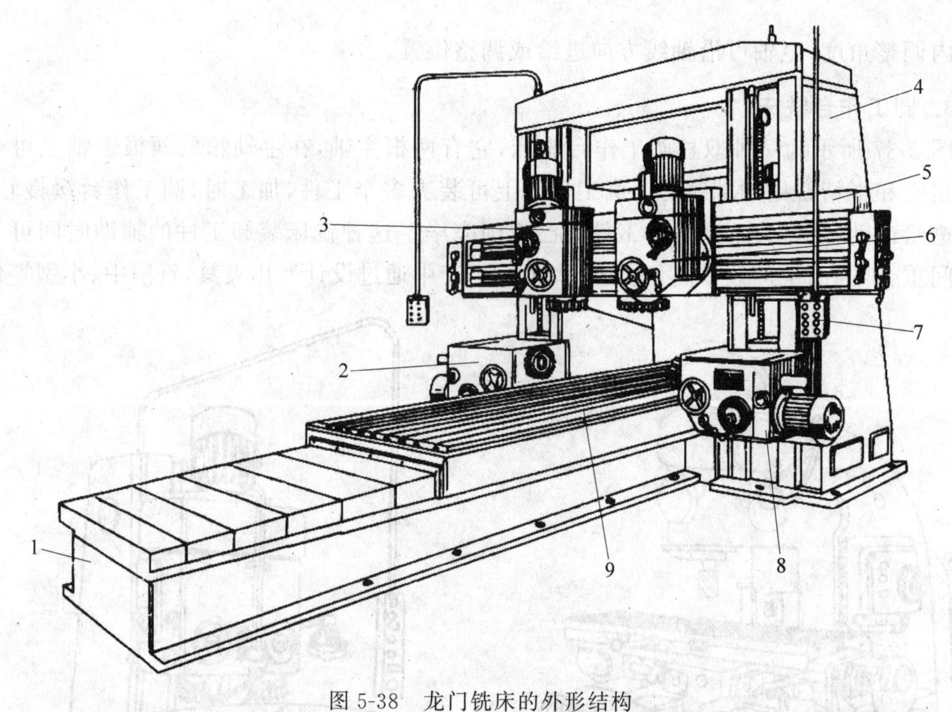

图 5-38　龙门铣床的外形结构

1—床身；2、8—卧铣头；3、6—立铣头；4—立柱；5—横梁；7—控制器；9—工作台

时，装有刀架的滑枕由床身内部的摆杆带动，沿床身顶部的导轨作直线往复运动，使刀具实现切削过程的主运动，滑枕的运动速度和行程长度均可调节；工件安装在工作台上，并可沿横梁上的导轨作间歇的横向移动，实现切削过程的进给运动；横梁可沿床身的竖直导轨上下移动，以调整工件与刨刀的相对位置。

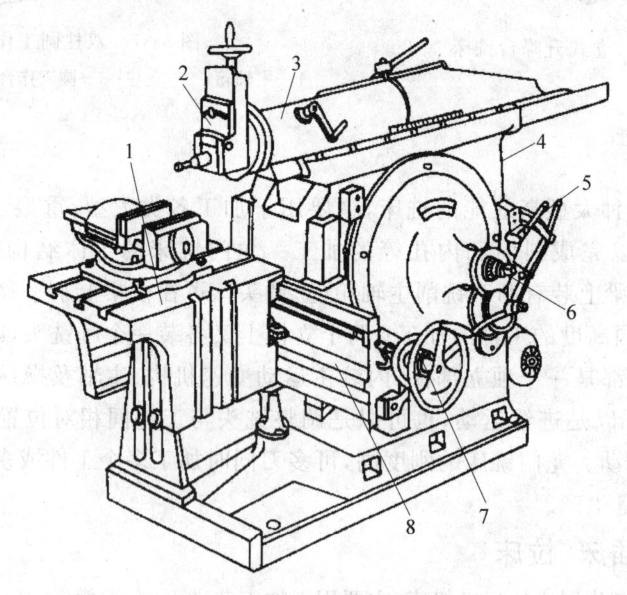

图 5-39　牛头刨床的外形结构

1—工作台；2—刀架；3—滑枕；4—床身；5—变速手柄；6—滑枕行程调节柄；7—横向进给手柄；8—横梁

2. 龙门刨床

龙门刨床的外形如图 5-40 所示，其结构呈龙门式布局，以保证机床有较高的刚度。龙门刨床主要适用于加工大平面，尤其是长而窄的平面，如导轨面和沟槽。工件安装在工作台上，工作台沿床身的导轨作纵向往复主切削运动；装在横梁上的两个立刀架可沿横梁导轨作横向运动，立柱上的两个侧刀架可沿立柱作升降运动，这两个运动可以是间歇进给运动，也可以是快速调位运动；两个立刀架的上滑板还可扳转一定的角度，以便作斜向进给运动；横梁可沿立柱的垂直导轨作调整运动，以适应加工不同高度的工件。

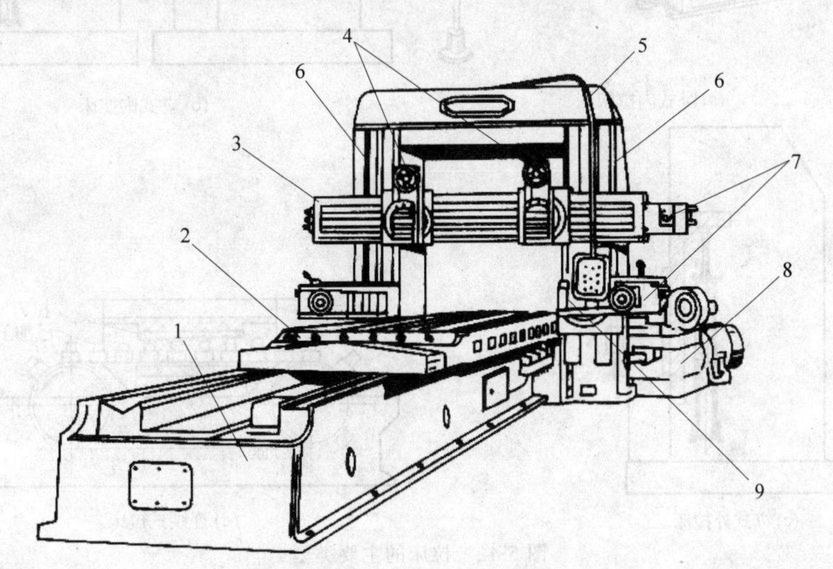

图 5-40 龙门刨床的外形结构

1—床身；2—工作台；3—横梁；4—立刀架；5—上横梁；6—立柱；7—进给箱；8—变速箱；9—侧刀架

3. 插床

插床实质上就是立式刨床，其外形如图 5-41 所示，滑枕带动刀具沿立柱导轨作直线往复主运动；工件安装在工作台上，工作台可作纵向、横向和圆周方向的间歇进给运动；工作台的旋转运动还可进行圆周分度，加工按一定角度分布的键槽；滑枕还可以在垂直平面内相对立柱倾斜 0°～8°，以便加工斜槽和斜面。

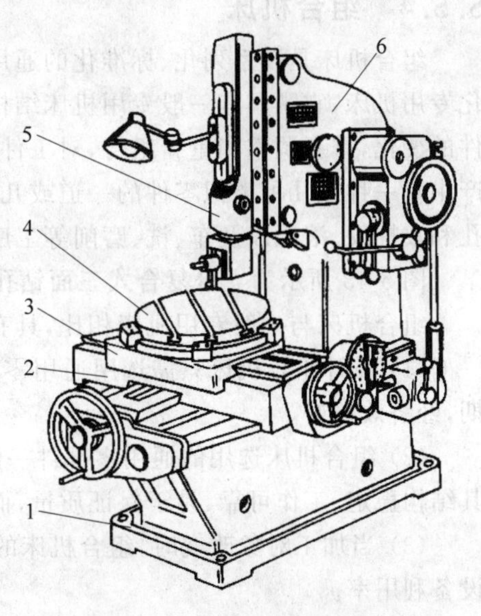

图 5-41 插床的外形结构

1—底座；2—托板；3—滑台；4—工作台；5—滑枕；6—立柱

4. 拉床

拉床是用拉刀加工各种内、外成型表面的机床。拉床按加工表面种类不同可分为内拉床和外拉床，按机床的布局又可分为立式和卧式。卧式内拉床最为常用。拉床的主要类型如图 5-42 所示。拉削时，拉刀使被加工表面一次拉削成型，因此拉床只有主运动，无进给运动，进给量是由拉刀的齿

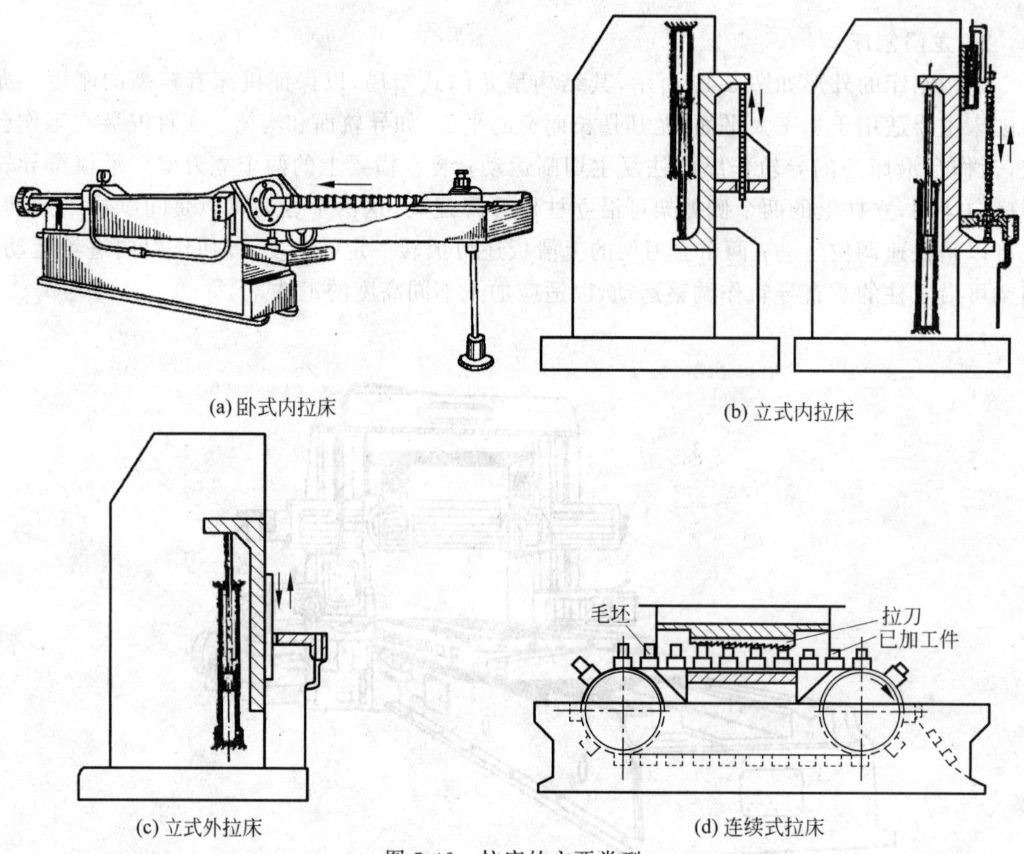

(a) 卧式内拉床

(b) 立式内拉床

(c) 立式外拉床

(d) 连续式拉床

图 5-42 拉床的主要类型

升量来实现的。

5.5.4 组合机床

组合机床是以系列化、标准化的通用部件为基础，配以少量的专用部件组成的高效自动化专用机床，它既具有一般专用机床结构简单、生产效率高、易保证精度的特点，又能适应工件的变化，重新调整和重新组合，对工件采用多刀、多面及多工位加工，特别适用于大批量生产中对一种或几种类似零件的一道或几道工序进行加工。组合机床可以完成钻、扩、铰、镗孔和攻螺纹、滚压以及车、铣、磨削等工序，最适合箱体类零件的加工。

图 5-43 所示为立卧复合式三面钻孔组合机床。

组合机床与一般专用机床相比，具有以下特点。

(1) 设计组合机床只需选用通用零部件和设计少量专用零部件，缩短了设计与制造周期，经济效益好。

(2) 组合机床选用的通用零部件一般由专门厂家成批生产，是经过了长期生产考验的，其结构稳定、工作可靠、易于保证质量，而且制造成本低、使用维修方便。

(3) 当加工对象改变时，组合机床的通用零部件可以重复使用，有利于产品更新和提高设备利用率。

(4) 组合机床易于联成组合机床自动生产线，以适应大规模生产的需要。

组合机床的基础部件是通用部件，通用部件是具有特定功能，按标准化、系列化和通用化原则设计制造的，按功能分为动力部件、支承部件、输送部件、控制部件和辅助部件。

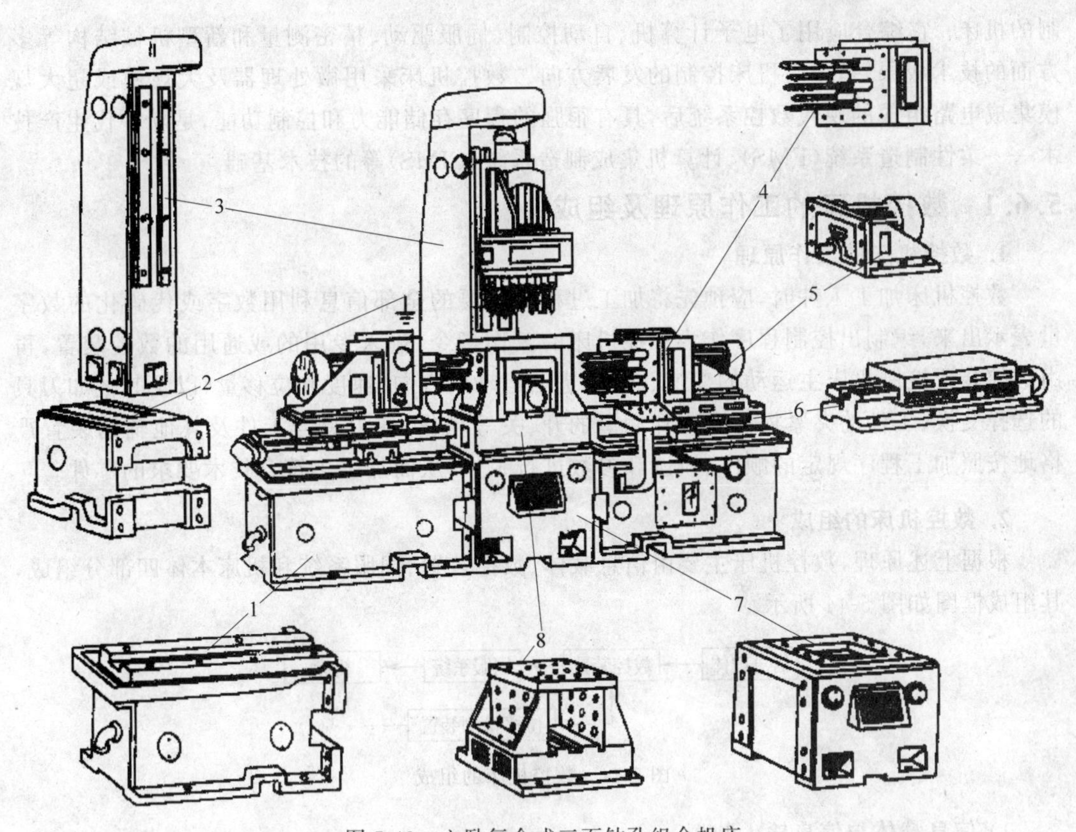

图 5-43　立卧复合式三面钻孔组合机床

1—侧底座；2—立柱底座；3—立柱；4—主轴箱；5—动力箱；6—滑台；7—中间底座；8—夹具

(1) 动力部件：传递动力并实现主运动和进给运动。实现主运动的动力部件有动力箱和完成各种专门工艺的切削头；实现进给运动的动力部件为动力滑台。

(2) 支承部件：用来安装动力部件、输送部件等。

(3) 输送部件：用来安装工件并将其输送到预定的工位。

(4) 控制部件：用来控制组合机床按规定程序实现工作循环。

(5) 辅助部件：主要包括冷却、润滑、排屑等辅助装置以及各种实现自动夹紧的机械扳手。

5.6　数控机床

随着科学技术的飞速发展，机械制造技术发生了深刻的变化。现代机械产品的一些关键零部件，往往都精密、复杂，加工批量小，改型频繁，显然不能在专用机床或组合机床上加工。而借助靠模和仿型机床，或者借助划线和样板用手工操作的方法来加工，加工精度和生产效率受到很大程度的限制。特别是空间的复杂曲线、曲面，在普通机床上根本无法实现。

为了解决上述问题，一种新型的数字程序控制机床，即数控机床应运而生，它极其有效地解决了上述矛盾，为单件、小批量生产，特别是复杂型面零件提供了自动化加工手段。

数控机床是一种以数字量作为指令信息，通过电子计算机或专用电子逻辑计算装置控制的机床；它综合应用了电子计算机、自动控制、伺服驱动、精密测量和新型机械结构等多方面的技术成果，是今后机床控制的发展方向。数控机床采用微处理器及大规模或超大规模集成电路组成的现代数控系统后，具有很强的程序存储能力和控制功能，是新一代生产技术——柔性制造系统(FMS)、计算机集成制造系统(CIMS)等的技术基础。

5.6.1 数控机床的工作原理及组成

1. 数控机床的工作原理

数控机床加工工件时，应预先将加工过程所需要的全部信息利用数字或代码化的数字量表示出来，编制出控制程序作为数控机床的工作指令，输入专用的或通用的数控装置，再由数控装置控制机床主运动的变速、起停，进给运动的方向、速度和位移量，以及其他如刀具的选择交换、工件的夹紧松开和冷却润滑的开、关等动作，使刀具与工件及其他辅助装置严格地按照加工程序规定的顺序、轨迹和参数进行工作，从而加工出符合技术要求的零件。

2. 数控机床的组成

根据上述原理，数控机床主要由信息载体、数控装置、伺服系统和机床本体四部分组成，其组成框图如图5-44所示。

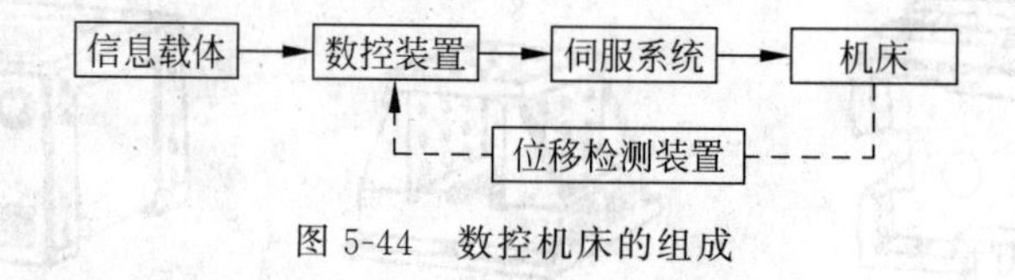

图5-44 数控机床的组成

1) 信息载体与信息输入装置

用数控机床加工工件，必须事先根据图纸上规定的形状、尺寸、材料和技术要求，进行工艺设计和有关计算，即确定加工工艺过程、刀具相对工件的运动轨迹和位移量以及方向、主轴转速和进给速度以及其他各种辅助动作(如变速、变向、换刀、夹紧和松开、开关冷却液等)，然后将这些内容转换为数控装置能够接受的文字和数字代码，并按一定格式编写成程序单。加工程序单上的内容即为数控系统的指令信息。常用的指令信息载体有标准纸带、磁带和磁盘等。常用的信息输入装置有光电纸带输入机、磁带录音机和磁盘驱动器；对于用微机或PLC控制的数控机床，也可通过操作面板上的键盘用手直接将加工指令逐条输入。

2) 数控装置

数控装置是数控机床的核心，它的功能是接受输入装置输入的加工信息，经过数控装置的系统软件或逻辑电路进行译码、运算和逻辑处理后，发出相应的脉冲送给伺服系统，通过伺服系统控制机床各个运动部件按规定要求动作。数控装置通常由输入装置、控制器、运算器、输出装置四大部分组成。

3) 伺服系统及位移检测装置

伺服系统由伺服驱动电动机和伺服驱动装置组成，它是数控机床的执行器官，其作用是把来自数控装置的脉冲信号，转换为机床相应部件的机械运动，控制执行部件的进给速度、方向和位移量。伺服系统有开环、闭环和半闭环之分，在闭环和半闭环伺服系统中，还需配置位置测量装置，直接或间接测量执行部件的实际位移量。

4）机床本体及机械部件

数控机床本体及机械部件包括主运动部件、进给运动执行部件（如工作台）、刀架及其传动部件和床身立柱等支承部件，此外还有冷却、润滑、转位和夹紧等辅助装置。数控机床的本体和机械部件的结构，其设计方法与普通机床基本相同，只是在精度、刚度、抗震性等方面要求更高，尤其是要求相对运动表面的摩擦系数要小，传动部件间的间隙要小，而且其传动和变速系统要便于实现自动化控制。

5.6.2　数控机床的特点与分类

1. 数控机床的特点

1）数控机床的性能特点

数控机床与普通机床相比，在性能上大致有以下几个特点。

(1) 具有较强的适应性和通用性。指随生产对象变化而变化的适应能力强。

(2) 能获得更高的加工精度和稳定的加工质量。数控机床本身精度高，还可利用软件进行精度校正和补偿，加工零件按数控程序自动进行，可以避免人为误差。

(3) 具有较高的生产效率，能获得良好的经济效益。数控机床不需人工操作，可以自动换刀、自动变换切削用量、快速进退等，大大缩短了辅助时间；主轴和进给采用无级变速，机床功率和刚度都较高，允许强力切削，可以采用较大的切削用量，有效地缩短了切削时间；自动测量和控制工件的加工尺寸和精度的检测系统可以减少停机检验的时间。

(4) 能实现复杂的运动。可实现几乎任何轨迹的运动和加工任何形状的空间曲面，适应于各种复杂异型零件和复杂型面加工。

(5) 改善劳动条件，提高生产效率。工人无须直接操纵机床，免除了繁重的手工操作，减轻了劳动强度；一人能管理几台机床，大大地提高了生产效率。

(6) 便于实现现代化的生产管理。数控机床的切削条件、切削时间等都由预先编制的程序决定，能准确计算工时和费用，有效地简化检验、工夹具和模具的管理工作，为计算机控制和管理生产创造条件。

2）数控机床的使用特点

(1) 数控机床要求数控机床的操作、维修及管理人员有较高的文化水平和综合技术素质，数控机床的操作人员除了应具有一定的工艺知识和普通机床的操作经验之外，还应对数控机床的结构特点、工作原理非常了解，具有熟练操作计算机的能力，须在程序编制方面进行专门的培训，考核合格才能上机操作。数控机床维修人员和操作人员一样，必须进行专门的培训。

(2) 数控机床对夹具的要求比较简单，单件生产时一般采用通用夹具。而批量生产时，为了节省加工工时，应使用专用夹具。数控机床的夹具应定位可靠，可自动夹紧或松开工件。夹具还应具有良好的排屑、冷却性能。由于数控机床的加工过程是自动进行的，因此要求刀具切削性能稳定可靠、卷屑和断屑可靠、具有较高的精度、能精确而迅速地调整、能快速或自动更换等；同时为了方便刀具的存储、安装和自动换刀，应具有一套刀具柄部标准系统。在数控加工中，产品质量和生产效率在相当大的程度上受到刀具的制约。由于数控加工特殊性的要求，在刀具的选择上，特别是切削刃的几何参数必须进行专门的设计，才能满足数控加工的要求，充分发挥数控机床的效益。

2. 数控机床的分类

数控机床种类很多,按其工艺用途有如下分类。

(1) 普通数控机床:在加工工艺过程中的一个工序上实现数字控制的自动化机床,有数控车床、铣床、钻床、镗床、磨床等。

(2) 数控加工中心:带有刀库和自动换刀装置的数控机床。

5.6.3 数控机床举例

1. 数控车床

1) 数控车床的功能与分类

数控车床能对轴类或盘类零件自动地完成内、外圆柱面,圆锥面,圆弧面和直、锥螺纹等工序的切削加工,并能进行切槽、钻、扩和铰等工作。与普通车床相比,数控车床的加工精度高、精度稳定性好、适应性强、操作劳动强度低,特别适应于对复杂形状的零件或精度保持性要求较高的中、小批量零件的加工。

数控车床的分类方法较多,基本与普通车床的分类方法相似。

(1) 按车床主轴位置分类:①立式数控车床;②卧式车床,又分为水平导轨卧式数控车床和倾斜式导轨卧式数控车床。

(2) 按加工零件的基本类型分类:①卡盘式数控车床;②顶尖式数控车床。

(3) 按刀架数量分类:①单刀架数控车床;②双刀架数控车床。

(4) 其他分类:按数控系统的控制方式分为直线控制数控车床、轮廓控制数控车床等;按特殊的或专门的工艺性能分为螺纹数控车床、活塞数控车床、曲轴数控车床等。

2) 数控车床的典型结构

数控车床品种很多,结构也有所不同。但在很多地方是有共同之处的。下面以CK7815型数控车床为例介绍数控车床的典型结构。

(1) 机床的使用范围。CK7815型数控车床是长城机床厂的产品,配有FANUC—6T CNC系统。用于加工圆柱形、圆锥形和特种成型回转表面,可车削各种螺纹,以及对盘形零件进行钻、扩、铰和镗孔加工。其外形如图5-45所示。

(2) 机床的布局。机床为两坐标联动半闭环控制。在床体的导轨按60°倾斜布置,以利于排屑。导轨截面为矩形,刚性很好。床体左端是主轴箱。主轴由直流或交流调速电机驱动,故箱体内部结构十分简单。可以无级调速和进行恒线速切削,这样有利于提高端面加工时的粗糙度,也便于选取最能发挥刀具切削性能的切削速度。为了快速装夹工件,主轴尾端带有液压夹紧油缸。

床身右边是尾架,床上的床鞍溜板导轨与床身导轨横向平行。上面装有横向进给驱动装置和转塔刀架。转塔刀架详情见右上角放大部分。刀架有8位、12位小刀盘和12位大刀盘三种可选样订货。

纵向驱动装置安装在纵向床身导轨之间,纵横向进给系统采用直流伺服电动机带动滚珠丝杠,使刀架作进给运动。防护门可以手动或液压开闭。液压油泵及操纵板位于机床后面油箱上。

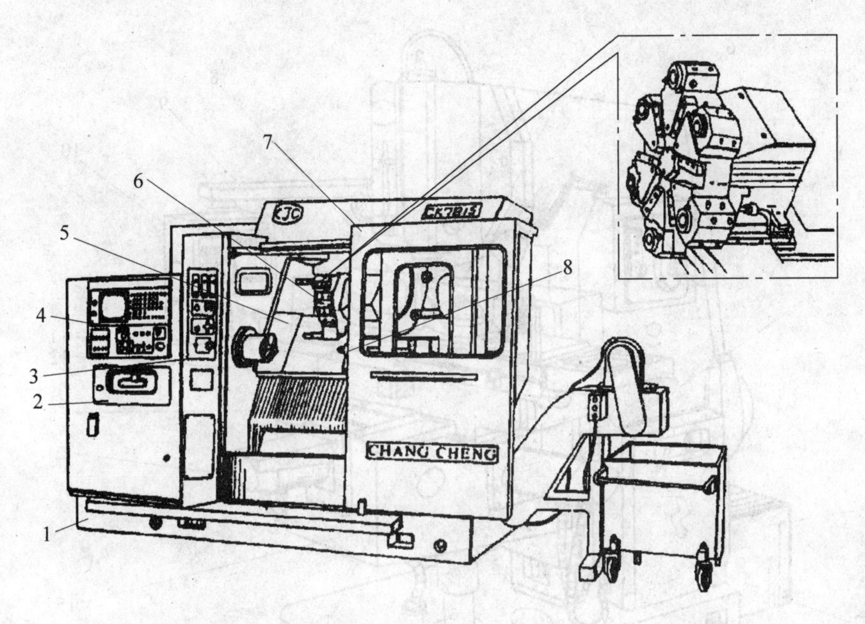

图 5-45 CK7815 型数控车床

1—底座；2—光电读带机；3—机床操纵台；4—数控系统操作面板；5—导轨；6—刀架；7—防护门；8—尾架

2. 数控铣床

1）数控铣床的功能与分类

数控铣床一般能对板类、盘类、壳具类、模具类等复杂零件进行加工。数控铣床除 X、Y、Z 三轴外，还可配有旋转工作台，它可安装在机床工作台的不同位置，这为凸轮和箱体类零件的加工带来方便。与普通铣床相比，数控铣床的加工精度高，精度稳定性好，适应性强，操作劳动强度低，特别适应于对复杂形状的零件或精度保持性要求较高的中、小批量零件的加工。

数控铣床按其主轴位置的不同，可分为以下三类。

（1）立式数控铣床。其主轴垂直于水平面。立式数控铣床是数控铣床中数量最多的一种，应用范围也最为广泛。

（2）卧式数控铣床。其主轴平行于水平面。为了扩大加工范围和扩充功能，卧式数控铣床通常采用增加数控转盘或万能数控转盘来实现 4～5 坐标加工。

（3）立卧两用数控铣床。这类机床目前逐渐增多，它的主轴方向可以更换，能达到一台机床上既可以进行立式加工，也可以进行卧式加工。其使用范围更广，功能更齐全，选择的加工对象和余地更大。

立卧两用数控铣床主轴方向的更换有手动和自动两种。采用数控万能主轴头的立、卧两用数控铣床其主轴头可任意转换方向，可以加工出与水平面呈各种不同角度的工件表面。

2）数控铣床的典型结构

下面以 XK-5040A 型多功能数控铣床为例介绍数控铣床的典型结构。图 5-46 为 XK-5040A 型数控铣床。

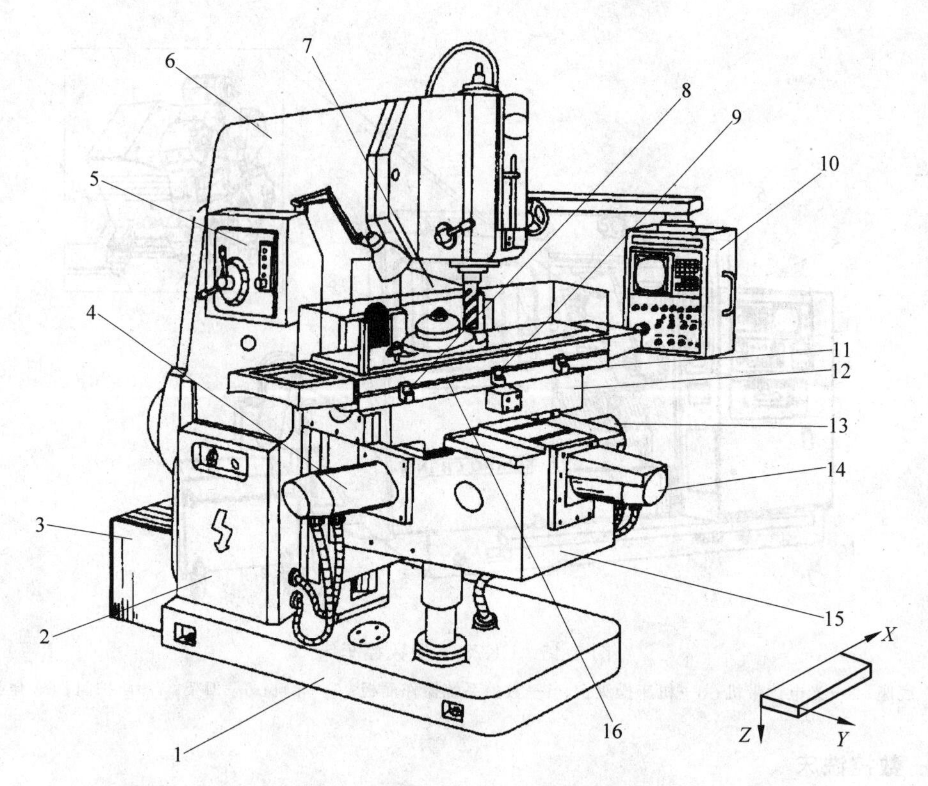

图 5-46 XK-5040A 型数控铣床

1—底座；2—配电柜；3—变压器箱；4—伺服电动机；5—主轴变速手柄和按钮板；6—床身；7—数控柜；8、11—保护开关；9—挡铁；10—操纵台；12—横向溜板；13—纵向进给伺服电动机；14—横向进给伺服电动机；15—升降台；16—纵向工作台

(1) 机床的使用范围

XK-5040A 型多功能数控铣床是一种三轴经济型铣床,可使钻削、铣削、扩孔、铰孔和镗孔等多工序实现自动循环。既可进行坐标镗孔,又可精确高效地完成复杂曲线如凸轮、样板、冲模、压模、弧形槽等零件的自动加工,尤其适合模具、异型零件的加工。

(2) 机床的主要结构

机床主要由工作台、主轴箱、立柱、电气柜、CNC 系统等组成。

一般采用三坐标数控铣床加工,常用的加工方法主要有下列两种:①采用两轴半坐标行切法加工。行切法是在加工时只有两个坐标联动,另一个坐标按一定行距周期性进给。这种方法常用于不太复杂的空间曲面的加工。②采用三轴联动方法加工。所用的铣床必须具有 X、Y、Z 三坐标联动加工功能,可进行空间直线插补。这种方法常用于发动机及模具等较复杂空间曲面的加工。

(3) 数控铣床的刀具

数控铣床,特别是加工中心,其主轴转速较普通机床的主轴转速高 1～2 倍,某些特殊用途的数控铣床、加工中心,其主轴转速高达数万转,因此数控刀具的强度与耐用度至关重要。目前硬质合金、涂镀刀具已广泛用于加工中心,陶瓷刀具与立方氮化硼等刀具也开始在加工中心上应用。一般说来,数控机床所用刀具应具有较高的耐用度和刚度,刀具材料抗脆性好,有良好的断屑性能和可调、易更换等特点。

平面铣削应选用不重磨硬质合金端铣刀或立铣刀。一般采用2次走刀,第一次走刀最好用端铣刀粗铣,沿工件表面连续走刀。注意选好每次走刀宽度和铣刀直径,使接刀刀痕不影响精切走刀精度。因此加工余量大又不均匀时,铣刀直径要选小些。精加工时铣刀直径要选大些,最好能包容加工面的整个宽度。

立铣刀和镶硬质合金刀片的端铣刀主要用于加工凸台、凹槽和箱口面。为了提高槽宽的加工精度,减少铣刀的种类,加工时可采用直径比槽宽小的铣刀,先铣槽的中间部分,然后用刀具半径补偿功能铣槽的两边。

铣削平面零件的周边轮廓一般采用立铣刀。

加工型面零件和变斜角轮廓外形时常采用球头刀、环形刀、鼓形刀和锥形刀。

另外,对于一些成型面还常使用各种成型铣刀。

3. 加工中心

1）数控加工中心机床的功能与分类

带有容量较大的刀库和自动换刀装置的数控机床称为加工中心。它是集钻床、铣床和镗床三种机床的功能为一体,由计算机来控制的高效、高自动化程度的机床。加工中心的刀库中存有不同数量的各种刀具,在加工过程中由程序自动选用和更换,这是它与数控铣床和数控镗床的主要区别。加工中心一般有三根数控轴,工件装夹完成后可自动进行铣、钻、铰、攻丝等多种工序的加工。它可以实现五轴、六轴联动,从而保证产品的加工精度和进行复杂加工。在机械零件中,箱体类零件所占比重相当大,这类零件重量大、形状复杂、加工工序多,如果在加工中心上加工,就能在一次装夹后自动完成大部分工序,主要是铣端面、钻孔、攻螺纹、镗孔等。

数控加工中心的分类方法如下。

(1) 按主轴在空间所处的状态分类,分为立式、卧式加工中心。图5-47所示为JCS-018型立式加工中心,图5-48所示为XH-754型卧式加工中心。

(2) 按运动坐标数和同时控制的坐标数分类,可分为三轴二联动、三轴三联动、四轴三联动、五轴四联动、六轴五联动等。

(3) 按工作台数量和功能分类,可分为单工作台加工中心、双工作台加工中心、多工作台加工中心。

2）自动换刀装置

数控机床为了能在工件一次安装中完成多种甚至所有加工工序,以缩短辅助时间和减少多次安装工件所引起的误差,必须带有自动换刀装置,数控车床上的转塔刀架就是一种最简单的自动换刀装置,所不同的是在加工中心出现之后,逐步发展和完善了各类刀具的自动换刀装置,扩大了换刀数量,从而能实现更为复杂的换刀操作。

自动换刀装置应具备换刀时间短、刀具重复定位精度高、足够的刀具储备量、刀具占地面积小以及安全可靠等基本要求。

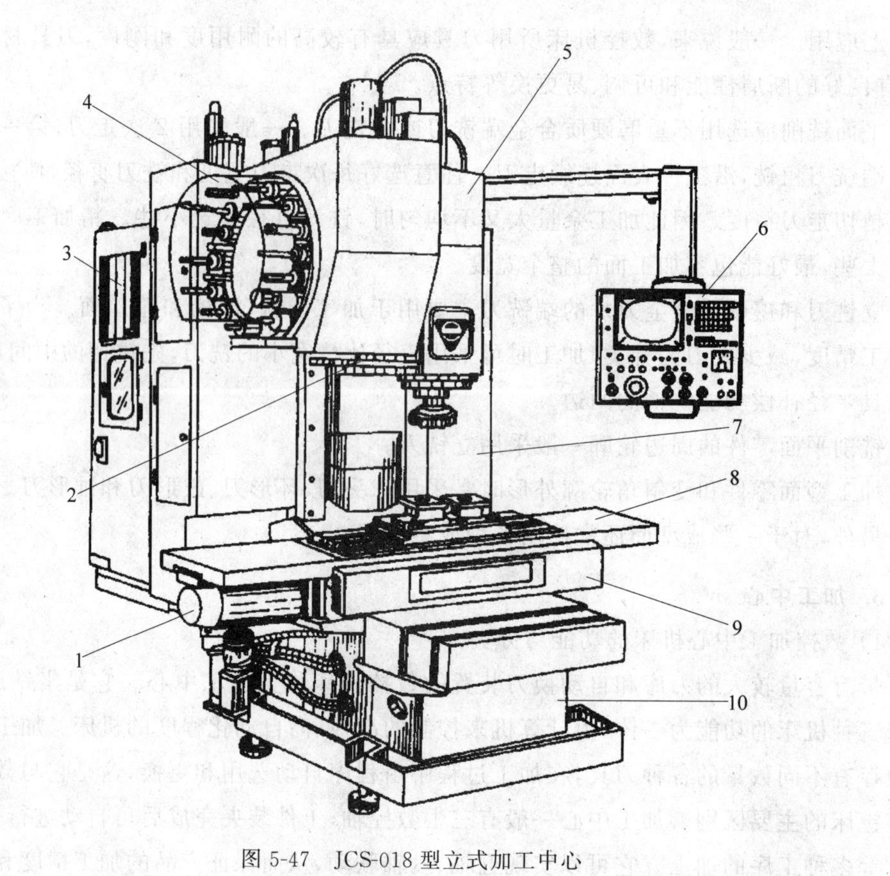

图 5-47 JCS-018 型立式加工中心

1—伺服电动机；2—换刀机械手；3—数控柜；4—盘式刀库；5—主轴箱；6—操作面板；7—电源柜；8—工作台；9—滑座；10—床身

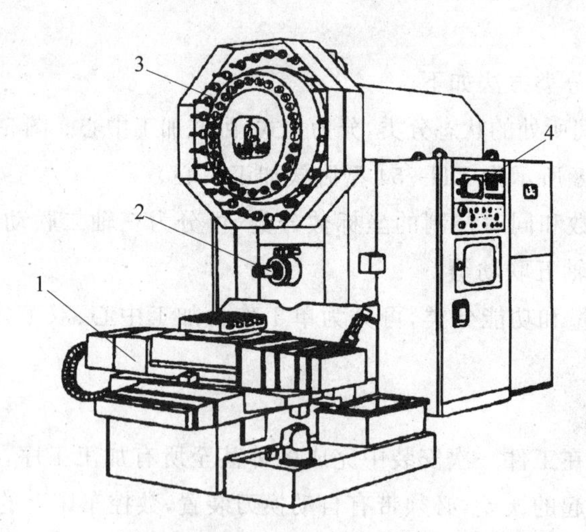

图 5-48 XH-754 型卧式加工中心

1—工作台；2—主轴；3—鼓轮式刀库；4—数控柜

5.6.4　数控机床的发展趋势

数控机床是综合应用当代最新科技成果而发展起来的新型机械加工机床。近 40 年来，数控机床在品种、数量、加工范围与加工精度等方面有了惊人的发展。大规模集成电路和微型计算机的发展和完善，使数控系统的价格逐年下降，而精度和可靠性却大大提高。

数控机床不仅表现为数量迅速增长，而且在质量、性能和控制方式上也有明显改善。目前，数控机床的发展主要体现在以下几个方面。

1. 数控机床结构的发展

数控机床加工工件时，完全根据计算机发出的指令自动进行加工，不允许频繁测量和进行手动补偿，这就要求机床结构具有较高的静刚度与动刚度，同时要提高结构的热稳定性，提高机械进给系统的刚度并消除其中的间隙，消除爬行。这样可以避免振动、热变形、爬行和间隙影响被加工工件的精度。

同时数控机床由一般数控机床向数控加工中心发展。加工中心可使工序集中在一台机床上完成，减少了机床数量，压缩了半成品库存量，减少了工序的辅助时间，提高了生产效率和加工质量。

继数控加工中心出现之后，又出现了由数控机床、工业机器人(或工件交换机)和工作台架组成的加工单元，工件的装卸、加工实现了全自动化控制。

2. 计算机控制性能的发展

目前，数控系统大都采用多个微处理器(CPU)组成的微型计算机作为数控装置(CNC)的核心，因而使数控机床的功能得到增强。但随着人们对数控机床的精度和进给速度要求的进一步提高，计算机的运算速度就要求更高，现在计算机控制系统使用的 16 位 CPU 不能满足这种要求，所以国外各大公司竞相开发有 32 位微处理器的计算机数控系统。这种控制系统更像通用的计算机，可以使用硬盘作为外存储器，并且允许使用高级语言(如 PASCAL 和 C 语言)进行编程。

计算机数控系统还可含有可编程控制器(PC)，可完全代替传统的继电器逻辑控制，取消了庞大的电气控制箱。

3. 伺服驱动系统的发展

最早的数控机床采用步进电机和液压转矩放大器(又称电液脉冲马达)作为驱动电机。功率型步进电机出现后，因其功率较大，可直接驱动机床，使用方便，而逐渐取代了电液脉冲马达。

20 世纪 60 年代中后期数控机床上普遍采用小惯量直流伺服电机。小惯量直流伺服电机最大的特点是转速高，用于机床进给驱动时，必须使用齿轮减速箱。为了省去齿轮箱，20 世纪 70 年代，美国盖梯茨公司首先研制成功了大惯量直流伺服电机(又称宽调速直流伺服电机)，该电机可以直接与机床的丝杠相连。目前，许多数控机床都使用大惯量直流伺服电机。

直流伺服电机结构复杂，经常需要维修。20 世纪 80 年代初期美国通用电气公司研制成功笼型异步交流伺服电机。交流伺服电机的优点是没有电刷，避免了滑动摩擦，运转时无火花，进一步提高了可靠性。交流伺服电机也可以直接与滚珠丝杠相互连接，调速范围与大惯量直流伺服电机相近，采用交流伺服电机的调速系统已经成为数控机床的主要调速方法。

4. 自适应控制

闭环控制的数控机床,主要监控机床和刀具的相对位置或移动轨迹的精度。数控机床严格按照加工前编制的程序自动进行加工,但是有一些因素,例如,工件加工余量不一致、工件的材料质量不均匀、刀具磨损等引起的切削的变化以及加工时温度的变化等,在编制程序时无法准确考虑,往往根据可能出现的最坏情况估算,这样就没有充分发挥数控机床的能力。能在加工过程中,根据实际参数的变化值,自动改变机床切削进给量,使数控机床能适应任一瞬时的变化,始终保持在最佳加工状态的控制方法叫自适应控制方法。

计算机装置为自适应控制提供了物质条件,只要在传感器检测技术方面有所突破,数控机床的自适应能力必将大大提高。

5. 计算机群控

计算机群控可以简单地理解为用一台大型通用计算机直接控制一群机床,简称DNC系统。根据机床群与计算机连接的方式不同,可以分为间接型、直接型和计算机网络三种。

间接型DNC是使用主计算机控制每台数控机床,加工程序全部存放在主计算机内,加工工件时,由主计算机将加工程序分送到每台数控机床的数控装置中,每台数控机床还保留插补运算等控制功能。

在直接型DNC中,机床群中每台机床不再安装数控装置,只有一个由伺服驱动电路和操作面板组成的机床控制器。加工过程所需要的插补运算等功能全部集中,由主计算机完成。这种系统内的任何一台数控机床都不能脱离主计算机单独工作。

计算机网络DNC系统使用计算机网络协调各个数控机床工作,最终可以将该系统与整个工厂的计算机联成网络,形成一个较大的、较完整的制造系统。

6. 柔性制造系统(FMS)

柔性制造系统是一种把自动化加工设备、物流自动化加工处理和信息流自动处理融为一体的智能化加工系统。进入20世纪80年代之后,柔性制造系统得到了迅速发展。

柔性制造系统由如下三个基本部分组成。

(1) 加工子系统。根据工件的工艺要求,加工子系统差别很大,它由各类数控机床等设备组成。

(2) 物流子系统。该系统由自动输送小车、各种输送机构、机器人、工件装卸站、工件存储工位、刀具输入输出站、刀库等构成。物流子系统在计算机的控制下自动完成刀具和工件的输送工作。

(3) 信息流子系统。由主计算机、分级计算机及其接口、外围设备和各种控制装置的硬件和软件组成。信息流子系统的主要功能是实现各子系统之间的信息联系,对系统进行管理,确保系统的正常工作。

习题与思考题

5-1 金属切削机床如何进行分类?常用的分类方法是怎样的?

5-2 金属切削机床为什么要进行型号编制?最近一次型号编制方法的要点是什么?

5-3 分析CA6140型卧式车床的传动路线,回答下列问题。

(1) 列出计算主轴最高转速 $n_{\max}$ 和最低转速 $n_{\min}$ 的运动平衡式。

(2) 分析车削模数螺纹的传动路线,列出运动平衡式,并说明为什么能车削出标准模数螺纹?

(3) 当主轴转速分别为 20r/min、40r/min、160r/min 及 400r/min 时,能否实现螺距扩大 4 倍及 16 倍,为什么?

5-4　欲在 CA6140 型卧式车床上车削 $L=10$mm 的公制螺纹,能加工这一螺纹的传动路线有哪几条?

5-5　按题 5-5 图(a)所示传动系统做下列各题:(1)写出传动路线表达式;(2)分析主轴的转速级数;(3)计算主轴的最高、最低转速(图中 M_1 为齿轮式离合器)。按题 5-5 图(b)所示传动系统做下列各题:(4)计算轴 A 的转速(r/min);(5)计算轴 A 转 1 转时,轴 B 转过的转数;(6)计算轴 B 转 1 转时,螺母 C 移动的距离。

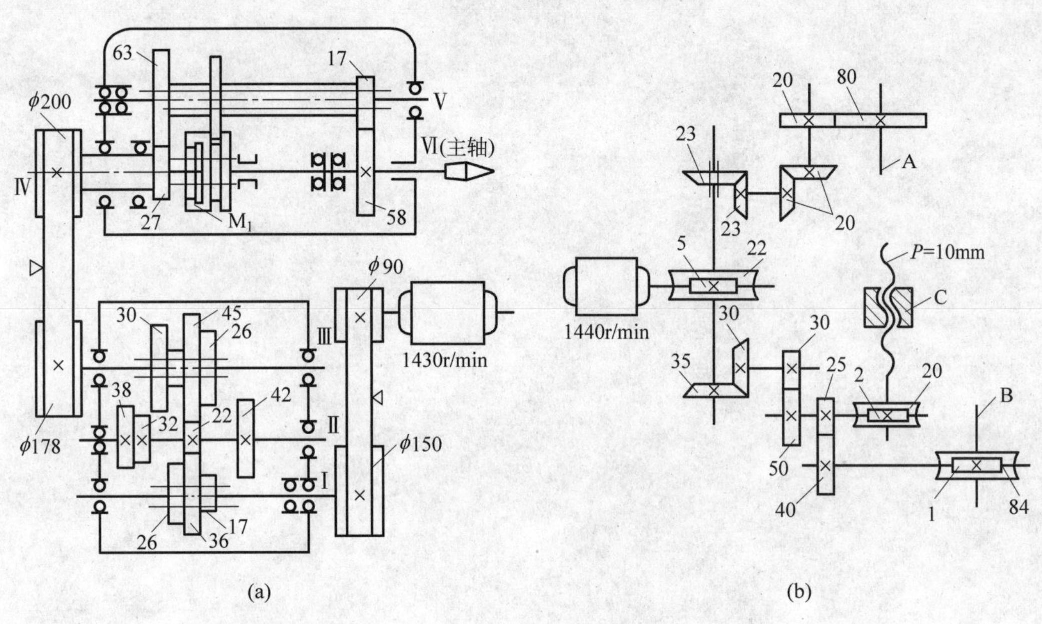

题 5-5 图

5-6　钻床、铣床和镗床可完成哪些工作?各应用于什么场合?

5-7　各类机床中,可用来加工外圆表面、内孔、平面和沟槽的各有哪些机床?它们的适用范围有何区别?

第二篇

机械制造工艺

第 6 章　机械加工工艺规程
第 7 章　典型表面和典型零件的加工工艺
第 8 章　特种加工与其他新加工工艺
第 9 章　机械加工质量的技术分析

第 6 章

机械加工工艺规程

6.1 机械加工过程与工艺规程的基本概念

制定机械加工工艺是机械制造企业工艺技术人员的一项主要工作内容。机械加工工艺规程的制定与生产实际有着密切的联系，它要求工艺规程制定者具有一定的生产实践知识和专业基础知识。

6.1.1 生产过程与工艺过程

1. 生产过程与工艺过程的概念

机械产品的生产过程是指将原材料转变为成品的所有劳动过程。这里所指的成品可以是一台机器、一个部件，也可以是某种零件。对于机器制造而言，生产过程包括如下五方面。

(1) 原材料、半成品和成品的运输和保存。

(2) 生产和技术准备工作，如产品的开发和设计、工艺及工艺装备的设计与制造、各种生产资料的准备以及生产组织。

(3) 毛坯制造和处理。

(4) 零件的机械加工、热处理及其他表面处理。

(5) 部件或产品的装配、检验、调试、油漆和包装等。

由上可知，机械产品的生产过程是相当复杂的。它通过的整个路线称为工艺路线。

工艺过程是指改变生产对象的形状、尺寸、相对位置和性质等，使其成为半成品或成品的过程，是生产过程的一部分。工艺过程可分为毛坯制造、机械加工、热处理和装配等工序。

机械加工工艺过程是指用机械加工的方法直接改变毛坯的形状、尺寸和表面质量，使之成为零件或部件的那部分生产过程，它包括机械加工工艺过程和机器装配工艺过程。本书所称工艺过程均指机械加工工艺过程，以下简称为工艺过程。

2. 工艺过程的组成

在机械加工工艺过程中，针对零件的结构特点和技术要求，要采用不同的加工方法和装备，按照一定的顺序进行加工，才能完成由毛坯到零件的过程。组成机械加工工艺过程的基本单元是工序。工序由安装、工位、工步和走刀等组成。

一个或一组工人，在一个工作地点对同一个或同时对几个工件进行加工所连续完成的那部分工艺过程，称为工序。由定义可知，判别是否为同一工序的主要依据是：工作地点是否变动以及加工是否连续。

生产规模不同，加工条件不同，其工艺过程及工序的划分也不同。图 6-1 所示的阶梯轴，根据加工是否连续和变换机床的情况，小批量生产时，可划分为表 6-1 所示的四道工序；大批量生产时，则可划分为表 6-2 所示的五道工序；单件生产时，甚至可以划分为表 6-3 所示的三道工序。

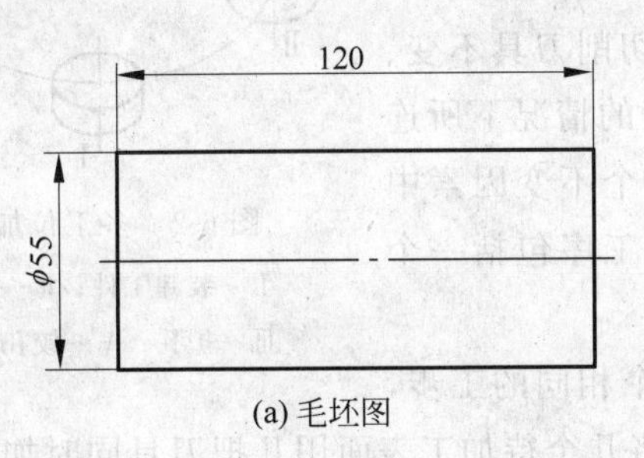

(a) 毛坯图

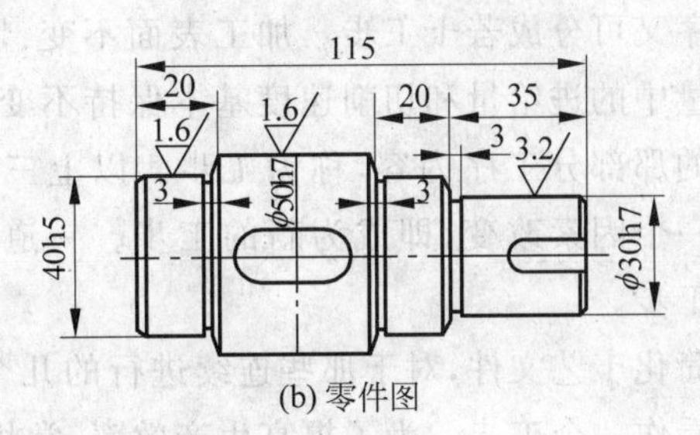

(b) 零件图

图 6-1　阶梯轴

表 6-1　小批量生产阶梯轴的工艺过程

工序号	工 序 内 容	设备
1	车端面，钻中心孔	车床
2	车全部外圆；切槽、倒角	车床
3	铣键槽；去毛刺	铣床
4	磨外圆	磨床

表 6-2　大批量生产阶梯轴的工艺过程

工序号	工 序 内 容	设　备
1	铣端面，钻中心孔	中心孔机床
2	车外圆、切槽与倒角	车床
3	铣键槽	铣床
4	去毛刺	钳工
5	磨外圆	磨床

表 6-3　单件生产阶梯轴的工艺过程

工序号	工 序 内 容	设　备
1	车端面，钻中心孔；车全部外圆；切槽及倒角	车床
2	铣键槽；去毛刺	铣床
3	磨外圆	磨床

1）安装

在加工前，应先使工件在机床上或夹具中占有正确的位置，这一过程称为定位。工件定位后，将其固定，使其在加工过程中保持定位位置不变的操作称为夹紧。将工件在机床或夹具中每定位、夹紧一次所完成的那一部分工序内容称为安装，或称为装夹。一道工序中，工件可能被安装一次或多次。

2）工位

为了完成一定的工序内容，一次安装工件后，工件与夹具或设备的可动部分一起相对刀具或设备的固定部分所占据的每一个位置称为工位。为了减少由于多次安装带来的误差和时间损失,加工中常采用回转工作台、回转夹具或移动夹具,使工件在一次安装中,先后处于几个不同的位置进行加工,称为多工位加工。图6-2所示为利用回转工作台,在一次安装中依次完成装卸工件、钻孔、扩孔、铰孔四个工位加工的例子。采用多工位加工方法,既可以减少安装次数,提高加工精度,并减轻工人的劳动强度,又可以使各工位的加工与工件的装卸同时进行,提高生产效率。

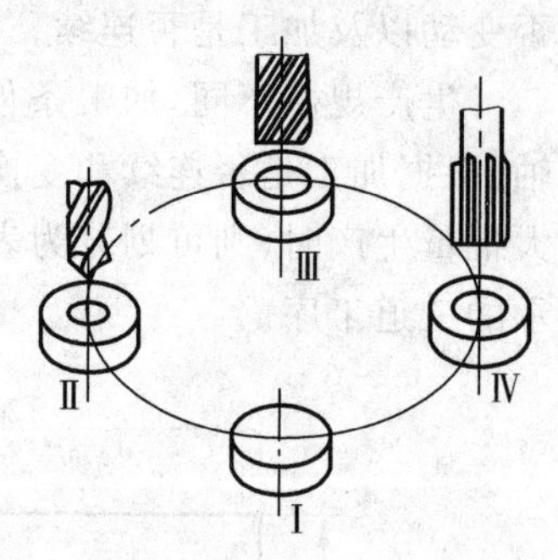

图6-2 多工位加工
Ⅰ—装卸工件;Ⅱ—钻孔;
Ⅲ—扩孔;Ⅳ—铰孔

3) 工步

工序又可分成若干工步。加工表面不变、切削刀具不变、切削用量中的进给量和切削速度基本保持不变的情况下所连续完成的那部分工序内容,称为工步。以上三个不变因素中只要有一个因素改变,即成为新的工步。一道工序包括一个或几个工步。

为简化工艺文件,对于那些连续进行的几个相同的工步,通常可看作一个工步。为了提高生产效率,常将几个待加工表面用几把刀具同时加工,这种由刀具合并起来的工步,称为复合工步,如图6-3所示。图6-4所示的立轴转塔车床回转刀架一次转位完成的工位内容应属于一个工步。复合工步在工艺规程中也写作一个工步。

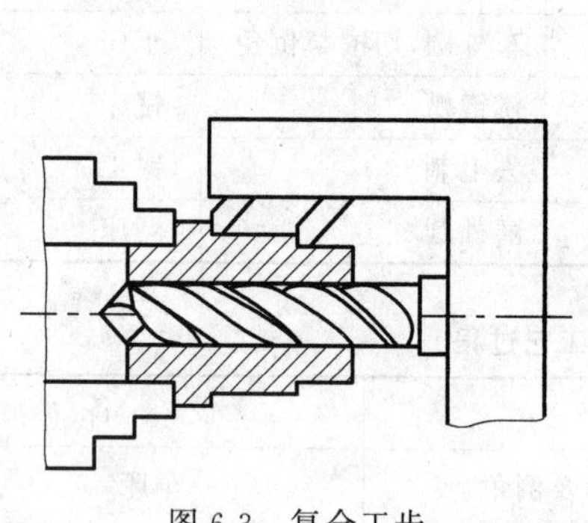
图6-3 复合工步

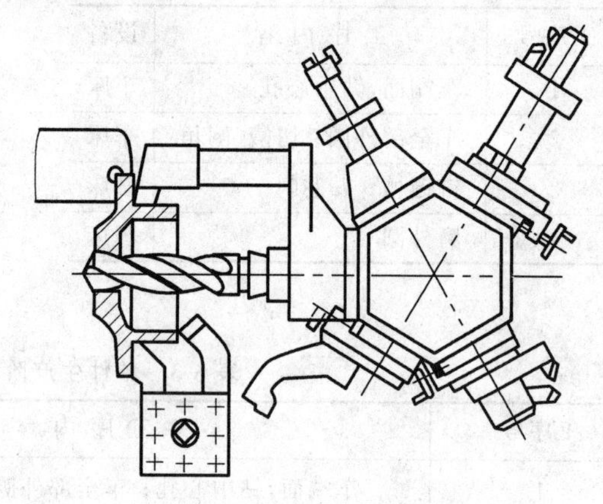
图6-4 立轴转塔车床回转刀架

4) 走刀

在一个工步中,若需切去的金属层很厚,则可分多次切削。每进行一次切削就是一次走刀。一个工步可以包括一次或几次走刀。

3. 生产纲领和生产类型

1) 生产纲领

生产纲领是指企业在计划期内应当生产的产品产量和进度计划。计划期通常为1年,所以生产纲领也称为年产量。

对于零件而言,产品的产量除了制造机器所需要的数量之外,还要包括一定的备品和废品,因此零件的生产纲领计算公式如下:

$$N = Qn(1 + a\%)(1 + b\%) \tag{6-1}$$

式中：N——零件的年产量(件/年)；

Q——产品的年产量(台/年)；

n——每台产品中该零件的数量(件/台)；

$a\%$——该零件的备品率；

$b\%$——该零件的废品率。

2）生产类型

生产类型是指企业生产专业化程度的分类。人们按照产品的生产纲领、投入生产的批量，可将生产分为以下几类。

(1) 单件生产。单个生产不同结构和尺寸的产品，很少重复甚至不重复，这种生产称为单件生产。如新产品试制、维修车间的配件制造和重型机械制造等都属此种生产类型。其特点是：生产的产品种类较多，而同一产品的产量很小，工作地点的加工对象经常改变。

(2) 大量生产。同一产品的生产数量很大，大多数工作地点经常按一定节奏重复进行某一零件的某一工序的加工，这种生产称为大量生产。如自行车制造和一些链条厂、轴承厂等专业化生产即属此种生产类型。其特点是：同一产品的产量大，工作地点较少改变，加工过程重复。

(3) 批量生产。一年中分批轮流制造几种不同的产品，每种产品均有一定的数量，工作地点的加工对象周期性地重复，这种生产称为成批生产。如一些通用机械厂、某些农业机械厂、陶瓷机械厂、造纸机械厂、烟草机械厂等的生产即属这种生产类型。其特点是：产品的种类较少，有一定的生产数量，加工对象周期性地改变，加工过程周期性地重复。

同一产品(或零件)每批投入生产的数量称为批量。根据批量的大小又可分为大批量生产、中批量生产和小批量生产。小批量生产的工艺特征接近单件生产，大批量生产的工艺特征接近大量生产。

根据前面公式计算的零件生产纲领，参考表6-4即可确定生产类型。不同生产类型的制造工艺有不同特点，各种生产类型的工艺特点见表6-5。

表6-4 生产类型和生产纲领的关系

生产类型		生产纲领(件/年或台/年)		
		重型(30kg以上)	中型(4～30kg)	轻型(4kg以下)
单件生产		5以下	10以下	100以下
批量生产	小批量生产	5～100	10～200	100～500
	中批量生产	100～300	200～500	500～5000
	大批量生产	300～1000	500～5000	5000～50000
大量生产		1000以上	5000以上	50000以上

表 6-5 各种生产类型的工艺特点

工艺特点	单件生产	批量生产	大量生产
毛坯的制造方法	铸件用木模手工造型,锻件用自由锻	铸件用金属模造型,部分锻件用模锻	铸件广泛用金属模机器造型,锻件用模锻
零件互换性	无须互换、互配零件可成对制造,广泛用修配法装配	大部分零件有互换性,少数用修配法装配	全部零件有互换性,某些要求精度高的配合,采用分组装配
机床设备及其布置	采用通用机床;按机床类别和规格采用“机群式”排列	部分采用通用机床,部分采用专用机床;按零件加工分“工段”排列	广泛采用生产效率高的专用机床和自动机床;按流水线形式排列
夹具	很少用专用夹具,由划线和试切法达到设计要求	广泛采用专用夹具,部分用划线法进行加工	广泛用专用夹具,用调整法达到精度要求
刀具和量具	采用通用刀具和万能量具	较多采用专用刀具和专用量具	广泛采用高生产效率的刀具和量具
对技术工人的要求	需要技术熟练的工人	各工种需要一定熟练程度的技术工人	对机床调整工人技术要求高,对机床操作工人技术要求低
对工艺文件的要求	只有简单的工艺过程卡	有详细的工艺过程卡或工艺卡,零件的关键工序有详细的工序卡	有工艺过程卡、工艺卡和工序卡等详细的工艺文件

6.1.2 机械加工工艺规程

1. 机械加工工艺规程的概念

机械加工工艺规程是将产品或零部件的制造工艺过程和操作方法按一定格式固定下来的技术文件。它是在具体生产条件下,本着最合理、最经济的原则编制而成的,经审批后用来指导生产的法规性文件。

机械加工工艺规程包括零件加工工艺流程、加工工序内容、切削用量、采用设备及工艺装备、工时定额等。

2. 机械加工工艺规程的作用

机械加工工艺规程是机械制造工厂最主要的技术文件,是工厂规章制度的重要组成部分,它在生产中发挥着十分重要的作用。

1) 它是组织和管理生产的基本依据

工厂进行新产品试制或产品投产时,必须按照工艺规程提供的数据进行技术准备和生产准备,以便合理编制生产计划,均衡调度原材料、毛坯和设备,合理组织劳动力,及时设计制造工艺装备,科学地进行经济核算和技术考核。

2) 它是指导生产的主要技术文件

工艺规程是在结合本厂具体情况、总结实践经验的基础上,依据科学的理论和必要的工艺实验后制定的,它反映了加工过程中的客观规律,工人必须按照工艺规程进行生产,才能保证产品质量,提高生产效率,避免生产出现混乱状态。

3）它是新建和扩建工厂的原始资料

根据工艺规程，可以确定生产所需的机械设备、技术工人、基建面积以及生产资源等。

4）它是进行技术交流、开展技术革新的基本资料

典型标准的工艺规程能缩短生产的准备时间，提高经济效益。要制定先进的工艺规程必须广泛吸取合理化建议，不断交流工作经验，才能适应科学技术的不断发展。工艺规程也是开展技术革新和技术交流必不可少的技术语言和基本资料。

3. 机械加工工艺规程的类型

根据原机械电子工业部指导性技术文件《工艺管理导则　工艺规程设计》(JB/T 9169.5—1998)中规定，工艺规程的类型有专用工艺规程和通用工艺规程。

1）专用工艺规程

专用工艺规程是指针对每一个产品和零件所设计的工艺规程。

2）通用工艺规程

通用工艺规程包括以下三种。

(1) 典型工艺规程：为一组结构相似的零部件所设计的通用工艺规程。

(2) 成组工艺规程：按成组技术原理将零件分类成组，针对每一组零件所设计的通用工艺规程。

(3) 标准工艺规程：已纳入国家标准或工厂标准的工艺规程。

比较常用的机械加工工艺过程卡片和机械加工工序卡片的格式请查阅相关手册。

4. 制定工艺规程的原则和依据

1）制定工艺规程的原则

(1) 必须充分利用本企业现有的生产条件。

(2) 必须可靠地加工出符合图纸要求的零件，保证产品质量。

(3) 保证良好的劳动条件，提高生产效率。

(4) 在保证产品质量的前提下，尽可能降低消耗、降低成本。

(5) 应尽可能采用国内外先进工艺技术。

由于工艺规程是直接指导生产和操作的技术文件，因此工艺规程还应做到清晰、正确、完整和统一，所用术语、符号、编码、计量单位等都必须符合相关标准。

2）制定工艺规程的主要依据

(1) 产品的装配图和零件的工作图。

(2) 产品的生产纲领。

(3) 本企业现有的生产条件，包括毛坯的生产条件或协作关系、工艺装备和专用设备及其制造能力、工人的技术水平以及各种工艺资料和标准等。

(4) 产品验收的质量标准。

(5) 国内外同类产品的新技术、新工艺及其发展前景等的相关信息。

5. 制定工艺规程的步骤

制定机械加工工艺规程的步骤大致如下。

(1) 熟悉和分析制定工艺规程的主要依据，确定零件的生产纲领和生产类型。

(2) 分析零件工作图和产品装配图,进行零件结构工艺性分析。

(3) 确定毛坯,包括选择毛坯类型及其制造方法。

(4) 选择定位基准或定位基面。

(5) 拟订工艺路线。

(6) 确定各工序需用的设备及工艺装备。

(7) 确定工序余量、工序尺寸及其公差。

(8) 确定各主要工序的技术要求及检验方法。

(9) 确定各工序的切削用量和时间定额,并进行技术经济分析,选择最佳工艺方案。

(10) 填写工艺文件。

6. 制定工艺规程时要解决的问题

(1) 零件图的研究和工艺分析。

(2) 毛坯的选择。

(3) 定位基准的选择。

(4) 工艺路线的拟订。

(5) 工序内容的设计,包括机床设备及工艺装备的选择、加工余量和工序尺寸的确定、切削用量的确定、热处理工序的安排、工时定额的确定等。

6.2 工艺规程的制定

6.2.1 零件图的研究和工艺分析

制定零件的机械加工工艺规程前,必须认真研究零件图,对零件进行工艺分析。

1. 零件图的研究

零件图是制定工艺规程最主要的原始资料。只有通过对零件图和装配图的分析,才能了解产品的性能、用途和工作条件,明确各零件的相互装配位置和作用,了解零件的主要技术要求,找出生产合格产品的关键技术问题。零件图的研究包括以下三项内容。

1) 检查零件图的完整性和正确性

主要检查零件图的表达是否直观、清晰、准确、充分;尺寸、公差、技术要求是否合理、齐全。如有错误或遗漏,应提出修改意见。

2) 分析零件材料选择是否恰当

零件材料的选择应立足于国内,尽量采用我国资源丰富的材料,并避免采用贵重金属;同时,所选材料必须具有良好的加工性。

3) 分析零件的技术要求

零件的技术要求包括零件加工表面的尺寸精度、形状精度、位置精度、表面粗糙度、表面微观质量以及热处理等要求。分析零件的这些技术要求在保证使用性能的前提下是否经济合理,在本企业现有生产条件下是否能够实现。

2. 零件的结构工艺性分析

零件的结构工艺性是指所设计的零件在不同类型的具体生产条件下,零件毛坯的制造、零件的加工和产品的装配所具备的可行性和经济性。零件结构工艺性涉及面很广,具有综合性,必须全面综合地分析。所谓具有良好的结构工艺性,应是在不同生产类型的具体生产条件下,对零件毛坯的制造、零件的加工和产品的装配,都能以较高的生产效率和最低的成本、采用较经济的方法进行并能满足使用性能的结构。在制定机械加工工艺规程时,主要对零件切削加工工艺性进行分析。

3. 零件工艺分析应重点研究的几个问题

对于较复杂的零件,在进行工艺分析时还必须重点研究以下三个方面的问题。

1）主次表面的区分和主要表面的质量保证

零件的主要表面是指零件与其他零件相配合的表面,或是直接参与机器工作过程的表面。主要表面以外的其他表面称为次要表面。根据主要表面的质量要求,便可确定所应采用的加工方法以及采用哪些最后加工的方法来保证实现这些要求。

2）重要技术条件分析

零件的技术条件一般是指零件的表面形状精度和位置精度,静平衡、动平衡要求,热处理、表面处理,探伤要求和气密性试验等。重要技术条件是影响工艺过程制定的重要因素,通常会影响到基准的选择和加工顺序,还会影响工序的集中与分散。

3）零件图上表面位置尺寸的标注

零件上各表面之间的位置精度是通过一系列工序加工后获得的,这些工序的顺序与工序尺寸和相互位置关系的标注方式直接相关,这些尺寸的标注应尽量使定位基准、测量基准与设计基准重合,以减少基准不重合带来的误差。

6.2.2　毛坯的选择

选择毛坯主要是确定毛坯的种类、制造方法及其制造精度。毛坯的形状、尺寸越接近成品,切削加工余量就越少,从而可以提高材料的利用率和生产效率,然而这样往往会使毛坯制造困难,需要采用昂贵的毛坯制造设备,从而增加毛坯的制造成本。所以选择毛坯时应从机械加工和毛坯制造两方面出发,综合考虑以求达到最佳效果。

1. 毛坯的种类

毛坯的种类很多,同一种毛坯又有多种制造方法。

1）铸件

铸件适用于形状复杂的零件毛坯。根据铸造方法的不同,铸件又分为以下类型。

(1) 砂型铸造铸件。它又分为木模手工造型和金属模机器造型。木模手工造型铸件的精度低,加工表面需留较大的加工余量;木模手工造型生产效率低,适用于单件小批量生产或大型零件的铸造。金属模机器造型生产效率高,铸件精度也高,但设备费用高,铸件的重量也受限制,适用于大批量生产的中小型铸件。

(2) 金属型铸造铸件。将熔融的金属浇注到金属模具中,依靠金属自重充满金属铸型腔而获得的铸件。这种铸件比砂型铸造铸件精度高、表面质量和力学性能好,生产效率也较高,但需专用的金属型腔模,适用于大批量生产中的尺寸不大的有色金属铸件。

(3) 离心铸造铸件。将熔融金属注入高速旋转的铸型内,在离心力的作用下,金属液充满型腔而形成的铸件。这种铸件晶粒细,金属组织致密,零件的力学性能好,外圆精度及表面质量高,但内孔精度差,且需要专门的离心浇注机,适用于批量较大的黑色金属和有色金属的旋转体铸件。

(4) 压力铸造铸件。将熔融的金属在一定的压力作用下,以较高的速度注入金属型腔内而获得的铸件。这种铸件的精度高,为IT11～IT13;表面粗糙度 R_a 较小,为3.2～0.4μm;铸件力学性能好。可铸造各种结构较复杂的零件,铸件上各种孔眼、螺纹、文字及花纹图案均可铸出,但需要一套昂贵的设备和型腔模,适用于批量较大的形状复杂、尺寸较小的有色金属铸件。

(5) 精密铸造铸件。将石蜡通过型腔模压制成与工件一样的蜡制件,再在蜡制工件周围粘上特殊型砂,凝固后将其烘干焙烧,蜡被蒸化而放出,留下工件形状的模壳,用来浇铸。精密铸造铸件精度高,表面质量好,一般用来铸造形状复杂的铸钢件,可节省材料,降低成本,是一项先进的毛坯制造工艺。

2) 锻件

锻件适用于强度要求高、形状比较简单的零件毛坯,其锻造方法有自由锻和模锻两种。

自由锻造锻件是在锻锤或压力机上用手工操作而成型的锻件。它的精度低,加工余量大,生产效率也低,适用于单件小批量生产及大型锻件。

模锻件是在锻锤或压力机上,通过专用锻模锻制成型的锻件。它的精度和表面粗糙度均比自由锻造的好,可以使毛坯形状更接近工件形状,加工余量小。同时,由于模锻件的材料纤维组织分布好,锻制件的机械强度高。模锻的生产效率高,但需要专用的模具,且锻锤的吨位也要比自由锻造的大,主要适用于批量较大的中小型零件。

3) 焊接件

焊接件是根据需要将型材或钢板焊接而成的毛坯件,它制作方便、简单,但需要经过热处理才能进行机械加工。焊接件适用于单件小批量生产中制造大型毛坯,其优点是制造简便,加工周期短,毛坯重量轻;缺点是焊接件抗震性能差,机械加工前需经过时效处理以消除内应力。

4) 冲压件

冲压件是通过冲压设备对薄钢板进行冷冲压加工而得到的零件,它可以非常接近成品要求,冲压零件可以作为毛坯,有时还可以直接成为成品。冲压件的尺寸精度高,适用于批量较大而零件厚度较小的中小型零件。

5) 型材

型材主要通过热轧或冷拉而成。热轧的精度低,价格较冷拉的便宜,用于一般零件的毛坯。冷拉的尺寸小、精度高,易于实现自动送料,但价格贵,多用于批量较大且在自动机床上进行加工的情形。按其截面形状的不同,型材可分为圆钢、方钢、六角钢、扁钢、角钢、槽钢以及其他特殊截面的型材。

6) 冷挤压件

冷挤压件是在压力机上通过挤压模挤压而成的,其生产效率高。冷挤压毛坯精度高,表面粗糙度值小,可以不再进行机械加工,但要求材料塑性好,主要为有色金属和塑性好的钢材,适用于大批量生产中制造形状简单的小型零件。

7）粉末冶金件

粉末冶金件以金属粉末为原料，在压力机上通过模具压制成型后经高温烧结而成。其生产效率高，零件的精度高，表面粗糙度值小，一般可不再进行精加工，但金属粉末成本较高，适用于大批量生产中压制形状较简单的小型零件。

2. 确定毛坯时应考虑的因素

在确定毛坯时应考虑以下因素。

1）零件的材料及其力学性能

当零件的材料选定以后，毛坯的类型就大体确定了。例如，材料为铸铁的零件，自然应选择铸造毛坯；而对于重要的钢质零件，力学性能要求高时，可选择锻造毛坯。

2）零件的结构和尺寸

形状复杂的毛坯常采用铸件，但对于形状复杂的薄壁件，一般不能采用砂型铸造；对于一般用途的阶梯轴，在各段直径相差不大、力学性能要求不高时，可选择棒料做毛坯，倘若各段直径相差较大，为了节省材料，应选择锻件。

3）生产类型

当零件的生产批量较大时，应采用精度和生产效率都比较高的毛坯制造方法，这时毛坯制造增加的费用可由材料耗费减少的费用以及机械加工减少的费用来补偿。

4）现有生产条件

选择毛坯类型时，要结合本企业的具体生产条件，如现场毛坯制造的实际水平和能力、外协的可能性等。

5）充分考虑利用新技术、新工艺和新材料的可能性

为了节约材料和能源，减少机械加工余量，提高经济效益，只要有可能，必须尽量采用精密铸造、精密锻造、冷挤压、粉末冶金和工程塑料等新工艺、新技术和新材料。

3. 确定毛坯时的几项工艺措施

实现少切屑、无切屑加工，是现代机械制造技术的发展趋势。但是，由于毛坯制造技术的限制，加之现代机器对零件精度和表面质量的要求越来越高，为了保证机械加工能达到质量要求，毛坯的某些表面仍需留有加工余量。加工毛坯时，由于一些零件形状特殊，安装和加工不太方便，必须采取一定的工艺措施才能进行机械加工。以下列举几种常见的工艺措施。

(1) 为了便于安装，有些铸件毛坯需铸出工艺搭子，如图 6-5 所示。工艺搭子在零件加工完毕后一般应切除，如对使用和外观没有影响，也可保留在零件上。

(2) 装配后需要形成同一工作表面的两个相关偶件，为了保证加工质量并使加工方便，常常将这些分离零件先制作成一个整体毛坯，加工到一定阶段后再切割分离。如图 6-6 所示的车床走刀系统中的开合螺母外壳，其毛坯就是两件合制的；柴油机连杆的大端也是合制的。

(3) 对于形状比较规则的小型零件，为了便于安装和提高机械加工的生产效率，可将多件合成一个毛坯，加工到一定阶段后，再分离成单件。如图 6-7 所示的滑键，先对毛坯的各平面加工好后再切离成单件，然后对单件进行加工。

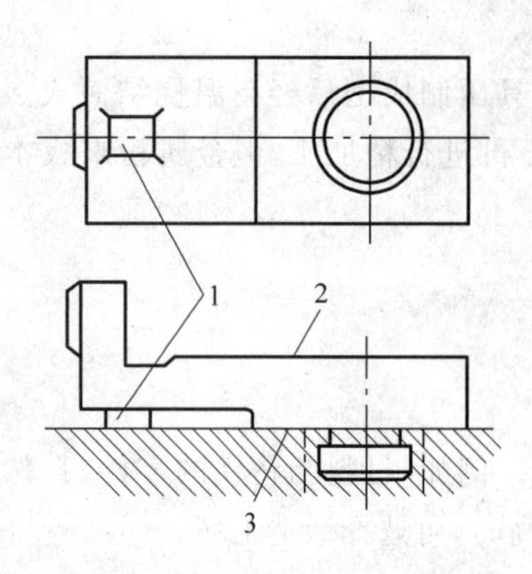

图 6-5 工艺搭子的实例

1—加工面；2—工艺搭子；3—定位面

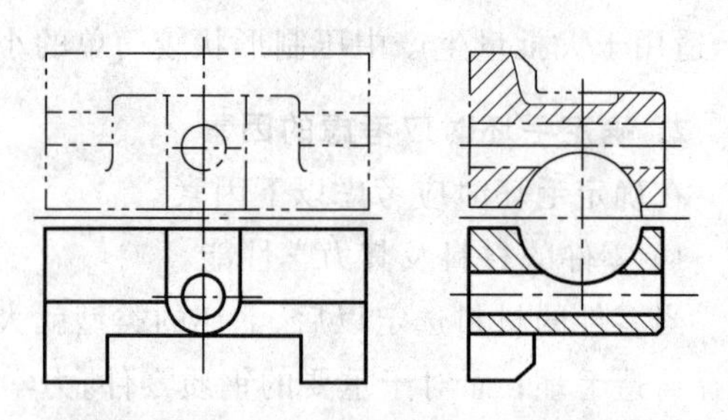

图 6-6 车床开合螺母外壳简图

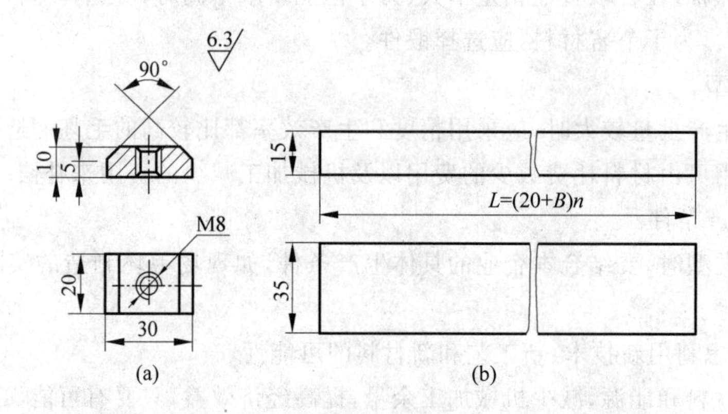

图 6-7 滑键零件图与毛坯图

6.2.3 定位基准的选择

定位基准的选择对于保证零件的尺寸精度和位置精度以及合理安排加工顺序都有很大影响，当使用夹具安装工件时，定位基准的选择还会影响夹具结构的复杂程度。因此，定位基准的选择是制定工艺规程时必须认真考虑的一个重要工艺问题。

1. 基准的概念及其分类

基准是指确定零件上某些点、线、面位置时所依据的那些点、线、面，或者说是用来确定生产对象上几何要素间的几何关系所依据的那些点、线、面。

按其作用的不同，基准可分为设计基准和工艺基准两大类。

1）设计基准

设计基准是指零件设计图上用来确定其他点、线、面位置关系所采用的基准，如图 6-8 所示。

2）工艺基准

工艺基准是指在加工或装配过程中所使用的基准。工艺基准根据其使用场合的不同，又可分为工序基准、定位基准、测量基准和装配基准四种。

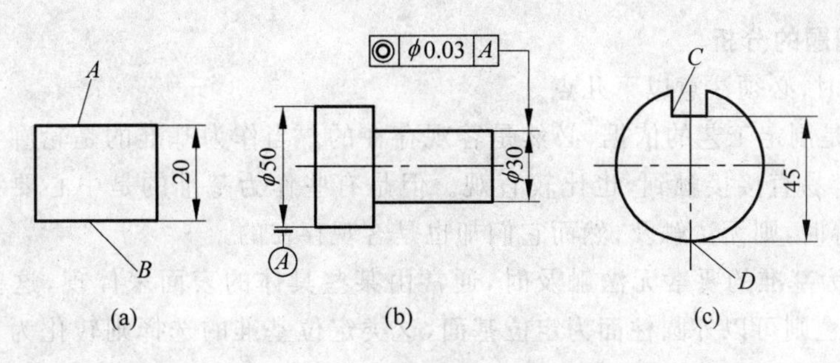

图 6-8　设计基准的实例

(1) 工序基准。在工序图上,用来确定本工序所加工表面加工后的尺寸、形状、位置的基准,即工序图上的基准,如图 6-9 所示。

(2) 定位基准。在加工时用作定位的基准。它是工件上与夹具定位元件直接接触的点、线、面,如图 6-10 所示。

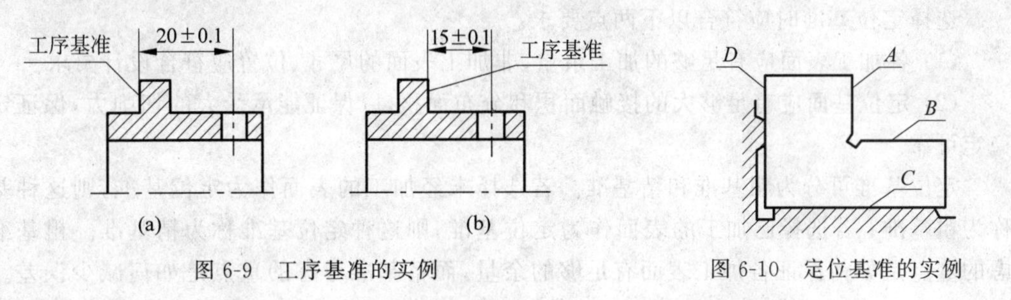

图 6-9　工序基准的实例　　图 6-10　定位基准的实例

(3) 测量基准。在测量零件已加工表面的尺寸和位置时所采用的基准,如图 6-11 所示。

(4) 装配基准。装配时用来确定零件或部件在产品中的相对位置所采用的基准,如图 6-12 所示。

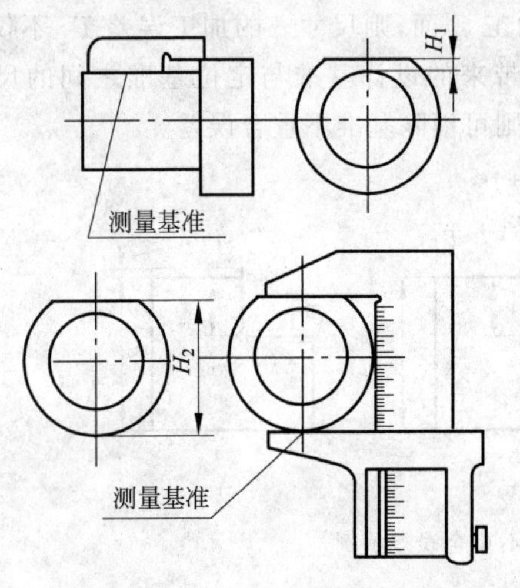

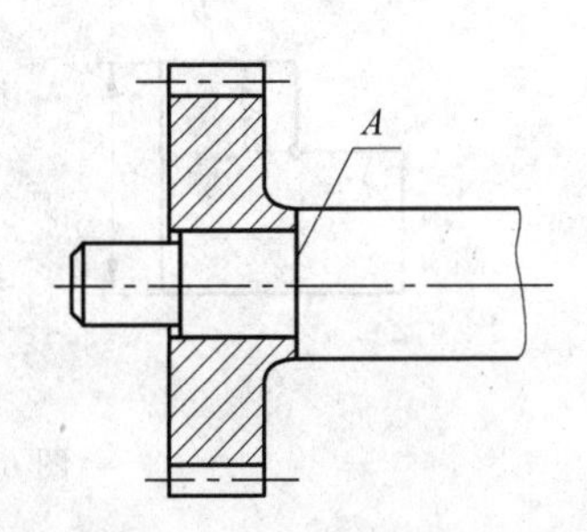

图 6-11　测量基准的实例　　图 6-12　装配基准的实例

2. 基准问题的分析

分析基准时,必须注意以下几点。

(1) 基准是制定工艺的依据,必然是客观存在的。当作为基准的是轮廓要素,如平面、圆柱面等时,容易直接接触到,也比较直观。但是有些作为基准的是中心要素,如圆心、球心、对称轴线等时,则无法触及,然而它们却也是客观存在的。

(2) 当作为基准的要素无法触及时,通常由某些具体的表面来体现,这些表面称为基面。如轴的定位则可以外圆柱面为定位基面,这类定位基准的选择则转化为恰当地选择定位基面的问题。

(3) 作为基准,可以是没有面积的点、线以及面积极小的面,但是工件上代表这种基准的基面总是有一定接触面积的。

(4) 不仅表示尺寸关系的基准问题如上所述,表示位置精度的基准关系也是如此。

3. 定位基准的选择

选择定位基准时应符合以下两点要求。

(1) 各加工表面应有足够的加工余量,非加工表面的尺寸、位置应符合设计要求。

(2) 定位基面应有足够大的接触面积和分布面积,以保证能承受大的切削力,保证定位稳定可靠。

定位基准可分为粗基准和精基准。若选择未经加工的表面作为定位基准,则这种基准称为粗基准;若选择已加工的表面作为定位基准,则这种定位基准称为精基准。粗基准考虑的重点是如何保证各加工表面有足够的余量,而精基准考虑的重点是如何减少误差。在选择定位基准时,通常是从保证加工精度要求出发的,因而分析定位基准选择的顺序应从精基准到粗基准。

1) 精基准的选择

选择精基准应考虑如何保证加工精度和装夹可靠方便,一般应遵循以下原则。

(1) 基准重合原则,即应尽可能选择设计基准作为定位基准。这样可以避免基准不重合引起的误差。图6-13所示为采用调整法加工C面,则尺寸c的加工误差T_c不仅包含本工序的加工误差Δ_j,而且还包括基准不重合带来的设计基准与定位基准之间的尺寸误差T_a。若采用如图6-14所示的方法安装工件,则可消除基准不重合误差。

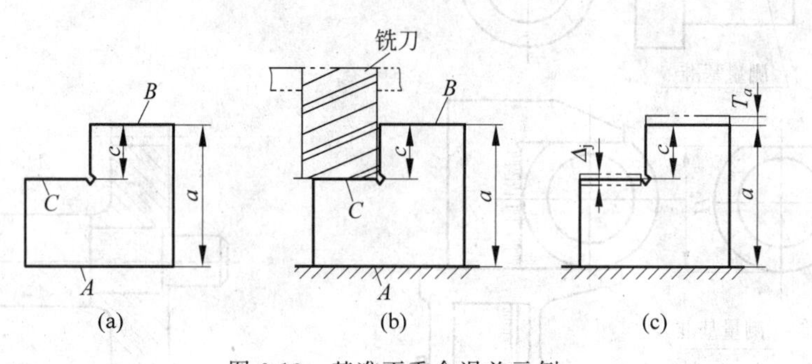

图6-13 基准不重合误差示例

(2) 基准统一原则,即应尽可能采用同一个定位基准加工工件上的各个表面。采用基准统一原则,可以简化工艺规程的制定,减少夹具数量,节约夹具设计和制造费用;同时由于减少了基准的转换，更有利于保证各表面间的相互位置精度。利用两中心孔加工轴类零件的各外圆表面，即符合基准统一原则。

（3）互为基准原则，即对工件上两个相互位置精度要求比较高的表面进行加工时，可以利用两个表面互相作为基准，反复进行加工，以保证位置精度要求。例如，为保证套类零件内外圆柱面较高的同轴度要求，可先以孔为定位基准加工外圆，再以外圆为定位基准加工内孔，这样反复多次，就可使两者的同轴度达到很高要求。

（4）自为基准原则，即某些加工表面加工余量小而均匀时，可选择加工表面本身作为定位基准。如图 6-15 所示，在导轨磨床上磨削床身导轨面时，就是以导轨面本身为基准，用百分表来找正定位的。

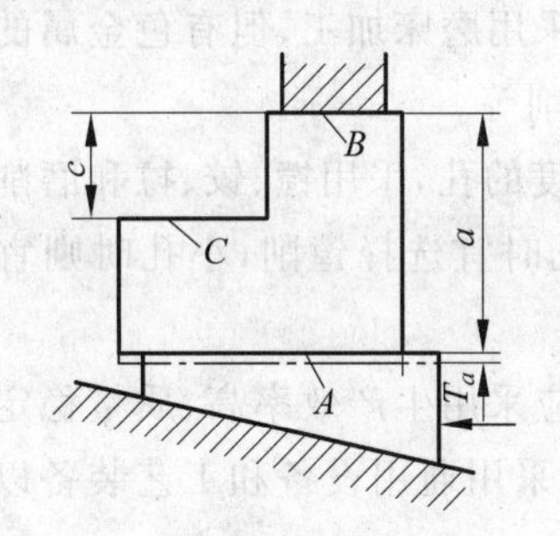

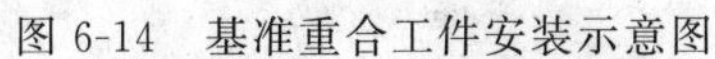

图 6-14　基准重合工件安装示意图

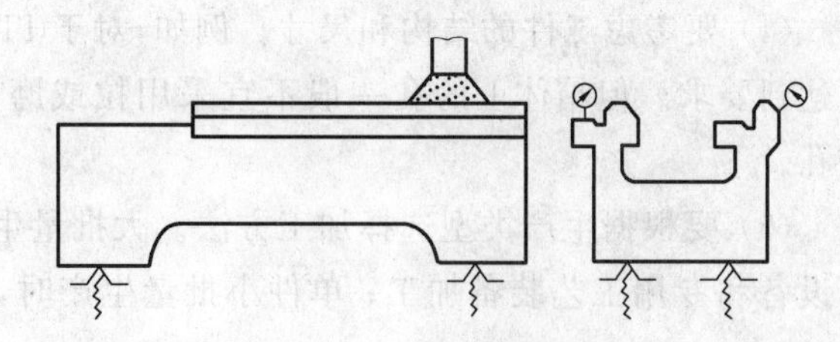

图 6-15　自为基准实例

（5）准确可靠原则，即所选基准应保证工件定位准确、安装可靠，夹具设计简单、操作方便。

2）粗基准的选择

粗基准选择应遵循以下原则。

（1）为了保证重要加工表面加工余量均匀，应选择重要加工表面作为粗基准。

（2）为了保证非加工表面与加工表面之间的相对位置精度要求，应选择非加工表面作为粗基准；当零件上同时具有多个非加工面时，应选择与加工面位置精度要求最高的非加工表面作为粗基准。

（3）有多个表面需要一次加工时，应选择精度要求最高，或者加工余量最小的表面作为粗基准。

（4）粗基准在同一尺寸方向上通常只允许使用一次。

（5）选作粗基准的表面应平整光洁，有一定面积，无飞边、浇口、冒口，以保证定位稳定、夹紧可靠。

无论是粗基准还是精基准的选择，上述原则都不可能同时满足，有时甚至互相矛盾，因此选择基准时，必须具体情况具体分析，权衡利弊，保证零件的主要设计要求。

6.2.4　工艺路线的拟订

拟定工艺路线是制定工艺规程的关键一步，它不仅影响零件的加工质量和效率，而且影响设备投资、生产成本甚至工人的劳动强度。拟定工艺路线时，在选择好定位基准后，紧接着需要考虑如下几方面的问题。

1. 表面加工方法的选择

表面加工方法的选择,就是为零件上每一个有质量要求的表面选择一套合理的加工方法(参见第5章)。在选择时,一般先根据表面精度和粗糙度要求选择最终加工方法,然后再确定精加工前期工序的加工方法。选择加工方法,既要保证零件表面的质量,又要争取高生产效率,同时还应考虑以下因素。

(1) 应根据每个加工表面的技术要求,确定加工方法和分几次加工。

(2) 应选择相应的能获得经济精度和经济粗糙度的加工方法。加工时,不要盲目采用高的加工精度和小的表面粗糙度的加工方法,以免增加生产成本,浪费设备资源。

(3) 应考虑工件材料的性质。例如,淬火钢精加工应采用磨床加工,但有色金属的精加工为避免磨削时堵塞砂轮,则应采用金刚镗或高速精细车削等。

(4) 要考虑工件的结构和尺寸。例如,对于IT7级精度的孔,采用镗、铰、拉和磨削等都可达到要求。但箱体上的孔一般不宜采用拉或磨削,大孔时宜选择镗削,小孔时则宜选择铰孔。

(5) 要根据生产类型选择加工方法。大批量生产时,应采用生产效率高、质量稳定的专用设备和专用工艺装备加工;单件小批量生产时,则只能采用通用设备和工艺装备以及一般的加工方法。

(6) 还应考虑本企业的现有设备情况和技术条件以及充分利用新工艺、新技术的可能性。应充分利用企业的现有设备和工艺手段,节约资源,发挥群众的创造性,挖掘企业潜力;同时应重视新技术、新工艺,设法提高企业的工艺水平。

(7) 其他特殊要求。例如,工件表面纹路要求、表面力学性能要求等。

2. 加工阶段的划分

为了保证零件的加工质量和合理地使用设备、人力,零件往往不可能在一个工序内完成全部加工工作,而必须将整个加工过程划分为粗加工、半精加工和精加工三大阶段。

粗加工阶段的任务是高效地切除各加工表面的大部分余量,使毛坯在形状和尺寸上接近成品;半精加工阶段的任务是消除粗加工留下的误差,为主要表面的精加工做准备,并完成一些次要表面的加工;精加工阶段的任务是从工件上切除少量余量,保证各主要表面达到图纸规定的质量要求。另外,对零件上精度和表面粗糙度要求特别高的表面还应在精加工后增加光整加工,称为光整加工阶段。

划分加工阶段的主要原因有以下五个。

1) 保证零件加工质量

粗加工时切除的金属层较厚,会产生较大的切削力和切削热,所需的夹紧力也较大,因而工件会产生较大的弹性变形和热变形;另外,粗加工后由于内应力重新分布,也会使工件产生较大的变形。划分阶段后,粗加工造成的误差将通过半精加工和精加工予以纠正。

2) 有利于合理使用设备

粗加工时可使用功率大、刚度好而精度较低的高效率机床,以提高生产效率。而精加工则可使用高精度机床,以保证加工精度要求。这样既充分发挥了机床各自的性能特点,又避免了以粗干精,延长了高精度机床的使用寿命。

3）便于及时发现毛坯缺陷

由于粗加工切除了各表面的大部分余量，毛坯的缺陷如气孔、砂眼、余量不足等可及早被发现，及时修补或报废，从而避免继续加工而造成的浪费。

4）避免损伤已加工表面

将精加工安排在最后，可以保护精加工表面在加工过程中少受损伤或不受损伤。

5）便于安排必要的热处理工序

划分阶段后，在适当的时机在机械加工过程中插入热处理，可使冷、热工序配合得更好，避免因热处理带来的变形。

值得指出的是，加工阶段的划分不是绝对的。例如，对那些加工质量不高、刚性较好、毛坯精度较高、加工余量小的工件，也可不划分或少划分加工阶段；对于一些刚性好的重型零件，由于装夹、运输费时，也常在一次装夹中完成粗、精加工。为了弥补不划分加工阶段引起的缺陷，可在粗加工之后松开工件，让变形的工件得到恢复，稍留间隔后用较小的夹紧力重新夹紧工件再进行精加工。

3. 加工顺序的安排

复杂零件的机械加工要经过切削加工、热处理和辅助工序，在拟定工艺路线时必须将三者统筹考虑，合理安排顺序。

1）切削加工工序顺序的安排原则

切削工序安排的总原则是：前期工序必须为后续工序创造条件，作好基准准备。

（1）基准先行。零件加工一开始，总是先加工精基准，然后再用精基准定位加工其他表面。例如，对于箱体零件，一般是以主要孔为粗基准加工平面，再以平面为精基准加工孔系；对于轴类零件，一般是以外圆为粗基准加工中心孔，再以中心孔为精基准加工外圆、端面等其他表面。若有几个精基准，则应该按照基准转换的顺序和逐步提高加工精度的原则来安排基面和主要表面的加工。

（2）先主后次。零件的主要表面一般都是加工精度或表面质量要求比较高的表面，它们的加工质量好坏对整个零件的质量影响很大，其加工工序往往也比较多，因此应先安排主要表面的加工，再将其他表面加工适当安排在它们中间穿插进行。通常将装配基面、工作表面等视为主要表面，而将键槽、紧固用的光孔和螺孔等视为次要表面。

（3）先粗后精。一个零件通常由多个表面组成，各表面的加工一般都需要分阶段进行。在安排加工顺序时，应先集中安排各表面的粗加工，中间根据需要依次安排半精加工，最后安排精加工和光整加工。对于精度要求较高的工件，为了减小因粗加工引起的变形对精加工的影响，通常粗、精加工不应连续进行，而应分阶段、间隔适当时间进行。

（4）先面后孔。对于箱体、支架和连杆等工件，应先加工平面后加工孔。因为平面的轮廓平整、面积大，先加工平面再以平面定位加工孔，既能保证加工时孔有稳定可靠的定位基准，又有利于保证孔与平面间的位置精度要求。

2）热处理的安排

热处理工序在工艺路线中的安排，主要取决于零件的材料和热处理的目的。根据热处理的目的，一般可分为以下几类。

（1）预备热处理。预备热处理的目的是消除毛坯制造过程中产生的内应力、改善金属材料的切削加工性能、为最终热处理做准备。属于预备热处理的有调质、退火、正火等，一般安排在粗加工前、后。安排在粗加工前,可改善材料的切削加工性能;安排在粗加工后,有利于消除残余内应力。

(2) 最终热处理。最终热处理的目的是提高金属材料的力学性能,如提高零件的硬度和耐磨性等。属于最终热处理的有淬火—回火、渗碳淬火—回火、渗氮等,对于仅仅要求改善力学性能的工件,有时正火、调质等也作为最终热处理。最终热处理一般应安排在粗加工、半精加工之后以及精加工的前后。变形较大的热处理,如渗碳淬火、调质等,应安排在精加工前进行,以便在精加工时纠正热处理的变形;变形较小的热处理,如渗氮等,则可安排在精加工之后进行。

(3) 时效处理。时效处理的目的是消除内应力、减少工件变形。时效处理分自然时效、人工时效和冰冷处理三大类。自然时效是指将铸件在露天放置几个月或几年;人工时效是指将铸件以50～100℃/h的速度加热到500～550℃,保温数小时或更久,然后以20～50℃/h的速度随炉冷却;冰冷处理是指将零件置于－80～0℃之间的某种气体中停留1～2h。时效处理一般安排在粗加工之后、精加工之前;对于精度要求较高的零件可在半精加工之后再安排一次时效处理;冰冷处理一般安排在回火处理之后、精加工之后或者工艺过程的最后。

(4) 表面处理。为了表面防腐或表面装饰,有时需要对表面进行涂镀或发蓝等处理。涂镀是指在金属、非金属基体上沉积一层所需的金属或合金的过程。发蓝处理是一种钢铁的氧化处理,是指将钢件放入一定温度的碱性溶液中,使零件表面生成0.6～0.8μm致密而牢固的Fe_3O_4氧化膜的过程,依处理条件的不同,该氧化膜呈现亮蓝色直至亮黑色,所以又称为煮黑处理。这种表面处理通常安排在工艺过程的最后。

3) 辅助工序的安排

辅助工序包括工件的检验、去毛刺、清洗、去磁和防锈等。辅助工序也是机械加工的必要工序,安排不当或遗漏,会给后续工序和装配带来困难,影响产品质量甚至机器的使用性能。例如,未去毛刺的零件装配到产品中会影响装配精度或危及工人安全,机器运行一段时间后,毛刺变成碎屑后混入润滑油中,将影响机器的使用寿命;用磁力夹紧过的零件若不安排去磁,则可能将微细切屑带入产品中,也必然会严重影响机器的使用寿命,甚至还可能造成不必要的事故。因此,必须十分重视辅助工序的安排。

检验是最主要的辅助工序,它对保证产品质量有重要的作用,应安排在以下节点。

(1) 粗加工阶段结束后。

(2) 转换车间的前后,特别是进入热处理工序的前后。

(3) 重要工序之前或加工工时较长的工序前后。

(4) 特种性能检验,如磁力探伤、密封性检验等之前。

(5) 全部加工工序结束后。

4. 工序的集中与分散

拟定工艺路线时,选定了各表面的加工工序和划分加工阶段之后,就可以将同一阶段中的各加工表面组合成若干工序。确定工序数目或工序内容的多少有两种不同的原则,它和设备类型的选择密切相关。

1) 工序集中与工序分散的概念

工序集中就是将工件的加工集中在少数几道工序内完成。每道工序的加工内容较多。

工序集中又可分为：采用技术措施集中的机械集中，如采用多刀、多刃、多轴或数控机床加工等；采用人为组织措施集中的组织集中，如普通车床的顺序加工。

工序分散则是将工件的加工分散在较多的工序内完成。每道工序的加工内容很少，有时甚至每道工序只有一个工步。

2）工序集中的特点

（1）采用高效率的专用设备和工艺装备，生产效率高。

（2）减少了装夹次数，易于保证各表面间的相互位置精度，还能缩短辅助时间。

（3）工序数目少，机床数量、操作工人数量和生产面积都可减少，节省人力、物力，还可简化生产流程和组织工作。

（4）工序集中通常需要采用专用设备和工艺装备，使得投资大，设备和工艺装备的调整、维修较为困难，生产准备工作量大，转换新产品较麻烦。

3）工艺分散的特点

（1）设备和工艺装备简单、调整方便、工人便于掌握，容易适应产品的变换。

（2）可以采用最合理的切削用量，减少基本时间。

（3）对操作工人的技术水平要求较低。

（4）设备和工艺装备数量多、操作工人多、生产占地面积大。

工序集中与分散各有特点，应根据生产类型、零件的结构和技术要求、现有生产条件等综合分析后选用。如批量小时，为简化生产流程，多将工序适当集中，使各通用机床完成更多表面的加工，以减少工序数目；而批量较大时就可采用多刀、多轴等高效机床将工序集中。由于工序集中的优点较多，现代生产的发展更趋向于工序集中。

4）工序集中与工序分散的选择

工序集中与工序分散各有利弊，如何选择，应根据企业的生产规模、产品的生产类型、现有的生产条件、零件的结构特点和技术要求、各工序的生产节拍，进行综合分析后选定。

一般说来，单件小批量生产采用组织集中，以便简化生产组织工作；大批量生产可采用较复杂的机械集中；对于结构简单的产品，可采用工序分散的原则；批量生产应尽可能采用高效机床，使工序适当集中。对于重型零件，为了减少装卸运输工作量，工序应适当集中；而对于刚性较差且精度高的精密工件，则工序应适当分散。随着科学技术的进步，先进制造技术的发展，目前的发展趋势是倾向于工序集中。

6.2.5　工序内容的设计

1. 设备及工艺装备的选择

1）设备的选择

确定了工序集中或工序分散的原则后，基本上也就确定了设备的类型。若采用工序集中，则宜选用高效自动加工设备；若采用工序分散，则加工设备可较简单。此外，选择设备时还应考虑以下几点。

（1）机床精度与工件精度相适应。

（2）机床规格与工件的外形尺寸相适应。

（3）选择的机床应与现有加工条件相适应，如设备负荷的平衡状况等。

（4）如果没有现成设备供选用，那么经过方案的技术经济分析后，也可提出专用设备的设计任务书或改装旧设备。

2) 工艺装备的选择

工艺装备选择的合理与否,将直接影响工件的加工精度、生产效率和经济效益。应根据生产类型、具体加工条件、工件结构特点和技术要求等选择工艺装备。

(1) 夹具的选择。单件小批量生产应首先采用各种通用夹具和机床附件,如卡盘、机床用平口虎钳、分度头等;对于大批和大量生产,为提高生产效率应采用专用高效夹具;多品种中、小批量生产可采用可调夹具或成组夹具。

(2) 刀具的选择。一般优先采用标准刀具。若采用机械集中,则可采用各种高效的专用刀具、复合刀具和多刃刀具等。刀具的类型、规格和精度等级应符合加工要求。

(3) 量具的选择。单件小批量生产应广泛采用通用量具,如游标卡尺、百分尺和千分表等;大批量生产应采用极限量块和高效的专用检验夹具和量仪等。量具的精度必须与加工精度相适应。

2. 加工余量的确定

1) 加工余量的基本概念

加工余量是指在加工中被切去的金属层厚度。加工余量分为工序余量和总余量。

(1) 工序余量。工序余量是指相邻两工序的工序尺寸之差,如图6-16所示。

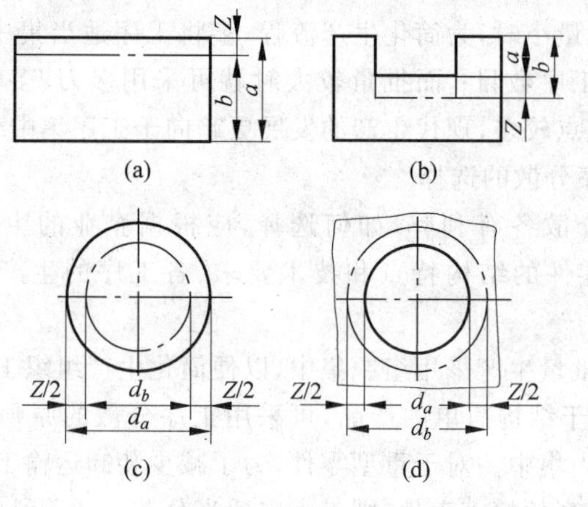

图6-16 工序余量

计算工序余量 Z 时,平面类非对称表面,应取单加余量。

对于外表面:

$$Z = a - b \tag{6-2}$$

对于内表面:

$$Z = b - a \tag{6-3}$$

式中:Z——本工序的工序余量;

a——前道工序的工序尺寸;

b——本工序的工序尺寸。

旋转表面的工序余量则是对称的双边余量。

对于被包容面:

$$Z = d_a - d_b \tag{6-4}$$

对于包容面：

$$Z = d_b - d_a \tag{6-5}$$

式中：Z——直径上的加工余量；

d_a——前道工序的加工直径；

d_b——本工序的加工直径。

由于工序尺寸有公差，故实际切除的余量大小不等。因此，工序余量也是一个变动量。

当工序尺寸用尺寸计算时，所得的加工余量称为基本余量或者公称余量。

保证该工序加工表面的精度和质量所需切除的最小金属层厚度称为最小余量 $Z_{\min}$。

该工序余量的最大值则称为最大余量 $Z_{\max}$。

图 6-17 表示了工序余量与工序尺寸及其公差的关系。

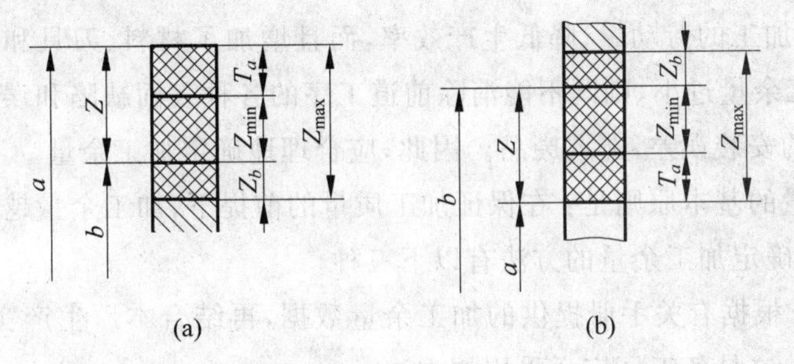

图 6-17　工序余量与工序尺寸及其公差的关系

工序余量和工序尺寸及公差的关系式如下：

$$Z = Z_{\min} + T_a \tag{6-6}$$

$$Z_{\max} = Z + T_b = Z_{\min} + T_a + T_b \tag{6-7}$$

由此可知

$$T_z = Z_{\max} - Z_{\min} = (Z_{\min} + T_a + T_b) - Z_{\min} = T_a + T_b \tag{6-8}$$

式中：T_a——前道工序尺寸的公差；

T_b——本工序尺寸的公差；

T_z——本工序的余量公差。

即余量公差等于前道工序与本工序的尺寸公差之和。

为了便于加工，工序尺寸公差都按"入体原则"标注，即被包容面的工序尺寸公差取上偏差为零；包容面的工序尺寸公差取下偏差为零；而毛坯尺寸公差按双向布置上、下偏差。

（2）总余量。总余量是指工件由毛坯到成品的整个加工过程中某一表面被切除金属层的总厚度。即

$$Z_{总} = Z_1 + Z_2 + \cdots + Z_n \tag{6-9}$$

式中：$Z_{总}$——加工总余量；

Z_1、Z_2、…、Z_n——各道工序余量。

2）影响加工余量的因素

影响加工余量的因素是多方面的，主要有以下几点。

(1) 前道工序的表面粗糙度 R_a 和表面层缺陷层厚度 D_a。

(2) 前道工序的尺寸公差 T_a。

(3) 前道工序的形位误差 ρ_a,如工件表面的弯曲、工件的空间位置误差等。

(4) 本工序的安装误差 ε_b。

因此,本工序的加工余量必须满足如下两式。

对称余量:

$$Z \geqslant 2(R_a + D_a) + T_a + 2|\rho_a + \varepsilon_b| \tag{6-10}$$

单边余量:

$$Z \geqslant (R_a + D_a) + T_a + |\rho_a + \varepsilon_b| \tag{6-11}$$

3) 加工余量的确定

加工余量的大小对工件的加工质量、生产效率和生产成本均有较大影响。加工余量过大,不仅增加机械加工的劳动量、降低生产效率,而且增加了材料、刀具和电力的消耗,提高了加工成本;加工余量过小,则既不能消除前道工序的各种表面缺陷和误差,又不能补偿本工序加工时工件的安装误差,造成废品。因此,应合理地确定加工余量。

确定加工余量的基本原则是:在保证加工质量的前提下,加工余量越小越好。

实际工作中,确定加工余量的方法有以下三种。

(1) 查表法。根据有关手册提供的加工余量数据,再结合本厂生产实际情况加以修正后确定加工余量。这是各工厂广泛采用的方法。

(2) 经验估计法。根据工艺人员本身积累的经验确定加工余量。一般为了防止余量过小而产生废品,所估计的余量总是偏大,常用于单件、小批量生产。

(3) 分析计算法。根据理论公式和一定的试验资料,对影响加工余量的各因素进行分析、计算来确定加工余量。这种方法较合理,但需要全面可靠的试验资料,计算也较复杂。一般只在材料十分贵重或少数大批、大量生产的工厂中采用。

3. 工序尺寸及其公差的确定

工件上的设计尺寸一般都要经过几道工序的加工才能得到,每道工序所应保证的尺寸称为工序尺寸。编制工艺规程的一个重要工作就是确定每道工序的工序尺寸及公差。在确定工序尺寸及公差时,存在工序基准与设计基准重合和不重合两种情况。

1) 基准重合时工序尺寸及其公差的计算

当工序基准、定位基准或测量基准与设计基准重合,表面多次加工时,工序尺寸及其公差的计算相对来说比较简单。其计算顺序是:先确定各工序的加工方法,然后确定该加工方法所要求的加工余量及其所能达到的精度,再由最后一道工序逐个向前推算,即由零件图上的设计尺寸开始,一直推算到毛坯图上的尺寸。工序尺寸的公差都按各工序的经济精度确定,并按"入体原则"确定上、下偏差。

例 6-1 某主轴箱体主轴孔的设计要求为 $\phi 100\text{H}7$,$R_a = 0.8\mu\text{m}$。其加工工艺路线为:毛坯—粗镗—半精镗—精镗—浮动镗。试确定各工序尺寸及其公差。

解 从机械工艺手册查得各工序的加工余量和所能达到的精度,具体数值见表 6-6 中的第二、三列，计算结果见表 6-6 中的第四、五列。

表 6-6　主轴孔工序尺寸及公差的计算

工序名称	工序余量	工序的经济精度	工序基本尺寸	工序尺寸及公差
浮动镗	0.1	H7($^{+0.035}_{0}$)	100	$\phi100^{+0.035}_{0}$，$R_a=0.8\mu m$
精镗	0.5	H9($^{+0.087}_{0}$)	100－0.1＝99.9	$\phi99.9^{+0.087}_{0}$，$R_a=1.6\mu m$
半精镗	2.4	H11($^{+0.22}_{0}$)	99.9－0.5＝99.4	$\phi99.4^{+0.22}_{0}$，$R_a=6.3\mu m$
粗镗	5	H13($^{+0.54}_{0}$)	99.4－2.4＝97	$\phi97^{+0.54}_{0}$，$R_a=12.5\mu m$
毛坯孔	8	(±1.2)	97－5＝92	$\phi92\pm1.2$

2）基准不重合时工序尺寸及其公差的计算

加工过程中，工件的尺寸是不断变化的，由毛坯尺寸到工序尺寸，最后达到满足零件性能要求的设计尺寸。一方面，由于加工的需要，在工序图以及工艺卡上要标注一些专供加工用的工艺尺寸，工艺尺寸往往不是直接采用零件图上的尺寸，而是需要另行计算；另一方面，当零件加工时，有时需要多次转换基准，因而引起工序基准、定位基准或测量基准与设计基准不重合。这时，需要利用工艺尺寸链原理来进行工序尺寸及其公差的计算。

（1）工艺尺寸链的定义。加工图 6-18 所示零件，零件图上标注的设计尺寸为 A_1 和 A_0。用零件的面 1 来定位加工面 2，得尺寸 A_1，仍以面 1 定位加工面 3，保证尺寸 A_2，于是 A_1、A_2 和 A_0 就形成了一个封闭的图形。这种由相互联系的尺寸按一定顺序首尾相接排列成的尺寸封闭图形就称为尺寸链。由单个零件在工艺过程中的有关工艺尺寸所组成的尺寸链，称为工艺尺寸链。

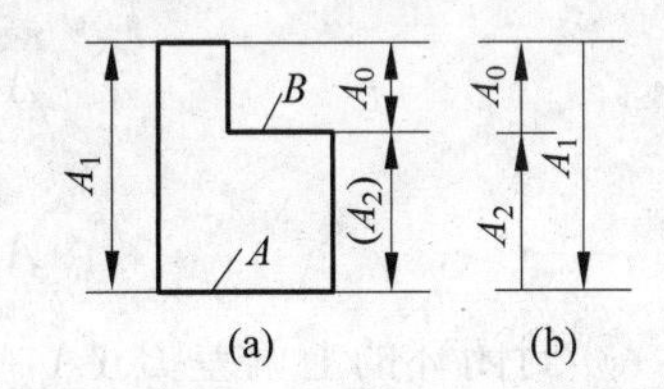

图 6-18　加工过程中的尺寸链

（2）工艺尺寸链的组成。我们把组成工艺尺寸链的各个尺寸称为尺寸链的环。这些环可分为封闭环和组成环。

① 封闭环：尺寸链中最终间接获得或间接保证精度的那个环。每个尺寸链中必有一个，且只有一个封闭环。

② 组成环：除封闭环以外的其他环都称为组成环。组成环又分为增环和减环。

a. 增环(A_i)：若其他组成环不变，某组成环的变动引起封闭环随之同向变动，则该环为增环。

b. 减环(A_j)：若其他组成环不变，某组成环的变动引起封闭环随之异向变动，则该环为减环。

工艺尺寸链一般都用工艺尺寸链图表示。建立工艺尺寸链时，应首先对工艺过程和工艺尺寸进行分析，确定间接保证精度的尺寸，并将其定为封闭环，然后再从封闭环出发，按照零件表面尺寸间的联系，用首尾相接的单向箭头顺序表示各组成环，这种尺寸图就是尺寸链图。根据上述定义，利用尺寸链图即可迅速判断组成环的性质，凡与封闭环箭头方向相同的环即为减环，而凡与封闭环箭头方向相反的环即为增环。

（3）工艺尺寸链的特性。通过上述分析可知，工艺尺寸链的主要特性是封闭性和关联性。

所谓封闭性，是指尺寸链中各尺寸的排列呈封闭形式。没有封闭的不能成为尺寸链。

所谓关联性，是指尺寸链中任何一个直接获得的尺寸及其变化，都将影响间接获得或间接保证的那个尺寸及其精度的变化。

(4) 工艺尺寸链计算的基本公式。

工艺尺寸链的计算方法有两种，即极值法和概率法，这里仅介绍生产中常用的极值法。

① 封闭环的基本尺寸。封闭环的基本尺寸等于组成环尺寸的代数和，即

$$A_{\Sigma}=\sum_{i=1}^{m}\vec{A}_i-\sum_{j=m+1}^{n-1}\overleftarrow{A}_j \tag{6-12}$$

式中：A_{Σ}——封闭环的尺寸；

$\vec{A}_i$——增环的基本尺寸；

$\overleftarrow{A}_j$——减环的基本尺寸；

m——增环的环数；

n——包括封闭环在内的尺寸链的总环数。

② 封闭环的极限尺寸。封闭环的最大极限尺寸等于所有增环的最大极限尺寸之和减去所有减环的最小极限尺寸之和；封闭环的最小极限尺寸等于所有增环的最小极限尺寸之和减去所有减环的最大极限尺寸之和。故极值法也称为极大极小法。即

$$A_{\Sigma\max}=\sum_{i=1}^{m}\vec{A}_{i\max}-\sum_{j=m+1}^{n-1}\overleftarrow{A}_{j\min} \tag{6-13}$$

$$A_{\Sigma\min}=\sum_{i=1}^{m}\vec{A}_{i\min}-\sum_{j=m+1}^{n-1}\overleftarrow{A}_{j\max} \tag{6-14}$$

③ 封闭环的上偏差 $B_s(A_{\Sigma})$ 与下偏差 $B_x(A_{\Sigma})$。

封闭环的上偏差等于所有增环的上偏差之和减去所有减环的下偏差之和，即

$$B_s(A_{\Sigma})=\sum_{i=1}^{m}B_s(\vec{A}_i)-\sum_{j=m+1}^{n-i}B_x(\overleftarrow{A}_j) \tag{6-15}$$

封闭环的下偏差等于所有增环的下偏差之和减去所有减环的上偏差之和，即

$$B_x(A_{\Sigma})=\sum_{i=1}^{m}B_x(\vec{A}_i)-\sum_{j=m+1}^{n-i}B_s(\overleftarrow{A}_j) \tag{6-16}$$

④ 封闭环的公差 $T(A_{\Sigma})$。封闭环的公差等于所有组成环公差之和，即

$$T(A_{\Sigma})=\sum_{i=1}^{n-i}T(A_i) \tag{6-17}$$

⑤ 计算封闭环的竖式。计算封闭环时还可列竖式进行解算。解算时应用口诀：增环上下偏差照抄；减环上下偏差对调、反号。即

环的类型	基本尺寸	上偏差 ES	下偏差 EI
增环 $\vec{A}_1$	$+A_1$	ES_{A_1}	EI_{A_1}
$\vec{A}_2$	$+A_2$	ES_{A_2}	EI_{A_2}
减环 $\overleftarrow{A}_3$	$-A_3$	$-EI_{A_3}$	$-ES_{A_3}$
$\overleftarrow{A}_4$	$-A_4$	$-EI_{A_4}$	$-ES_{A_4}$
封闭环 A_{Σ}	A_{Σ}	$ES_{A_{\Sigma}}$	$EI_{A_{\Sigma}}$

(5) 工艺尺寸链的计算形式。

① 正计算形式：已知各组成环尺寸求封闭环尺寸。其计算结果是唯一的，产品设计的校验常用这种形式。

② 反计算形式：已知封闭环尺寸求各组成环尺寸。由于组成环通常有若干个，所以反计算形式需将封闭环的公差值按照尺寸大小和精度要求合理地分配给各组成环。产品设计常用此形式。

③ 中间计算形式：已知封闭环尺寸和部分组成环尺寸求某一组成环尺寸。该方法应用最广，常用于加工过程中基准不重合时计算工序尺寸。工艺尺寸链多属这种计算形式。

3) 工艺尺寸链的分析与解算

(1) 测量基准与设计基准不重合时的工艺尺寸及其公差的确定。在工件加工过程中，有时会遇到一些表面加工之后，按设计尺寸不便直接测量的情况，因此需要在零件上另选一容易测量的表面作为测量基准进行测量，以间接保证设计尺寸的要求。这时就需要进行工艺尺寸的换算。

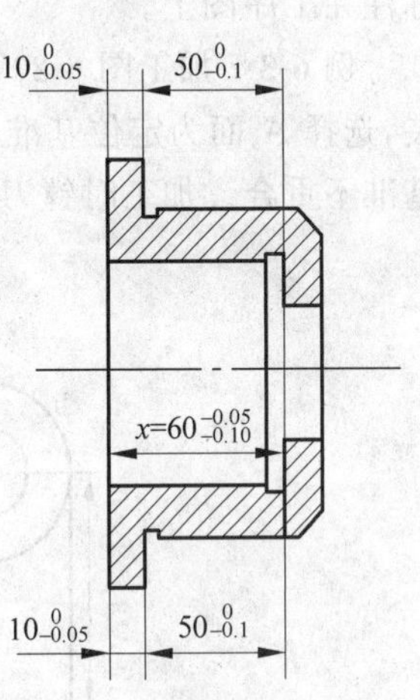

图 6-19　测量基准与设计基准不重合

例 6-2　加工图 6-19 所示轴承座，设计尺寸为 $50_{-0.1}^{\ 0}$ mm 和 $10_{-0.05}^{\ 0}$ mm。由于设计尺寸 $50_{-0.1}^{\ 0}$ mm 在加工时无法直接测量，只好通过测量尺寸 x 来间接保证它。尺寸 $50_{-0.1}^{\ 0}$ mm、$10_{-0.05}^{\ 0}$ mm 和 x 就形成了一工艺尺寸链。分析该尺寸链可知，尺寸 $50_{-0.1}^{\ 0}$ mm 为封闭环，尺寸 $10_{-0.05}^{\ 0}$ mm 为减环，x 为增环。

尺寸链图如下：

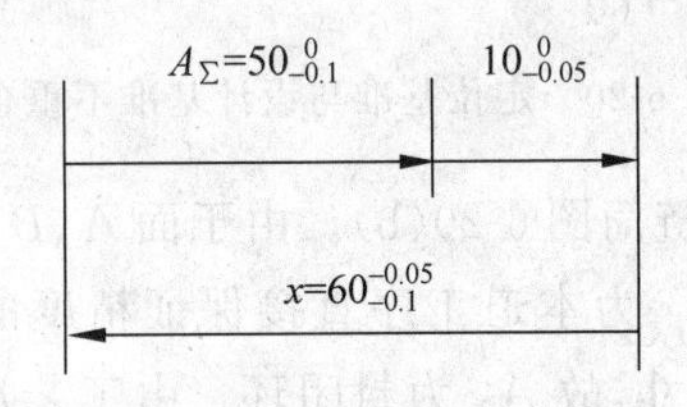

解　利用尺寸链的解算公式可知

$$x=50+10=60(\text{mm})$$
$$ES_x=0+(-0.05)=-0.05(\text{mm})$$
$$EI_x=-0.1-0=-0.1(\text{mm})$$

解得：$x=60_{-0.1}^{-0.05}$ mm。

计算上面的尺寸链，由于环数少，利用尺寸链解算公式比较简便。不过，上面的公式记忆起来有些困难，甚至容易混淆；如果尺寸链环数很多，那么利用尺寸链解算公式计算起来还会感到比较麻烦，并且容易出错。下面介绍一种用竖式解算尺寸链的方法。

利用竖式解算尺寸链时，必须用一句口诀对增环、减环的上、下偏差进行处理。这句口诀同前所述："增环上、下偏差照抄，减环上、下偏差对调并反号。"仍以例 6-2 为例，由尺寸链图可知，尺寸 $50_{-0.1}^{\ 0}$ mm 为封闭环，尺寸 $10_{-0.05}^{\ 0}$ mm 为减环，x 为增环。将该尺寸链列竖式则为

基本尺寸	上偏差 ES	下偏差 EI
$x=60$	-0.05	-0.1
-10	$+0.05$	0
$A_\Sigma=50$	0	-0.1

解得：$x=60_{-0.1}^{-0.05}$ mm。

(2) 定位基准与设计基准不重合时的工艺尺寸及其公差的确定。采用调整法加工零件时，如果所选的定位基准与设计基准不重合，那么该加工表面的设计尺寸就不能由加工直接得到，这时就需要进行工艺尺寸的换算，以保证设计尺寸的精度要求，并将计算的工序尺寸标注在工序图上。

例 6-3 加工图 6-20 所示零件，A、B、C 面在镗孔前已经过加工，镗孔时，为方便工件装夹，选择 A 面为定位基准来进行加工，而孔的设计基准为 C 面，显然，属于定位基准与设计基准不重合。加工时镗刀需按定位 A 面来进行调整，故应先计算出工序尺寸 A_3。

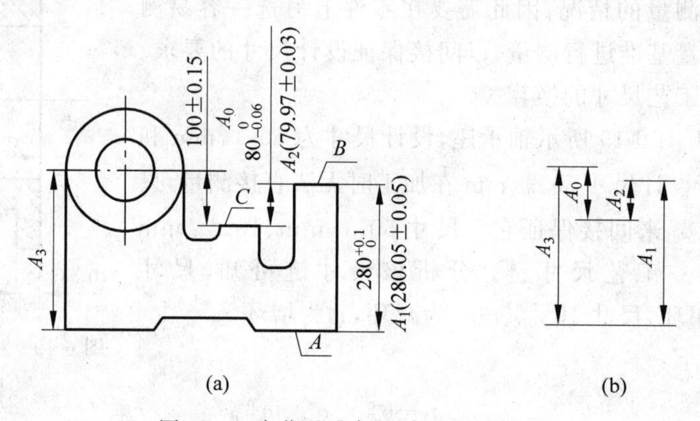

图 6-20 定位基准与设计基准不重合

解 据题意作出工艺尺寸链简图 6-20(b)。由于面 A、B、C 在镗孔前已加工，故 A_1、A_2 在本工序前就已被保证精度，A_3 为本道工序直接保证精度的尺寸，故三者均为组成环，而 A_0 为本工序加工后才得到的尺寸，故 A_0 为封闭环。由工艺尺寸链简图可知，组成环 A_2 和 A_3 是增环，A_1 是减环。为使计算方便，现将各尺寸都换算成平均尺寸。由此列竖式：

基本尺寸		ES	EI
A_3	300.08	-0.07	-0.07
A_2	79.97	$+0.03$	-0.03
A_1	-280.05	$+0.05$	-0.05
A_0	100	$+0.15$	-0.15

解得：$A_3=300.08\pm0.07=300_{+0.01}^{+0.15}$。

(3) 工序基准是尚需加工的设计基准时的工序尺寸及其公差的计算。从待加工的设计基准(一般为基面)标注工序尺寸，因为待加工的设计基准与设计基准两者差一个加工余量，所以仍然可以作为设计基准与定位基准不重合的问题进行解算。

例 6-4 某零件的外圆 $\phi108_{-0.013}^{0}$ 上要渗碳，渗碳深度为 0.8～1.0mm。外圆加工顺序安排是：先按 $\phi108.6_{-0.03}^{0}$ 车外圆，然后渗碳并淬火，其后再按 $\phi108_{-0.013}^{0}$ 磨此外圆，所留渗

碳层深度要在 0.8～1.0mm 的范围内。试求渗碳工序的渗入深度控制的范围。

解　根据题意作出尺寸链图，由尺寸链图可知，$1.6^{+0.4}_{0}$ 为封闭环。列竖式来解为

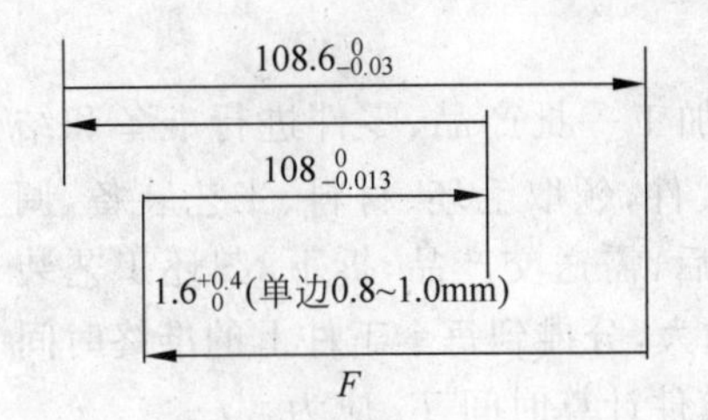

基本尺寸		ES	EI
增环	108	0	−0.013
	F=2.2	+0.37	+0.013
减环	−108.6	+0.03	0
封闭环	1.6	+0.4	0

解得：$F=2.2^{+0.37}_{+0.013}$。

因此，渗碳工序的渗入深度应控制在 1.107～1.285mm 的范围内。

6.3　机械加工生产效率和技术经济分析

制定工艺规程的根本任务是在保证产品质量的前提下，提高劳动生产效率和降低成本，即做到高产、优质、低消耗。要达到这一目的，制定工艺规程时，还必须对工艺过程认真开展技术经济分析，有效地采取提高机械加工生产效率的工艺措施。

6.3.1　时间定额

机械加工生产效率是指工人在单位时间内生产的合格产品的数量，或者指制造单件产品所消耗的劳动时间。它是劳动生产效率的指标。机械加工生产效率通常通过时间定额来衡量。

时间定额是指在一定的生产条件下，规定每个工人完成单件合格产品或某项工作所必需的时间。

时间定额是安排生产计划、核算生产成本的重要依据，也是设计、扩建工厂或车间时计算设备和工人数量的依据。

完成零件一道工序的时间定额称为单件时间，它由下列部分组成。

1. 基本时间

基本时间(T_b)是指直接改变生产对象的尺寸、形状、相对位置与表面质量或材料性质等工艺过程所消耗的时间。时间定额中的基本时间可以根据切削用量和行程长度来计算。

2. 辅助时间

辅助时间(T_a)是指实现工艺过程所必须进行的各种辅助动作消耗的时间。

基本时间与辅助时间之和称为操作时间 T_B，它是直接用于制造产品或零部件所消耗的时间。

3. 布置工作场地时间

布置工作场地时间(T_{sw})是指使加工正常进行，工人管理工作场地和调整机床等所需的时间。其一般按操作时间的 2%～7%(以百分率 α 表示)计算。

4. 生理和自然需要时间

生理和自然需要时间(T_r)是指工人在工作班内为恢复体力和满足生理需要等消耗的时间。其一般按操作时间的 2%～4%(以百分率 β 表示)计算。

以上四部分时间的总和称为单件时间 T_p，即

$$T_p = T_b + T_a + T_{sw} + T_r = T_B + T_{sw} + T_r = (1 + \alpha + \beta) T_B \tag{6-18}$$

5. 准备与终结时间

准备与终结时间(T_e)简称为准终时间，是指工人在加工一批产品、零件进行准备和结束工作所消耗的时间。加工开始前，通常都要熟悉工艺文件，领取毛坯、材料、工艺装备，调整机床，安装工刀具和夹具，选定切削用量等；加工结束后，需送交产品，拆下、归还工艺装备等。准终时间对一批工件来说只消耗一次，零件批量越大，分摊到每个工件上的准终时间 T_e/n 就越小，其中 n 为批量。因此，单件或成批生产的单件计算时间 T_c 应为

$$T_c = T_p + \frac{T_e}{n} = T_b + T_a + T_{sw} + T_r + \frac{T_e}{n} \tag{6-19}$$

大量生产中，由于 n 的数值很大，$T_e/n \approx 0$，即可忽略不计，所以大量生产的单件计算时间 T_c 应为

$$T_c = T_p = T_b + T_a + T_{sw} + T_r \tag{6-20}$$

6.3.2 提高机械加工生产效率的工艺措施

劳动生产效率是一个综合技术经济指标，它与产品设计、生产组织、生产管理和工艺设计都有密切关系。这里讨论提高机械加工生产效率的问题，主要从工艺技术的角度，研究如何通过减少时间定额，寻求提高生产效率的工艺途径。

1. 缩短基本时间

1) 提高切削用量

增大切削速度、进给量和背吃刀量都可以缩短基本时间，这是机械加工中广泛采用的提高生产效率的有效方法。

2) 减少或重合切削行程长度

利用几把刀具或复合刀具对工件的同一表面或几个表面同时进行加工，或者利用宽刃刀具、成型刀具作横向进给同时加工多个表面，实现复合工步，都能减少每把刀的切削行程长度或使切削行程长度部分或全部重合，减少基本时间。

3) 采用多件加工

多件加工可分顺序多件加工、平行多件加工和平行顺序多件加工三种形式。

(1) 顺序多件加工是指工件按进给方向一个接一个地顺序装夹，减少了刀具的切入、切出时间，即减少了基本时间。

(2) 平行多件加工是指工件平行排列，一次进给可同时加工 n 个工件，加工所需基本时间和加工一个工件相同，所以分摊到每个工件的基本时间就减少到原来的 $1/n$。

(3) 平行顺序多件加工是上述两种形式的综合，常用于工件较小、批量较大的情况。

2. 缩短辅助时间

缩短辅助时间的方法通常是使辅助操作实现机械化和自动化，或使辅助时间与基本时间重合。具体措施如下。

1) 采用先进高效的机床夹具

这不仅可以保证加工质量，而且大大减少了装卸和找正工件的时间。

2) 采用多工位连续加工

采用多工位连续加工是指在批量和大量生产中，采用回转工作台和转位夹具，在不影响

切削加工的情况下装卸工件，使辅助时间与基本时间重合。

3）采用主动测量或数字显示自动测量装置

零件在加工中需多次停机测量，尤其是精密零件或重型零件更是如此，这样不仅降低了生产效率，不易保证加工精度，还增加了工人的劳动强度，主动测量的自动测量装置能在加工中测量工件的实际尺寸，并能用测量的结果控制机床进行自动补偿调整。

4）采用两个相同夹具交替工作的方法

当一个夹具安装好工件进行加工时，另一个夹具同时进行工件装卸，这样也可以使辅助时间与基本时间重合。该方法常用于批量生产中。

3. 缩短布置工作场地时间

布置工作场地时间，主要消耗在更换刀具和调整刀具的工作上。因此，缩短布置工作场地时间主要是减少换刀次数、换刀时间和调整刀具的时间。减少换刀次数就是要提高刀具或砂轮的耐用度，而减少换刀和调刀时间是通过改进刀具的装夹和调整方法、采用对刀辅具来实现的。

4. 缩短准备与终结时间

缩短准备与终结时间的主要方法是扩大零件的批量和减少调整机床、刀具和夹具的时间。

6.3.3　工艺过程的技术经济分析

制定机械加工工艺规程时，通常应提出几种方案。这些方案应都能满足零件的设计要求，但成本则会有所不同。为了选取最佳方案，需要进行技术经济分析。

1. 生产成本和工艺成本

制造一个零件或一件产品所必需的一切费用的总和，称为该零件或产品的生产成本。生产成本实际上包括与工艺过程有关的费用和与工艺过程无关的费用两类。因此，对不同的工艺方案进行经济分析和评价时，只需分析、评价与工艺过程直接相关的生产费用，即所谓工艺成本。

在进行经济分析时，应首先统计出每一方案的工艺成本，再对各方案的工艺成本进行比较，以其中成本最低、见效最快的为最佳方案。

工艺成本由两部分构成，即可变成本(V)和不变成本(S)。

可变成本(V)是指与生产纲领 N 直接有关，并随生产纲领发生正比例变化的费用。它包括工件材料（或毛坯）费用、工人工资、机床电费、通用机床的折旧费和维修费、通用工艺装备的折旧费和维修费等。

不变成本(S)是指与生产纲领 N 无直接关系，不随生产纲领的变化而变化的费用。它包括调整工人的工资、专用机床的折旧费和维修费、专用工艺装备的折旧费和维修费等。

零件加工的全年工艺成本(E)为

$$E = V \cdot N + S \tag{6-21}$$

2. 不同工艺方案的经济性比较

在进行不同工艺方案的经济分析时，常对零件或产品的全年工艺成本进行比较，这是因为全年工艺成本与生产纲领呈线性关系，容易比较。设两种不同方案分别为Ⅰ和Ⅱ，它们的全年工艺成本分别为

$$E_{\mathrm{I}} = V_{\mathrm{I}} N + S_{\mathrm{I}}$$
$$E_{\mathrm{II}} = V_{\mathrm{II}} N + S_{\mathrm{II}}$$

两种方案比较时,往往一种方案的可变费用较大时,另一种方案的不变费用就会较大。如果某方案的可变费用和不变费用均较大,那么该方案在经济上是不可取的。

如果需要比较的工艺方案中基本投资差额较大,那么还应考虑不同方案的基本投资差额的回收期。投资回收期必须满足以下要求。

(1) 小于采用设备和工艺装备的使用年限。

(2) 小于该产品由于结构性能或市场需求等因素所决定的生产年限。

(3) 小于国家规定的标准回收期,即新设备的回收期应小于6年,新夹具的回收期应小于3年。

6.4 装配工艺基础

6.4.1 装配工艺概述

1. 装配的概念

任何机械产品都是由若干零件、组件和部件装配而成的。所谓装配就是按规定的技术要求,将零件、组件和部件进行配合和连接,使之成为半成品或成品,并对其进行调试和检测的工艺过程。其中,把零件、组件装配成部件的过程称为部装;把零件、组件和部件装配成产品的过程称为总装。

装配是机器生产的最后环节。研究装配工艺过程和装配精度,制定科学的装配工艺规程,采取合理的装配方法,对于保证产品质量、提高生产效率、减轻装配工人的劳动强度和降低产品成本,都有着十分重要的意义。

2. 装配工作

装配并不只是将零件进行简单连接的过程,而是根据组装、部装和总装的技术要求,通过校正、调整、平衡、配作以及反复地检验来保证产品质量的复杂过程。常见的装配工作的基本内容有以下五项。

1) 清洗

清洗的目的是去除零件表面或部件中的油污及机械杂质。零部件的清洗能保证产品的装配质量和延长产品的使用寿命,尤其是对于轴承、密封件、精密偶件及有特殊清洗要求的工件更为重要。清洗的方法有擦洗、浸洗、喷洗和超声波清洗等。清洗液一般可采用煤油、汽油、碱液及各种化学清洗液等。清洗过的零件应具有一定的中间防锈能力。

2) 联接

将两个或两个以上的零件结合在一起的工作称为联接。联接可分为可拆卸联接和不可拆卸联接两种方式。可拆卸联接的特点是相互连接的零件可多次拆装而不损坏任何零件,常见的可拆卸联接有螺纹联接、键联接和销联接等;常见的不可拆卸联接有过盈配合联接、焊接、铆接等,其中过盈配合常用于轴与孔的联接,联接方法一般采用压入法,重要或精密机械常用热胀或冷缩法。

3) 校正、调整与配作

在单件小批量生产的条件下,某些装配精度要求不是随便能满足的,必须进行校正、调整或配作等工作。校正就是在装配过程中通过找正、找平及相应的调整工作来确定相关零件的相互位置关系；调整就是调节相关零件的相互位置，除了在配合校正中所做的对零部件间位置精度的调节之外，还包括对各运动副间隙的调整以保证零部件间的运动精度；配作是指在装配过程中的配钻、配铰、配刮、配磨等一些附加的钳工和机加工工作。调整、校正、配作虽有利于保证装配精度，却会影响生产效率，且不利于流水装配作业。

4）平衡

对于转速高、运转平稳性要求高的机器，为了防止在使用过程中因旋转件质量不平衡产生的离心力而引起振动，装配时必须对有关旋转零件进行平衡，必要时还要对整机进行平衡。平衡的方法有加重法、减重法、调节法。

5）验收试验

产品装配好后应根据其质量验收标准进行全面的验收试验，各项验收指标合格后才可包装、出厂。

3. 机器装配的精度

1）装配精度的内容

机器的装配精度包括以下几个方面。

（1）尺寸精度：装配后零部件间应保证的距离和间隙。

（2）位置精度：装配后零部件间应保证的平行度、垂直度等。

（3）运动精度：装配后有相对运动的零部件间在运动方向和运动准确性上应保证的要求。

（4）接触精度：两配合表面、接触表面和连接表面间达到规定的接触面积和接触点分布的要求。

不难看出，各装配精度之间有着密切的关系。位置精度是运动精度的基础，它对于保证尺寸精度、接触精度也会产生较大的影响；反过来，尺寸精度、接触精度又是位置精度和运动精度的保证。

2）装配精度与零件精度的关系

机器的质量是通过装配质量最终得以保证的。如果装配不当，即使零件的加工质量再高，仍可能出现不合格产品；相反，即使零件的加工质量不是很高，但在装配时采用了合适的工艺方法，依然可能使产品达到规定的精度要求。可见，装配工艺方法对保证机器的质量有着很重要的作用。要获得较高的装配精度，通常必须先控制和提高零件的加工精度，使它们的累计误差不超过装配精度的要求。

3）影响装配精度的因素

（1）零件的加工精度。零件的加工精度是保证装配精度的基础，零件加工精度的一致性好，对于保证装配精度、减少装配工作量有着很大的影响。当然，并不是说零件的加工精度越高越好，因为这样会增加产品成本，造成浪费，应该根据装配精度分析，控制有关零件的加工精度，特别是要求保证零件精度的一致性。

（2）零件之间的配合要求和接触质量。零件之间的配合要求是指配合面之间的间隙量或过盈量，它决定配合性质。零件之间的接触质量是指配合面或连接表面之间的接触面积大小和接触位置要求，它主要影响接触刚度即接触变形，也影响配合性质。现代机器装配中，提高配合质量和接触质量，对于提高配合面的接触刚度，以及整个机器的精度、刚度、抗震性和延长寿命等都有极其重要的作用。

(3) 零件的变形。零件在机械加工和装配过程中,由于力、热、内应力等所引起的变形,对装配精度影响很大。有些零件在机械加工后是合格的,但由于存放不当、自重或其他原因发生变形;有的装配时精度是合格的,但由于机械加工时零件里层的残余内应力或外界条件的变化,可能产生内应力而影响装配精度。因此,某些精密仪器、精密机床必须在恒温条件下装配,使用时也必须保证恒温。

(4) 旋转零件的不平衡。高速旋转零件的平衡对于保证装配精度、保证机器工作的平稳性、减少振动、降低噪声、提高工作质量、提高机器寿命等,都有着十分重要的意义。现在,连一些中速旋转的机器也都开始重视动平衡的问题了。

(5) 工人的装配技术。装配工作是一项技术性很强的工作,有时合格的零件也不一定能装配出合格的产品,因为装配工作包括修配、调整等内容,这些工作的精度主要靠工人的技术水平和工作经验来保证,甚至与工人的思想情绪、工作态度、责任感等主观因素有关。因此,有时装配的产品不合格,也可能是装配技术造成的。

4. 装配的类型

生产纲领不同,装配的生产类型也不同。不同的生产类型,装配的组织形式、装配方法和工艺装备等都有较大的区别。大批量生产多采用流水装配线,还可采用自动装配机或自动装配线;笨重、批量不大的产品多采用固定流水装配,批量较大时采用流水装配,多品种平行投产时采用多品种可变节奏流水装配;单件小批量生产多采用固定装配或固定式流水装配进行总装,对有一定批量的部件也可采用流水装配。

6.4.2 保证装配精度的工艺方法

如前所述,机器的精度最终是靠装配来保证的。在生产过程中用来保证装配精度的装配方法有很多,归纳起来可分为互换法、选配法、修配法和调整法四类。

1. 互换法

根据互换程度的不同,互换法可分为完全互换法和部分互换法两种。

1) 完全互换法

完全互换法是指装配时各配合零件可不经挑选、修配及调整,即达到规定的装配精度的装配方法。其装配尺寸链采用极值法解算。

2) 部分互换法

部分互换法又称为不完全互换法,也称为大数互换法。完全互换法的装配过程虽然简单,但它是通过严格控制零件的制造精度来保证装配精度的,当装配精度要求较高,而组成环数目又较多时,会使各组成环零件加工精度要求过高而造成加工困难。因此,对于大批量的生产类型,应考虑采用部分互换法来替代完全互换法。部分互换法是指绝大多数产品装配时各组成环可不需挑选、修配及调整,装配后即能达到装配精度的要求,但可能会有少数产品因为不能达到装配精度而需要采取修配措施甚至可能成为废品。部分互换法采用概率法解算装配尺寸链,以增大各组成环的公差值,使零件易于加工。

2. 选配法

选配法是指将尺寸链中组成环的公差放大到经济加工精度,按此精度对各零部件进行加工,然后再选择合适的零件进行装配,以保证装配精度。选配法适用于装配精度要求高、组成环数较少的大批量生产类型。该方法又可分为直接选配法、分组选配法和复合选配法。

1）直接选配法

在装配时，由工人直接从许多待装配的零件中选择合适的零件进行装配。这种方法的装配精度在很大程度上取决于工人技术水平的高低。

2）分组选配法

当封闭环精度要求很高时，无论是采用完全互换法还是采用部分互换法都可能使各组成环分得的公差值过小，而造成零件难以加工且不经济，这时往往将各组成环的公差按完全互换法所要求的值放大几倍，使零件能按经济加工精度进行加工，加工后再按实际测量出的尺寸将零件分为若干组，装配时选择对应组内零件进行装配，来满足装配精度要求。由于同组内的零件可以互换，所以这种方法又称为分组互换装配法。

3）复合选配法

它是分组选配法和直接选配法的复合形式，即将组成环的公差相对于互换法所要求之值增大，然后对加工后的零件进行测量、分组，装配时由工人在各对应组内挑选合适零件进行装配。这种方法既能提高装配精度，又不会增加分组数，但装配精度仍依赖于工人的技术水平，常用于相配件公差不等时，作为分组装配法的一种补充形式。

选配法的装配尺寸链采用极值法解算。

3. 修配法

修配法是指将尺寸链中各组成环均按经济加工精度制造，在装配时去除某一预先确定好的组成环上的材料，改变其尺寸，从而保证装配精度。装配时进行的加工，称为修配；被加工的零件叫修配件；这个组成环称为修配环，由于对该环的修配是为了补偿其他组成环公差放大而产生的累积误差，所以该环又称为补偿环。采用修配法时，解算装配尺寸的方法采用极值法，先按经济加工精度确定除修配环以外的其他各组成环的公差，并按单向入体原则确定其偏差；再确定补偿环的公差及偏差。

修配法可以分为单件修配法、合并加工修配法和自身加工修配法。单件修配法是在装配尺寸链中，选择某一个固定的零件作为修配件，装配时通过对它进行修配加工来满足装配精度的要求。合并加工修配法是将两个或更多的零件先合并（装配）到一起再进行修配加工，合并后的尺寸可作为一个组成环，这样就减少了尺寸链中组成环的数目，扩大了组成环的公差，还能减少修配量。自身加工修配法是利用机床装配后自己加工自己来保证装配精度。

4. 调整法

在成批大量生产中，对于装配精度要求较高而组成环数目又较多的装配尺寸链，可采用调整法来进行装配。所谓调整装配法，就是在装配时通过改变产品中可调零件的位置或更换尺寸合适的可调零件来保证装配精度的方法。调整法与修配法的实质相同，都是按经济精度确定各组成环的公差，并选择一个组成环为调整环，通过改变调整环的尺寸来保证装配精度；不同的是调整法是依靠改变调整件的位置或更换调整件来保证装配精度，而修配法则是通过去除材料的方法来保证装配精度。

根据调整方式的不同，调整法又分为可动调整法、固定调整法和误差抵消法三种。通过改变调整件位置来保证装配精度的方法称为可动调整装配法。在装配尺寸链中选择一个零件作为调整件,根据各组成环形成的累积误差的大小来更换不同尺寸的调整件,以保证装配精度要求的方法称为固定调整装配法。在产品或部件装配时,通过调整有关零件的相互位置,使其加工误差相互抵消一部分,以保证装配精度的方法称为误差抵消装配法。

6.4.3 装配工艺规程的制定

用文件的形式将装配内容、顺序、操作方法和检验项目等规定下来,作为指导装配工作和组织装配生产的依据的技术文件,称为装配工艺规程。它对于保证装配质量、提高装配生产效率、减轻工人劳动强度以及降低生产成本等都有重要的作用。

1. 制定装配工艺的基本原则及原始资料

1) 制定装配工艺规程的基本原则

在制定装配工艺规程时,应考虑遵循以下原则。

(1) 保证质量。装配工艺规程应保证产品质量,力求提高质量以延长产品的使用寿命。产品的质量最终是由装配来保证的。即使零件都合格,如果装配不当,也可能装配出不合格产品。因此,装配一方面能反映产品设计和零件加工的问题,另一方面装配本身应确保产品的质量。

(2) 提高效率。装配工艺规程应合理安排装配顺序,力求减轻劳动强度,缩短装配周期,提高装配效率。目前,大多数工厂仍采用手工装配方式,有的实现了部分机械化。装配工作的劳动量很大,也比较复杂,因此装配工艺规程必须科学、合理,尽量减少钳工装配工作量,力求减轻劳动强度、提高工作效率。

(3) 降低成本。装配工艺规程应能尽量减少装配投资,力求降低装配成本。要降低装配工作所占的成本,必须考虑减少装配投资,采取措施节省装配占地面积,减少设备投资,降低对工人的技术水平要求,减少装配工人的数量,缩短装配周期等。

2) 制定装配工艺规程的原始资料

制定装配工艺规程前,必须事先获得一定的原始资料,才能着手这方面的工作。制定装配工艺规程所需的原始资料主要包括以下几项。

(1) 产品的总装图和部件装配图,必要时还应有重要零件的零件图。从产品图纸可以了解产品的全部结构和尺寸、配合性质、精度、材料和重量以及技术性能要求等,从而合理地安排装配顺序、恰当地选择装配方法和检验项目、合理地设计装配工具和准备装配设备。

(2) 产品的验收技术标准。它规定了产品性能的检验、试验的方法和内容。

(3) 产品的生产纲领。它决定装配的生产类型,是制定装配工艺和选择装配生产组织形式的重要依据。

(4) 现有的生产和技术条件。它包括本厂现有的装配工艺设备、工人技术水平、装配车间面积等各方面的情况。考虑这些现有条件,可以使所制定的装配工艺更切合实际,符合生产要求。

2. 装配工艺规程的内容和步骤

1) 装配工艺规程的内容

装配工艺规程主要包括以下内容。

(1) 分析产品总装图,划分装配单元,确定各零部件的装配顺序及装配方法。

(2) 确定各工序的装配技术要求、检验方法和检验工具。

(3) 选择和设计在装配过程中所需的工具、夹具和专用设备。

(4) 确定装配时零部件的运输方法及运输工具。

(5) 确定装配的时间定额。

2) 制定装配工艺规程的步骤

根据装配工作的内容可知,制定装配工艺规程时,必须遵循以下步骤。

(1) 分析产品的原始资料

分析产品图样及产品结构的装配工艺性;分析装配技术要求及检验标准;分析与解算装配尺寸链。

(2) 确定装配方法与组织形式

装配方法与组织形式主要取决于产品的结构、生产纲领及工厂现有生产条件。装配组织形式可分为固定式和移动式两种。全部装配工作都在同一个地点完成者称为固定式装配;零部件用输送带或输送小车按装配顺序从一个装配地点移动到下一个装配地点,各装配点分别完成一部分装配工作者称为移动式装配。根据零部件移动的方式不同,移动式装配又可分为连续移动及间歇移动两种,在连续移动式装配中装配线连续按节拍移动,工人在装配时边装配边随着装配线走动,装配完后立刻回到原来的位置进行重复装配;在间歇移动式装配中装配时产品不动,工人在规定时间(节拍)内完成装配工作后,产品再被输送带或小车送到下一个装配地点。

(3) 划分装配单元,确定装配基准件

产品的装配单元可分为五个等级,即零件、合件、组件、部件和产品。无论哪一级装配单元,都要选定某一零件或比它低一级的装配单元作为装配基准件,所选装配基准件应具有较大的重量、体积及足够的支承面,以保证装配时作业的稳定性。

(4) 确定装配顺序

确定装配顺序的一般原则是:先进行预处理;先装基准件、重型件;先装复杂件、精密件和难装配件;先完成容易破坏以后装配质量的工序;类似工序、同方位工序集中安排;电线、油(气)管路应同步安装;危险品(易燃、易爆、易碎、有毒等)最后安装。

(5) 划分装配工序

装配顺序确定后就可划分装配工序,其主要工作内容如下。

① 确定工序集中与分散程度。

② 划分装配工序,确定各工序内容。

③ 确定各工序所用设备、工具。

④ 制定各工序装配操作规范。

⑤ 制定各工序装配质量要求与检验方法。

⑥ 确定工序时间定额。

(6) 编制装配工艺文件

单件小批量生产时,通常只需绘制装配系统图,装配时,按产品装配图及装配系统图工作。成批生产时,则需制定装配工艺过程卡,对复杂产品还需制定装配工序卡。大批量生产时,不仅要制定装配工艺过程卡,还要制定装配工序卡,以直接指导工人进行装配。

(7) 制定产品检测与试验规范

① 检测和试验的项目及质量指标。

② 检测和试验的方法、条件与环境要求。

③ 检测和试验所需工艺装备的选择或设计。

④ 质量问题的分析方法和处理措施。

习题与思考题

6-1 什么是生产过程、工艺过程、工艺规程？工艺规程在生产上有何作用？

6-2 什么是工序、安装、工位、工步？

6-3 如何划分生产类型？各种生产类型的工艺特征是什么？

6-4 在加工中可通过哪些方法保证工件的尺寸精度、形状精度及位置精度？

6-5 什么是零件的结构工艺性？

6-6 什么是设计基准、定位基准、工序基准、测量基准、装配基准？请举例说明。

6-7 精基准、粗基准的选择原则有哪些？如何处理在选择时出现的矛盾？

6-8 简述如何选择下列加工过程中的定位基准：(1)浮动铰刀铰孔；(2)拉齿坯内孔；(3)无心磨削销轴外圆；(4)磨削床身导轨面；(5)箱体零件攻螺纹；(6)珩磨连杆大头孔。

6-9 简述在零件加工过程中，划分加工阶段的目的和原则。

6-10 简述零件在机械加工工艺过程中，安排热处理工序的目的、常用的热处理方法及其在工艺过程中安排的位置。

6-11 试分析题6-11图所示零件的工艺过程的组成(内容包括工序、安装、工步、工位等)，生产类型为单件小批量生产。

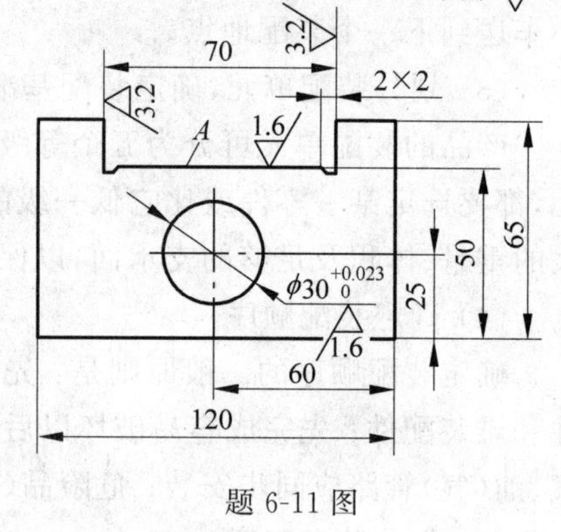

题6-11图

6-12 加工题6-12图所示零件，要求保证尺寸(6±0.1)mm。但该尺寸不便测量，要通过测量尺寸L来间接保证。试求测量尺寸L及其上、下偏差，并分析有无假废品存在？若有，可采取什么办法来解决假废品的问题？

6-13 加工套筒零件，其轴向尺寸及有关工序简图如题6-13图所示，试求工序尺寸L_1和L_2及其极限偏差。

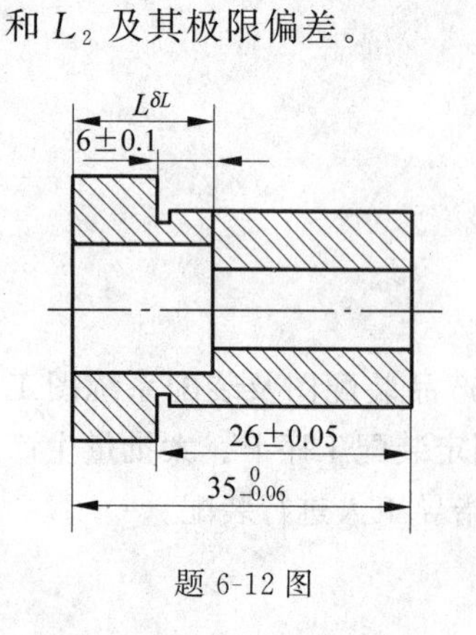

题6-12图

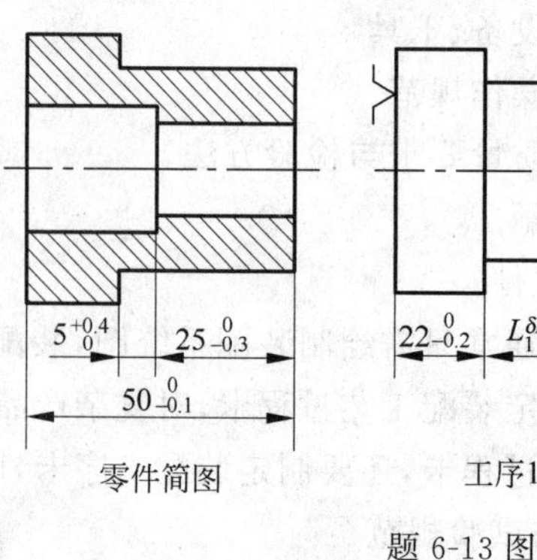

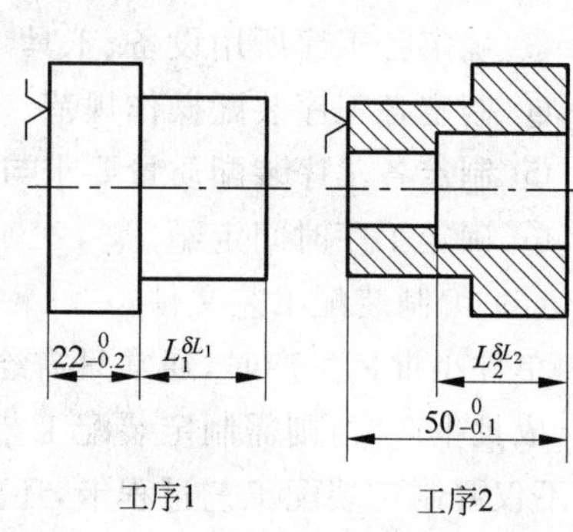

题6-13图

6-14　试判别题 6-14 图所示各尺寸链中哪些是增环？哪些是减环？

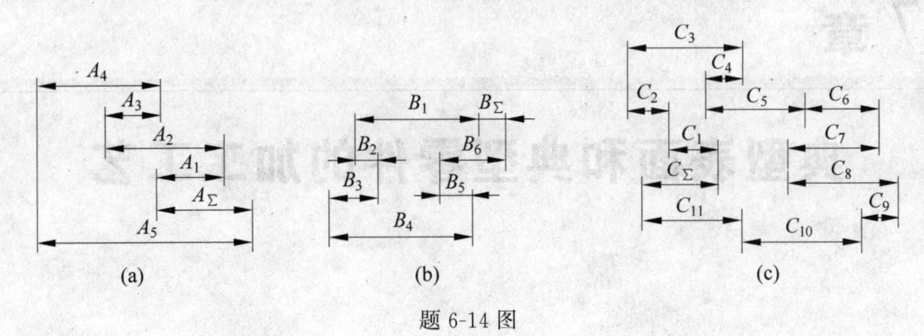

题 6-14 图

6-15　某零件加工工艺过程如题 6-15 图所示，试校核工序 3 精车端面的余量是否足够？

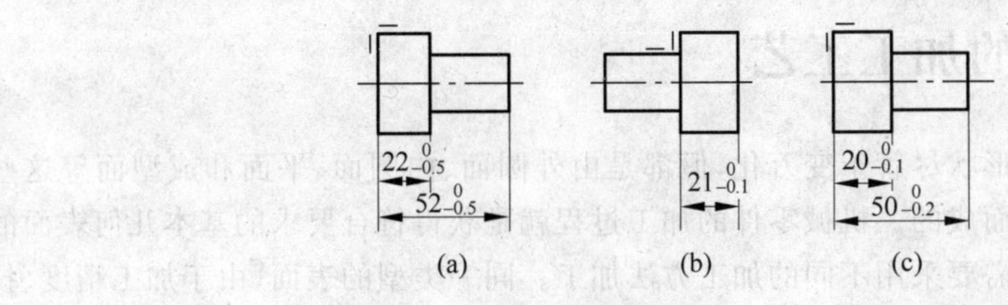

题 6-15 图

6-16　什么是时间定额？批量生产和大量生产时的时间定额分别怎样计算？

6-17　什么是工艺成本？它由哪两类费用组成？单件工艺成本与年产量的关系如何？

6-18　常用的装配方法有哪些？各有何特点？

6-19　什么是装配工艺规程？内容有哪些？有何作用？

6-20　制定装配工艺规程的原则及原始资料是什么？

6-21　保证产品精度的装配工艺方法有哪几种？各用在什么场合？

第 7 章

典型表面和典型零件的加工工艺

7.1 典型表面的加工工艺

机械零件的结构和形状尽管千变万化，但都是由外圆面、内圆面、平面和成型面等这些最基本的几何表面组合而成的。机械零件的加工过程就是获得符合要求的基本几何表面的过程。不同类型的表面需要采用不同的加工方法加工。同一类型的表面，由于加工精度、技术要求不同，或者由于生产效率和加工成本不相同，或者根据企业的生产条件，其加工方法也有所不同。工程技术人员的任务就是要根据具体的生产条件选用最适当的加工方法制定出最佳的加工工艺路线，加工出符合图样技术要求的零件，并获得最好的经济效益。

7.1.1 外圆加工

外圆面是轴类、套类和盘类等回转体零件的主要表面，常用的外圆面加工方法有车削、磨削和光整加工。

1. 外圆车削

外圆车削是回转类零件外圆表面最常见、最基本的加工方法，既适用于单件、小批量生产，也适用于成批、大量生产。单件、小批量中常采用卧式车床加工；成批、大量生产中常采用仿型车床、自动车床、多刀半自动车床和转塔车床加工。对于大尺寸工件常采用大型立式车床加工；对于复杂形状的高精度外圆成型表面还可采用数控车床加工。

车削外圆一般分为荒车、粗车、半精车、精车和精细车。

大批量生产要求加工效率高。为此可采取以下措施提高外圆面车削的生产效率。

(1) 采用高速车削、强力车削，提高切削用量，即增大切削速度 v_c、背吃刀量 a_p 和进给量 f，这是缩短基本时间、提高外圆面车削生产效率的最有效措施之一。

(2) 采用新型刀具材料(如 W1、CBN 刀片)进行高速切削；使用机械夹固式车刀、可转位车刀等，缩短更换和刃磨刀具的时间。

(3) 采用先进的车削设备(如多刀半自动车床、多刀自动车床、液压仿型车床、数控车床等)同时对各表面进行切削。

(4) 采用加热车削、低温冷冻车削、振动车削等方法加工，减少切削阻力，延长刀具寿命。

2. 外圆磨削

磨削是外圆面精加工的主要方法。它既能加工淬硬零件，也可以加工未淬火零件。根据不同的加工精度和粗糙度要求，外圆磨削可分为粗磨、精磨、精密磨削、超精密磨削和镜面磨削。磨削加工的经济精度为 IT6～IT5，表面粗糙度 $R_a=1.25\sim0.32\mu m$，镜面磨削表面粗糙度 R_a 可达 $0.02\mu m$。常见的外圆磨削如图 7-1 所示。

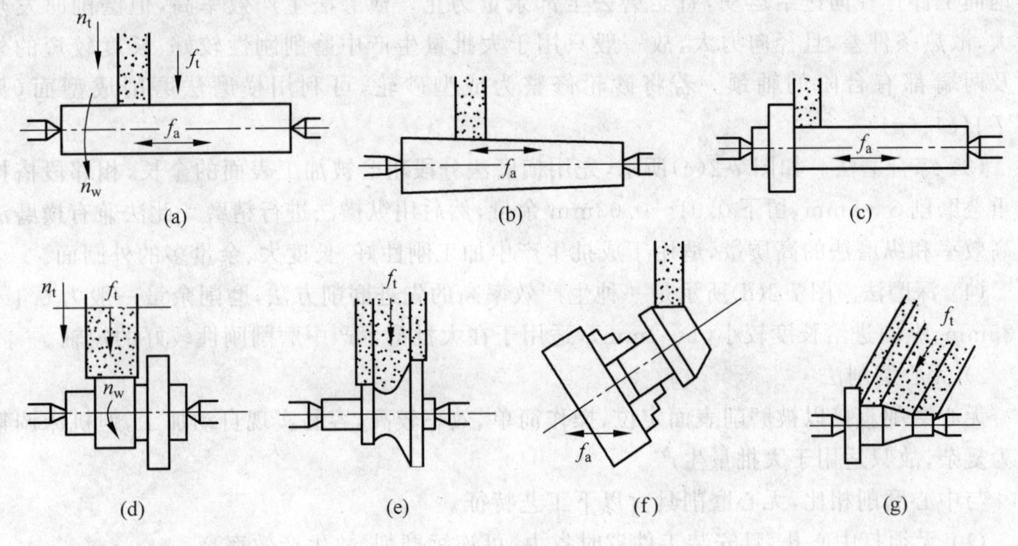

图 7-1　外圆磨削加工的应用

根据工件的定位方式和装夹状况，外圆磨削分为中心磨削和无心磨削两种方式。

1）中心磨削法

中心磨削即普通外圆磨削，工件以中心孔或外圆定位。根据进给方式的不同，中心磨削又可分为如图 7-2 所示的几种磨削方法。

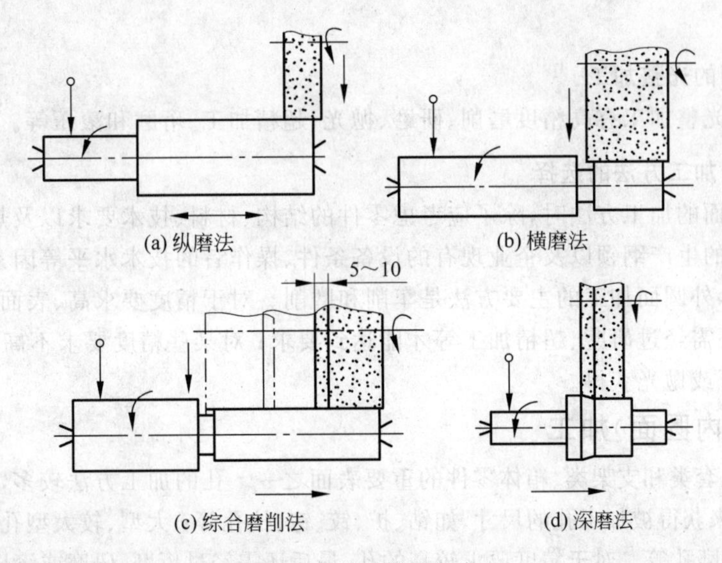

图 7-2　外圆磨削方式

(1) 纵磨法。如图 7-2(a)所示，磨削时工件随工作台作直线往复纵向进给运动，工件每往复一次(或单行程)砂轮横向进给一次。由于背吃刀量很小，走刀次数多，故生产效率较低,但能获得较高的精度和较小的表面粗糙度值,因此应用较广,适于磨削长度与砂轮宽度之比大于3的工件。

(2) 横磨法。如图7-2(b)所示,工件不作纵向进给运动,砂轮以缓慢的速度连续或断续地向工件作径向进给运动,直至磨去全部余量为止。横磨法生产效率高,但磨削时发热量大,散热条件差,且径向力大,故一般只用于大批量生产中磨削刚性较好、长度较短的外圆及两端都有台阶的轴颈。若将砂轮修整为成型砂轮,可利用横磨法磨削成型面(见图7-1(e)、(g))。

(3) 综合磨法。如图7-2(c)所示,先用横磨法分段粗磨被加工表面的全长,相邻段搭接处重叠磨削3~5mm,留下0.01~0.03mm余量,然后用纵横法进行精磨。此法兼有横磨法的高效率和纵磨法的高质量,适用于成批生产中加工刚性好、长度大、余量多的外圆面。

(4) 深磨法。图7-2(d)所示是一种生产效率高的先进磨削方法,磨削余量一般为0.1~0.35mm,纵向进给长度较小(1~2mm),适用于在大批量生产中磨削刚性较好的短轴。

2) 无心磨削法

无心磨削直接以被磨削表面定位,操作简单、效率较高,容易实现自动加工,但机床调整较为复杂,故只适用于大批量生产。

与中心磨削相比,无心磨削具有以下工艺特征。

(1) 无须打中心孔,且安装工件省时省力,可连续磨削,故生产效率高。

(2) 尺寸精度较好,但有一定的圆度误差,圆度误差一般不小于0.002mm,且不能改变被加工表面与其他相关表面的位置误差。

(3) 支承刚度好,刚度差的工件也可采用较大的切削用量进行磨削。

(4) 容易实现工艺过程的自动化。

(5) 所加工的工件受到一定的局限,不能磨带槽的工件,也不能磨内外圆同轴度要求较高的工件。

3. 外圆面的光整加工

外圆面的光整加工有高精度磨削、研磨、抛光、超精加工、珩磨和滚压等。

4. 外圆面加工方法的选择

选择外圆面的加工方法时,除了应考虑零件的结构、材料、技术要求以及热处理要求外,还应考虑零件的生产纲领以及企业现有的设备条件、操作者的技术水平等因素。

一般来说,外圆面加工的主要方法是车削和磨削。对于精度要求高、表面粗糙度值小的工件外圆面,还需经过研磨、超精加工等才能达到要求;对某些精度要求不高但需光亮的表面,可通过滚压或抛光获得。

7.1.2 孔(内圆面)加工

孔是盘类、套类和支架类、箱体零件的重要表面之一。孔的加工方法较多,中小型孔一般靠定尺寸刀具来获得被加工孔的尺寸,如钻、扩、铰、锪、拉孔等;大型、较大型孔则需采用其他方法,如车、镗、磨孔等。对于精度要求较高的孔,最后还需经过珩磨、研磨或滚压等精密加工。

1. 钻、扩、铰、锪、拉孔

1) 钻孔

用钻头在工件实体部位加工孔的方法称为钻孔。钻孔主要用于粗加工,多用作扩孔、铰孔前的预加工,或加工精度和粗糙度要求不高的螺纹底孔、油孔、气孔等。

钻孔主要在钻床上进行,回转体工件上钻孔多在车床上进行,也可在镗床和铣床上进行。在钻床、镗床上钻孔时,由于钻头旋转而工件不动,在钻头刚性不足的情况下,钻头引偏就会使孔的中心线发生歪曲,但孔径无显著变化。在车床上钻孔时,因为是工件旋转而钻头不转动,钻头的引偏只会引起孔径的变化并产生锥度等缺陷,孔的中心线仍是直的,且与工件回转中心一致,如图 7-3 所示。故钻小孔和深孔时,为了避免孔的轴线偏移和不直,应尽可能在车床上进行。

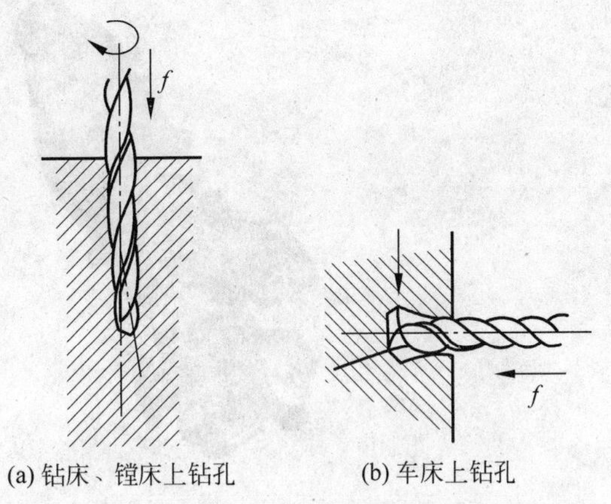

图 7-3　钻头引偏引起的加工误差

钻孔常用的刀具是麻花钻,其加工性能较差,为了改善其加工性能,目前已广泛应用群钻,如图 7-4 所示。钻削本身的效率较高,但是由于普通钻孔需要划线、冲坑等辅助工序,使其生产效率降低,为提高生产效率,大批量生产中钻孔常用钻模和专用的多轴组合钻床,也可采用如图 7-5 所示的新型自带中心导向钻的组合钻头,这种钻头可以直接在平面上钻孔,无须錾坑,非常适合数控钻削。

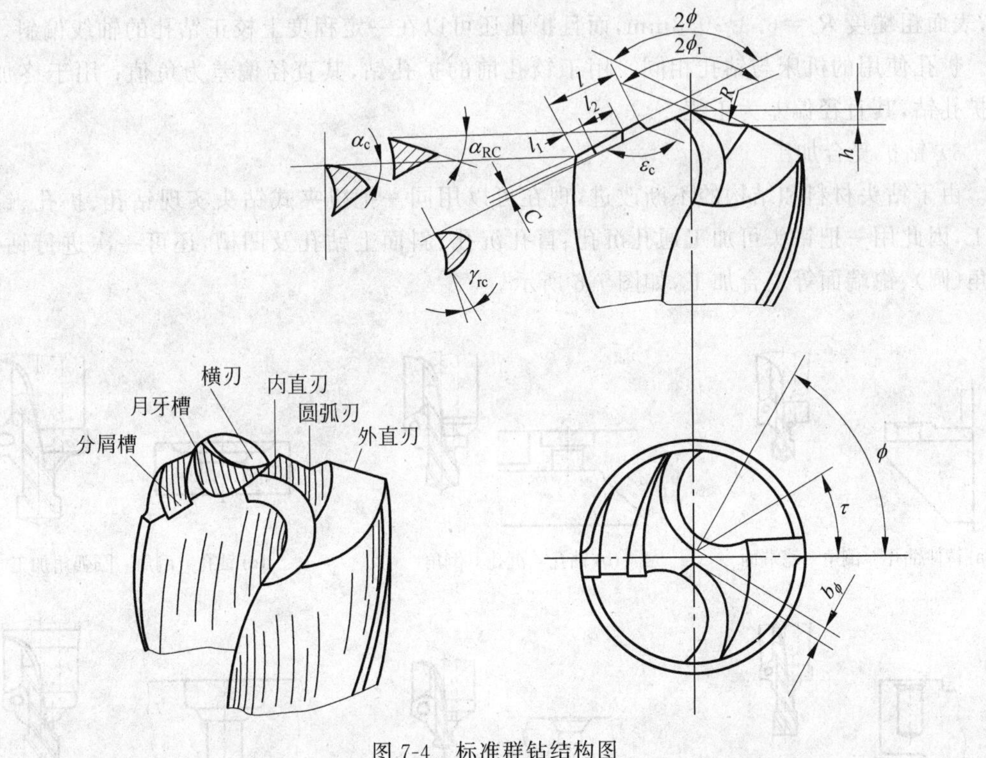

图 7-4　标准群钻结构图

对于深孔加工,由于排屑、散热困难,且容易引偏,宜采用外排屑深孔钻、内排屑喷吸钻等特殊专用钻头。

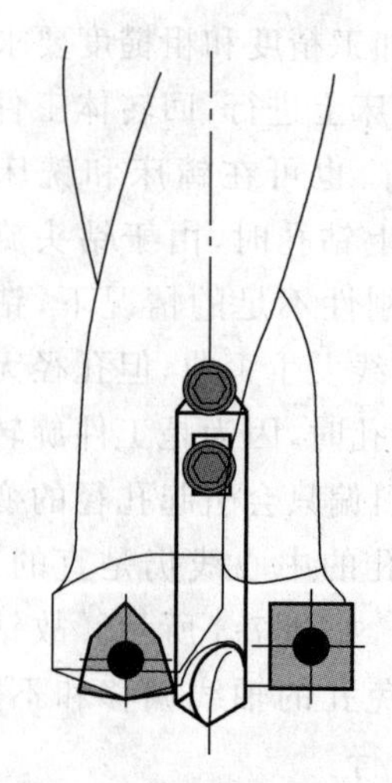

图 7-5 自带中心导向钻的组合钻头

2) 扩孔

扩孔是采用扩孔钻对已钻出(或铸出、锻出)的孔进行进一步加工的方法,主要用于孔的半精加工,常用作铰孔等精加工工序的准备工序,也可作为精度要求不高的孔的最终工序。由于扩孔钻刚性好、刀齿多,扩孔时背吃刀量较小,排屑容易,因此扩孔精度可达 IT11～IT9 级,表面粗糙度 $R_a=6.3\sim0.8\text{mm}$,而且扩孔还可以在一定程度上校正钻孔的轴线偏斜。

扩孔使用的机床与钻孔相同。用于铰孔前的扩孔钻,其直径偏差为负值;用于终加工的扩孔钻,其直径偏差为正值。

3) 钻扩复合加工

由于钻头材料和结构的不断改进,现在可以用同一把机夹式钻头实现钻孔、扩孔、镗孔加工,因此用一把钻头可加工通孔沉孔、盲孔沉孔、斜面上钻孔及凹槽,还可一次进行钻孔、倒角(圆)、锪端面等复合加工,如图 7-6 所示。

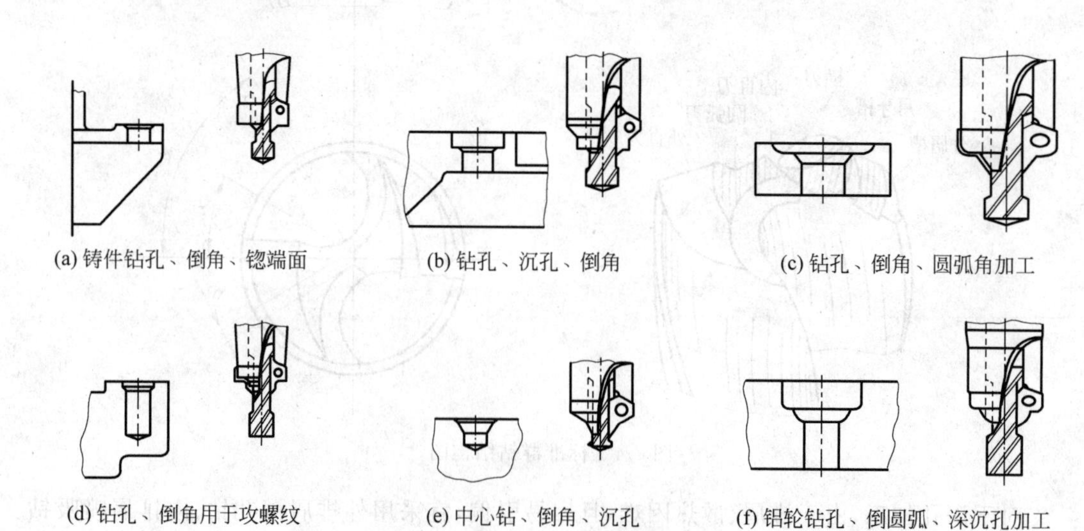

图 7-6 新型钻头复合加工示例

4）铰孔

铰孔是在扩孔或半精镗孔等半精加工基础上进行的一种孔的精加工方法，有手铰和机铰两种方式。机铰时铰刀在机床上应采用浮动连接。铰孔一般不能修正孔的位置误差，孔的位置误差应由铰孔前的工序来保证。铰孔尺寸精度可达IT9～IT7级，手铰甚至可达IT6级，表面粗糙度R_a=1.6～0.2μm。铰孔的孔径一般不大于80mm，也不宜用于台阶孔、盲孔、短孔和具有断续表面的孔。

5）锪孔

用锪钻加工锥形或柱形的沉孔称为锪孔，锪孔还可用来锪孔端面的凸台平面。锪孔一般在钻床上进行。

6）拉孔

拉孔是一种高生产效率精加工孔的方法。拉孔前工件须经钻孔或扩孔，一次行程便可完成粗加工—精加工—光整加工等阶段的工作。拉削不仅能加工圆孔，而且还可以加工成型孔、花键孔。

拉孔与其他孔加工方法比较，它具有生产效率高、拉孔精度与表面质量高、拉削运动简单、拉床结构简单且操作方便、拉刀寿命长等优点。但由于受到拉刀制造工艺及拉床动力的限制，尺寸太小与尺寸特大的孔、盲孔、台阶孔和薄壁孔均不适宜拉削加工。拉刀是定尺寸刀具，结构复杂、排屑困难、价格昂贵、设计制造周期长，故一般用于成批、大量生产中。

2. 镗孔

1）镗孔的工艺特点

当孔径大于100mm时，一般不采用扩孔而采用镗孔。镗孔可以在镗床、车床、铣床、数控机床和组合机床上进行。

镗孔具有以下工艺特点。

(1) 加工箱体、机座、支架等复杂大型件的孔和孔系，通过镗模或坐标装置，容易保证加工精度。

(2) 工艺灵活性大、适应性强。

(3) 尺寸精度要达IT11～IT7级，表面粗糙度值R_a=50～0.63μm，甚至可以更小。

(4) 和钻、扩、铰孔工艺相比，镗孔尺寸不受刀具尺寸限制，且具有较强的误差修正能力。

(5) 对工人的操作水平要求较高，生产效率较低。

2）镗孔的工艺范围

镗孔的适用性强，一把镗刀可以加工一定孔径和深度范围的孔，除直径特别小和较深的孔外，各种直径的孔都可进行镗削，可通过粗镗、半精镗、精镗和精细镗达到不同的精度和表面粗糙度。

对于孔径较大(D>80mm)、精度要求高和表面粗糙度较小的孔，可采用浮动镗刀加工，用以补偿刀具安装误差和主轴回转误差带来的加工误差，保证加工尺寸精度，但不能纠正直线度误差和位置误差。浮动镗削操作简单，生产效率高，故适用于大批量生产。

镗孔不但能够修正孔中心线偏斜误差，而且还能保证被加工孔和其他表面的相互位置精度。和车外圆相比，由于镗孔刀具、刀杆系统的刚性比较差，散热、排屑条件比较差，工件和刀具的热变形倾向比较大，故其加工质量和生产效率都不如车外圆高。

3. 磨孔

1) 砂轮磨孔

砂轮磨孔是孔的精加工方法之一。磨孔的精度可达IT8～IT6,表面粗糙度$R_a=1.6\sim0.4\mu m$。砂轮磨孔可在内圆磨床或万能外圆磨床上进行,磨削方式分为三类,如图7-7所示。

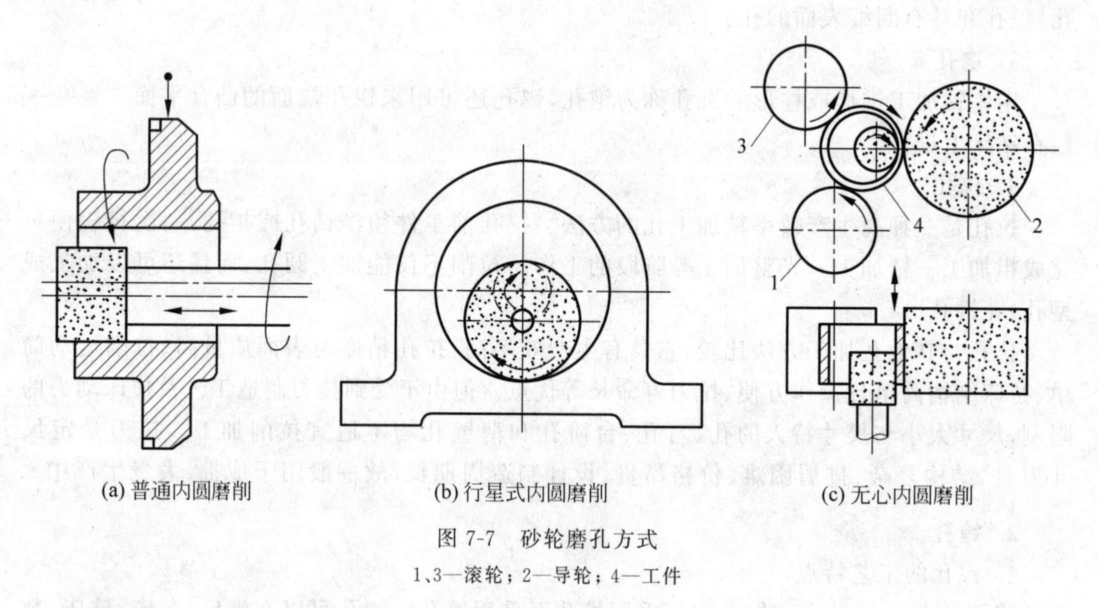

图7-7 砂轮磨孔方式

1、3—滚轮；2—导轮；4—工件

(1) 普通内圆磨削

工件装夹在机床上回转,砂轮高速回转并作轴向往复进给运动和径向进给运动,在普通内圆磨床上磨孔就是采用这种方式,如图7-7(a)所示。

(2) 行星式内圆磨削

工件固定不动,砂轮自转并绕所磨孔的中心线作行星运动和轴向往复进给运动,径向进给则通过加大砂轮行星运动的回转半径来实现,如图7-7(b)所示。此种磨孔方式用得不多,只有在被加工工件体积较大、不便于作回转运动的条件下才采用。

(3) 无心内圆磨削

如图7-7(c)所示,工件4放在滚轮中间,被滚轮3压向滚轮1和导轮2,并由导轮2带动回转,它还可沿砂轮轴心线作轴向往复进给运动。这种磨孔方法一般只用来加工轴承圈等简单零件。

作为孔的精加工方法,磨孔的适用性比铰孔广,还可纠正孔的轴线歪斜及偏移,但磨削的生产效率比铰孔低,且不大适于磨削有色金属,小孔和深孔也难以磨削。磨孔主要用于不宜或无法进行镗削、铰削和拉削的高精度孔及淬硬孔的精加工。

磨孔同磨外圆相比较,磨孔效率较低,表面粗糙度R_a比磨外圆时大,且磨孔的精度控制较磨外圆时难,主要原因如下。

① 受被磨孔径大小的限制,磨削砂轮直径一般都很小,且排屑和冷却不便,为取得必要的磨削速度,砂轮转速要求非常高,这给内圆磨头的设计和制造带来了很大的困难；此外,小直径砂轮的磨损快,砂轮寿命低。

② 内圆磨头在悬臂状态下工作，且磨头主轴的直径受工件孔径大小的限制，一般都很小，因此内圆磨头主轴的刚度差，容易产生振动。

③ 磨孔时，砂轮与工件孔的接触面积大，容易发生表面烧伤。

④ 磨孔时，容易产生圆柱度误差，要求主轴刚性好。

2）砂带磨孔

对于大型筒体内表面的磨削，还可采用砂带磨削，这种方法有时比砂轮磨削更具灵活性，但需要根据工件的结构特点针对性地设计砂带磨削装置，这种装置往往缺乏通用性，因此工厂中较少使用。

4. 孔的光整加工

1）研磨孔

研磨孔是常用的一种孔光整加工方法，用于对精镗、精铰或精磨后的孔作进一步加工。研磨孔的特点与研磨外圆相类似，研磨后孔的精度可达 IT7～IT6，表面粗糙度 R_a 可达 0.1～0.008μm，形状精度也有相应的提高。

2）珩磨孔

珩磨孔是利用珩磨头对孔进行光整加工的方法，常常对精铰、精镗或精磨过的孔在专用的珩磨机上进行光整加工。珩磨主要用于精密孔的最终加工工序，能加工直径 ϕ15～ϕ500mm 或更大的孔，并可加工深径比大于 10 的深孔。目前应用最广泛的有珩磨发动机的汽缸孔、连杆孔、液压油缸孔等。

珩磨可加工铸铁件、淬火和未淬火钢件以及青铜件等，但不宜加工易堵塞砂条的韧性太大的金属材料，也不能加工带键槽的孔、花键孔等断续表面。

5. 孔加工方法的选择

选择孔加工方法与机床的选用有密切联系，较外圆加工要复杂得多。

拟定孔加工方案时，除一般因素外，还应考虑孔径大小和深径比。

对于给定尺寸大小和精度的孔，有时可在几种机床上加工。为了便于工件装夹和孔加工，保证质量和提高生产效率，机床选用主要取决于零件的结构类型、孔在零件上所处的部位以及孔与其他表面的位置精度等条件。

1）盘、套类零件上各种孔加工的机床选用

盘、套等回转类零件中心部位的孔一般在车床上加工，这样既便于工件装夹，又便于在一次装夹中精加工孔、端面和外圆，以保证位置精度。若采用镗磨类加工方案，在半精镗后再转磨床加工；若采用拉削方案，可先在卧式车床或多刀半自动车床上粗车外圆、端面和钻孔（或粗镗孔）后再转拉床加工。盘、套类零件分布在端面上的螺钉孔、螺纹底孔及径向油孔等均应在立式钻床或台式钻床上钻削。

2）支架、箱体类零件上各种孔加工的机床选用

为了保证支承孔与主要平面之间的位置精度并使工件便于安装，大型支架和箱体应在卧式镗床上加工；小型支架和箱体可在卧式铣床或车床（用花盘、弯板安装）上加工。支架、箱体上的螺钉孔、螺纹底孔和油孔可根据零件大小在摇臂钻床、立式钻床或台式钻床上钻削。

3）轴类零件上各种孔加工的机床选用

轴类零件除中心孔外，带孔的情况较少，但有些主轴类零件有轴向圆孔、锥孔或径向小

孔。轴向孔的精度差异很大,一般均在车床上加工,高精度的孔则需再转磨床加工。径向小孔在钻床上钻削。

7.1.3 平面加工

平面是组成支架、箱体、床身、导轨、机座、工作台、平板以及各种六面体零件的主要表面之一。加工平面常用的切削加工方法有铣削、刨削、车削、磨削、刮削、研磨等。

1. 平面刨削

刨削是平面加工的主要方法之一。中小型零件的平面加工一般多在牛头刨床上进行,加工大型零件的平面或同时加工多个中型零件的平面则可在龙门刨床上进行。刨削平面所用的机床、工艺装备结构简单、调整方便,在工件的一次装夹中能同时加工处于不同位置上的平面,而且刨削的粗、精加工有时可以在同一工序中完成。

刨削主要用于平面的粗加工和半精加工,对于窄长平面的加工,刨削效率高于铣削。因此,加工窄长平面和机床导轨多采用刨削。

宽刃细刨是在普通精刨基础上使用高精度龙门刨和宽刃细刨刀,以低切削速度和大进给量加工平面的一种精加工方法,主要用来代替手工刮研接触面积较大的定位平面、支承平面,如导轨、机座、大型壳体零件上的平面,可使生产效率效提高几倍甚至几十倍。

2. 平面铣削

铣削也是平面加工的主要方法之一。铣削中小型零件的平面一般用卧式铣床或立式铣床;铣削大型零件的平面则用龙门铣床。

铣削工艺具有工艺范围广、可进行多刃高速切削、生产效率高等特点;但铣削容易产生振动,且经济性不如刨削。

平面铣削主要用于粗加工和半精加工。一般情况下,粗铣平面的直线度误差为0.15～0.3mm/m,表面粗糙度R_a=12.5～6.3μm;精铣平面的平直度误差为0.1～0.2mm/m,表面粗糙度R_a=6.3～1.6μm。

3. 端面车削

轴、盘、套类回转体零件的端面、台阶面等通常用车削加工,其他需要在车床上加工孔和外圆的零件端面通常也是用车削同时一次加工完成,这些端面往往要求与内、外圆面的轴线垂直。中小型零件在卧式车床上进行,重型、大型零件可在立式车床上进行。平面车削的精度为IT7～IT6,表面粗糙度R_a=12.5～1.6μm。

4. 平面磨削

平面磨削主要用于加工一些平直度、平面之间相互位置精度要求较高、表面粗糙度值要求小的平面。平面磨削一般是在铣削、刨削、车削的基础上进行的。随着高效率磨削的发展,平面磨削既可进行精密加工,又可代替铣削和刨削进行粗加工。平面磨削除使用砂轮磨削外,也可使用砂带磨削。平面磨削包括周磨和端磨两种。

1) 周磨

周磨平面是指用砂轮的圆周面来磨削平面。周磨可以获得较高的精度和表面质量。但在周磨中,磨削力易使砂轮主轴受压产生弯曲变形,故要求砂轮主轴应有较高的刚度,否则容易产生振纹。周磨适用于在成批生产条件下加工精度要求较高的平面,能获得高的尺寸精度和较小的表面粗糙度值。

2）端磨

端磨是用砂轮的端面来磨削平面。端磨时，磨头伸出短，刚性好，可采用较大的磨削用量，生产效率高；但砂轮与工件接触面积大，发热量多，散热和冷却较困难，加上砂轮端面各点的圆周线速度不同，磨损不均匀，故精度较低。一般用于大批量生产中，代替刨削和铣削进行粗加工。

平面磨削还广泛应用于平板平面、托板的支承面、轴承和盘类零件的端面或环端面等大小机件的精密加工，以及机床导轨、工作台等大型平面以磨代刮的精加工。

5. 平面的精密加工

1）平面拉削

平面加工还可通过拉削完成，其工作原理和拉孔相同，这是一种高效率、高质量的加工方法，但因为拉刀制造工艺复杂、价格昂贵，因此一般只用于大批量生产中。

2）平面刮研

平面刮研是指在精刨、精铣之后，为了获得很高的表面质量而进行的一种平面加工方法。刮研平面的直线度误差为0.01mm/m，甚至可达0.005～0.0025mm/m，表面粗糙度R_a为0.8～0.1μm。刮研既可提高表面的配合精度，又能在两平面间形成许多极微小的储油空隙，使滑动配合面具有良好的润滑条件，可提高滑动配合表面的耐磨性，还能使工件表面美观。

平面刮研精度高、方法简单，不需要复杂的设备和工具，但刮研劳动强度大，操作技术要求高，生产效率低，多用于单件小批量生产及设备修理，常用于加工未淬火的精度要求高的固定连接面、导向面及大型精密平板、直尺等。在大批量生产中，刮研多为磨削或宽刃精刨所代替。

3）平面研磨

平面研磨一般在磨削之后进行。研磨后两平面的精度很高，尺寸精度为IT5～IT4，表面粗糙度R_a为0.4～0.025μm；小型平面研磨还可提高其形状精度。

平面研磨主要用来加工小型平板、直尺、块规等零件的精密测量平面。

单件小批量生产中常用手工研磨，大批量生产则用专用设备研磨。

4）平面抛光

抛光是利用高速旋转、涂有抛光膏的软质抛光轮对工件进行光整加工的方法。抛光设备简单、容易操作、生产效率高。平面通过抛光，表面粗糙度R_a为0.1～0.01μm，光亮度也明显提高；但抛光不能改善加工表面的尺寸精度。

6. 平面加工方法的选择

在选择平面的加工方案时除了要考虑平面的精度和表面粗糙度要求外，还应考虑零件结构和尺寸、热处理要求以及生产规模等。因此，在具体拟定加工方案时，除了注意选择方案外，还要考虑以下情况。

1）非配合平面

非配合平面一般经过粗铣、粗刨或粗车即可。对于要求表面光滑、美观的平面，则还需安排精加工，甚至光整加工。

2）固定联接平面

支架、箱体与机座的固定联接平面一般经过粗铣、精铣或粗刨、精刨即可；精度要求较高的，如车床主轴箱与床身的联接面，则还需进行磨削或刮研。

3）回转类零件的端面

盘、套类零件和轴类零件的端面应与零件的外圆和孔加工结合进行，如法兰盘的端面，一般采用粗车—精车的方案。精度要求高的端面，则精车后还应磨削。

4）导向平面

导轨、燕尾槽、V形槽等导向平面常采用粗刨—精刨—宽刃精刨（或刮研）的方案。

5）高精度板块状零件

较高精度的板块状零件，如定位用的平行垫铁等平面，可采用粗铣（刨）—精铣（刨）—磨削的方案。块规等高精度的零件则尚需研磨。

6）韧性较大的有色金属零件平面

韧性较大的有色金属零件上的平面，一般用粗铣—精铣或粗刨—精刨方案，高精度的可再刮削或研磨。

7）大批量生产加工高精度平面

大批量生产中，加工精度要求较高的、面积不大的平面（包括内平面）通常采用粗拉—精拉的方案，以保证高的生产效率。

7.1.4 成型(异型)面加工

1. 成型面加工概述

随着科学技术的发展，机器的结构日益复杂，功能也日益多样化。在这些机器中，为了满足预期的运动要求或使用要求，有些零件的表面不是简单的平面、圆柱面、圆锥面或它们的组合，而是复杂的、具有相当加工精度和表面粗糙度的成型表面。例如，自动化机械中的凸轮机构中凸轮轮廓形状有阿基米德螺线形、对数曲线形、圆弧形等；模具中凹模的型腔往往由形状各异的成型表面组成。成型面就是指这些由曲线作为母线、以圆为轨迹作旋转运动，或以直线为轨迹作平移运动所形成的表面。

成型面的种类很多，按照其几何特征，大致可以分为以下四种类型。

(1) 回转成型面：由一条母线（曲线）绕一固定轴线旋转而成，如滚动轴承内、外圈的圆弧滚道，手柄（见图7-8(a)）等。

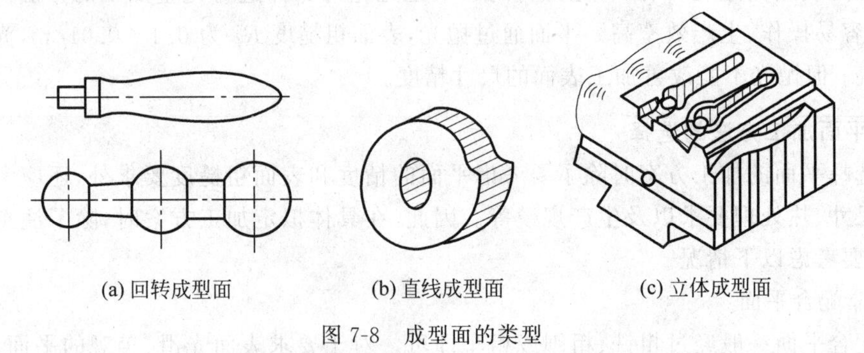

(a) 回转成型面　　(b) 直线成型面　　(c) 立体成型面

图7-8　成型面的类型

（2）直线成型面：由一条直母线沿一条曲线平行移动而成。它可分为外直线成型面，如冷冲模的凸模和凸轮（见图 7-8（b））等；内直线成型面，如冷冲模的凹模型孔等。

（3）立体成型面：零件各个剖面具有不同的轮廓形状，如某些锻模（见图 7-8（c））、压铸模、塑压模的型腔。

（4）复合运动成型表面：零件的表面是按照一定的曲线运动轨迹形成的，如齿轮的齿面、螺栓的螺纹表面等。

与其他表面类似，成型面的技术要求也包括尺寸精度、形状精度、位置精度及表面质量等方面，但成型面往往是为了实现某种特定功能而专门设计的，因此其表面形状的要求显得更为重要。

成型面的加工方法很多，已由单纯采用切削加工方法发展到采用特种加工、精密铸造等多种加工方法。下面着重介绍各种成型面的切削加工方法（包括磨削）。按成型原理，成型面加工可分为用成型刀具加工和用简单刀具加工。

2. 简单刀具加工成型面

1）按划线加工成型面

这种方法是在工件上划出成型面的轮廓曲线，钳工沿划线外缘钻孔、锯开、修锉和研磨，也可以用铣床粗铣后再由钳工修锉。此法主要靠手工操作，生产效率低，加工精度取决于工人的技术水平，一般适用于单件生产，目前已很少采用。

2）手动控制进给加工成型面

加工时由人工操作机床进给，使刀具相对工件按一定的轨迹运动，从而加工出成型面。这种方法不需要特殊的设备和复杂的专用刀具，成型面的形状和大小不受限制，但要求操作工人有较高的技术水平，而且加工质量不高，劳动强度大，生产效率低，只适宜在单件小批量生产中对加工精度要求不高的成型面进行粗加工。

（1）回转成型面

一般需要按回转成型面的轮廓制作一套（一块或几块）样板，在卧式车床上加工，加工过程中不断用样板进行检验、修正，直到成型面基本与样板吻合为止，如图 7-9 所示。

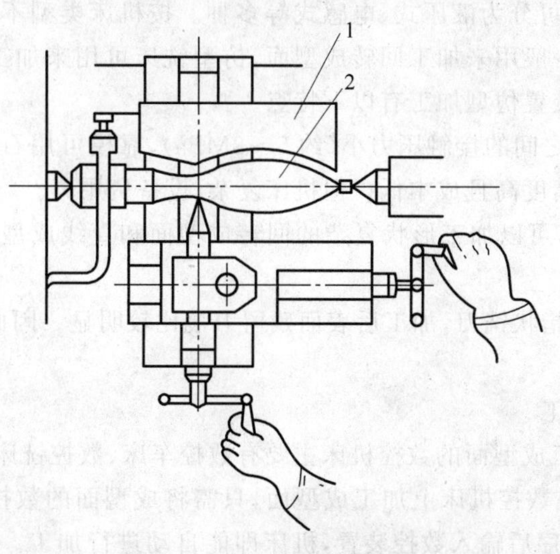

图 7-9　双手操作加工成型面

1—样板；2—工件

(2) 直线成型面

将成型面轮廓形状划在工件相应的端面,人工操作机床进给,使刀具沿划线进行加工,一般在立式铣床上进行。

3) 用靠模装置加工成型面

(1) 机械靠模装置

图 7-10 所示为车床上用靠模法加工手柄,将车床中滑板上的丝杠拆去,将拉杆固定在中滑板上,其另一端与滚柱连接,当大滑板作纵向移动时,滚柱沿着靠模的曲线槽移动,使车刀作相应的移动,车出手柄成型面。

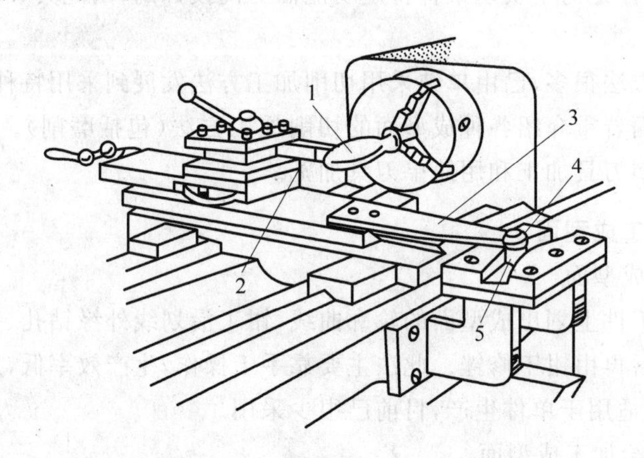

图 7-10 用靠模车削成型面

1—工件;2—车刀;3—拉板;4—紧固件;5—滚柱

用机械靠模装置加工曲面,生产效率较高,加工精度主要取决于靠模精度。靠模形状复杂、制造困难、费用高,这种方法适用于成批生产。

(2) 随动系统靠模装置

随动系统靠模装置是以发送器的触点(靠模销)接收靠模外形轮廓曲线的变化作为信号,通过放大装置将信号放大后,再由驱动装置控制刀具作相应的仿型运动。按触发器的作用原理不同,仿型装置可分为液压式、电感式等多种。按机床类型不同,主要有仿型车床和仿型铣床。仿型车床一般用来加工回转成型面,仿型铣床可用来加工直线成型面和立体成型面。随动系统靠模装置仿型加工有以下特点。

① 靠模与靠模销之间的接触压力小(约 5~8MPa),靠模可用石膏、木材或铝合金等软材料制造,加工方便,精度高且成本低。但机床复杂,设备费用高。

② 适用范围较广,可以加工形状复杂的回转成型面和直线成型面,也可加工复杂的立体成型面。

③ 仿型铣床常用指状铣刀,加工后表面残留刀痕比较明显。因此,表面较粗糙,一般都需要进一步修整。

4) 用数控机床加工

用切削方法来加工成型面的数控机床主要有数控车床、数控铣床、数控磨床和加工中心等,如图 7-11 所示。在数控机床上加工成型面,只需将成型面的数控和工艺参数按机床数控系统的规定,编制程序后输入数控装置,机床即能自动进行加工。在数控机床上,不仅能加工二维平面曲线型面，还能加工出各种复杂的三维曲线型面，同时由于数控机床具有较高的精度，加工过程的自动化避免了人为误差因素，因此可以获得高精度的成型面，同时大大提高了生产效率。目前数控机床加工已相当广泛，尤其适合模具制造中的凸凹模及型腔加工。

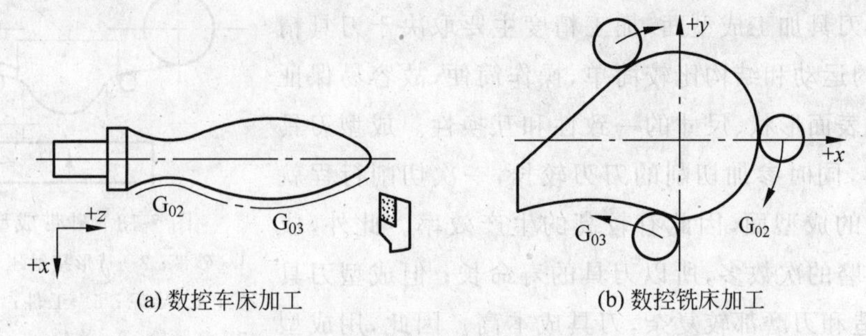

(a) 数控车床加工　(b) 数控铣床加工

图 7-11　数控机床加工成型面

3. 成型刀具加工成型面

刀具的切削刃按工件表面轮廓形状制造，加工时刀具相对于工件作简单的直线进给运动。

1）成型面车削

用主切削刃与回转成型面母线形状一致的成型车刀加工内、外回转成型面。

2）成型面铣削

一般在卧式铣床上用盘状成型铣刀进行，常用来加工直线成型面。

3）成型面刨削

成型刨刀的结构与成型车刀的结构相似。由于刨削时有较大的冲击力，故一般用来加工形状简单的直线成型面。

4）成型面拉削

拉削可加工多种内、外直线成型面，其加工质量好、生产效率高。

5）成型面磨削

利用修整好的成型砂轮在外圆磨床上可以磨削回转成型面，如图 7-12(a)所示；在平面磨床上可以磨削外直线成型面，如图 7-12(b)所示。

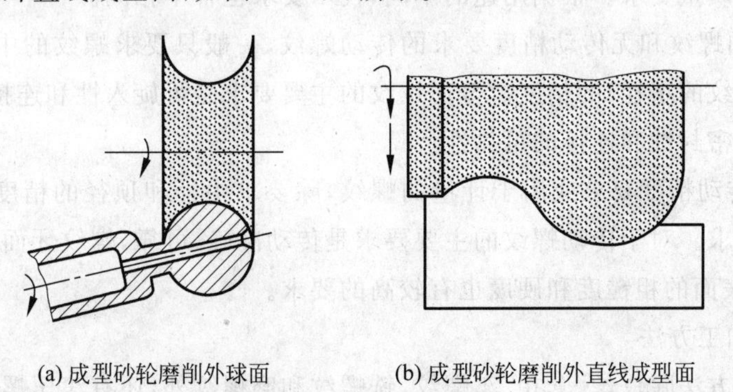
(a) 成型砂轮磨削外球面　(b) 成型砂轮磨削外直线成型面

图 7-12　成型砂轮磨削

利用砂带柔性较好的特点,砂带磨削很容易实施成型面的成型磨削,而且只需简单地更换砂带便可实现粗磨、精磨在一台装置上完成,而且磨削宽度可以很大,如图7-13所示。

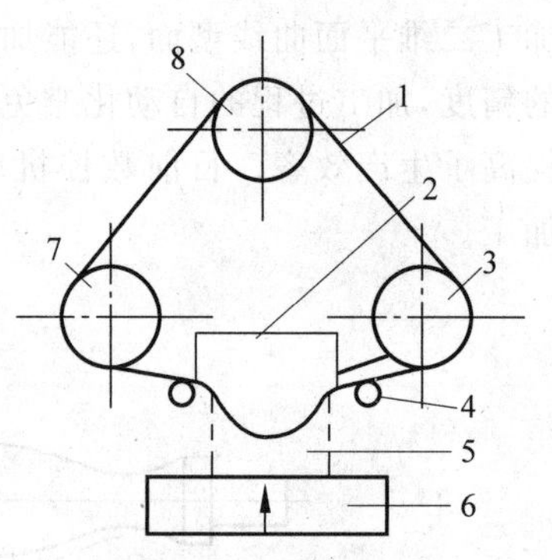

图7-13 砂带成型磨削

1—砂带;2—特形接触压块;3—主动轮;4—导轮;5—工件;6—工作台;7—张紧轮;8—惰轮

用成型刀具加工成型面,加工精度主要取决于刀具精度,且机床的运动和结构比较简单,操作简便,故容易保证同一批工件表面形状、尺寸的一致性和互换性。成型刀具是宽刃刀具,同时参加切削的刀刃较长,一次切削行程就可切出工件的成型面,因此有较高的生产效率。此外,成型刀具可重磨的次数多,所以刀具的寿命长;但成型刀具的设计、制造和刃磨都较复杂,刀具成本高。因此,用成型刀具加工成型面,适用于成型面精度要求高、零件批量大且刚性好而成型面不宽的工件。

4. 展成法加工成型面

展成法加工成型面是指按照成型面的曲线复合运动轨迹来加工表面的方法,最常见也是最典型的就是齿轮的齿面和螺栓的螺纹表面的加工。

齿轮齿面的加工前面已经述及(参见第4.5节),在此不再赘述。下面简单介绍一下螺纹的加工。

1) 螺纹的分类及技术要求

(1) 螺纹的分类。螺纹是零件中最常见的表面之一。按用途的不同,可分为以下两类。

① 紧固螺纹:用于零件的固定连接,常用的有普通螺纹和管螺纹等,螺纹牙型多为三角形。

② 传动螺纹:用于传递动力、运动或位移,如机床丝杆的螺纹等,牙型多为梯形或方形。

(2) 螺纹的技术要求。螺纹和其他类型的表面一样,也有一定的尺寸精度、形状精度、位置精度和表面质量要求。根据用途的不同,技术要求也各不相同。

① 对于紧固螺纹和无传动精度要求的传动螺纹,一般只要求螺纹的中径和顶径(外螺纹的大径或内螺纹的小径)的精度。普通螺纹的主要要求是可旋入性和连接的可靠性,管螺纹的主要要求是密封性和连接的可靠性。

② 对于有传动精度要求或用于计量的螺纹,除要求中径和顶径的精度外,还对螺距和牙型角有精度要求。对于传动螺纹的主要要求是传动准确、可靠,螺纹牙面接触良好并耐磨等,因此对螺纹表面的粗糙度和硬度也有较高的要求。

2) 螺纹的加工方法

螺纹的加工方法除攻丝、套扣、车螺纹、铣螺纹和磨螺纹外,还有滚压螺纹等。

(1) 攻丝和套扣。用丝锥加工内螺纹的方法称为攻丝,如图7-14所示;用板牙加工外螺纹的方法称为套扣,如图7-15所示。

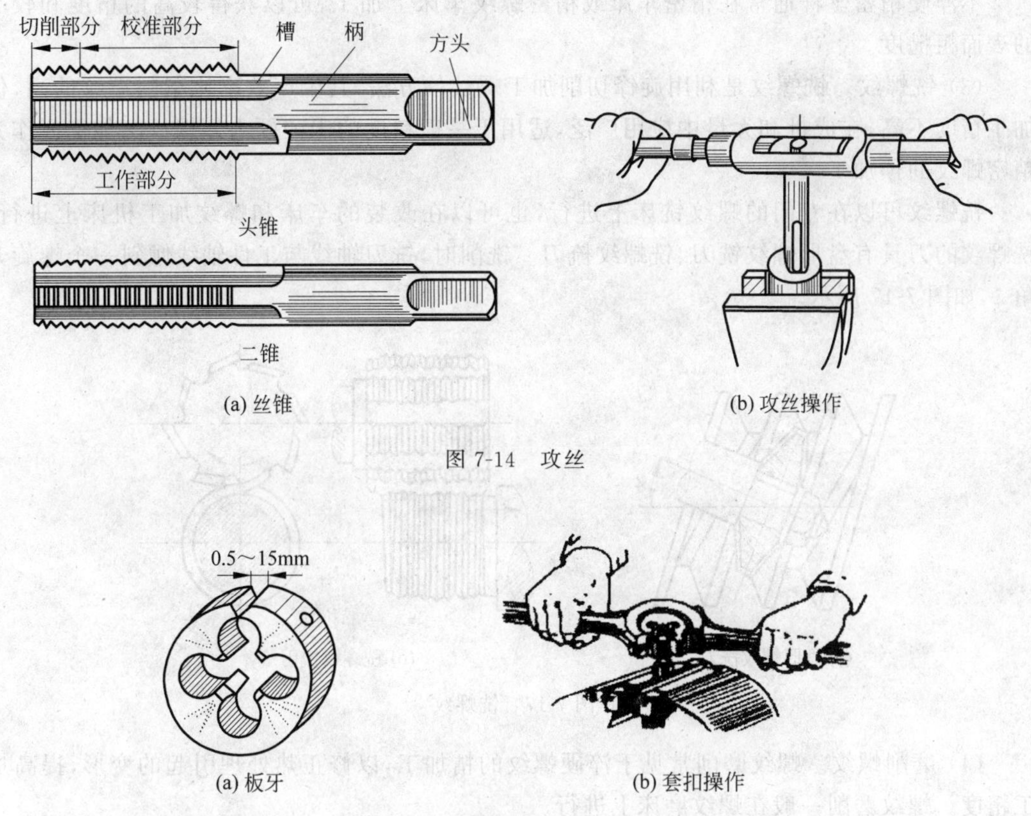

(a) 丝锥　　(b) 攻丝操作

图 7-14　攻丝

(a) 板牙　　(b) 套扣操作

图 7-15　套扣

攻丝和套扣是应用较广的螺纹加工方法，主要用于螺纹直径不超过 16mm 的小尺寸螺纹的加工，单件小批量生产一般用手工操作，批量较大时，也可在机床上进行。

(2) 车螺纹。车螺纹是螺纹加工的最基本的方法。其主要特点是刀具制作简单、适应性广，使用通用车床即能加工各种形状、尺寸、精度的内、外螺纹，特别适于加工尺寸较大的螺纹；但车螺纹生产效率低，加工质量取决于机床精度和工人的技术水平，所以适合单件小批量生产。

当生产批量较大时，为了提高生产效率，常采用螺纹梳刀车削螺纹，如图 7-16 所示，这种多齿螺纹车刀只要一次走刀即可切出全部螺纹，所以生产效率高；但螺纹梳刀加工精度不高，不能加工精密螺纹和螺纹附近有轴肩的工件。

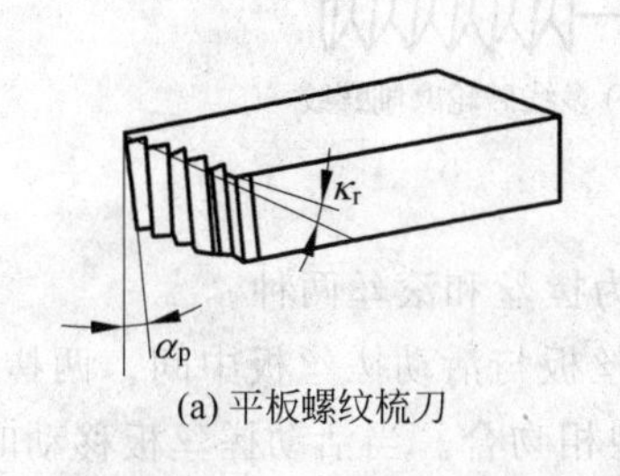

(a) 平板螺纹梳刀

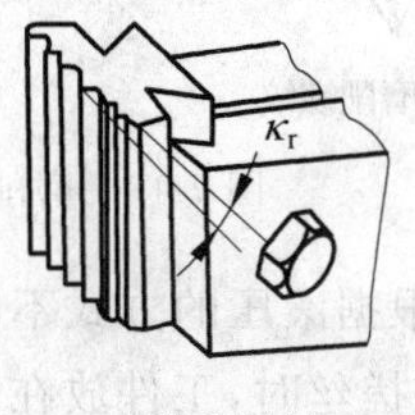

(b) 棱体螺纹梳刀

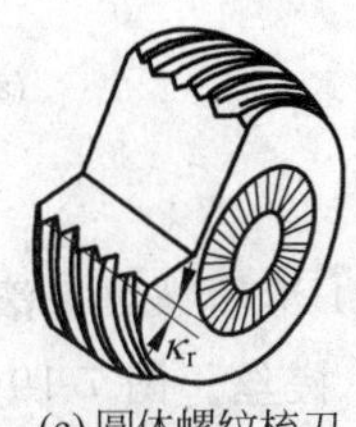

(c) 圆体螺纹梳刀

图 7-16　螺纹梳刀

不淬硬精密丝杆通常在精密车床或精密螺纹车床上加工,可以获得较高的精度和较小的表面粗糙度。

(3) 铣螺纹。铣螺纹是利用旋锋切削加工螺纹的方法,其生产效率比车削螺纹的高,但加工精度不高,在成批和大量中应用广泛,适用于一般精度的未淬硬内外螺纹的加工或作为精密螺纹的预加工。

铣螺纹可以在专门的螺纹铣床上进行,也可以在改装的车床和螺纹加工机床上进行。铣螺纹的刀具有盘形螺纹铣刀、铣螺纹梳刀。铣削时,铣刀轴线与工件轴线倾斜一个螺旋升角 λ,如图 7-17 所示。

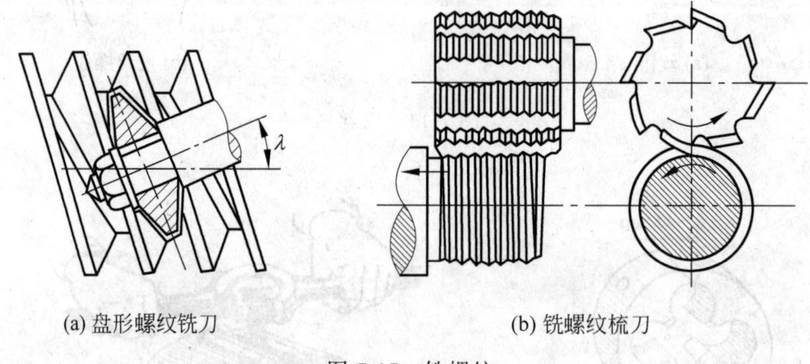

(a) 盘形螺纹铣刀　　(b) 铣螺纹梳刀

图 7-17　铣螺纹

(4) 磨削螺纹。螺纹磨削常见于淬硬螺纹的精加工,以修正热处理引起的变形,提高加工精度。螺纹磨削一般在螺纹磨床上进行。

螺纹在磨削前必须经过车削或铣削进行预加工,对于小尺寸的精密螺纹也可以直接磨出。

根据砂轮的形状,外螺纹的磨削可分为单线砂轮磨削和多线砂轮磨削,如图 7-18 所示。

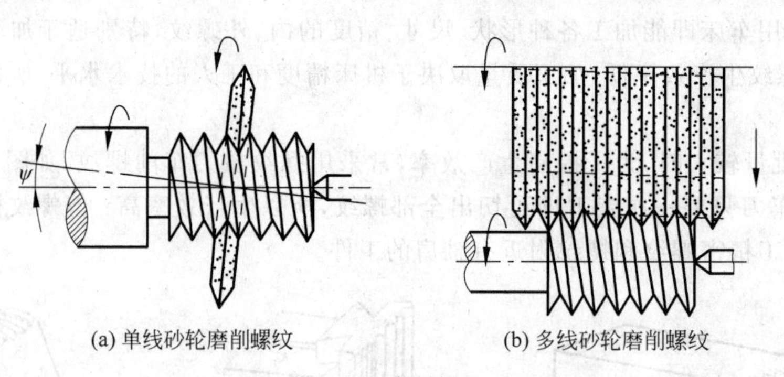

(a) 单线砂轮磨削螺纹　　(b) 多线砂轮磨削螺纹

图 7-18　磨削螺纹

(5) 滚压螺纹。滚压螺纹根据滚压的方式不同又分为搓丝和滚丝两种。

① 搓丝。图 7-19(a)所示,搓丝时,工件放在固定搓丝板与活动搓丝板中间。两搓丝板的平面都有斜槽,宏观上的截面形状与被搓制的螺纹牙型相吻合。当活动搓丝板移动时,工件在搓丝板间滚动,即在工件表面挤压出螺纹。被搓制好的螺纹件在固定搓丝板的另一边落下。活动搓丝板移动一次,即可搓制一个螺纹件。

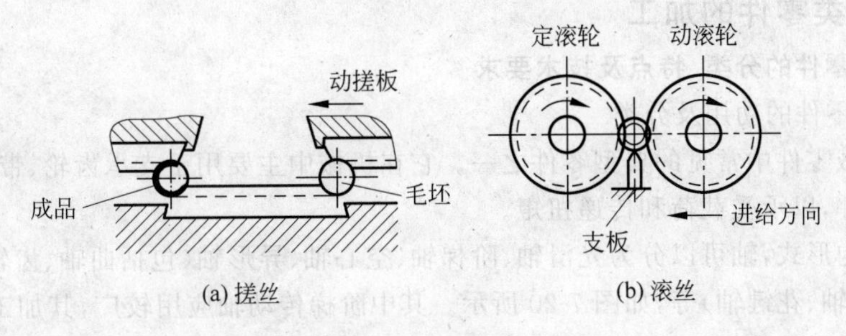

图 7-19　滚压螺纹

② 滚丝。图 7-19(b)所示为双滚轮滚丝。滚丝时，工件放在两滚轮之间。两滚轮的转速相等，转向相同，工件由两滚轮带动作自由旋转。两滚丝轮圆周面上都有螺纹，一轮轴心固定(称为定滚轮)，一轮作径向进给运动(称为动滚轮)，两轮配合逐渐滚压出螺纹。

滚丝零件的直径范围很广，为 0.3～120mm；加工精度高，表面粗糙度 R_a 为 0.8～0.2μm，可以滚制丝锥、丝杆等。但滚丝生产效率较低。

搓丝前，必须将两搓丝板之间的距离根据被加工螺纹的直径预先调整好。搓丝的最大直径为 25mm，表面粗糙度 R_a 为 1.6～0.4μm。

5. 成型面加工方法的选择

成型面的加工方法很多。对于具体零件的成型面应根据零件的尺寸、形状、精度及生产批量等来选择加工方案。

小型回转体零件上形状不太复杂的成型面，在大批量生产时，常用成型车刀在自动或者半自动车床上加工；生产批量较小时，可用成型车刀在卧式车床上加工。直槽和螺旋槽等一般可用成型铣刀在万能铣床上加工。

大批量生产中，为了加工一些直线成型面和立体成型面，常常专门设计和制造专用的拉刀或专门化机床，例如加工凸轮轴上的凸轮用凸轮轴车床、凸轮轴磨床等。

对于淬硬的成型面，如要求精度高、表面粗糙度小，则要采用磨削进行精加工，甚至要用光整加工。

对于通用机床难加工、质量也难以保证，甚至无法加工的成型面，宜采用数控机床加工或其他特种加工。

7.2　典型零件的加工工艺过程

生产实际中，虽然零件的基本几何构成不外乎外圆、内孔、平面、螺纹、齿面、曲面等，但很少有零件是由单一典型表面构成，往往是由一些典型表面复合而成，其加工方法较单一的典型表面加工复杂，是典型表面加工方法的综合应用。下面介绍轴类零件、箱体类零件和齿轮类零件的典型加工工艺。

7.2.1 轴类零件的加工

1. 轴类零件的分类、特点及技术要求

1）轴类零件的功用及分类

轴是机械零件中常见的典型零件之一。它在机械中主要用于支承齿轮、带轮、凸轮以及连杆等传动件，以承受载荷和传递扭矩。

根据结构形式，轴可以分为光滑轴、阶梯轴、空心轴、异形轴(包括曲轴、齿轮轴、凸轮轴、偏心轴、十字轴、花键轴)等，如图7-20所示。其中阶梯传动轴应用较广，其加工工艺能较全面地反映轴类零件的加工规律和共性。

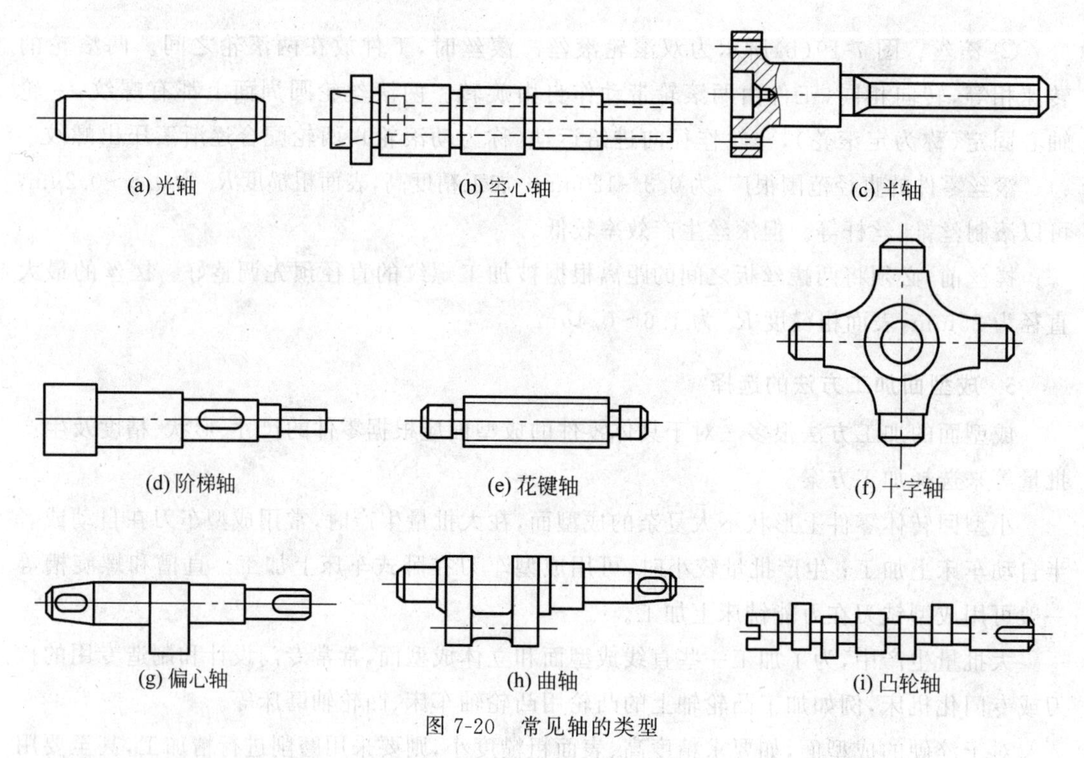

图7-20 常见轴的类型

2）轴类零件的特点及技术要求

(1) 轴类零件的主要特点如下。

① 长度大于直径。

② 加工表面为内外圆柱面或圆锥面、螺纹、花键、沟槽等。

③ 有一定的回转精度。

(2) 根据轴类零件的功用和工作条件，其技术要求主要有以下几个方面。

① 尺寸精度。轴类零件的主要表面常为两类：一类是与轴承的内圈配合的外圆轴颈，即支承轴颈，用于确定轴的位置并支承轴，尺寸精度要求较高，通常为IT7～IT5；另一类为与各类传动件配合的轴颈，即配合轴颈，其精度稍低，常为IT9～IT6。

② 几何形状精度。几何形状精度主要是指轴颈表面、外圆锥面、锥孔等重要表面的圆度、圆柱度。其误差一般应限制在尺寸公差范围内，对于精密轴，需在零件图上另行规定其几何形状精度。

③ 相互位置精度。相互位置精度包括内、外表面及重要轴面的同轴度,圆的径向跳动,重要端面对轴心线的垂直度,端面间的平行度等。

④ 表面粗糙度。轴的加工表面都有粗糙度的要求,一般根据加工的可能性和经济性来确定。支承轴颈常为0.2～1.6μm,传动件配合轴颈为0.4～3.2μm。

⑤ 其他。热处理、倒角、倒棱及外观修饰等要求。

2. 轴类零件的材料、毛坯及热处理

1) 轴类零件的材料和毛坯

(1) 轴类零件材料。轴类零件通常采用45#钢,精度较高的轴可选用40Cr、轴承钢GCr15、弹簧钢65Mn,也可选用球墨铸铁;对高速、重载的轴,选用20CrMnTi、20Mn2B、20Cr等低碳合金钢或38CrMoAl渗氮钢。

(2) 轴类毛坯。轴类零件的毛坯常用圆棒料和锻件,大型轴或结构复杂的轴采用铸件。钢件毛坯一般都应经过加热锻造,这样可以使金属内部纤维组织按横向排列,分布致密均匀,获得较高的抗拉、抗弯及抗扭转强度。比较重要的轴大多采用锻件。

2) 轴类零件的热处理

轴类零件大多为锻造毛坯。锻造毛坯在加工前均需安排正火或退火处理,使钢材内部晶粒细化,消除锻造应力,降低材料硬度,改善切削加工性能。

使用性能要求较高的轴类零件一般需要进行调质处理。调质一般安排在粗车之后、半精车之前,以消除粗车产生的残余应力,获得良好的物理力学性能。毛坯余量小时,调质可以安排在粗车之前进行。

需要表面淬火的零件,为了纠正因淬火引起的局部变形,表面淬火一般安排在精加工之前。

精度要求高的轴,在局部淬火或粗磨之后,还需进行低温时效处理,以保证尺寸的稳定。

3. 轴类零件的装夹方式

轴类零件的装夹方式主要有以下三种。

1) 采用两中心孔定位装夹

对于长径比较大的轴类零件,通常以重要的外圆面作为粗基准定位,在轴的两端加工出中心孔,再以轴两端的中心孔为定位精基准进行加工,这样一次装夹可以加工多个表面,既可以实现基准重合,又可以做到基准统一。

中心孔是轴类零件加工的定位基准和检验基准,精度要求高的轴类零件对中心孔的质量要求也非常高,中心孔的加工过程也比较复杂:常常以支承轴颈定位,钻出中心锥孔;然后以中心孔定位,精车外圆;再以外圆定位,粗磨锥孔;又以中心孔定位,精磨外圆;最后以支承轴颈外圆定位,精磨(刮研或研磨)锥孔,使锥孔的各项精度达到要求。

2) 采用外圆表面定位装夹

对于空心轴、短轴等不可能用中心孔定位的轴类零件,可用轴的外圆表面定位、夹紧并传递扭矩。装夹时,通常采用三爪卡盘、四爪卡盘等通用夹具;对于已经获得较高精度的外圆表面,可以采用各种高精度的自动定心专用夹具,如液性塑料薄壁定心夹具、膜片卡盘、薄膜弹簧夹具等。

3)采用各种堵头或拉杆心轴定位装夹

加工空心轴的外圆表面时,常用带中心孔的各种堵头或拉杆心轴来装夹工件。小锥孔时常用堵头;大锥孔时常用带堵头的拉杆心轴,如图7-21所示。

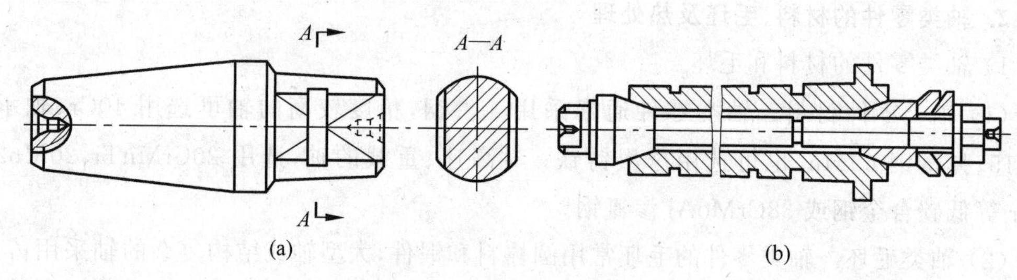

图7-21 堵头与拉杆心轴

4. 轴类零件工艺过程示例(CA6140车床主轴的工艺过程)

1)CA6140车床主轴的结构特点、功用及技术要求

(1)图7-22所示为CA6140车床主轴零件简图。由零件简图可知,该主轴具有以下特点。

① 它既是阶梯轴,又是空心轴;是长径比小于12的刚性轴。

② 它不但传递旋转运动和扭矩,而且是工件或刀具回转精度的基础。

③ 其上有安装支承轴承、传动件的圆柱面或圆锥面,安装滑动齿轮的花键,安装卡盘及顶尖的内、外圆锥面,连接紧固螺母的螺旋面,通过棒料的深孔等;主要加工表面有内外圆柱面、圆锥面,次要表面有螺纹、花键、沟槽、端面结合孔等。

④ 其机械加工工艺主要是车削、磨削,其次是铣削和钻削。

(2)CA6140车床主轴各主要部分的功用及技术要求如下。

① 支承轴颈。主轴是一个三支承结构,都是用来安装支承轴承的,并且跨度大。其中支承轴颈A、B既是主轴上各重要表面的设计基准,又是主轴部件的装配基准面,所以对它们有严格的位置要求,其制造精度直接影响到主轴部件的回转精度。

支承轴颈A、B的圆度公差为0.005mm,径向跳动公差为0.005mm;而支承轴颈1∶12锥面的接触率≥70%;表面粗糙度R_a为0.4μm;支承轴颈尺寸精度为IT5。

② 锥孔。主轴锥孔是用来安装顶尖和刀具锥柄的,其轴心线必须与两个支承轴颈的轴心线严格同轴,否则会引起工件(或工具)的同轴度误差超差。

主轴内锥孔(莫氏6号)对支承轴颈A、B的跳动在轴端面处公差为0.005mm,离轴端面300mm处公差为0.01mm;锥面接触率≥70%;表面粗糙度R_a为0.4μm;硬度要求48~50HRC。

③ 轴端短锥和端面。主轴前端短圆锥面和端面是安装卡盘的定位面。为了保证卡盘的定心精度,该短圆锥面必须与支承轴颈的轴线同轴,而端面必须与主轴的回转中心垂直。

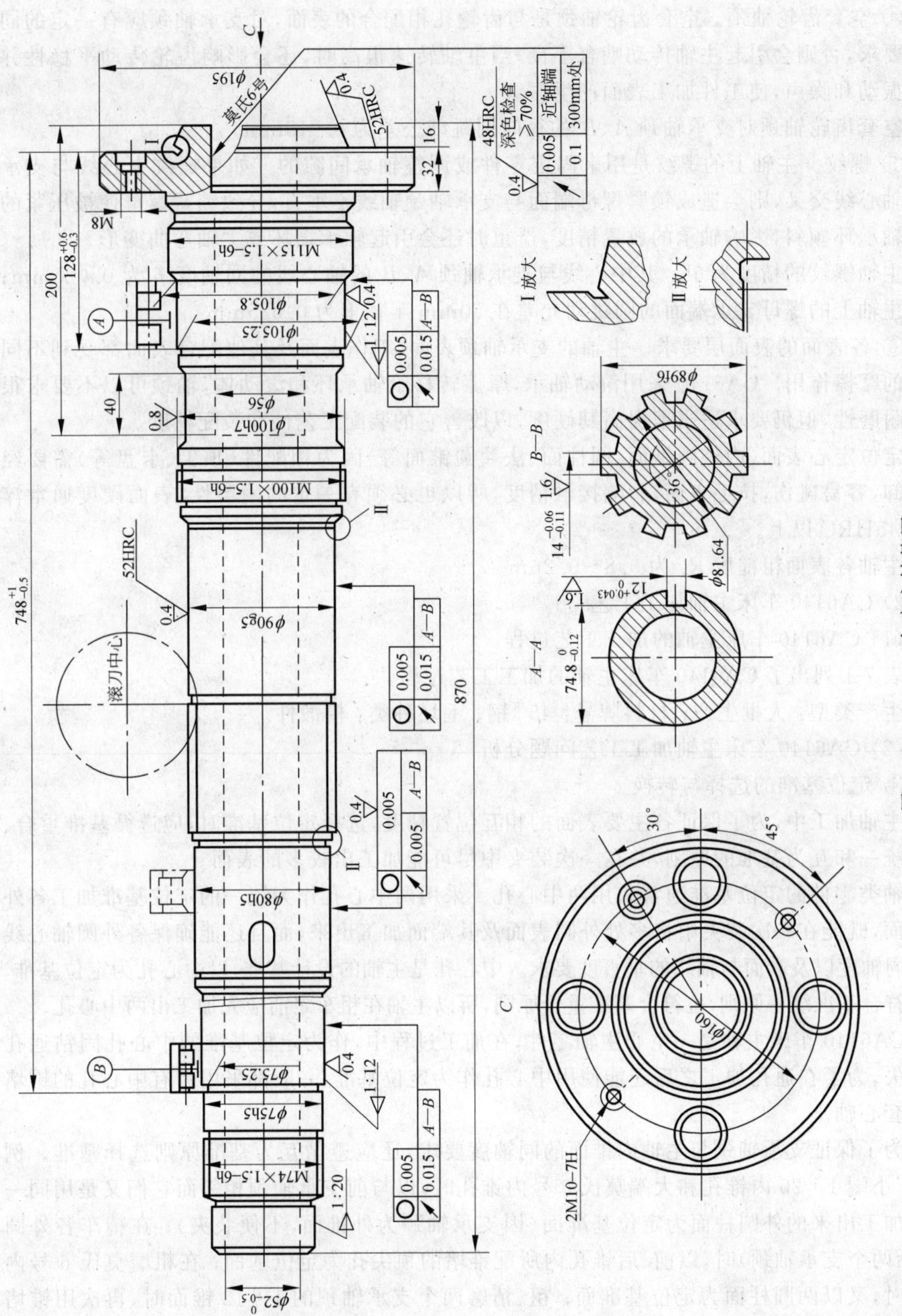

图 7-22 CA6140车床主轴简图

短圆锥面对主轴两个支承轴颈 A、B 的径向圆跳动公差为 0.008mm；表面粗糙度 R_a 为 0.8μm。

④ 空套齿轮轴颈。空套齿轮轴颈是与齿轮孔相配合的表面，对支承轴颈应有一定的同轴度要求，否则会引起主轴传动啮合不良，当主轴转速很高时，还会影响齿轮传动平稳性并产生振动和噪声，使工件加工表面产生振纹。

空套齿轮轴颈对支承轴颈 A、B 的径向圆跳动公差为 0.015mm。

⑤ 螺纹。主轴上的螺纹是用来固定零件或调整轴承间隙的。如果螺纹中心线与支承轴颈轴心线交叉，则会造成锁紧螺母端面与支承轴颈轴线不垂直，导致锁紧螺母使被压紧的滚动轴承环倾斜，影响轴承的放置精度，严重时还会引起轴承损坏或主轴弯曲变形。

主轴螺纹的精度为 6h；其中心线与支承轴颈 A、B 的轴心线的同轴度 f 为 0.025mm；拧在主轴上的螺母支承端面的圆跳动允差在 50mm 半径上为 0.025mm。

⑥ 各表面的表面层要求。主轴的支承轴颈表面、工作表面及其他配合表面都受到不同程度的摩擦作用。CA6140 采用滚动轴承，摩擦转移给轴承环和滚动体，轴颈可以不要求很高的耐磨性，但仍要求适当地提高其硬度，以改善它的装配工艺性和装配精度。

定位定心表面(内外圆锥面、圆柱面、法兰圆锥面等)因为相配件(顶尖、卡盘等)需要经常拆卸，容易碰伤，拉毛表面，影响接触精度，所以也必须有一定的耐磨性，表面硬度通常淬火到 45HRC 以上。

主轴各表面粗糙度 R_a 为 0.8～0.2μm。

2) CA6140 车床主轴加工工艺

(1) CA6140 车床主轴的加工工艺过程

表 7-1 列出了 CA6140 车床主轴的加工工艺过程。

生产类型：大批生产；材料牌号：45# 钢；毛坯种类：模锻件。

(2) CA6140 车床主轴加工工艺问题分析

① 定位基准的选择与转换

主轴加工中，为了保证各主要表面的相互位置精度，选择定位基准时，应遵循基准重合、基准统一和互为基准的原则，并在一次装夹中尽可能加工出较多的表面。

轴类零件的定位基准通常采用两中心孔。采用两中心孔作为统一的定位基准加工各外圆表面，既能在一次装夹中将多处外圆表面及其端面加工出来，而且还能确保各外圆轴心线间的同轴度以及端面与轴线的垂直度要求。中心孔是主轴的设计基准，以中心孔为定位基准，不仅符合基准统一原则，也符合基准重合原则，所以主轴在粗车之前应先加工出两中心孔。

CA6140 车床主轴是一空心主轴零件，在加工过程中，作为定位基准的中心孔因钻通孔而消失，为了在通孔加工之后还能使用中心孔作为定位基准，一般都采用带有中心孔的锥堵或锥套心轴。

为了保证支承轴颈与主轴内锥面的同轴度要求，还应遵循互为基准原则选择基准。例如，车小端 1∶20 内锥孔和大端莫氏 6 号内锥孔时，以与前支承轴颈相邻而它们又是用同一基准加工出来的外圆柱面为定位基准面(因支承轴颈为外锥面，不便装夹)；在精车各外圆(包括两个支承轴颈)时，以前、后锥孔内所配锥堵的顶尖孔为定位基面；在粗磨莫氏 6 号内锥孔时，又以两圆柱面为定位基准面；粗、精磨两个支承轴颈的 1∶12 锥面时，再次用锥堵顶尖孔定位；最后精磨莫氏 6 号锥孔时，直接以精磨后的前支承轴颈和另一圆柱面定位。定位基准每转换一次，都使主轴的加工精度提高一步。

表 7-1　CA6140 车床主轴的加工工艺过程

序号	工序名称	工序简图	定位基准	设　备
1	备料			
2	锻造	模锻		
3	热处理	正火		
4	锯头			
5	铣端面、钻中心孔		毛坯外圆	中心孔机床
6	粗车外圆		顶尖孔	卧式车床 CA6140
7	热处理	调质 220～240HBS		
8	车大端各部	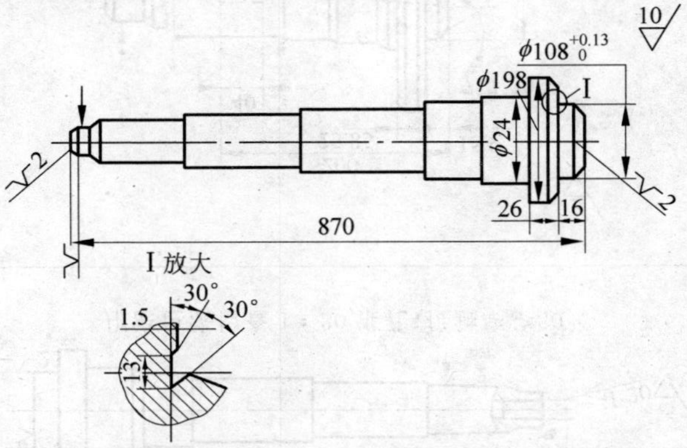 10 $\phi 108^{+0.13}_{0}$ $\phi 198$ I $\phi 24$ 26 16 870 I 放大 30° 30° 1.5 13	顶尖孔	卧式车床 CA6140
9	仿型车小端各部	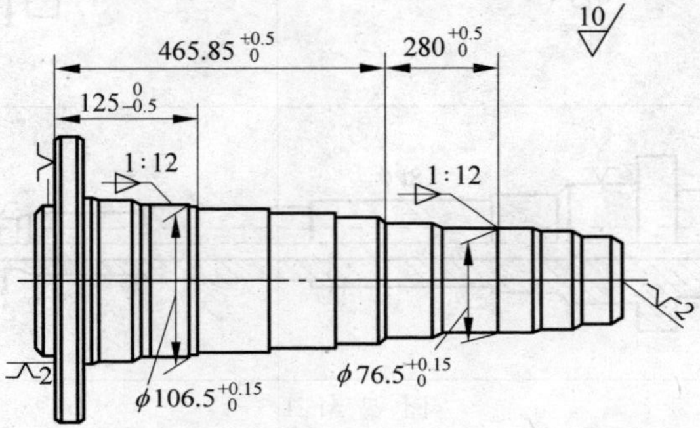 10 $465.85^{+0.5}_{0}$ $280^{+0.5}_{0}$ $125^{0}_{-0.5}$ 1:12 1:12 $\phi 106.5^{+0.15}_{0}$ $\phi 76.5^{+0.15}_{0}$	顶尖孔	仿型多刀半自动车床 CE7120

续表

序号	工序名称	工序简图	定位基准	设备
10	钻48mm深孔	$\phi48$	两端支承轴颈	深孔钻床
11	车小端锥孔(配1∶20锥堵,涂色法检查接触率≥50%)	$\phi52_{-0.2}^{0}$；1:20；用涂色法检查1∶20锥孔,接触率≥50%	两端支承轴颈	卧式车床CA6140
12	车大端锥孔(配莫氏6号锥堵,涂色法检查接触率≥30%);车外短锥及端面	200；25.85；15.9；40；7°7′30″；$\phi56$；莫氏6号；$\phi106.8_{0}^{+0.1}$；$\phi63\pm0.05$；用涂色法检查莫氏6号锥孔,接触率≥30%	两端支承轴颈	卧式车床CA6140

续表

序号	工序名称	工序简图	定位基准	设　备
13	钻大端端面各孔	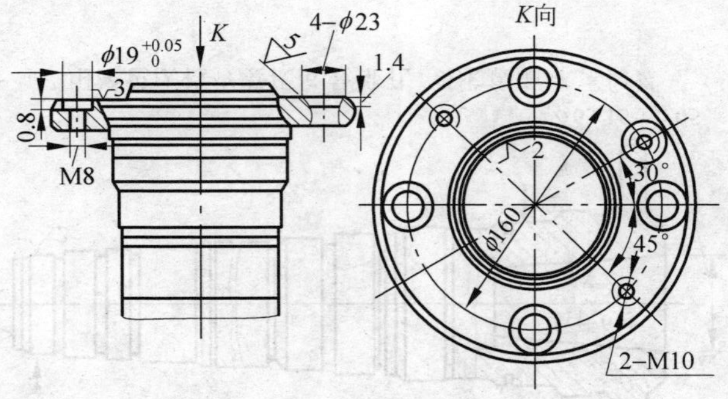	大端内锥孔	钻床 Z35
14	热处理	局部高频淬火（ϕ90g5 轴颈、短锥及莫氏 6 号锥孔）		高频淬火设备
15	精车各外圆并切槽、倒角	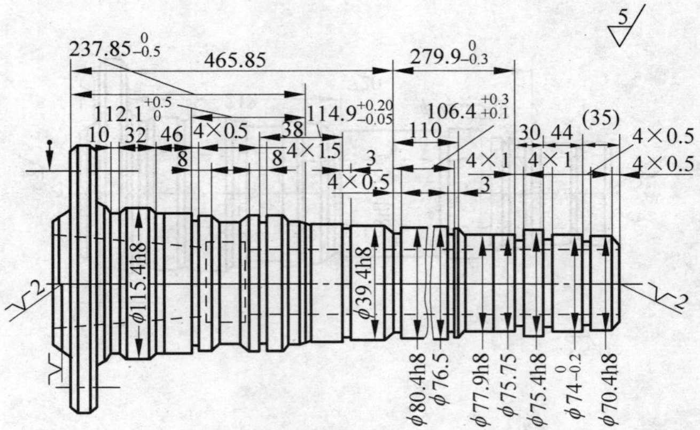	锥堵顶尖孔	数控车床 CSK6163

续表

序号	工序名称	工序简图	定位基准	设备
16	粗磨 $\phi75h5$、$\phi90g5$、$\phi105h5$ 外圆	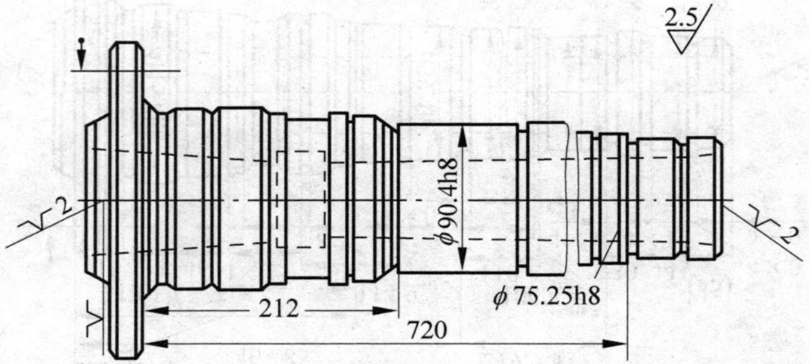	锥堵顶尖孔	外圆磨床 M1432B
17	粗磨莫氏6号内锥孔(重配莫氏6号锥堵,涂色法检查接触率≥40%)	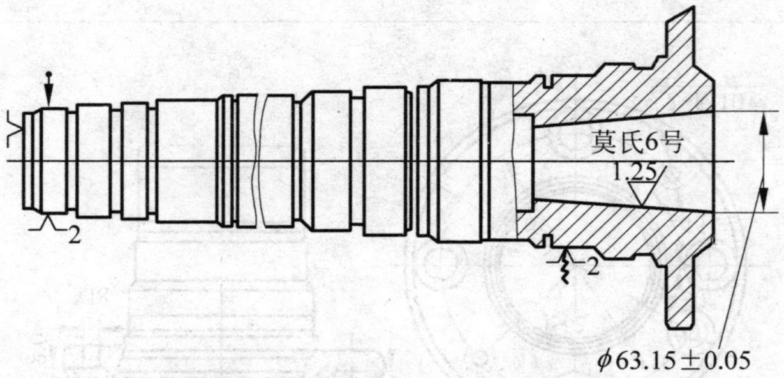 用涂色法检查莫氏6号锥孔,要求接触率>40%	前支承轴颈及 $\phi75h5$ 外圆	内圆磨床 M2120

续表

序号	工序名称	工序简图	定位基准	设　备
18	粗铣和精铣花键	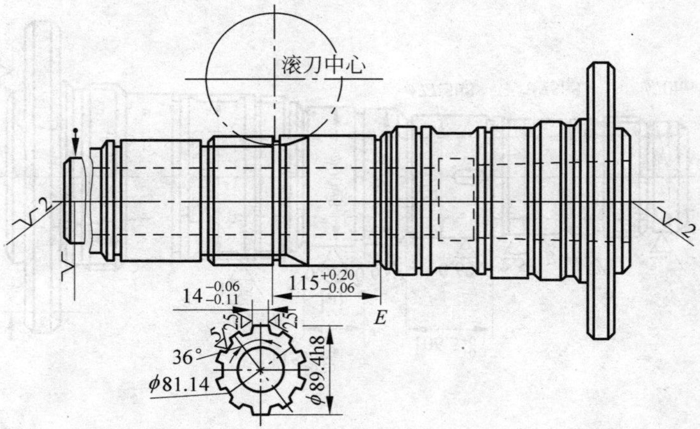	锥堵顶尖孔	花键铣床 YB6016
19	铣键槽	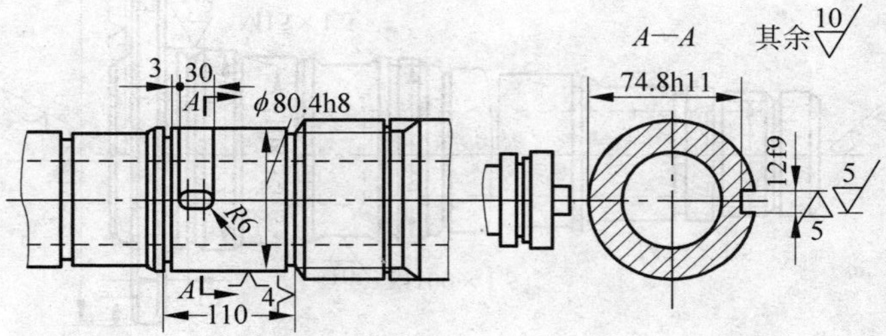	ϕ80h5 及 M115 外圆	铣床 X52

续表

序号	工序名称	工序简图	定位基准	设备
20	车大端内侧面，车三处螺纹(与螺母配车)	12 10 M100×1.5 M74×1.5 ϕ195 $\phi108.5_{-0.15}^{0}$ 2 2.5 M15×1.5 5 $25.1_{-0.2}^{0}$	锥堵顶尖孔	卧式车床 CA6140
21	精磨各外圆及 E、F 两端面	$115_{+0.05}^{+0.20}$ $106.5_{+0.1}^{+0.3}$ E 2.5 F A 1.25 0.63 0.63 0.63 2.5 B 1.25 2.5 2 ϕ100h6 ϕ90g5 ϕg9f5 ϕ80h5 ϕ77.5h8 ϕ75h5 ϕ70h6	锥堵顶尖孔	外圆磨床 M1432B

续表

序号	工序名称	工序简图	定位基准	设　备
22	粗磨两处 1：12 外锥面	B 0.63 ϕ77.5h8 ϕ75.25 1:12 2 A 0.63 ϕ108.5 ϕ105.25 1:12 16 16 D 1.25 2 C $\phi106.373^{+0.013}_{0}$	锥堵顶尖孔	专用组合磨床
23	精磨两处 1：12 外锥面、D 端面及短锥面等	ϕ80h5 2 ϕ100h6 2 0.63 莫氏6号 ϕ63.348	锥堵顶尖孔	专用组合磨床
24	精磨莫氏 6 号内锥孔(卸堵，涂色法检查接触率≥70％)		前支承轴颈及 ϕ75h5 外圆	专用主轴锥孔磨床
25	钳工	4 个 ϕ23 钻孔去锐边倒角		
26	检验	按图纸技术要求全部检验	前支承轴颈及 ϕ75h5 外圆	专用检具

② 主要加工表面加工工序安排

CA6140车床主轴主要加工表面是ϕ75h5、ϕ80h5、ϕ90g5、ϕ105h5轴颈，两支承轴颈及大头锥孔。它们加工的尺寸精度在IT6～IT5之间，表面粗糙度R_a为0.8～0.4μm。

主轴加工工艺过程可划分为三个加工阶段，即粗加工阶段(包括铣端面、加工顶尖孔、粗车外圆等)；半精加工阶段(半精车外圆，钻通孔，车锥面、锥孔，钻大头端面各孔，精车外圆等)；精加工阶段(包括精铣键槽，粗、精磨外圆、锥面、锥孔等)。

在机械加工工序中间尚需插入必要的热处理工序，这就决定了主轴加工各主要表面总是循着以下顺序进行，即粗车→调质(预备热处理)→半精车→精车→淬火→回火(最终热处理)→粗磨→精磨。

综上所述，主轴主要表面的加工顺序安排如下。

外圆表面粗加工(以顶尖孔定位)→外圆表面半精加工(以顶尖孔定位)→钻通孔(以半精加工过的外圆表面定位)→锥孔粗加工(以半精加工过的外圆表面定位，加工后配锥堵)→外圆表面精加工(以锥堵顶尖孔定位)→锥孔精加工(以精加工外圆面定位)。

在主要表面加工顺序确定后，再合理地插入次要表面加工工序。对主轴而言，次要表面指的是花键、横向小孔、键槽、螺纹等。这些表面加工一般不易出现废品，所以可安排在精加工之后进行，这样既可以避免浪费工时，还可以避免因断续切削产生振动而影响加工质量；不过，这些表面也不能放在主要表面的最终精加工之后，以免破坏主要表面已获得的精度。

淬硬表面上的螺孔、键槽等都应安排在淬火前加工。非淬硬表面上的螺孔、键槽等一般在外圆精车之后、精磨之前进行加工。主轴上的螺纹，因其有较高的技术要求，所以安排在最终热处理工序之后的精加工阶段进行，以克服淬火带来的变形；而且加工螺纹时的定位基准应与精磨外圆时的基准相同，以保证螺纹的同轴度要求。

③ 保证加工质量的几项措施

主轴的加工质量主要体现在主轴支承轴颈的尺寸、形状、位置精度和表面粗糙度，主轴前端内、外锥面的形状精度、表面粗糙度以及它们对支承轴颈的位置精度。

主轴支承轴颈的尺寸精度、形状精度以及表面粗糙度要求，可以采用精密磨削方法保证。磨削前应提高精基准的精度。

保证主轴前端内、外锥面的形状精度、表面粗糙度同样应采用精密磨削的方法。为了保证外锥面相对支承轴颈的位置精度，以及支承轴颈之间的位置精度，通常采用组合磨削法，在一次装夹中加工这些表面，如图7-23所示。机床上有两个独立的砂轮架，精磨在两个工位上进行，工位Ⅰ精磨前、后轴颈锥面，工位Ⅱ用角度成型砂轮磨削主轴前端支承面和短锥面。

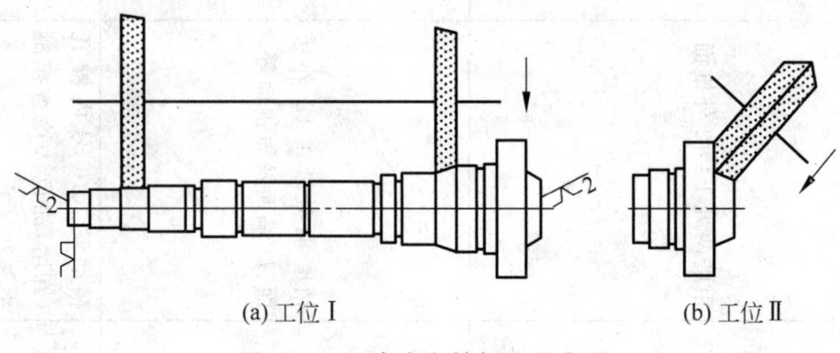

图7-23　组合磨主轴加工示意图

主轴锥孔相对于支承轴颈的位置精度是靠采用支承轴颈 A、B 作为定位基准来保证的。以支承轴颈作为定位基准加工内锥面，符合基准重合原则。在精磨前端锥孔之前，应使作为定位基准的支承轴颈 A、B 达到一定的精度。主轴锥孔的磨削一般采用专用夹具，如图 7-24 所示。夹具由底座 1、支架 2 及浮动夹头 3 三部分组成，两个支架固定在底座上，作为工件定位基准面的两段轴颈放在支架的两个镶有硬质合金（提高耐磨性）的 V 形块上，工件的中心高必须与磨头中心等高，否则将会使锥面出现双曲线误差，影响内锥孔的接触精度。后端的浮动夹头用锥柄装在磨床主轴的锥孔内，工件尾端插于弹性套内，用弹簧将浮动夹头外壳连同工件向左拉，通过钢球压向镶有硬质合金的锥柄端面，限制工件的轴向窜动。采用这种连接方式可以保证工件支承轴颈的定位精度不受内圆磨床主轴回转误差的影响，也可以减少机床本身振动对加工质量的影响。

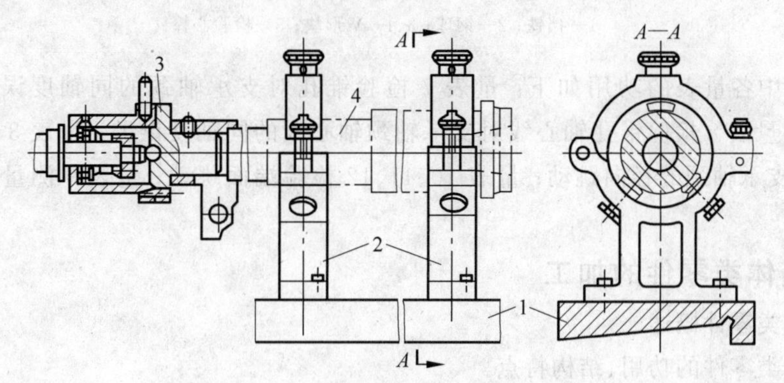

图 7-24　磨主轴锥孔夹具

1—底座；2—支架；3—浮动夹头；4—工件

5. 轴类零件的检验

轴类零件在加工过程中和加工完成后都要按照工艺规程的要求进行检验。检验的项目包括表面粗糙度、硬度、尺寸精度、表面形状精度和相互位置精度。

1）加工中的检验

在加工过程中，对轴类零件的检验可采用安装在机床上的自动测量装置。这种检验方式能在不影响加工的情况下，根据测量结果主动地控制机床的工作过程，如改变进给量，自动补偿刀具磨损，自动退刀、停车等，使之适应加工条件的变化。自动测量属在线检测，即在设备运行、生产不停顿的情况下，根据信号处理的基本原理掌握设备运行状况，对生产过程进行预测预报及必要调整，对加工质量进行控制，防止废品出现。在线检测在大批量生产中的应用广泛。

2）加工后的检验

轴类零件加工质量的检验大多在加工完成后进行。尺寸精度的检验，单件小批量生产中，一般用外径千分尺检验；大批量生产时，常采用光滑极限量规检验；长度大而精度高的工件可用比较仪检验。表面粗糙度可用粗糙度样板进行检验；要求较高时则用光学显微镜或轮廓仪检验。圆度误差可用千分尺测出的工件同一截面内直径的最大差值之半来确定，也可用千分表借助 V 形铁来测量，若条件许可，可用圆度仪检验。圆柱度误差通常用千分尺测出同一轴向剖面内最大与最小值之差的方法来确定。主轴相互位置精度检验大多采用如图 7-25 所示的专用检验装置检验。

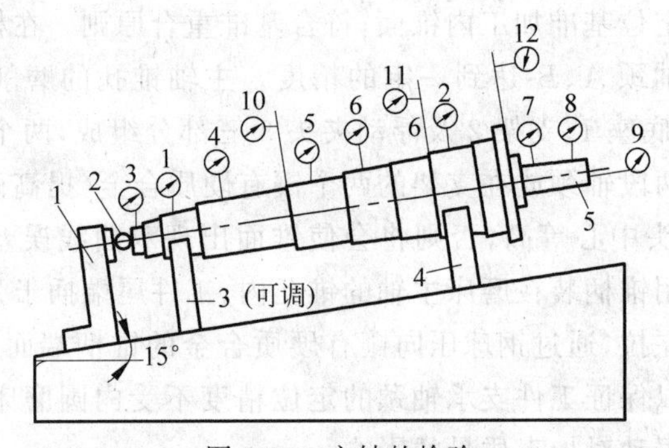

图 7-25 主轴的检验

1—挡铁；2—钢球；3、4—V 形块；5—检验心棒

图 7-25 中各量表的功用如下：量表 7 检验锥孔对支承轴颈的同轴度误差；距轴端 300mm 处的量表 8 检验锥孔轴心线对支承轴颈轴心线的同轴度误差；量表 3、4、5、6 检验各轴颈相对支承轴颈的径向跳动；量表 10、11、12 检验端面跳动；量表 9 测量主轴的轴向窜动。

7.2.2 箱体类零件的加工

1. 箱体类零件概述

1）箱体类零件的功用、结构特点

(1) 箱体类零件的功用。箱体是机器的基础零件,它使机器和部件中的轴、套、齿轮等有关零件连接成一个整体,并使之保持正确的相互位置关系,以传递转矩或改变转速来完成规定的运动。因此,箱体类零件的加工质量对机器的工作精度、使用性能和寿命都有直接的影响。

(2) 箱体类零件的结构特点。箱体零件形状多种多样,结构复杂；多为铸造件,壁薄且不均匀；加工部位多,箱壁上既有许多精度要求较高的轴承孔和基准平面需要加工,也有许多精度要求较低的紧固孔和一些次要平面需要加工,加工难度大。一般来说,就是由精度要求较高的孔、孔系和基准平面构成了箱体类零件的主要表面。

2）箱体类零件的主要技术要求

为了保证箱体零件的装配精度,达到机器设备对它的要求,对箱体零件的主要技术要求表现在以下几方面。

(1) 孔的尺寸精度和形状精度。箱体支承孔的尺寸误差和几何形状误差超值都会造成轴承与孔的配合不良,影响轴的旋转精度。若是主轴支承孔,还会影响机床的加工精度。由此可知,对箱体孔的精度要求是较高的。主轴支承孔的精度为 IT6,其余的孔为 IT7～IT6。孔的几何形状精度一般控制在尺寸公差范围内,要求高的应不超过孔公差的 1/3。

(2) 孔与孔的位置精度。其包括孔系的同轴度、平行度、垂直度要求。同一轴线上各孔的同轴度误差会使轴装配后出现扭曲变形,从而造成主轴径向圆跳动甚至摆动,并且会加剧轴承的磨损；平行孔轴线的平行度会影响齿轮的啮合精度。平行度允差一般取全长的 0.03～0.1；同轴度约为最小孔的尺寸公差的一半。

在箱体上有齿轮啮合关系的支承孔之间，应有一定的孔距尺寸精度，通常为±(0.025～0.060)mm。

(3) 孔与平面的位置精度。主要孔与主轴箱安装基面的平行度误差决定了主轴与床身导轨的相互位置关系和精度。这项精度是在总装时通过刮研来保证的。为了减少刮研量，通常都规定主轴轴线对安装基面的平行度公差，一般规定在垂直和水平两个方向上，只允许主轴前向上和向前偏。

孔的轴线对端面的垂直度误差会使轴承装配后出现歪斜，从而造成主轴轴向窜动和加剧轴承磨损，因此孔的轴线对端面的垂直度有一定的要求。

(4) 主要平面的精度。箱体的主要平面通常是指安装基面和箱体顶面。安装基面的平面度直接影响主轴箱与床身连接时的接触刚度，加工过程中作为定位基准时则会影响孔的加工精度，因此规定箱体的底面和导向面必须平直，并且用涂色法检查接触面积或单位面积上的接触点数来衡量平面度的精度。箱体顶面的平面度要求是为了保证箱盖的密封性，防止工作时润滑油泄出；大批量生产时有时将顶面作为定位基准加工孔，对顶面的平面度要求则还应提高。

(5) 表面粗糙度。重要孔和主要平面的表面粗糙度会影响连接面的配合性质或接触刚度。一般规定，主轴孔的表面粗糙度值 R_a 为 0.4μm，其余各纵向孔的 R_a 为 1.6μm；孔的内端面的 R_a 为 3.2μm，装配基面和定位基准的 R_a 为 2.5～0.63μm，其他平面的 R_a 为 10～2.5μm。

3) 箱体类零件的材料与毛坯

箱体零件常选用各种牌号的灰铸铁，因为灰铸铁具有良好的工艺性、耐磨性、吸振性和切削加工性，价格也比较低廉。有时，某些负荷较大的箱体可采用铸钢件；对于单件小批量生产中的简单箱体，为了缩短生产周期，降低生产成本，也可采用钢板焊接结构。在某些特定情况下，如飞机、汽车、摩托车的发动机箱体，也选用铝合金作为箱体。

箱体毛坯在铸造时，应防止砂眼和气孔的产生。为了减少毛坯制造过程中产生的残余应力，箱体在投入切削加工前通常应安排退火工序。毛坯的加工余量与箱体结构、生产批量、制造方法、毛坯尺寸、精度要求等因素有关，可依据经验或查阅手册确定。

2. 箱体类零件的结构工艺性分析

箱体类零件的结构复杂，加工部位多，技术要求高，加工难度大，研究箱体的结构，使之具有良好的结构工艺性，对提高产品质量、降低生产成本、提高生产效率都有重要意义。

箱体的结构工艺性有以下几个方面值得注意。

1) 箱体的基本孔

箱体的基本孔可分为通孔、阶梯孔、交叉孔、盲孔等几类。通孔的工艺性最好；阶梯孔的工艺性较差；交叉孔的工艺性也较差；盲孔的工艺性最差，应尽量避免。加工如图 7-26(a)所示的交叉孔时，由于刀具走到交叉口时是不连续切削，径向受力不匀，容易使孔的轴线偏斜和损坏刀具，而且不能采用浮动刀具加工。为了改善其工艺性，可将其中一个毛坯孔先不铸通，如图 7-26(b)所示，加工好其中的通孔后，再加工这个不通孔，这样就能保证孔的加工质量。

2) 箱体的同轴孔

箱体上同轴孔的孔径有三种排列形式：一种是孔径大小向一个方向递减，且相邻两孔

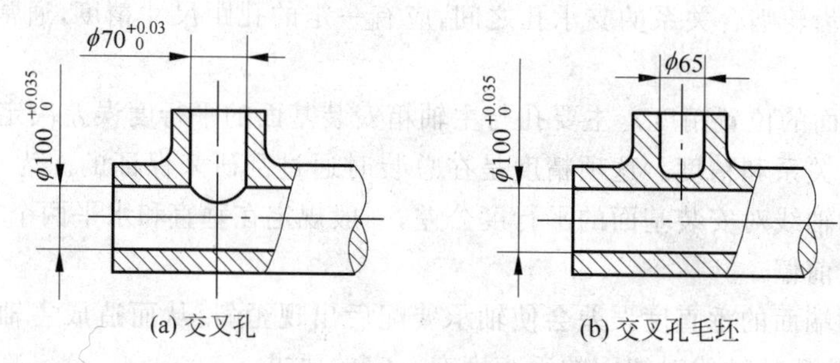

(a) 交叉孔　　(b) 交叉孔毛坯

图 7-26　交叉孔的结构工艺性

直径之差大于孔的毛坯加工余量,这样排列形式便于镗杆和刀具从一端伸入同时加工其他同轴孔,单件小批量生产中,这种结构形式最为方便;另一种是孔径大小从两边向中间递减,加工时可使刀杆从两边进入,这样可缩短镗杆长度,提高镗杆的刚度,而且为双面同时加工创造了条件,所以大批量生产时常采用这种结构形式;还有一种是孔径大小排列不规则,两端的孔径小于中间的孔径,这种排列结构工艺性差,应尽量避免。

3) 箱体的端面

箱体的端面加工包括内端面和外端凸台。箱体内端面加工比较困难,应尽可能使内端面尺寸小于刀具需穿过的孔加工前的直径;否则,加工时镗杆伸进后才能装刀,镗杆退出前又需将刀卸下,加工很不方便。同时,内端面尺寸不宜过大,不然还需采用专用径向进给装置。箱体外端凸台应尽可能在一个平面上。

4) 箱体的装配基面

箱体的装配基面应尽可能大,形状应尽量简单,以利于加工、装配和检验。

此外,箱体的紧固孔和螺孔的尺寸规格应尽可能一致,以减少加工中的换刀次数。为了保证箱体有足够的动刚度和抗震性,应酌情合理使用肋板、肋条,加大圆角半径,收小箱口,加厚主轴前轴承口厚度。

3. 箱体类零件加工工艺过程及工艺分析

1) 拟订箱体类零件加工工艺规程的原则

在拟订箱体类零件的加工工艺规程时,有一些共同的基本原则应遵循。

(1) 加工顺序:先面后孔。先加工平面、后加工孔是箱体加工的一般规律。因为箱体孔的精度要求高,加工难度大,先以孔为粗基准加工好平面,再以平面为精基准加工孔,这样既能为孔的加工提供稳定可靠的精基准,又能使孔的加工余量较为均匀;同时箱体上的孔均分布在箱体各平面上,先加工好平面,可切去铸件表面凹凸不平及夹砂等缺陷,钻孔时钻头不易引偏,扩孔或铰孔时,刀具不易崩刃。

(2) 加工阶段:粗、精分开。箱体的结构复杂,壁厚不均匀,刚性不好,而加工精度又高,一般应将粗、精加工工序分阶段进行,先进行粗加工,再进行精加工,这样可以避免粗加工产生的内应力和切削热等对加工精度产生影响;同时可以及时发现毛坯缺陷,避免更大的浪费;粗加工考虑的主要是效率,精加工考虑的主要是精度,这样可以根据粗、精加工的不同要求,合理选择设备。

(3) 基准选择:选重要孔为粗基准;精基准力求统一。箱体上的孔比较多,为了保证孔的加工余量均匀，一般选择箱体上的重要孔和另一个相距较远的孔作粗基准。而精基准的选择通常贯彻基准统一原则，常以装配基准或专门加工的一面两孔为定位基准，使整个加工过程基准统一，夹具结构类似，基准不重合，误差减至最小。

(4) 工序集中，先主后次。箱体零件上相互位置要求较高的孔系和平面，一般应尽量集中在同一工序中加工，以保证其相互位置要求和减少装夹次数。加工紧固螺纹孔、油孔等的次要工序，一般安排在平面和支承孔等主要加工表面精加工之后再进行。

(5) 工序间安排时效处理。箱体零件铸造残余应力较大，为了消除残余应力，减少加工后的变形，保证加工精度稳定，铸造后通常应安排一次人工时效处理；对于精度要求较高的箱体，粗加工之后还要安排一次人工时效处理，以消除粗加工所产生的残余应力。

箱体人工时效处理，除用加温方法外，还可采用振动时效处理方法。

(6) 工装设备依批量而定。加工箱体零件所用的设备和工艺装备应根据生产批量而定。单件小批量箱体的生产一般都在通用机床上加工，通常也不用专用夹具；而大批量箱体的加工则广泛采用专用设备机床，如多轴龙门铣床、组合磨床等，各主要孔的加工采用多工位组合机床、专用镗床等，一般都采用专用夹具，以提高生产效率。

2) 箱体平面的加工

箱体平面的加工，通常采用刨削、铣削或磨削。

刨削和铣削刀具结构简单，机床调整方便，常用作平面的粗加工和半精加工；龙门刨床和龙门铣床都可以利用几个刀架，在工件的一次装夹中完成几个表面的加工，既可保证平面间的相互位置精度，又可提高生产效率。

磨削则用作平面的精加工，而且还可以加工淬硬表面；工厂为了保证平面间的位置精度和提高生产效率，有时还采用组合磨削来精加工箱体各表面。

3) 箱体孔系的加工

箱体上一系列有相互位置精度要求的孔的组合称为孔系。孔系可分为平行孔系、同轴孔系和交叉孔系。

孔系的加工是箱体加工的关键。根据生产批量和精度要求的不同，孔系的加工方法也有所不同。

(1) 平行孔系的加工

所谓平行孔系，是指轴线互相平行且孔距有精度要求的一些孔。

在生产中，保证孔距精度的方法有多种。

① 找正法

找正法是指工人在通用机床上利用辅助工具来找正要加工孔的正确位置的加工方法。这种方法加工效率低，一般只适用于单件小批量生产。

根据找正方法的不同，找正法又可分为划线找正法、心轴和块规找正法、样板找正法、定心套找正法。

所谓划线找正法，是指加工前按照零件图在毛坯上划出各孔的位置轮廓线，然后按划线一一进行加工。

所谓心轴和块规找正法，是指镗第一排孔时将心轴插入主轴内(或者直接利用镗床主轴)，然后根据孔和定位基准的距离组合一定尺寸的块规来校正主轴位置。

所谓样板找正法，是指将用钢板制成的样板装在垂直于各孔的端面上，然后在机床主轴上装一千分表,再按样板找正机床主轴,找正后即换上镗刀进行加工。

所谓定心套找正法,是指先在工件上划线,再按线钻攻螺钉孔,然后装上形状精度高而表面光洁的定心套,定心套与螺钉间有较大间隙,接着按图样要求的孔心距公差的 1/5～1/3 调整全部定心套的位置,并拧紧螺钉,复查后即可上机床按定心套找正镗床主轴位置,卸下定心套,镗出一孔;每加工一孔找正一次,直至孔系加工完毕。

② 镗模法

镗模法是指利用镗模夹具加工孔系的方法。如图 7-27 所示,镗孔时,工件装夹在镗模上,镗杆被支承在镗模的导套里,增加了系统的刚性。镗刀通过模板上的孔将工件上相应的孔加工出来。当用两个或两个以上的支承来引导镗杆时,镗杆与机床主轴必须浮动连接,如图 7-28 所示,这样机床精度对孔系加工精度的影响就会很小,因此可以在精度较低的机床上加工出精度较高的孔系,孔距精度主要取决于镗模,一般为±0.05mm;加工精度等级为 IT7,表面粗糙度 R_a 为 5～1.25μm;孔与孔之间的平行度为 0.02～0.03mm。

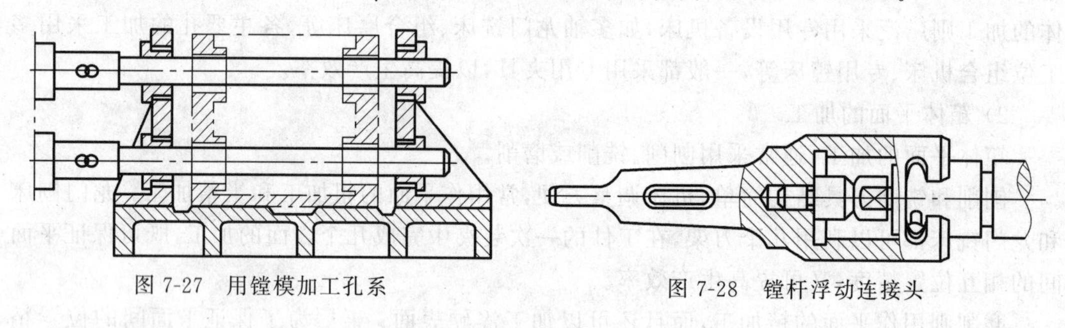

图 7-27 用镗模加工孔系　　图 7-28 镗杆浮动连接头

这种方法广泛应用于中批量生产和大批量生产中。

③ 坐标法

坐标法镗孔是在普通卧式镗床、坐标镗床或数控镗床等设备上,借助于测量装置调整机床主轴与工件间在水平和垂直方向的相对位置来保证孔心距精度的一种镗孔方法。

通常,箱体的孔与孔之间有严格的孔心距公差要求。坐标法镗孔的孔心距精度取决于坐标的移动精度,也就是坐标测量装置的精度。

采用坐标法加工孔系时,必须特别注意基准孔和镗孔顺序的选择,否则坐标尺寸的累积误差会影响孔心距精度。通常应遵循以下原则。

a. 有孔距精度要求的两孔应连在一起加工,以减少坐标尺寸的累积误差影响孔距精度。

b. 基准孔应位于箱壁一侧,以便依次加工各孔时,工作台朝一个方向移动,避免因工作台往返移动由间隙造成误差。

c. 所选的基准孔应有较高的精度和较小的表面粗糙度值,以便于在加工过程中可以重新准确地校验坐标原点。

(2) 同轴孔系的加工

成批生产中,同轴孔系通常采用镗模加工,以保证孔系的同轴度。单件小批量生产则用以下方法保证孔系的同轴度。

① 利用已加工孔作支承导向。一般在已加工孔内装一导向套,支承和引导镗杆加工同一轴线的其他孔。

② 利用镗床后立柱上的导向套支承镗杆。采用这种方法加工时，镗杆两端均被支承，刚性好，但调整麻烦，镗杆长而笨重，因此只适宜加工大型箱体。

③ 采用调头镗。当箱体的箱壁相距较远时，工件在一次装夹后，先镗好一侧的孔，再将镗床工作台回转 180°，调整好工作台的位置，使已加工孔与镗床主轴同轴，然后加工另一侧的孔。

(3) 交叉孔系的加工

交叉孔系的主要技术要求通常是控制有关孔的相互垂直度误差。在普通镗床上主要是靠机床工作台上的 90°对准装置，这是一个挡块装置，结构简单，对准精度低。对准精度要求较高时，一般采用光学瞄准器，或者依靠人工用百分表找正。目前也有很多企业开始用数控铣镗床或者加工中心来加工箱体的交叉孔系。

4) 箱体零件加工工艺过程示例

图 7-29 所示为某车床主轴箱。该主轴箱具有一般箱体结构特点，壁薄、中空、形状复杂，加工表面多为平面和孔。

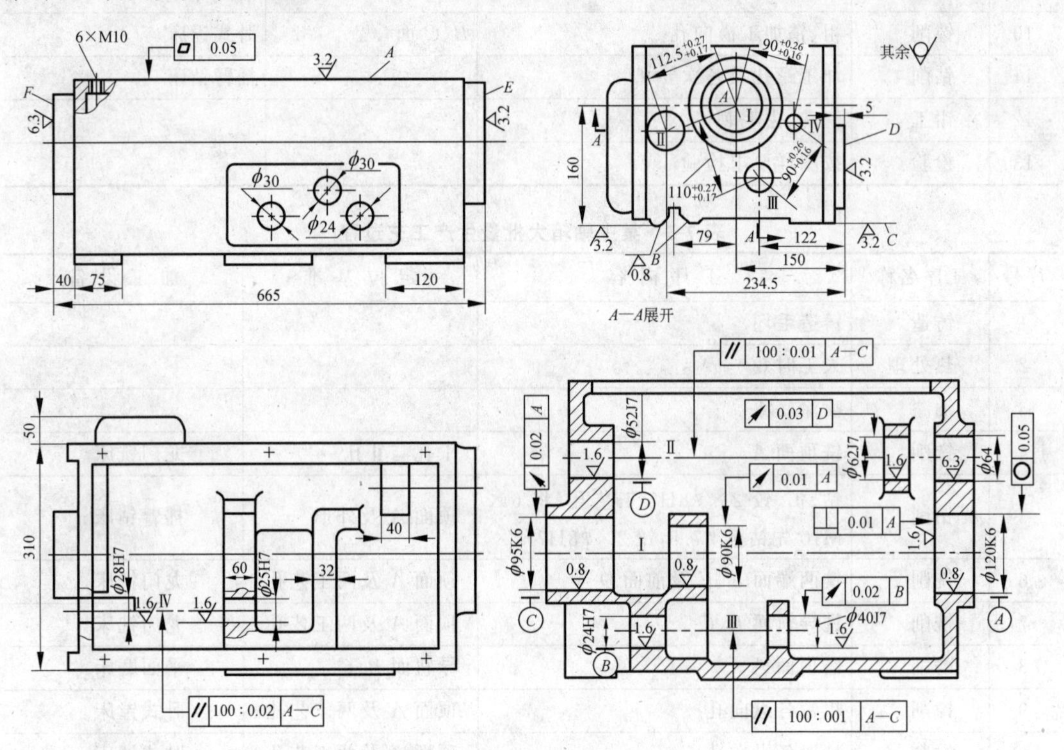

图 7-29　某车床主轴箱简图

主轴箱体的主要加工表面可分为以下三类。

(1) 主要平面：箱盖顶部的对合面、底座的底面、各轴承孔的端面等。

(2) 主要孔：轴承孔(ϕ120K6、ϕ95K6、ϕ90K6、ϕ52J7、ϕ62J7、ϕ24H7、ϕ40J7)等。

(3) 其他加工部分：拨叉销孔、连接孔、螺孔以及孔的凸台面等。

表 7-2 所列为某厂在中、小批量生产上述主轴箱时的机械加工工艺过程。表 7-3 所列为某厂在大批量生产上述主轴箱时的机械加工工艺过程。

表 7-2 某主轴箱中、小批量生产工艺过程

序号	工序名称	工序内容	定位基准	加工设备
1	铸造	铸造毛坯		
2	热处理	人工时效		
3	油漆	喷涂底漆		
4	划线	划 C、A 及 E、D 面的加工线,注意主轴孔的加工余量,并尽量均匀		划线平台
5	刨削	粗、精加工顶面 A	按划线找正	牛头刨床或龙门刨床
6	刨削	粗、精加工 B、C 面及侧面 D	顶面 A,并校正主轴线	牛头刨床或龙门刨床
7	刨削	粗、精加工 E、F 两端面	B、C 面	牛头刨床或龙门刨床
8	镗削	粗、半精加工各纵向孔	B、C 面	卧式镗床
9	镗削	精加工各纵向孔	B、C 面	卧式镗床
10	镗削	粗、精加工横向孔	B、C 面	卧式镗床
11	钻削	加工螺孔及各次要孔		摇臂钻床
12	钳工	清洗、去毛刺		
13	检验	按图样要求检验		

表 7-3 某主轴箱大批量生产工艺过程

序号	工序名称	工序内容	定位基准	加工设备
1	铸造	铸造毛坯		
2	热处理	人工时效		
3	油漆	喷涂底漆		
4	铣削	铣顶面 A	Ⅰ孔与Ⅱ孔	龙门铣床
5	钻削	钻、扩、铰 $2\times\phi8$H7 工艺孔(将 $6\times$M10 先钻至 $\phi7.8$,铰 $2\times\phi8$H7)	顶面 A 及外形	摇臂钻床
6	铣削	铣两端面 E、F 及前面 D	顶面 A 及两工艺孔	龙门铣床
7	铣削	铣导轨面 B、C	顶面 A 及两工艺孔	龙门铣床
8	磨削	磨顶面 A	导轨面 B、C	平面磨床
9	镗削	粗镗各纵向孔	顶面 A 及两工艺孔	卧式镗床
10	镗削	精镗各纵向孔	顶面 A 及两工艺孔	卧式镗床
11	镗削	精镗主轴孔Ⅰ	顶面 A 及两工艺孔	卧式镗床
12	钻削	加工横向各孔及各面上的次要孔		
13	磨削	磨 B、C 导轨面及前面 D	顶面 A 及两工艺孔	导轨磨床
14	钻削	将 $2\times\phi8$H7 及 $4\times\phi7.8$ 均扩钻至 $\phi8.5$,攻螺纹 $6\times$M10		钻床
15	钳工	清洗、去毛刺		
16	检验	按图样要求检验		

5）箱体零件的检验

箱体零件的检验项目包括表面粗糙度及外观、尺寸精度、形状精度和位置精度等。

表面粗糙度的检验通常用目测或样板比较法，只有当 R_a 值很小时，才考虑使用光学量仪或使用粗糙度仪。外观检查只需根据工艺规程检查完工情况以及加工表面有无缺陷即可。

孔的尺寸精度一般用塞规检验；单件小批量生产时可用内径千分尺或内径千分表检验；若精度要求很高，可用气动量仪检验。

平面的直线度可用平尺和厚薄规或水平仪、桥尺检验。

平面的平面度可用自准直仪或桥尺涂色检验。

同轴度的检验常用检验棒检验，若检验棒能自由通过同轴线上的孔，则孔的同轴度在允差范围之内。

孔间距和孔轴线平行度的检验，根据孔距精度的要求，可使用游标卡尺或千分尺测量，也可用心轴和衬套或块规测量。

三坐标测量机可同时对零件的尺寸、形状和位置等进行高精度的测量。

7.2.3　圆柱齿轮加工

1. 圆柱齿轮加工概述

圆柱齿轮是机械传动中应用极为广泛的零件，其功用是按规定的传动比传递运动和动力。

1）圆柱齿轮分类及结构特点

图 7-30 是常用圆柱齿轮的结构形式，分为盘形齿轮（图 7-30(a)所示单联、图 7-30(b)所示双联、图 7-30(c)所示三联）、内齿轮（图 7-30(d)）、齿轮轴（图 7-30(e)）、套类齿轮（图 7-30(f)）、扇形齿轮（图 7-30(g)）、齿条（图 7-30(h)）、装配齿轮（图 7-30(i)）等。

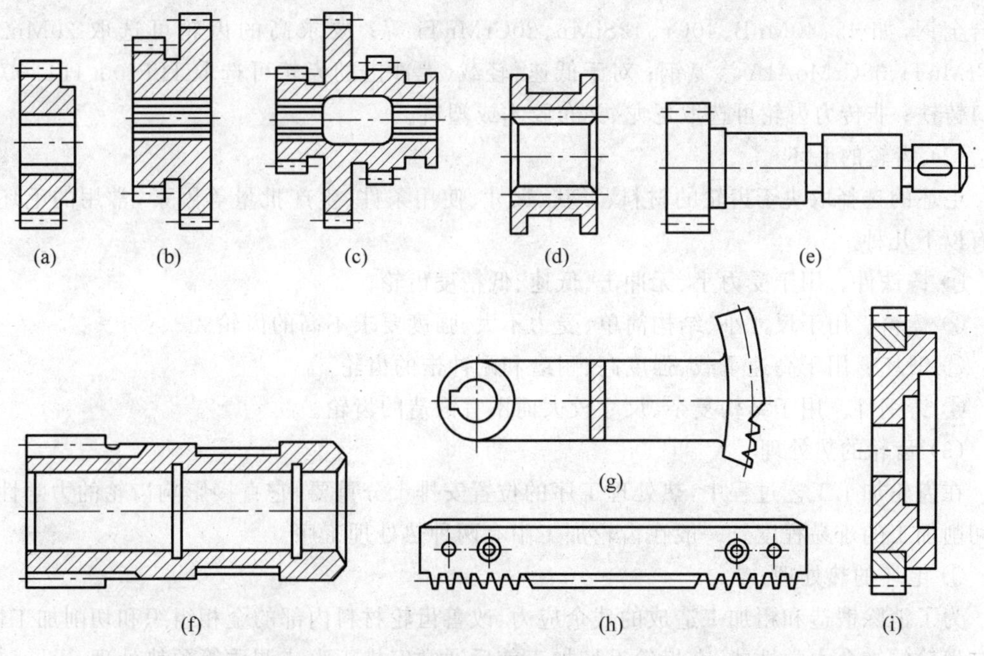

图 7-30　圆柱齿轮的结构形式

圆柱齿轮的结构形状按使用场合和要求而不同。一个圆柱齿轮可以有一个或多个齿圈。普通的单齿圈齿轮工艺性好,而双联齿轮或三联齿轮的小齿圈往往会受到台肩的影响,限制了某些加工方法的应用,一般只能采用插齿的方法加工。如果齿轮精度要求高,需要剃齿或磨齿时,通常将多齿圈齿轮做成单齿圈齿轮的组合结构。

2) 圆柱齿轮的精度要求

齿轮自身的制造精度对整个机器的工作性能、承载能力和使用寿命都有很大的影响,因此必须对齿轮的制造提出一定的精度要求。

(1) 运动精度。要求齿轮能准确地传递运动和保持恒定的传动比,即要求齿轮在一转中,最大转角误差不能超过相应的规定值。

(2) 工作平稳性。要求齿轮传递运动平稳,振动、冲击和噪声要小,这就要求齿轮转动时瞬时速比变化要小。

(3) 齿面接触精度。齿轮在传递动力时,为了保证传动中载荷分布均匀,要求齿面接触均匀,以避免齿面局部载荷过大、应力集中等引起过早磨损或折断。

(4) 齿侧间隙。要求齿轮传动时,非工作面留有一定间隙,以补偿因温升、弹性形变所引起的尺寸变化和装配误差,并利于润滑油的储存和油膜的形成。

齿轮的制造精度和齿侧间隙主要根据齿轮的用途和工作条件而定。对于分度传动用齿轮,主要要求齿轮的运动精度要高,以便传递运动准确可靠;对于高速动力传动用齿轮,必须要求工作平稳,无冲击和噪声;对于重载低速传动用齿轮,则要求齿轮接触精度要高,使啮合齿的接触面积增大,不致引起齿面过早磨损;对于换向传动和读数机构,则应严格控制齿侧间隙,必要时还应设法消除间隙。

3) 齿轮材料、毛坯和热处理

(1) 齿轮材料的选择

齿轮应根据使用要求和工作条件选取合适的材料。普通齿轮通常选用中碳钢和低、中碳合金钢,如45、40MnB、40Cr、42SiMn、20CrMnTi等;要求高的齿轮可选取20Mn2B、18CrMnTi、38CrMoAlA渗氮钢;对于低速、轻载、无冲击的齿轮可选取HT400、HT200等灰口铸铁;非传力齿轮可选取尼龙、夹布胶木或塑料。

(2) 齿轮的毛坯

毛坯的选择取决于齿轮的材料、形状、尺寸、使用条件、生产批量等因素,常用的毛坯种类有以下几种。

① 铸铁件。用于受力小、无冲击、低速、低精度齿轮。

② 棒料。用于尺寸小、结构简单、受力不大、强度要求不高的齿轮。

③ 锻坯。用于高速重载、强度高、耐磨和耐冲击的齿轮。

④ 铸钢件。用于结构复杂、尺寸较大而不宜锻造的齿轮。

(3) 齿轮的热处理

在齿轮加工工艺过程中,热处理工序的位置安排十分重要,它直接影响齿轮的力学性能及切削加工的难易程度。一般在齿轮加工中有两种热处理工序。

① 毛坯的热处理

为了消除锻造和粗加工造成的残余应力、改善齿轮材料内部的金相组织和切削加工性、提高齿轮的综合力学性能,在齿轮毛坯加工前后通常安排正火或调质等预热处理。

② 齿面的热处理

为了提高齿面硬度、增加齿轮的承载能力和耐磨性，有时应进行齿面高频淬火、渗碳淬火、氮碳共渗和渗氮等热处理工序。一般安排在滚齿、插齿、剃齿之后，珩齿、磨齿之前。

2. 圆柱齿轮齿面(形)加工方法

1) 齿轮齿面加工方法的分类

按齿面形成的原理不同，齿面加工可以分为以下两类方法。

(1) 成型法：用与被切齿轮齿槽形状相符的成型刀具切出齿面的方法，如盘形铣刀铣齿、指状铣刀铣齿、齿轮拉刀拉齿和成型砂轮磨齿等便属于成型法加工齿面的例子。

(2) 展成法：齿轮刀具与工件按齿轮副的啮合原理作展成运动切出齿面的方法，如滚齿、插齿、剃齿、磨齿和珩齿等。

2) 圆柱齿轮齿面加工方法选择

圆柱齿轮齿面的精度要求大多较高，加工工艺复杂，选择加工方案时应综合考虑齿轮的结构、尺寸、材料、精度等级、热处理要求、生产批量及工厂加工条件等。常用的齿面加工方案见表 7-4。

表 7-4　齿面加工方案

齿面加工方案	齿轮精度等级	齿面粗糙度 R_a/μm	适用范围
铣齿	IT9 以下	6.3～3.2	单件修配生产中，加工低精度的外圆柱齿轮、齿条、锥齿轮、蜗轮
拉齿	IT7	1.6～0.4	大批量生产 7 级内齿轮，外齿轮拉刀制造复杂，故少用
滚齿	IT8～IT7	3.2～1.6	各种批量生产中，加工中等质量外圆柱齿轮及蜗轮
插齿		1.6	各种批量生产中，加工中等质量的内、外圆柱齿轮、多联齿轮及小型齿条
滚(或插)齿—淬火—珩齿		0.8～0.4	用于齿面淬火的齿轮
滚齿—剃齿	IT7～IT6	0.8～0.4	主要用于大批量生产
滚齿—剃齿—淬火—珩齿		0.4～0.2	
滚(插)齿—淬火—磨齿	IT6～IT3	0.4～0.2	用于高精度齿轮的齿面加工，生产效率低，成本高
滚(插)齿—磨齿	IT6～IT3		

3. 圆柱齿轮加工工艺过程

1) 圆柱齿轮加工工艺过程示例

圆柱齿轮的加工工艺过程一般应包括以下内容：齿轮毛坯加工、齿面加工、热处理及齿面的精加工。

在编制齿轮加工工艺过程中，常因齿轮结构、精度等级、生产批量以及生产环境的不同而采用各种不同的方案。

图 7-31 所示为直齿圆柱齿轮的简图。表 7-5 列出了该齿轮的机械加工工艺过程，从表中可以看出，编制齿轮加工工艺过程大致可划分为以下几个阶段。

(1) 制造齿轮毛坯：锻件。

(2) 齿面的粗加工：切除较多的余量。

(3) 齿面的半精加工：滚切或插削齿面。

(4) 热处理：调质或正火、齿面高频淬火等。

(5) 精加工齿面：剃削或者磨削齿面。

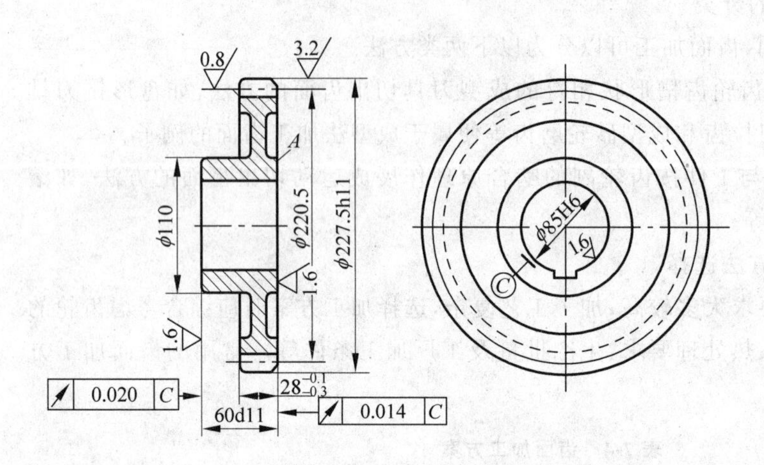

模数	m	3.5
齿数	z	63
压力角	α	20°
精度等级		655GH
基节极限偏差	F_t	±0.006
公法线长度变动公差	F_w	0.016
跨齿数	k	8
公法线平均长度		$80.58^{-0.14}_{-0.22}$
齿向公差	F_β	0.007
齿形公差	F_f	0.007

图 7-31 直齿圆柱齿轮零件图

表 7-5 直齿圆柱齿轮加工工艺过程

工序号	工序名称	工 序 内 容	定 位 基 准
1	锻造	毛坯锻造	
2	热处理	正火	
3	粗车	粗车外形、各处留加工余量 2mm	外圆和端面
4	精车	精车各处，内孔至 ϕ84.8，留磨削余量 0.2mm，其余至尺寸	外圆和端面
5	滚齿	滚切齿面，留磨齿余量 0.25～0.3mm	内孔和端面 A
6	倒角	倒角至尺寸(倒角机)	内孔和端面 A
7	钳工	去毛刺	
8	热处理	齿面：52HRC(局部高频淬火)	
9	插键槽	至尺寸	内孔和端面 A
10	磨平面	靠磨大端面 A	内孔
11	磨平面	平面磨削 B 面	端面 A
12	磨内孔	磨内孔至 ϕ85H5	内孔和端面 A
13	磨齿	齿面磨削	内孔和端面 A
14	检验		

2) 齿轮加工工艺过程分析

(1) 定位基准的选择

对于齿轮定位基准的选择，常因齿轮的结构形状不同而有所差异。带轴齿轮主要采用顶尖定位，顶尖定位的精度高，且能做到基准统一。带孔齿轮在加工齿面时常采用以下两种定位方式。

① 以内孔和端面定位。即以工件内孔和端面联合定位，确定齿轮中心和轴向位置。这种方式可使定位基准、设计基准、装配基准和测量基准重合，定位精度高，适于批量生产，但对夹具的制造精度要求较高。

② 以外圆和端面定位。工件和夹具心轴的配合间隙较大，用千分表校正外圆以决定中心的位置，并以端面定位。这种方式因每个工件都要校正，故生产效率低；它对齿坯的内、外圆同轴度要求高，而对夹具精度要求不高，故适于单件、小批量生产。

(2) 齿坯的加工

齿面加工前的齿轮毛坯加工，在整个齿轮加工工艺过程中占有很重要的地位，因为齿面加工和检测所用的基准必须在此阶段加工出来；无论是从提高生产效率还是从保证齿轮的加工质量，都必须重视齿坯的加工。

在齿轮的技术要求中，应注意齿顶圆的尺寸精度要求，因为齿厚的检测是以齿顶圆为测量基准的，齿顶圆精度太低，必然使所测量出的齿厚值无法正确反映齿侧间隙的大小。所以，在这一加工过程中应注意下列三个问题。

① 当以齿顶圆直径作为测量基准时，应严格控制齿顶圆的尺寸精度。

② 保证定位端面和定位孔或外圆相互的垂直度。

③ 提高齿轮内孔的制造精度，减小与夹具心轴的配合间隙。

(3) 齿端的加工

齿轮的齿端加工有倒圆、倒尖、倒棱和去毛刺等，如图 7-32 所示。倒圆、倒尖后的齿轮在换挡时容易进入啮合状态，减少撞击现象。倒棱可除去齿端尖边和毛刺。用指状铣刀对齿端进行倒圆时，铣刀高速旋转，并沿圆弧作摆动，加工完一个齿后，工件退离铣刀，经分度再快速向铣刀靠近，加工下一个齿的齿端。齿端加工必须在齿轮淬火之前进行，通常都在滚(插)齿之后，剃齿之前安排齿端加工。

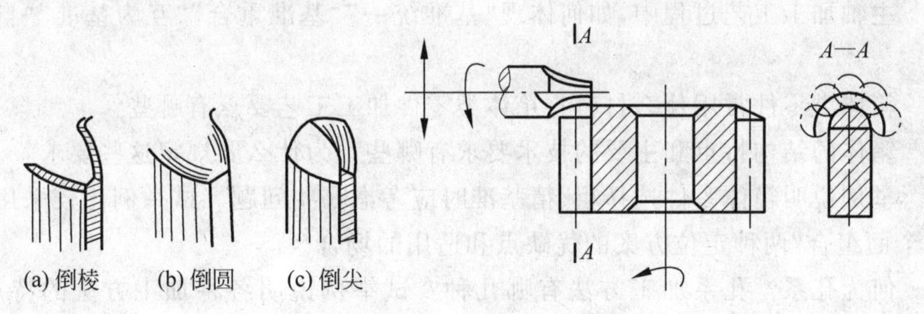

图 7-32　齿端加工

习题与思考题

7-1　外圆加工有哪些方法？外圆光整加工有哪些方法？如何选用？

7-2　车床上钻孔和钻床上钻孔会产生什么误差？钻小孔、深孔最好采用什么钻头？某些新型钻头能否一把刀具一次安装实现非定尺寸加工、扩孔或沉孔加工？如何实施？

7-3　加工如题 7-3 图所示的轴套内孔 A，试按题 7-3 表所列的不同要求，选择加工方法及加工顺序(数量：50 件)。

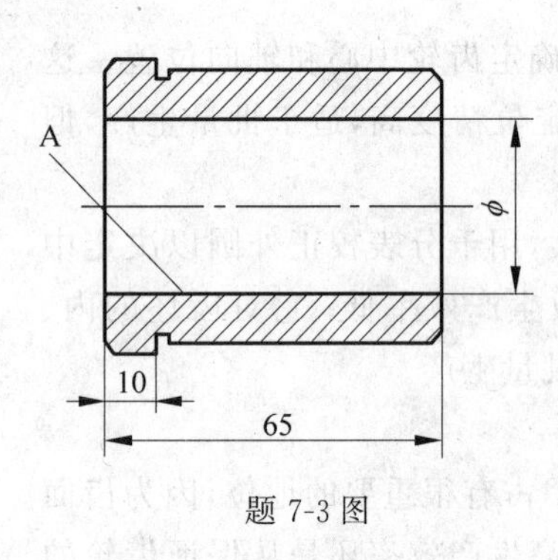

题7-3图

题7-3表

内孔A的加工要求		材　料	热处理
尺寸精度	表面粗糙度 $R_a/\mu m$		
ϕ40H8	1.6	45钢	调质
ϕ10H8	1.6	45钢	调质
ϕ100H8	1.6	45钢	淬火
ϕ40H6	0.8	45钢	—
ϕ40H8	1.6	ZL104(铝合金)	—

7-4　某箱体水平面方向上ϕ250H9的大孔和孔内ϕ260mm、宽度8mm的回转槽以及孔外ϕ350mm的大端面在卧式镗床上如何加工？

7-5　简述中心磨削与无心磨削的工艺特点。试比较两者各自的工艺优势。

7-6　珩磨时，珩磨头与机床主轴为何要用浮动连接？珩磨能否提高孔与其他表面之间的位置精度？

7-7　平面铣削有哪些方法？各适用于什么场合？端铣时如何区分顺铣和逆铣？镶齿端铣刀能否在卧式铣床上加工水平面？

7-8　用简单刀具加工曲面的有哪些方法？简述各加工方法的特点及适用范围。

7-9　主轴的结构特点和技术要求有哪些？为什么要对其进行分析？它对制定工艺规程起什么作用？

7-10　主轴毛坯常用的材料有哪几种？对于不同的毛坯材料在各个加工阶段中所安排的热处理工序有什么不同？它们在改善材料性能方面起什么作用？

7-11　轴类零件的安装方式和应用有哪些？顶尖孔起什么作用？试分析其特点。

7-12　主轴加工工艺过程中，如何体现“基准统一”“基准重合”“互为基准”“自为基准”的原则？

7-13　箱体类零件常用什么材料？箱体类零件加工工艺要点有哪些？

7-14　箱体的结构特点和主要的技术要求有哪些？为什么要规定这些要求？

7-15　举例说明箱体零件选择粗、精基准时应考虑哪些问题。试举例比较采用“一面两销”或“几个面组合”两种定位方案的优缺点和适用的场合。

7-16　何为孔系？孔系加工方法有哪几种？试举例说明各种加工方法的特点和适用范围。

7-17　圆柱齿轮规定了哪些技术要求和精度指标？它们对传动质量和加工工艺有什么影响？

7-18　齿形加工的精基准选择有几种方案？各有什么特点？齿轮淬火前精基准的加工和淬火后精基准的修整通常采用什么方法？

7-19　试比较滚齿与插齿、磨齿和珩齿的加工原理、工艺特点及适用场合。

7-20　齿端倒圆的目的是什么？其概念与一般的回转体倒圆有何不同？

第8章

特种加工与其他新加工工艺

8.1 特种加工工艺

8.1.1 特种加工概述

1. 特种加工产生的原因

传统的机械加工技术已有了很久的历史，它对人类的社会发展和物质文明起了极大的作用。随着现代科学技术和工业生产的迅猛发展，工业产品正向着高精度、高速度、高温、高压、大功率、小型化等方向发展，传统机械制造技术和工艺方法面临着极大的挑战。工业现代化，尤其是国防工业现代化对机械制造业提出了越来越多的新要求。

(1) 解决各种难切削材料的加工问题。例如，增强复合材料、工业陶瓷、硬质合金、钛合金、不锈钢、金刚石、宝石、石英以及锗、硅等各种高硬度、高强度、高韧性、高脆性、耐高温的金属或非金属材料的加工。

(2) 解决各种特殊复杂型面的加工问题。例如，喷气涡轮机叶片、整体涡轮、发动机机匣和锻压模、注塑模的立体成型表面，各种冲模、冷拔模上特殊断面的异型孔，炮管内膛线，喷油嘴、栅网、喷丝头上的小孔、窄缝、特殊用途的弯孔等的加工。

(3) 解决各种超精密、光整或具有特殊要求的零件的加工问题。例如，对表面质量和精度要求很高的航天、航空陀螺仪、伺服阀，以及细长轴、薄壁零件、弹性元件等低刚度零件的加工。

(4) 解决特殊材料、特殊零件的加工问题。例如，大规模集成电路、光盘基片、复印机和打印机的感光鼓、微型机械和机器人零件、细长轴、薄壁零件、弹性元件等低刚度零件的加工。

上述工艺问题仅仅依靠传统的切削加工方法是很难甚至根本无法解决的。在生产的迫切需求下，人们不断地通过实验研究，借助多种能量形式，相继探索出一系列崭新的加工方法，特种加工就是在这种环境和条件下产生和发展起来的。

2. 特种加工与传统切削加工的不同

(1) 主要不是依靠机械能而是依靠其他能量(如电能、化学能、光能、声能、热能等)去除工件材料。

(2) 工具硬度可以低于被加工材料的硬度，有的情况下，如高能束加工甚至根本不需要任何工具。

(3) 加工过程中，工具和工件之间不存在显著的机械切削力作用。

(4) 加工后的表面边缘无毛刺残留,微观形貌"圆滑"。

特种加工又被称为非传统加工(non-traditional machining,NTM)或非常规机械加工(non-conventional machining,NCM)。特种加工方法种类很多,一般按能量来源和作用形式分类,主要有电火花加工、电化学加工、高能束(激光束、电子束、离子束)加工、超声加工、化学加工、快速成型等。

3. 特种加工的变革

特种加工技术的广泛应用引起了机械制造领域内的许多变革,主要体现在以下六方面。

(1) 改变了材料的可加工性概念。传统观念认为,金刚石、硬质合金、淬火钢、石英、陶瓷、玻璃等都是难加工材料,但现在采用电火花、电解、激光等多种方法却容易加工。材料的可加工性再不能只简单地用硬度、强度、韧性、脆性等描述,甚至对电火花、电火花线切割而言,淬火钢比未淬火钢更容易加工。

(2) 改变了零件的典型工艺路线。在传统的加工工艺中,除磨削加工外,其他切削加工、成型加工等都必须安排在淬火热处理工序之前,这是工艺人员不可违反的工艺准则。但特种加工的出现改变了这种一成不变的工艺程式,例如电火花线切割、电火花成型加工、电解加工、激光加工等,反而都必须先淬火、后加工。

(3) 改变了试制新产品的模式。特种加工技术可以直接加工出各种标准和非标准直齿齿轮、微型电动机定子、各种复杂的二次曲面体零件;快速成型技术更是试制新产品的必要手段,改变了过去传统的产品试制模式。

(4) 对零件的结构设计产生了很大的影响。传统设计中,花键轴、枪炮膛线的齿根为了减少应力集中,最好做成圆角,但由于拉削加工时刀齿做成圆角对排屑不利,容易磨损,刀齿只能设计和制造成清角的齿根,而今采用电解加工后,正好利用其尖角变圆的现象,可实现小圆角齿根的要求;喷气发动机涡轮也由于电加工而可采用带冠整体结构,大大提高了发动机的性能。

(5) 改变了对零件结构工艺性好坏的衡量标准。过去,零件中的方孔、小孔、深孔、弯孔、窄缝等都被认为是"工艺性欠佳"的典型。特种加工改变了这种观点。对于电火花穿孔、电火花线切割而言,加工方孔与加工圆孔的难易程度是一样的,而喷油嘴小孔、喷丝头小异形孔、窄缝等采用电加工后变难为易了。

(6) 特种加工已成为微细加工和纳米加工的主要手段。近年来出现并快速发展的微细加工和纳米加工技术,主要是合理利用电子束、离子束、激光束、电火花、电化学等电物理、电化学特种加工技术。

8.1.2 电火花加工

1. 电火花加工的基本原理、特点及应用

1) 电火花加工的基本原理

电火花加工又称放电加工、电蚀加工(electrical discharge machining,EDM),是一种基于工具和工件之间不断脉冲放电产生的局部、瞬时的高温将金属蚀除掉的加工方法。图8-1所示是电火花加工原理图。工件1与工具4分别与脉冲电源2的两输出端相连接。自动进给调节装置3使工具和工件间始终保持很小的放电间隙。当脉冲电压加到两极之间,便在当时条件下某一间隙最小处或绝缘强度最低处击穿介质,产生火花放电,瞬时高温使工具和工件表面都蚀除掉一小部分金属,形成一个小凹坑,如图8-2所示。其中图8-2(a)表示单个脉冲放电后的电蚀坑,图8-2(b)表示多个脉冲放电后的电极表面。脉冲放电结束后,经过一段间隔时间(即脉冲间隔 t_0),工作液恢复绝缘,第二个脉冲电压又加到两极上,又会在当时极间距离相对最近或绝缘强度最弱处击穿放电,又电蚀出一个小凹坑。这样连续不断地重复放电,工具电极不断地向工件进给,就可将工具的形状复制在工件上,加工出所需要的零件。整个加工表面是由无数个小凹坑所组成。

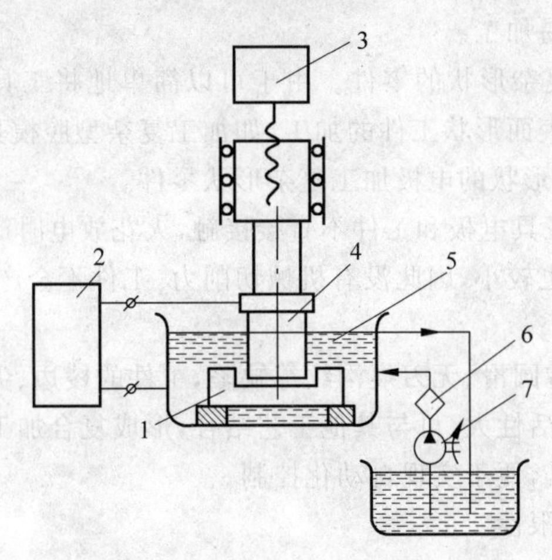

图 8-1　电火花加工原理

1—工件;2—脉冲电源;3—进给调节装置;4—工具;5—工作液;6—过滤器;7—工作液泵

要使这种电腐蚀原理应用于尺寸加工,设备装置必须满足以下三个条件。

(1) 工具电极和工件电极之间必须始终保持一定的放电间隙,这一间隙随加工条件而定,通常约为几微米至几百微米。因为电火花的产生是由于电极间介质被击穿,介质被击穿取决于极间距离,只有极间距离稳定,才能获得连续稳定的放电。

(2) 火花放电必须是瞬时的脉冲性放电,放电延续一段时间(一般为 $10^{-7} \sim 10^{-3}$s)后,需停歇一段时间,这样才能使放电所产生的热量来不及传导扩散到其余部分,把每一次的放电点分别局限在很小的范围内,避免像电弧持续放电那样,使表面烧伤而无法用于尺寸加工。为此,电火花加工必须采用脉冲电源。图 8-3 所示为脉冲电源的电压波形,图中 t_i 为脉冲宽度,t_0 为脉冲间隔,t_p 为脉冲周期,$\hat{u}_i$ 为脉冲峰值电压或空载电压。

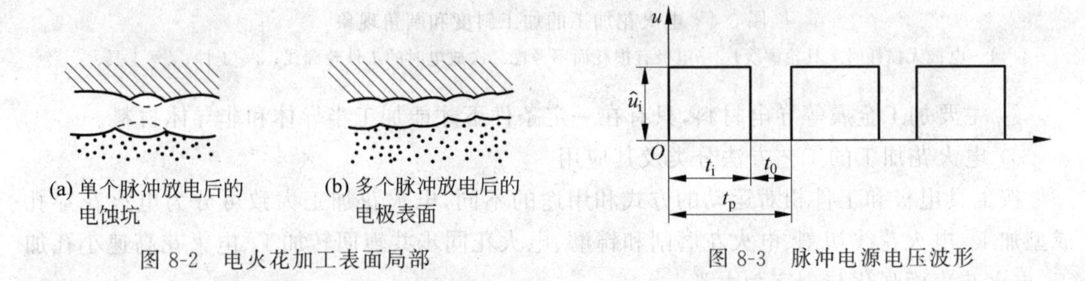

图 8-2　电火花加工表面局部　　图 8-3　脉冲电源电压波形

(3) 火花放电必须在有一定绝缘性能的液体介质中进行,例如煤油、皂化液或去离子水等。液体介质又称工作液,它们必须具有较高的绝缘强度($10^3 \sim 10^7 \Omega \cdot cm$),以利于产生脉冲性的火花放电,同时液体介质还能把电火花加工过程中产生的金属小屑、炭黑等电蚀产物从放电间隙中悬浮排除出去,并且对电极和工件表面有较好的冷却作用。

2）电火花加工的特点

(1) 电火花加工的优点

① 适合于任何难切削材料的加工。电火花加工可以实现用软的工具加工硬度极高的工件，甚至可以加工像聚晶金刚石、立方氮化硼一类超硬材料。目前电极材料多采用紫铜或石墨，因此工具电极较容易加工。

② 可以加工特殊及复杂形状的零件。由于可以简单地将工具电极的形状复制到工件上，因此特别适用于复杂表面形状工件的加工，如加工复杂型腔模具等。数控技术的采用使得电火花加工可以用简单形状的电极加工复杂形状零件。

③ 由于加工过程中工具电极和工件不直接接触，火花放电时产生的局部瞬时爆炸力很小，电极运动所需的动力也较小，因此没有机械切削力，工件不会产生受力变形，特别适宜加工低刚度工件及微细加工。

④ 加工表面微观形貌圆滑、无刀痕沟纹等缺陷，工件的棱边、尖角处无毛刺、塌边。

⑤ 工艺适应面宽、灵活性大，可与其他工艺结合，形成复合加工。

⑥ 直接利用电能加工，便于实现自动化控制。

(2) 电火花加工的局限性

① 一般加工速度较慢。因此安排工艺时多采用机械加工去除大部分余量，然后再进行电火花加工以求提高生产效率。

② 存在电极损耗和二次放电。由于电极损耗多集中在尖角或底面，因此影响成型精度。电蚀产物在排除过程中与工具电极距离太小时会引起二次放电，形成加工斜度，也会影响成型精度，如图8-4所示。

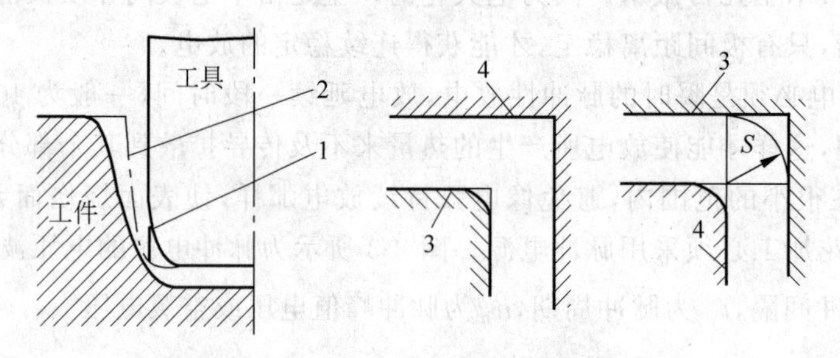

图8-4 电火花加工的加工斜度和圆角现象

1—电极无损耗时工具轮廓线；2—电极有损耗而不考虑二次放电时的工件轮廓线；3—工件；4—工具

③ 主要加工金属等导电材料，只有在一定条件下才能加工半导体和非导体材料。

3）电火花加工的工艺方法分类及其应用

按工具电极和工件相对运动的方式和用途的不同，电火花加工大致可分为电火花穿孔成型加工、电火花线切割、电火花磨削和镗磨、电火花同步共轭回转加工、电火花高速小孔加工、电火花表面强化与刻字六大类。

2. 电火花线切割加工

1）线切割加工的工作原理与装置

(1) 线切割加工的原理。电火花线切割加工(wire-cut EDM，WEDM)是在电火花加工基础上，于20世纪50年代末在苏联发展起来的一种新的工艺形式，是利用移动的细金属导线(钼丝或铜丝)作电极,靠脉冲火花放电对工件进行切割,故称为电火花线切割,有时简称线切割。它已获得广泛的应用。

(2) 线切割加工的装置。根据电极丝的运行速度,电火花线切割机床通常分为两大类:一类是高速走丝电火花线切割机床(WEDM—HS),如这类机床的电极丝作高速往复运动,一般走丝速度为8～10m/s,这是我国生产和使用的主要机种,也是我国独有的电火花线切割加工模式;另一类是低速走丝电火花线切割机床(WEDM—LS)。此外,电火花线切割机床还可按控制方式分为靠模仿型控制、光电跟踪控制、数字过程控制等;按加工尺寸范围分为大、中、小型以及普通型与专用型等。目前国内外95%以上的线切割机床都已采用不同水平的微机数控系统,从单片机、单板机到微型计算机系统,有的还具有自动编程功能。目前的线切割加工机多数都具有锥度切割、自动穿丝和找正功能。

2) 线切割加工的特点

电火花线切割加工过程的机理和工艺,与电火花穿孔成型加工既有共性又有特性。

(1) 电火花线切割加工与电火花穿孔成型加工的共性

① 线切割加工的电压、电流波形与电火花穿孔成型加工基本相似。

② 线切割加工的加工机理、生产效率、表面粗糙度等工艺规律,材料的可加工性等都与电火花穿孔成型加工基本相似。

(2) 线切割加工相比于电火花穿孔成型加工的不同特点

① 电极丝直径较小,脉冲宽度、平均电流等不能太大,加工参数的范围较小,只能采用正极性加工。

② 电极丝与工件始终有相对运动,尤其是快速走丝电火花线切割加工,间隙状态可以认为是由正常火花放电、开路和短路这三种状态组成,一般没有稳定的电弧放电。

③ 电极与工件之间存在着“疏松接触”式轻压放电现象,因为在电极丝和工件之间存在着某种电化学产生的绝缘薄膜介质,只有当电极丝被顶弯所造成的压力和电极丝相对工件的移动摩擦使这种介质减薄到可被击穿的程度,才会发生火花放电。

④ 省掉了成型的工具电极,大大降低了成型工具电极的设计和制造费用,缩短了生产准备时间。

⑤ 由于电极丝比较细,可以加工微细异形孔、窄缝和复杂形状的工件。

⑥ 由于采用移动的长电极丝进行加工,单位长度电极丝的损耗少,从而对加工精度的影响较小。

⑦ 采用水或水基工作液不会引燃起火,容易实现安全无人运转。

⑧ 在实体部分开始切割时,需加工穿丝用的预孔。

正因为电火花线切割加工有许多突出的长处,因此在国内外发展很快,已获得广泛应用。

电火花线切割加工设备主要由机床本体、脉冲电源、控制系统、工作液循环系统和机床附件等几部分组成。线切割控制系统是按照人的“命令”去控制机床加工的。因此,必须事先将要切割的图形用机器所能接受的“语言”编排好“命令”,并告诉控制系统,这项工作称为线切割数控编程。

3) 线切割加工的应用范围

线切割加工为新产品试制、精密零件及模具制造开辟了一条新的工艺途径,主要应用于以下几个方面。

(1) 加工各类模具。广泛应用于加工各种形状的冲模、挤压模、粉末冶金模、弯曲模、塑压模等,还可加工带锥度的模具。

(2) 各种材料的切断。应用于各种导电材料和半导体材料以及稀有、贵重金属的切断。

(3) 试制新产品。在试制新产品时,用线切割在板料上直接割出零件,例如切割特殊微电机硅钢片定转子铁心,由于不需另行制造模具,可大大缩短制造周期、降低成本。

(4) 加工薄片零件、特殊难加工材料零件。切割加工薄件时可多片叠在一起应用线切割加工;还可用于加工品种多、数量少的零件,特殊难加工材料的零件,材料试验样件,各种型孔、凸轮、样板、成型刀具等;同时,还可进行微细槽加工、异形槽加工和任意曲线窄槽的切割等。

(5) 加工电火花成型加工用的电极。采用铜钨或银钨合金类材料作电火花加工用的电极、电火花穿孔加工的电极,以及带锥度型腔加工的电极,一般用线切割加工特别经济,同时也适用于加工微细复杂形状的电极。

8.1.3 电化学加工

1. 电化学加工概述

1) 电化学加工的基本原理

电化学加工(electro chemical machining,ECM)是利用电极在电解液中发生的电化学作用对金属材料进行成型加工的一种特种加工工艺。

电化学加工过程的电化学反应如图8-5所示。当两金属片接上电源并插入任何导电的溶液(如水中加入少许 $CuCl_2$)中,即形成通路,导线和溶液中均有电流流过。然而金属导线和溶液是两类性质不同的导体。金属导电体是靠自由电子在外电场作用下按一定方向移动而导电的;导电溶液是靠溶液中的正负离子移动而导电的,如上述 $CuCl_2$ 溶液中就含有正离子 Cu^+、H^+ 和负离子 Cl^-、OH^-。两类导体构成通路时,在金属片(电极)和溶液的界面上,必定有交换电子的电化学反应。如果所接的是直流电源,则溶液中的离子将作定向移动,正离子移向阴极,在阴极上得到电子而进行还原反应。负离子移向阳极,在阳极表面失掉电子而进行氧化反应(也可能是阳极金属原子失掉电子而成为正离子进入溶液)。在阴、阳电极表面发生得失电子的化学反应称为电化学反应。利用这种电化学作用对金属进行加工(包括电解和镀覆)的方法即电化学加工。

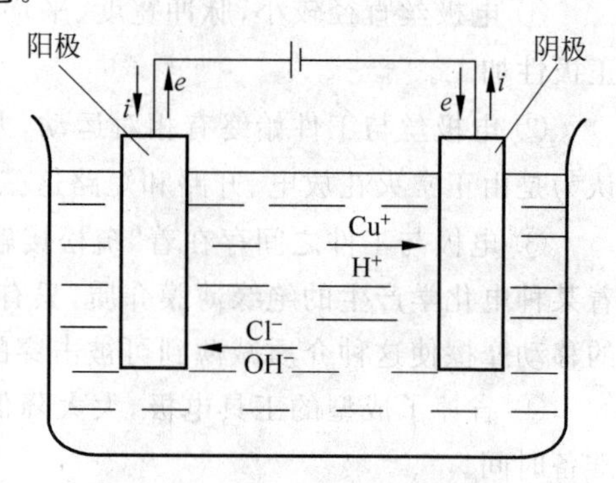

图8-5 电解液中的电化学反应

2) 电化学加工的分类

电化学加工按加工原理可以分为以下三大类。

(1) 利用阳极金属的溶解作用去除金属材料。其主要方法有电解加工、电解抛光、电解研磨、电解倒棱、电解去毛刺等,用于内外表面形状、尺寸以及去毛刺等加工。例如,型腔和异形孔加工、模具以及三维锻模制造、涡轮发动机叶片和齿轮等零件去毛刺等。

(2) 利用阴极金属的沉积作用进行镀覆加工。其主要方法有电铸、电镀、电刷镀、涂镀、复合电镀等,用于表面加工、装饰、尺寸修复、磨具制造、精密图案及印制电路板复制等加工。例如,复制印制电路板、修复有缺陷或已磨损的零件、镀装饰层或保护层等。

(3) 电化学加工与其他加工方法结合完成的电化学复合加工。其主要方法有电解磨削、电解电火花复合加工、电化学阳极机械加工等,用于形状与尺寸加工、表面光整加工、镜面加工、高速切削等。例如,挤压拉丝模加工、硬质合金刀具磨削、硬质合金轧辊磨削、下料等。

3) 电化学加工的特点

(1) 适应范围广,凡是能够导电的材料都可以加工,并且不受材料力学性能的限制。

(2) 加工质量高,在加工过程中没有机械切削力的存在,工件表面无变质层、无残余应力,也无毛刺及棱角。

(3) 加工过程不需要划分阶段,可以同时进行大面积加工,生产效率高。

(4) 电化学加工对环境有一定程度的污染,必须对电化学加工废弃物进行处理,以免对自然环境造成污染和对人类健康造成危害。

2. 电解加工

1) 电解加工的基本原理

电解加工是利用金属在电解液中的电化学阳极溶解将工件加工成型的。

图 8-6 所示为电解加工实施原理图。加工时,工件接直流电源的正极,工具接直流电源的负极。工具向工件缓慢进给,使两极之间保持较小的间隙(0.1～1mm),具有一定压力(0.5～2MPa)的电解液从间隙中高速(5～50m/s)流过,这时阳极工件的金属被逐渐电解腐蚀,电解产物被电解液带走。在加工刚开始时,阴极与阳极距离较近的地方通过的电流密度较大,电解液的流速常较高,阳极溶解速度也就较快。由于工具相对工件不断进给,工件表面就不断被电解,电解产物不断被电解液冲走,直至工件表面形成与阴极工作面基本相似的形状为止。

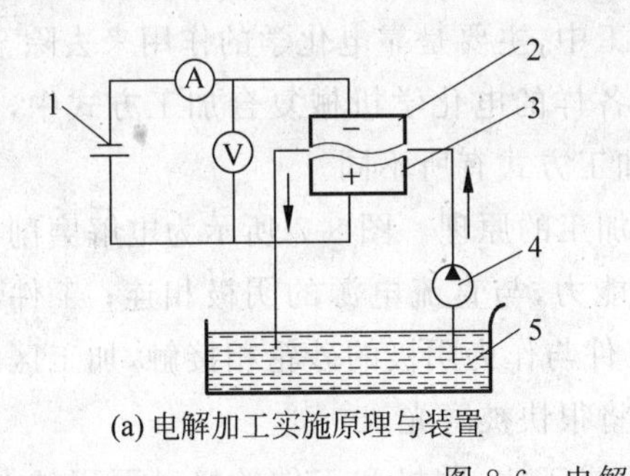

(a) 电解加工实施原理与装置　(b) 材料去除开始阶段

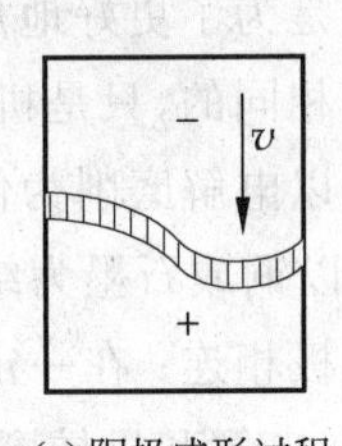

(c) 阳极成形过程

图 8-6　电解加工实施原理图

1—电源；2—阴极；3—阳极；4—泵；5—电解液

2) 电解加工的特点

(1) 电解加工相较于其他加工方法所具有的优点如下。

① 加工范围广,不受金属材料本身硬度、强度以及加工表面复杂程度的限制。电解加工可以加工硬质合金、淬火钢、不锈钢、耐热合金等高硬度、高强度及高韧性金属材料,并可

加工叶片、锻模等各种复杂型面。

② 生产效率较高。电解加工约为电火花加工的5～10倍，在某些情况下，比切削加工的生产效率还高，且加工生产效率不直接受加工精度和表面粗糙度的限制。

③ 表面粗糙度较小。电解加工可以达到$R_a=1.25\sim0.2\mu m$的表面粗糙度和±0.1mm左右的平均加工精度。

④ 加工过程不存在机械切削力。电解加工过程由于不存在机械切削力，因此不会产生由切削力所引起的残余应力和变形，也没有飞边毛刺。

⑤ 阴极工具无耗损。电解加工过程中，阴极工具理论上不会耗损，可长期使用。

(2) 电解加工的局限性如下。

① 电解加工不易达到较高的加工精度，加工稳定性也较差，这是由于电解加工间隙电场和流场的稳定性控制等比较困难所致。

② 电解加工的附属设备比较多，占地面积较大，机床要有足够的刚性和防腐蚀性能，造价较高，因此一次性投资较大。

③ 加工复杂型腔和型面时，工具的设计、制造和修正比较麻烦，因此不太适应单件生产。

④ 电解产物需进行妥善处理，否则将污染环境。

3) 电解加工的应用

电解加工在解决工业生产中的难题和特殊行业(如航空、航天)中有着广泛的用途，其主要工艺应用范围有深孔扩孔加工、型孔加工、型腔加工、套料加工、叶片加工、电解倒棱与去毛刺、电解蚀刻、电解抛光、数控电解加工等。

3. 电化学机械复合加工

1) 电化学机械复合加工的原理

电化学机械复合加工是由电化学阳极溶解作用和机械加工作用结合起来对金属工件表面进行加工的复合工艺技术，它包括电解磨削、电解珩磨、电解研磨、电化学机械抛光、电化学机械加工等加工工艺。在电化学机械复合加工中，主要是靠电化学的作用来去除金属，机械作用只是为了更好地加速这一过程。在各种各样的电化学机械复合加工方式中，电化学的作用是相同的，只是机械作用所用的工具及加工方式有所不同。

下面以电解磨削为例说明电化学机械复合加工的原理。图8-7所示为电解磨削的工作原理图：以铜或石墨为结合剂的砂轮具有导电能力，与直流电源的阴极相连；工件与直接电源的阳极相连；在一定压力下，作为阳极的工件与作为阴极的砂轮相接触，加工区域送入电解液，在电解和机械磨削的双重作用下，工件将很快被磨光。

当电流密度一定时，通过的电量与导电面积成正比，阴极和工件的接触面积越大，通过的电量则越多，单位时间内金属的去除率就越大，因此应尽可能增加两极之间的导电面积，以达到提高生产效率的目的。当磨削外圆时，工件和砂轮之间的接触面积较小，为此可采用如图8-8所示的"中极性法"——即再附加一个中间电极，工件接正极，砂轮不导电，只起刮除钝化膜的作用，电解作用在中间电极和工件之间进行，从而大大增加了导电面积。

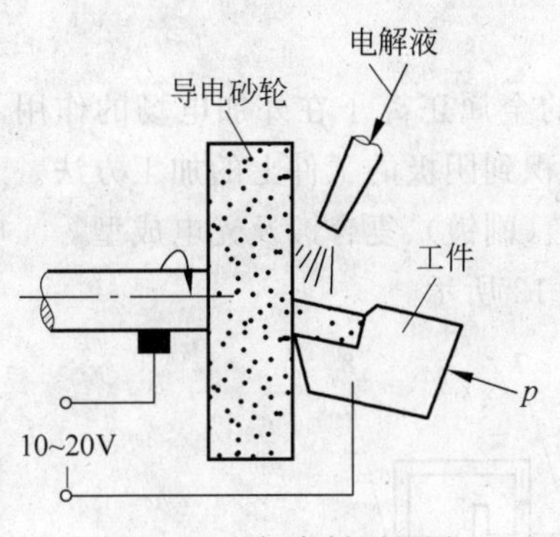

图 8-7　电解磨削原理图

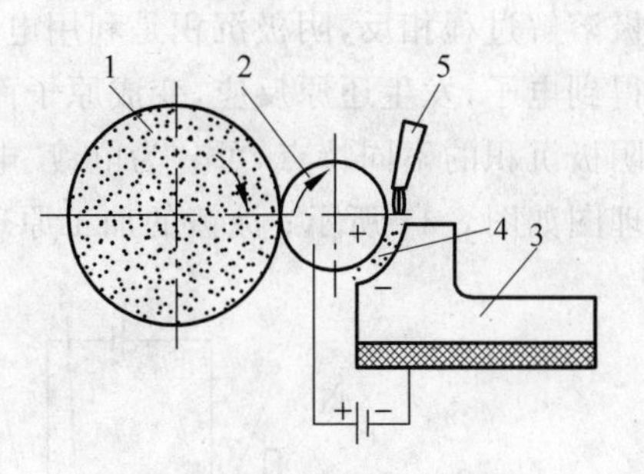

图 8-8　中极性法电解磨削

1—普通砂轮；2—工件；3—喷嘴；4—钝化膜；5—中间电极

2）常用电化学机械复合加工方式简介

常用的电化学机械复合加工方式，除了上述电解磨削外，对于高硬、脆性、韧性材料的内孔、深孔、薄壁套筒，可以采用图 8-9 所示的电解珩磨工艺方法进行珩磨或抛光；对于不锈钢、钛合金等难加工材料的大平面精密磨削和抛光可以采用图 8-10 所示的电解研磨方案。磨料既可固定于研磨材料（无纺布、羊毛毡）上，也可游离于研磨材料与加工表面之间，在阴极 5 的带动下，磨粒在工件表面运动，去除钝化膜，同时形成复杂的网纹，达到较低的表面粗糙度。目前电解研磨是大型不锈钢平板件镜面抛光的高效手段。

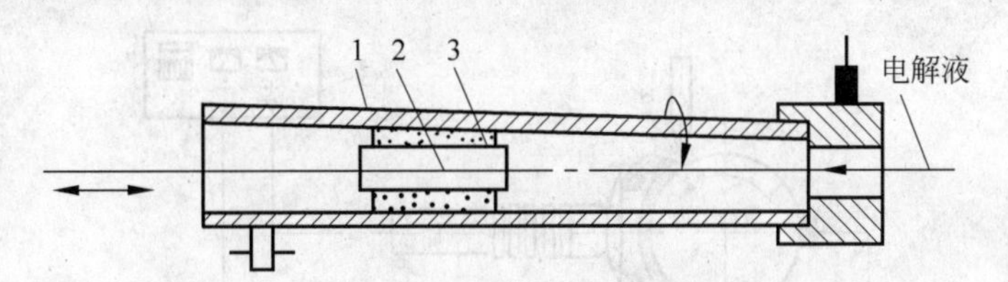

图 8-9　电解珩磨简图

1—工件；2—珩磨头；3—磨条

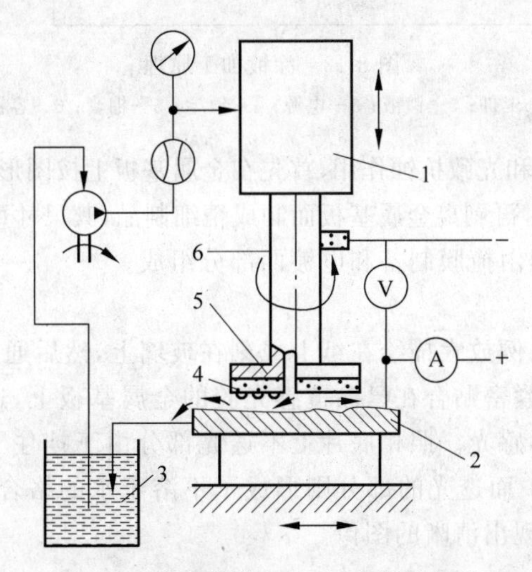

图 8-10　电解研磨加工（固定磨料方式）

1—回转装置；2—工件；3—电解液；4—研磨材料；5—工具电极；6—主轴

4. 电化学阴极沉积加工

与阳极溶解过程相反,阴极沉积是利用电解液中的金属正离子在外加电场的作用下到达阴极并得到电子,发生还原反应,变成原子而镀覆沉积到阴极的工件上的加工方法。

根据阴极沉积的不同特点,可分为电镀、电铸、涂镀(刷镀)、复合镀及光电成型等。电铸的加工原理图如图 8-11 所示;涂镀的加工原理如图 8-12 所示。

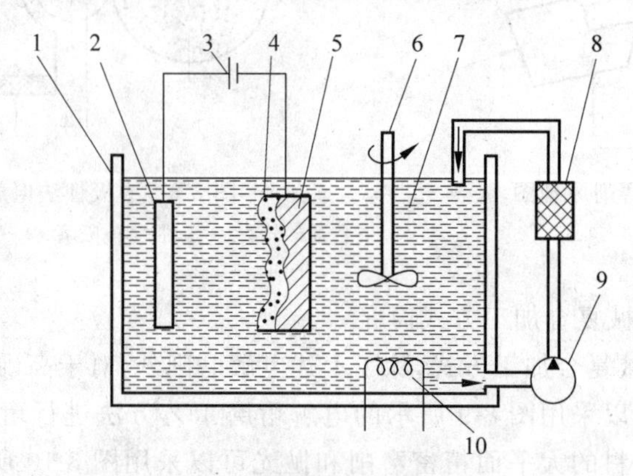

图 8-11 电铸加工原理

1—电镀槽;2—阳极;3—电源;4—电铸层;5—原模;6—搅拌器;7—电铸液;8—过滤器;9—泵;10—加热器

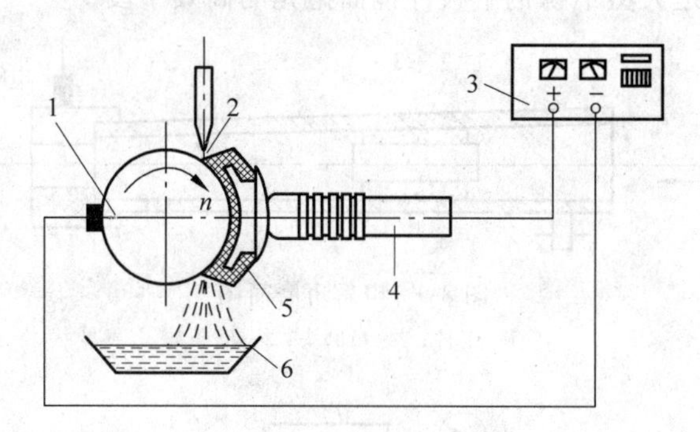

图 8-12 涂镀加工原理

1—工件;2—镀液;3—电源;4—镀笔;5—棉套;6—容器

光电成型是利用照相和光致抗蚀作用,首先在金属基板上按图形形成电气绝缘膜,然后在基板的暴露部分镀上图形,再剥离金属基板而制成精细制品,其尺寸可达 0.002mm。

光电成型的工艺过程由掩膜制备和电镀两部分组成。

1)掩膜制备

首先将原图按一定比例放大描绘在纸上或刻在玻璃上,然后通过照相,按所需大小缩小在照相底片上,然后将其紧密贴合在已涂覆感光胶的金属基板上,通过紫外线照射,使金属基板上的感光胶膜按图形感光。照相底片上不透光部分由于挡住了光线照射,胶膜不参与化学反应,仍是水溶性的;而透光的部分则形成了不溶于水的络合物。最后把未感光的胶膜用水冲洗掉,使胶膜呈现出清晰的图像。

2)电镀

将已形成光致抗蚀的基体放入电解脱脂液或氢氧化钠溶液中,进行短时间的阳极氧化处理；也可在铬酸钠溶液或硫酸钠溶液中进行短时间浸渍，然后用水清洗，在表面形成剥离薄膜。以此作阴极，用待镀材料作阳极进行电镀。当电镀层达到 10μm 厚时停止。之后，再用水清洗，接着干燥并剥离电镀层，此层称为基底镀层。若 10μm 厚的镀层已达到要求，即完成制品；但若需要加厚镀层，可将基底镀层用框架展平，再置于镀液中追加电镀。

8.1.4　高能束加工

在现代先进加工技术中，激光束（laser beam machining，LBM）、电子束（electron beam machining，EBM）、离子束（ion beam machining，IBM）统称为"三束"，由于它们都具有能量密度极高的特点，因而又被称为"高能束"。目前它们主要应用于各种精密、细微加工的场合，特别是在微电子领域有着广泛的应用。

1. 激光束加工

激光技术是 20 世纪 60 年代初发展起来的一项重大科技成果，它的出现深化了人们对光的认识，扩展了光为人类服务的领域。目前，激光加工已被广泛应用于打孔、切割、焊接、热处理、切削加工、快速成型、电子器件的微调以及激光存储、激光制导等各个领域。由于激光光束方向性好、加工速度快、热影响区小，可以加工各种材料，在生产实践中越来越显示出它的优越性，越来越受到人们的重视。

1）激光加工的工作原理

激光也是一种光，它具有一般光的共性（如光的反射、折射、绕射以及相干特性），也有它独有的特性。激光的光发射以受激辐射为主，发出的光波具有相同的频率、方向、偏振态和严格的位相关系，因而激光具有单色性好、相干性好、方向性好以及亮度高、强度强等特性。

激光加工的工作原理就是利用光的能量经过透镜聚焦后在焦点上达到很高的能量密度，靠光热效应，使被照射工件的加工区域达数千度甚至上万度的高温，将材料瞬时熔化、汽化，在热冲击波作用下蚀除物被抛射出去，达到相应的加工效果，如图 8-13 所示。

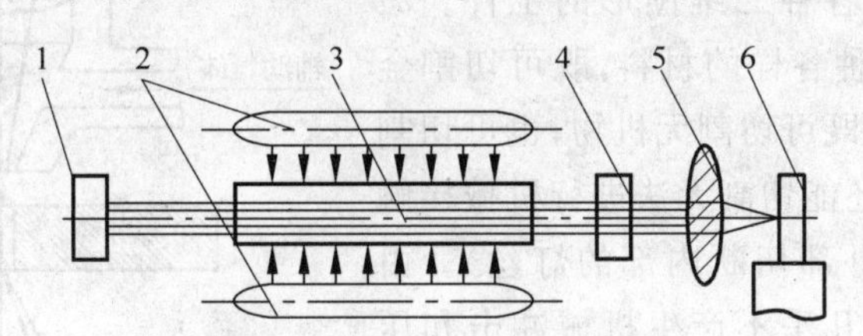

图 8-13　激光加工原理示意图

1—全反射镜；2—光泵（激励脉冲氙灯）；3—激光工作物质；
4—部分反射镜；5—透镜；6—工件

2）激光加工的特点

（1）激光加工的瞬时功率密度高达 $10^8 \sim 10^{10}\ \mathrm{W/cm^2}$，光能转换为热能，几乎可以加工任何材料，包括金属材料和非金属材料。

（2）激光光斑大小可以聚焦到微米级，输出功率可以调节，而且加工过程中没有明显的机械力的作用，因此可用于精密微细加工。

（3）激光加工不需要工具，不存在工具损耗、更换、调整等问题，适用于自动化连续操作。

（4）和电子束、离子束加工比较起来，激光加工装置比较简单，不需要复杂的抽真空装置。

(5) 激光加工速度快、热影响区小,工件变形极小;激光不受电磁干扰,可以透过透明物质,因此可以在任意透明的环境中操作。

(6) 激光除可以用于材料的蚀除加工外,还可以用来进行焊接、热处理、表面强化或涂覆等加工。

(7) 激光加工是一种瞬时的局部熔化、汽化的热加工,影响因素很多,因此精微加工时,精度尤其是重复精度和表面粗糙度不易保证。

(8) 加工过程中产生的金属气体及火星等飞溅物应注意通风抽走,操作者应佩戴防护眼镜。

3) 激光加工的应用

(1) 激光打孔

利用激光几乎可在任何材料上打微型小孔,目前已应用于火箭发动机和柴油机的燃料喷嘴加工、化学纤维喷丝板打孔、钟表及仪表中的宝石轴承打孔、金刚石拉丝模加工等方面。

激光打孔由于能量在时空内高度集中,加工能力强、效率高,几乎所有材料都能用激光打孔;打孔孔径范围大,从10^{-2}mm量级到任意大孔均可加工;激光还可打斜孔;激光打孔不需要抽真空,能在大气或特殊成分气体中打孔,利用这一特点可向被加工表面渗入某种强化元素,实现打孔的同时对成孔表面的激光强化。

(2) 激光切割

激光切割原理与激光打孔原理基本相同,所不同的是,激光切割工件与激光束要相对移动(生产实践中,通常是工件移动)。激光切割利用经聚集的高功率密度激光束照射工件,在超过阈值功率密度的前提下,光束能量以及活性气体辅助切割过程附加的化学反应热能等被材料吸收,由此引起照射点材料的熔化或汽化,形成孔洞;光束在工件上移动,便可形成切缝,切缝处的熔渣被一定压力的辅助气体吹除,如图8-14所示。

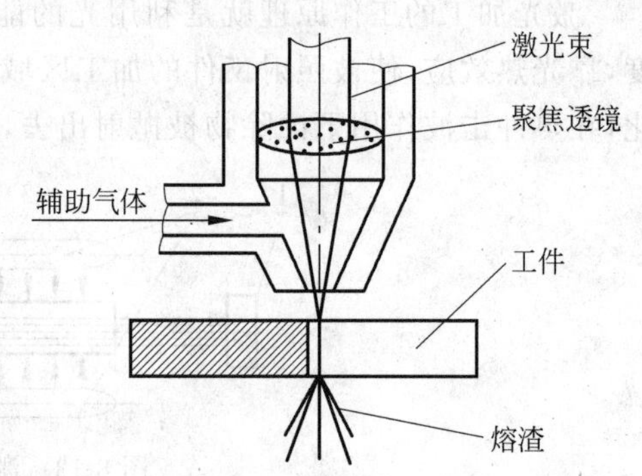

图8-14 激光切割原理示意图

激光切割可切割各种二维图形的工件。激光切割可用于切割各种各样的材料,既可切割金属,也可切割非金属;既可切割无机物,也可切割皮革之类的有机物;还能切割无法进行机械接触的工件(如从电子管外部切断内部的灯丝)。由于激光对被切割材料几乎不产生机械冲击和压力,故适宜于切割玻璃、陶瓷和半导体等极硬脆的材料。再加上激光光斑小、切缝窄,便于自动控制,所以更适宜于对细小部件作各种精密切割。

激光切割具有以下特点。

① 切割速度快,热影响区小,工件被切部位的热影响层的深度为0.05~0.1mm,因此热变形小。

② 割缝窄,一般为0.1~1mm,割缝质量好,切口边缘平滑,无塌边、无切割残渣。

③ 切边无机械应力,工件变形极小,适宜于蜂窝结构与薄板等低刚度零件的切割。

④ 无刀具磨损,没有接触能量损耗,也不需要更换刀具,切割过程易于实现自动控制。

⑤ 激光束聚集后功率密度高,能够切割各种材料,包括如高熔点材料、硬脆材料等难加

工材料。

⑥ 可在大气层中或任何气体环境中进行切割，无须真空装置。

(3) 激光焊接

激光焊接是利用激光照射时高度集中的能量将工件的加工区域“热熔”在一起。激光焊接一般无须焊料和焊剂，只需功率密度为 $10^5 \sim 10^7 W/cm^2$ 的激光束，照射约 1/100s 时间即可。

激光焊接具有以下优点。

① 激光照射时间极短，焊接过程极为迅速，它不仅有利于提高生产效率，而且被焊材料不易氧化，焊接质量高；激光焊接热影响区极小，适合于对热敏感性很强的晶体管组件等的焊接。

② 激光焊接没有焊渣，不需要去除工件的氧化膜，甚至可以透过玻璃进行内部焊接，以防杂质污染和腐蚀，适用于微型精密仪表、真空仪器元件的焊接。

③ 激光能量密度高，对高熔点、高传导率材料的焊接特别有利；激光不仅能焊接同种材料，而且还可以焊接异类材料，甚至还可以进行金属与非金属材料的焊接，例如用陶瓷作基体的集成电路的焊接。

④ 焊接系统具有高度的柔性，易于实现自动化。

(4) 激光表面处理

激光表面处理工艺很多，包括激光相变硬化(激光淬火)、熔凝、涂敷、合金化、化学气相沉积、物理气相沉积、增强电镀、刻网纹等。

① 激光相变硬化(激光淬火)。激光相变硬化是利用激光束作热源照射待强化的工件表面，使工件表面材料产生相变甚至熔化，随着激光束离开工件表面，工件的热量迅速向内部传递而形成极高的冷却速度，使表面硬化，从而达到提高零件表面的耐磨性、耐腐蚀性和抗疲劳强度的目的。激光淬火与火焰淬火、感应淬火等相比，具有以下特点。

第一，加热速度极快。在极短的时间内就可以将工件表面加热到临界点以上；而且热影响区小，工件变形小，处理后不需修磨，只需精磨。

第二，激光束传递方便，便于控制，可以对形状复杂的零件或局部进行处理，如盲孔底、深孔内壁、小槽等的淬火；工艺过程易于实现计算机控制或数控，自动化程度高；硬化层深度可以得到精确控制。

第三，可实现自冷却淬火，不需淬火介质，不仅节省能源，并且工作环境清洁。

第四，激光可以实现对铸铁、中碳钢甚至低碳钢等材料进行表面淬火。

第五，但激光淬火的硬化层较浅，一般在 1mm 左右；另外，设备投资和维护费用较高。

激光淬火已成功地应用于发动机凸轮轴和曲轴、内燃机缸套和纺织纱锭尖等零件的淬火。

② 激光表面合金化。激光表面合金化是利用激光束的扫描照射作用，将一种或多种合金元素与基材表面快速熔凝，在基材表层形成一层具有特殊性能的表面合金层。

往熔化区加入合金元素的方法很多，包括工件表面电镀、真空蒸镀、预置粉末层、放置厚膜、离子注入、喷粉、送丝和施加反应气体等。

③ 激光涂敷。激光涂敷与表面合金化相似，都是在激光加热基体的同时，熔入其他合金材料。但控制过程参数，使基体表面上产生的极薄层的熔化同熔化的涂敷材料实现冶金

结合,而涂层材料的化学成分基本上不变,即基体成分几乎没有进入涂层内。

与激光合金化相比,激光涂敷能更好地控制表层的成分和厚度,能得到完全不同于基体的表面合金层,以达到提高工件表面的耐蚀、耐磨、耐热等目的。

与堆焊和等离子体喷涂等工艺相比,激光涂敷的主要优点如下。

第一,在实现良好的冶金结合的同时,稀释度小。

第二,输入基体的能量和基体的热变形小。

第三,涂层尺寸可较准确地控制,且涂敷后的机械加工量小。

第四,高的冷却速度可得到具有特殊性能的合金涂层。

第五,一次性投资和运行费用较高,适用于某些高附加值的工业品加工中。

④ 激光熔凝。激光熔凝处理是用较高功率密度($10^4 \sim 10^6 W/cm^2$)的激光束在金属表面扫描,使表层金属熔化,随后快速冷却凝固,冷却速度通常为$10^2 \sim 10^6 K/s$,从而得到细微的接近均匀的表层组织。该表层通常具有较高的抗磨损和抗腐蚀性能。

激光熔凝处理尚未见于工业应用,原因在于激光熔凝与激光合金化的处理过程差不多,既然要将其表层熔化,何不同时加进合金成分进行合金化处理,以提供更大的可能性来改善表面的硬度、耐磨性和耐腐蚀性等性能。而且熔凝处理将破坏工件表面的几何完整性,处理后一般要进行表面机械加工,在这一点它又不如相变硬化处理。

2. 电子束加工

1) 电子束加工原理及特点

(1) 电子束加工原理

电子束加工是在真空条件下,利用聚集后能量密度极高的电子束,以极高的速度(当加速电压为50V时,电子速度可达$1.6 \times 10^5 km/s$)冲击到工件表面极小的面积上,在极短的时间($10^{-6} s$)内,其能量的大部分转换为热能,使被冲击部分的工件材料达到几千摄氏度以上的高温,从而引起材料的局部熔化和汽化,以实现加工目的。电子束加工原理如图8-15所示。

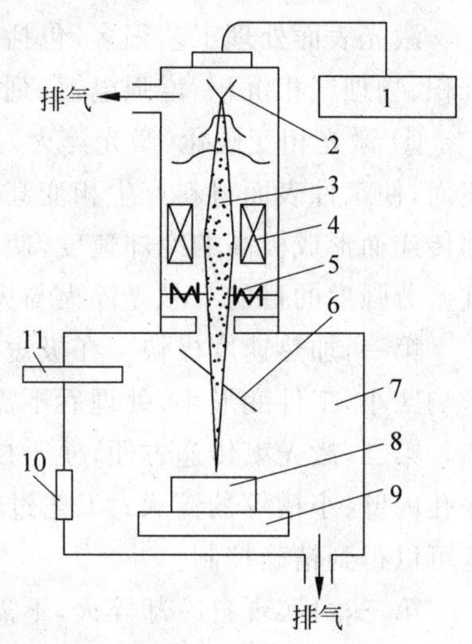

图8-15 电子束加工原理图

1—高速加压;2—电子枪;3—电子束;4—电磁透镜;5—偏转器;6—反射镜;7—加工室;8—工件;9—工作台及驱动系统;10—窗口;11—观察系统

(2) 电子束加工的特点

① 能够极其细微地聚焦。最细微聚焦直径能达到0.1μm,是一种精密微细加工工艺。

② 电子束能量密度很高。在极微细束斑上能达到$10^6 \sim 10^9 W/cm^2$,使照射部分的温度超过材料的熔化和汽化温度,靠瞬时蒸发去除材料,是一种非接触式加工,工件不受机械力作用,不会产生宏观变形。

③ 生产效率很高。由于电子束能量密度很高,而且能量利用率可达90%以上,因此加工效率很高,例如每秒可在2.5mm厚度的钢板上加工50个直径为0.4mm的孔。

④ 控制方便,容易实现自动化。可以通过磁场或电场对电子束的强度、位置、聚集等进行直接控制,因此整个加工过程便于实现自动化;在电子束打孔和切割中,可以通过电气控

制加工异形孔,实现曲面弧形切割等。

⑤ 对环境无污染,加工表面纯度高。由于电子束加工在真空中进行,因此污染少,加工表面不氧化,加工表面纯度很高。

⑥ 加工材料范围广泛。加工过程无机械作用力,适合各种材料,包括脆性、韧性、导体、非导体以及半导体材料的加工。

⑦ 设备投资大,应用有一定的局限性。电子束加工需要一套专用设备和真空系统,价格较贵,生产成本较高,因此生产应用受到一定的限制。

2) 电子束加工的应用

目前,电子束加工的应用范围主要有以下几点。

(1) 高速打孔。电子束打孔已在航空航天、电子、化纤以及制革等工业生产中得到广泛应用。目前,电子打孔最小孔直径可达 0.001mm 左右,速度达每秒 3000～50000 孔；孔径在 0.5～0.9mm 时,其最大孔深已超过 10mm,即深径比大于 10∶1。

(2) 加工弯孔、型面和特殊面。电子束不仅可以加工直的型孔和型面,而且可以利用电子束在磁场中偏转的原理,使电子束在工件内部偏转以加工弯孔和曲面。

图 8-16 所示为喷丝头异形孔的加工,切缝宽为 0.03～0.06mm,长度为 0.80mm,喷丝板厚度为 0.60mm；在打小孔、锥孔、斜孔方面,电子束加工已代替电火花加工；控制磁场强度和电子速度可以加工曲面、曲槽、弯孔等,如图 8-17 所示。

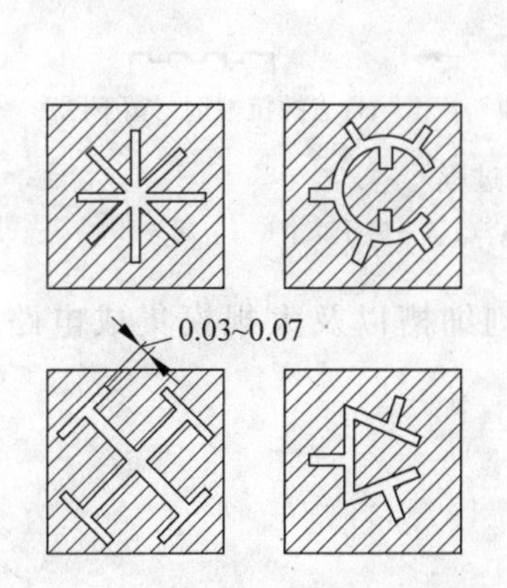

图 8-16　电子束加工喷丝头异形孔

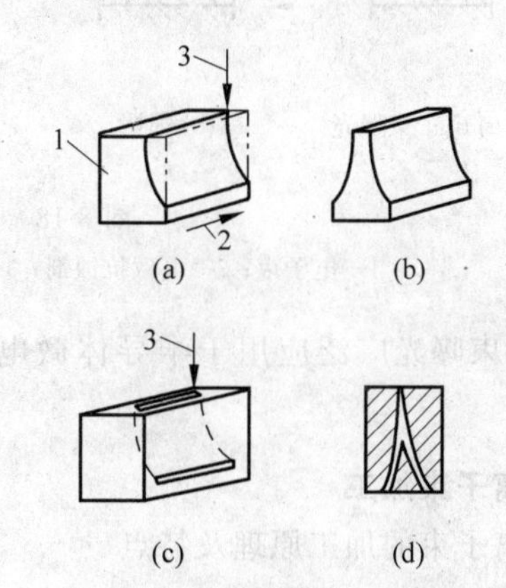

图 8-17　电子束加工曲面、弯孔

1—工件；2—工件运动方向；3—电子束运动方向

(3) 焊接。电子束焊接是利用电子束作为热源的一种焊接工艺。当高能量密度的电子束轰击焊件表面时,使焊件接头处的金属熔融,在电子束连续不断地轰击下,形成一个被熔融金属环绕着的毛细管状的熔池。如果焊件按一定速度沿着焊件接缝与电子束作相对移动,则焊缝上的熔池由于电子束的离开而重新凝固,使焊件的整个接缝形成一条焊缝。

由于电子束的束斑尺寸小,能量密度高,焊接速度快,所以电子束焊接的焊缝深而窄,焊件热影响区极小,工件变形小,焊缝质量高,物理性能好,精加工后精密焊焊缝强度高于基体。

电子束焊接可对难熔金属、异种金属进行焊接。由于它能够实现异种金属焊接,所以可以将复杂工件分为几个零件,这些零件单独使用最合适的材料,采用各自合适的方法加工制造,最后利用电子束焊接成一个完整的零部件,从而可以获得理想的使用性能和显著的经济效益。

(4) 热处理。电子束热处理是将电子束作为热源,并适当控制电子束的功率密度,使金属表面加热到临界温度而不熔化,达到热处理目的。电子束的电热转换率可高达90%;电子束热处理在真空中进行,可防止材料氧化;而且电子束加热金属表面使之熔化后,可在熔化区内置添加新合金元素,使零件表面形成一层薄的新合金层,从而获得更好的物理力学性能。

(5) 电子曝光。电子曝光是先利用低功率密度的电子束照射称为电致抗蚀剂的高分子材料,由入射电子与高分子相碰撞,使分子的链被切断或重新聚合而引起分子量的变化,这一步骤称为电子束光刻,如图8-18(a)所示;如果按规定图形进行电子曝光,就会在电致抗蚀剂中留下潜像,然后将它浸入适当的溶剂中,则由于分子量不同而溶解度不一样,就会使潜像显影出来,如图8-18(b)所示;将光刻与离子束刻蚀或蒸镀工艺结合,如图8-18(c)、(d)所示,就能在金属掩膜或材料表面上制作出图形来,如图8-18(e)、(f)所示。

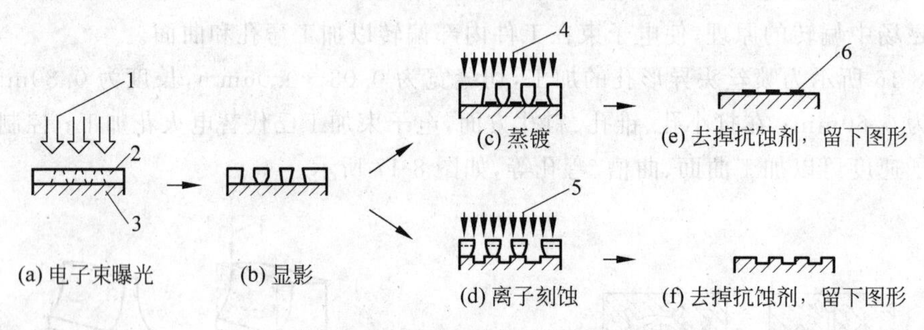

图8-18 电子曝光的加工过程

1—电子束;2—电致抗蚀剂;3—基板;4—金属蒸汽;5—离子束;6—金属

电子束曝光广泛应用于半导体微电子器件的蚀刻细槽以及大规模集成电路图形的光刻。

3. 离子束加工

1) 离子束的加工原理及特点

(1) 离子束加工原理

离子束加工是利用离子束对材料进行成型或表面改性的加工方法。离子束的加工原理类似于电子束的加工原理。在真空条件下,将由离子源产生的离子经过电场加速,获得具有一定速度的离子投射到材料表面,产生溅射效应和注入效应。由于离子带正电荷,离子质量是电子的数千倍或数万倍,所以离子一旦获得加速,则能够具有比电子束大得多的撞击动能,离子束是靠机械撞击动能来加工的。

如图8-19所示,按加工目的和所利用的物理效应的不同,离子束加工分为以下几个。

① 离子刻蚀(见图8-19(a))。离子以一定角度轰击工件,将工件表面的原子逐个剥离,实质上是一种原子尺度的切削加工,所以又称为离子铣削,即近代发展起来的纳米加工。

② 离子溅射沉积(见图8-19(b))。离子以一定角度轰击靶材,将靶材原子击出,垂直沉积在靶材附近的工件上,使工件镀上一层薄膜,这实质上是一种镀膜工艺。

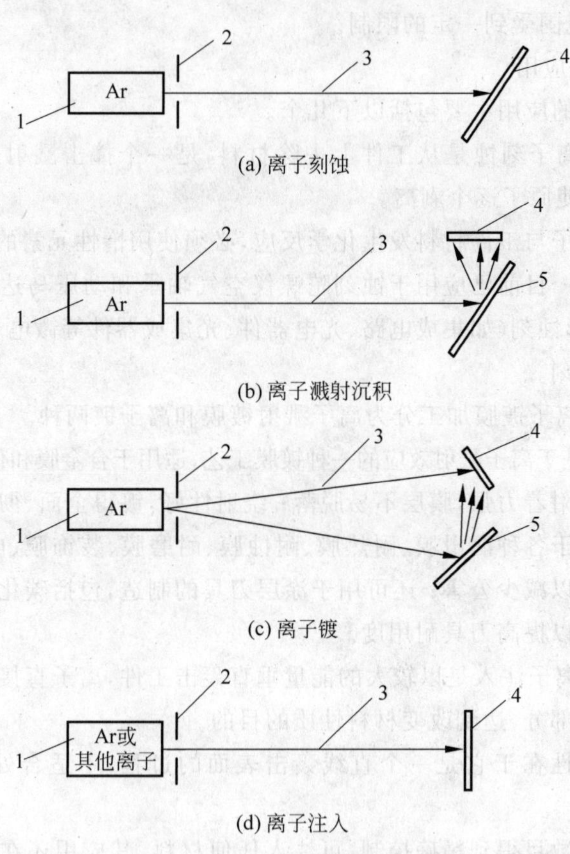

图 8-19　各类离子束加工示意图

1—离子源；2—吸极(吸收电子，引出离子)；3—离子束；4—工件；5—靶材

③ 离子镀(见图 8-19(c))。离子镀又称为离子溅射辅助沉积。离子分两路以不同角度同时轰击靶材和工件，目的在于增强靶材镀膜与工件基材的结合力。

④ 离子注入(见图 8-19(d))。离子以较高的能量直接垂直轰击工件，由于离子能量相当大，离子就直接进入被加工材料的表面层，成为工件基体内材料的一部分。由于工件表面层含有注入离子后改变了化学成分，从而改变了工件表面层的物理力学和化学性能，达到了材料改性的目的。

(2) 离子束加工的特点

① 高精度。离子束加工是通过离子束逐层去除原子，离子束流密度和离子能量可以精确控制，加工精度可达纳米级，是所有特种加工方法中最精密、最微细的加工方法，是当代纳米加工的技术基础。

② 高纯度、无污染。离子束加工在真空中进行，所以污染少、纯度高，特别适用于易氧化材料和高纯度半导体材料的加工。

③ 宏观压力小。离子束加工是靠离子轰击材料表面的原子来实现的，它是一种微观作用，宏观压力很小，所以加工应力、热变形等极小，加工质量高，适用于各种材料和低刚度零件的加工。

④ 成本高、效率低。离子束加工需要专门的设备，设备费用高，生产成本也高，而且加

工效率低,因此应用范围受到一定的限制。

2) 离子束加工的应用

目前离子束加工的应用主要包括以下几个。

(1) 刻蚀加工。离子刻蚀是从工件上去除材料,是一个撞击溅射过程。离子以40°~60°入射角轰击工件,使原子逐个剥离。

为了避免入射离子与工件材料发生化学反应,必须使用惰性元素的离子。

离子刻蚀效率低。目前已应用于蚀刻陀螺仪空气轴承和动压马达沟槽、高精度非球面透镜加工、高精度图形蚀刻(如集成电路、光电器件、光集成器件等微电子学器件的亚微米图形)、致薄材料纳米蚀刻。

(2) 镀膜加工。离子镀膜加工分为离子溅射镀膜和离子镀两种。

离子溅射镀膜是基于离子溅射效应的一种镀膜工艺,适用于合金膜和化合物膜等的镀制。

离子镀的优点是附着力强,膜层不易脱落;绕射性好,镀得全面、彻底。

离子镀主要应用于各种润滑膜、耐热膜、耐蚀膜、耐磨膜、装饰膜、电气膜的镀膜;离子镀氮化钛代替镀铬可以减少公害;还可用于涂层刀具的制造,包括碳化钛、氮化钛刀片及滚刀、铣刀等复杂刀具,以提高刀具耐用度。

(3) 离子注入。离子注入是以较大的能量垂直轰击工件,离子直接注入工件后固溶,成为工件基体材料的一部分,达到改变材料性质的目的。

离子注入的局限性在于它是一个直线轰击表面的过程,不适合处理复杂的凹入表面制品。

该工艺可使离子数目得到精确控制,可注入任何材料,其应用还在进一步研究,目前得到应用的主要有:半导体改变导电形式或制造P-N结,金属表面改性以提高润滑性、耐热性、耐蚀性、耐磨性,制造光波导等。

8.1.5 超声波加工

超声波加工(ultra sonic machining,USM)又叫超声加工,不仅能加工硬质合金、淬火钢等硬脆金属材料,而且更适合于不导电的非金属脆硬材料的精密加工和成型加工,还可用于清洗、焊接和探伤等工作,在农业、国防、医疗等方面的用途十分广泛。

1. 超声波加工的机理与特点

1) 超声波加工的机理

超声波是一种频率超过16000Hz的纵波,它和声波一样,可以在气体、液体和固体介质中纵向传播。由于超声波频率高、波长短、能量大,所以传播时反射、折射、共振及损耗等现象更为显著。

超声波主要具有以下特性。

(1) 超声波的作用主要是对其传播方向上的障碍物施加压力,它能传递很强的能量。

(2) 当超声波在液体介质中传播时,将以极高的频率压迫液体质点振动,在液体介质中连续形成压缩和稀疏区域,形成局部"伸""缩"冲击效应和空化现象。

(3) 超声波通过不同介质时,在界面上会产生波速突变,产生波的反射和折射现象。

(4) 超声波在一定条件下能产生波的干涉和共振现象。

利用超声波的这些特性来进行加工的工艺称为超声波加工。超声波加工的机理如图8-20所示。工具端面作超声频的振动,通过悬浮磨料对脆硬材料进行高频冲击、抛磨,使得被加工表面脆性材料粉碎成很细的微粒,从工件上被打击下来。虽然每次打击下来的材料很少,但由于每秒打击次数多达16000次以上,所以仍有一定的加工速度。高频、交变的液压正、负冲击波和“空化”作用促使工作液钻入被加工材料的微裂缝处,加剧了机械破坏作用。所谓“空化”作用,是指当工具端面以很大的加速度离开工件表面时,加工间隙内形成负压和局部真空,使工作液体内形成很多微空腔;当工具端面以很大的加速度接近工件表面时,空腔闭合,引起极强的液压冲击波,可以强化加工过程。由此可见,超声波加工是磨料在超声振动作用下的机械撞击和抛磨作用以及超声波“空化”作用的综合结果。

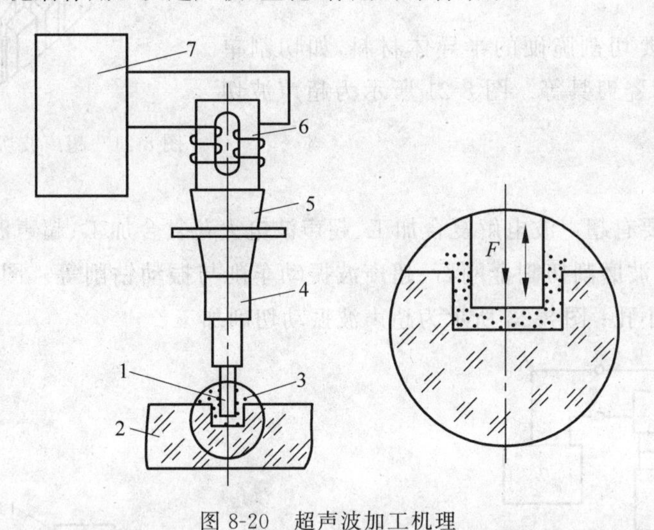

图8-20 超声波加工机理

1—工具;2—工件;3—磨料悬浮液;4、5—变幅杆;6—换能器;7—超声波发生器

2) 超声波加工的特点

(1) 特别适合硬脆材料的加工。材料越硬、越脆,加工效率越高;可加工脆性非金属材料,如玻璃、陶瓷、玛瑙、宝石、金刚石等;但加工硬度高、脆性较大的金属材料如淬火钢、硬质合金等时,加工效率低。

(2) 加工精度高、质量好。超声波加工尺寸精度为0.01~0.02mm,表面粗糙度R_a=0.08~0.63μm,加工表面无组织改变、残余应力及烧伤等现象。

(3) 工具可用软材料,机床结构简单。加工工具可用较软的材料,因此可以做成与工件要求的形状保持一致的复杂形状;工具与工件之间不需要作复杂的相对运动,因此超声波加工机床结构简单。

(4) 加工过程中工件受力小。去除工件材料是靠极小的磨粒瞬时局部的撞击作用,因此工件表面的宏观作用力很小,切削热也很小,不会引起变形,可加工薄壁、窄缝、低刚度零件。

(5) 生产效率较低。与电火花加工、电解加工相比,采用超声波加工硬质金属材料的生产效率较低。

2. 超声波加工的应用

超声波的应用很广，在制造工业中的应用主要有以下几方面。

1）加工型孔、型腔

超声波加工型孔、型腔，具有加工精度高、表面质量好的优点。加工某些冲模、型腔模、拉丝模时，可先经过电火花、电解或激光粗加工之后，再用超声波研磨抛光，以减小表面粗糙度值，提高表面质量。脆硬材料加工圆孔、型孔、型腔、套料、微小孔等。

2）切割加工

切割加工主要切割脆硬的半导体材料，如切割单晶硅片、脆硬的陶瓷刀具等。图 8-21 所示为超声波切割成的陶瓷模块。

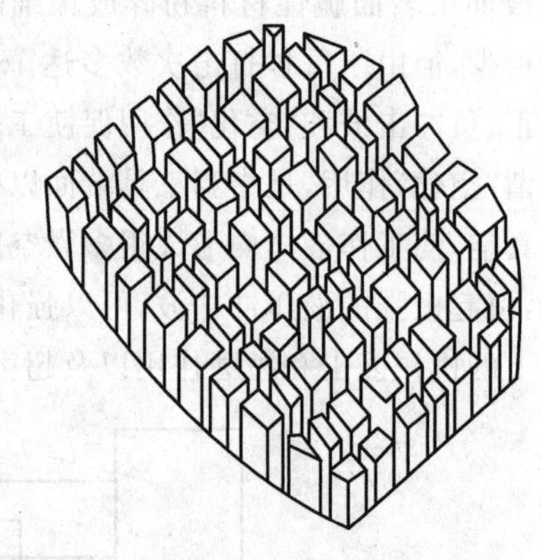

图 8-21　超声波切割成的陶瓷模块

3）复合加工

复合加工主要有超声波电解复合加工、超声波电火花复合加工、超声波抛光与电解超声波复合抛光、超声波磨削切割金刚石、超声波振动车削与振动钻削等。图 8-22 所示为超声波电解复合加工小孔；图 8-23 所示为超声波振动切削加工。

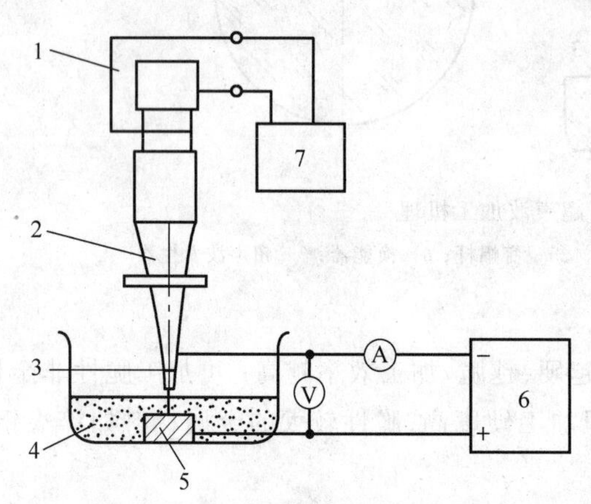

图 8-22　超声波电解复合加工小孔

1—换能器；2—变幅杆；3—工具；4—电解液和磨料；5—工件；6—直流电源；7—超声波发生器

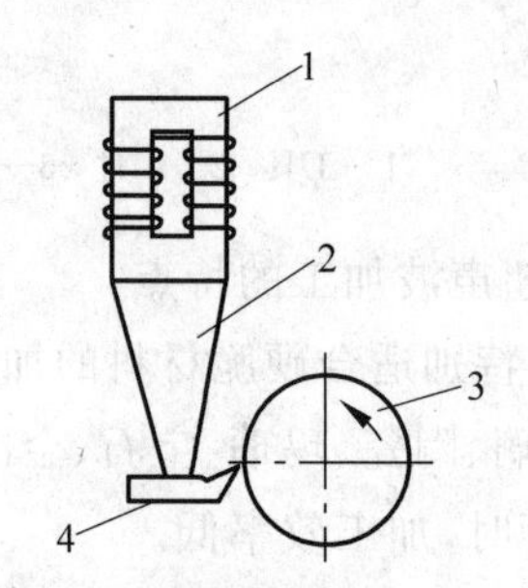

图 8-23　超声波振动切削加工

1—换能器；2—变幅杆；3—工件；4—车刀

4）超声波焊接

超声波焊接的原理是利用高频振动产生的撞击能量去除工件表面的氧化膜杂质，露出新鲜的本体，在两个被焊工件表面分子的撞击下，亲和、熔化并粘接在一起。

超声波焊接可以焊尼龙、塑料制品，特别是表面易产生氧化层的难焊接金属材料，如铝制品等。此外，利用超声波化学镀工艺还可以在陶瓷等金属表面挂锡、挂银及涂覆熔化的金属薄层。

5）超声波清洗

在清洗溶液（煤油、汽油、四氯化碳）中引入超声波，可使精微零件，如喷油嘴、微型轴承、手表机芯、印制电路板、集成电路微电子器件等中的微细小孔、窄缝、夹缝中的脏物、杂质加速溶解、扩散，直至清洗干净。

超声波清洗装置如图 8-24 所示。

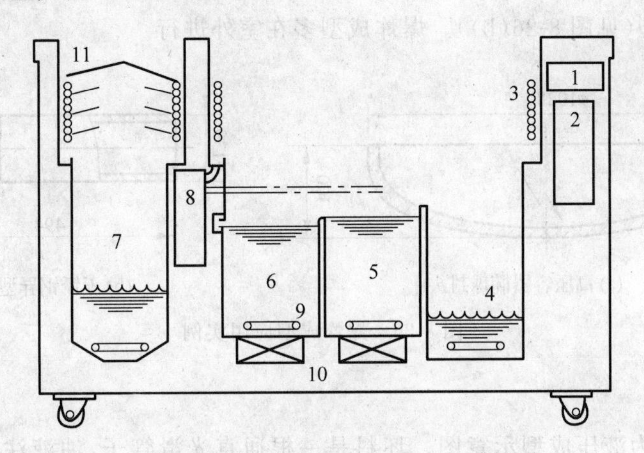

图 8-24　超声波清洗装置

1—控制面板；2—超声波发生器；3—冷排管；4—气相清洗槽；5—第二超声清洗槽；6—第一超声清洗槽；7—蒸馏回收槽；8—水分分离器；9—加热装置；10—换能器；11—冷凝器

8.2　其他新技术新工艺简介

8.2.1　直接成型技术

1. 爆炸成型

爆炸成型分半封闭式和封闭式两种。

(1) 图 8-25(a)所示为半封闭式爆炸成型的示意图。坯料钢板用压边圈压在模具上，并用黄油密封。将模具的型腔抽成真空，炸药放入介质(多用普通的水)中，炸药爆炸的时间极短，功率极大，1kg 炸药的爆炸功率可达 450 万千瓦，坯料塑性变形移动的瞬时速度可达 300m/s，工件贴模压力可达 2 万个大气压。炸药爆炸后，可以获得与模具型腔轮廓形状相符的板壳零件。

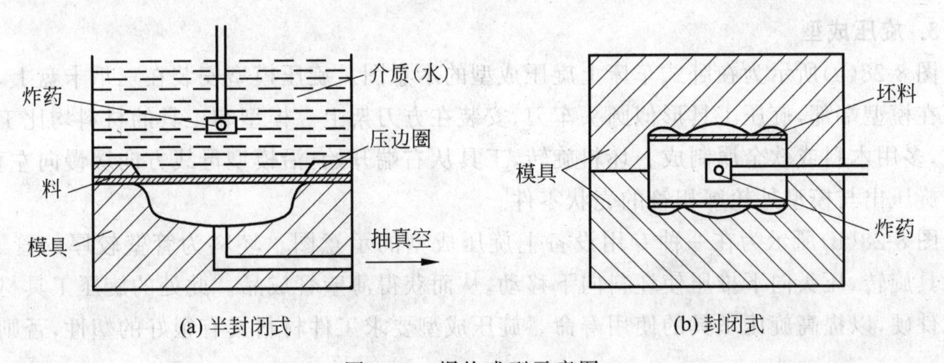

图 8-25　爆炸成型示意图

(2) 图 8-25(b)所示为封闭式爆炸成型示意图。坯料管料放入上、下模的型腔中,炸药放入管料内。炸药爆炸后即可获得与模具型腔轮廓形状相符的异形管状零件。

爆炸成型多用于单件小批量生产中尺寸较大的厚板料的成型(见图 8-26(a)),或形状复杂的异型管子成型(见图 8-26(b))。爆炸成型多在室外进行。

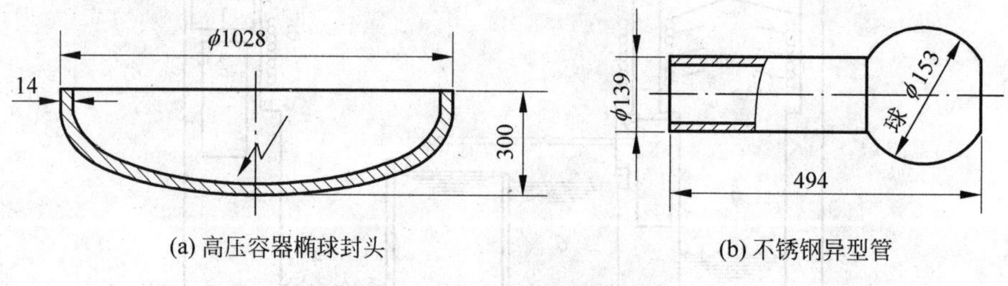

(a) 高压容器椭球封头 (b) 不锈钢异型管

图 8-26 爆炸成型应用实例

2. 液压成型

图 8-27 所示为液压成型示意图。坯料是一根通直光滑管子,油液注入管内。当上、下活塞同时推压油液时,高压油液迫使原来的直管壁向模具的空腔处塑性变形,从而获得所需要的形状。零件液压成型多用于大批量生产的薄壁回转零件的加工。

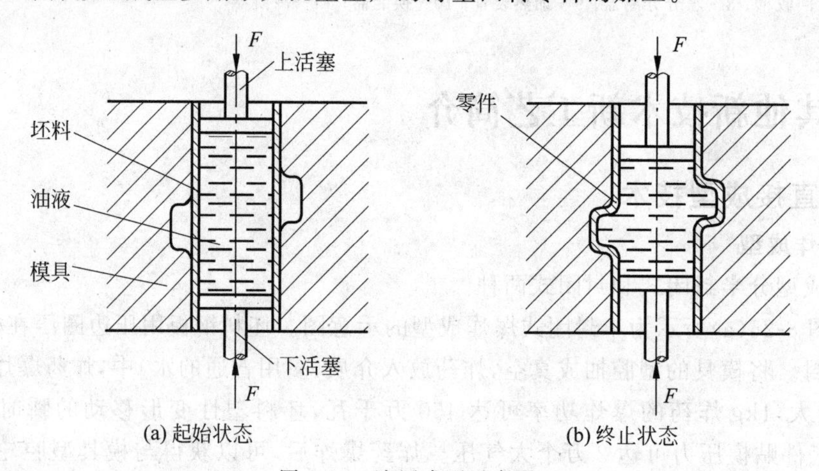

(a) 起始状态 (b) 终止状态

图 8-27 液压成型示意图

3. 旋压成型

图 8-28(a)所示为在卧式车床上旋压成型的示意图。旋压模型安装在三爪卡盘上,坯料顶压在模型端部,旋压工具形似圆头车刀,安装在方刀架上。模型和工具的材料均比工件材料软,多用木料或软金属制成。坯料旋转,工具从右端开始,沿模型母线方向缓慢向左移动,即可旋压出与模型外轮廓相符的壳状零件。

图 8-28(b)所示为在一种专用设备上旋压成型的示意图。坯料为管壁较厚的管子,旋压工具旋转,压头向下推压使坯料向下移动,从而获得薄壁管成品。此处的旋压工具材料应比工件硬,以提高旋压工具的使用寿命。旋压成型要求工件材料具有很好的塑性,否则成型困难。

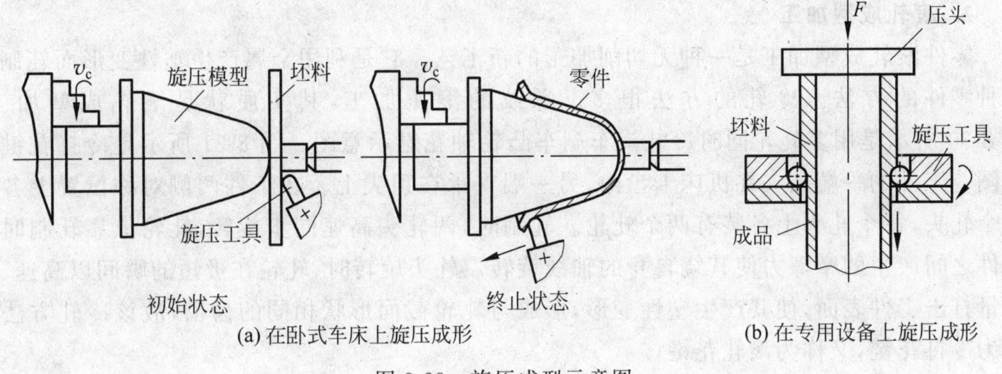

(a) 在卧式车床上旋压成形　　(b) 在专用设备上旋压成形

图 8-28　旋压成型示意图

4. 喷丸成型

喷丸本来是一种表面强化的工艺方法。这里的喷丸成型是指利用高速金属弹丸流撞击金属板料的表面，使受喷表面的表层材料产生塑性变形，逐步使零件的外形曲率达到要求的一种成型方法，如图 8-29(a)所示。工件上某一处喷丸强度越大，此处塑性变形就越大，就越向上凸起。为什么向上凸起而不是向下凹陷呢？这是因为铁丸很小，只使工件表面塑性变形，使表层表面积增大，而四周未变形，所以铁丸撞击之处只能向上凸起，而不会像一个大铁球砸在薄板上向下凹陷。通过计算机控制喷丸流的方向、速度和时间，即可得到工件上各处曲率不同的表面。同时，工件表面也得到强化。

喷丸成型适用于大型的曲率变化不大的板状零件。例如，飞机机翼外板及壁板零件，材料为铝合金，就可以采用直径为 0.6～0.9mm 的铸钢丸喷丸成型。图 8-29(b)所示为飞机机翼外板。

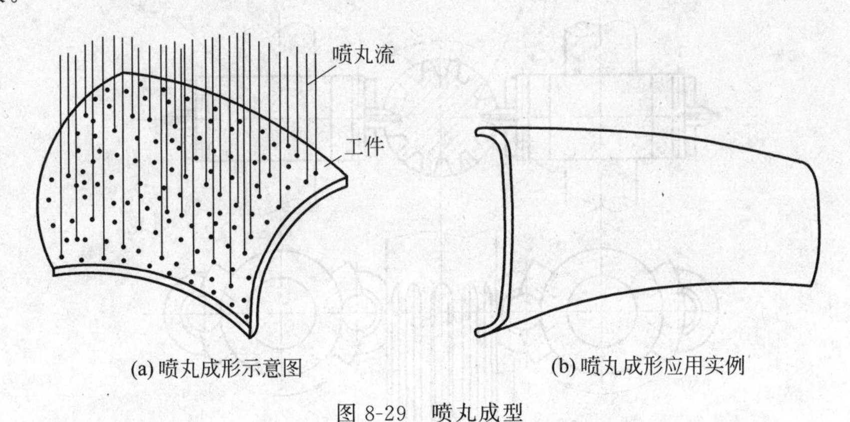

(a) 喷丸成形示意图　　(b) 喷丸成形应用实例

图 8-29　喷丸成型

8.2.2　少无切削加工

1. 滚挤压加工

滚挤压加工原本为零件表面强化的一种工艺方法。此处是将滚挤压加工作为一种无切削的加工方法加以介绍，其工艺方法与表面强化工艺方法完全相同。滚挤压加工主要用来对工件进行表面光整加工，以获得较小的表面粗糙度值，使用该方法可使表面粗糙度 R_a 为 1.6～0.05μm。

2. 滚轧成型加工

零件滚轧成型加工是一种无切削加工的新工艺。它是利用金属产生塑性变形而轧制出各种零件的方法。冷轧的方法很多。螺纹的滚压加工,其实质就是滚轧成型加工。图8-30所示是用多轧轮同时冷轧汽车刹车凸轮轴花键示意图。图8-31所示是冷打花键示意图。工件的一端装夹在机床卡盘内,另一端支承在顶尖上。在工件两侧对称位置上各有一个轧头,每个轧头上各装有两个轧轮。轧制时,两轧头高速同步旋转,轧轮依靠轧制时与工件之间产生的摩擦力使其绕自身的轴线旋转。轧头旋转时,轧轮在极短的瞬间以高速、高能量打击工件表面,使其产生塑性变形,形成与轧轮截面形状相同的齿槽,故该冷轧方法得名为冷打花键,又称为滚轧花键。

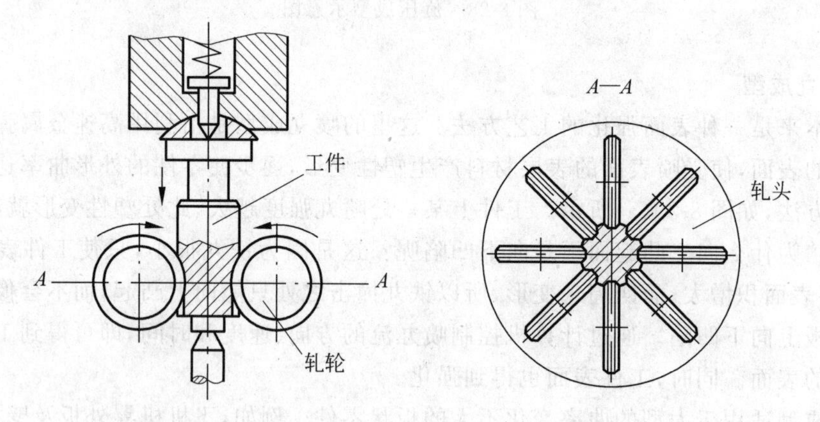

图8-30　冷轧花键轴示意图

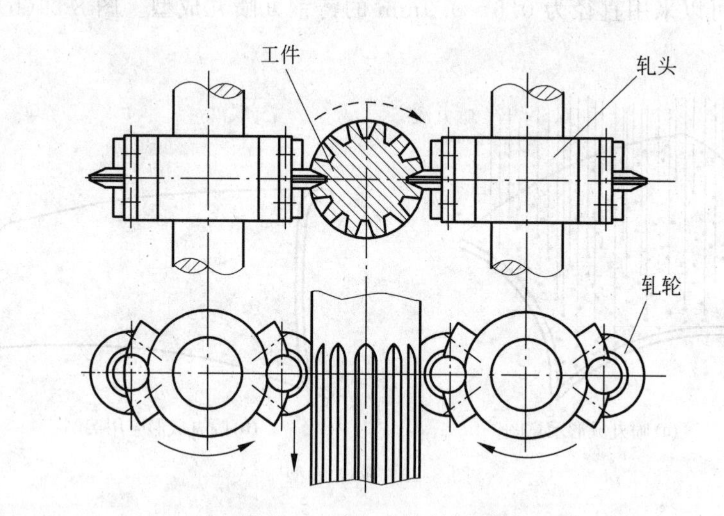

图8-31　冷打花键轴示意图

滚轧加工要求工件坯料力学性能均匀稳定,并具有一定的延伸率。由于轧制不改变工件的体积,故坯料外径尺寸应严格控制,太大会造成轧轮崩齿,太小不能使工件形状完整饱满。精确的坯料外径尺寸应通过试验确定。

滚轧加工具有以下特点。

(1) 滚轧加工属成型法冷轧,其工件齿形精度取决于轧轮及其安装精度。表面粗糙度

R_a 为 1.6～0.8μm。

(2) 可提高工件的强度及耐磨性。因为金属材料的纤维未被切断，并使表面层产生变形硬化，其抗拉强度提高约 30%，抗剪强度提高 5%，表面硬度提高 20%，硬化层深度为 0.5～0.6mm，从而提高工件的使用寿命。

(3) 生产效率高。如冷轧丝杠比切削加工生产效率提高 5 倍左右；冷轧汽车传动轴花键，生产效率为 0.67～6.7mm/s；节约金属材料约 20%。

冷轧花键适宜大批量生产中加工相当于模数 4mm 以下的渐开线花键和矩形花键，特别适宜加工长花键。

8.2.3　水射流切割技术

基于人们早已懂得的"水滴石穿"的道理，研究人员经过不懈的探索，将这一简单原理转化成了水射流切割技术。水射流切割(water jet cutting，WJC)是指在高压下，利用由喷嘴喷射出的高速水射流对材料进行切割的技术；利用带有磨料的水射流对材料进行切割的技术，称为磨料水射流切割(abrasive water jet cutting，AWJC)。前者由于单纯利用水射流切割，切割力较小，适宜切割软材料，喷嘴寿命长；后者由于混有磨料，切割力大，适宜切割硬材料，喷嘴磨损快，寿命较短。

1. 水射流切割原理

水射流切割是直接利用高压水泵(压力可达到 35～60MPa)或采用水泵和增压器(可获得 100～1000MPa 的超高压和 0.5～25L/min 的较小流量)产生的高速高压液流对工件的冲击作用来去除材料的。图 8-32 所示为带有增压器的水射流切割系统原理图。

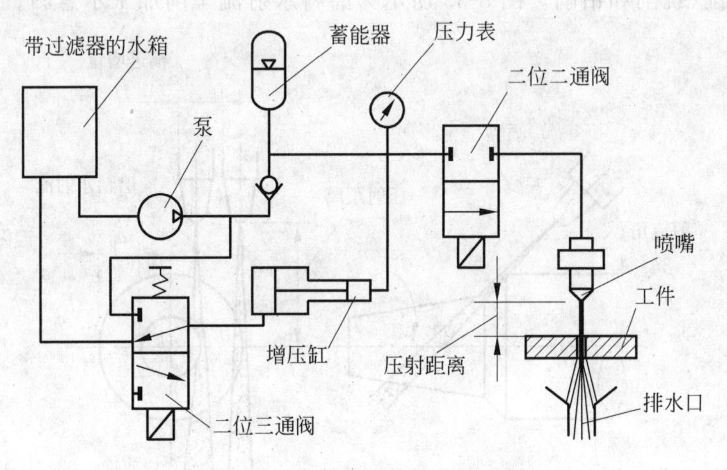

图 8-32　水射流系统液压原理图

2. 水射流切割的特点

水射流切割与其他切割技术相比，具有以下一些独有的特点。

(1) 采用常温切割对材料不会造成结构变化或热变形，这对许多热敏感材料的切割十分有利，是锯切、火焰切割、激光切割和等离子体切割等所不能比拟的。

(2) 切割力强，可切割 180mm 厚的钢板和 250mm 厚的钛板等。

(3) 切口质量较高，水射流切口的表面平整光滑、无毛刺，切口公差为±(0.06～0.25)mm。

同时切口可窄至0.015mm,可节省大量的材料消耗,尤其对贵重材料更为有利。

(4) 由于水射流切割的流体性质,因此可从材料的任一点开始进行全方位切割,特别适合复杂工件的切割,也便于实现自动控制。

(5) 由于属湿性切割,切割中产生的"屑末"混入液体中,工作环境清洁卫生,也不存在火灾与爆炸的危险。

水射流切割也有其局限性,整个系统比较复杂,初始投资大。如一台5自由度自动控制式水射流设备,其价格可高达10万~50万美元。此外,在使用磨料水射流切割时,喷嘴磨损严重,有时一只硬质合金喷嘴的使用寿命仅为2~4小时。尽管如此,水射流切割装置仍发展很快。

3. 水射流切割的应用

由于水射流切割有上述特点,它在机械制造和其他许多领域获得日渐增多的应用。

(1) 汽车制造与维修业采用水射流切割技术加工各种非金属材料。如石棉刹车片、橡胶基地毯、车内装潢材料和保险杠等。

(2) 造船业用水射流切割各种合金钢板(厚度为150mm),以及塑料、纸板等其他非金属材料。

(3) 航空航天工业用水射流切割高级复合结构材料、钛合金、镍钴高级合金和玻璃纤维增强塑料等。可节省25%的材料和40%的劳动力,并大大提高劳动生产效率。

(4) 铸造厂或锻造厂可采用水射流高效地对毛坯表层的型砂或氧化皮进行清理。

(5) 水射流技术不但可用于切割,而且可对金属或陶瓷基复合材料、钛合金和陶瓷等高硬材料进行车削、铣削和钻削。图8-33所示为磨料水射流车削加工示意图。

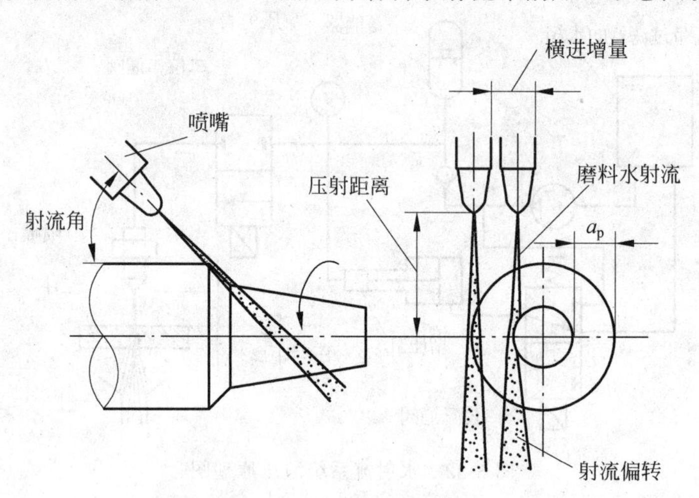

图8-33 磨料水射流车削加工示意图

习题与思考题

8-1 特种加工技术在机械制造领域的作用和地位如何?

8-2 特种加工技术的逐渐广泛应用引起机械制造领域的哪些变革?

8-3　特种加工技术与常规加工工艺之间的关系如何？应该如何正确处理特种加工与常规加工之间的关系？

8-4　特种加工对材料的可加工性及产品的结构工艺性有什么影响？举例说明。

8-5　简述电火花加工的基本原理、特点及其应用。

8-6　简述电火花线切割的工作原理及其应用。

8-7　电化学加工有哪些类别？举例说明其应用范围。

8-8　简述电解磨削的原理。它与机械磨削有何不同？

8-9　高能束加工是指哪些加工方法？试述它们在细微制造技术中的意义。

8-10　简述高能束加工各自的特点及其应用。

8-11　什么是超声波加工技术？它有哪些应用？

8-12　简述常见的几种直接成型技术的工件原理及其应用范围。

8-13　简述水射流切割技术的工作原理、特点及其应用。

第 9 章

机械加工质量的技术分析

高产、优质、低消耗，产品技术性能好、使用寿命长，这是机械制造企业的基本要求，而质量问题则是最根本的问题。不断提高产品的质量，提高其使用效能和使用寿命，最大限度地消灭废品，减少次品，提高产品合格率，以便最大限度地节约材料和减少人力消耗，乃是机械制造行业必须遵循的基本原则。机械零件的加工质量直接关系到机械产品的最终质量，在制定零件加工工艺规程时，必须充分考虑零件的加工质量，必须认真分析加工过程中可能出现的质量问题并找出原因，提出改进措施以保证加工质量。

机械加工质量指标包括两方面的参数：一方面是宏观几何参数，指机械加工精度；另一方面是微观几何参数和表面物理力学性能等方面的参数，指机械加工表面质量。

9.1 机械加工精度

9.1.1 加工精度概述

1. 加工精度的概念

所谓机械加工精度，是指零件在加工后的几何参数(尺寸大小、几何形状、表面间的相互位置)的实际值与理论值相符合的程度。符合程度高，加工精度也高；反之，则加工精度低。机械加工精度包括尺寸精度、形状精度、位置精度三项内容，三者有联系，也有区别。

1) 尺寸精度

尺寸精度是指用来限制加工表面与其基准间的尺寸误差不超过一定范围的尺寸公差要求。

2) 形状精度

形状精度是指用来限制加工表面宏观几何形状误差，如圆度、圆柱度、平面度、直线度等，不超过一定范围的几何形状公差要求。

3) 位置精度

位置精度是指用来限制加工表面与其基准之间的相互位置误差，如平行度、垂直度、同轴度、位置度等，不超过一定范围的相互位置公差要求。

由于机械加工中的种种原因，不可能把零件做得绝对精确，总会产生偏差，这种偏差即加工误差。实际生产中加工精度的高低用加工误差的大小表示。加工误差小，则加工精度高；反之，则加工精度低。保证零件的加工精度就是设法将加工误差控制在允许的偏差范围内；提高零件的加工精度就是设法降低零件的加工误差。

随着对产品性能要求的不断提高和现代加工技术的发展，对零件的加工精度要求也在不断地提高。一般来说，零件的加工精度越高则加工成本越高，生产效率则相对越低。因此，设计人员应根据零件的使用要求，合理地确定零件的加工精度，工艺人员则应根据设计要求、生产条件等采取适当的加工工艺方法，以保证零件的加工误差不超过零件图上规定的公差范围，并在保证加工精度的前提下，尽量提高生产效率和降低成本。

2. 获得加工精度的方法

1）获得尺寸精度的方法

在机械加工中获得尺寸精度的方法有试切法、调整法、定尺寸刀具法、自动控制法和主动测量法五种。

（1）试切法。通过试切—测量—调整—再试切，反复进行到被加工尺寸达到要求的精度为止的加工方法。试切法不需要复杂的装备，加工精度取决于工人的技术水平和量具的精度，常用于单件小批量生产。

（2）调整法。按零件规定的尺寸预先调整机床、夹具、刀具和工件的相互位置，并在加工一批零件的过程中保持这个位置不变，以保证零件加工尺寸精度的加工方法。调整法生产效率高，对调整工的要求高，对操作工的要求不高，常用于成批及大量生产。

（3）定尺寸刀具法。用具有一定形状和尺寸精度的刀具进行加工，使加工表面达到要求的形状和尺寸的加工方法。如用钻头、铰刀、键槽铣刀等刀具的加工即为定尺寸刀具法。定尺寸刀具法生产效率较高，加工精度较稳定，广泛地应用于各种生产类型。

（4）自动控制法。把测量装置、进给装置和控制机构组成一个自动加工系统，使加工过程中的尺寸测量、刀具的补偿和切削加工一系列工作自动完成，从而自动获得所要求的尺寸精度的加工方法。该方法生产效率高，加工精度稳定，劳动强度低，适应于批量生产。

（5）主动测量法。在加工过程中，边加工边测量加工尺寸，并将测量结果与设计要求比较后，或使机床工作，或使机床停止工作的加工方法。该方法生产效率较高，加工精度较稳定，适应于批量生产。

2）获得几何形状精度的方法

在机械加工中获得几何精度的方法有轨迹法、成型法、仿型法和展成法四种。

（1）轨迹法。依靠刀尖运动轨迹来获得形状精度的方法。刀尖的运动轨迹取决于刀具和工件的相对成型运动，因此所获得的形状精度取决于成型运动的精度。普通车削、铣削、刨削和磨削等均为刀尖轨迹法。

（2）成型法。利用成型刀具对工件进行加工的方法。成型法所获得的形状精度取决于成型刀具的形状精度和其他成型运动精度。用成型刀具或砂轮进行车、铣、刨 、磨、拉等加工的均为成型法。

（3）仿型法。刀具依照仿型装置进给获得工件形状精度的方法。如使用仿型装置车手柄、铣凸轮轴等。

（4）展成法。展成法又称为范成法，它是依据零件曲面的成型原理、通过刀具和工件的展成切削运动进行加工的方法。展成法所得的被加工表面是刀刃和工件在展成运动过程中所形成的包络面，刀刃必须是被加工表面的共轭曲线。所获得的精度取决于刀刃的形状和展成运动的精度。滚齿、插齿等均为展成法。

3）获得位置精度的方法

工件的位置精度取决于工件的安装(定位和夹紧)方式及其精度。获得位置精度的方法有以下三种。

(1) 找正安装法。找正是用工具和仪表根据工件上有关基准,找出工件有关几何要素相对于机床的正确位置的过程。用找正法安装工件称为找正安装,找正安装又可分为以下两种。

① 划线找正安装：即用划针根据毛坯或半成品上所划的线为基准找正它在机床上正确位置的一种安装方法。

② 直接找正安装：即用划针和百分表或通过目测直接在机床上找正工件正确位置的安装方法。此法的生产效率较低,对工人的技术水平要求高,一般只用于单件小批量生产中。

(2) 夹具安装法。夹具是用以安装工件和引导刀具的装置。在机床上安装好夹具,工件放在夹具中定位,能使工件迅速获得正确位置,并使其固定在夹具和机床上。因此,工件定位方便,定位精度高且稳定,装夹效率也高。

(3) 机床控制法。利用机床本身所设置的保证相对位置精度的机构保证工件位置精度的安装方法。如坐标镗床、数控机床等。

9.1.2 影响加工精度的因素及其分析

在机械加工过程中,机床、夹具、刀具和工件组成了一个完整的系统,称为工艺系统。工件的加工精度问题也涉及整个工艺系统的精度问题。工艺系统中各个环节存在的误差,在不同的条件下,以不同的程度和方式反映为工件的加工误差,它是产生加工误差的根源,因此工艺系统的误差被称为原始误差,如图9-1所示。原始误差主要来自两方面：一方面是在加工前就存在的工艺系统本身的误差(几何误差),包括加工原理误差,机床、夹具、刀具的制造误差,工件的安装误差,工艺系统的调整误差等；另一方面是加工过程中工艺系统的受力变形、受热变形、工件残余应力引起的变形,刀具的磨损等引起的误差,以及加工后因内应力引起的变形和测量引起的误差等。下面对工艺系统中的各类原始误差分别进行阐述。

1. 加工原理误差

加工原理误差是指采用了近似的成型运动或近似的刀刃轮廓进行加工而产生的误差。生产中采用近似的加工原理进行加工的例子很多,例如用齿轮滚刀滚齿就有两种原理误差：一种是为了滚刀制造方便,采用了阿基米德蜗杆或法向直廓蜗杆代替渐开线蜗杆而产生的近似造型误差；另一种是由于齿轮滚刀刀齿数有限,使实际加工出的齿形是一条由微小折线段组成的曲线,而不是一条光滑的渐开线。采用近似的加工方法或近似的刀刃轮廓,虽然会带来加工原理误差,但往往可简化工艺过程及机床和刀具的设计和制造,提高生产效率,降低成本,但由此带来的原理误差必须控制在允许的范围内。

2. 工艺系统的几何误差

1）机床几何误差

机床几何误差包括机床本身各部件的制造误差、安装误差和使用过程中的磨损引起的误差,对加工影响较大的主要有主轴回转误差、机床导轨误差以及传动链误差。

2）刀具制造误差与磨损

刀具的制造误差对加工精度的影响根据刀具种类不同而异。当采用定尺寸刀具如钻头、铰刀、拉刀、键槽铣刀等加工时,刀具的尺寸精度将直接影响到工件的尺寸精度；当采用

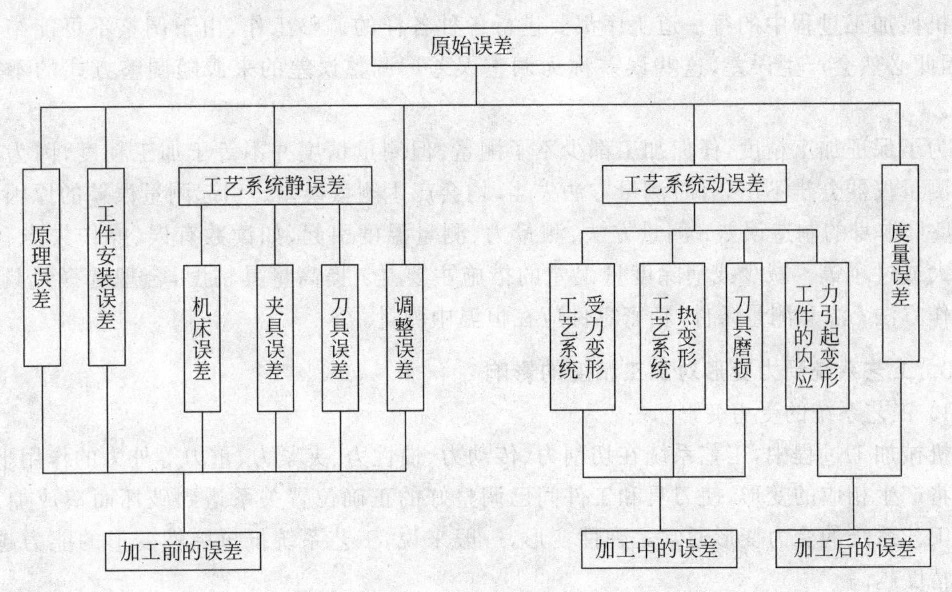

图 9-1　原始误差

成型刀具如成型车刀、成型铣刀等加工时，刀具的形状精度将直接影响工件的形状精度；当采用展成刀具如齿轮滚刀、插齿刀等加工时，刀刃的形状必须是加工表面的共轭曲线，因此刀刃的形状误差会影响加工表面的形状精度；当采用一般刀具如车刀、镗刀、铣刀等，其制造误差对零件的加工精度并无直接影响，但其磨损对加工精度、表面粗糙度有直接的影响。

任何刀具在切削过程中都不可避免地要产生磨损，并由此引起工件尺寸和形状误差。例如用成型刀具加工时，刀具刃口的不均匀磨损将直接复映到工件上造成型状误差；在加工较大表面(一次走刀时间长)时，刀具的尺寸磨损也会严重影响工件的形状精度；用调整法加工一批工件时，刀具的磨损会扩大工件尺寸的分散范围；刀具磨损使同一批工件的尺寸前后不一致。

3）夹具的制造误差与磨损

夹具的制造误差与磨损包括以下三个方面。

(1) 定位元件、刀具导向元件、分度机构、夹具体等的制造误差。

(2) 夹具装配后，定位元件、刀具导向元件、分度机构等元件工作表面间的相对尺寸误差。

(3) 夹具在使用过程中定位元件、刀具导向元件工作表面的磨损。

这些误差将直接影响到工件加工表面的位置精度或尺寸精度。一般来说，夹具误差对加工表面的位置误差影响最大，在设计夹具时，凡影响工件精度的尺寸应严格控制其制造误差，一般可取工件上相应尺寸或位置公差的 1/5～1/2 作为夹具元件的公差。

4）工件的安装误差、调整误差以及度量误差

工件的安装误差是由定位误差、夹紧误差和夹具误差三项组成。夹紧误差是指工件在夹紧力作用下发生的位移，其大小是工件基准面至刀具调整面之间距离的最大与最小尺寸之差。

机械加工过程中的每一道工序都要进行各种各样的调整工作,由于调整不可能绝对准确,因此必然会产生误差,这些误差称为调整误差。调整误差的来源随调整方式的不同而不同。

为了保证加工精度,任何加工都少不了测量,但测量精度并不等于加工精度,因为有些精度测量仪器分辨不出,有时测量方法失当,均会产生测量误差。引起测量误差的原因主要有:量具本身的制造误差;测量方法、测量力、测量温度引起,如读数有误、操作失当、测量力过大或过小等。减少或消除度量误差的措施主要是:提高量具精度,合理选择量具;注意操作方法;注意测量条件,精密零件应在恒温中测量。

3. 工艺系统受力变形对加工精度的影响

1) 工艺系统的受力变形

机械加工过程中,工艺系统在切削力、传动力、惯性力、夹紧力、重力等外力的作用下,各环节将产生相应的变形,使刀具和工件间已调整好的正确位置关系遭到破坏而造成加工误差。工艺系统的受力变形通常是弹性变形,一般来说,工艺系统抵抗弹性变形的能力越强,加工精度越高。

2) 工艺系统受力变形对加工精度的影响

工艺系统受力变形对加工精度的影响可归纳为下列几种常见的形式。

(1) 受力点位置变化产生形状误差。在切削过程中,工艺系统的刚度会随着切削力作用点位置的变化而变化,因此使工艺系统受力变形也随之变化,引起工件形状误差。例如车削加工时,由于工艺系统沿工件轴向方向各点的刚度不同,因此会使工件各轴向截面直径尺寸不同,使车出的工件沿轴向产生形状误差(出现鼓形、鞍形、锥形)。

(2) 切削力变化引起加工误差。在切削加工中,由于工件加工余量和材料硬度不均将引起切削力的变化,从而造成加工误差。例如车削毛坯时,由于它本身有圆度误差(椭圆),背吃刀量 a_p 将不一致,当工艺系统的刚度为常数时,切削分力 F_y 也不一致,从而引起工艺系统的变形不一致,这样在加工后的工件上仍留有较小的圆度误差。这种在加工后的工件上出现与毛坯形状相似的误差的现象称为"误差复映"。

由于工艺系统具有一定的刚度,因此在加工表面上留下的误差比毛坯表面的误差数值上已大大减小了。也就是说,工艺系统刚度越高,加工后复映到被加工表面上的误差越小,当经过数次走刀后,加工误差也就逐渐缩小到所允许的范围内了。

(3) 其他作用力引起的加工误差。

① 传动力和惯性力引起的加工误差。当在车床上用单爪拨盘带动工件回转时,传动力在拨盘的每一转中不断地改变其方向;对高速回转的工件,如其质量不平衡,将会产生离心力,它和传动力一样在工件的转动中不断地改变方向。这样,工件在回转中因受到不断变化方向的力的作用而造成加工误差。

② 重力所引起的误差。在工艺系统中,有些零部件在自身重力作用下产生的变形也会造成加工误差。例如,龙门铣床、龙门刨床横梁在刀架自重下引起的变形将造成工件的平面度误差。对于大型工件,因自重而产生的变形有时会成为引起加工误差的主要原因,所以在安装工件时,应通过恰当地布置支承的位置或通过平衡措施来减少自重的影响。

③ 夹紧力所引起的加工误差。工件在安装时,由于工件刚度较低或夹紧力作用点和方

向不当，会引起工件产生相应的变形，造成加工误差。图9-2所示为加工连杆大端孔的安装示意图，由于夹紧力作用点不当，造成加工后两孔中心线不平行及其与定位端面不垂直。

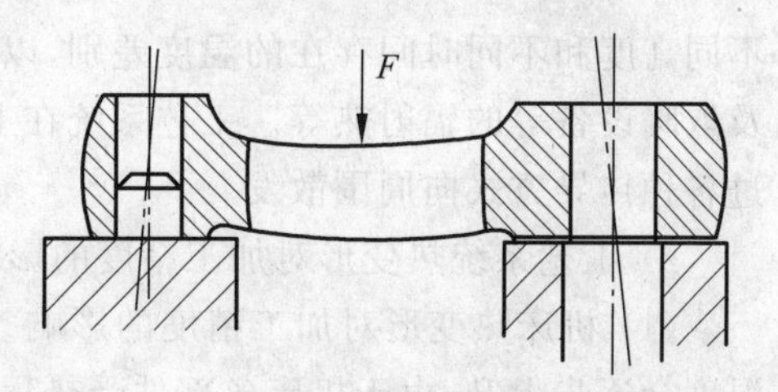

图9-2　夹紧力不当所引起的加工误差

3）减少工艺系统受力变形的主要措施

减少工艺系统受力变形是保证加工精度的有效途径之一。生产实际中常采取以下措施。

（1）提高接触刚度。接触刚度是指互相接触的两表面抵抗变形的能力。提高接触刚度是提高工艺系统刚度的关键。常用的方法是改善工艺系统主要零件接触面的配合质量，使配合面的表面粗糙度和形状精度得到改善和提高，实际接触面积增加，微观表面和局部区域的弹性、塑性变形减少，从而有效地提高接触刚度。

（2）提高工件定位基面的精度和表面质量。工件的定位基面如存在较大的尺寸、形位误差和表面质量误差，在承受切削力和夹紧力时可能产生较大的接触变形，因此精密零件加工用的基准面需要随着工艺过程的进行逐步提高精度。

（3）设置辅助支承，提高工件刚度，减小受力变形。切削力引起的加工误差往往是因为工件本身刚度不足或工件各个部位刚度不均匀而产生的。当工件材料和直径一定时，工件长度和切削分力是影响变形的决定性因素。为了减少工件的受力变形，常采用中心架或跟刀架，以提高工件的刚度，减小受力变形。

（4）合理装夹工件，减少夹紧变形。当工件本身薄弱、刚性差时，夹紧时应特别注意选择适当的夹紧方法，尤其是在加工薄壁零件时，为了减小加工误差，应使夹紧力均匀分布。应缩短切削力作用点和支承点的距离，以提高工件刚度。

（5）对相关部件预加载荷。例如，机床主轴部件在装配时通过预紧主轴后端面的螺母给主轴滚动轴承以预加载荷，这样不仅能消除轴承的配合间隙，而且在加工开始阶段就使主轴与轴承有较大的实际接触面积，从而提高了配合面间的接触刚度。

（6）合理设计系统结构。在设计机床夹具时，应尽量减少组成零件数，以减少总的接触变形量；选择合理的结构和截面形状；并注意刚度的匹配，防止出现局部环节刚度低。

（7）提高夹具、刀具刚度，改善材料性能。

（8）控制负载及其变化。适当减小进给量和背吃刀量，可减小总切削力对零件加工精度的影响；此外，改善工件材料性能以及改变刀具几何参数如增大前角等都可减少受力变形；将毛坯合理分组，在每次调整中使加工的毛坯余量比较均匀，能减小切削力的变化，减小误差复映。

4. 工艺系统热变形对加工精度的影响

在机械加工中，工艺系统在各种热源的影响下会产生复杂的变形，使得工件与刀具间的正确相对位置关系遭到破坏，造成加工误差。

1）工艺系统热变形的热源

引起工艺系统热变形的热源主要来自两个方面：①内部热源，指轴承、离合器、齿轮副、丝杠螺母副、高速运动的导轨副、镗模套等工作时产生的摩擦热，以及液压系统和润滑系统等工作时产生的摩擦热；切削和磨削过程中由于挤压、摩擦和金属塑性变形产生的切削热；电动机等工作时产生的电磁热、电感热。②外部热源，指由于室温变化及车间内不同位置、不同高度和不同时间存在的温度差别,以及因空气流动产生的温度差等;日照、照明设备以及取暖设备等的辐射热等。工艺系统在上述热源的作用下,温度逐渐升高,同时其热量也通过各种传导方式向周围散发。

2)工艺系统热变形对加工精度的影响

(1)机床热变形对加工精度的影响。机床在运转与加工过程中受到各种热源的作用,温度会逐步上升,由于机床各部件受热程度的不同,温升存在差异,因此各部件的相对位置将发生变化,从而造成加工误差。

车、铣、镗床这类机床主要热源是床头箱内的齿轮、轴承、离合器等传动副的摩擦热,它使主轴分别在垂直面内和水平面内产生位移与倾斜,也使支承床头箱的导轨面受热弯曲;床鞍与床身导轨面的摩擦热会使导轨受热弯曲,中间凸起。磨床类机床都有液压系统和高速砂轮架,故其主要热源是砂轮架轴承和液压系统的摩擦热;轴承的发热会使砂轮轴线产生位移及变形,如果前、后轴承的温度不同,砂轮轴线还会倾斜;液压系统的发热使床身温度不均产生弯曲和前倾,影响加工精度。大型机床如龙门铣床、龙门刨床、导轨磨床等,这类机床的主要热源是工作台导轨面与床身导轨面间的摩擦热及车间内不同位置的温差。

(2)工件热变形及其对加工精度的影响。在加工过程中,工件受热将产生热变形,工件在热膨胀的状态下达到规定的尺寸精度,冷却收缩后尺寸会变小,甚至可能超出公差范围。工件的热变形可能有两种情况:比较均匀地受热,如车、磨外圆和螺纹,镗削棒料的内孔等;不均匀受热,如铣平面和磨平面等。

(3)刀具热变形对加工精度的影响。在切削加工过程中,切削热传入刀具会使刀具产生热变形,虽然传入刀具的热量只占总热量的很小一部分,但是由于刀具的体积和热容量小,所以由于热积累引起的刀具热变形仍然是不可忽视的。例如,在高速车削中刀具切削刃处的温度可达850℃左右,此时刀杆伸长,可能使加工误差超出公差带。

3)环境温度变化对加工精度的影响

除了工艺系统内部热源引起的变形以外,工艺系统周围环境的温度变化也会引起工件的热变形。一年四季的温度波动,有时昼夜之间的温度变化可达10℃以上,这不仅影响机床的几何精度,还会直接影响加工和测量精度。

4)对工艺系统热变形的控制

可采用以下措施减少工艺系统热变形对加工精度的影响。

(1)隔离热源。为了减少机床的热变形,将能从主机分离出去的热源(如电动机、变速箱、液压泵和油箱等)尽可能放到机外;也可采用隔热材料将发热部件和机床大件(如床身、立柱等)隔离开。

(2)强制和充分冷却。对既不能从机床内移出,又不便隔离的大热源,可采用强制式的风冷、水冷等散热措施;对机床、刀具、工件等发热部位采取充分冷却措施,吸收热量,控制温升,减少热变形。

(3)采用合理的结构减少热变形。如在变速箱中,尽量让轴、轴承、齿轮对称布置,使箱壁温升均匀,减少箱体变形。

(4)减少系统的发热量。对于不能和主机分开的热源(如主轴承、丝杠、摩擦离合器和高速运动导轨之类的部件),应从结构、润滑等方面加以改善,以减少发热量;提高切削速度(或进给量),使传入工件的热量减少;保证切削刀具锋利,避免其刃口钝化增加切削热。

(5) 使热变形指向无害加工精度的方向。例如车细长轴时,为使工件有伸缩的余地,可将轴的一端夹紧,另一端架上中心架,使热变形指向尾端;又例如外圆磨削,为使工件有伸缩的余地,采用弹性顶尖等。

5. 工件内应力对加工精度的影响

1) 产生内应力的原因

内应力也称为残余应力,是指外部载荷去除后仍残存在工件内部的应力。有残余应力的工件处于一种很不稳定的状态,它的内部组织有要恢复到稳定状态的强烈倾向,即使在常温下,这种变化也在不断地进行,直到残余应力完全消失为止。在这个过程中,零件的形状逐渐变化,从而逐渐丧失原有的加工精度。残余应力产生的实质原因是金属内部组织发生了不均匀的体积变化,而引起体积变化的原因主要有以下方面。

(1) 毛坯制造中产生的残余应力。在铸、锻、焊接以及热处理等热加工过程中,由于工件各部分厚度不均,冷却速度和收缩程度不一致,以及金相组织转变时的体积变化等,都会使毛坯内部产生残余应力,而且毛坯结构越复杂、壁厚越不均,散热的条件差别越大,毛坯内部产生的残余应力也越大。具有残余应力的毛坯暂时处于平衡状态,当切去一层金属后,这种平衡便被打破,残余应力重新分布,工件就会出现明显的变形,直至达到新的平衡为止。

(2) 冷校直带来的残余应力。某些刚度低的零件,如细长轴、曲轴和丝杠等,由于机加工产生弯曲变形不能满足精度要求,常采用冷校直工艺进行校直。校直的方法是在弯曲的反方向加外力。这时,冷校直虽然减小了弯曲,但工件却处于不稳定状态,如再次加工,又将产生新的变形。因此,高精度丝杠的加工不允许冷校直,而是用多次人工时效来消除残余应力。

(3) 切削加工产生的残余应力。加工表面在切削力和切削热的作用下,会出现不同程度的塑性变形和金相组织的变化,同时也伴随有金属体积的改变,因此必然产生内应力,并在加工后引起工件变形。

2) 消除或减少内应力的措施

(1) 合理设计零件结构。在零件结构设计中应尽量简化结构,保证零件各部分厚度均匀,以减少铸、锻件毛坯在制造过程中产生的内应力。

(2) 增加时效处理工序。①对毛坯或在大型工件粗加工之后,让工件在自然条件下停留一段时间再加工,利用温度的自然变化使之多次热胀冷缩,进行自然时效。②通过热处理工艺进行人工时效,例如对铸、锻、焊接件进行退火或回火;零件淬火后进行回火;对精度要求高的零件,如床身、丝杠、箱体、精密主轴等,在粗加工后进行低温回火,甚至对丝杠、精密主轴等在精加工后进行冰冷处理等。③对一些铸、锻、焊接件以振动的形式将机械能加到工件上,进行振动时效处理,引起工件内部晶格蠕变,使金属内部结构状态稳定,消除内应力。

(3) 合理安排工艺过程。将粗、精加工分别在不同工序中进行,使粗加工后有足够的时间变形,让残余应力重新分布,以减少对精加工的影响。对于粗、精加工需要在一道工序中来完成的大型工件,也应在粗加工后松开工件,让工件的变形恢复后,再用较小的夹紧力夹紧工件,进行精加工。

9.1.3 加工误差的综合分析

前面讨论了各种工艺因素产生加工误差的规律,并介绍了一些加工误差的分析方法。在生产实际中,影响加工精度的工艺因素是错综复杂的。对于某些加工误差问题,不能仅用单因素分析法来解决,而需要用概率统计方法进行综合分析,找出产生加工误差的原因,加以消除。

1. 加工误差的性质

根据一批工件加工误差出现的规律,可将影响加工精度的误差因素按其性质分为系统误差和随机误差两类。

1) 系统误差

在顺序加工的一批工件中,若加工误差的大小和方向都保持不变或按一定规律变化,这类误差统称为系统误差。前者称为常值系统误差,后者称为变值系统误差。例如,加工原理误差,设计夹具选择定位基准时引起的定位误差,机床、刀具、夹具的制造误差,工艺系统的受力变形,调整误差等引起的加工误差均与加工时间无关,其大小和方向在一次调整中也基本不变,因此都属于常值系统误差。机床、夹具、量具等磨损速度很慢,在一定时间内也可看作常值系统误差。机床、刀具和夹具等在尚未达到热平衡前的热变形误差和刀具的磨损等,都是随加工时间而规律变化的,属于变值系统误差。

2) 随机误差

在顺序加工的一批工件中,其加工误差的大小和方向的变化是无规律的,称为随机误差。例如,毛坯误差的复映、残余应力引起的变形误差和安装时的定位、夹紧误差等都属于随机误差。应注意的是,在不同的场合误差表现出的性质也是不同的。例如,对于机床在一次调整后加工出的一批工件而言,机床的调整误差为常值系统误差;但对多次调整机床后加工出的工件而言,每次调整时产生的调整误差就不可能是常值,因此对于经多次调整所加工出来的大批工件,调整误差为随机误差。

2. 加工误差的数理统计方法

1) 实际分布曲线(直方图)

将零件按尺寸大小以一定的间隔范围分成若干组,同一尺寸间隔内的零件数称为频数 m_i,零件总数为 n;频率为 m_i/n。以频数或频率为纵坐标,以零件尺寸为横坐标,画出直方图,进而画成一条折线,即为实际分布曲线,如图 9-3 所示。该分布曲线直观地反映了加工精度的分布状况。

2) 理论分布曲线(正态分布曲线)

实践证明,当被测量的一批零件(机床上用调整法一次加工出来的一批零件)的数目足够大而尺寸间隔非常小时,则所绘出的分布曲线非常接近“正态分布曲线”。正态分布曲线如图 9-4 所示。利用正态分布曲线可以分析产品质量;可以判断加工方法是否合适;可以判断废品率的大小,从而指导下一批的生产。当 $T=6\sigma$ 时,零件的合格率可达 99.73%,说明废品率只有 0.27%。因此,当 $T\geqslant 6\sigma$ 时,可以认为产品无废品。

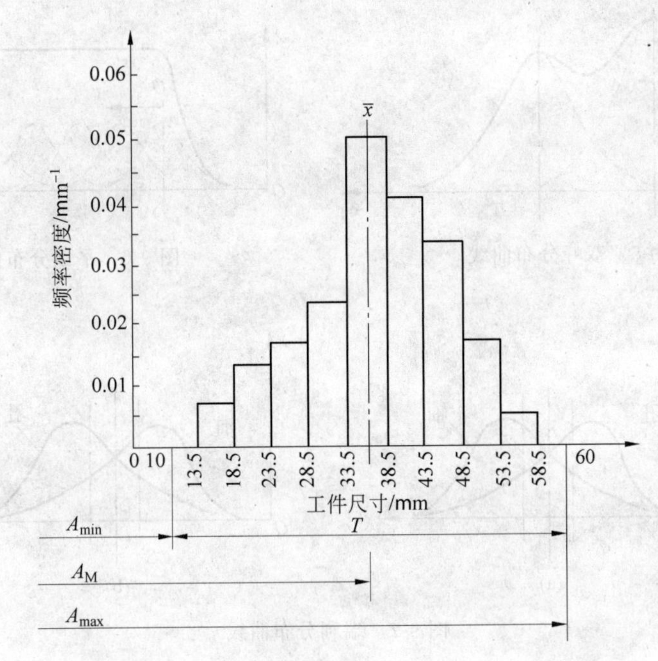

图 9-3　直方图

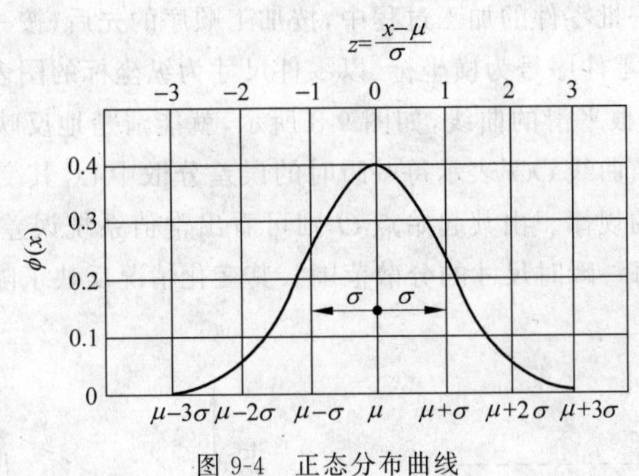

图 9-4　正态分布曲线

3）非正态分布曲线

工件的实际分布，有时并不近似于正态分布。例如，将在两台机床上分别调整加工出的工件混在一起测定，由于每次调整时常值系统误差是不同的，如果常值系统误差大于 2.2σ，就会得到如图 9-5 所示的双峰曲线。这实际上是两组正态分布曲线的叠加。又如，磨削细长孔时，如果砂轮磨损较快且没有自动补偿，则工件的实际尺寸分布的算术平均值将呈平顶形，如图 9-6 所示，它实质上是正态分布曲线的分散中心在不断地移动，即在随机误差中混有变值系统误差。再如，用试切法加工轴颈或孔时，由于操作者为避免产生不可修复的废品，主观地使轴颈宁大勿小，使孔宁小勿大，从而导致尺寸的分布呈现不对称的形状，这种分布又称瑞利分布，如图 9-7 所示。

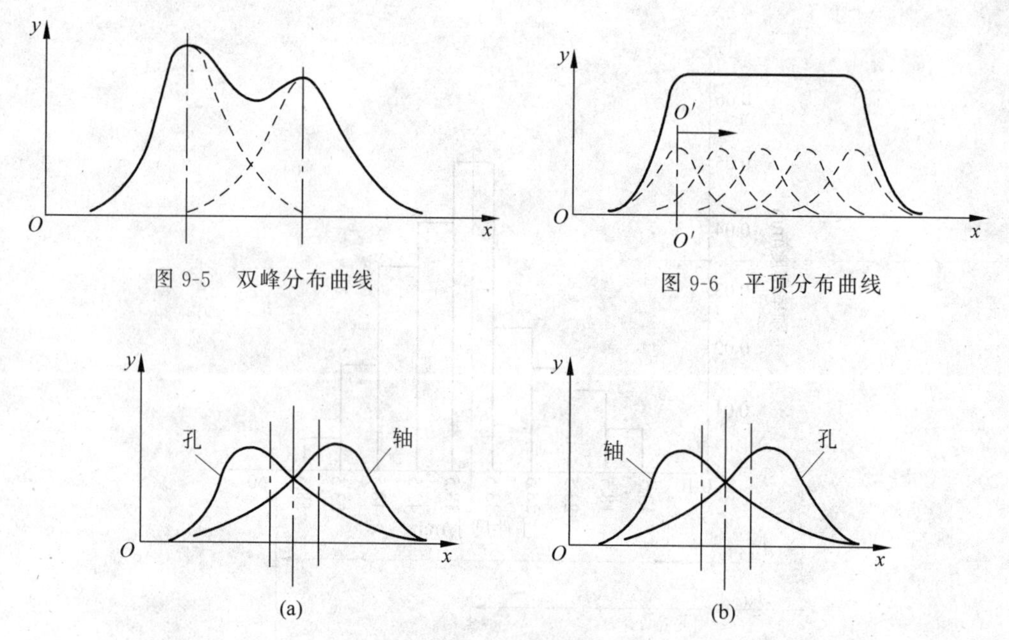

图 9-5 双峰分布曲线

图 9-6 平顶分布曲线

图 9-7 瑞利分布曲线

4）点图分析法

点图分析法是在一批零件的加工过程中，按加工顺序的先后、按一定规律依次抽样测量零件的尺寸，并记入以零件序号为横坐标、以零件尺寸为纵坐标的图表中。假如把点图上的上、下极限点包络成两根平滑的曲线，如图 9-8 所示，就能清楚地反映加工过程中误差的性质及变化趋势。平均值曲线 OO' 表示每一瞬时的误差分散中心，其变化情况反映了变值系统性误差随时间变化的规律。由其起始点 O 则可看出常值系统误差的影响，上、下限 AA' 和 BB' 间的宽度表示每一瞬时尺寸的分散范围。其变化情况反映了随机误差随时间变化的情况。

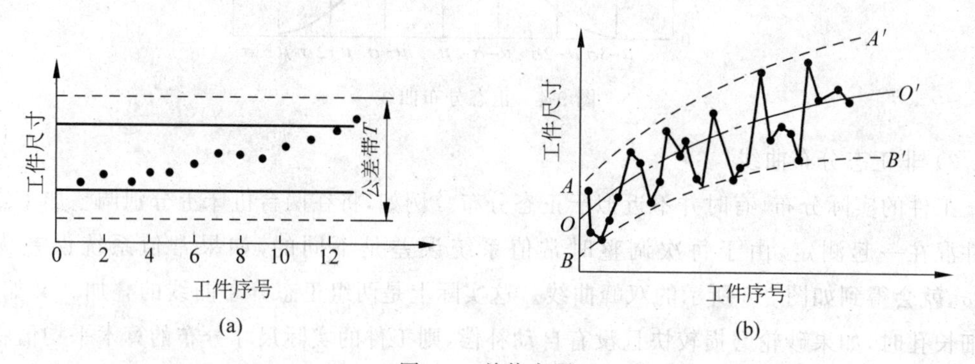

图 9-8 单值点图

9.1.4 保证和提高加工精度的主要途径

1. 直接减少或消除误差

这种方法是在查明产生加工误差的主要因素之后，设法对其直接进行消除或减弱其影响，在生产中有着广泛的应用。例如，在车床上加工细长轴时，因工件刚度极差，容易产生弯曲变形和振动，严重影响加工精度。人们在生产实际中总结了一系列行之有效的措施。

1）用反向进给的切削方式

如图 9-9 所示，进给方向由卡盘一端指向尾座。此时尾部可用中心架，或者尾座应用弹性顶尖，使工件的热变形能得到自由的伸长，故可减少或消除由于热伸长和轴向力使工件产生的弯曲变形。

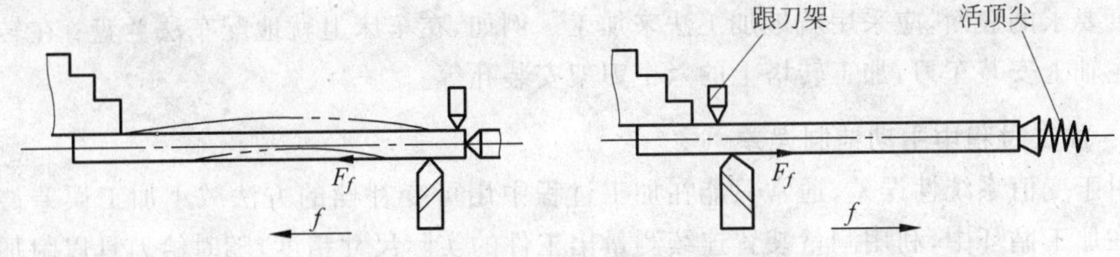

图 9-9　不同进给方向加工细长轴的比较

2）采用大进给量和 93°的大主偏角

采用大进给量和 93°的大主偏角，以增大轴向切削分力，使径向切削分力稍向外指，既能使工件的弯矩相互抵消，又能抑制径向颤动，使切削过程平稳。

3）在工件卡盘夹持的一端车出一个缩颈

在工件卡盘夹持的一端车出一个缩颈部分，以增加工件的柔性，使切削变形尽量发生在缩颈处，减少切削变形对加工精度的直接影响。

2. 补偿或抵消误差

补偿误差就是人为地制造一种新误差去补偿加工、装配或使用过程中的误差。抵消误差是利用原有的一种误差去抵消另一种误差。这两种方法都是力求使两种误差大小相等、方向相反，从而达到减小误差的目的。例如，预加载荷的精加工龙门铣床的横梁导轨，使加工后的导轨产生“向上凸”的几何形状误差去抵消横梁因铣头重量而产生“向下垂”的受力变形；用校正机构提高丝杠车床传动链精度也是如此。

3. 均分与均化误差

当毛坯精度较低而引起较大的定位误差和复映误差时，可能使本工序的加工精度降低，难以满足加工要求，如提高毛坯（或上道工序）的精度，又会使成本增加，这时便可采用均分误差的方法。该方法的实质就是把毛坯按误差的大小分为 n 组，每组毛坯误差的范围缩小为原来的 $1/n$，整批工件的尺寸分散比分组前要小得多，然后按组调整刀具与工件的相对位置。

对于配合精度要求较高的表面，常常采取研磨的方法，让两者相互摩擦与磨损，使误差相互比较、相互抵消，这就是误差均化法。其实质是利用有密切联系的两表面相互比较，找出差异，然后互为基准，相互修正，使工件表面的误差不断缩小和均化。

4. 转移变形和转移误差

这种方法的实质是将工艺系统的几何误差、受力变形、热变形等转移到不影响加工精度的非敏感方向上去。这样，可以在不减小原始误差的情况下，获得较高的加工精度。如当机床精度达不到零件加工要求时，常常不是仅靠提高机床精度来保证加工精度，而是通过改进工艺方法和夹具,将机床的各类误差转移到不影响工件加工精度的方向上。例如,用镗模来加工箱体零件的孔系时,镗杆与镗床主轴采用浮动连接,这时孔系的加工精度完全取决于镗杆和镗模的制造精度,而与镗床主轴的回转精度及其他几何精度无关。

5. 就地加工,保证精度

机床或部件的装配精度主要依赖于组成零件的加工精度,但在有些情况下,即使各组成零件都有很高的加工精度,也很难保证达到要求的装配精度。因此,对于装配以后有相互位置精度要求的表面,应采用就地加工法来加工。例如,在车床上就地配车法兰盘;在转塔车床的主轴上安装车刀,加工转塔上的六个刀架安装孔等。

6. 加工过程中主动控制误差

对于变值系统性误差,通常只能在加工过程中用可变补偿的方法减小加工误差。这就要求在加工循环中,利用测量装置连续测量出工件的实际尺寸精度,随时给刀具以附加的补偿量,直至实际值与调定值的差不超过预定的公差为止。现代机械加工中自动测量和自动补偿都属于这种主动控制误差的形式。

9.2 机械加工表面质量

9.2.1 机械加工表面质量的含义

评价零件是否合格的质量指标除了机械加工精度外,还有机械加工表面质量。机械加工表面质量是指零件经过机械加工后的表面层状态。机械加工表面质量又称为表面完整性,其含义包括两个方面的内容。

1. 表面层的几何形状特征

表面层的几何形状特征如图9-10所示,主要由以下几部分组成。

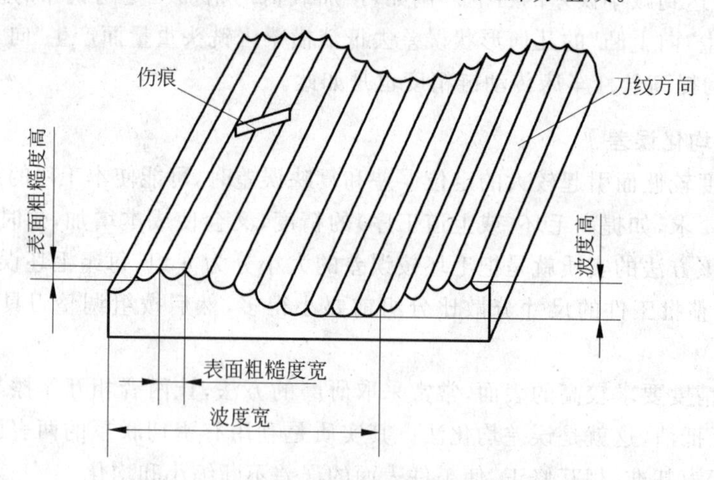

图9-10 表面层的几何形状特征的组成

1)表面粗糙度

表面粗糙度是指加工表面上较小间距和峰谷所组成的微观几何形状特征,即加工表面的微观几何形状误差,其评定参数主要有轮廓算术平均偏差 R_a 或轮廓微观不平度十点平

均高度 R_z。

2）表面波度

表面波度是介于宏观形状误差与微观表面粗糙度之间的周期性形状误差，它主要是由机械加工过程中的低频振动引起的，应作为工艺缺陷设法消除。

3）表面加工纹理

表面加工纹理是指表面切削加工刀纹的形状和方向，取决于表面形成过程中所采用的机加工方法及其切削运动的规律。

4）伤痕

伤痕是指在加工表面个别位置上出现的缺陷，如砂眼、气孔、裂痕、划痕等，它们大多随机分布。

2. 表面层的物理力学性能

表面层的物理力学性能主要指以下三个方面的内容。

（1）表面层的加工冷作硬化。

（2）表面层金相组织的变化。

（3）表面层的残余应力。

9.2.2　表面质量对零件使用性能的影响

1. 表面质量对零件耐磨性的影响

零件的耐磨性是零件的一项重要性能指标，当摩擦副的材料、润滑条件和加工精度确定之后，零件的表面质量对耐磨性会起到关键作用。由于零件表面存在表面粗糙度，当两个零件的表面开始接触时，接触部分集中在其波峰的顶部，因此实际接触面积远小于名义接触面积，并且表面粗糙度越大，实际接触面积越小。在外力作用下，波峰接触部分会产生很大的压应力。当两个零件作相对运动时，开始阶段由于接触面积小、压应力大，在接触处的波峰会产生较大的弹性变形、塑性变形及剪切变形，波峰很快被磨平，即使有润滑油存在，也会因为接触点处压应力过大，油膜被破坏而形成干摩擦，导致零件接触表面的磨损加剧。当然，并非表面粗糙度越小越好，如果表面粗糙度过小，接触表面间储存润滑油的能力变差，接触表面容易发生分子胶合、咬焊，同样也会造成磨损加剧。

表面层的冷作硬化可使表面层的硬度提高，增强表面层的接触刚度，从而降低接触处的弹性、塑性变形，提高耐磨性。但如果硬化程度过大，表面层金属组织会变脆，出现微观裂纹，甚至会使金属表面组织剥落而加剧零件的磨损。

2. 表面质量对零件疲劳强度的影响

表面粗糙度对承受交变载荷的零件的疲劳强度影响很大。在交变载荷作用下，表面粗糙度波谷处容易引起应力集中，产生疲劳裂纹。并且表面粗糙度越大、表面划痕越深，其抗疲劳破坏能力越差。

表面层残余压应力对零件的疲劳强度影响也很大。当表面层存在残余压应力时，能延缓疲劳裂纹的产生、扩展，提高零件的疲劳强度；当表面层存在残余拉应力时，零件则容易引起晶间破坏，产生表面裂纹而降低其疲劳强度。

表面层的加工硬化对零件的疲劳强度也有影响。适度的加工硬化能阻止已有裂纹的扩展和新裂纹的产生，提高零件的疲劳强度；但加工硬化过于严重会使零件表面组织变脆，容易出现裂纹,从而使疲劳强度降低。

3. 表面质量对零件耐腐蚀性能的影响

表面粗糙度对零件耐腐蚀性能的影响很大。零件表面粗糙度越大,在波谷处越容易积聚腐蚀性介质而使零件发生化学腐蚀和电化学腐蚀。

表面层残余压应力和残余拉应力对零件的耐腐蚀性能也有影响。残余压应力可使表面组织致密,腐蚀性介质不易侵入,有助于提高表面的耐腐蚀能力。残余拉应力对零件耐腐蚀性能的影响则相反。

4. 表面质量对零件间配合性质的影响

相配零件间的配合性质是由过盈量或间隙量来决定的。在间隙配合中,如果零件配合表面的粗糙度较大,则由于磨损迅速使得配合间隙增大,从而降低了配合质量,影响了配合的稳定性;在过盈配合中,如果表面粗糙度较大,则装配时表面波峰被挤平,使得实际有效过盈量减少,从而降低了配合件的连接强度,影响了配合的可靠性。因此,对有配合要求的表面应规定较小的表面粗糙度值。

在过盈配合中,如果表面硬化严重,可能会造成表面层金属与内部金属脱落的现象,从而破坏配合性质和配合精度。表面层残余应力会引起零件变形,使零件的形状、尺寸发生改变,因此它也会影响配合性质和配合精度。

5. 表面质量对零件其他性能的影响

表面质量对零件的使用性能还有一些其他影响。如对间隙密封的液压缸、滑阀来说,减小表面粗糙度 R_a 可以减少泄漏、提高密封性能;较小的表面粗糙度可使零件具有较高的接触刚度;对于滑动零件,减小表面粗糙度 R_a 可使摩擦系数降低、运动灵活性增高,减少发热和功率损失;表面层的残余应力会使零件在使用过程中继续变形,失去原有的精度,机器工作性能恶化等。

总之,提高加工表面质量,对于保证零件的性能、提高零件的使用寿命十分重要。

9.2.3 影响机械加工表面粗糙度的因素及减小表面粗糙度值的工艺措施

1. 影响切削加工表面粗糙度的因素

在切削加工中,影响已加工表面粗糙度的因素主要包括几何因素、物理因素和加工中工艺系统的振动。下面以车削为例来说明。

1) 几何因素

切削加工时表面粗糙度的值主要取决于切削面积的残留高度。式(9-1)和式(9-2)为车削时残留面积高度的计算公式。

当刀尖圆弧半径 $r_\varepsilon=0$ 时,残留面积高度 H 为

$$H=\frac{f}{\cot\kappa_r+\cot\kappa_r'} \tag{9-1}$$

当刀尖圆弧 $r_\varepsilon>0$ 时,残留面积高度 H 为

$$H=\frac{f}{8r_\varepsilon} \tag{9-2}$$

从上面两式可知,进给量 f、主偏角 κ_r、副偏角 κ_r' 和刀尖圆弧半径 r_ε 对切削加工表面粗糙度的影响较大。减小进给量 f、减小主偏角 κ_r 和副偏角 κ_r',增大刀尖圆弧半径 r_ε,都能减

小残留面积的高度 H，也就减小了零件的表面粗糙度。

2）物理因素

在切削加工过程中，刀具对工件的挤压和摩擦可使金属材料发生塑性变形，引起原有的残留面积扭曲或沟纹加深，增大表面粗糙度。当采用中等或中等偏低的切削速度切削塑性材料时，在前刀面上容易形成硬度很高的积屑瘤，它可以代替刀具进行切削，但状态极不稳定，积屑瘤生成、长大和脱落将严重影响加工表面的表面粗糙度值。另外，在切削过程中由于切屑和前刀面的强烈摩擦作用以及撕裂现象，还可能在加工表面产生鳞刺，使加工表面的粗糙度增加。

3）动态因素——振动的影响

在加工过程中，工艺系统有时会发生振动，即在刀具与工件间出现的除切削运动之外的另一种周期性的相对运动。振动的出现会使加工表面出现波纹，增大加工表面的粗糙度，强烈的振动还会使切削无法继续下去。

除上述因素外，造成已加工表面粗糙不平的原因还有被切屑拉毛和划伤等。

2. 减小表面粗糙度的工艺措施

（1）在精加工时，应选择较小的进给量 f、较小的主偏角 κ_r 和副偏角 κ_r'、较大的刀尖圆弧半径 r_ε，以得到较小的表面粗糙度。

（2）加工塑性材料时，采用较高的切削速度可防止积屑瘤的产生，减小表面粗糙度。

（3）根据工件材料、加工要求，合理选择刀具材料，有利于减小表面粗糙度。

（4）适当增大刀具前角和刃倾角，提高刀具的刃磨质量，降低刀具前、后刀面的表面粗糙度均能降低工件加工表面的粗糙度。

（5）对工件材料进行适当的热处理，以细化晶粒、均匀晶粒组织，可减小表面粗糙度。

（6）选择合适的切削液、减小切削过程中的界面摩擦、降低切削区温度、减小切削变形、抑制鳞刺和积屑瘤的产生，都可以减小表面粗糙度。

9.2.4　影响表面物理力学性能的工艺因素

1. 表面层残余应力

外载荷去除后，仍残存在工件表层与基体材料交界处的、相互平衡的应力称为残余应力。产生表面残余应力主要有以下原因。

1）冷态塑性变形引起的残余应力

切削加工时，加工表面在切削力的作用下产生强烈的塑性变形，表层金属的比容增大，体积膨胀，但受到与它相连的里层金属的阻止，从而在表层产生了残余压应力，在里层产生了残余拉应力。当刀具在被加工表面上切除金属时，由于受后刀面的挤压和摩擦作用，表层金属纤维被严重拉长，仍会受到里层金属的阻止，而在表层产生残余压应力，在里层产生残余拉应力。

2）热态塑性变形引起的残余应力

切削加工时，大量的切削热会使加工表面产生热膨胀，由于基体金属的温度较低，会对表层金属的膨胀产生阻碍作用，因此表层产生热态压应力。当加工结束后，表层温度下降要进行冷却收缩，但受到基体金属阻止，从而在表层产生残余拉应力，里层产生残余压应力。

3）金相组织变化引起的残余应力

如果在加工中工件表层温度超过金相组织的转变温度，则工件表层将产生组织转变，表层金属的比容将随之发生变化，而表层金属的这种比容变化必然会受到与之相连的基体金属的阻碍，从而在表层、里层产生互相平衡的残余应力。例如在磨削淬火钢时，由于磨削热导致表层可能产生回火，表层金属组织将由马氏体转变成接近珠光体的屈氏体或索氏体，密度增大，比容减小，表层金属要产生相变收缩但会受到基体金属的阻止，而在表层金属产生残余拉应力，里层金属产生残余压应力。如果磨削时表层金属的温度超过相变温度，且已充分冷却，表层金属将成为淬火马氏体，密度减小，比容增大，则表层将产生残余压应力，里层则产生残余拉应力。

2. 表面层加工硬化

1）加工硬化的产生及衡量指标

机械加工过程中，工件表层金属在切削力的作用下产生强烈的塑性变形，金属的晶格扭曲，晶粒被拉长、纤维化甚至破碎而引起表层金属的强度和硬度增加，塑性降低，这种现象称为加工硬化(或冷作硬化)。另外，加工过程中产生的切削热会使工件表层金属温度升高，当温度升高到一定程度时，会使已强化的金属恢复到正常状态，失去其在加工硬化中得到的物理力学性能，这种现象称为软化。因此，金属的加工硬化实际取决于硬化速度和软化速度的比率。

评定加工硬化的指标有以下三项。

(1) 表面层的显微硬度 HV。

(2) 硬化层深度 $h(\mu m)$。

(3) 硬化程度 N。

$$N=\frac{HV-HV_0}{HV_0} \tag{9-3}$$

式中：HV——金属原来的显微硬度。

2）影响加工硬化的因素

(1) 切削用量的影响。切削用量中进给量和切削速度对加工硬化的影响较大。增大进给量，切削力随之增大，表层金属的塑性变形增大，加工硬化增大；增大切削速度，刀具对工件的作用时间减少，塑性变形的扩展深度减小，故而硬化层深度减小。另外，增大切削速度会使切削区温度升高，有利于减少加工硬化。

(2) 刀具几何形状的影响。刀刃钝圆半径对加工硬化影响最大。实验证明，已加工表面的显微硬度随着刀刃钝圆半径的加大而增大，这是因为径向切削分力会随着刀刃钝圆半径的增大而增大，使表层金属的塑性变形加剧，导致加工硬化增大。此外，刀具磨损会使后刀面与工件间的摩擦加剧，表层的塑性变形增加，导致表面冷作硬化加大。

(3) 加工材料性能的影响。工件的硬度越低、塑性越好，加工时塑性变形越大，冷作硬化越严重。

9.2.5 磨削的表面质量

1. 磨削加工的特点

磨削精度高，通常作为终加工工序，但磨削过程比切削复杂。磨削加工采用的工具是砂轮。磨削时,虽然单位加工面积上磨粒很多,本应表面粗糙度很小,但在实际加工中,由于磨粒在砂轮上分布不均匀,磨粒切削刃钝圆半径较大,并且大多数磨粒是负前角,很不锋利,加工表面是在大量磨粒的滑擦、耕犁和切削的综合作用下形成的,磨粒将加工表面刻画出无数细微的沟槽,并伴随着塑性变形,形成粗糙表面。同时,磨削速度高,通常$v_{砂}=40\sim50\text{m/s}$,目前甚至高达$v_{砂}=80\sim200\text{m/s}$,因此磨削温度很高,磨削时产生的高温会加剧加工表面的塑性变形,从而增大了加工表面的粗糙度值;有时磨削点附近的瞬时温度可高达 800～1000℃,这样的高温会使加工表面金相组织发生变化,引起烧伤和裂纹。另外,磨削的径向切削力较大,会引起机床发生振动和弹性变形。

2. 影响磨削加工表面粗糙度的因素

影响磨削加工表面粗糙度的因素很多,主要有以下几种。

1）砂轮的影响

①砂轮的粒度越细。单位面积上的磨粒数越多,在磨削表面产生的刻痕越细,表面粗糙度越小;但若粒度太细,加工时砂轮易被堵塞反而会使表面粗糙度增大,还容易产生波纹和引起烧伤。②砂轮的硬度应大小合适,其半钝化期越长越好。砂轮的硬度太高,磨削时磨粒不易脱落,使加工表面受到的摩擦、挤压作用加剧,从而增加了塑性变形,使表面粗糙度增大,还易引起烧伤;但砂轮太软,磨粒太易脱落,会使磨削作用减弱,导致表面粗糙度增加,所以要选择合适的砂轮硬度。③砂轮的修整质量越高,砂轮表面的切削微刃数越多、各切削微刃的等高性越好,磨削表面的粗糙度越小。

2）磨削用量的影响

①增大砂轮速度。单位时间内通过加工表面的磨粒数增多,每颗磨粒磨去的金属厚度减少,工件表面的残留面积减少;同时提高砂轮速度还能减少工件材料的塑性变形,这些都可使加工表面的表面粗糙度值降低。②降低工件速度。单位时间内通过加工表面的磨粒数增多,表面粗糙度值减小;但工件速度太低,工件与砂轮的接触时间长,传到工件上的热量增多,反而会增大粗糙度,还可能增加表面烧伤。③增大磨削深度和纵向进给量。工件的塑性变形增大,会导致表面粗糙度值增大。④径向进给量增加。磨削过程中磨削力和磨削温度都会增加,磨削表面塑性变形程度增大,从而会增大表面粗糙度值。⑤为在保证加工质量的前提下提高磨削效率,可将要求较高的表面的粗磨和精磨分开进行,粗磨时采用较大的径向进给量,精磨时采用较小的径向进给量,最后进行无进给磨削,以获得表面粗糙度值很小的表面。

3）工件材料

工件材料的硬度、塑性、导热性等对表面粗糙度的影响较大。塑性大的软材料容易堵塞砂轮,导热性差的耐热合金容易使磨料早期崩落,都会导致磨削表面粗糙度增大。

另外,由于磨削温度高,合理使用切削液既可以降低磨削区的温度,减少烧伤,还可以冲去脱落的磨粒和切屑,避免划伤工件,从而降低表面粗糙度值。

3. 磨削表面层的残余应力——磨削裂纹问题

磨削加工比切削加工的表面残余应力更为复杂。一方面,磨粒切削刃为负前角,法向切削力一般为切向切削力的 2～3 倍,磨粒对加工表面的作用引起冷塑性变形,产生压应力;另一方面,磨削温度高,磨削热量很大,容易引起热塑性变形,表面出现拉应力。当残余拉应力超过工件材料的强度极限时,工件表面就会出现磨削裂纹。磨削裂纹有的在外表层,有的在内层下；裂纹方向常与磨削方向垂直，或呈网状；裂纹常与烧伤同时出现。

磨削用量是影响磨削裂纹的首要因素，磨削深度和纵向走刀量大，则塑性变形大，切削温度高，拉应力过大，可能产生裂纹。此外，工件材料含碳量越高越易出现裂纹。磨削裂纹还与淬火方式、淬火速度及操作方法等热处理工序有关。

为了消除和减少磨削裂纹，必须合理选择工件材料和砂轮；正确制定热处理工艺；逐渐减小切除量；积极改善散热条件，加强冷却效果，设法降低切削热。

4. 磨削表面层金相组织变化——磨削烧伤问题

1）磨削表面层金相组织变化与磨削烧伤

机械加工过程中产生的切削热会使工件的加工表面产生剧烈的温升，当温度超过工件材料金相组织变化的临界温度时，将发生金相组织转变。在磨削加工中，由于多数磨粒为负前角切削，磨削温度很高，产生的热量远远高于切削时的热量，而且磨削热有60%～80%传给工件，所以极易出现金相组织的转变，使表面层金属的硬度和强度下降，产生残余应力甚至引起显微裂纹，这种现象称为磨削烧伤。产生磨削烧伤时，加工表面常会出现黄、褐、紫、青等烧伤色，这是磨削表面在瞬时高温下的氧化所致。不同的烧伤色，表明工件表面受到的烧伤程度不同。

磨削淬火钢时，工件表面层由于受到瞬时高温的作用，可能产生以下三种金相组织变化。

(1) 如果磨削表面层温度未超过相变温度，但超过了马氏体的转变温度，这时马氏体将转变成为硬度较低的回火屈氏体或索氏体，称为回火烧伤。

(2) 如果磨削表面层温度超过相变温度，则马氏体转变为奥氏体，这时若无切削液，则磨削表面硬度急剧下降，表层被退火，这种现象称为退火烧伤。干磨时很容易产生这种现象。

(3) 如果磨削表面层温度超过相变温度，但有充分的切削液对其进行冷却，则磨削表面层将急冷形成二次淬火马氏体，硬度比回火马氏体高，不过该表面层很薄，只有几微米，其下为硬度较低的回火索氏体和屈氏体，使表面层总的硬度仍然降低，称为淬火烧伤。

2）磨削烧伤的改善措施

影响磨削烧伤的主要因素是磨削用量、砂轮、工件材料和冷却条件。由于磨削热是造成磨削烧伤的根本原因，因此要避免磨削烧伤，就应尽可能减少磨削时产生的热量及尽量减少传入工件的热量。具体可采用下列措施。

(1) 合理选择磨削用量。不能采用太大的磨削深度，因为当磨削深度增加时，工件的塑性变形会随之增加，工件表面及里层的温度都将升高，烧伤面积也会增加；工件速度增加，磨削区表面温度会增高，但由于热作用时间减少，因而可减轻烧伤。

(2) 工件材料。工件材料对磨削区温度的影响主要取决于它的硬度、强度、韧性和热导率。工件材料硬度、强度越高，韧性越大，磨削时功耗越多，产生的热量越多，越易产生烧伤。导热性较差的材料，在磨削时也容易出现烧伤。

(3) 砂轮的选择。硬度太高的砂轮，钝化后的磨粒不易脱落，容易产生烧伤，因此用软砂轮较好；选用粗粒度砂轮磨削，砂轮不易被磨削堵塞，可减少烧伤；结合剂对磨削烧伤也有很大影响，树脂结合剂比陶瓷结合剂更容易产生烧伤，橡胶结合剂比树脂结合剂更易产生烧伤。

(4) 冷却条件。为降低磨削区的温度,在磨削时广泛采用切削液冷却。为了使切削液能喷注到工件表面,通常增加切削液的流量和压力并采用特殊喷嘴,图 9-11 所示为采用高压大流量切削液,并在砂轮上安装带有空气挡板的切削液喷嘴,这样既可加强冷却作用,又能减轻高速旋转砂轮表面的高压附着作用,使切削液顺利喷注到磨削区。此外,还可采用多孔砂轮、内冷却砂轮和浸油砂轮。图 9-12 所示为内冷却砂轮结构,切削液被引入砂轮的中心腔内,由于离心力的作用,切削液再经过砂轮内部的孔隙从砂轮四周的边缘甩出,这样切削液即可直接进入磨削区,有效地发挥冷却作用。

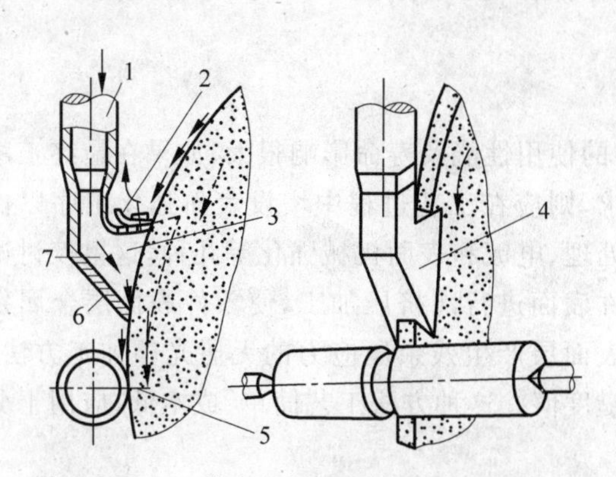

图 9-11　带有空气挡板的切削液喷嘴

1—液流导管; 2—可调气流挡板; 3—空腔区; 4—喷嘴罩; 5—磨削区; 6—排液区; 7—液嘴

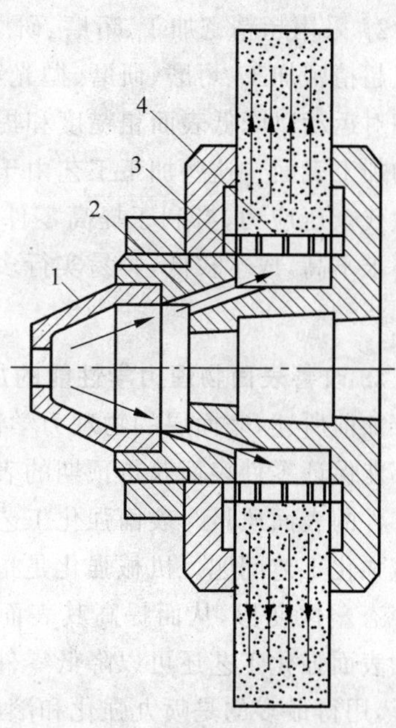

图 9-12　内冷却砂轮结构

1—锥形盖; 2—切削液通孔; 3—砂轮中心腔; 4—有径向小孔的薄壁套

9.2.6　控制表面质量的工艺途径

随着科学技术的发展,对零件的表面质量的要求也越来越高。为了获得合格的零件,保证机器的使用性能,人们一直在研究控制和提高零件表面质量的途径。提高表面质量的工艺途径大致可以分为两类:一类是用低效率、高成本的加工方法,寻求各工艺参数的优化组合,以减小表面粗糙度;另一类是着重改善工件表面的物理力学性能,以提高其表面质量。

1. 降低表面粗糙度的加工方法

1) 超精密切削和小粗糙度磨削加工

(1) 超精密切削加工。超精密切削是指表面粗糙度 R_a 在 0.04μm 以下的切削加工方法。超精密切削加工最关键的问题在于要在最后一道工序切削 0.1μm 的微薄表面层,这就既要求刀具极其锋利、刀具钝圆半径为纳米级尺寸,又要求这样的刀具有足够的耐用度,以维持其锋利。目前只有金刚石刀具才能达到要求。超精密切削时,只有走刀量小,切削速度非常高,才能保证工件表面上的残留面积小,从而获得极小的表面粗糙度。

(2) 小粗糙度磨削加工。为了简化工艺过程,缩短工序周期,有时用小粗糙度磨削替代光整加工。小粗糙度磨削除要求设备精度较高外,磨削用量的选择最为重要。在选择磨削用量时,参数之间往往会相互矛盾和排斥。例如,为了减小表面粗糙度,砂轮应修整得细一些,但砂轮过细可能引起磨削烧伤;为了避免烧伤,应将工件转速加快,但这样又会增大表面粗糙度,而且容易引起振动;采用小磨削用量有利于提高工件表面质量,但会降低生产效率增加生产成本;而且工件材料不同其磨削性能也不一样,一般很难凭手册确定磨削用量,要通过试验不断调整参数,因此表面质量较难准确控制。

2) 采用超精密加工、珩磨、研磨等方法作为最终工序加工

超精密加工、珩磨、研磨、抛光等都是利用磨条、抛光软膏以一定压力压在加工表面,并作相对运动以降低表面粗糙度和提高精度的方法,一般用于表面粗糙度值 R_a 在 0.4μm 以下的加工表面。这些加工工艺由于切削速度低、压强小,所以发热少,不易引起热损伤,并能产生残余压应力,有利于提高零件的使用性能;而且加工工艺依靠自身定位,设备简单,精度要求不高,成本较低,容易实行多工位、多机床操作,生产效率高,因此在大批量生产中应用广泛。

2. 改善表面物理力学性能的加工方法

如前所述,表面层的物理力学性能对零件的使用性能及寿命影响很大,如果在最终工序中不能保证零件表面获得预期的表面质量要求,则应在工艺过程中增设表面强化工序以保证零件的表面质量。表面强化工艺包括化学处理、电镀和表面机械强化等几种,这里仅讨论机械强化工艺问题。机械强化是指通过对工件表面进行冷挤压加工,使零件表面层金属发生冷态塑性变形,从而提高其表面硬度并在表面层产生残余压应力的无屑光整加工方法。采用表面强化工艺还可以降低零件的表面粗糙度值。这种方法工艺简单、成本低,应用十分广泛,用得最多的是喷丸强化和滚压加工。

1) 喷丸强化

喷丸强化是利用压缩空气或离心力将大量直径为 0.4~4mm 的珠丸高速打击零件表面,使其产生冷硬层和残余压应力,可显著提高零件的疲劳强度。珠丸可以采用铸铁、砂石以及钢铁制造。所用设备是压缩空气喷丸装置或机械离心式喷丸装置,这些装置可将珠丸以 35~50mm/s 的速度喷出。喷丸强化工艺可用来加工各种形状的零件,加工后零件表面的硬化层深度可达 0.7mm,表面粗糙度 R_a 可由 3.2μm 减小到 0.4μm,使用寿命可提高几倍甚至几十倍。

2) 滚压加工

滚压加工是在常温下通过淬硬的滚压工具(滚轮或滚珠)对工件表面施加压力,使其产生塑性变形,将工件表面原有的波峰填充到相邻的波谷中,从而减小表面粗糙度值,并在其表面产生冷硬层和残余压应力,使零件的承载能力和疲劳强度得以提高。滚压用的滚轮常用碳素工具钢 T12A 或者合金工具钢 CrWMn、Cr12、CrNiMn 等材料制造,淬火硬度在 62~64HRC;或用硬质合金 YG6、YT15 等制成;其型面在装配前需经过粗磨,装上滚压工具后再进行精磨。图 9-13 为典型滚压加工示意图,图 9-14 为外圆滚压工具。

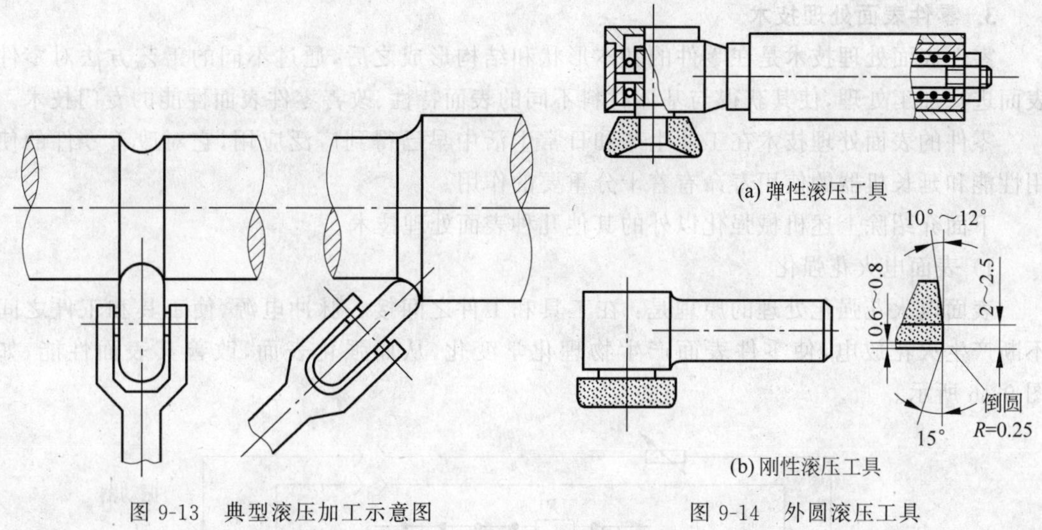

图 9-13　典型滚压加工示意图　　图 9-14　外圆滚压工具

3）金刚石压光

金刚石压光是一种用金刚石挤压加工表面的新工艺，国外已在精密仪器制造业中得到较广泛的应用。压光后的零件表面粗糙度值 R_a 可达 0.4～0.02μm，耐磨性比磨削后的表面粗糙度值提高 1.5～3 倍，但比研磨后的表面粗糙度值低 20%～40%，而生产效率却比研磨工艺高得多。金刚石压光用的机床必须是高精度机床，它要求机床刚性好、抗震性好，以免损坏金刚石。此外，它还要求机床主轴精度高，径向跳动和轴向窜动在 0.01mm 以内，主轴转速能在 2500～6000r/min 的范围内无级调速。机床主轴运动与进给运动应分离，以保证压光的表面质量。

4）液体磨料强化

液体磨料强化是利用液体和磨料的混合物高速喷射到已加工表面，以强化工件表面，提高工件的耐磨性、抗蚀性和疲劳强度的一种工艺方法。如图 9-15 所示，液体和磨料在 400～800Pa 压力下，经过喷嘴高速喷出，射向工件表面，借磨粒的冲击作用，碾压加工表面，工件表面产生塑性变形，变形层仅为几十微米。加工后的工件表面具有残余压应力，提高了工件的耐磨性、抗蚀性和疲劳强度。

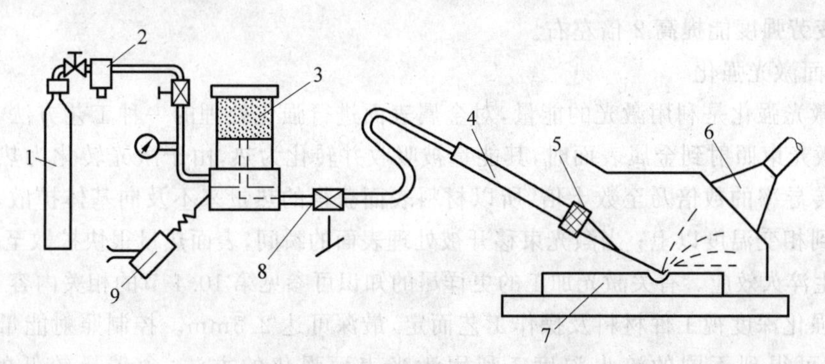

图 9-15　液体磨料喷射加工原理图

1—压气瓶；2—过滤器；3—磨料室；4—导管；5—喷嘴；6—收集器；7—工件；8—控制阀；9—振动器

3. 零件表面处理技术

零件表面处理技术是在零件的基本形状和结构形成之后,通过不同的工艺方法对零件表面进行加工处理,使其获得与基体材料不同的表面特性、改善零件表面性能的专门技术。

零件的表面处理技术在工业生产和日常生活中早已得到广泛应用,它对改善零件的使用性能和延长机器的使用寿命有着十分重要的作用。

下面介绍除上述机械强化以外的其他几种表面处理技术。

1) 表面电火花强化

表面电火花强化处理的原理是:在工具和工件之间接一脉冲电源,使工具和工件之间不断产生火花放电,使零件表面产生物理化学变化,从而强化表面,改善其表面性能,如图9-16所示。

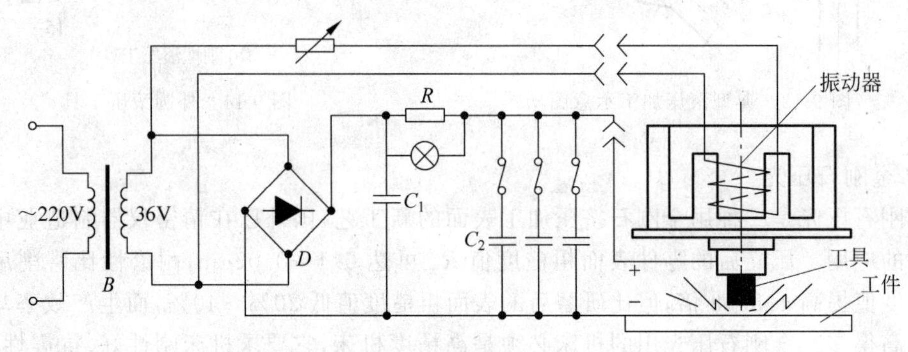

图9-16 金属电火花强化加工原理图

表面电火花强化工艺方法简单、经济、效果好,广泛应用于模具、刃具、凸轮、导轨、涡轮叶片等的表面强化。

表面电火花强化的工艺特点如下。

(1) 硬化层厚度约为0.01~0.08mm。

(2) 当采用硬质合金作工具材料时,硬度可达1100~1400HV或更高。

(3) 当使用铬锰合金、钨铬钴合金、硬质合金工具硬化$45^{\#}$钢时,其耐磨性可提高2~2.5倍。

(4) 用石墨作工具强化$45^{\#}$钢时,其耐腐蚀性提高90%;用WC、CrMn作工具强化不锈钢时,耐腐蚀性提高3~5倍。

(5) 疲劳强度能提高2倍左右。

2) 表面激光强化

表面激光强化是利用激光的能量,对金属表面进行强化处理的一种工艺方法,其工作原理是:当激光束照射到金属表面时,其能量被吸收并转化为热,由于激光转化为热的速率是金属材料传导率的数倍乃至数十倍,所以材料表面获得的热量来不及向基体扩散,从而使表面迅速达到相变温度以上;当激光束移开被处理表面的瞬间,表面热量很快扩散至基体,即自激冷却产生淬火效应。有关激光加工的更详尽的知识可参见第10.4节的相关内容。

激光强化深度视工件材料及操作工艺而定,最深可达2.5mm。控制照射能量密度和照射时间,即可得到不同的淬火深度。利用激光表面强化的方法,含碳量较低的钢(如含0.18%C的钢)也能获得表面强化的效果(低碳钢淬火深度可达0.25mm)。

激光表面强化的工艺特点如下。

(1) 热影响区小,表面变形极小。

(2) 一般不受工件形状及部位的限制,适应性较强。

(3) 加热与冷却均在正常空气中进行,不用淬火介质,工件表面清洁,操作简便。

(4) 淬硬层组织细密,具有较高的硬度(达 800HV),强度、韧性、耐磨性及耐腐蚀性较高。

(5) 激光淬火后的表面硬化层较浅,通常为 0.3～1.1mm。

(6) 激光淬火设备费用较高,应用受到一定限制。

3) 表面氧化处理

零件表面氧化处理可提高工件表面的抗蚀能力,有利于消除工件的残余应力,减少变形,还可使工件外观光泽美观。

氧化处理分为化学法和电解法。化学法多用于钢铁零件的表面处理,电解法多用于铝及铝合金零件的表面处理。

(1) 钢铁零件的表面氧化处理

将钢铁零件放入一定温度的碱性溶液(如苛性钠、硝酸钠溶液)中,使零件表面生成厚 0.6～0.8μm 致密且牢固的 Fe_3O_4 氧化膜的过程,称为钢铁的氧化处理。钢铁的表面氧化处理实质上是一个化学反应过程。根据处理条件的不同,该氧化膜呈现亮蓝色直至亮黑色,所以又称作发蓝处理或煮黑处理。

钢铁零件的氧化处理不影响零件的精度,所以前道工序不需要留加工余量。

(2) 铝及其合金零件的表面氧化处理

铝及其合金零件的表面氧化处理的基本原理是:将以铝或铝合金为阳极的工件置于电解液中,然后通电;在阳极产生的氧气可使铝或铝合金发生化学和电化学溶解,从而在阳极表面形成一层氧化膜,所以该处理方法也称为阳极氧化法,如图 9-17 所示。

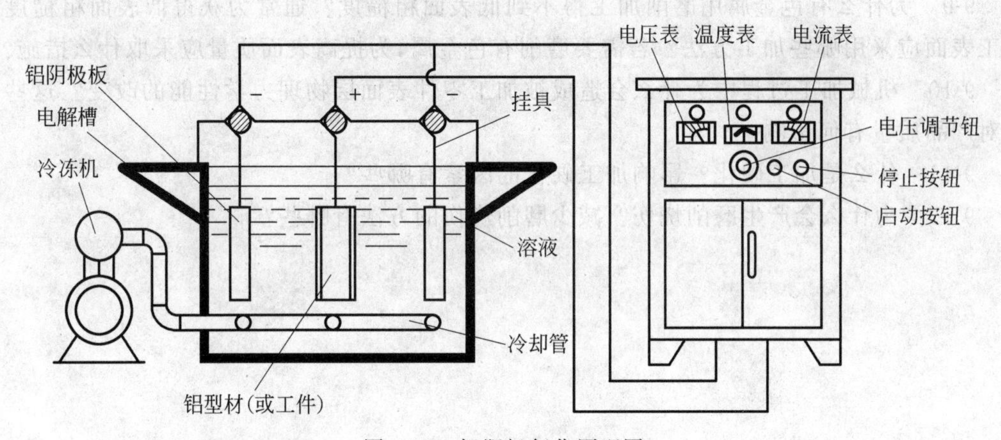

图 9-17　铝阳极氧化原理图

阳极氧化膜不仅具有良好的软科学性能与抗蚀性能,而且还具有较强的吸附性;采用各种着色方法后,还可获得不同颜色的装饰外观。

习题与思考题

9-1　简述加工误差、加工精度的概念以及它们之间的区别。

9-2　主轴回转运动误差取决于什么?它可分为哪几种基本形式?产生的原因是什么?

对加工精度的影响如何?

9-3 举例说明工艺系统受力变形对加工精度产生的影响。

9-4 试分析在车床上镗圆锥孔或车外圆锥体,由于安装刀具时刀尖高于或低于工件轴线,会产生什么样的误差。

9-5 如题9-5图所示,当龙门刨床床身导轨不直,在下列两种情况下,加工后的工件会成什么形状?

(1) 当工件刚度很差时;(2) 当工件刚度很大时。

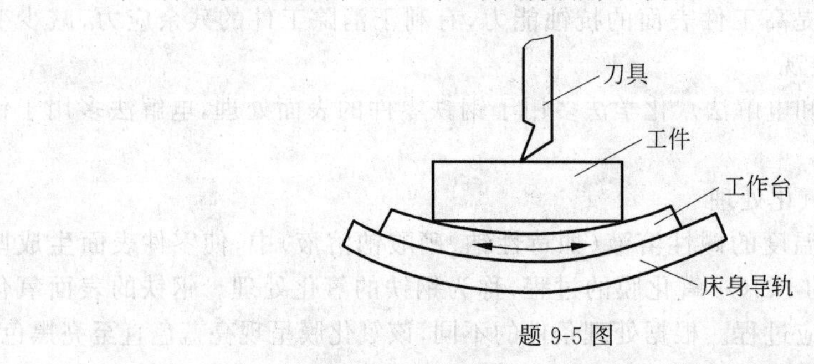

题9-5图

9-6 机械加工表面质量包括哪些内容?它们对产品的使用性能有何影响?

9-7 车削一铸铁零件的外圆表面,若走刀量 $f=0.5\text{mm/r}$,车刀刀尖圆弧半径 $r=4\text{mm}$,试计算能达到的表面粗糙度为多少。

9-8 工件材料为15#钢,经磨削加工后要求表面粗糙度 R_a 达 $0.04\mu\text{m}$,是否合理?若要满足加工要求,应采取什么措施?

9-9 为什么有色金属用磨削加工得不到低表面粗糙度?通常为获得低表面粗糙度的加工表面应采用哪些加工方法?若需要磨削有色金属,为提高表面质量应采取什么措施?

9-10 机械加工过程中为什么会造成被加工零件表面层物理力学性能的改变?这些变化对产品质量有何影响?

9-11 什么是加工硬化?影响加工硬化的因素有哪些?

9-12 为什么会产生磨削烧伤?减少磨削烧伤的方法有哪些?

第三篇

常用机床夹具及其设计

第 10 章　机床夹具及机床夹具设计概要
第 11 章　工件的定位与夹紧
第 12 章　刀具导向与夹具的对定

第 10 章

机床夹具及机床夹具设计概要

10.1　机床夹具概述

10.1.1　机床夹具在机械加工中的作用

在机械制造的机械加工、焊接、热处理、检验、装配等工艺过程中，用来固定加工对象、使之占有正确位置，以接受加工或检测并保证加工要求的机床附加装置，简称为夹具。

在机床上加工工件时，必须用夹具装好、夹牢工件。将工件装好，就是在机床上确定工件相对于刀具的正确位置，这一过程称为定位。将工件夹牢，就是对工件施加作用力，使之在已经定好的位置上将工件可靠地夹紧，这一过程称为夹紧。从定位到夹紧的全过程，称为装夹。机床夹具的主要功能就是完成工件的装夹工作。工件装夹情况的好坏，会直接影响工件的加工精度。

工件的装夹方法有找正装夹法和夹具装夹法两种。

找正装夹法是以工件的有关表面或专门划出的线痕作为找正依据，用划针或指示表进行找正，将工件正确定位，然后将工件夹紧。如图 10 1 所示，在铣削连杆状零件的上下两平面时，若批量不大，则可在机用虎钳中按侧边划出的加工线痕用划针找正。

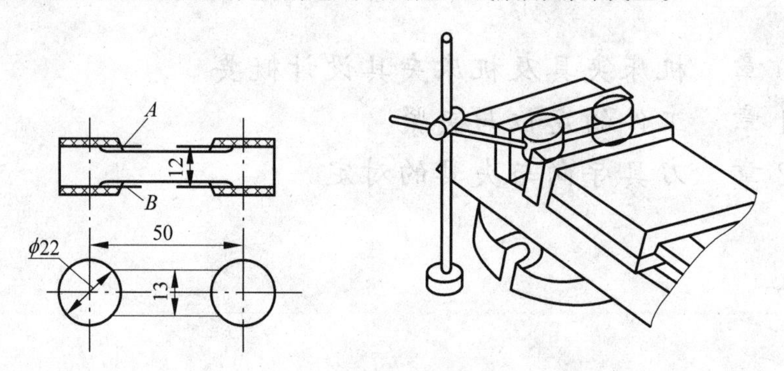

图 10-1　在机用虎钳上找正和装夹连杆状零件

这种方法安装简单，不需专门设备，但精度不高，生产效率低，因此多用于单件、小批量的生产。

夹具装夹法是靠夹具将工件定位、夹紧，以保证工件相对刀具、机床的正确位置。图 10-2 所示为铣削连杆状零件的上下两平面所用的铣床夹具，这是一个双位置的专用铣床夹具。毛坯先放在Ⅰ位置上铣出第一端面（A 面），然后将此工件翻过来放入Ⅱ位置铣出第二端面（B 面）。夹具中可同时装夹两个工件。

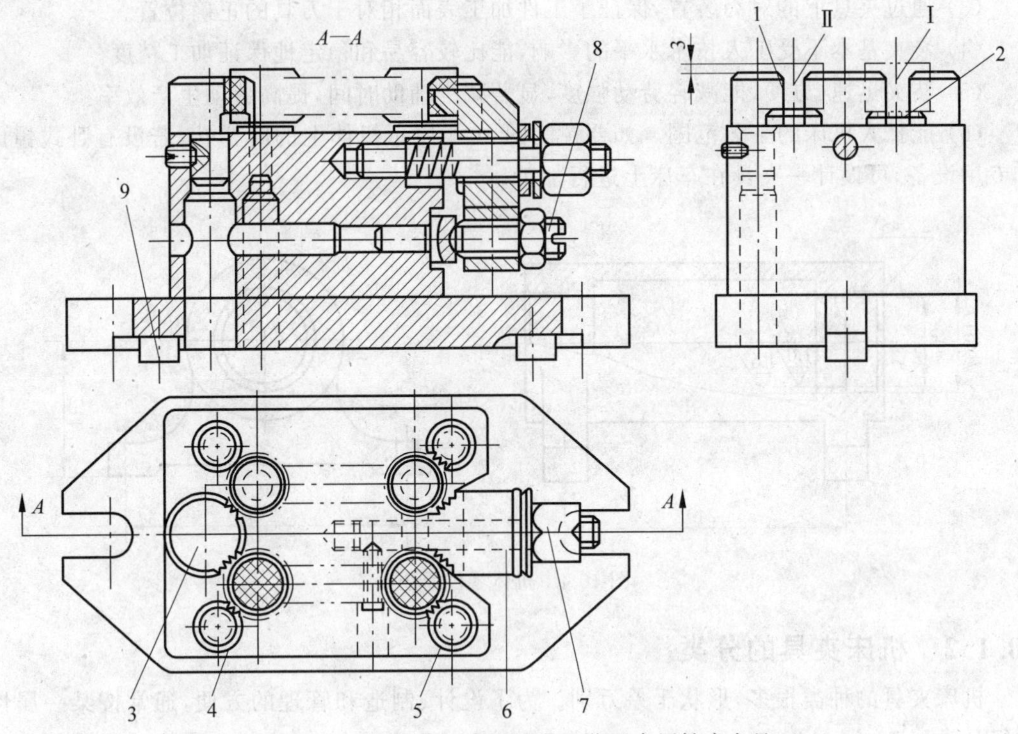

图 10-2　铣连杆状零件两面的双位置专用铣床夹具

1—对刀块（兼挡销）；2—锯齿头支承钉；3、4、5—挡销；6—压板；7—螺母；8—压板支承钉；9—定向键

图 10-3 所示为专供加工轴套零件上 ϕ6H9 径向孔的钻床夹具。工件以内孔及其端面作为定位基准，通过拧紧螺母将工件牢固地压在定位元件上。

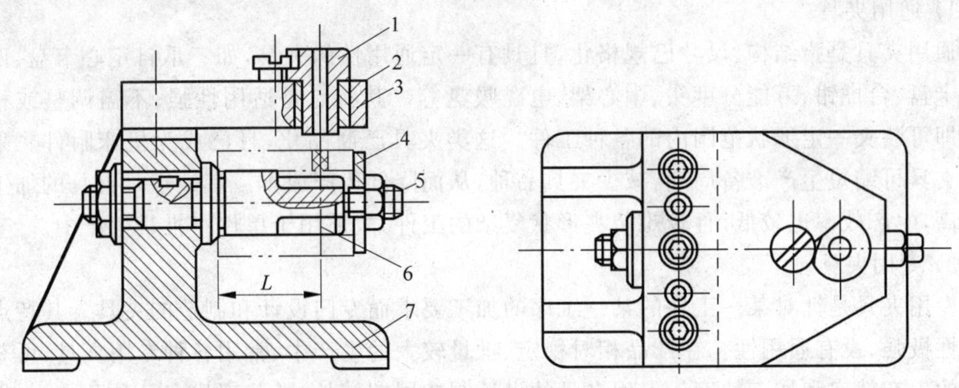

图 10-3　钻轴套零件上 ϕ6H9 径向孔的专用钻床夹具

1—快换钻套；2—钻套用衬套；3—钻模板；4—开口垫圈；5—螺母；6—定位销；7—夹具体

通过以上实例分析，可知用夹具装夹工件的方法有以下几个特点。

(1) 工件在夹具中的正确定位，是通过工件上的定位基准面与夹具上的定位元件相接触而实现的。因此，不需要找正便可将工件夹紧。

(2) 由于夹具预先在机床上已调整好位置(也有在加工过程中再进行找正),所以工件通过夹具在机床上也就占有了正确的位置。

(3) 通过夹具上的对刀装置,保证了工件加工表面相对于刀具的正确位置。

(4) 装夹基本不受工人技术水平的影响,能比较容易和稳定地保证加工精度。

(5) 装夹迅速、方便,能减轻劳动强度,显著减少辅助时间,提高劳动生产效率。

(6) 能扩大机床的工艺范围。如要镗削图10-4所示机体上的阶梯孔,若没有卧式镗床和专用设备,可设计一夹具在车床上进行加工。

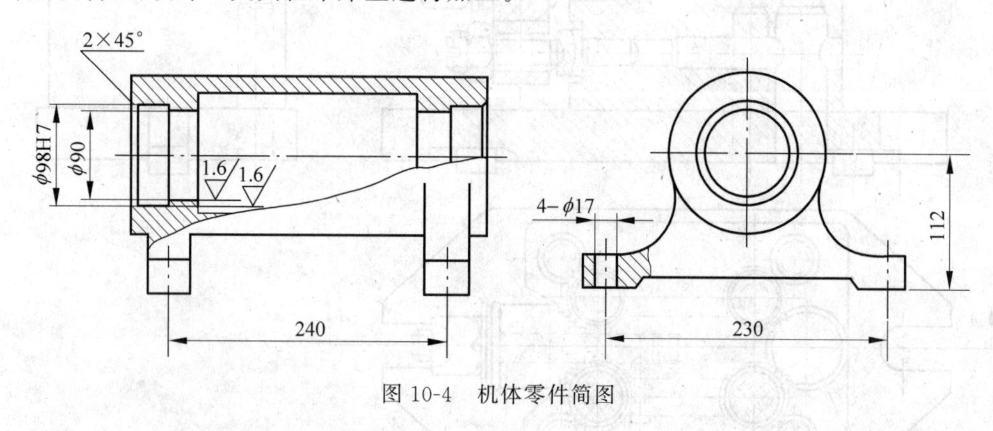

图10-4 机体零件简图

10.1.2 机床夹具的分类

机床夹具的种类很多,形状千差万别。为了设计、制造和管理的方便,通常按某一属性进行分类。

1. 按夹具的通用特性分类

按这一分类方法,常用的夹具有通用夹具、专用夹具、可调夹具、成组夹具、组合夹具和自动线夹具六大类。它反映夹具在不同生产类型中的通用特性,因此是选择夹具的主要依据。

1) 通用夹具

通用夹具是指结构、尺寸已规格化,且具有一定通用性的夹具,如三爪自定心卡盘、四爪单动卡盘、台虎钳、万能分度头、中心架、电磁吸盘等。其特点是适用性强、不需调整或稍加调整即可装夹一定形状范围内的各种工件。这类夹具已商品化,且已成为机床附件。采用这类夹具可缩短生产准备周期,减少夹具品种,从而降低生产成本。其缺点是夹具的加工精度不高,生产效率也较低,且较难装夹形状复杂的工件,故适用于单件小批量生产中。

2) 专用夹具

专用夹具是针对某一工件的某一工序的加工要求而专门设计和制造的夹具。其特点是针对性极强,没有通用性。在产品相对稳定、批量较大的生产中,常用各种专用夹具,可获得较高的生产效率和加工精度。专用夹具的设计制造周期较长,随着现代多品种及中、小批量生产的发展,专用夹具在适应性和经济性等方面已产生许多问题。

3) 可调夹具

可调夹具是针对通用夹具和专用夹具的缺陷而发展起来的一类新型夹具。对不同类型和尺寸的工件,只需调整或更换原来夹具上的个别定位元件和夹紧元件便可使用。它一般又分为通用可调夹具和成组可调夹具两种。通用可调夹具的通用范围大,适用性广,加工对象不固定。成组可调夹具是专门为成组工艺中某组零件设计的夹具，调整范围仅限于本组内的工件。可调夹具在多品种、小批量生产中得到广泛应用。

4）成组夹具

成组夹具是在成组加工技术基础上发展起来的一类夹具。它是根据成组加工工艺的原则，针对一组形状相近的零件专门设计的夹具，也是具有通用基础件和可更换调整元件组成的夹具。这类夹具从外形看和可调夹具不易区别，但它与可调夹具相比，具有使用对象明确、设计科学合理、结构紧凑、调整方便等优点。

5）组合夹具

组合夹具是一种模块化的夹具，并已商品化。标准的模块元件具有较高的精度和耐磨性，可组装成各种夹具，夹具用毕即可拆卸，留待组装新的夹具。由于使用组合夹具可缩短生产准备周期，元件能重复多次使用，并具有可减少专用夹具数量等优点，因此组合夹具在单件、中小批量、多品种生产和数控加工中，是一种较经济的夹具。

6）自动线夹具

自动线夹具一般分为两种，一种为固定式夹具，它与专用夹具相似；另一种为随行夹具，使用中夹具随着工件一起运动，并将工件沿着自动线从一个工位移至下一个工位进行加工。

2. 按夹具使用的机床分类

这是专用夹具设计所用的分类方法。按使用的机床分类可把夹具分为车床夹具、铣床夹具、钻床夹具、镗床夹具、磨床夹具、齿轮机床夹具、数控机床夹具等。

3. 按夹具动力源分类

按夹具夹紧动力源可将夹具分为手动夹具和机动夹具两大类。为减轻劳动强度和确保安全生产，手动夹具应有扩力机构与自锁性能。常用的机动夹具有气动夹具、液压夹具、气液夹具、电动夹具、电磁夹具、真空夹具和离心力夹具等。

10.1.3　机床夹具的组成

虽然机床夹具种类繁多，但它们的工作原理基本是相同的。将各类夹具中作用相同的结构或元件加以概括，可得出夹具共有的几个组成部分，这些组成部分既相互独立又相互联系。

1. 定位支承元件

定位支承元件的作用是确定工件在夹具中的正确位置并支承工件，是夹具的主要功能元件之一。如图 10-2 所示的锯齿头支承钉 2 和挡销 3、4、5。定位支承元件的定位精度直接影响工件加工的精度。

2. 夹紧装置

夹紧元件的作用是将工件压紧、夹牢，并保证在加工过程中工件的正确位置不变。如图 10-2 所示的压板 6。

3. 连接定向元件

连接定向元件用于将夹具与机床连接并确定夹具与机床主轴、工作台或导轨的相互位置。如图 10-2 所示的定向键 9。

4. 对刀元件或导向元件

对刀元件或导向元件的作用是保证工件加工表面与刀具之间的正确位置。用于确定刀具在加工前正确位置的元件称为对刀元件,如图10-2所示的对刀块1。用于确定刀具位置并引导刀具进行加工的元件称为导向元件,如图10-3所示的快换钻套1。

5. 其他装置或元件

根据加工需要,有些夹具上还设有分度装置、靠模装置、上下料装置、工件顶出机构、电动扳手、平衡块以及标准化的其他连接元件。

6. 夹具体

夹具体是夹具的基体骨架,用来配置、安装各夹具元件使之组成一个整体。常用的夹具体为铸件结构、锻造结构、焊接结构和装配结构,形状有回转体形和底座形等。

上述各组成部分中,定位元件、夹紧装置、夹具体是夹具的基本组成部分。

10.1.4 机床夹具的现状及发展方向

夹具最早出现在18世纪后期。随着科学技术的不断进步,夹具已从一种辅助工具发展成为门类齐全的工艺装备。

1. 机床夹具的现状

国际生产研究协会的统计表明,目前中、小批量多品种生产的工件品种已占工件种类总数的85%左右。现代生产企业制造的产品品种更新换代较快,以适应市场的需求与竞争。一方面,很多企业仍习惯于大量采用传统的专用夹具,一般在具有中等生产能力的工厂里,约有数千甚至近万套专用夹具;另一方面,在多品种生产的企业中,每隔3~4年就要更新50%~80%左右的专用夹具,而夹具的实际磨损量仅为10%~20%左右。近年来,数控机床、加工中心、成组技术、柔性制造系统(FMS)等新加工技术的应用,对机床夹具提出了以下新的要求。

(1) 能迅速且方便地装备新产品的投产,以缩短生产准备周期,降低生产成本。

(2) 能装夹一组具有相似性特征的工件。

(3) 能适用于精密加工的高精度机床夹具。

(4) 能适用于各种现代化制造技术的新型机床夹具。

(5) 采用以液压站等为动力源的高效夹紧装置,以进一步减轻劳动强度和提高劳动生产效率。

(6) 提高机床夹具的标准化程度。

2. 现代机床夹具的发展方向

现代机床夹具的发展方向主要表现为标准化、精密化、高效化和柔性化四个方面。

1) 标准化

机床夹具的标准化与通用化是相互联系的两个方面。目前我国已有夹具零件及部件的国家标准:《机床夹具零件及部件　带肩六角螺母》(JB/T 8004.1—1999)和《机床夹具零件及部件　连接螺母》(JB/T 8004.3—1999)以及各类通用夹具、组合夹具标准等。机床夹具的标准化有利于夹具的商品化生产,更有利于缩短生产准备周期,降低生产总成本。

2) 精密化

随着机械产品精度的日益提高,相应地也提高了对夹具的精度要求。精密化夹具的结构类型很多，例如用于精密分度的多齿盘，其分度精度可达±0.1″；用于精密车削的高精度三爪自定心卡盘，其定心精度为 5μm。

3）高效化

高效化夹具主要用来减少工件加工的基本时间和辅助时间，以提高劳动生产效率，减轻工人的劳动强度。常见的高效化夹具有自动化夹具、高速化夹具和具有夹紧力装置的夹具等。例如，在铣床上使用电动虎钳装夹工件，效率可提高 5 倍左右；在车床上使用高速三爪自定心卡盘，可保证卡爪在试验转速为 9000r/min 的条件下仍能牢固地夹紧工件，从而使切削速度大幅度提高。目前，除了在生产流水线、自动线配置相应的高效、自动化夹具外，在数控机床，尤其在加工中心上出现了各种自动装夹工件的夹具以及自动更换夹具的装置，充分发挥了数控机床的效率。

4）柔性化

机床夹具的柔性化与机床的柔性化相似，它是指机床夹具通过调整、组合等方式，以适应工艺可变因素的能力。工艺的可变因素主要有工序特征、生产批量、工件的形状和尺寸等。具有柔性化特征的新型夹具种类主要有组合夹具、通用可调夹具、成组夹具、模块化夹具、数控夹具等。为适应现代机械工业多品种、中小批量生产的需要，扩大夹具的柔性化程度，将专用夹具的不可拆结构改为可拆结构，发展可调夹具结构，将是当前夹具发展的主要方向。

10.2　机床夹具设计的基本要求及步骤

10.2.1　机床夹具设计的基本要求

一个优良的机床夹具必须满足下列基本要求。

1. 保证工件的加工精度

保证工件加工精度的关键，首先在于正确地选定定位基准、定位方法和定位元件，必要时还需进行定位误差分析，同时要注意夹具中其他零部件的结构对加工精度的影响，确保夹具能满足工件的加工精度要求。

2. 提高生产效率

专用夹具的复杂程度应与生产要求相适应，应尽量采用各种快速高效的装夹机构，保证操作方便，缩短辅助时间，提高生产效率。

3. 工艺性能好

专用夹具的结构应力求简单、合理，便于制造、装配、调整、检验、维修等。

专用夹具的制造属于单件生产，当最终精度由调整或修配保证时，夹具上应设置调整和修配结构。

4. 使用性能好

专用夹具的操作应简便、省力、安全可靠。在客观条件允许且经济适用的前提下，应尽可能采用气动、液压等机械化夹紧装置，以减轻操作者的劳动强度。专用夹具还应排屑方便。必要时可设置排屑结构,防止切屑破坏工件的定位和损坏刀具,防止切屑的积聚带来大量的热量而引起工艺变形。

5. 经济性好

专用夹具应尽可能采用标准元件和标准结构,力求结构简单、制造容易,以降低夹具的制造成本。因此,设计时应根据生产要求对夹具方案进行必要的技术经济分析,以提高夹具在生产中的经济效益。

10.2.2 机床夹具设计的基本步骤

夹具设计人员应根据生产任务按以下步骤进行夹具结构的设计。

1. 明确设计要求,认真调查研究,收集设计资料

(1) 仔细研究零件工作图、毛坯图及其技术条件。

(2) 了解零件的生产要求、投产批量以及生产组织等有关信息。

(3) 了解工件的工艺规程和本工序的具体技术要求,了解工件的定位、夹紧方案,了解本工序的加工余量和切削用量的选择。

(4) 了解所使用量具的精度等级、刀具和辅助工具等的型号、规格。

(5) 了解本企业制造和使用夹具的生产条件和技术现状。

(6) 了解所使用机床的主要技术参数、性能、规格、精度以及与夹具连接部分结构的联系尺寸等。

(7) 准备好设计夹具用的各种标准、工艺规定、典型夹具图册和有关夹具的设计指导资料等。

(8) 收集国内外有关设计、制造同类型夹具的资料,汲取先进而又能结合本企业实际情况的合理部分。

2. 确定夹具的结构方案

在广泛收集和研究有关资料的基础上,着手拟定夹具的结构方案,主要包括以下工作。

(1) 根据工艺的定位原理,确定工件的定位方式,选择定位元件。

(2) 确定工件的夹紧方案和设计夹紧机构。

(3) 确定夹具的其他组成部分,如分度装置、对刀块或引导元件、微调机构等。

(4) 协调各元件、装置的布局,确定夹具体的结构和尺寸。

在确定方案的过程中,会有各种方案供选择,但应从保证精度和降低成本的角度出发,选择与生产要求相适应的最佳方案。

10.2.3 机床夹具图样设计

1. 绘制夹具总图

绘制夹具总图通常按以下步骤进行。

(1) 遵循国家制图标准,绘图比例应尽可能选取1:1,根据工件的大小,也可选用较大或较小的比例;通常选取操作位置为主视图,以便使所绘制的夹具总图具有良好的直观性;视图剖面应尽可能少,但必须能够清楚表达夹具各部分的结构。

(2) 用双点划线绘出工件轮廓外形、定位基准和加工表面。将工件轮廓线视为“透明体”,并用网纹线表示出加工余量。

(3) 根据工件定位基准的类型和主次，选择合适的定位元件，合理布置定位点，以满足定位设计的相容性。

(4) 根据定位对夹紧的要求，按照夹紧五原则选择最佳夹紧状态及技术经济合理的夹紧系统，画出夹紧工件的状态。对空行和较大的夹紧机构，还应用双点划线画出放松位置，以表示和其他部分的关系。

(5) 围绕工件的几个视图依次绘出对刀、导向元件以及定向键等。

(6) 最后绘制出夹具体及连接元件，把夹具的各组成元件和装置连成一体。

(7) 确定并标注有关尺寸。夹具总图上应标注以下五类尺寸。

① 夹具的轮廓尺寸：即夹具的长、宽、高尺寸。若夹具上有可动部分，还应包括可动部分极限位置所占的空间尺寸。

② 工件与定位元件的联系尺寸：常指工件以孔在心轴或定位销上(或工件以外圆在内孔中)定位时，工件定位表面与夹具上定位元件间的配合尺寸。

③ 夹具与刀具的联系尺寸：用来确定夹具上对刀、导引元件位置的尺寸。铣、刨床夹具指对刀元件与定位元件的位置尺寸；钻、镗床夹具指钻(镗)套与定位元件间的位置尺寸，钻(镗)套之间的位置尺寸，以及钻(镗)套与刀具导向部分的配合尺寸等。

④ 夹具内部的配合尺寸：与工件、机床、刀具无关，主要是为了保证夹具装置后能满足规定的使用要求。

⑤ 夹具与机床的联系尺寸：用于确定夹具在机床上正确位置的尺寸。车、磨床夹具主要是指夹具与主轴端的配合尺寸；铣、刨床夹具是指夹具上的定向键与机床工作台上的 T 形槽的配合尺寸。标注尺寸时，常以夹具上的定位元件作为相互位置尺寸的基准。

上述尺寸公差的确定可分为两种情况处理：一是夹具上定位元件之间，对刀、导引元件之间的尺寸公差，直接对工件上相应的加工尺寸发生影响，因此可根据工件的加工尺寸公差确定，一般可取工件加工尺寸公差的 1/5～1/3；二是定位元件与夹具体的配合尺寸公差，夹紧装置各组成零件间的配合尺寸公差等，则应根据其功用和装配要求，按一般公差与配合原则决定。

(8) 规定总图上应控制的精度项目，标注相关的技术条件。

夹具的安装基面、定向键侧面以及与其相垂直的平面(称为三基面体系)是夹具的安装基准，也是夹具的测量基准，因此应该以此作为夹具的精度控制基准标注技术条件。在夹具总图上应标注的技术条件(位置精度要求)有以下几个方面。

① 定位元件之间或定位元件与夹具体底面间的位置要求，其作用是保证工件加工面与工件定位基准面间的位置精度。

② 定位元件与连接元件(或找正基面)间的位置要求。

③ 对刀元件与连接元件(或找正基面)间的位置要求。

④ 定位元件与导引元件的位置要求。

⑤ 夹具在机床上安装时的位置精度要求。

上述技术条件是保证工件符合加工要求所必需的条件，其数值应取工件相应技术要求所规定数值的 1/5～1/3。当工件没注明要求时，夹具上的主要元件间的位置公差，可以按经验取为(100∶0.02)～(100∶0.05)mm，或在全长上不大于 0.03～0.05mm。

(9) 编制零件明细表。夹具总图上还应画出零件明细表和标题栏，写明夹具名称及零件明细表上所规定的内容。

2. 绘制夹具零件工作图

夹具总图绘制完毕后,对夹具上的非标准件要绘制零件工作图,并注明相应的技术要求。零件工作图应严格遵照所规定的比例绘制。视图、投影应完整,尺寸要标注齐全,所标注的公差及技术条件应符合总图要求,加工精度及表面光洁度应选择合理。

在夹具设计图纸全部绘制完毕后,还需精心制造和实践使用验证设计的科学性。经试用后,有时还可能要对原设计作必要的修改。因此,要获得一项完善的、优秀的夹具设计,设计人员通常应参与夹具的制造、装配、鉴定和使用的全过程。

习题与思考题

10-1 机床夹具通常由哪些部分组成?各组成部分的功能是什么?

10-2 机床夹具设计的基本要求有哪些?

10-3 简要介绍机床夹具设计的步骤。

第 11 章

工件的定位与夹紧

11.1 工件的定位

11.1.1 工件定位的基本原理

1. 自由度的概念

夹具设计最主要的任务就是在一定精度范围内将工件定位。工件定位就是使一批工件在夹具中都能精确定位。

一个尚未定位的工件，其位置是不确定的，这种位置的不确定性，称为自由度。

由刚体运动学可知，一个自由刚体在空间有且仅有六个自由度。图 11-1 所示的工件在空间的位置是任意的，它既能沿 Ox、Oy、Oz 三个坐标轴移动，称为移动自由度，分别表示为 $\vec{x}$、$\vec{y}$、$\vec{z}$；又能绕 Ox、Oy、Oz 三个坐标轴转动，称为转动自由度，分别表示为 $\widehat{x}$、$\widehat{y}$、$\widehat{z}$。

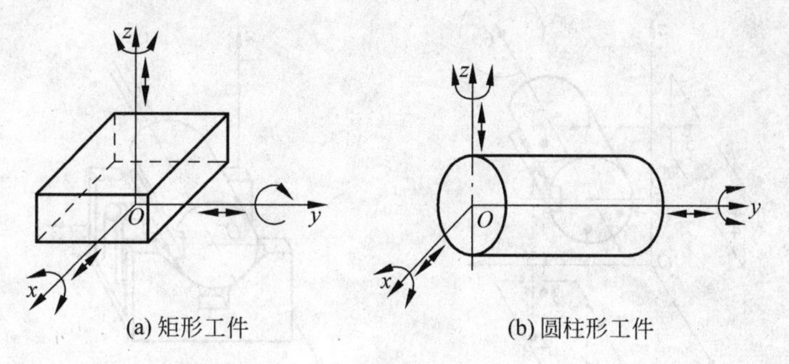

(a) 矩形工件　　(b) 圆柱形工件

图 11-1　工件的六个自由度

2. 六点定位原则

由上可知，如果要使一个自由刚体在空间有一个确定的位置，就必须设置相应的六个约束，分别限制刚体的六个运动自由度。在讨论工件的定位时，工件就是通常所指的自由刚体。如果限制了工件的六个自由度，工件在空间的位置也就完全被确定下来了。因此，定位的实质就是限制工件的自由度。

分析工件定位时，通常是用一个支承点限制工件的一个自由度。用合理设置的六个支承点限制工件的六个自由度，使工件在夹具中的位置完全确定，就是六点定位原则。

例如,在如图 11-2(a)所示的矩形工件上铣削半封闭式矩形槽时,为保证加工尺寸 A,可在其底面设置三个不共线的支承点 1、2、3,如图 11-2(b)所示,限制工件的三个自由度 $\widehat{x}$、$\widehat{y}$、$\vec{z}$;为了保证 B 尺寸,侧面设置两个支承点 4、5,限制 $\vec{x}$、$\widehat{z}$ 两个自由度;为了保证 C 尺寸,端面设置一个支承点 6,限制 $\vec{y}$ 自由度。于是工件的六个自由度全部被限制了,实现了六点定位。在具体的夹具中,支承点是由定位元件体现的,如图 11-2(c)所示,设置了六个支承钉。

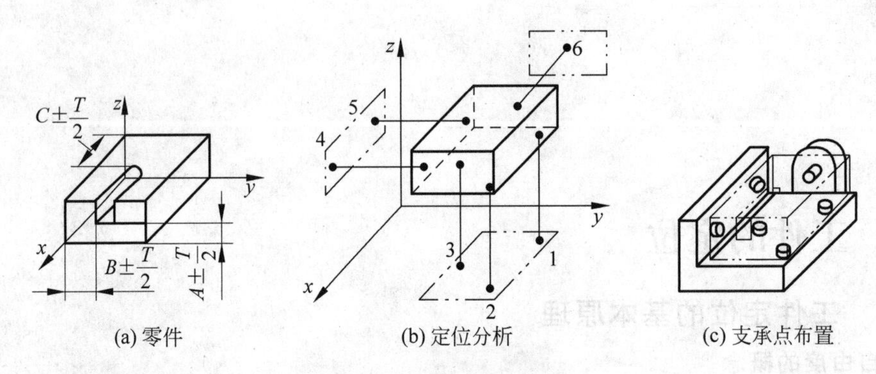

(a) 零件　(b) 定位分析　(c) 支承点布置

图 11-2 矩形工件定位

对于圆柱形工件,如图 11-3(a)所示,可在外圆柱表面设置四个支承点 1、3、4、5 限制 $\vec{y}$、$\vec{z}$、$\widehat{y}$、$\widehat{z}$ 四个自由度;槽侧设置一个支承点 2,限制 $\widehat{x}$ 一个自由度;端面设置一个支承点 6,限制 $\vec{x}$ 一个自由度,工件实现完全定位。为了在外圆柱面上设置四个支承点,一般采用 V 形架,如图 11-3(b)所示。

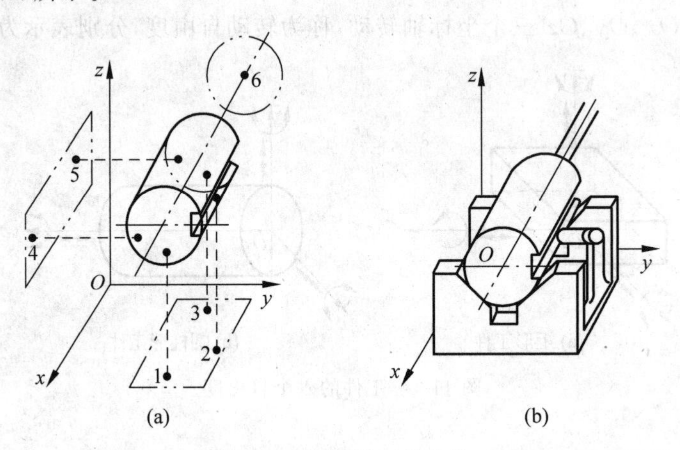

(a)　(b)

图 11-3 圆柱形工件定位

上述分析说明了六点定位原则的几个主要问题。

(1) 定位支承点是定位元件抽象而来的。在夹具的实际结构中,定位支承点是通过具体的定位元件体现的,即支承点不一定用点或销的顶端,而常用面或线来代替。根据数学概念可知,两个点决定一条直线,三个点决定一个平面,即一条直线可以代替两个支承点,一个平面可代替三个支承点。在具体应用时,还可用窄长的平面(条形支承)代替直线,用较小的平面替代点。

(2) 定位支承点与工件定位基准面始终保持接触，才能起到限制自由度的作用。

(3) 在(1)中分析定位支承点的定位作用时，不考虑力的影响。工件的某一自由度被限制，是指工件在某个坐标方向有了确定的位置，并不是指工件在受到使其脱离定位支承点的外力时不能运动。使工件在外力作用下不能运动，要靠夹紧装置完成。

11.1.2 工件定位中的限制

运用六点定位原理可以分析和判别夹具中的定位结构是否正确，布局是否合理，限制条件是否满足。

根据工件自由度限制的情况，工件定位可分为以下几种类型。

1. 完全定位

完全定位是指不重复地限制了工件的六个自由度的定位。当工件在 x、y、z 三个坐标方向均有尺寸要求或位置精度要求时，一般采用这种定位方式，如图 11-2 所示。

2. 不完全定位

根据工件的加工要求，有时并不需要限制工件的全部自由度，这样的定位方式称为不完全定位。图 11-4(a)所示为在车床上加工通孔，根据加工要求，不需限制 $\vec{y}$ 和 $\widehat{y}$ 两个自由度，所以用三爪自定心卡盘夹持限制其余四个自由度，就可以实现四点定位。图 11-4(b)所示为平板工件磨平面，工件只有厚度和平行度要求，只需限制 $\vec{z}$、$\widehat{x}$、$\widehat{y}$ 三个自由度，在磨床上采用电磁工作台就能实现三点定位。由此可知，工件在定位时应该限制的自由度数目应由工序的加工要求而定，不影响加工精度的自由度可以不加限制。采用不完全定位可简化定位装置，因此不完全定位在实际生产中也被广泛应用。

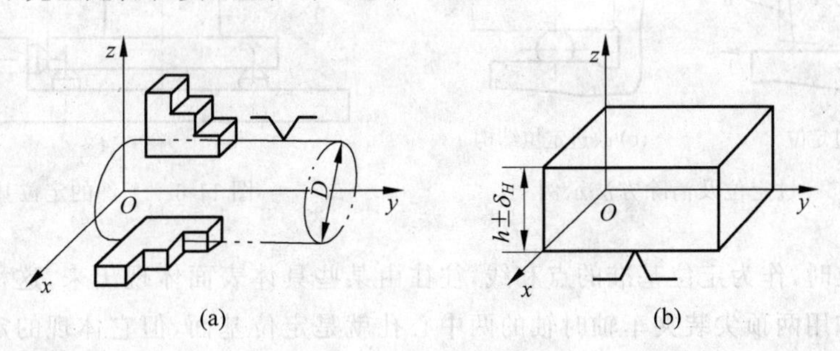

图 11-4　不完全定位示例

3. 欠定位

根据工件的加工要求，应该限制的自由度没有被完全限制的定位称为欠定位。欠定位无法保证加工要求，因此，在确定工件在夹具中的定位方案时，绝不允许有欠定位的现象产生。如在图 11-2 中不设端面支承 6，则在一批工件上半封闭槽的长度就无法保证；若缺少侧面两个支承点 4、5 时，则工件上 B 的尺寸和槽与工件侧面的平行度均无法保证。

4. 过定位

夹具上的两个或两个以上的定位元件重复限制同一个自由度的现象，称为过定位。如图 11-5(a)所示，要求加工平面对 A 面的垂直度公差为 0.04mm。若用夹具的两个大平面实现定位，那么工件的 A 面被限制了 $\widehat{x}$、$\vec{y}$、$\widehat{z}$ 三个自由度，B 面被限制了 $\widehat{x}$、$\widehat{y}$、$\vec{z}$ 三个自由度,其中 $\widehat{x}$ 自由度被 A、B 面同时重复限制。由图可见,当工件处于加工位置“Ⅰ”时,可保证垂直度要求;当工件处于加工位置“Ⅱ”时不能保证此要求。这种随机的误差造成了定位的不稳定,严重时会引起定位干涉,因此应该尽量避免和消除过定位现象。消除或减少过定位引起的干涉一般有两种方法,一是改变定位元件的结构,如缩小定位元件工作面的接触长度,或者减小定位元件的配合尺寸、增大配合间隙等;二是控制或者提高工件定位基准之间以及定位元件工作表面之间的位置精度。若如图 11-5(b)所示,把定位的面接触改为线接触,则消除了引起超定位的自由度 $\widehat{y}$。

11.1.3 工件定位中的定位基准

1. 定位基准的基本概念

在研究和分析工件定位问题时,定位基准的选择是一个关键问题。定位基准就是在加工中用作定位的基准。一般说来,工件的定位基准一旦被选定,则工件的定位方案也基本上被确定。定位方案是否合理,直接关系工件的加工精度能否得到保证。如图 11-6 所示,轴承座是用底面 A 和侧面 B 来定位的。因为工件是一个整体,在确定表面 A 和 B 的位置后,ϕ20H7 内孔轴线的位置也就确定了。表面 A 和 B 就是轴承座的定位基准。

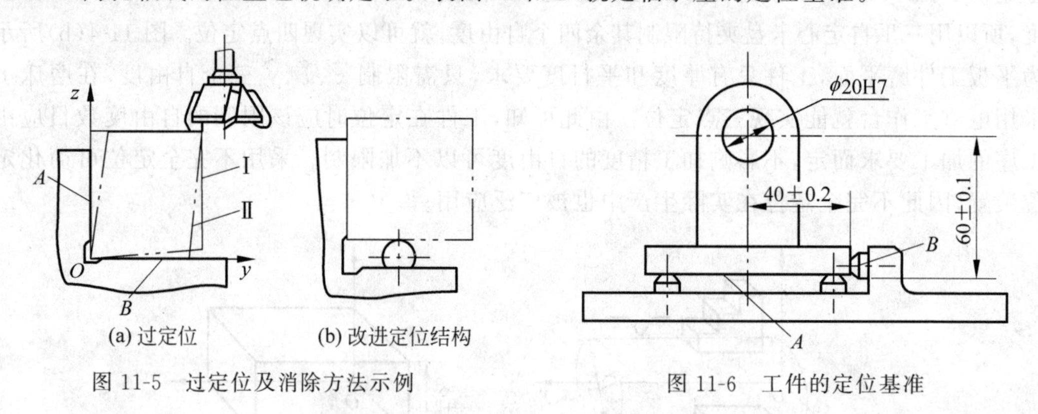

(a) 过定位　　(b) 改进定位结构

图 11-5　过定位及消除方法示例　　图 11-6　工件的定位基准

工件定位时,作为定位基准的点和线,往往由某些具体表面体现出来,这种表面称为定位基面。例如用两顶尖装夹车轴时轴的两中心孔就是定位基面,但它体现的定位基准则是轴的轴线。

2. 定位基准的分类

根据定位基准所限制的自由度数,可将其分为以下六种。

(1) 主要定位基准面。如图 11-2 中的 xOy 平面设置三个支承点,限制了工件的三个自由度,这样的平面称为主要定位基面。一般应选择较大的表面作为主要定位基面。

(2) 导向定位基准面。如图 11-2 中的 yOz 平面设置的两个支承点,限制了工件的两个自由度,这样的平面或圆柱面称为导向定位基准面。该基准面应选取工件上窄长的表面,而且两支承点间的距离应尽量远些,以保证对 $\widehat{z}$ 的限制精度。由图 11-7 可知,由于支承销的高度误差 Δh,造成工件的转角误差 $\Delta\theta$。显然,L 越长,转角误差 $\Delta\theta$ 越小。

(3) 双导向定位基准面。限制工件四个自由度的圆柱面称为双导向定位基准面,如图 11-8 所示。

(4) 双支承定位基准面。限制工件两个移动自由度的圆柱面称为双支承定位基准面，如图 11-9 所示。

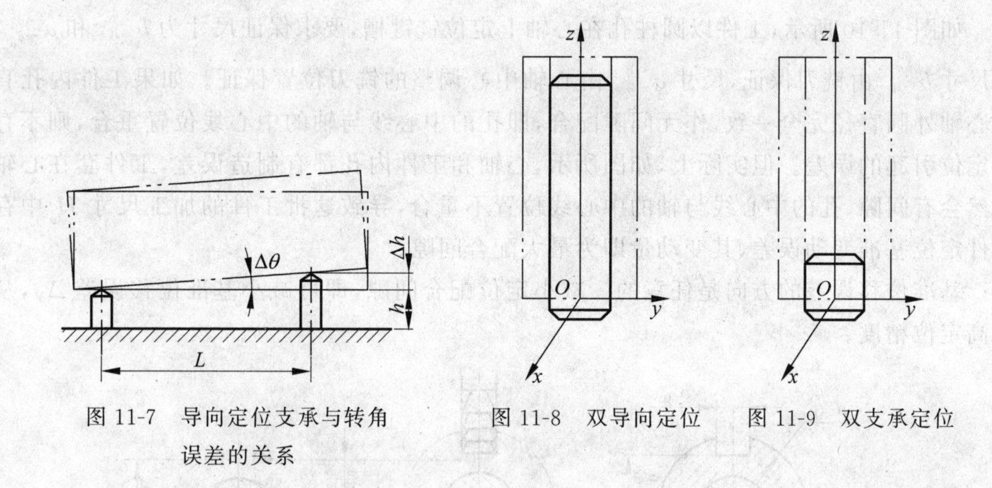

图 11-7　导向定位支承与转角误差的关系　　图 11-8　双导向定位　　图 11-9　双支承定位

(5) 止推定位基准面。限制工件一个移动自由度的表面称为止推定位基准面。如图 11-2 中的 xOz 平面上只设置了一个支承点，它只限制了工件沿 y 轴方向的移动。在加工过程中，工件有时要承受切削力和冲击力等，可以选取工件上窄小且与切削力方向相对的表面作为止推定位基准面。

(6) 防转定位基准面。限制工件一个转动自由度的表面称为防转定位基准面。如图 11-3 中轴的通槽侧面设置了一个防转销，它限制了工件沿 y 轴的转动，减小了工件的角度定位误差。防转支承点距离工件安装后的回转轴线应尽量远些。

11.1.4　定位误差分析

六点定位原则解决了工件自由度的问题，即解决了工件在夹具中位置"定与不定"的问题。但是，由于一批工件逐个在夹具中定位时，各个工件所占据的位置并不完全一致，即出现工件位置定得"准与不准"的问题。如果工件在夹具中所占据的位置不准确，加工后各工件的加工尺寸必然大小不一，形成误差。这种只与工件定位有关的误差称为定位误差，用 Δ_D 表示。

在工件的加工过程中，产生误差的因素很多，定位误差仅是加工误差的一部分，为了保证加工精度，一般限定定位误差不超过工件加工公差 T 的 1/5～1/3，即

$$\Delta_D \leqslant (1/5 \sim 1/3)T \tag{11-1}$$

式中：Δ_D——定位误差，单位为 mm；

T——工件的加工误差，单位为 mm。

1. 定位误差产生的原因

工件逐个在夹具中定位时，各个工件的位置不一致的原因主要是基准不重合，而基准不重合又分为两种情况，一是定位基准与限位基准不重合，产生的基准位移误差；二是定位基准与工序基准不重合，产生的基准不重合误差。

1) 基准位移误差 Δ_Y

由于定位副的制造误差或定位副配合间所导致的定位基准在加工尺寸方向上的最大位

置变动量,称为基准位移误差,用 Δ_Y 表示。不同的定位方式,基准位移误差的计算方式也不同。

如图 11-10 所示,工件以圆柱孔在心轴上定位铣键槽,要求保证尺寸为 $b^{+\delta_b}_{0}$ 和 $a^{0}_{-\delta_a}$,其中尺寸 $b^{+\delta_b}_{0}$ 由铣刀保证,尺寸 $a^{0}_{-\delta_a}$ 由心轴中心调整的铣刀位置保证。如果工件内孔直径与心轴外圆直径完全一致,作无间隙配合,即孔的中心线与轴的中心线位置重合,则不存在因定位引起的误差。但实际上,如图所示,心轴和工件内孔都有制造误差,工件套在心轴上必然会有间隙,孔的中心线与轴的中心线位置不重合,导致这批工件的加工尺寸 H 中存在工件定位基准变动误差,其变动量即为最大配合间隙。

基准位移误差的方向是任意的。减小定位配合间隙,即可减小基准位移误差 Δ_Y,从而提高定位精度。

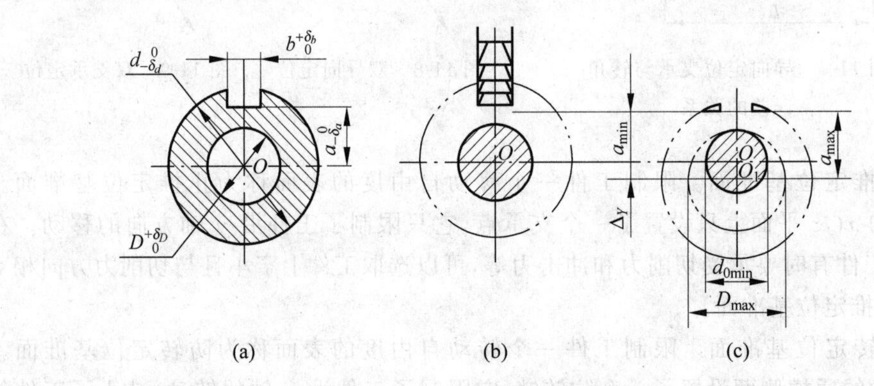

图 11-10 基准位移产生定位误差

2) 基准不重合误差 Δ_B

如图 11-11 所示,加工尺寸 h 的基准是外圆柱面的母线,定位基准是工件圆柱孔的中心线,这种由于工序基准与定位基准不重合所导致的工序基准在加工尺寸方向上的最大位置变动量,称为基准不重合误差,用 Δ_B 表示。此时除定位基准位移误差外,还有基准不重合误差。在图 11-11 中,基准位移误差应为 $\Delta_Y=1/2(\delta_D+\delta_{d_0})$,基准不重合误差则为

$$\Delta_B=1/2\delta_d \tag{11-2}$$

式中:Δ_B——基准不重合误差,单位为 mm;

δ_d——工件的最大外圆面积直径公差,单位为 mm。

因此,尺寸 h 的定位误差为

$$\Delta_D=\Delta_Y+\Delta_B=1/2(\delta_D+\delta_{d_0})+1/2\delta_d$$

计算基准不重合误差时,应注意判别定位基准和工序基准。当基准不重合误差由多个尺寸影响时,应将其在工序尺寸方向上合成。

基准不重合误差的一般计算式为

$$\Delta_B=\sum\delta_i\cos\beta \tag{11-3}$$

式中:δ_i——定位基准与工序基准间的尺寸链组成环的公差,单位为 mm;

β——δ_i 的方向与加工尺寸方向间的夹角,单位为(°)。

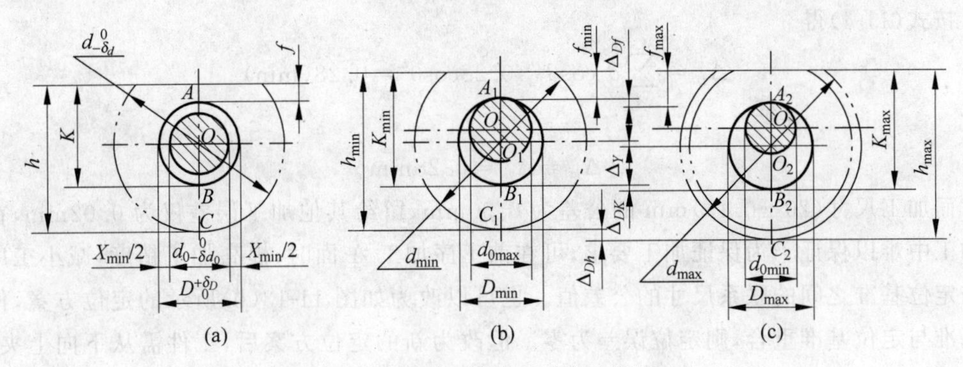

图 11-11　基准不重合产生的定位误差

2. 定位误差的计算

计算定位误差时，可以分别求出基准位移误差和基准不重合误差，再求出它们在加工尺寸方向上的矢量和；也可以按最不利情况，确定工序基准的两个极限位置，根据几何关系求出这两个位置之间的距离，将其投影到加工方向上，求出定位误差。

(1) $\Delta_B=0$、$\Delta_Y\neq0$ 时，产生定位误差的原因是基准位移误差，故只要计算出 Δ_Y 即可，即

$$\Delta_D=\Delta_Y \tag{11-4}$$

例 11-1　如图 11-12 所示，用单角度铣刀铣削斜面，求加工尺寸为(39±0.04)mm 的定位误差。

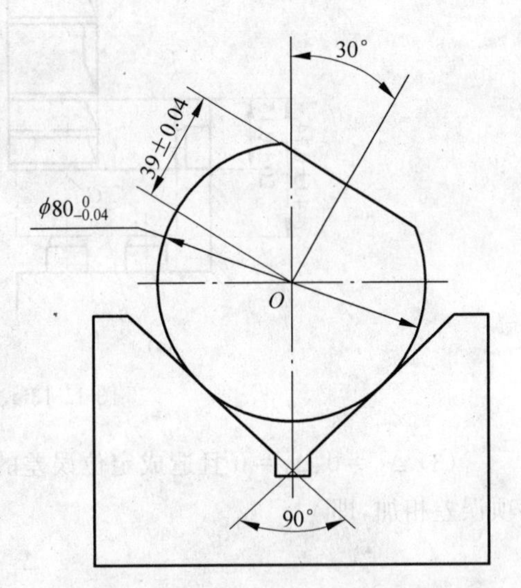

图 11-12　定位误差计算示例一

解　由图可知，工序基准与定位基准重合，$\Delta_B=0$。

根据 V 形槽定位的计算公式，得到沿 z 方向的基准位移误差为

$$\Delta_Y=\delta_d/2\cdot\sin(\alpha/2)=0.707\delta_d/2$$
$$=0.707\times0.04=0.028(\text{mm})$$

将 Δ_Y 值投影到加工尺寸方向，则

$$\Delta_D=\Delta_Y\cdot\cos30°$$
$$=0.028\times0.866=0.024(\text{mm})$$

(2) $\Delta_B\neq0$、$\Delta_Y=0$ 时，产生定位误差的原因是基准不重合误差 Δ_B，故只要计算出 Δ_B 即可，即

$$\Delta_D=\Delta_B \tag{11-5}$$

例 11-2　如图 11-13 所示以 B 面定位，铣工件上的台阶面 C，保证尺寸(20±0.15)mm，求加工尺寸为(20±0.15)mm 的定位误差。

解　由图可知，以 B 面定位加工 C 面时，平面 B 与支承接触良好，$\Delta_Y=0$。

由图 11-13(a)可知，工序基准是 A 面，定位基准是 B 面，故基准不重合。

按式(11-4)得

$$\Delta_B = \sum \delta_i \cos\beta = 0.28\cos 0° = 0.28(\text{mm})$$

因此

$$\Delta_D = \Delta_B = 0.28\text{mm}$$

而加工尺寸(20±0.15)mm的公差为0.30mm,留给其他加工误差仅为0.02mm,在实际加工中难以保证。为保证加工要求,可在前工序加工A面时,提高加工精度,减小工序基准与定位基准之间的联系尺寸的公差值。也可以改为如图11-13(b)所示的定位方案,使工序基准与定位基准重合,则定位误差为零。但改为新的定位方案后,工件需从下向上夹紧,夹紧方案不够理想,且夹具结构变得复杂。

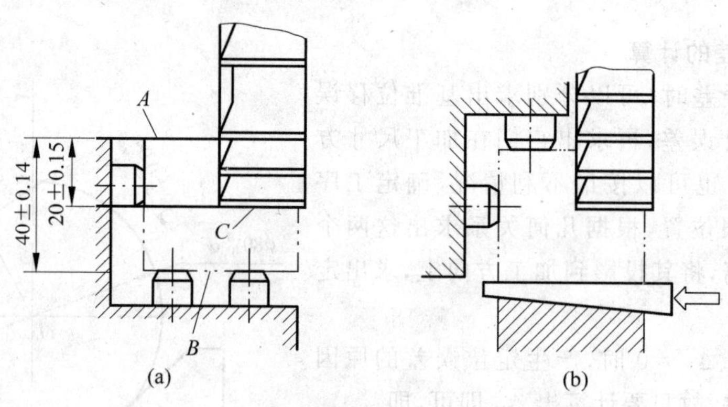

图11-13 定位误差计算示例二

(3) $\Delta_B \neq 0$、$\Delta_Y \neq 0$且造成定位误差的原因是相互独立的因素时(δ_d、δ_D、δ_i等),应将两项误差相加,即

$$\Delta_D = \Delta_B + \Delta_Y \tag{11-6}$$

图11-11即属此类情况。

综上所述,工件在夹具上定位时,因定位基准发生位移、定位基准与工序基准不重合会产生定位误差。基准位移误差和基准不重合误差分别独立、互不相干,它们都使工序基准位置产生变动。定位误差包括基准位移误差和基准不重合误差。当无基准位移误差时,$\Delta_Y=0$;当定位基准与工序基准重合时,$\Delta_B=0$;若两项误差都没有,则$\Delta_D=0$。分析和计算定位误差的目的,是对定位方案进行量化,以便对不同定位方案进行分析比较,同时也是决定定位方案的一个重要依据。

3. 组合表面定位及其误差分析

以上所述的常见定位方式,多为以单一表面作为定位基准,但在实际生产中,通常都以工件上的两个或两个以上的几何表面作为定位基准,即采用组合定位方式。

组合定位方式很多,常见的组合方式包括一个孔及其端面、一根轴及其端面、一个平面及其上的两个圆孔。生产中最常用的就是"一面两孔"定位,如加工箱体、杠杆、盖板支架类零件。采用"一面两孔"定位,容易做到工艺过程中的基准统一,保证工件的相对位置精度。

工件采用"一面两孔"定位时,两孔可以是工件结构上原有的孔,也可以是定位需要专门设计的工艺孔。相应的定位元件是支承板和两定位销。当两孔的定位方式都选用短圆柱销时,支承板限制工件的三个自由度,两短圆柱销分别限制工件的两个自由度,有一个自由度被两短圆柱销重复限制,产生过定位现象,严重时会发生工件不能安装的现象。因此,必须正确处理过定位,并控制各定位元件对定位误差的综合影响。为使工件能方便地安装到两短圆柱销上,可把一个短圆柱销改为菱形销,采用一圆柱销、一菱形销和一支承板的定位方式。这样可以消除过定位现象,提高定位精度,有利于保证加工质量。

1) 两圆柱销一支承板的定位方式

如图 11-14 所示,要在连杆盖上钻四个定位销孔。按照加工要求,用平面 A 及直径为 $\phi12$ 的两个螺栓孔定位。工件以支承板平面作主要定位基准,限制工件的三个自由度;采用两个短圆柱销与两定位孔配合时,将使沿连心线方向的自由度被重复限制,出现过定位。

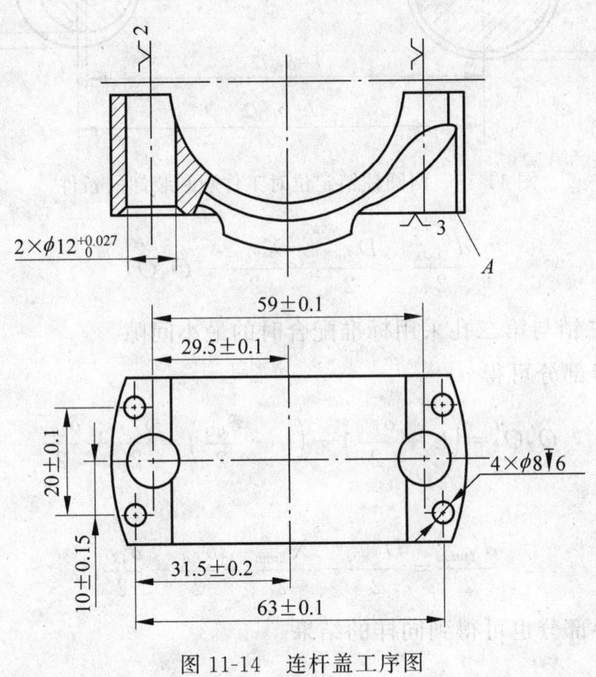

图 11-14 连杆盖工序图

当工件的孔间距$\left(L\pm\dfrac{\delta_{LD}}{2}\right)$与夹具的销间距$\left(L\pm\dfrac{\delta_{Ld}}{2}\right)$的公差之和大于工件两定位孔($D_1$、$D_2$)与夹具两定位销($d_1$、$d_2$)之间的间隙之和时,会妨碍部分工件的装入。要使同一工序中的所有工件都能顺利地装卸,必须满足下列条件:当工件两孔径为最小($D_{1\min}$、$D_{2\min}$)、夹具两销径为最大($d_{1\max}$、$d_{2\max}$)、孔间距为最大$\left(L+\dfrac{\delta_{LD}}{2}\right)$、销间距为最小$\left(L-\dfrac{\delta_{Ld}}{2}\right)$,或者孔间距为最小$\left(L-\dfrac{\delta_{LD}}{2}\right)$、销间距为最大$\left(L+\dfrac{\delta_{Ld}}{2}\right)$时,$D_1$ 与 d_1、D_2 与 d_2 之间仍有最小间隙 $X_{1\min}$、$X_{2\min}$ 存在,如图 11-15 所示。

由图 11-15 上半部分可以看出,为了满足上述条件,第二销与第二孔不能采用标准配合,第二销的直径应缩小(d_2'),连心线方向的间隙应增大。缩小后的第二销的最大直径为

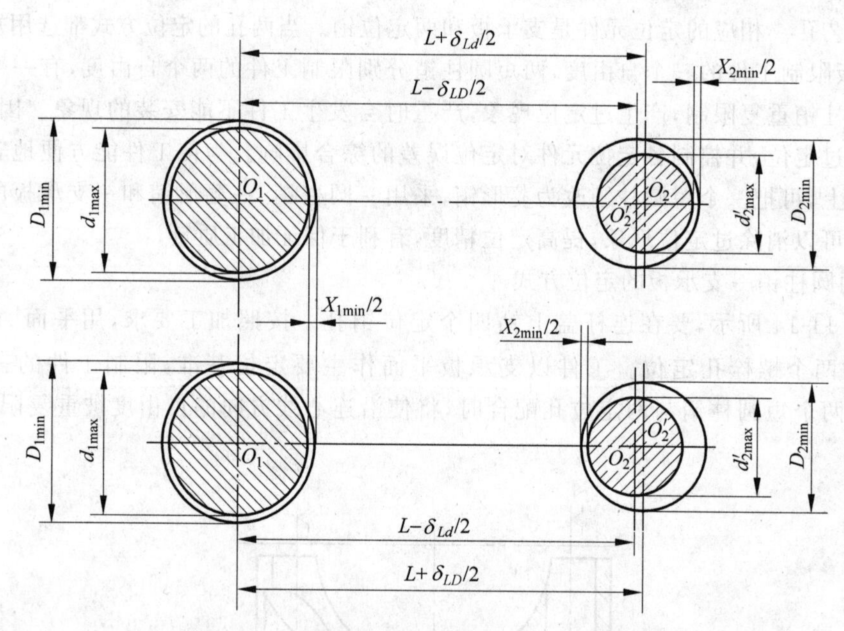

图 11-15 两圆柱销定位时工件顺利装卸的条件

$$\frac{d'_{2\max}}{2}=\frac{D_{2\min}}{2}-\frac{X_{2\min}}{2}-O_2O'_2$$

式中：$X_{2\min}$——第二销与第二孔采用标准配合时的最小间隙。

从图 11-15 上半部分可得

$$O_2O'_2=\left(L+\frac{\delta_{Ld}}{2}\right)-\left(L-\frac{\delta_{LD}}{2}\right)=\frac{\delta_{Ld}}{2}+\frac{\delta_{LD}}{2}$$

因此得出

$$\frac{d'_{2\max}}{2}=\frac{D_{2\min}}{2}-\frac{X_{2\min}}{2}-\frac{\delta_{Ld}}{2}-\frac{\delta_{LD}}{2}$$

从图 11-15 下半部分也可得到同样的结果。

所以

$$d'_{2\max}=D_{2\min}-X_{2\min}-\delta_{Ld}-\delta_{LD}$$

这就是说，要满足工件顺利装卸的条件，直径缩小后的第二销与第二孔之间的最小间隙应达到

$$X'_{2\min}=D_{2\min}-d'_{2\max}=\delta_{LD}+\delta_{Ld}+X_{2\min} \tag{11-7}$$

这种缩小一个定位销的方法，虽然能实现工件的顺利装卸，但增大了工件的转动误差，因此只能在加工要求不高的情况下使用。

2）一圆柱销—削边销—支承板的定位方式

采用如图 11-16 所示的方法，不缩小定位销的直径，而是将定位销“削边”，也能增大连心线方向的间隙。削边量越大，连心线方向的间隙也越大。当间隙达到 $a=\frac{X'_{2\min}}{2}$（单位为 mm）时，便可满足工件顺利装卸的条件。由于这种方法只增大连心线方向的间隙，不增大

工件的转动误差,因此定位精度较高。

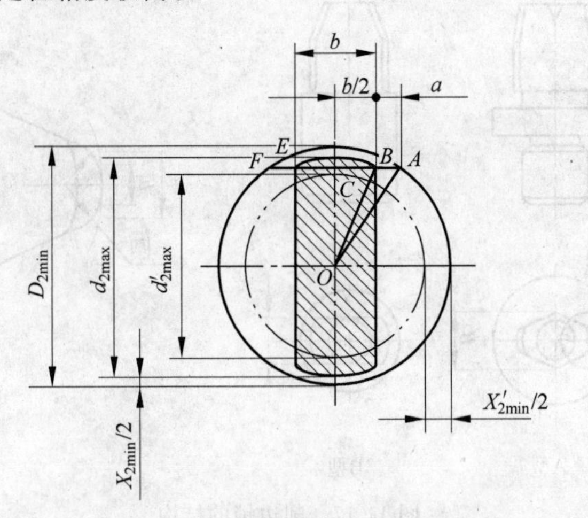

图 11-16　削边销的厚度

根据式(11-7)得

$$a=\frac{X'_{2\min}}{2}=\frac{\delta_{LD}+\delta_{Ld}+X_{2\min}}{2}$$

实际应用时,可取

$$a=\frac{X'_{2\min}}{2}=\frac{\delta_{LD}+\delta_{Ld}}{2} \tag{11-8}$$

由图 11-16 得

$$OA^2-AC^2=OB^2-BC^2 \tag{11-9}$$

而

$$OA=\frac{D_{2\min}}{2},\quad AC=a+\frac{b}{2},\quad BC=\frac{b}{2},\quad OB=\frac{d_{2\max}}{2}=\frac{D_{2\min}-X_{2\min}}{2}$$

代入式(11-9)得

$$\left(\frac{D_{2\min}}{2}\right)^2-\left(a+\frac{b}{2}\right)^2=\left(\frac{D_{2\min}-X_{2\min}}{2}\right)^2-\left(\frac{b}{2}\right)^2$$

于是求得

$$b=\frac{2D_{2\min}X_{2\min}-X_{2\min}^2-4a^2}{4a}$$

由于 $X_{2\min}^2$ 和 $4a^2$ 的数值都很小,可忽略不计,所以

$$b=\frac{D_{2\min}X_{2\min}}{2a} \tag{11-10}$$

或者

$$X_{2\min}=\frac{2ab}{D_{2\min}} \tag{11-11}$$

削边销已经标准化,其结构如图 11-17 所示。B 型结构简单,容易制造,但刚性较差。A 型又名菱形销,应用较广,其尺寸见表 11-1。削边销的有关参数可查“夹具标准”。

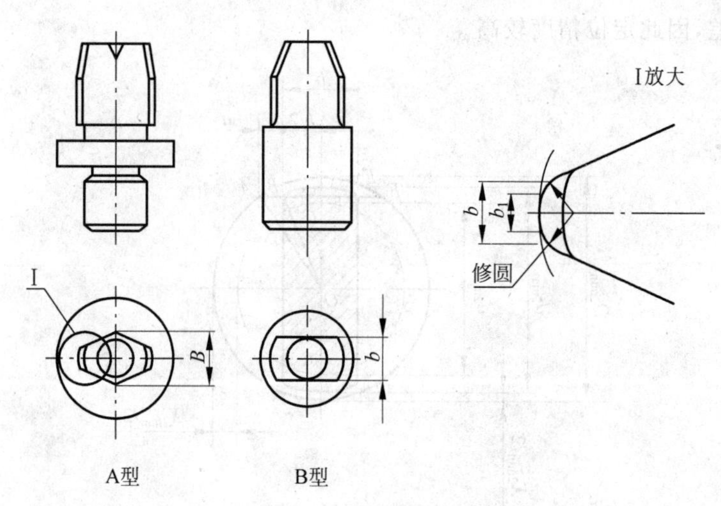

图 11-17 削边销的结构

表 11-1 菱形销的尺寸 单位：mm

d	(3,6]	(6,8]	(8,20]	(20,24]	(24,30]	(30,40]	(40,50]
B	$d-0.5$	$d-1$	$d-2$	$d-3$	$d-4$	$d-5$	$d-6$
b_1	1	2	3	3	3	4	5
b	2	3	4	5	5	6	8

工件以一面两孔定位、夹具以一面两销限位时，基准位移误差由直线位移误差和角度位移误差组成。其角度位移误差的计算方法如下。

(1) 设两定位孔同方向移动时，定位基准(两孔中心连线)的转角(见图 11-18(a))为 $\Delta\beta$，则

$$\Delta\beta=\arctan\frac{O_2O_2'-O_1O_1'}{L}=\arctan\frac{X_{2\max}-X_{1\max}}{2L} \tag{11-12}$$

(2) 设两定位孔反方向移动时，定位基准的转角(见图 11-18(b))为 $\Delta\alpha$，则

$$\Delta\alpha=\arctan\frac{O_2O_2'+O_1O_1'}{L}=\arctan\frac{X_{2\max}+X_{1\max}}{2L} \tag{11-13}$$

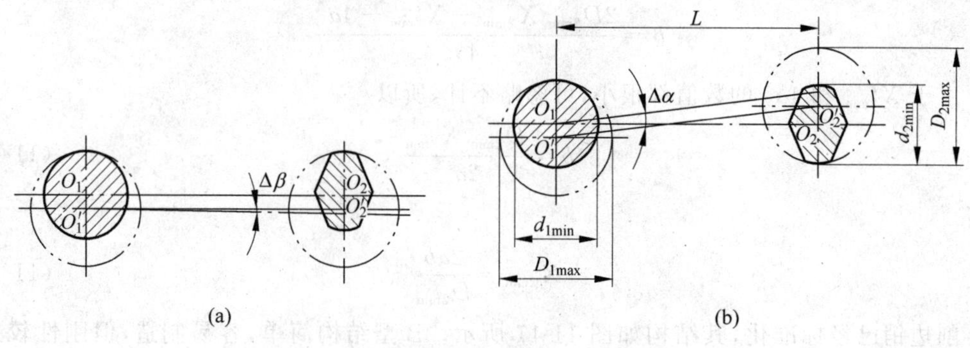

图 11-18 一面两孔定位时定位基准的转动

11.2　定位装置的设计

工件在夹具中要获得正确的定位，首先应正确选择定位基准，其次则是选择合适的定位元件。工件定位时，工件定位基准和定位元件接触形成定位副。

11.2.1　对定位元件的基本要求

设计夹具时，对定位元件的基本要求如下。

(1) 限位基面应有足够的精度。定位元件具有足够的精度，才能保证工件的定位精度。

(2) 限位基面应有较好的耐磨性。由于定位元件的工作表面经常与工件接触和摩擦，容易磨损，因此要求定位元件限位表面的耐磨性要好，以保持夹具的使用寿命和定位精度。

(3) 支承元件应有足够的强度和刚度。定位元件在加工过程中，受工件重力、夹紧力和切削力的作用，因此要求定位元件应有足够的刚度和强度，避免使用中变形和损坏。

(4) 定位元件应有较好的工艺性。定位元件应力求结构简单、合理，便于制造、装配和更换。

(5) 定位元件应便于清除切屑。定位元件的结构和工作表面形状应有利于清除切屑，以防切屑嵌入夹具内影响加工和定位精度。

11.2.2　常用定位元件所能限制的自由度

常用定位元件可按工件典型定位基准面分为以下几类。

1. 用于平面定位的定位元件

用于平面定位的定位元件包括固定支承(钉支承和板支承)、自位支承、可调支承和辅助支承。

2. 用于外圆柱面定位的定位元件

用于外圆柱面定位的定位元件包括 V 形架、定位套和半圆定位座等。

3. 用于孔定位的定位元件

用于孔定位的定位元件包括定位销(圆柱定位销和圆锥定位销)、圆柱心轴和小锥度心轴。

常用定位元件所能限制的自由度请查阅相关手册。

11.2.3　常用定位元件的选用

常用定位元件选用时，应按工件定位基准面和定位元件的结构特点进行选择。

1. 工件以平面定位

(1) 以面积较小的、已经加工的基准平面定位时，选用平头支承钉，如图 11-19(a)所示；以粗糙不平的基准面或毛坯面定位时，选用圆头支承钉，如图 11-19(b)所示；侧面定位时，可选用网状支承钉，如图 11-19(c)所示。

(2) 以面积较大、平面精度较高的基准平面定位时，选用支承板定位元件，如图 11-20 所示。用于侧面定位时，可选用不带斜槽的支承板，如图 11-20(a)所示；通常尽可能选用带斜槽的支承板，以利清除切屑，如图 11-20(b)所示。

(3) 以毛坯面、阶梯平面和环形平面作基准平面定位时，选用自位支承作定位元件，如图 11-21 所示。但需注意，自位支承虽有两个或三个支承点，但由于自位和浮动作用只能作为一个支承点。

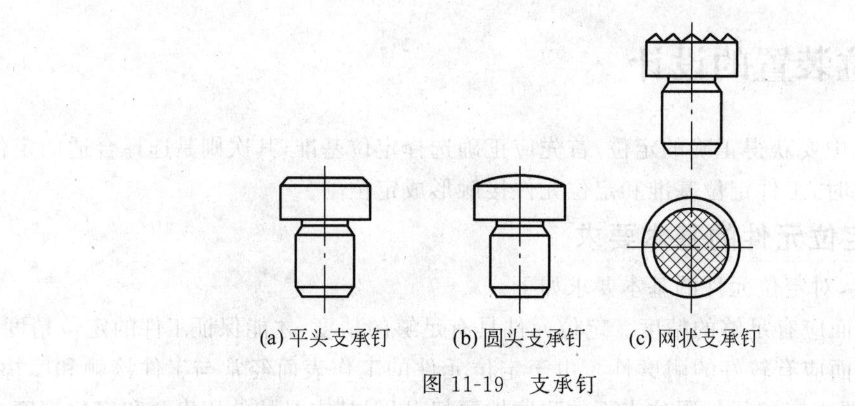

(a) 平头支承钉　(b) 圆头支承钉　(c) 网状支承钉

图 11-19　支承钉

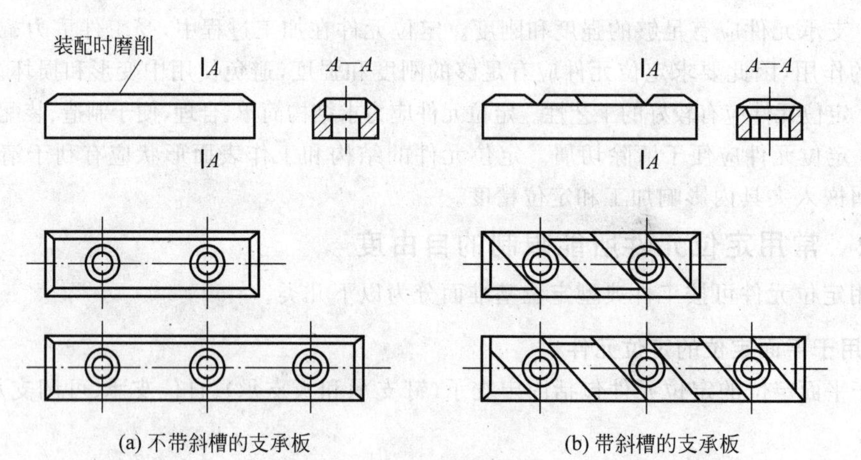

(a) 不带斜槽的支承板　(b) 带斜槽的支承板

图 11-20　支承板

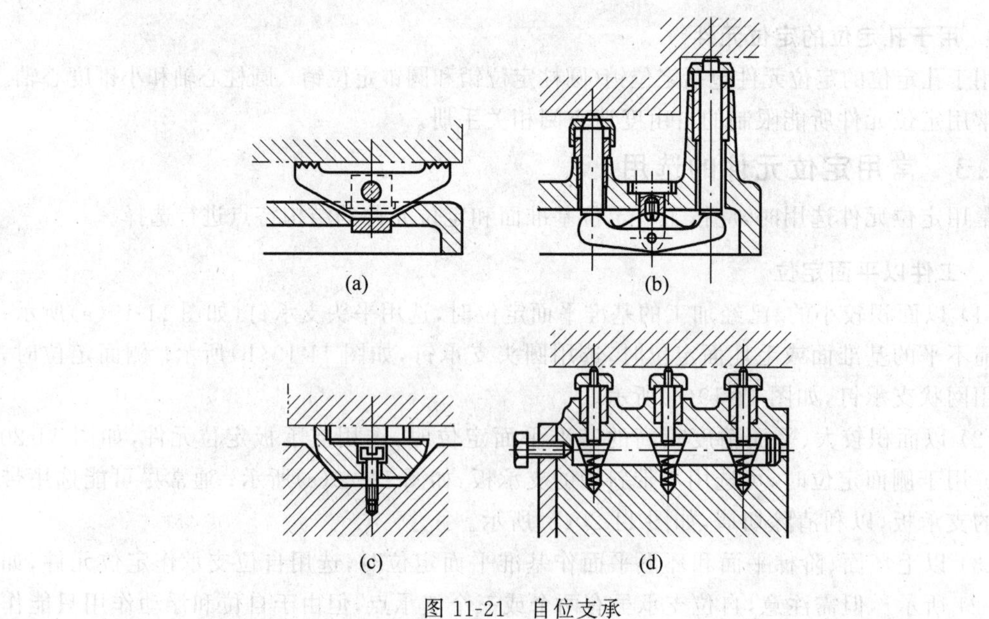

(a)　(b)　(c)　(d)

图 11-21　自位支承

（4）以毛坯面作为基准平面，调节时可按定位面质量和面积大小分别选用如图 11-22(a)～(c)所示的可调支承作定位元件。

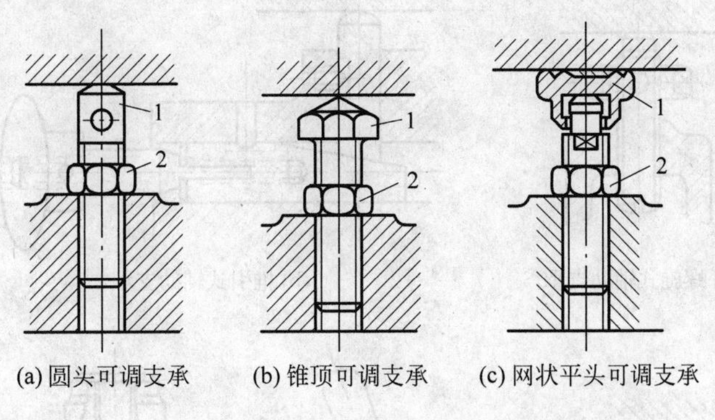

图 11-22　可调支承

1—调整螺钉；2—紧固螺母

（5）当工件定位基准面需要提高定位刚度、稳定性和可靠性时，可选用辅助支承作辅助定位元件，如图 11-23～图 11-25 所示。但需注意，辅助支承不起限制工件自由度的作用，且每次加工均需重新调整支承点高度，支承位置应选在有利于工件承受夹紧力和切削力的地方。

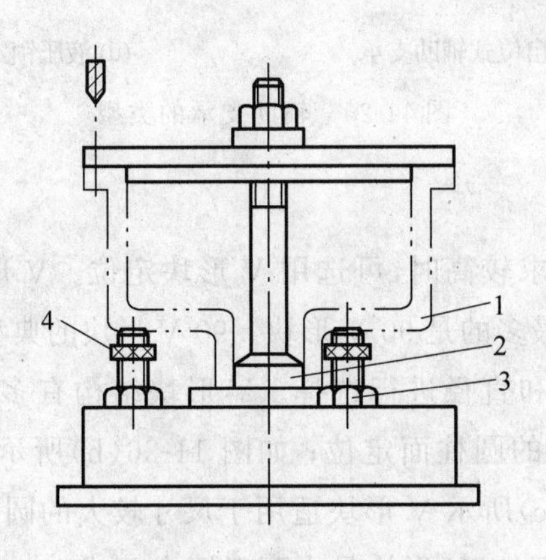

图 11-23　辅助支承提高工件的刚度和稳定性

1—工件；2—短定位销；3—支承环；4—辅助支承

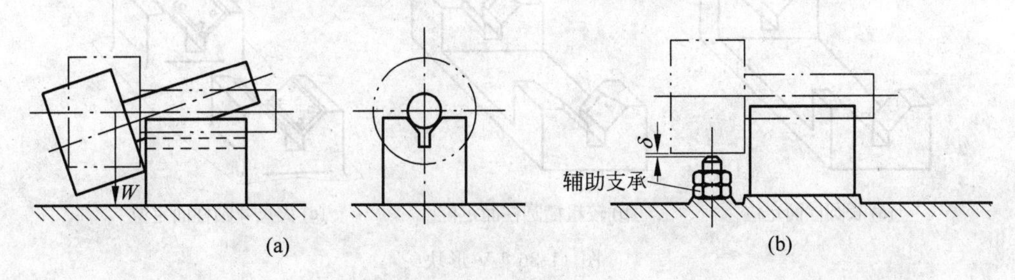

图 11-24　辅助支承起预定位作用

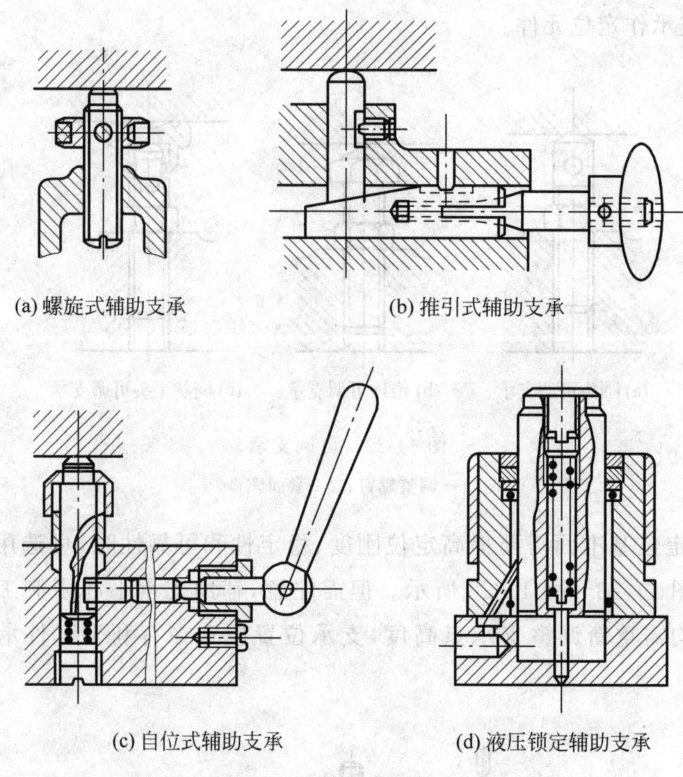

(a) 螺旋式辅助支承　(b) 推引式辅助支承

(c) 自位式辅助支承　(d) 液压锁定辅助支承

图 11-25　辅助支承的类型

2. 工件以外圆柱定位

(1) 当工件的对称度要求较高时,可选用V形块定位。V形块工作面间的夹角α常取60°、90°、120°三种,其中应用最多的是90°V形块。90°V形块的典型结构和尺寸已标准化,使用时可根据定位圆柱面的长度和直径进行选择。V形块结构有多种形式,如图11-26(a)所示V形块适用于较长的加工过的圆柱面定位;如图11-26(b)所示V形块适用于较长的粗糙的圆柱面定位;如图11-26(c)所示V形块适用于尺寸较大的圆柱面定位,这种V形块底座采用铸件,V形面采用淬火钢件,V形块是由两者镶合而成。

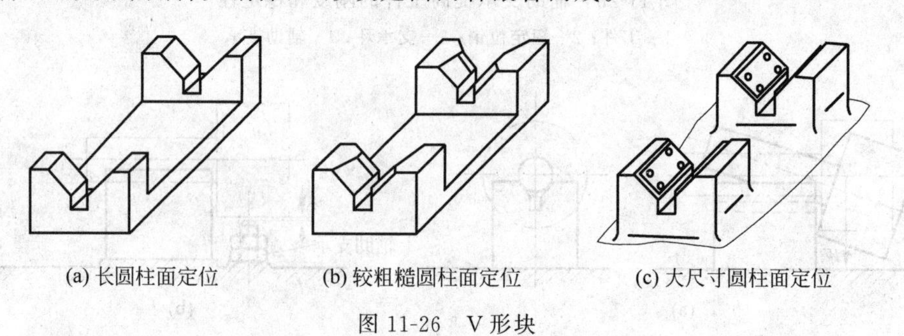

(a) 长圆柱面定位　(b) 较粗糙圆柱面定位　(c) 大尺寸圆柱面定位

图 11-26　V形块

(2) 当工件定位圆柱面精度较高时(一般不低于 IT8),可选用定位套或半圆形定位座定位。大型轴类和曲轴等不宜以整个圆孔定位的工件,可选用半圆定位座,如图 11-27 所示。

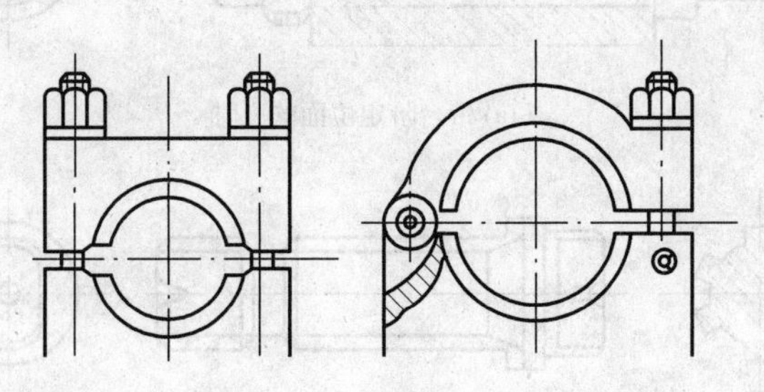

图 11-27 半圆定位座

3. 工件以内孔定位

(1) 工件上定位内孔较小时,常选用定位销作为定位元件。圆柱定位销的结构和尺寸已标准化,不同直径的定位销有其相应的结构形式,可根据工件定位内孔的直径选用。当工件圆柱孔用孔端边缘定位时,需选用圆锥定位销,如图 11-28 所示。当工件圆孔端边缘形状精度较差时,可选用如图 11-28(a)所示形式的圆锥定位销;当工件圆孔端边缘形状精度较高时,可选用如图 11-28(b)所示形式的圆锥定位销;当工件需平面和圆孔端边缘同时定位时,可选用如图 11-28(c)所示形式的浮动锥销。

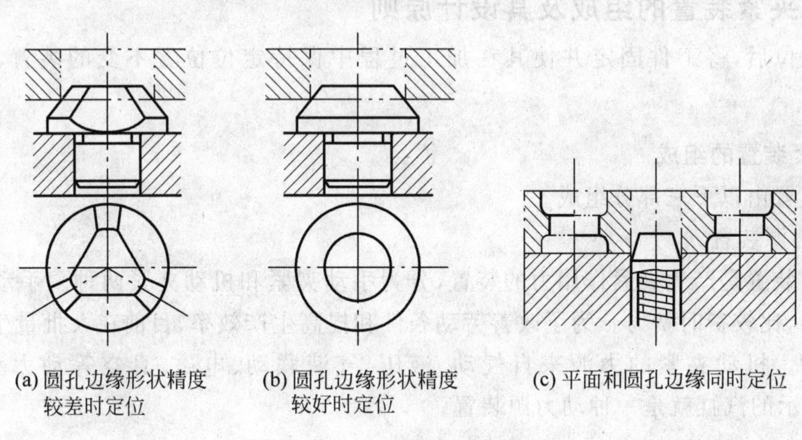

(a) 圆孔边缘形状精度较差时定位　(b) 圆孔边缘形状精度较好时定位　(c) 平面和圆孔边缘同时定位

图 11-28 圆锥定位销

(2) 在套类、盘类零件的车削、磨削和齿轮加工中,大都选用心轴定位,为了便于夹紧和减小工件因间隙造成的倾斜,当工件定位内孔与基准端面垂直精度较高时,常以孔和端面联合定位。因此,这类心轴通常是带台阶定位面的心轴,如图 11-29(a)所示;当工件以内花键为定位基准时,可选用外花键轴,如图 11-29(b)所示;当内孔带有花键槽时,可在圆柱心轴上设置键槽配装键块;当工件内孔精度很高,而加工时工件力矩很小时,可选用小锥度心轴定位。

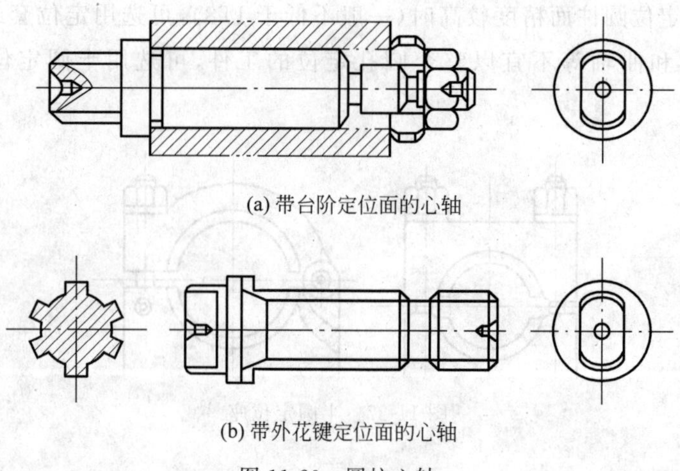

(a) 带台阶定位面的心轴

(b) 带外花键定位面的心轴

图 11-29 圆柱心轴

11.3 工件夹紧方案的确定

在机械加工过程中,工件会受到切削力、离心力、惯性力等的作用。为了保证在这些外力作用下,工件仍能在夹具中保持已由定位元件所确定的加工位置,而不致发生振动和位移,在夹具结构中必须设置一定的夹紧装置将工件可靠地夹牢。

11.3.1 夹紧装置的组成及其设计原则

工件定位后,将工件固定并使其在加工过程中保持定位位置不变的装置,称为夹紧装置。

1. 夹紧装置的组成

夹紧装置由以下三部分组成。

1) 动力源装置

动力源装置是产生夹紧作用力的装置,分为手动夹紧和机动夹紧两种。手动夹紧的力源来自人力,比较费时费力。为了改善劳动条件和提高生产效率,目前在大批量生产中均采用机动夹紧。机动夹紧的力源来自气动、液压、气液联动、电磁、真空等动力夹紧装置。图 11-30 所示的汽缸就是一种动力源装置。

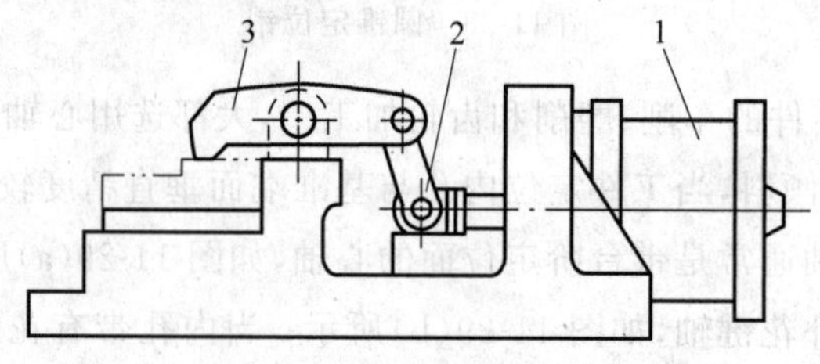

图 11-30 夹紧装置的组成

1—汽缸;2—杠杆;3—压板

2) 传力机构

传力机构是介于动力源和夹紧元件之间传递动力的机构。传力机构的作用是改变作用力的方向；改变作用力的大小；具有一定的自锁性能，以便在夹紧力消失后，仍能保证整个夹紧系统处于可靠的夹紧状态，这一点在手动夹紧时尤为重要。图11-30所示的杠杆就是传力机构。

3）夹紧元件

夹紧元件是直接与工件接触完成夹紧作用的最终执行元件。图11-30所示的压板就是夹紧元件。

2. 夹紧装置的设计原则

在夹紧工件的过程中，夹紧作用的效果会直接影响工件的加工精度、表面粗糙度以及生产效率。对夹紧装置的基本要求可用四字概括，即"实、正、快、简"。为此，设计夹紧装置应遵循以下原则。

(1) 工件不移动原则。夹紧过程中，应不改变工件定位后所占据的正确位置。

(2) 工件不变形原则。夹紧力的大小要适当，既要保证夹紧可靠，又应使工件在夹紧力的作用下不致产生加工精度所不允许的变形。

(3) 工件不振动原则。对刚性较差的工件，或者进行断续切削，以及不宜采用汽缸直接压紧的情况，应提高支承元件和夹紧元件的刚性，并使夹紧部位靠近加工表面，以避免工件和夹紧系统的振动。

(4) 安全可靠原则。夹紧传力机构应有足够的夹紧行程，手动夹紧要有自锁性能，以保证夹紧可靠。

(5) 经济实用原则。夹紧装置的自动化和复杂程度应与生产要求相适应，在保证生产效率的前提下，其结构应力求简单，便于制造、维修，工艺性能好；操作方便、省力，使用性能好。

11.3.2　确定夹紧力的基本原则

设计夹紧装置时，夹紧力的确定包括夹紧力的方向、作用点和大小三个要素。

1. 夹紧力的方向

夹紧力的方向与工件定位的基本配置情况，以及工件所受外力的作用方向等有关。选择时必须遵守以下准则。

(1) 夹紧力的方向应有助于定位稳定，且主夹紧力应朝向主要定位基面。

如图11-31(a)所示的直角支座镗孔，要求孔与A面垂直，所以应以A面为主要定位基面，且夹紧力F_w方向与之垂直，则较容易保证质量。如图11-31(b)、(c)所示的F_w都不利于保证镗孔轴线与A面的垂直度，如图11-31(d)所示的F_w朝向了主要定位基面，则有利于保证加工孔轴线与A面的垂直度。

(2) 夹紧力的方向应有利于减小夹紧力，以减小工件的变形、减轻劳动强度。

夹紧力F_w的方向最好与切削力F、工件的重力G的方向重合。如图11-32所示为工件在夹具中加工时常见的几种受力情况。显然，图11-32(a)最为合理，图11-32(f)情况为最差。

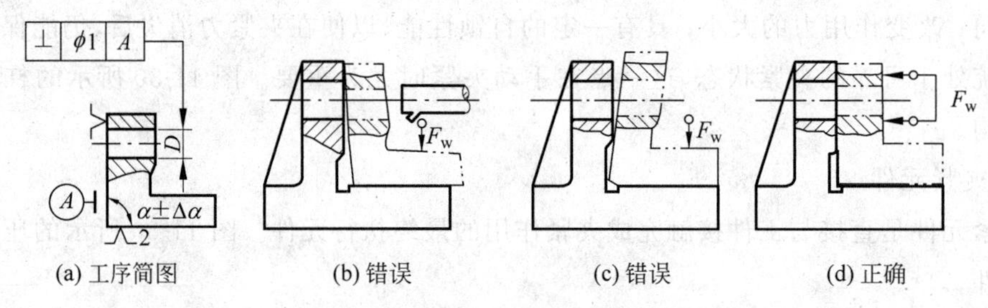

图 11-31 夹紧力应指向主要定位基面

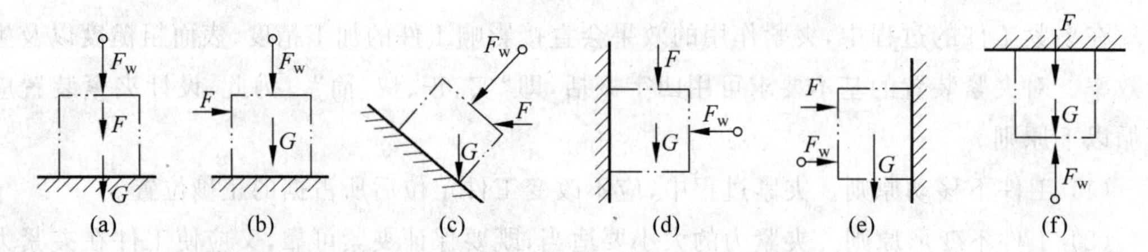

图 11-32 夹紧力方向与夹紧力大小的关系

(3) 夹紧力的方向应是工件刚性较好的方向。

由于工件在不同方向上刚度是不等的,不同的受力表面也因其接触面积大小而变形各异。尤其在夹压薄壁零件时,更需注意使夹紧力的方向指向工件刚性最好的方向。

2. 夹紧力的作用点

夹紧力作用点是指夹紧件与工件接触的一小块面积,选择作用点是指在夹紧方向已定的情况下确定夹紧力作用点的位置和数目。夹紧力作用点的选择是达到最佳夹紧状态的首要因素,合理选择夹紧力作用点必须遵守以下准则。

(1) 夹紧力的作用点应落在定位元件的支承范围内,应尽可能使夹紧点与支承点对应,使夹紧力作用在支承上。

如图 11-33(a)所示,夹紧力作用在支承面范围之外,会使工件倾斜或移动,夹紧时将破坏工件的定位;而图 11-33(b)所示则是合理的。

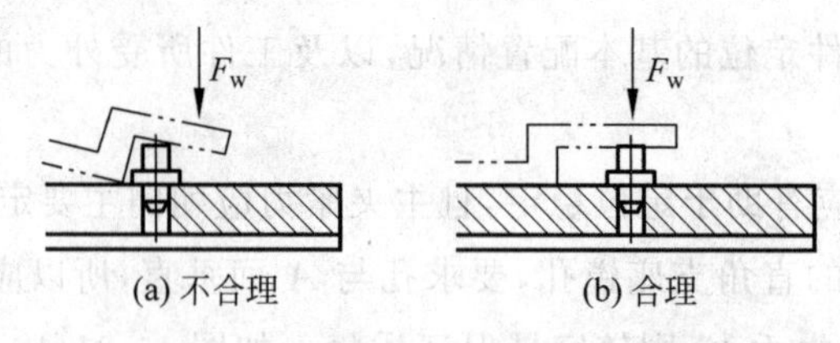

图 11-33 夹紧力的作用点应在支承面内

(2) 夹紧力的作用点应选在工件刚性较好的部位。

这对刚性较差的工件尤其重要,如图 11-34 所示,将作用点由中间的单点改成两旁的两点夹紧,可使变形大为减小,并且夹紧更加可靠。

(3) 夹紧力的作用点应尽量靠近加工表面,以防止工件产生振动和变形,提高定位的稳定性和可靠性。

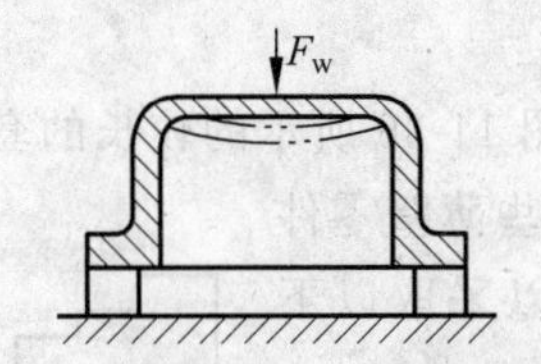

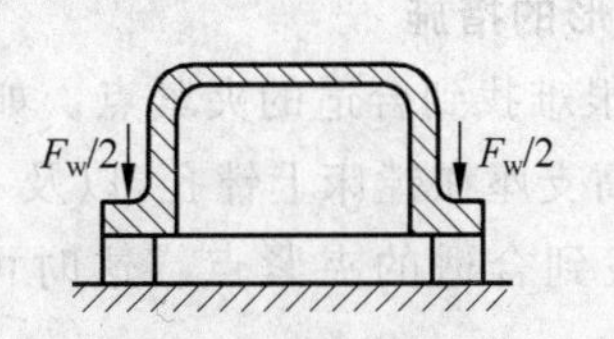

图 11-34　夹紧力作用点应在刚性较好的部位

图 11-35 所示工件的加工部位为孔，图 11-35(a)的夹紧点离加工部位较远，易引起加工振动，使表面粗糙度增大；图 11-35(b)的夹紧点会引起较大的夹紧变形，造成加工误差；图 11-35(c)是比较好的夹紧点选择。

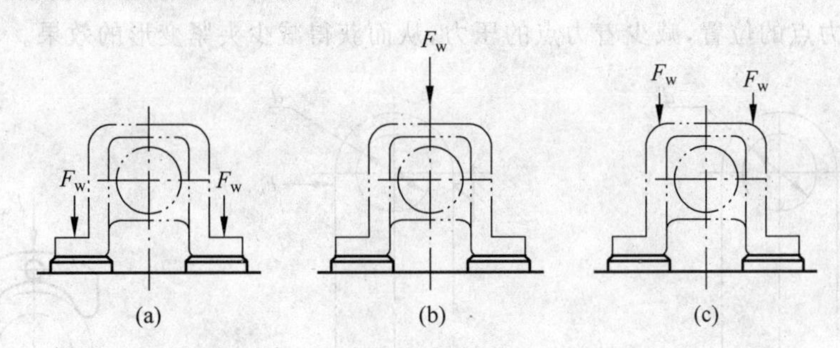

图 11-35　夹紧力作用点应靠近加工表面

3. 夹紧力的大小

夹紧力的大小对于保证定位稳定、夹紧可靠，确定夹紧装置的结构尺寸都有着密切的关系。夹紧力的大小要适当，夹紧力过小则夹紧不牢靠，在加工过程中工件可能发生位移而破坏定位，其结果轻则影响加工质量，重则造成工件报废甚至发生安全事故；夹紧力过大会使工件变形，也会对加工质量不利。

理论上，夹紧力的大小应与作用在工件上的其他力(力矩)相平衡；而实际上，夹紧力的大小还与工艺系统的刚度、夹紧机构的传递效率等因素有关，计算非常复杂。因此，实际设计中常采用估算法、类比法和试验法确定所需的夹紧力。

当采用估算法确定夹紧力的大小时，为简化计算，通常将夹具和工件看成一个刚性系统。根据工件所受切削力、夹紧力(大型工件应考虑重力、惯性力等)的作用情况，找出加工过程中对夹紧最不利的状态，按静力平衡原理计算出理论夹紧力，最后再乘以安全系数作为实际所需夹紧力，即

$$F_{wk} = KF_w \tag{11-14}$$

式中：F_{wk}——实际所需夹紧力，单位为 N；

F_w—— 在一定条件下，由静力平衡计算出的理论夹紧力，单位为 N；

K——安全系数，粗略计算时，粗加工取 $K=2.5\sim3$，精加工取 $K=1.5\sim2$。

夹紧力三要素的确定实际是一个综合性问题，必须全面考虑工件结构特点、工艺方法、定位元件的结构和布置等多种因素，才能最后确定并具体设计出较为理想的夹紧装置。

4. 减小夹紧变形的措施

有时一个工件很难找到合适的夹紧点。如图 11-36 所示的较长的套筒在车床上镗内孔和图 11-37 所示的高支座在镗床上镗孔，以及一些薄壁零件的夹持等，均不易找到合适的夹紧点。这时可以采取以下措施减少夹紧变形。

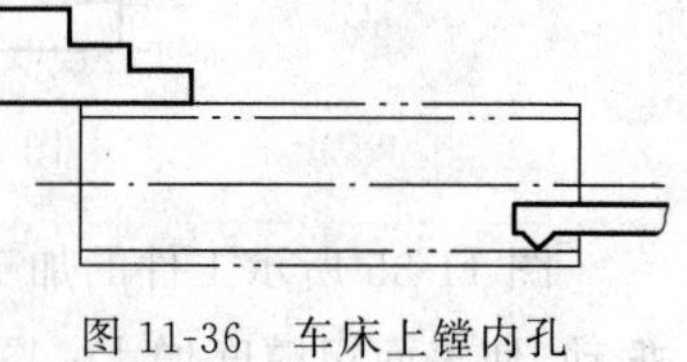
图 11-36 车床上镗内孔

(1) 增加辅助支承和辅助夹紧点。如图 11-37 所示的高支座可采用图 11-38 所示的方法，增加一个辅助支承点及辅助夹紧力 W_1，就可以使工件获得满意的夹紧状态。

(2) 分散着力点。如图 11-39 所示，用一块活动压板将夹紧力的着力点分散成两个或四个，改变着力点的位置，减少着力点的压力，从而获得减少夹紧变形的效果。

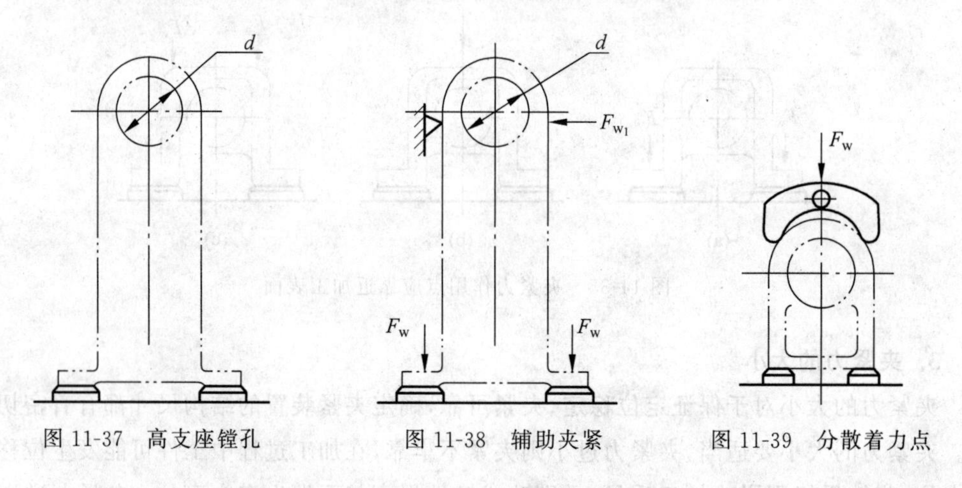

图 11-37 高支座镗孔　　图 11-38 辅助夹紧　　图 11-39 分散着力点

(3) 增加压紧件接触面积。图 11-40 所示为三爪卡盘夹紧薄壁工件的情形。将图 11-40(a)改为图 11-40(b)的形式，改用宽卡爪增大和工件的接触面积，减小了接触点的比压，从而减小了夹紧变形。图 11-41 列举了另外两种减少夹紧变形的装置。图 11-41(a)为常见的浮动压块，图 11-41(b)为在压板下增加垫环，使夹紧力通过刚性较好的垫环均匀地作用在薄壁工件上，避免工件局部压陷。

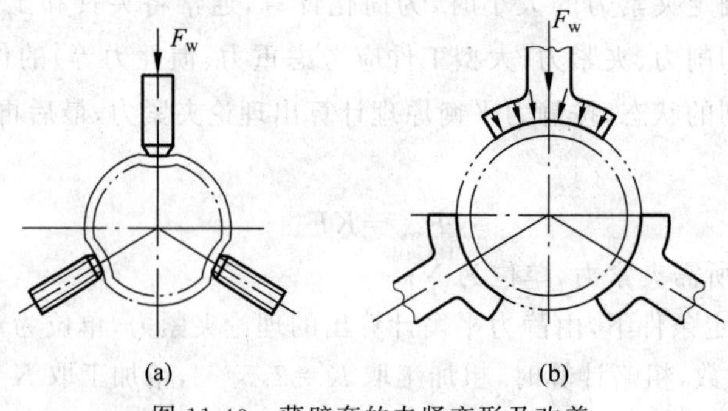

图 11-40 薄壁套的夹紧变形及改善

(4) 利用对称变形。加工薄壁套筒时，采用图 11-40 的方法加宽卡爪，如果夹紧力较大，仍有可能发生较大的变形。因此，在精加工时，除减小夹紧力外，夹具的夹紧设计应保证

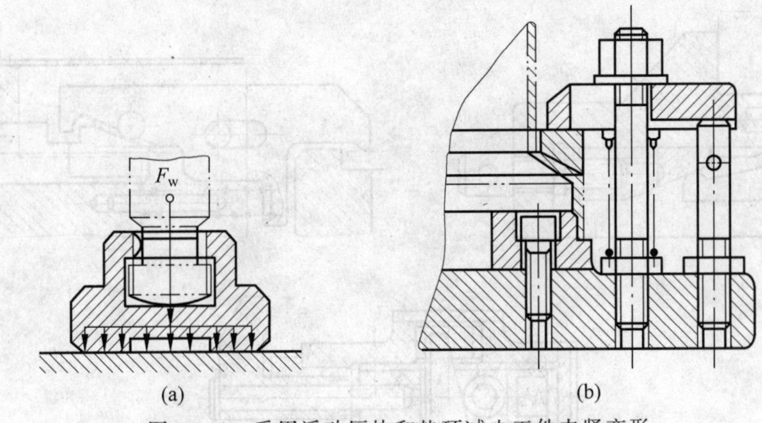

图 11-41　采用浮动压块和垫环减少工件夹紧变形

工件能产生均匀的对称变形，以便获得变形量的统计平均值，通过调整刀具适当消除部分变形量，也可以达到所要求的加工精度。

(5) 其他措施。对于一些极薄的特形工件，靠精密冲压加工仍达不到所要求的精度而需要进行机械加工时，上述各种措施通常难以满足需要，此时可以采用一种冻结式夹具。这类夹具是将极薄的特形工件定位在一个随行的型腔中，然后浇灌低熔点金属，待其固结后一起加工，加工完成后，再加热熔解取出工件。低熔点金属的浇灌及熔解分离都是在生产线上进行的。

11.4　工件夹紧装置的设计

11.4.1　常用夹紧机构及其选用

机床夹具中所使用的夹紧机构绝大多数都是利用斜面将楔块的推力转变为夹紧力来夹紧工件的。其中最基本的形式就是直接利用有斜面的楔块，偏心轮、凸轮、螺钉等实际是楔块的另一种形式。

1. 斜楔夹紧机构

斜楔是夹紧机构中最基本的增力和锁紧元件。斜楔夹紧机构是利用楔块上的斜面直接或间接(如用杠杆)地将工件夹紧的机构，如图 11-42 所示。

选用斜楔夹紧机构时，应根据需要确定斜角 α。只要有自锁要求的楔块夹紧，其斜角 α 必须小于 2φ(φ 为摩擦角)，为可靠起见，通常取 $\alpha=6°\sim8°$。在现代夹具中，斜楔夹紧机构常与气压、液压传动装置联合使用。由于气压和液压可保持一定压力，楔块斜角 α 不受此限，可取更大些，一般在 $15°\sim30°$ 内选择。斜楔夹紧机构结构简单，操作方便，但传力系数小，夹紧行程短，自锁能力差。

2. 螺旋夹紧机构

螺旋夹紧机构由螺钉、螺母、垫圈、压板等元件组成，采用螺旋直接夹紧或与其他元件组合实现夹紧工件的机构，统称为螺旋夹紧机构。螺旋夹紧机构不仅结构简单、容易制造，而且自锁性能好、夹紧可靠，夹紧力和夹紧行程都较大，是夹具中用得最多的一种夹紧机构。

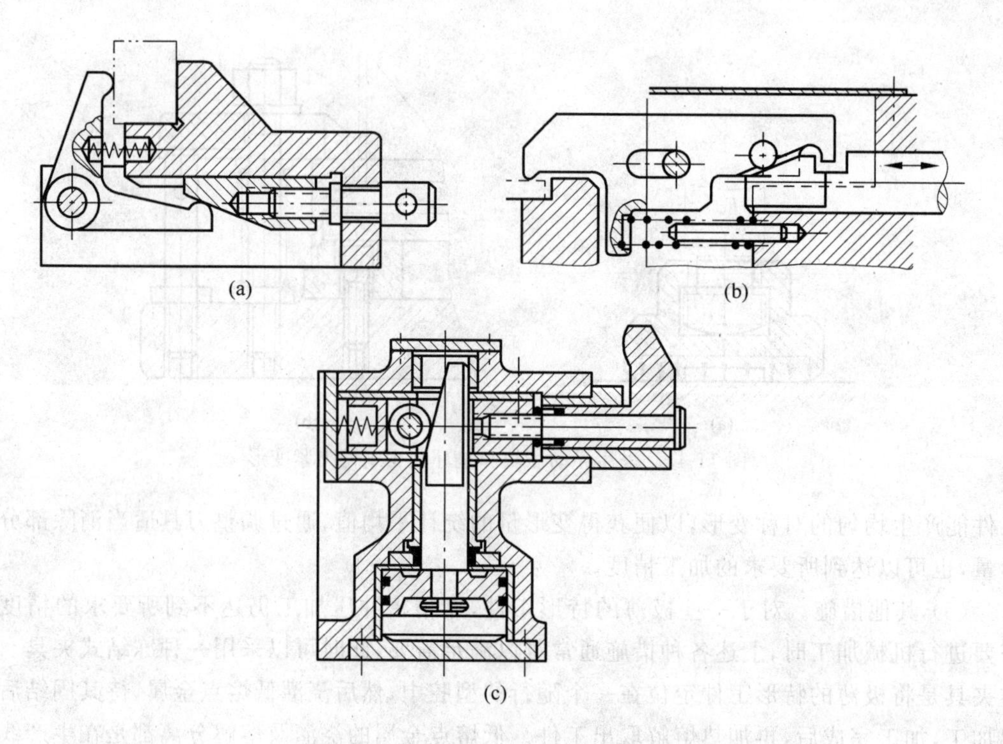

图 11-42　斜楔夹紧机构

1）简单螺旋夹紧机构

简单螺旋夹紧机构有两种形式。图 11-43(a)所示的机构螺杆直接与工件接触,容易使工件受到损害或移动,一般只用于毛坯和粗加工零件的夹紧。图 11-43(b)所示的是常用的螺旋夹紧机构,其螺钉头部常装有摆动压块,可防止螺杆夹紧时带动工件转动和损伤工件表面。螺杆上部装有手柄,夹紧时不需要扳手,操作方便、迅速。当工件夹紧部分不宜使用扳手,且夹紧力要求不大的部位,可选用这种机构。简单螺旋夹紧机构的缺点是夹紧动作慢,工件装卸费时。为了克服这一缺点,可以采用如图 11-44 所示的快速螺旋夹紧机构。

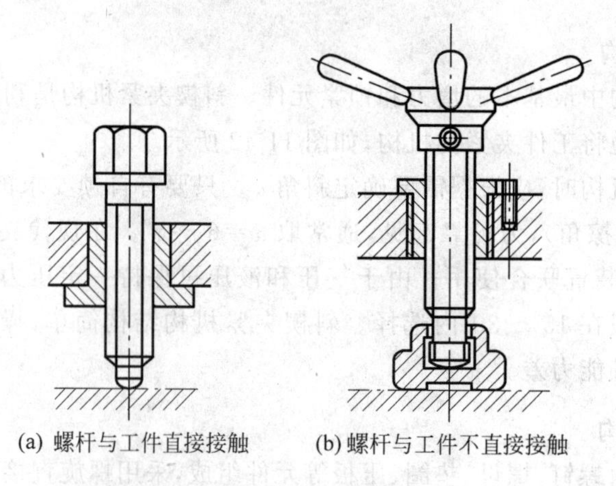

图 11-43　简单螺旋夹紧机构

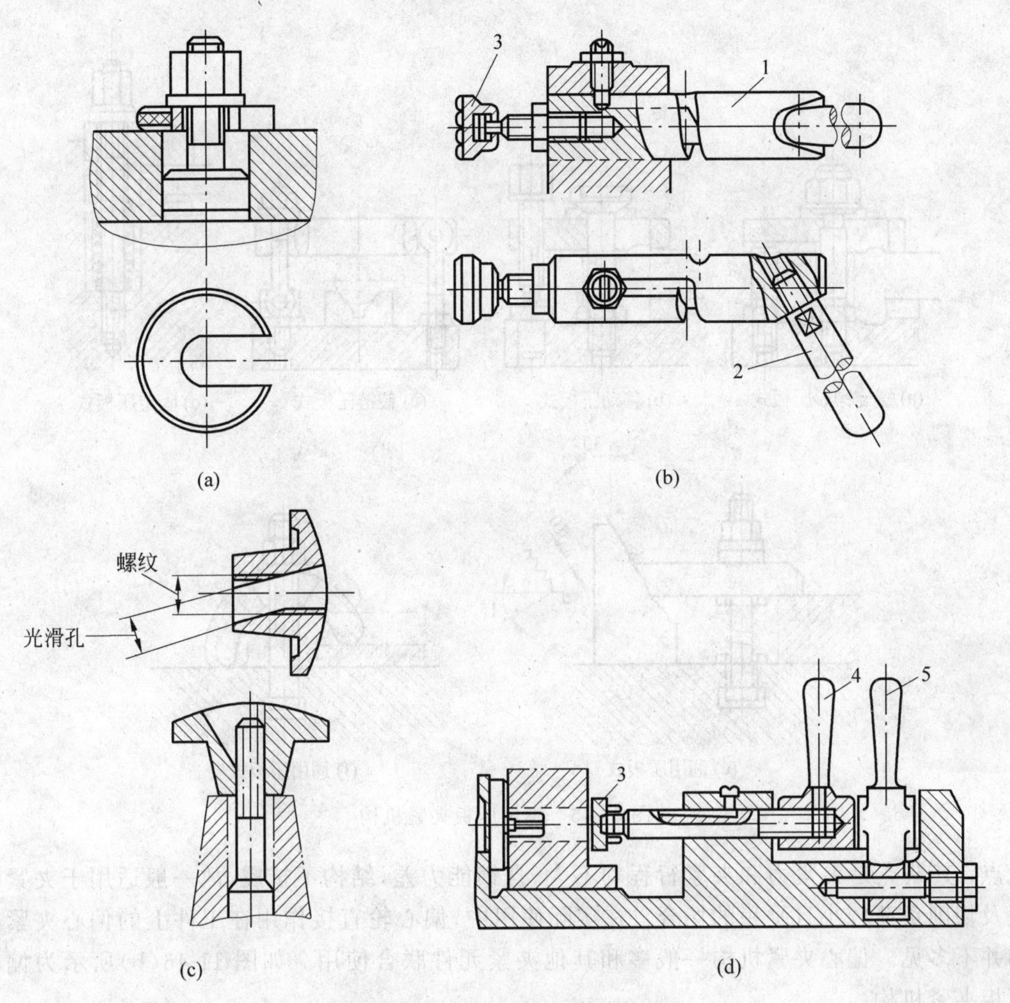

图 11-44　快速螺旋夹紧机构

1—夹紧轴；2、4、5—手柄；3—摆动压块

2）螺旋压板夹紧机构

在夹紧机构中，结构形式变化最多的是螺旋压板机构，常用的螺旋压板夹紧机构如图 11-45 所示。选用时，可根据夹紧力大小的要求、工作高度尺寸的变化范围、夹具上夹紧机构允许占有的部位和面积进行选择。例如，当夹具中只允许夹紧机构占很小面积，而夹紧力要求不高时，可选用如图 11-45(a)所示的螺旋钩形压板夹紧机构。又如工件夹紧高度变化较大的小批量、单件生产，可选用如图 11-45(e)、(f)所示的通用压板夹紧机构。

3. 偏心夹紧机构

偏心夹紧机构是由偏心元件直接夹紧或与其他元件组合实现对工件夹紧的机构，它是利用转动中心与几何中心偏移的圆盘或轴作为夹紧元件。它的工作原理也是基于斜楔的工作原理，近似于把一个斜楔弯成圆盘形机构，如图 11-46(a)所示。偏心元件一般有圆偏心和曲线偏心两种类型，圆偏心因结构简单、容易制造而得到广泛应用。

偏心夹紧机构结构简单、制造方便，与螺旋夹紧机构相比，还具有夹紧迅速、操作方便等

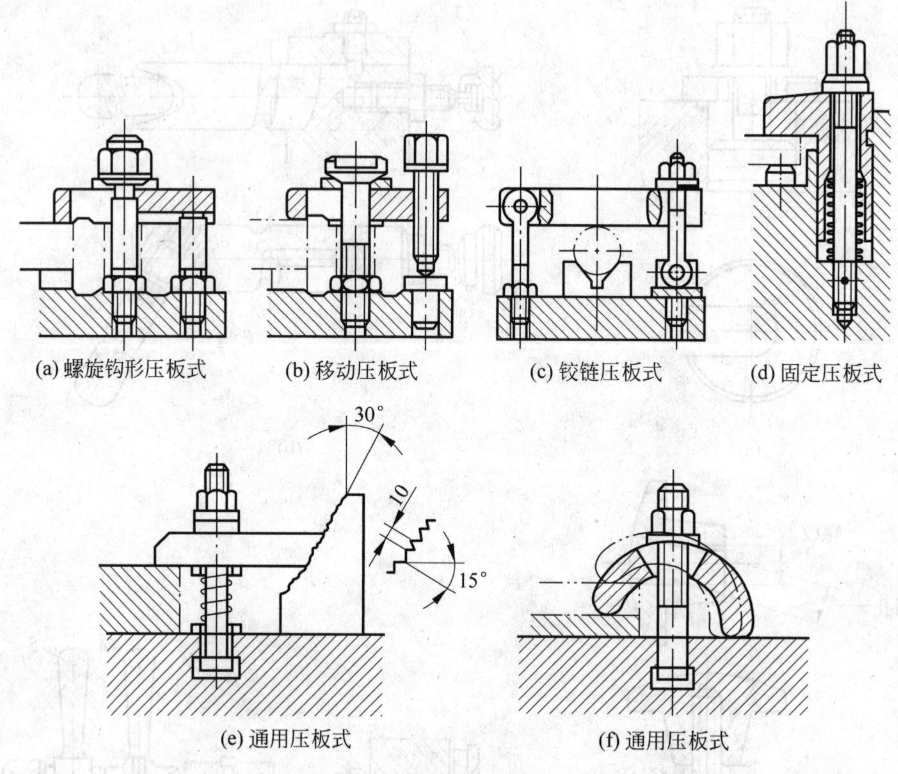

(a) 螺旋钩形压板式　(b) 移动压板式　(c) 铰链压板式　(d) 固定压板式

(e) 通用压板式　(f) 通用压板式

图 11-45　螺旋压板夹紧机构

优点；其缺点是夹紧力和夹紧行程均不大，自锁能力差，结构不抗震，故一般适用于夹紧行程及切削负荷较小且平稳的场合。在实际使用中，偏心轮直接作用在工件上的偏心夹紧机构并不多见。偏心夹紧机构一般多和其他夹紧元件联合使用。如图 11-46(b)所示为偏心压板夹紧机构。

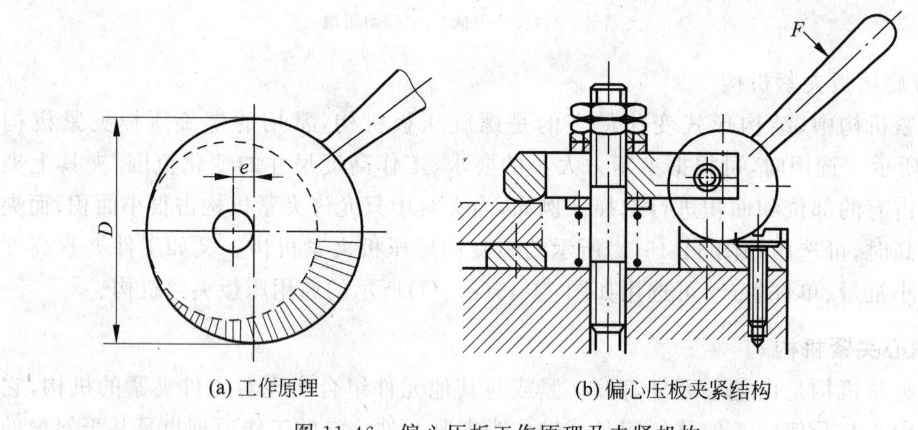

(a) 工作原理　(b) 偏心压板夹紧结构

图 11-46　偏心压板工作原理及夹紧机构

4. 铰链夹紧机构

铰链夹紧机构是一种增力夹紧机构。由于其机构简单、增力倍数大，可弥补汽缸或气室力量的不足，故在气压夹具中获得较广泛的应用。如图 11-47 所示是铰链夹紧机构的三种基本结构。图 11-47(a)为单臂铰链夹紧机构，臂的两头是铰链的连线，一头带滚子；图 11-47(b)为双臂单作用铰链夹紧机构；图 11-47(c)为双臂双作用铰链夹紧机构。

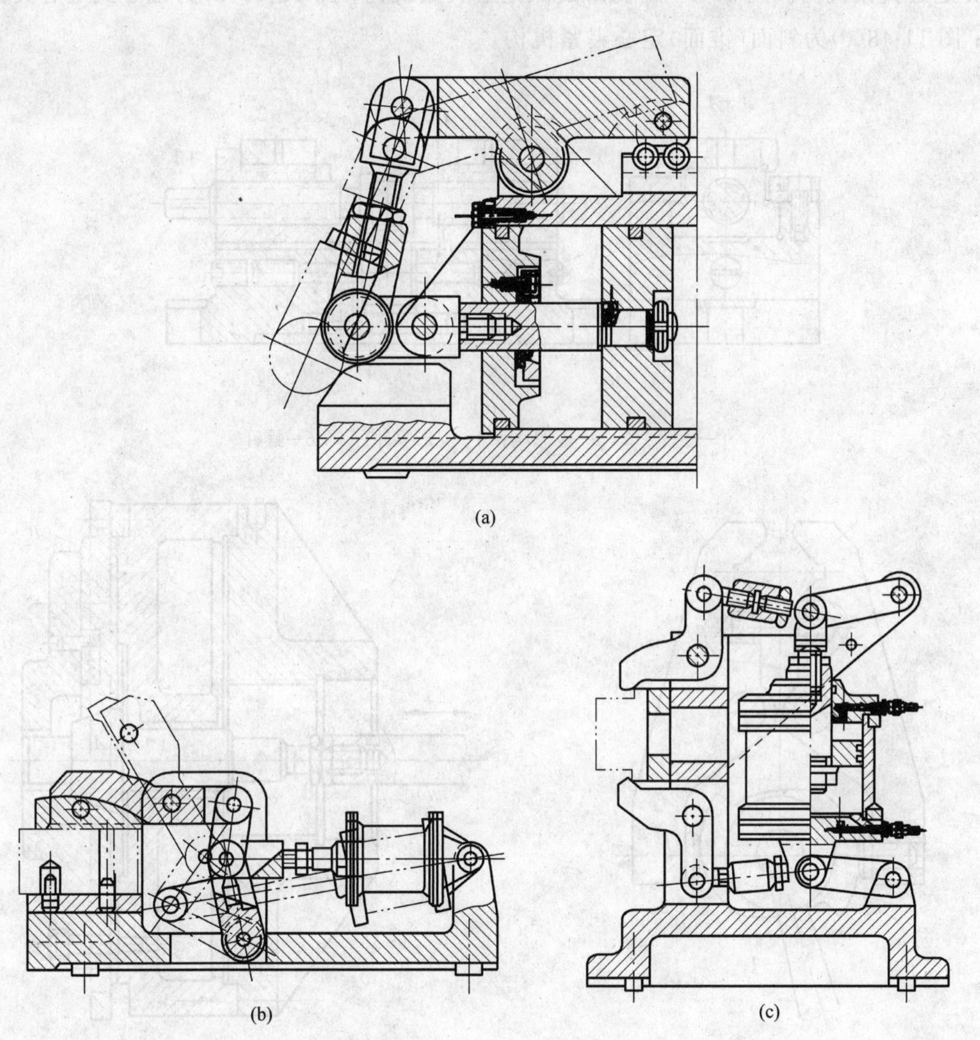

图 11-47　铰链夹紧机构

5. 定心夹紧机构

在工件定位时，常常将工件的定心定位和夹紧结合在一起，这种机构称为定心夹紧机构。定心夹紧机构的特点如下。

(1) 定位和夹紧是同一元件。

(2) 元件之间有精确的联系。

(3) 能同时等距离地移向或退离工件。

(4) 能将工件定位基准的误差对称地分布开。

常见的定心夹紧机构有利用斜面作用的定心夹紧机构、利用杠杆作用的定心夹紧机构以及利用薄壁弹性元件的定心夹紧机构等。

1）斜面作用的定心夹紧机构

属于此类夹紧机构的有螺旋式、偏心式、斜楔式以及弹簧夹头等。图11-48所示为部分此类定心夹紧机构。图11-48(a)为螺旋式定心夹紧机构；图11-48(b)为偏心式定心夹紧机构；图11-48(c)为斜面(锥面)定心夹紧机构。

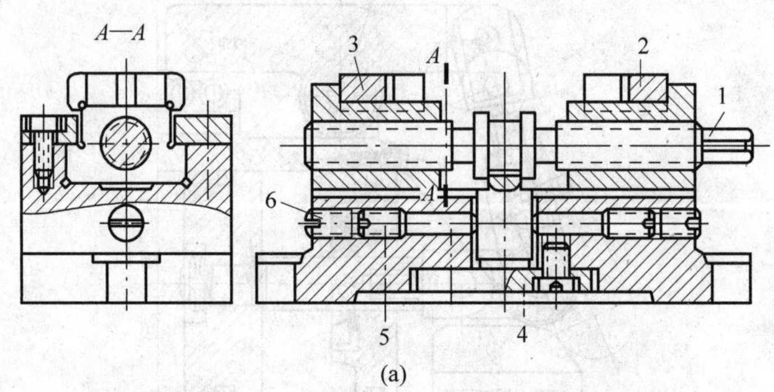

(a)

1—螺杆；2、3—V形块；4—叉形零件；5、6—螺钉

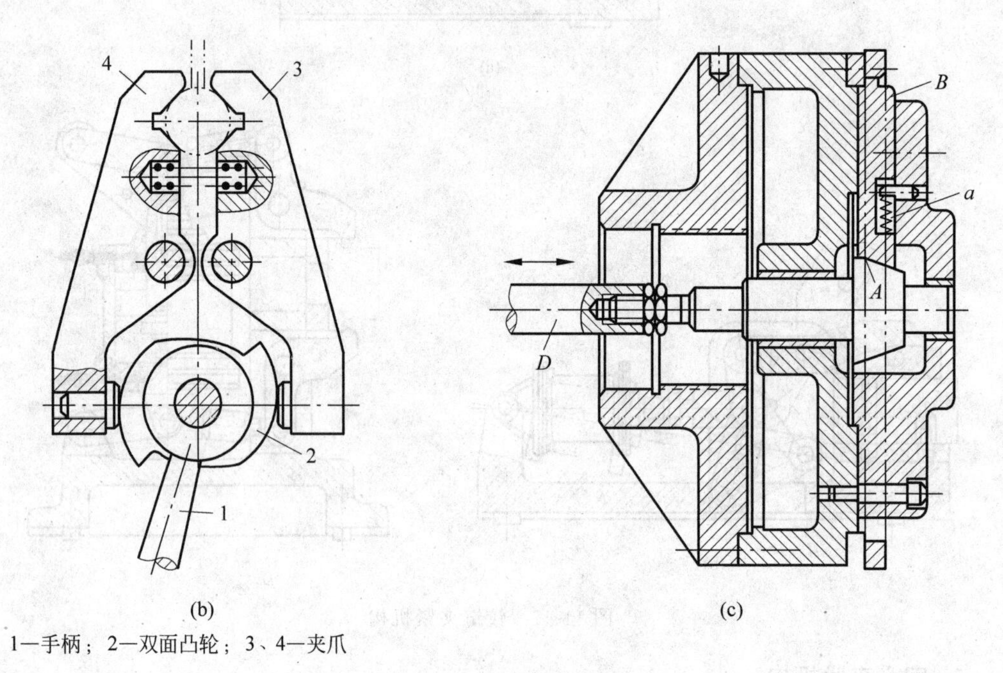

(b)　　(c)

1—手柄；2—双面凸轮；3、4—夹爪

图11-48　斜面定心夹紧机构

弹簧夹头也属于利用斜面作用的定心夹紧机构。图11-49所示为弹簧夹头的结构简图,图中1为夹紧元件——弹簧套筒,2为操纵件——拉杆。

2）杠杆作用的定心夹紧机构

图11-50所示的车床卡盘即属于此类夹紧机构。汽缸力作用于拉杆1,拉杆1带动滑块2左移,通过三个钩形杠杆3同时收拢三个夹爪4,对工件进行定心夹紧。夹爪的张开是靠滑块上的三个斜面推动的。

图11-51所示为齿轮齿条传动的定心夹紧机构。汽缸(或其他动力)通过拉杆推动右端

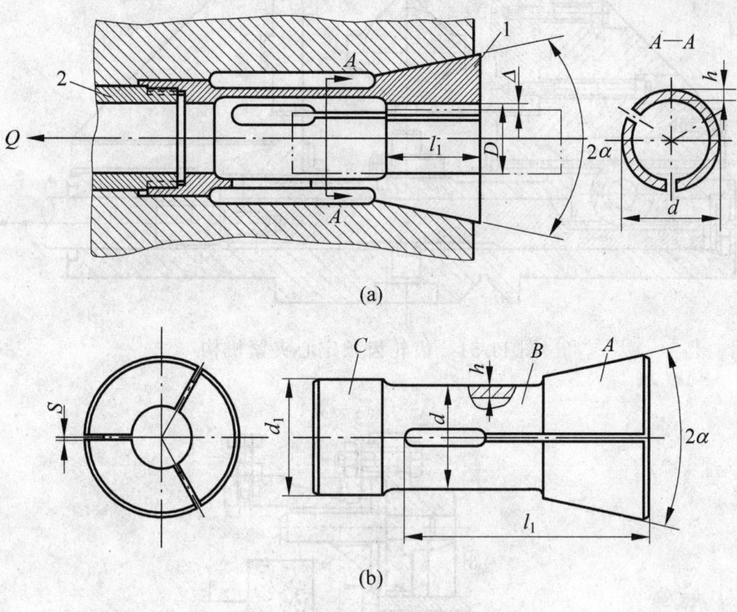

图 11-49　弹簧夹头的结构

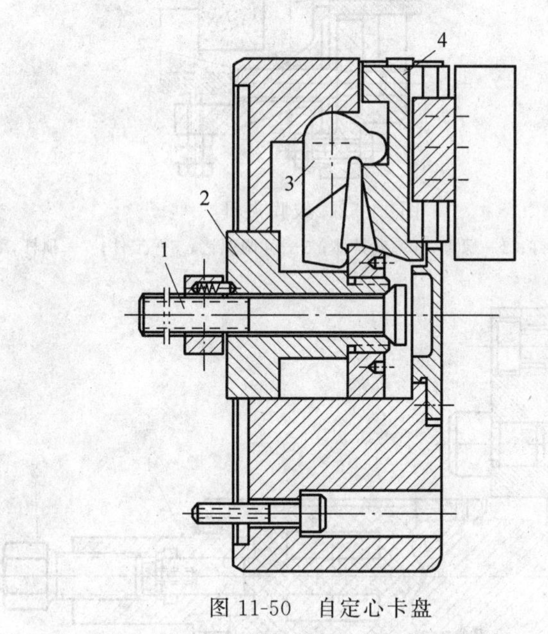

图 11-50　自定心卡盘

1—拉杆；2—滑块；3—钩形杠杆；4—夹爪

钳口，通过齿轮齿条传动，使左面钳口同步向心移动夹紧工件，使工件在 V 形块中自动定心。

3）弹性定心夹紧机构

弹性定心夹紧机构利用弹性元件受力后的均匀变形实现对工件的自动定心。根据弹性元件的不同，有鼓膜式夹具、碟形弹簧夹具、液性塑料薄壁套筒夹具及折纹管夹具等。图 11-52 所示为鼓膜式夹具，图 11-53 所示为液性塑料定心夹具。

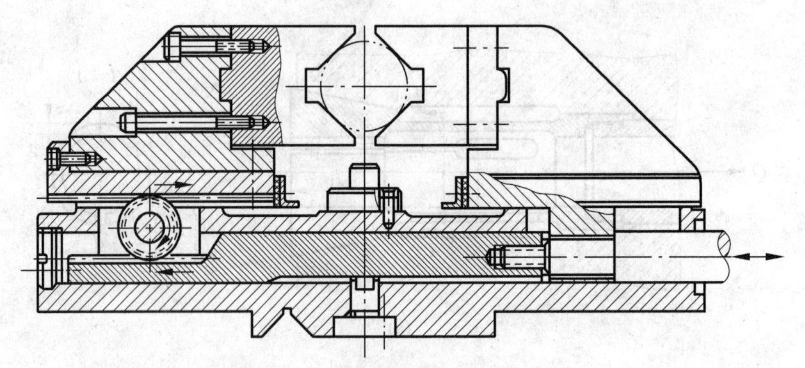

图 11-51 齿轮齿条定心夹紧机构

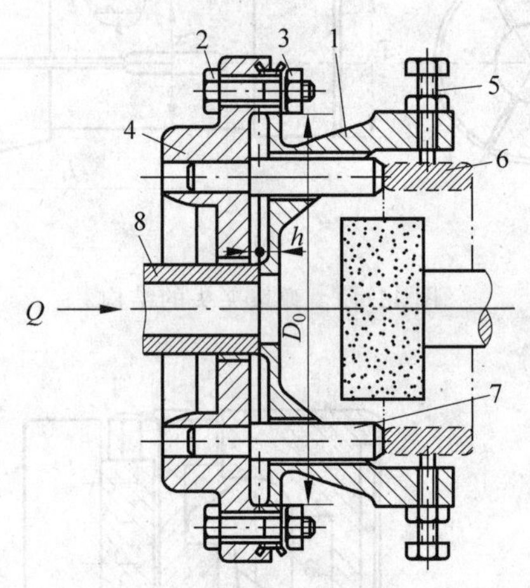

图 11-52 鼓膜夹具

1—弹性盘；2—螺钉；3—螺母；4—夹具体；5—可调螺钉；6—工件；7—顶杆；8—推杆

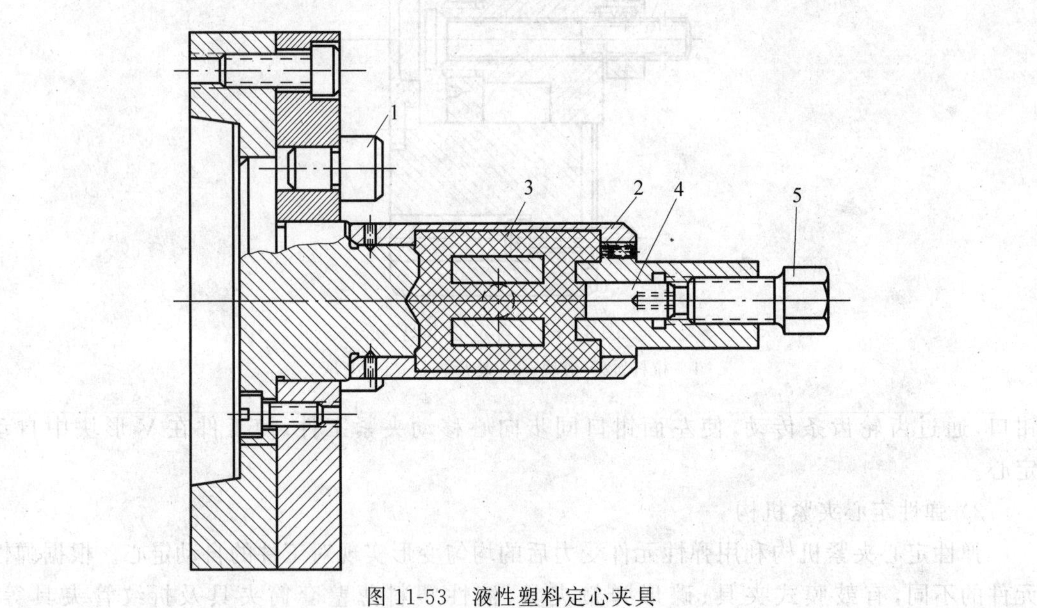

图 11-53 液性塑料定心夹具

1—支钉；2—薄壁套筒；3—液性塑料；4—柱塞；5—螺钉

6．联动夹紧机构

在工件的装夹过程中，有时需要夹具同时有几个点对工件进行夹紧，有时则需要同时夹紧几个工件，而有些夹具除了夹紧动作外，还需要松开或固紧辅助支承等，这时为了提高生产效率，减少工件装夹时间，可以采用各种联动机构。常见的联动夹紧机构如下。

1）多点夹紧

多点夹紧是用一个原始作用力，通过一定的机构分散到数个点上对工件进行夹紧。图 11-54 所示为两种常见的浮动压头，图 11-55 所示为几种浮动夹紧机构的例子。

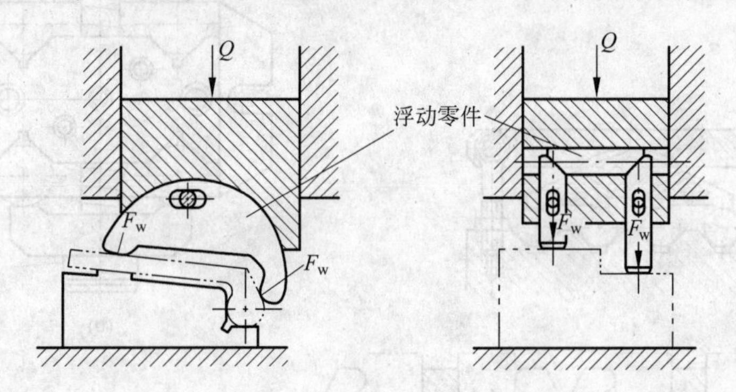

图 11-54　浮动压头

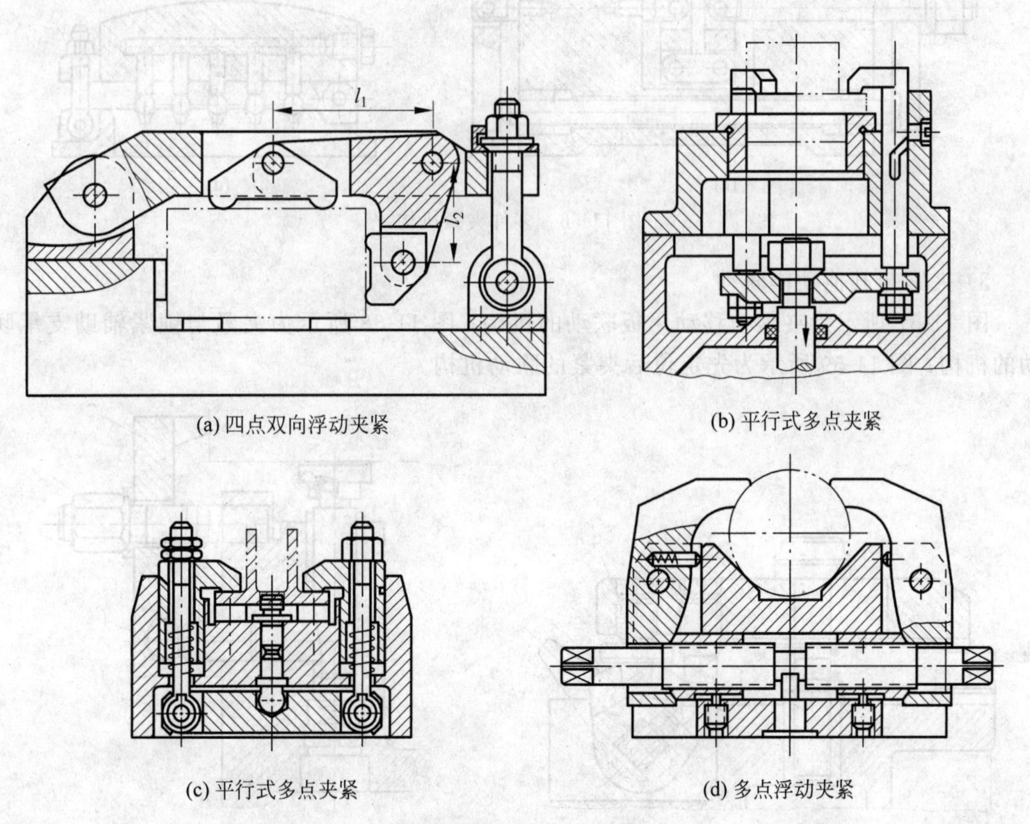

(a) 四点双向浮动夹紧　　(b) 平行式多点夹紧

(c) 平行式多点夹紧　　(d) 多点浮动夹紧

图 11-55　浮动夹紧机构

2）多件夹紧

多件夹紧是用一个原始作用力，通过一定的机构实现对数个相同或不同的工件进行夹紧。图 11-56 所示为部分常见的多件夹紧机构。

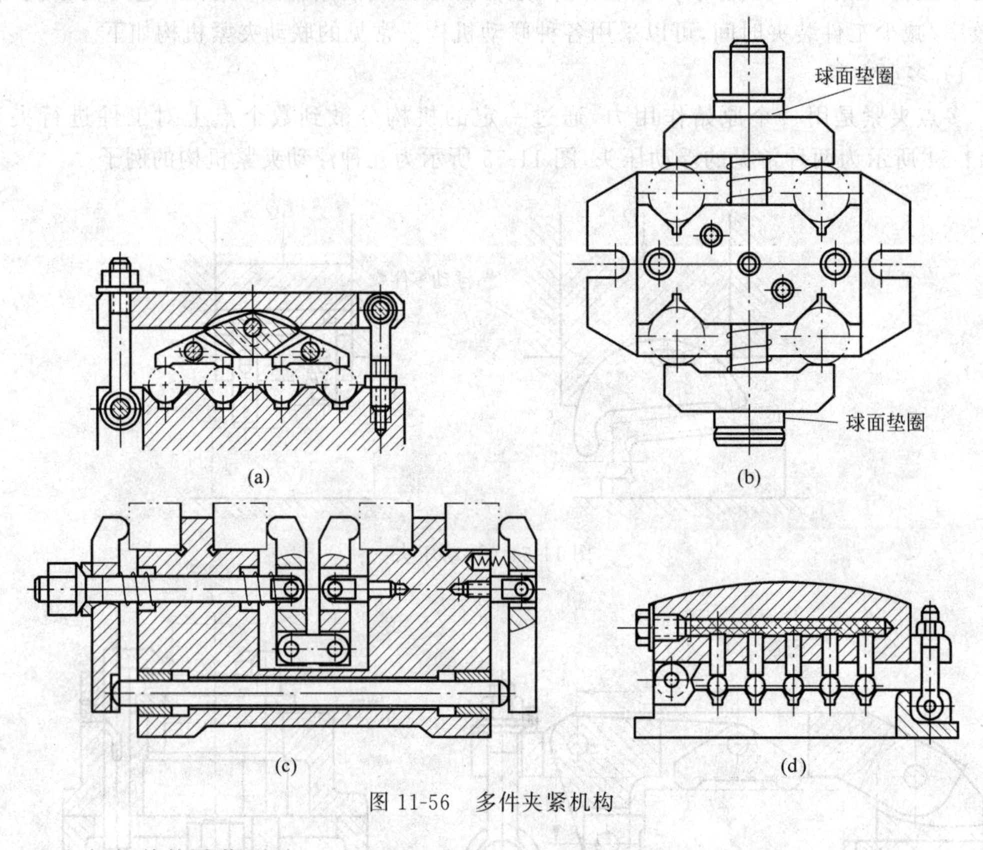

图 11-56　多件夹紧机构

3）夹紧与其他动作联动

图 11-57 所示为夹紧与移动压板联动的机构；图 11-58 所示为夹紧与锁紧辅助支承联动的机构；图 11-59 所示为先定位后夹紧的联动机构。

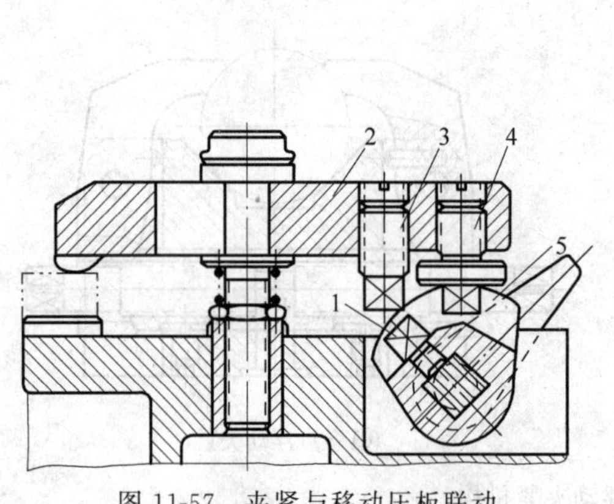

图 11-57　夹紧与移动压板联动

1—拔销；2—压板；3、4—螺钉；5—偏心轮

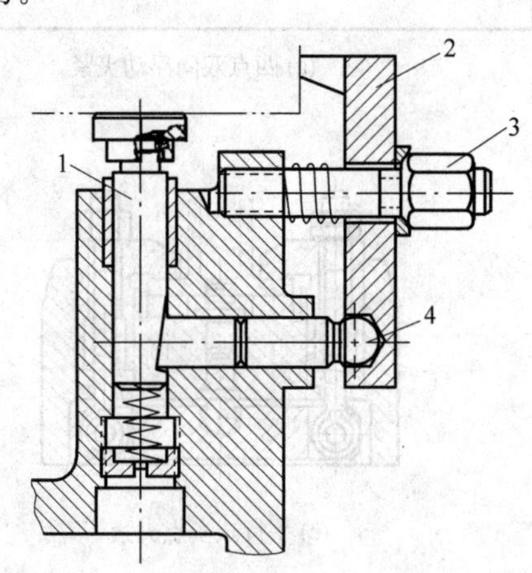

图 11-58　夹紧与锁紧辅助支承联动

1—辅助支承；2—压板；3—螺母；4—锁销

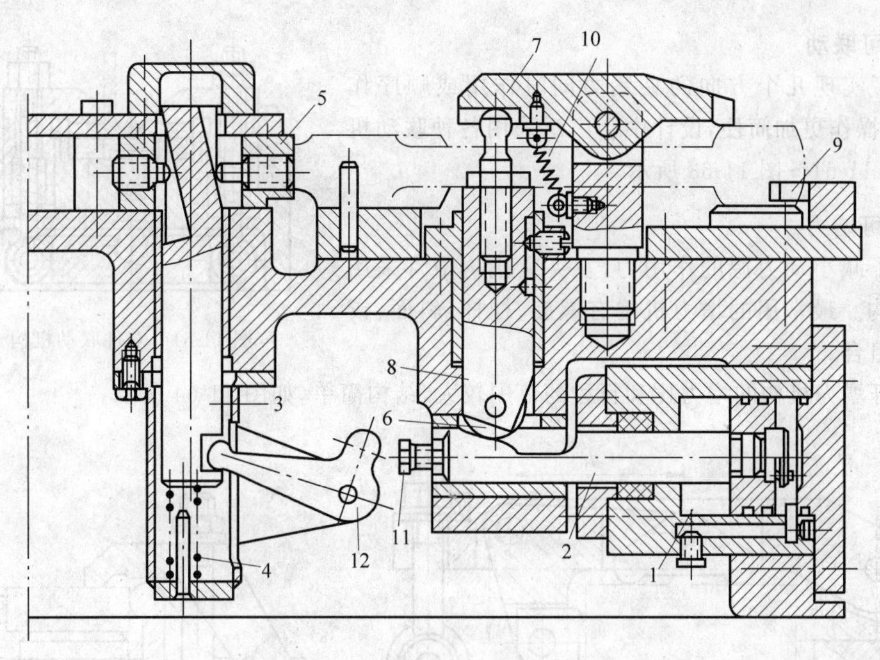

图 11-59　先定位后夹紧联动机构

1—油缸；2—活塞杆；3—推杆；4—弹簧；5—活块；6—滚子；7—压板；8—推杆；9—定位块；10—弹簧；11—螺钉；12—拨杆

11.4.2　夹紧机构的设计要求

夹紧机构是指在夹紧工件的选定夹紧点上施加夹紧力的完整机构，它主要包括与工件接触的压板、支承件和施力机构。对夹紧机构通常有以下要求。

1. 可浮动

由于工件上各夹紧点之间存在位置误差，为了使压板可靠地夹紧工件或使用一块压板实现多点夹紧，一般要求夹紧机构和支承件等要有浮动自位的功能。要使压板及支承件等产生浮动，可用球面垫圈、球面支承及间隙连接销来实现，如图 11-60 所示。

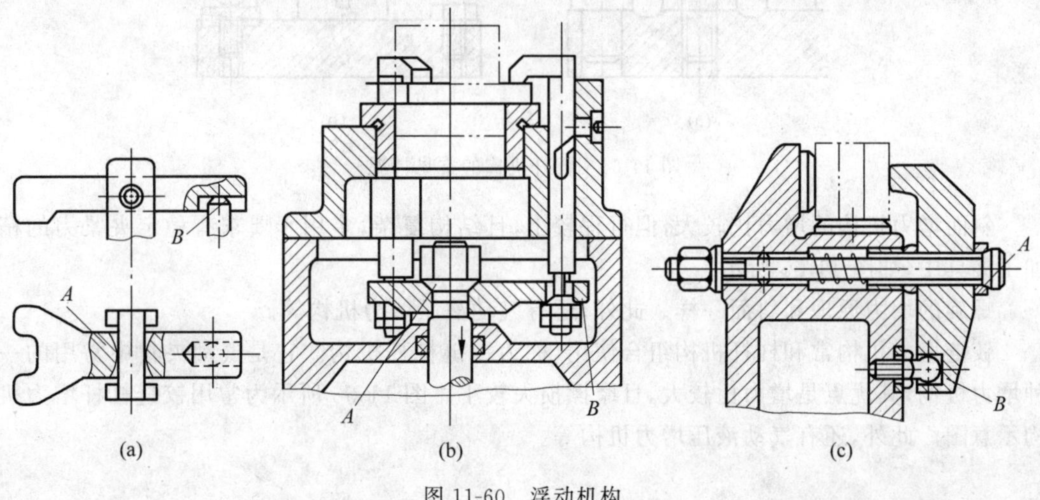

图 11-60　浮动机构

2. 可联动

为了实现几个方向的夹紧力同时作用或顺序作用,并使操作更加简便,设计中会广泛采用各种联动机构,如图 11-61~图 11-63 所示。

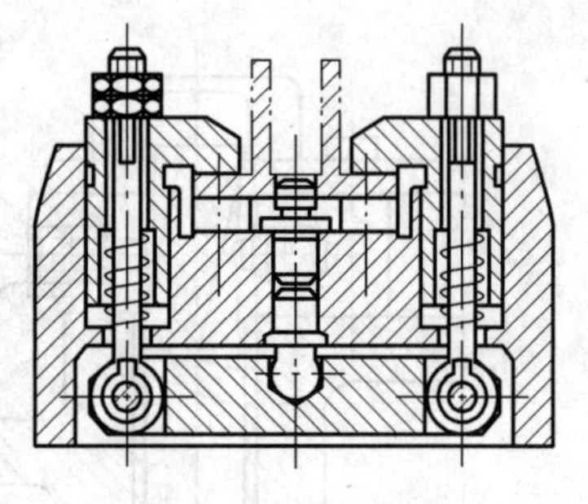

图 11-61 双件联动机构

3. 可增力

为了减小动力源的作用力,在夹紧机构中常采用增力机构。最常用的增力机构有螺旋、杠杆、斜面、铰链及其组合。

杠杆增力机构的增力比和行程的范围较大,结构简单,如图 11-64 所示。

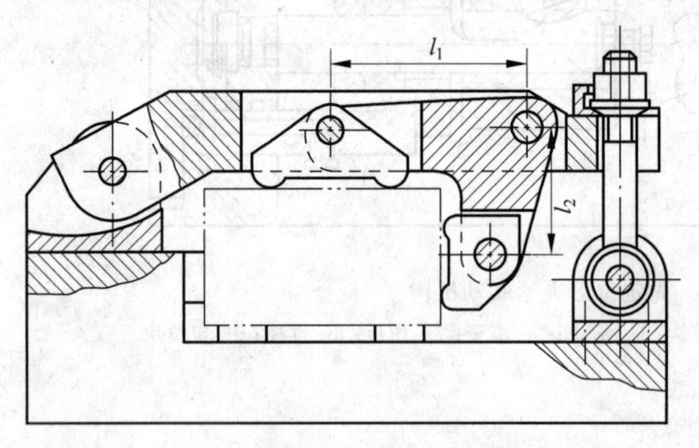

图 11-62 实现相互垂直作用力的联动机构

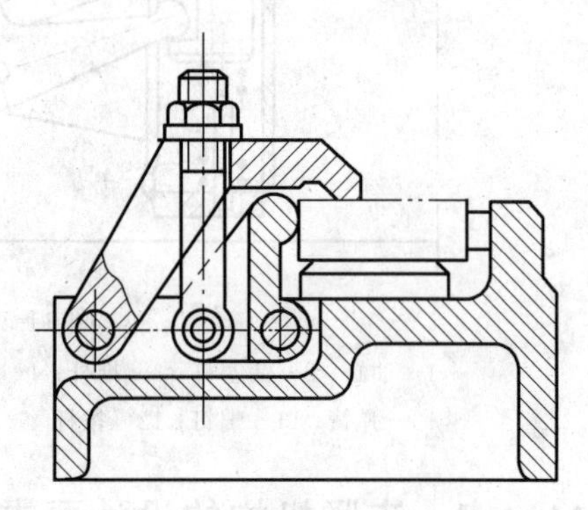

图 11-63 顺序作用的联动机构

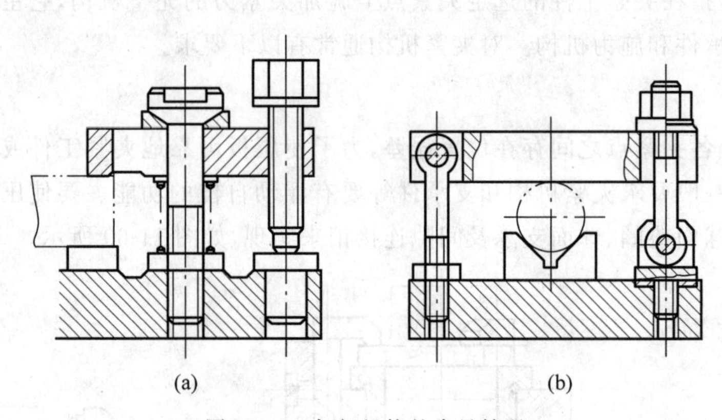

图 11-64 杠杆机构的常见情况

斜面增力机构的增力比较大,但行程较小,且结构复杂,多用于要求有稳定夹紧力的精加工夹具中,如图 11-65 所示。

螺旋的增力原理和斜面一样。此外,还有气动液压增力机构等。

铰链增力机构常和杠杆机构组合使用,称为铰链杠杆机构。它是气动夹具中常用的一种增力机构,其优点是增力比较大,且摩擦损失较小。图 11-66 所示为常用铰链杠杆增力机构示意图。此外,还有气动液压增力机构等。

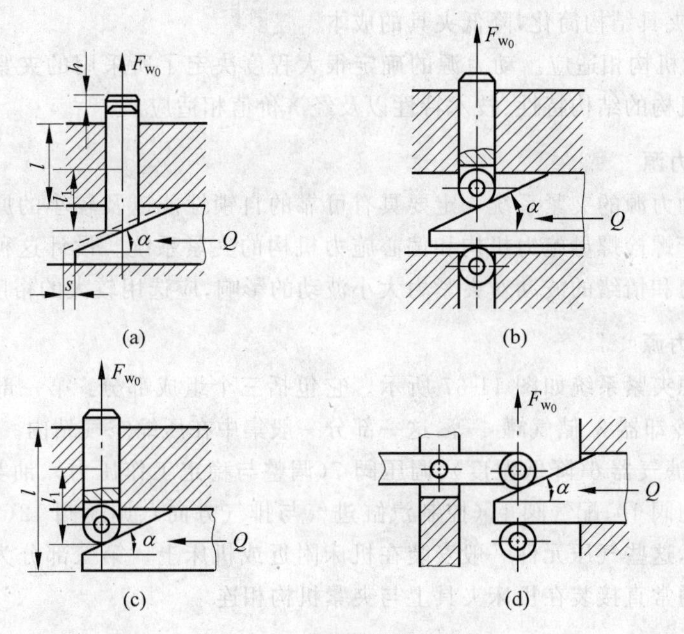

图 11-65 几种斜面增力机构

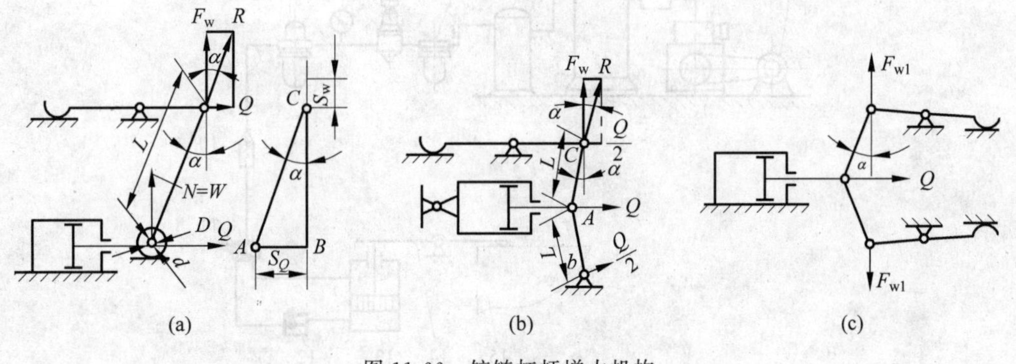

图 11-66 铰链杠杆增力机构

4. 可自锁

当去掉动力源的作用力之后，仍能保持对工件的夹紧状态，称为夹紧机构的自锁。自锁是夹紧机构一种十分重要并且十分必要的特性。常用的自锁机构有螺旋机构、斜面机构及偏心机构等。

11.4.3 夹紧动力源装置

夹具的动力源有手动、气压、液压、电动、电磁、弹力、离心力、真空吸力等。随着机械制造工业的迅速发展，自动化和半自动化设备的推广，以及在大批量生产中要求尽量减轻操作人员的劳动强度，现在大多采用气动、液压等夹紧装置代替人力夹紧，这类夹紧机构还能进行远距离控制，其夹紧力可保持稳定，机构也不必考虑自锁，夹紧质量也比较高。

设计夹紧机构时应同时考虑采用的动力源。选择动力源时通常应遵循以下两条原则。

(1) 经济合理。采用某一种动力源时，首先应考虑经济效益，不仅应减少动力源设施的投资,而且应使夹具结构简化,降低夹具的成本。

(2) 与夹紧机构相适应。动力源的确定很大程度决定了所采用的夹紧机构,因此动力源必须与夹紧机构的结构特性、技术特性以及经济价值相适应。

1. 手动动力源

选用手动动力源的夹紧系统一定要具有可靠的自锁性能以及较小的原始作用力,故手动动力源多用于螺栓螺母施力机构和偏心施力机构的夹紧系统。设计这种夹紧装置时,应考虑操作者体力和情绪的波动对夹紧力大小波动的影响,应选用较大的裕度系数。

2. 气动动力源

气动动力源夹紧系统如图 11-67 所示。它包括三个组成部分:第一部分为气源,包括空气压缩机 2、冷却器 3、储气罐 4 等,这一部分一般集中在压缩空气站内。第二部分为控制部分,包括分水滤气器 6(降低湿度)、调压阀 7(调整与稳定工作压力)、油雾器 9(将油雾化润滑元件)、单向阀 10、配气阀 11(控制汽缸进气与排气方向)、调速阀 12(调节压缩空气的流速和流量)等,这些气压元件一般安装在机床附近或机床上。第三部分为执行部分,如汽缸 13 等,它们通常直接装在机床夹具上与夹紧机构相连。

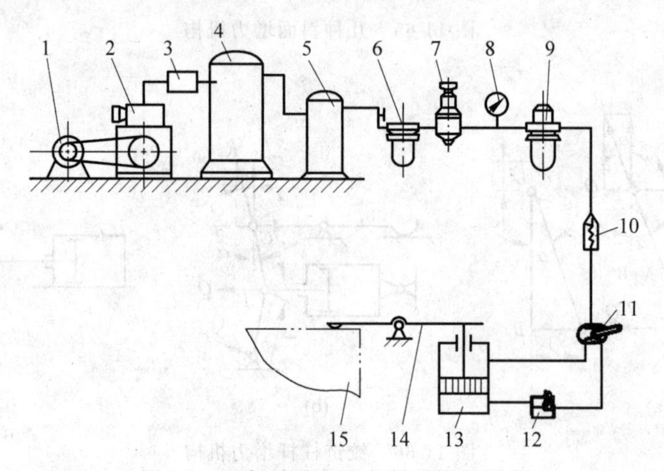

图 11-67 气动动力源夹紧系统的组成

1—电动机;2—空气压缩机;3—冷却器;4—储气罐;5—过滤器;6—分水滤气器;7—调压阀;8—压力表;9—油雾器;10—单向阀;11—配气阀;12—调速阀;13—汽缸;14—夹具示意图;15—工件

汽缸是将压缩空气的工作压力转换为活塞的移动,以此驱动夹紧机构实现对工件夹紧的执行元件。它的种类很多,按活塞的结构可分为活塞式和膜片式两大类;按安装方式可分固定式、摆动式和回转式等;按工作方式还可分为单向作用和双向作用汽缸。

气动动力源的介质是空气,故不会变质和产生污染,且在管道中的压力损失小,但气压较低,一般为 0.4~0.6MPa,当需要较大的夹紧力时,汽缸就要很大,致使夹具结构不紧凑。另外,由于空气的压缩性大,所以夹具的刚性和稳定性较差。此外,还有较大的排气噪声。

3. 液压动力源

液压动力源夹紧系统是利用液压油为工作介质来传力的一种装置。与气动夹紧机构比较,液压夹紧机构具有压力大、体积小、结构紧凑、夹紧力稳定、吸振能力强、不受外力变化的影响等优点。但结构比较复杂、制造成本较高,因此仅适用于大量生产。液压夹紧的传动系统与普通液压系统类似，但系统中常设有蓄能器，用以储蓄压力油，以提高液压泵电动机的使用效率。在工件夹紧后，液压泵电动机可停止工作，靠蓄能器补偿漏油，保持夹紧状态。

4. 气—液组合动力源

气—液组合动力源夹紧系统的动力源为压缩空气，但要使用特殊的增压器，比气动夹紧装置复杂。它的工作原理如图 11-68 所示，压缩空气进入汽缸 1 的右腔，推动汽缸活塞 3 左移，活塞杆 4 随之在增压缸 2 内左移。因活塞杆 4 的作用面积较小，使增压缸 2 和工作缸 5 内的油压得到增加，并推动工作缸活塞 6 上抬，从而将工件夹紧。

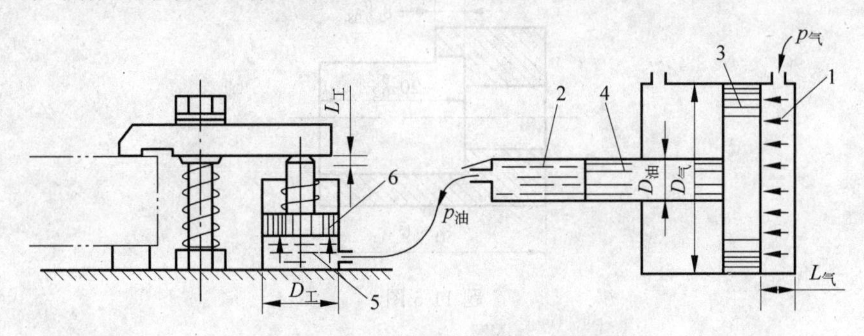

图 11-68　气—液组合夹紧工作原理

1—汽缸；2—增压缸；3—汽缸活塞；4—活塞杆；5—工作缸；6—工作缸活塞

5. 电动电磁动力源

电动扳手和电磁吸盘都属于硬特性动力源，在流水作业线常采用电动扳手代替手动，不仅提高了生产效率，而且克服了手动时施力的波动，并减轻了工人的劳动强度，是获得稳定夹紧力的方法之一。电磁吸盘动力源主要用于要求夹紧力稳定的精加工夹具中。

习题与思考题

11-1　什么是定位基准？什么是六点定位规则？试举例说明。

11-2　试举例说明什么是工件在夹具中的“完全定位”“不完全定位”“欠定位”和“过定位”。

11-3　针对题 11-3 图所示工件钻孔工序的要求，试确定：

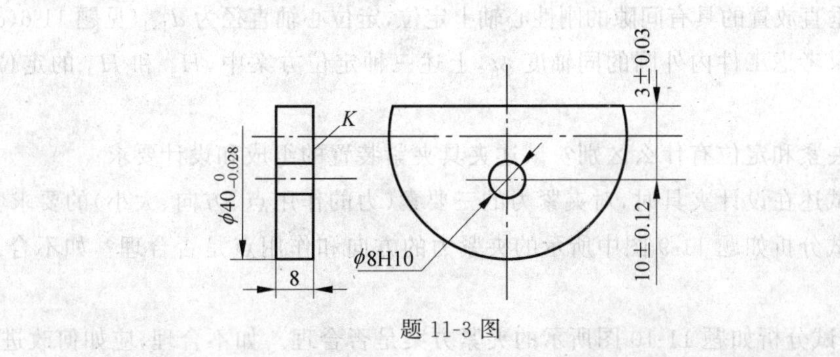

题 11-3 图

(1) 定位方法和定位元件。

(2) 分析各定位元件限制着哪几个自由度。

11-4 什么是定位误差？定位误差是由哪些因素引起的？定位误差的数值一般应控制在零件加工公差多少范围之内？

11-5 欲在题11-5图所示工件上铣削一缺口，保证尺寸 $8_{-0.08}^{\ 0}$ mm，试确定工件的定位方案，并分析定位方案的定位误差。

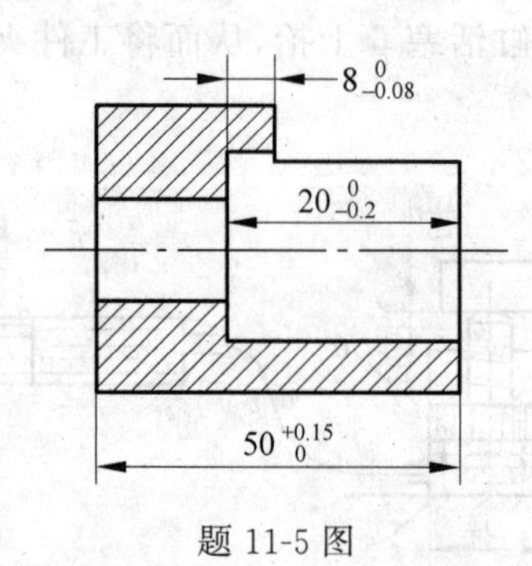

题11-5图

11-6 有一批套类零件如题11-6图所示，欲在其上铣一键槽，试分析各定位方案中 H_1 和 H_3 的定位误差。

(1) 在可涨心轴上定位(见题11-6(b)图)。

(2) 在水平放置的具有间隙的刚性心轴上定位，定位心轴直径为 $d_{\mathrm{Bxd}}^{\mathrm{Bsd}}$(见题11-6(c)图)。

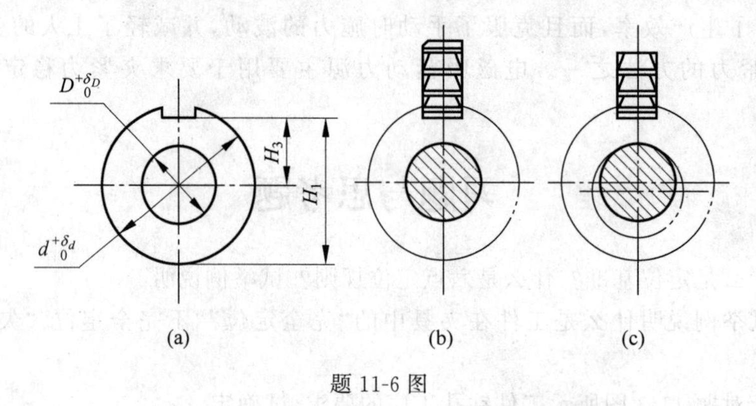

题11-6图

(3) 在垂直放置的具有间隙的刚性心轴上定位，定位心轴直径为 $d_{\mathrm{Bxd}}^{\mathrm{Bsd}}$(见题11-6(c)图)。

(4) 如果考虑工件内外圆的同轴度 ϕt，上述三种定位方案中，H_1 和 H_3 的定位误差又将如何？

11-7 夹紧和定位有什么区别？试述夹具夹紧装置的组成和设计要求。

11-8 试述在设计夹具时，对夹紧力的三要素(力的作用点、方向、大小)的要求？

11-9 试分析如题11-9图中所示的夹紧力的方向和作用点是否合理？如不合理，应如何改进？

11-10 试分析如题11-10图所示的夹紧方案是否合理。如不合理，应如何改进？

11-11 固定支承有哪几种形式？各适用什么场合？

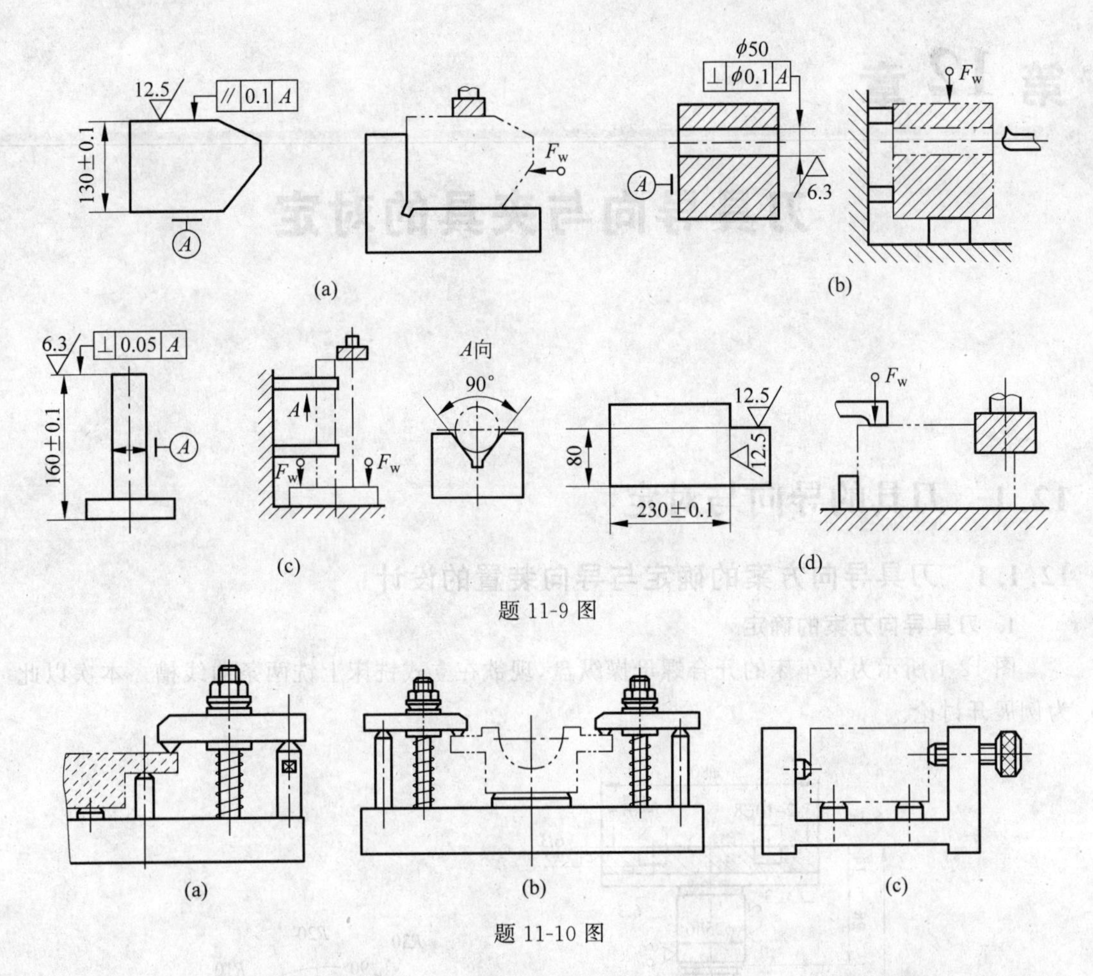

题 11-9 图

题 11-10 图

11-12　什么是自位支承？什么是可调支承？什么是辅助支承？三者的特点和区别是什么？使用辅助支承和可调支承时应注意什么问题？

11-13　什么是联动夹紧机构？设计联动夹紧机构时应注意哪些问题？试举例说明。

11-14　试比较斜楔机构、螺旋机构、偏心夹紧机构的优缺点及其应用范围。

第 12 章

刀具导向与夹具的对定

12.1 刀具的导向与对定

12.1.1 刀具导向方案的确定与导向装置的设计

1. 刀具导向方案的确定

图 12-1 所示为某车床的开合螺母操纵盘，现欲在立式铣床上铣两条曲线槽。本次以此为例展开讨论。

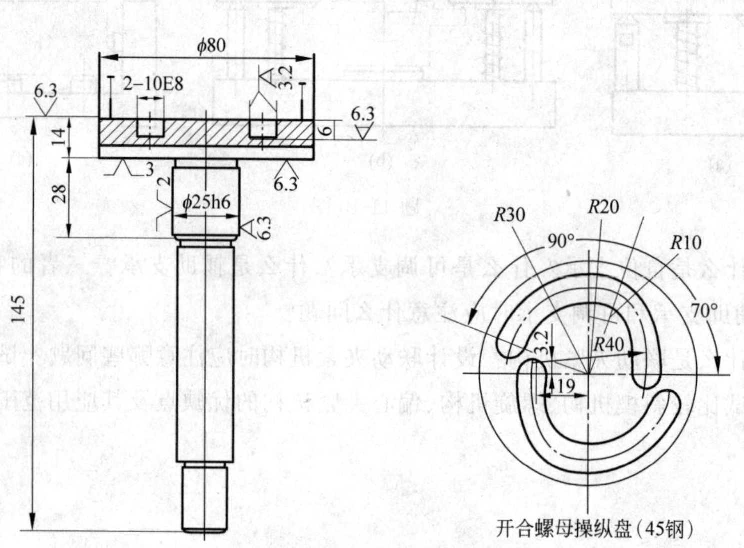

图 12-1　开合螺母操纵盘零件图

为能迅速、准确地确定刀具的运动轨迹，使之按要求铣削出两条形状对称的曲线槽，可以考虑采用靠模板导向的方式。

2. 刀具导向装置的设计

刀具的导向通常依赖于靠模板。靠模板的设计如图 12-2 所示，靠模板安装在转盘上，可以绕轴心线旋转。靠模板始终靠在支架的滚动轴承上。由于铣削速度不可太快，因此靠模板可采用蜗轮机构带动。转动靠模板时，其曲面迫使拖板左右移动，从而铣出曲线槽。

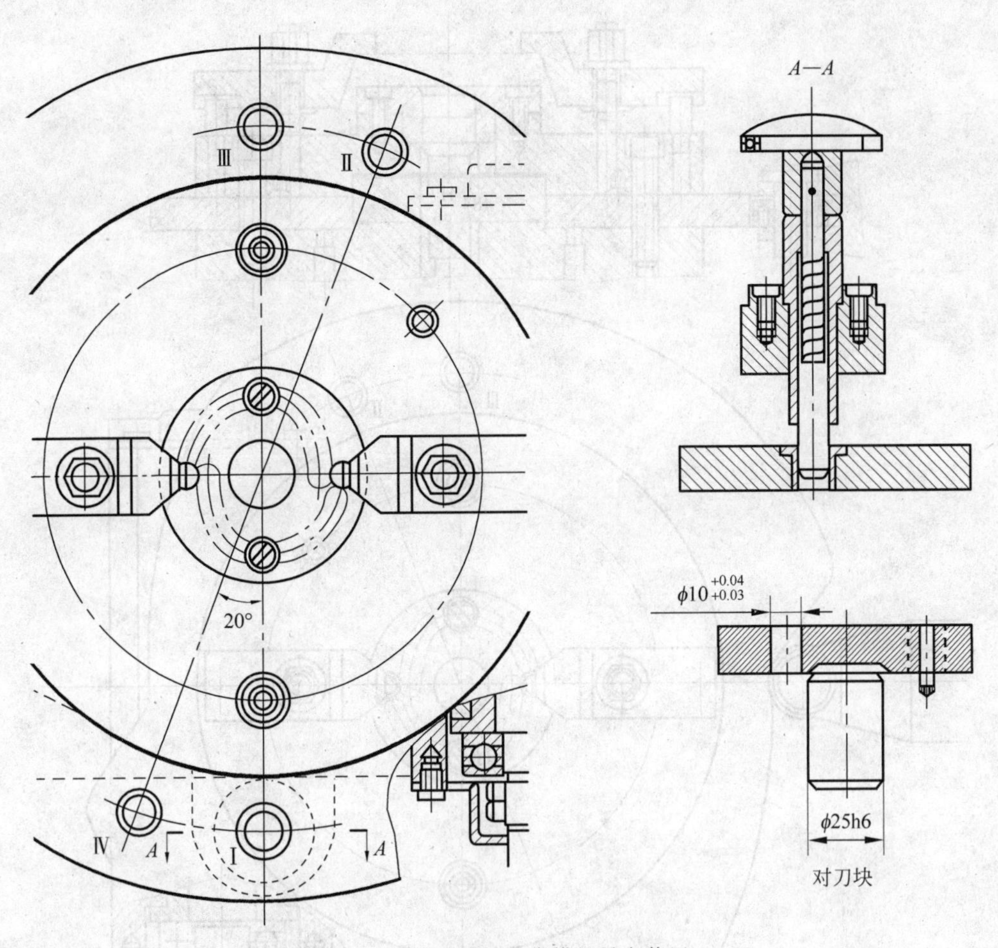

图 12-2　铣曲线槽的靠模板导向装置

12.1.2　刀具对定方案的确定与对定装置的设计

1. 刀具对定方案的确定

由于开合螺母操纵盘的两条曲线槽形状对称，但并不连续，因此在铣削完第一段曲线之后，必须退出铣刀并转动一定角度后，重新对定刀具，才能进刀铣削第二段曲线。对定装置可考虑采用结构简单、操作方便的对定销。

2. 刀具对定装置的设计

对定装置的设计如图 12-3 所示。加工前，先将对刀块装在夹具的定位套上，用对刀块上的 ϕ10mm 孔确定铣刀的径向位置。加工时，先将对定销插入靠模板上的分度孔Ⅰ内，然后让铣刀垂直切入工件，达到既定深度后，转动靠模板进行铣削。当对定销靠弹簧的作用自动插入分度孔Ⅱ时，第一条曲线即加工完毕，此时再将对定销拔出，转动靠模板，待对定销插入分度孔Ⅲ后，按上述方法即可铣削第二条曲线槽。

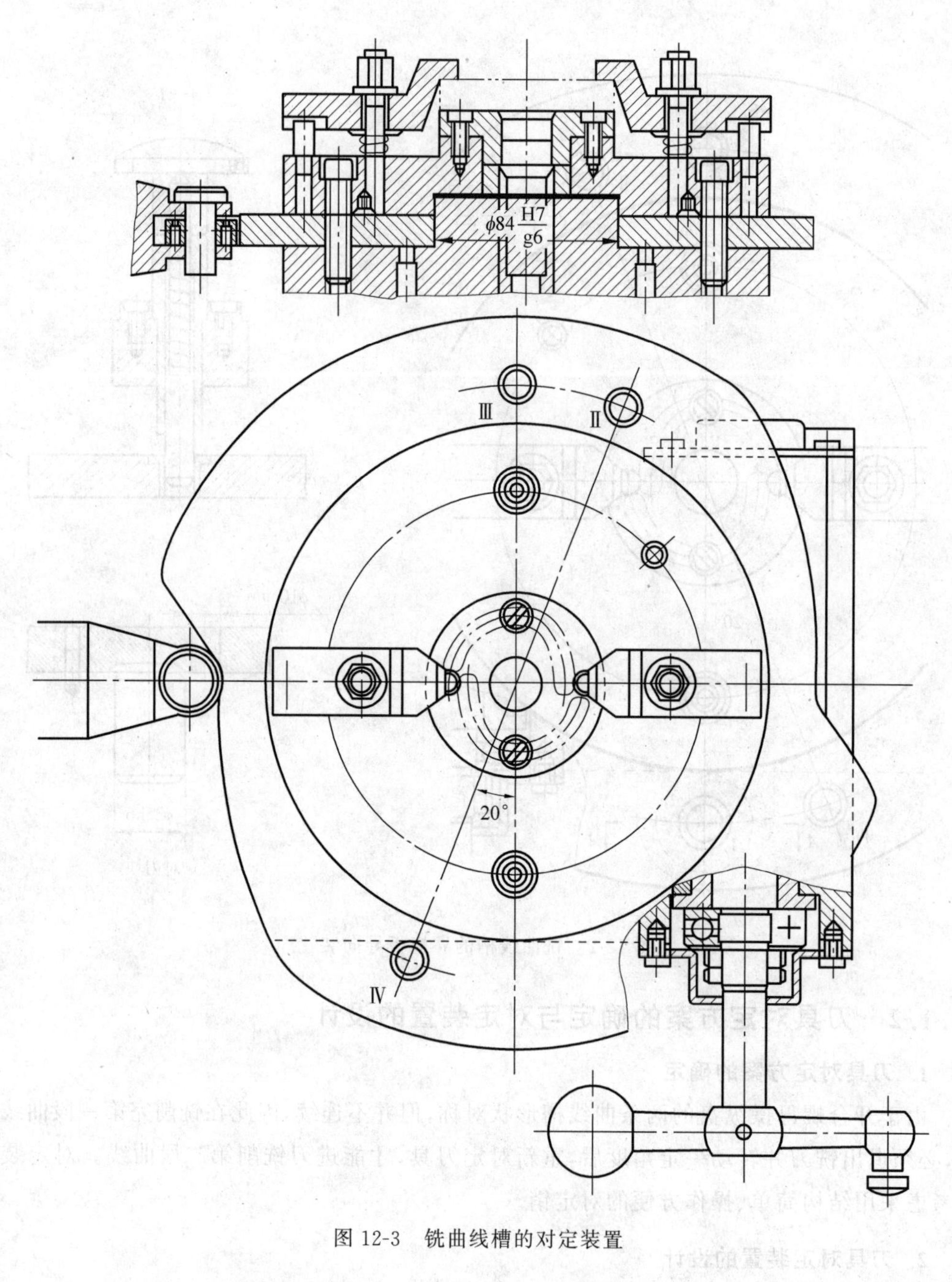

图 12-3 铣曲线槽的对定装置

12.2 夹具的对定

工件在夹具中的位置是由与工件接触的定位元件的定位表面(简称元件定位面)所确定的。为了保证工件对刀具及切削成型运动有正确的位置,还需要使夹具与机床连接和配合时所用的夹具定位表面(简称夹具定位面)相对刀具及切削成型运动处于理想的位置,这种过程称为夹具的对定。

夹具的对定包括三个方面：一是夹具的定位，即夹具对切削成型运动的定位；二是夹具的对刀，指夹具与刀具的对准；三是分度与转位的定位，这只有对分度和转位夹具才需考虑。

12.2.1　夹具切削成型运动的定位

由于刀具相对工件所作的切削成型运动通常是由机床提供的，所以夹具对成型运动的定位即为夹具在机床上的定位，其本质则是对成型运动的定位。

1. 夹具对成型运动的定位

图 12-4 所示为一铣键槽夹具，该夹具在机床上的定位如图 12-5 所示。定位时需要保证 V 形块中心对成型运动(即铣床工作台的纵向走刀运动)平行。在垂直面内，这种平行度要求是依靠夹具的底平面 A 放置在机床工作台面上保证的，因此对夹具来说，应保证 V 形

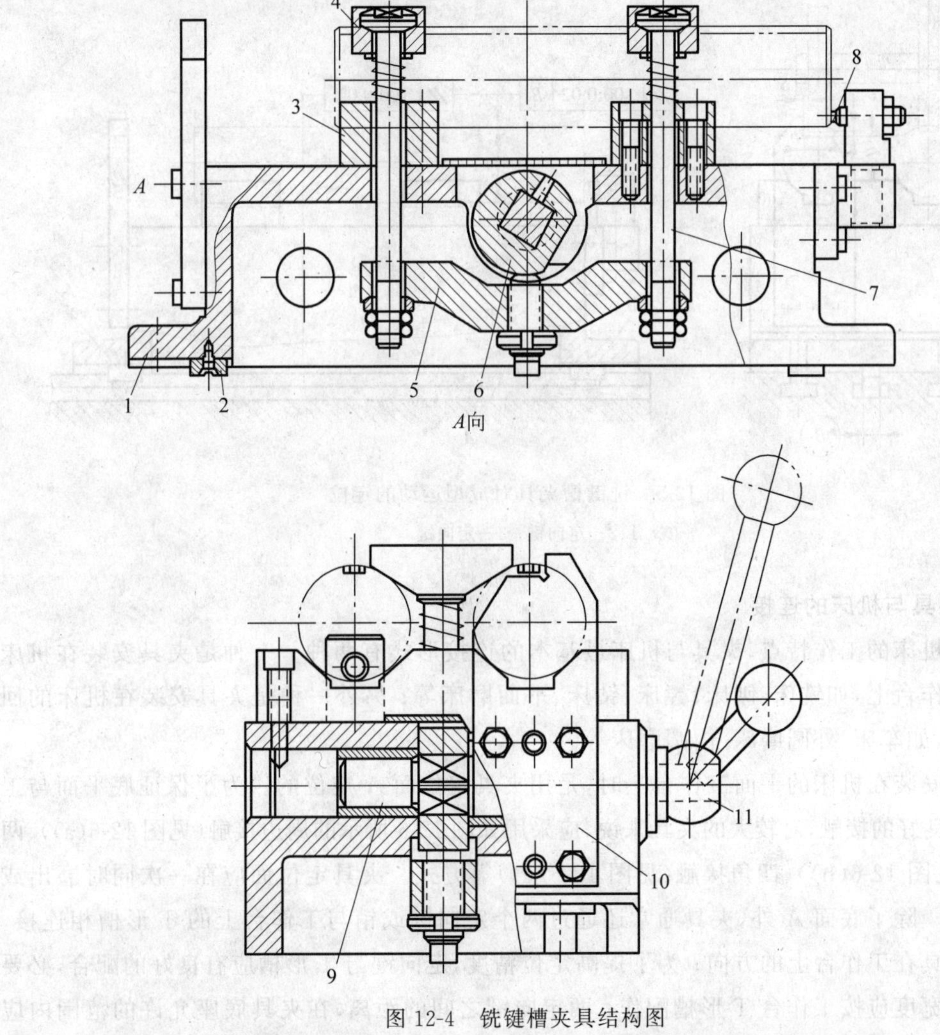

图 12-4　铣键槽夹具结构图

1—夹具；2—定向键；3—V 形块；4—压板；5—杠杆；6—偏心轮；7—拉杆；8—螺钉；9—轴；10—对刀块；11—手柄

块中心对夹具底平面 A 平行；对机床来说，应保证工作台面与成型运动平行；夹具底平面与工作台面应有良好的接触。在水平面内，这种平行度要求是依靠夹具的两个定向键 1 和 2，嵌入机床工作台 T 形槽内保证的，因此对夹具来说，应保证 V 形块中心与定向键 1 和 2 的中心线(或一侧)平行；对机床来说，应保证 T 形槽中心(或侧面)对纵向走刀方向平行；定向键应与 T 形槽有很好的配合。

这种夹具定位方法简单方便，不需要很高的技术水平，适用于在通用机床上用专用夹具进行多品种加工。但这种方法影响夹具对成型运动定位精度的环节较多，如元件定位面对夹具定位面的位置误差、机床上用于与夹具连接和配合的表面对成型运动的位置误差、连接处的配合误差等。因此要使元件定位面对机床成型运动占据准确位置，就要解决好夹具与机床的连接和配合问题，以及正确规定元件定位面对夹具定位面的位置要求，至于机床定位面对成型运动的位置误差则由机床精度决定。

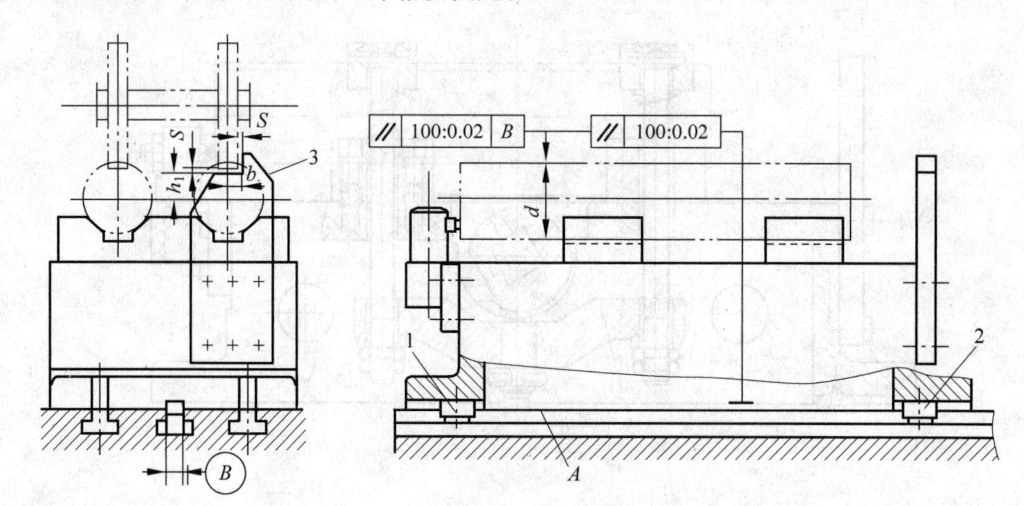

图 12-5 铣键槽夹具对成型运动的定位

1、2—定向键；3—定向键

2. 夹具与机床的连接

根据机床的工作特点，夹具与机床最基本的连接形式有两种。一种是夹具安装在机床的平面工作台上，如铣床、刨床、镗床、钻床、平面磨床等；另外一种是夹具安装在机床的回转主轴上，如车床、外圆磨床、内圆磨床等。

夹具安装在机床的平面工作台上时，是用夹具定位面 A 定位的。为了保证底平面与工作台面有良好的接触，对较大的夹具来说，应采用如图 12-6 所示的周边接触(见图 12-6(a))、两端接触(见图 12-6(b))、四角接触(见图 12-6(c))等方式。夹具定位面应在一次同时磨出或刮研完成。除了底面 A 外，夹具通常还通过两个定向键或销与工作台上的 T 形槽相连接，以保证夹具在工作台上的方向；为了提高定位精度，定向键与 T 形槽应有良好的配合，必要时定向键宽度应按工作台 T 形槽配作；两定向键之间的距离，在夹具底座允许的范围内应尽可能远些；安装夹具时，可让定向键靠 T 形槽一侧，以消除间隙造成的误差。夹具定位后，应用螺栓将其固紧在工作台上，以提高其连接刚度。

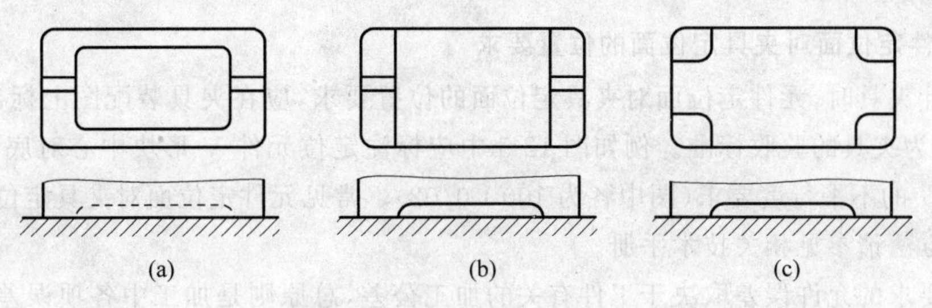

图12-6　夹具与工作台的连接

夹具安装在机床回转主轴上的方式，取决于所使用机床主轴端部的结构，常见的方式有：以长锥柄(一般为莫氏锥度)安装在主轴锥孔内(见图12-7(a))，这种定位迅速方便，定位精度高，但刚度较低；以端面 A 和短圆柱孔 D 在主轴上定位(见图12-7(b))，孔和主轴轴颈的配合一般采用H7/h6或H7/jc6，这种结构制造容易，但定位精度较低；用短锥 K 和端面 T 定位(见图12-7(c))，这种定位方式因没有间隙而具有较高的定心精度，并且连接刚度较高；设计专门的过渡盘(见图12-7(d))，过渡盘一面与夹具连接，一面与机床主轴连接，结构形式应满足所使用机床的主轴端部结构的要求，通常做成以平面(端面)和短圆柱面定位的形式，与短圆柱面的配合常用H7/k6。

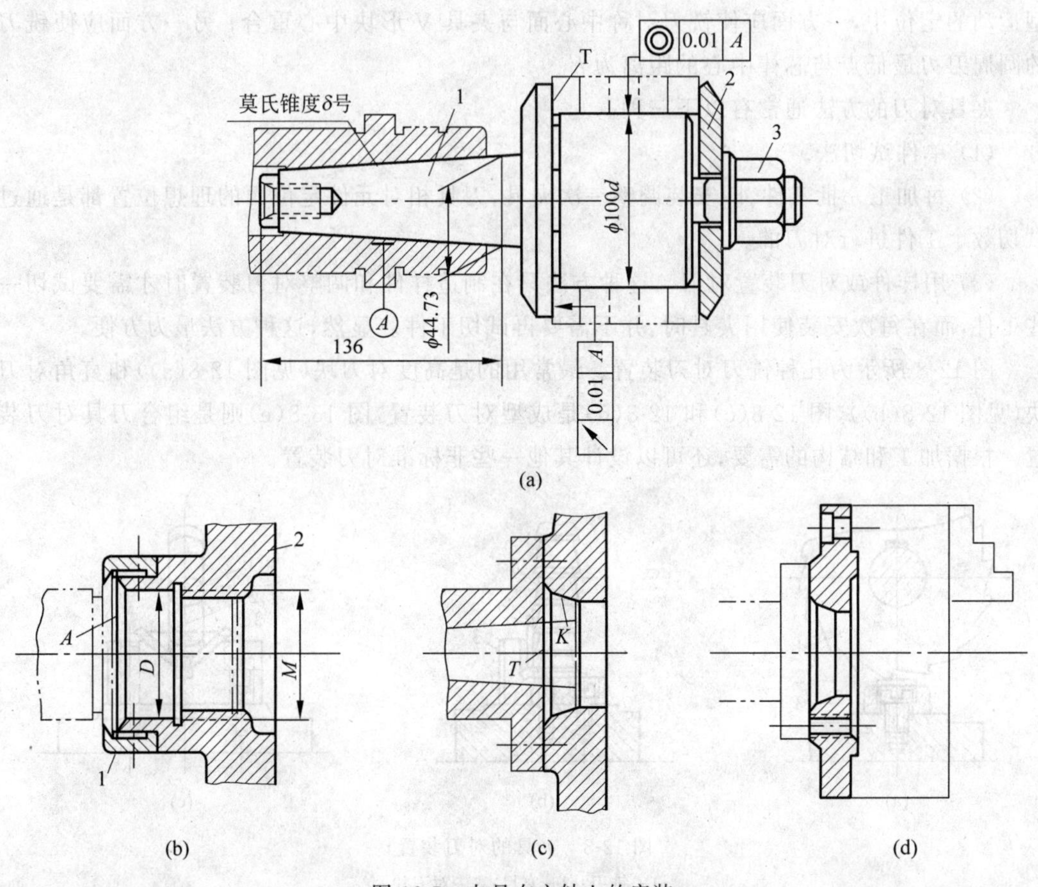

图12-7　夹具在主轴上的安装

3. 元件定位面对夹具定位面的位置要求

在设计夹具时，元件定位面对夹具定位面的位置要求，应在夹具装配图上标出，或以文字注明，作为夹具的验收标准。例如图12-5中应标注定位元件V形块中心对底面A及定向键中心B的不平行度要求(图中各为100∶0.02)。常见元件定位面对夹具定位面技术要求的标注方法请参见相关技术手册。

各项要求的允许误差取决于工件有关的加工公差，总原则是加工中各项误差造成的工件加工误差应小于或等于相应的工件给定误差。一般来说，对定误差应小于或等于工件加工允许误差的三分之一，而对定误差中还包括对刀误差，所以通常夹具定位时产生的位置误差Δ_w为

$$\Delta_w = \left(\frac{1}{6} \sim \frac{1}{3}\right) T \tag{12-1}$$

式中：T——工件的制造公差。

12.2.2 夹具的对刀

1. 夹具对刀的方法

夹具在机床上定位后，接着进行的就是夹具的对刀。在图12-4所示的铣键槽夹具对成型运动的定位中，一方面应使铣刀对称中心面与夹具V形块中心重合；另一方面应使铣刀的圆周刀刃最低点与芯棒中心的距离为h_1。

夹具对刀的方法通常有以下三种。

(1) 单件试切法。

(2) 每加工一批工件，即安装调整一次夹具，刀具相对元件定位面的理想位置都是通过试切数个工件进行对刀的。

(3) 用样件或对刀装置对刀。这种方法只在制造样件和调整对刀装置时才需要试切一些工件，而在每次安装使用夹具时，并不需要再试切工件。显然，这种方法最为方便。

图12-8所示为几种铣刀对刀装置。最常用的是高度对刀块(见图12-8(a))和直角对刀块(见图12-8(b))，图12-8(c)和12-8(d)是成型对刀装置，图13-8(e)则是组合刀具对刀装置。根据加工和结构的需要，还可以设计其他一些非标准对刀装置。

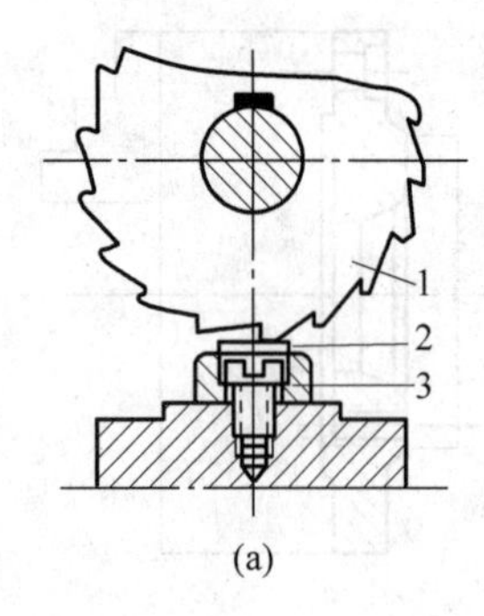

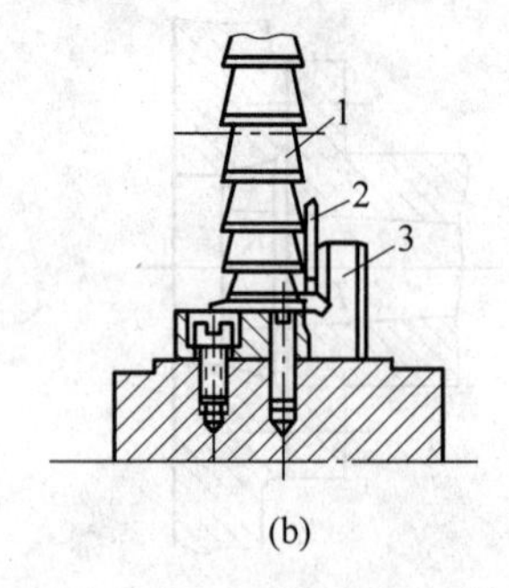

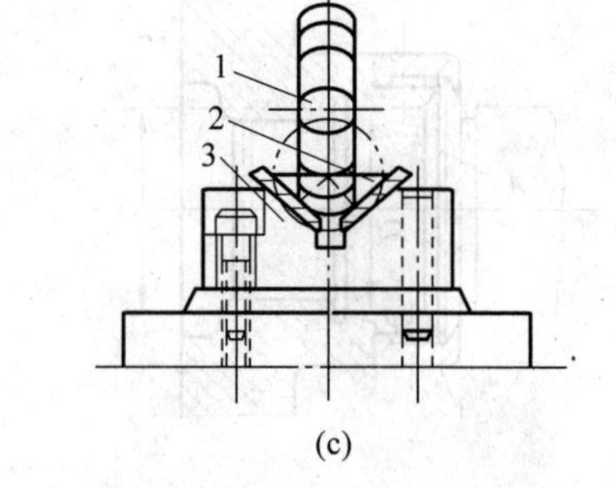

图12-8 夹具的对刀装置

1—铣刀；2—塞尺；3—对刀块

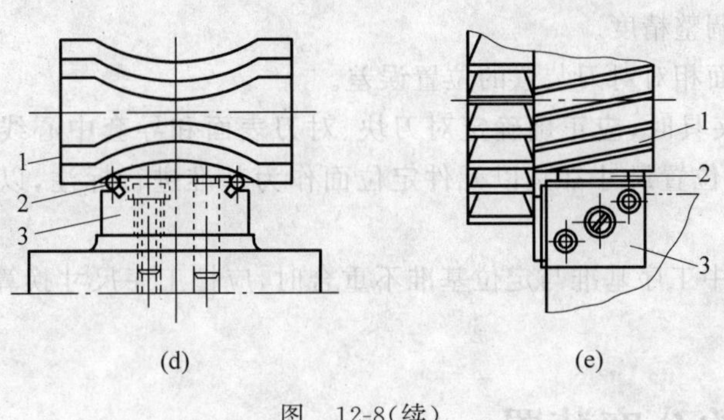

图　12-8(续)

图 12-9 所示为对刀用的塞尺。图 12-9(a)为平面塞尺,常用厚度为 1mm、2mm、3mm;图 12-9(b)为圆柱塞尺,多用于成型铣刀对刀,常用直径为 3mm、5mm。两种塞尺的尺寸均按二级精度基准轴公差制造。对刀块和塞尺的材料可用 T7A,对刀块淬火 55~60HRC,塞尺淬火 60~64HRC。

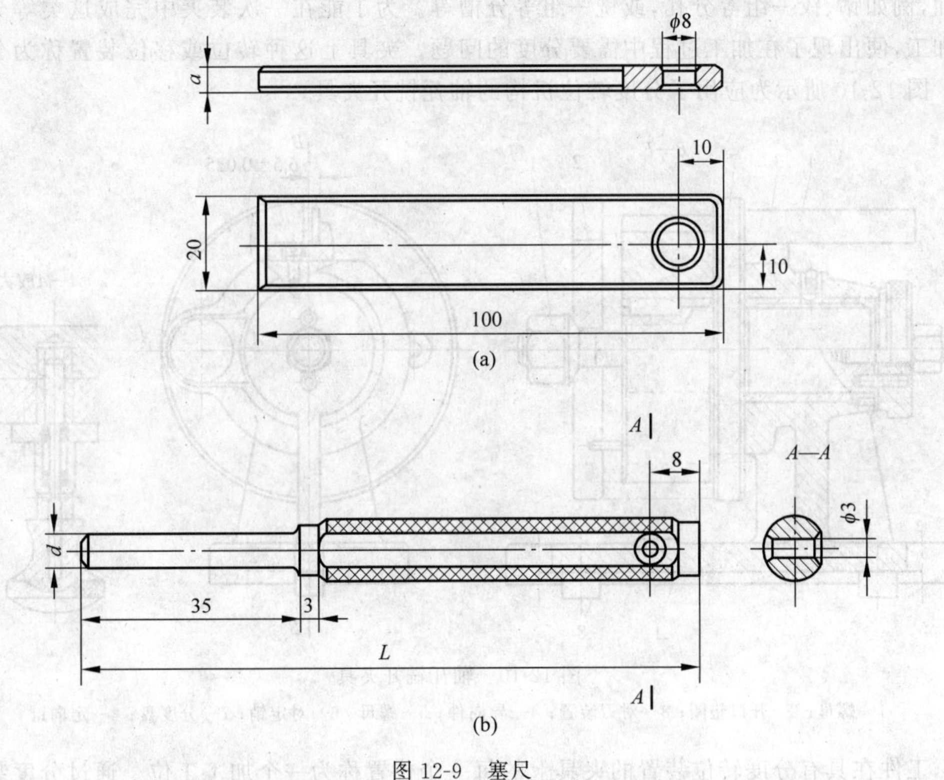

图 12-9　塞尺

在钻床夹具中,通常用钻套实现对刀,钻削时只要钻头对准钻套中心,钻出的孔的位置就能达到工序要求。

2. 影响对刀装置对准精度的因素

通过对刀装置调整刀具对夹具的相对位置方便迅速,但其对准精度一般比试切法低。影响对刀装置对准精度的因素主要有以下两点。

(1) 对刀时的调整精度。

(2) 元件定位面相对对刀装置的位置误差。

因此,在设计夹具时,应正确确定对刀块、对刀表面和导套中心线的位置尺寸及其公差,一般来说,这些位置尺寸都是以元件定位面作为基准进行标注,以减少基准变换带来的误差。

当工件工序图中工序基准与定位基准不重合时,应把工序尺寸换算成加工面距离定位基准的尺寸。

12.3 夹具的分度装置

12.3.1 夹具分度装置及其对定

1. 夹具分度装置介绍

在生产过程中,经常需要加工一组按一定转角或一定距离均匀分布、形状和尺寸相同的表面,例如钻、铰一组等分孔,或铣一组等分槽等。为了能在一次装夹中完成这类等分表面的加工,便出现了在加工过程中需要分度的问题。夹具上这种转位或移位装置称为分度装置。图12-10所示为应用了分度转位机构的轴瓦铣开夹具。

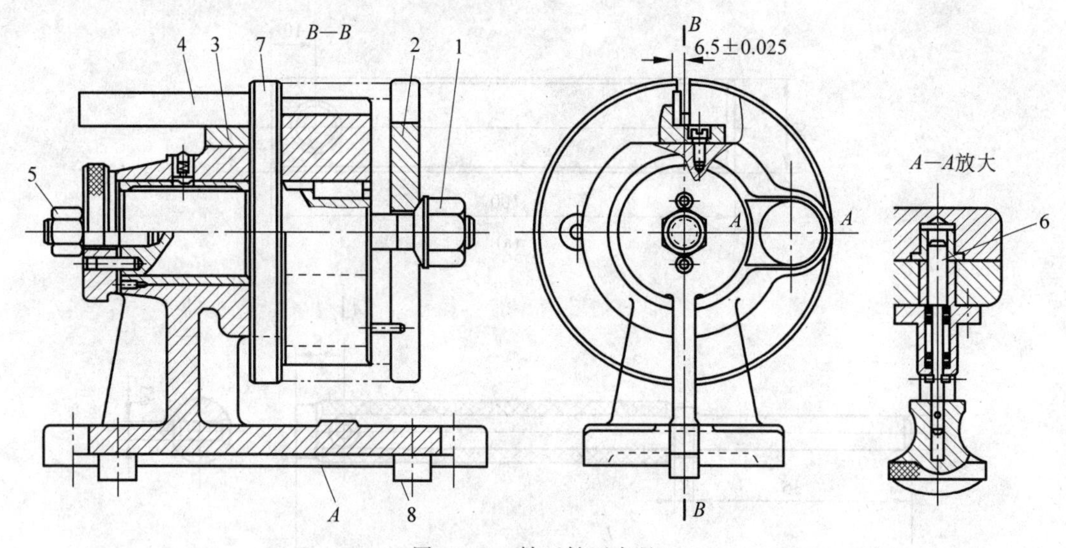

图12-10 轴瓦铣开夹具

1—螺母;2—开口垫圈;3—对刀装置;4—导向件;5—螺母;6—对定销;7—分度盘;8—定向键

工件在具有分度转位装置的夹具上的每一个位置称为一个加工工位。通过分度装置采用多工位加工,能使加工工序集中,从而减轻工人的劳动强度,提高劳动生产效率,因此分度转位夹具在生产中使用广泛。

2. 分度装置的对定

使用分度或转位夹具加工时,各工位加工获得的表面之间的相对位置精度与分度装置的分度定位精度有关,而分度定位精度与分度装置的结构形式及制造精度有关。分度装置的关键部分是对定机构。图12-11列举了几种常用的分度装置的对定机构。

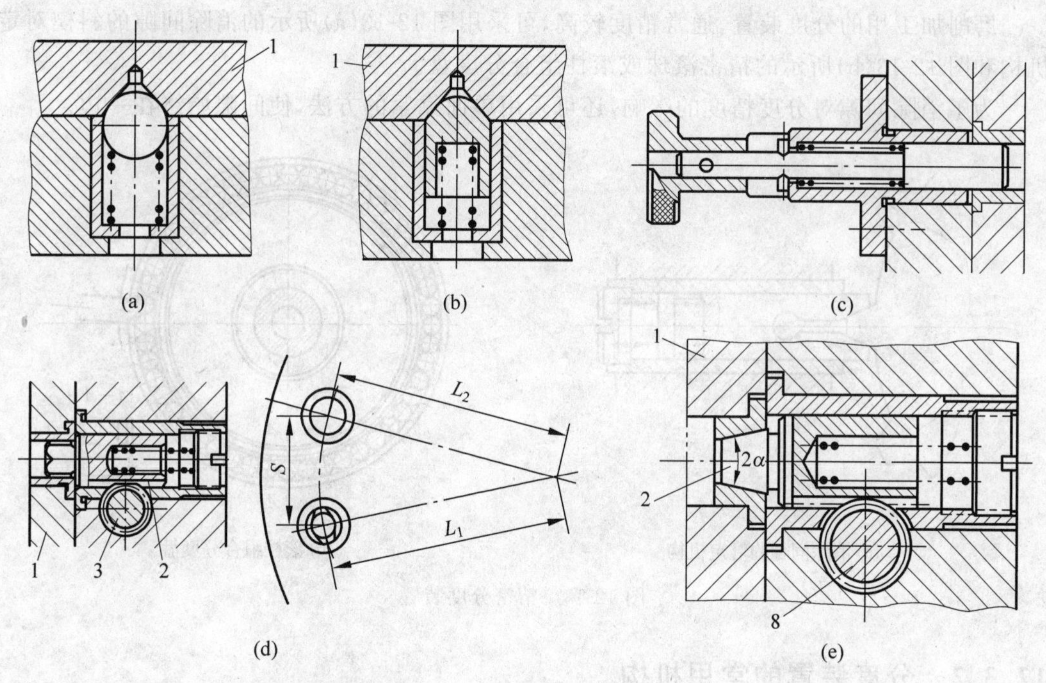

图 12-11　常见的分度对定机构

对于位置精度要求不高的分度，可采用图 12-11(a)、(b)所示的最简单的对定机构，这类机构靠弹簧将钢球或圆头销压入分度盘锥孔内实现对定。图 12-11(c)、(d)所示为圆柱销对定机构，多用于中等精度的铣钻分度夹具；图 12-11(d)采用削边销作为对定销，是为了避免对定销至分度盘回转中心距离与衬套孔中心至回转中心距离有误差时，对定销插不进衬套孔的情况发生。为了减小和消除配合间隙，提高分度精度，可采用图 12-11(e)所示的锥面对定，或采用图 12-12 所示的斜面对定，这类对定方式理论上对定间隙为零，但需注意防尘，以免对定孔或槽中有细小脏物，影响对定精度。

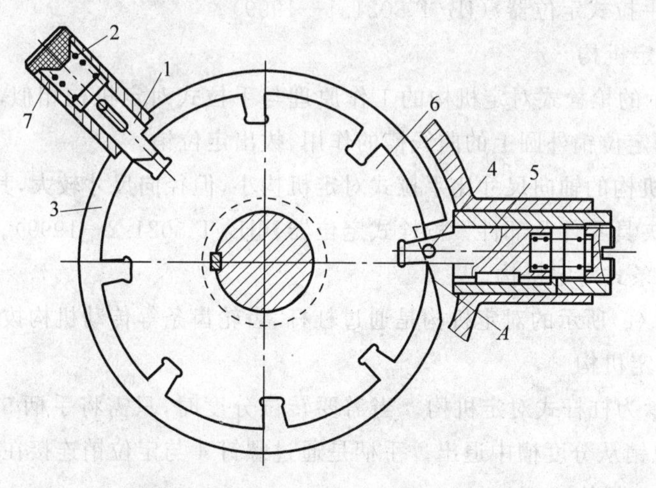

图 12-12　斜面分度装置

1—拔销；2—弹簧；3—凸轮；4—销子；5—对定销；6—分度盘；7—手柄

磨削加工用的分度装置，通常精度较高，可采用图12-13(a)所示的消除间隙的斜楔对定机构和图12-13(b)所示的精密滚珠或滚柱组合分度盘。

为了消除间隙对分度精度的影响，还可采用单面靠紧的方法，使间隙始终在一边。

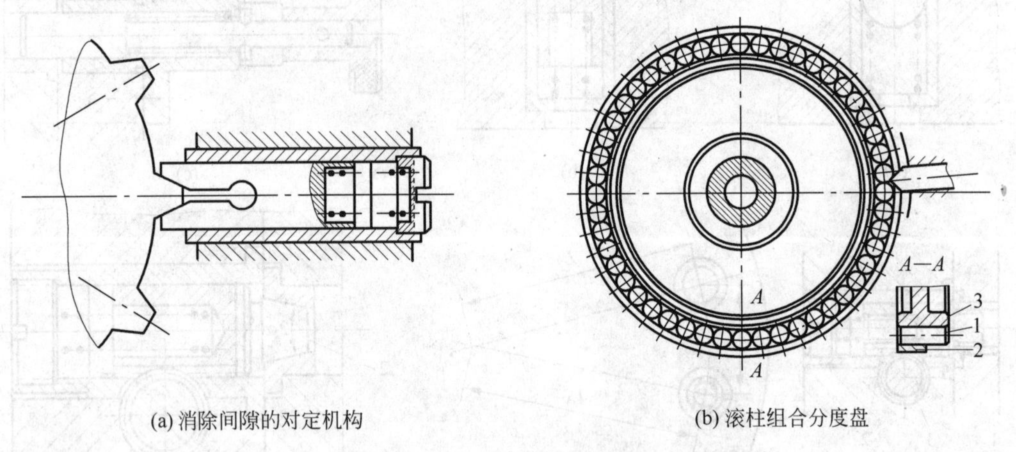

(a) 消除间隙的对定机构　　(b) 滚柱组合分度盘

图12-13　精密分度装置

12.3.2　分度装置的常用机构

1. 分度装置的操纵机构

分度装置的操纵机构形式很多，有手动的、脚踏、气动、液压、电动等。各种对定机构除钢球、圆头对定机构外，均需有拔销装置。以下仅介绍几种常用的人力操纵机构，至于机动的形式，只需在施加人力的地方换用各种动力源即可。

1）手拉式对定机构

图12-11(c)所示为手动直接拔销。这种机构由于手柄与定位销连接在一起，拉动手柄便可以将定位销从定位衬套中拉出。手拉式对定机构的结构尺寸已标准化，可参阅《机床夹具零件及部件　手拉式定位器》(JB/T 8021.1—1999)。

2）枪栓式对定机构

图12-14所示的枪栓式对定机构的工作原理与手拉式对定机构相似，只是拔销不是直接拉出，而是利用定位销外圆上的曲线槽的作用，拔出定位销。

枪栓式对定机构的轴向尺寸比手拉式对定机构小，但径向尺寸较大，其结构尺寸已标准化，可参阅《机床夹具零件及部件　枪栓式定位器》(JB/T 8021.2—1999)。

3）齿轮—齿条式对定机构

图12-11(d)、(e)所示的对定机构是通过杠杆、齿轮齿条等传动机构拔销的。

4）杠杆式对定机构

图12-15所示为杠杆式对定机构。当需要转位分度时，只需将手柄5绕支点螺钉1向下压，便可使定位销从分度槽中退出。手柄是通过螺钉4与定位销连接在一起的。

5）脚踏式对定机构

图12-16所示为脚踏式齿轮—齿条对定机构。主要用于大型分度装置上，例如用于大型摇臂钻钻等分孔等，因为这时操作者需要用双手转动分度装置，所以只能用脚操纵定位销

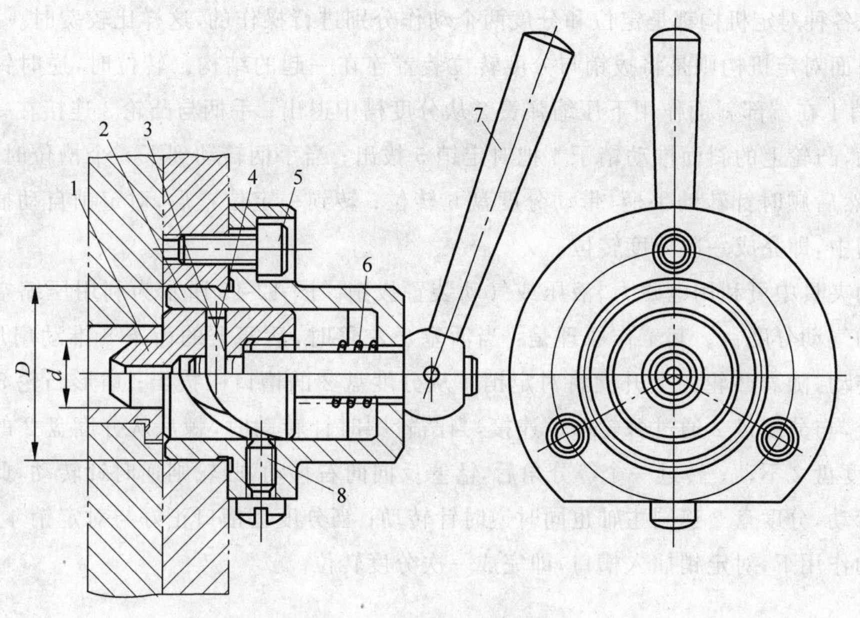

图 12-14　枪栓式对定机构

1—定位销；2—壳体；3—轴；4—销；5—固定螺钉；6—弹簧；7—手柄；8—定位螺钉

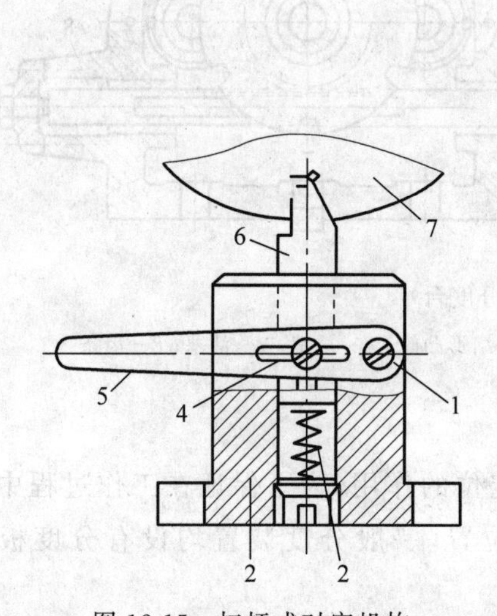

图 12-15　杠杆式对定机构

1—支点螺钉；2—弹簧；3—壳体；4—螺钉；5—手柄；6—定位销；7—分度板

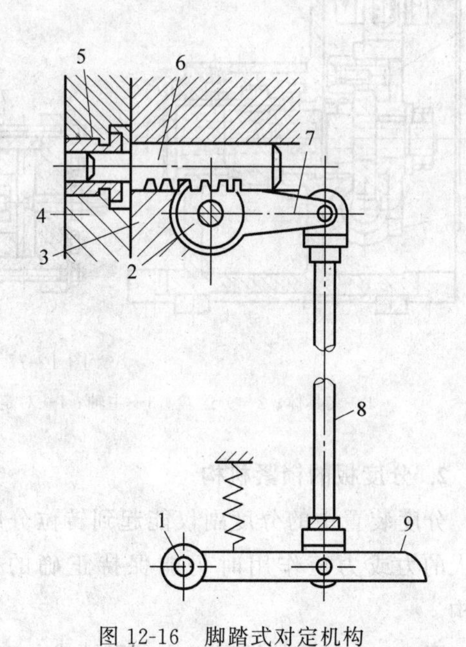

图 12-16　脚踏式对定机构

1—枢轴；2—齿轮；3—座梁；4—分度板；5—定位衬套；6—定位销；7—摇臂；8—连杆；9—踏板

从定位衬套中退出的动作。

以上各种对定机构都是定位和分度两个动作分别进行操作的,这样比较费时。图12-12所示的斜面对定机构则是将拔销与分度转位装置连在一起的结构。转位时,逆时针扳动手柄7,拔销1在端部斜面作用下压缩弹簧2从分度槽中退出;手柄与凸轮3连接在一起带动凸轮转动,凸轮上的斜面推动销子4把对定销5拔出;当手柄转动到下一个槽位时,拔销插入槽中,然后顺时针转动手柄,带动分度盘6转位;转到一定位置后,对定销自动插入下一个分度槽中,即完成一次分度转位。

机动夹具中可利用电磁力、液压或气动装置拔销。图12-17所示为利用压缩空气拔销和分度的气动分度台。其工作原理是:当活塞7左移时,活塞上的齿条8推动扇形凸轮5顺时针转动,随着凸轮的上升便将对定销4从分度盘2的槽口中拔出;扇形凸轮5活套在主轴3上,与分度盘2通过棘轮棘爪连接,当凸轮顺时针转动时,棘爪从分度盘2的棘轮上滑过,分度盘2不动;转过一个等分角后,活塞反向向右移动,凸轮则逆时针转动,此时由于棘爪的带动,分度盘2连同主轴也同时逆时针转动;当分度盘槽口正好与对定销4相遇时,在弹簧的作用下,对定销插入槽口,即完成一次分度转位。

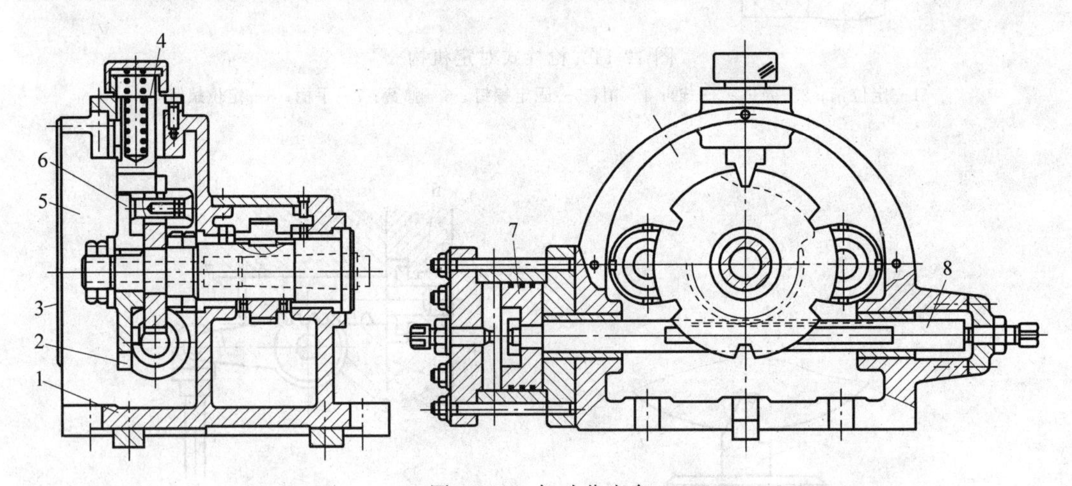

图12-17　气动分度台

1—夹具体;2—分度盘;3—主轴;4—对定销;5—扇形凸轮;6—插销;7—活塞;8—齿条

2. 分度板的锁紧机构

分度装置中的分度副仅能起到转位分度和定位的作用,为了保证在工作过程中受到较大的力或力矩作用时仍能保持正确的分度位置,一般分度装置均设有分度板锁紧机构。

图12-18所示的锁紧机构是回转式分度夹具中应用最普遍的一种。它通过单手柄同时操纵分度副的对定机构和锁紧机构。

图12-18中13为分度台面,即分度板,其底面有一排分度孔。定位销操纵机构安装在分度台的底座14上。夹紧箍3是一个带内锥面的开口环,它被套装在锥形轴圈4上,锥形轴圈则和分度台立轴相连。当顺时针转动手柄9时,通过螺杆7顶紧夹紧箍3,夹紧箍收缩

时因内锥面的作用使锥形轴圈 4 带动立轴向下，将分度台面压紧在底座 14 的支承面上，依靠摩擦力起到锁紧作用。

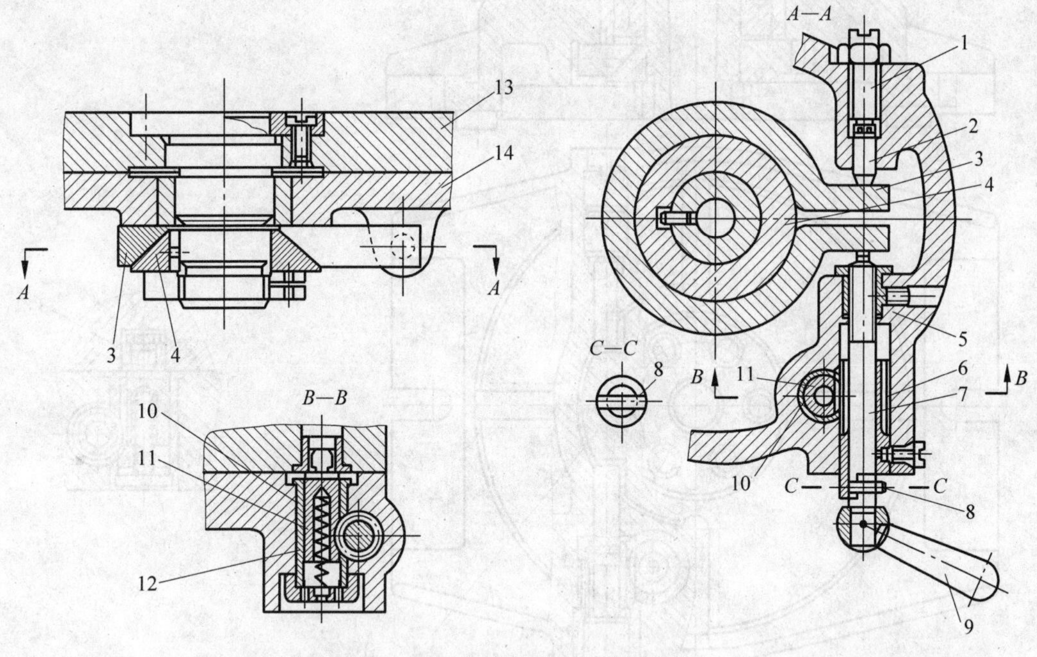

图 12-18　分度装置中的锁紧机构

1—定程螺钉；2—止动销；3—夹紧箍；4—锥形轴圈；5—螺纹套；6—齿轮套；7—螺杆；8—挡销；9—手柄；10—导套；11—定位销；12—弹簧；13—分度台面；14—底座

当转动手柄 9 时，通过挡销 8 带动齿轮套 6 旋转，与齿轮套相啮合的带齿条定位销 11 便插入定位孔中或从孔中拔出。由于齿轮套 6 的端部开有缺口(见 *C—C* 剖面)，因此可以实现先松开工作台再拔销或先插入定位销再锁紧工作台的要求。其动作顺序是：逆时针方向转动手柄 9，先将分度台松开；再继续转动手柄，挡销 8 抵住了齿轮套缺口的左侧面，开始带动齿轮套回转，通过齿轮齿条啮合，使定位销 11 从定位孔中拔出，这时便可自由转动分度台面，进行分度；当下一个分度孔对准定位销时，在弹簧力的作用下，定位销插入分度孔中，完成对定动作，这时由于弹簧力的作用，通过挡销 8(此时仍抵在缺口的左侧面)，会使手柄 9 按顺时针方向转动；再按顺时针方向继续转动手柄 9，又使分度台面销紧，由于缺口的关系，齿轮套 6 不会跟着回转，挡销 8 又回到缺口右侧的位置，为下一次分度做好准备。定程螺钉 1 用来调节夹紧箍的夹紧位置和行程，以协调销紧、松开工作台和插入、拔出定位销的动作。

3. 通用回转工作台

为了简化分度夹具的结构，可以将夹具安装在通用回转工作台上实现分度。通用回转工作台已经标准化，可以按规格选用。

图 12-19 所示为立轴式回转工作台。对定机构采用圆柱削边销，用齿轮齿条拔销。转动手柄 1，使对定销 3 插入定位孔的同时，由于螺钉 2 的旋入，将锁紧环 4 抱紧，实现锁紧。

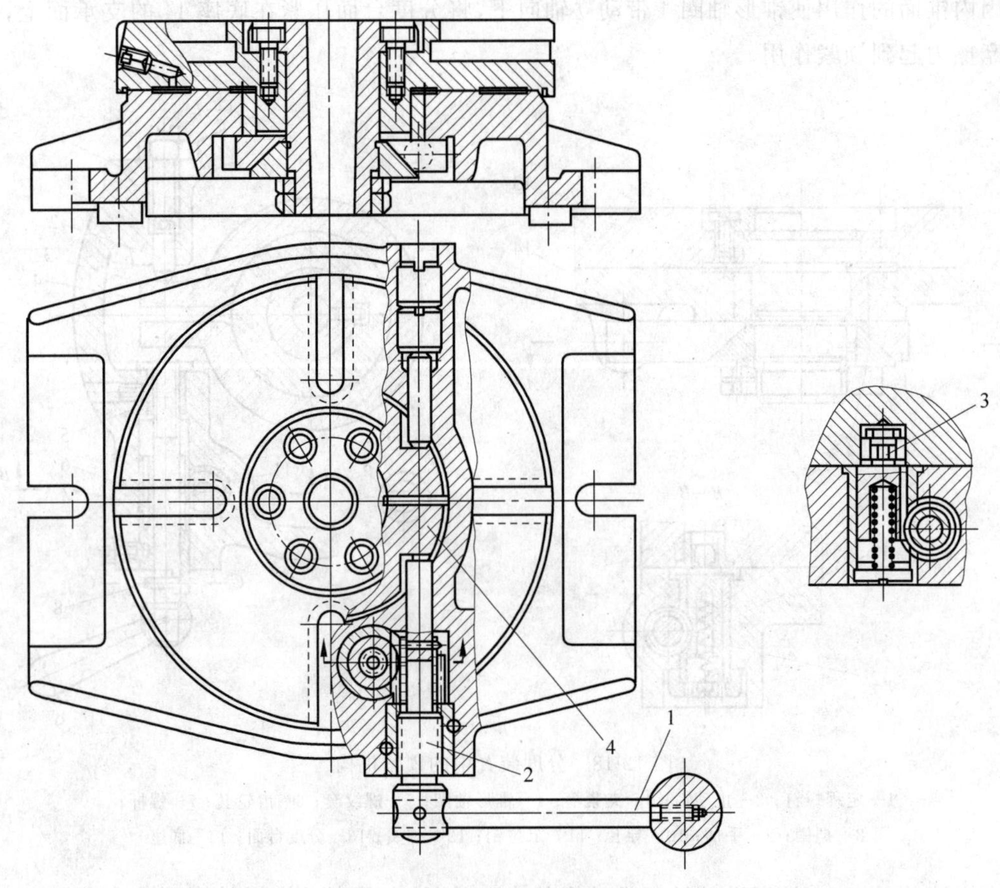

图12-19 立轴式回转工作台

1—手柄；2—螺钉；3—对定销；4—锁紧环

图12-20所示为一种卧轴式回转工作台。对定机构也采用圆柱削边销，该销为拔销(见图12-20中A—A)。分度完毕转动手柄2，对定销3在弹簧力的作用下插入定位孔内，继续转动手柄，通过偏心轴4调节螺钉5和回转轴6，实现回转台的销紧。

12.3.3 精密分度

前面提及的各种分度装置都是以一个对定销依次对准分度盘上的销孔或槽口实现分度定位的。按照这种原理工作的分度装置的精度受分度盘上销孔或槽口等分误差的影响，较难达到更高精度。例如航天飞行器中的控制和发讯器件、遥感—遥测装置、雷达跟踪系统、天文仪器设备，乃至一般数控机床和加工中心的转位刀架或分度工作台等，都需要非常精密的分度或转位部件，不用特殊手段很难达到要求。以下介绍的两种分度装置对定原理与前面所述不同，从理论上来说，分度精度可以不受分度盘上分度槽等分误差的影响，因此能达到更高的分度精度。

1. 电感分度装置

图12-21所示为精密电感分度台。分度台转台1的内齿圈和两个嵌有线圈的齿轮2、3

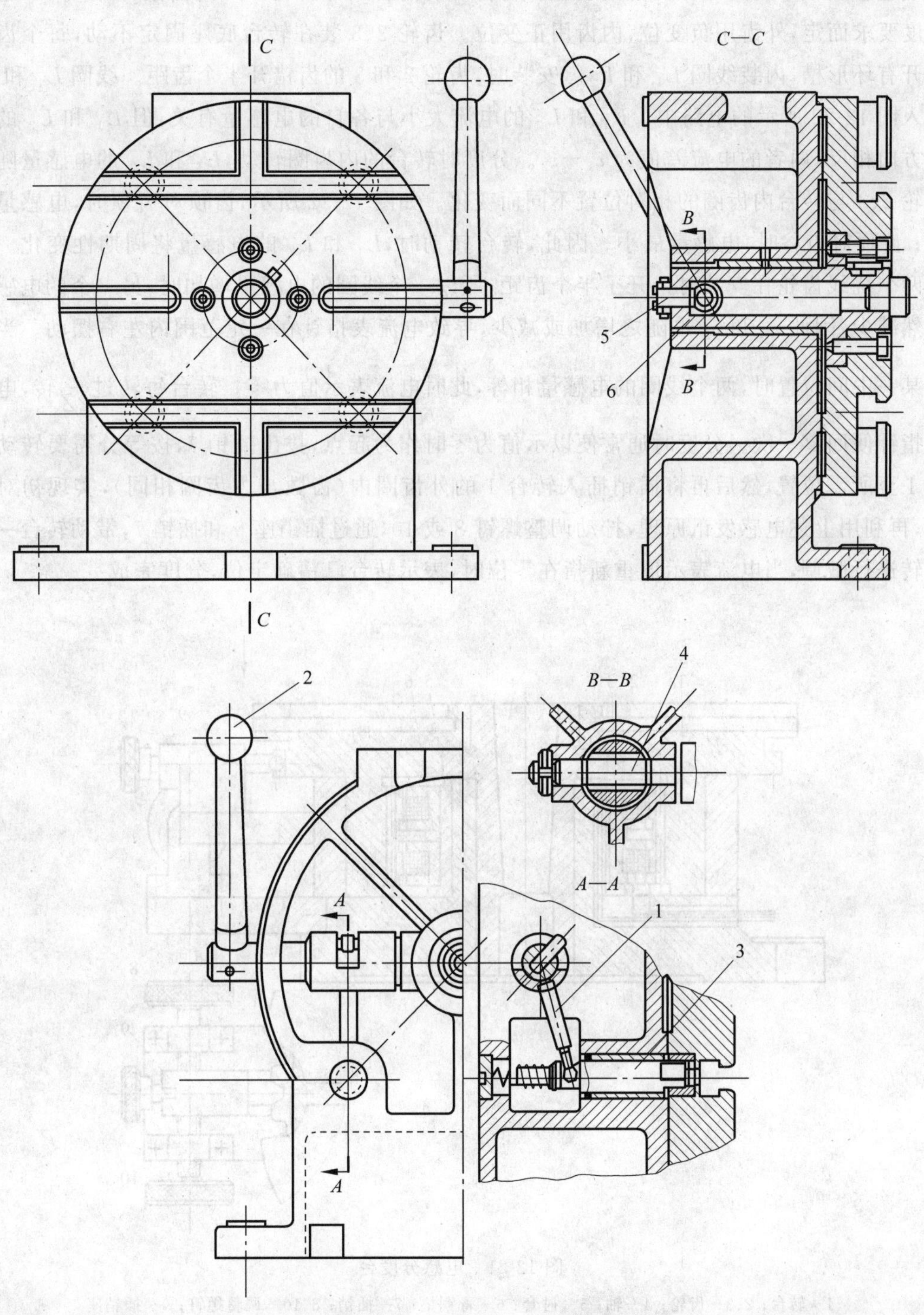

图 12-20　卧轴式回转工作台

1—拔杆；2—手柄；3—对定销；4—偏心轴；5—螺钉；6—回转轴

组成电感发讯系统——分度对定装置。转台1的内齿圈与齿轮2、3的齿数Z相等，Z根据分度要求而定，外齿用负变位，内齿用正变位。齿轮2、3装在转台底座固定不动，每个齿轮都开有环形槽，内装线圈L_1和L_2。安装时，齿轮2和3的齿错开半个齿距。线圈L_1和L_2接入图12-22所示的电路中。L_1和L_2的电流大小与各自的电感量有关，但L_1和L_2的电流方向相反，两者的电流差值为i_1-i_2。分度时转台的内齿圈转动，L_1和L_2的电感量随着齿轮2、3与转台内齿圈的相对位置不同而变化。如图12-22所示，齿顶对齿顶时，电感量最大；齿顶对齿谷时，电感量最小。因此，转台转动时，L_1和L_2的电感量将周期性变化。由于两个绕线齿轮在安装时错开了半个齿距，所以一个线圈的电感量增加时，另一个的电感量必然减少，因此i_1和i_2也随之增加或减少，导致电流表指针在一定范围内左右摆动。当处于某一中间位置时，两个线圈的电感量相等，此时电流表示值为零。转台每转过$\frac{1}{2Z}$转，电流表指针便回零一次。分度时通常便以示值为零时作为起点，拔出插销7，按等分需要转动转台1至所需位置，然后再将插销插入转台1的外齿圈内(齿数与内齿圈相同)，实现初对定后，再利用上述电感发讯原理，拧动调整螺钉8或10，通过插销座9和插销7，带动转台一起回转进行微调，当电流表示值重新指在零位时，表示转台已精确定位，分度完成。

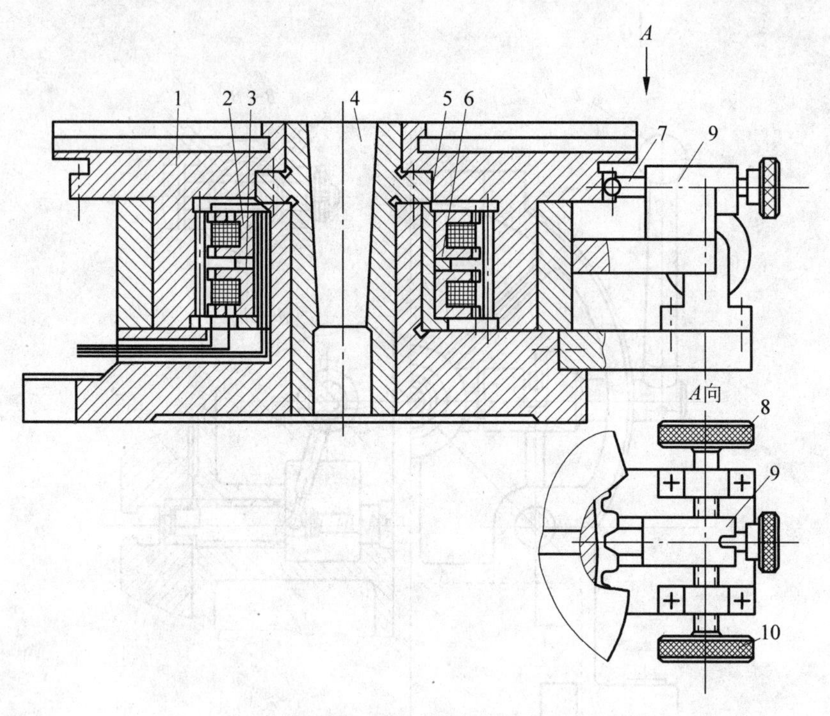

图12-21　电感分度台

1—转台；2、3—齿轮；4—轴；5—衬套；6—青铜垫；7—插销；8、10—调整螺钉；9—插销座

由于电测系统可获得较高的灵敏度，且系统中的电感量可综合反映内外齿轮齿顶间隙的变化，因此齿不等分误差可以得到均化，故而分度精度较高。

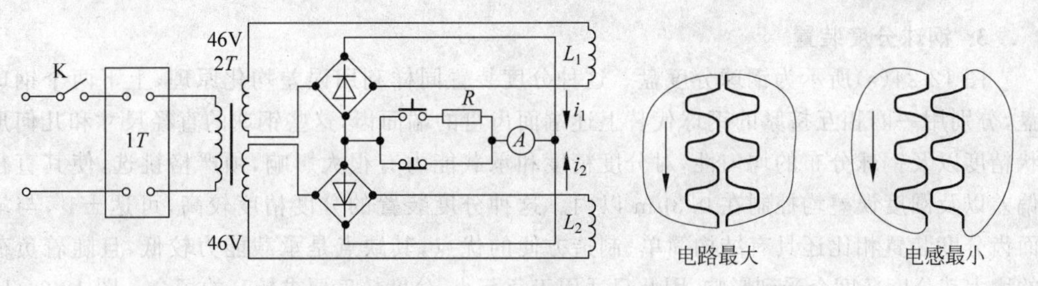

图 12-22　电感分度台电路

2. 端齿分度装置

图 12-23 所示为端面齿分度台(也称鼠牙盘)。转盘 10 下面带有三角形端面齿,下齿盘 8 上也有同样的三角形端面齿,齿形如 $D—D$ 剖面所示,两者齿数相同,互相咬合。根据要求齿数 Z 可分为 240、300、360、480 等,分度台的最小分度值为$\frac{360°}{Z}$。下齿盘 8 用螺钉和圆锥销紧固在底座上。分度时将手柄 4 顺时针方向转动,带动扇形齿板 3 和齿轮 2,齿轮 2 和移动轴 1 通过螺纹连接,转动齿轮 2 使移动轴 1 上升,将转盘 10 升起,使之与下齿盘 8 脱开,这时转盘 10 即可任意回转分度。转至所需位置后,将手柄反转,工作台下降,直至转盘的端面齿与下齿盘 8 的端面齿紧密咬合并锁紧。为了便于将工作台转到所需角度,可利用定位器 6 和定位销 7,使用时先按需要角度将定位销预先插入刻度盘 5 的相应小孔中,分度时就可用定位器根据插好的销实现预定位。因为转盘的端面齿与下齿盘的端面齿全部参加工作,各齿的不等分误差可以互相抵消,使误差得到均化,从而提高了分度精度。一般端面齿分度台的分度误差不大于 30″,高精度分度台误差不大于 5″。

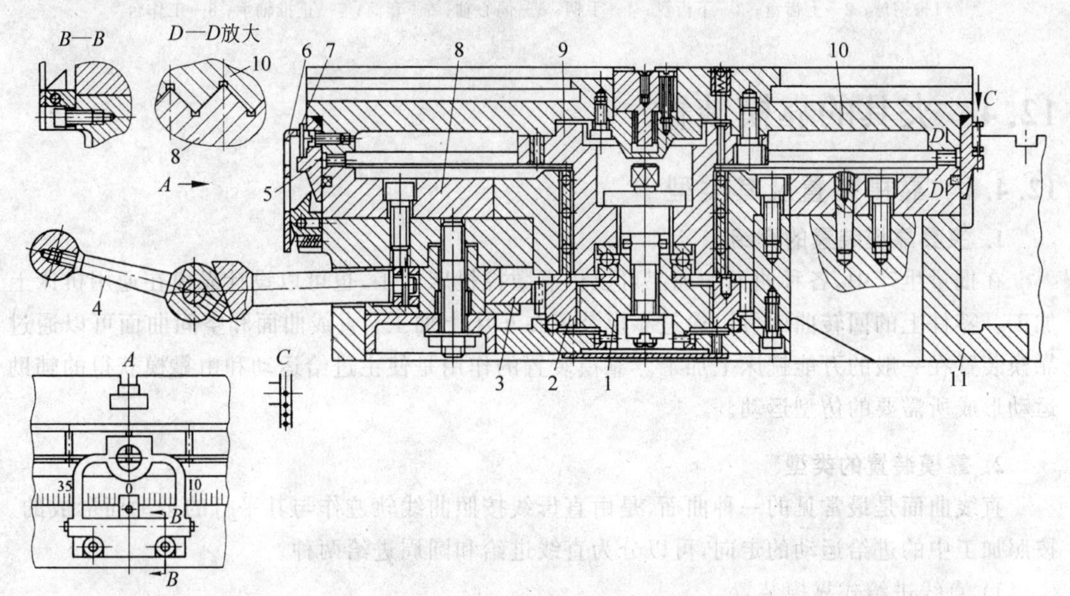

图 12-23　端面齿分度台

1—移动轴;2—齿轮;3—扇形齿板;4—手柄;5—刻度盘;6—定位器;7—定位销;8—下齿盘;9—轴承内座圈;10—转盘(上齿盘);11—底座

3. 钢球分度装置

图 12-24(a)所示为钢球分度盘。这种分度装置同样利用误差均化原理,上下两个钢球盘,分别用一圈相互挤紧的钢球代替上述端面齿盘的端面齿,这些钢球的直径尺寸和几何形状精度以及钢球分布的均匀性,对分度精度和承载能力有很大影响,须严格挑选,使其直径偏差以及圆度误差均控制在 0.3μm 以内。这种分度装置的分度精度较高,可达±1″,与端面齿分度装置相比还具有结构简单、制造方便的优点,其缺点是承载能力较低,且随着负荷的增大其分度精度会受到影响,因此只适用于负荷小、分度精度要求较高的场合。图 12-24(b)所示为钢球分度盘的工作原理图。

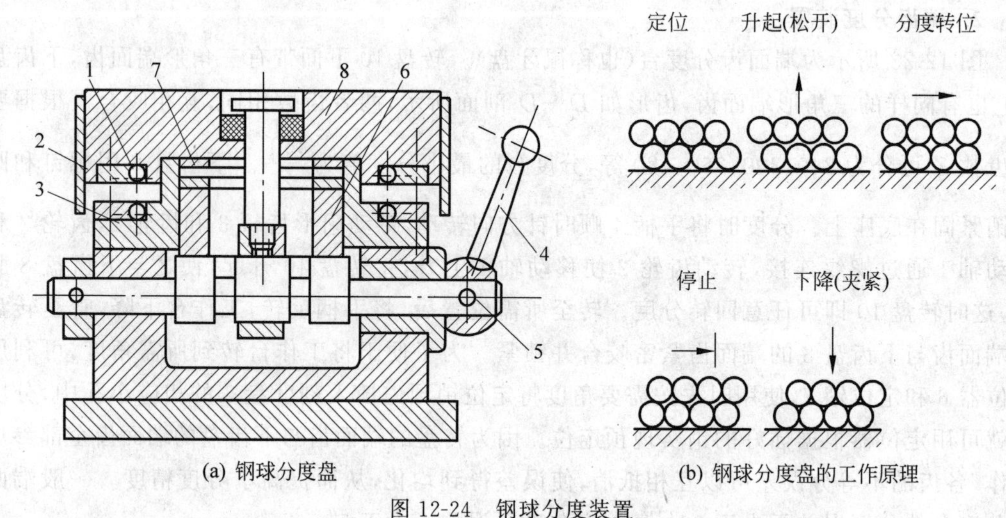

(a) 钢球分度盘　　(b) 钢球分度盘的工作原理

图 12-24　钢球分度装置

1—钢球;2—上齿盘;3—下齿盘;4—手柄;5—偏心轴;6—套筒;7—止推轴承;8—工作台

12.4 夹具的靠模装置

12.4.1 靠模装置及其类型

1. 夹具靠模装置的介绍

在批量生产中,各种曲面的加工可以依靠数控机床加工,也可以设计靠模在通用机床上加工。零件上的回转曲面可以通过靠模装置在车床上加工;直线曲面和空间曲面可以通过靠模装置在一般的万能铣床上加工。靠模装置的作用是使主进给运动和由靠模获得的辅助运动形成所需要的仿型运动。

2. 靠模装置的类型

直线曲面是最常见的一种曲面,是由直母线按照曲线轨迹作与其平行的运动而形成的。按照加工中的进给运动的走向,可以分为直线进给和圆周进给两种。

1) 直线进给式靠模装置

图 12-25(a)所示为直线进给式靠模装置的工作原理图。靠模板 2 和工件 4 分别装在机床工作台的夹具中;滚柱滑座 5 和铣刀滑座 6 联成一个整体,它们的轴线间距 K 保持不变,在强力弹簧或重锤拉力的作用下,使滚柱始终压紧在靠模上。当工作台纵向进给时,滑

座整体即获得一横向辅助运动，从而使铣刀按靠模轨迹在工件上加工出所需要的曲面轮廓。

2）圆周进给式靠模装置

图 12-25(b)所示为安装在普通立式铣床上的圆周进给式靠模装置的工作原理图。靠模板 2 和工件 4 安装在回转台 7 上，回转台作等速圆周进给运动，在强力弹簧的作用下，滚柱紧压在靠模板 2 上，溜板 8 带动工件相对于刀具作所需要的仿型运动，从而加工出与靠模相仿的成型表面。

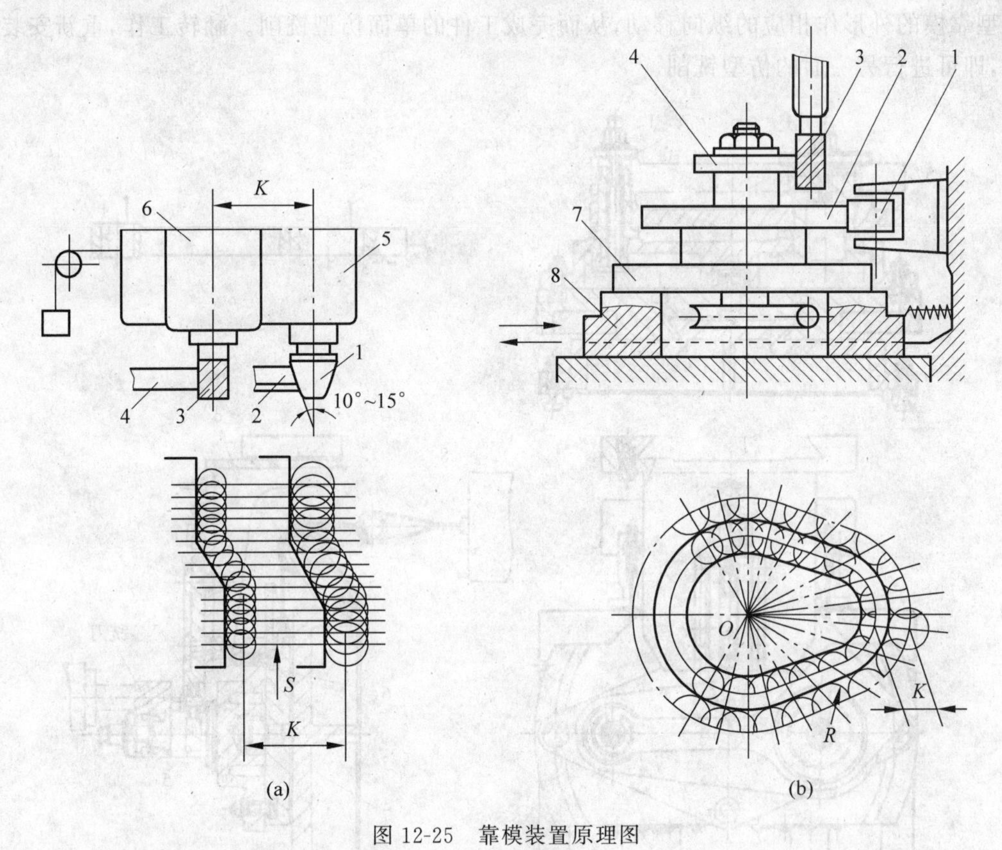

图 12-25　靠模装置原理图

1—滚柱；2—靠模板；3—铣刀；4—工件；5—滚柱滑座；6—铣刀滑座；7—回转台；8—溜板

12.4.2　靠模装置的设计

无论是直线进给式靠模还是圆周进给式靠模，它们的设计方法基本相同，通常都采用图解法。从图 12-25 下方的仿型过程原理图中可以得出靠模工作型面的绘制过程。

(1) 准确绘制工件表面的外形轮廓。

(2) 从工件的外形轮廓面或者回转中心作等分平行线或辐射线。

(3) 在平行线或辐射线上，以铣刀半径 r 作和工件外形轮廓面相切的圆，得到铣刀中心的运动轨迹。

(4) 从铣刀中心在各平行线或辐射线上，截取长度为 K 的线段，得到滚柱中心的运动轨迹，然后以滚柱半径 R 作圆弧，再作这些圆弧的包络线，即得到靠模的工作型面。

设计靠模时必须注意：靠模工作型面与工件外形轮廓、铣刀中心与滚柱中心之间应保持一定的相对位置关系。同时，铣刀半径应等于或小于工件轮廓曲面的最小曲率半径。考虑到铣刀重磨后直径减小,通常将靠模型腔面和滚柱做成 10°～15°的斜角,以便获得补偿调整。

图 12-26 所示为仿型铣削夹具。工件(连杆)以一面两孔定位。工件与仿型靠模 5 一起安装在拖板 6 的两个定位圆柱上,由螺母 1 经开口垫圈 2 和 3 压紧;夹具的燕尾座 7 固定在铣床工作台上,仿型滚轮支架 9 固定在铣床立柱的燕尾导轨上,仿型滚轮紧靠仿型靠模的表面。铣削时,铣床工作台连同仿型夹具作横向移动,由于悬挂重锤 8 的作用,迫使拖板根据仿型靠模的外形作相应的纵向移动,从而完成工件的单面仿型铣削。翻转工作,重新安装夹紧,即可进行另一面的仿型铣削。

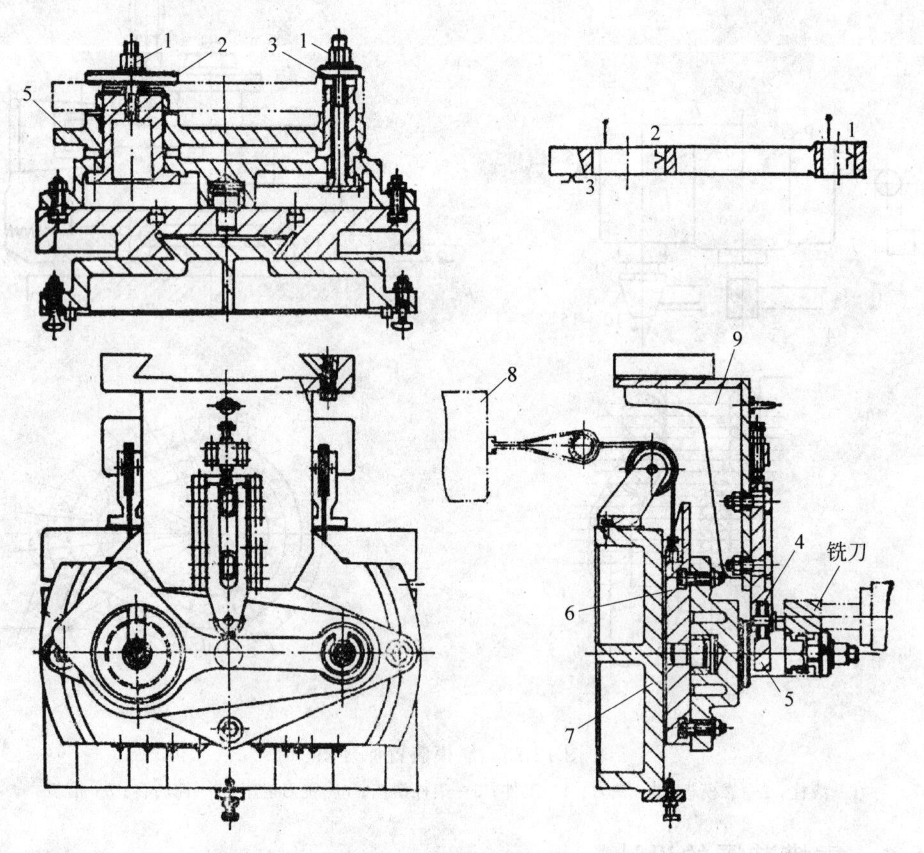

图 12-26 仿型铣削夹具

1—螺母;2、3—开口垫圈;4—工件;5—靠模;6—拖板;7—燕尾座;8—悬挂重锤;9—滚轮支架

12.5 夹具体和夹具连接元件的设计

12.5.1 夹具体及其设计

1. 夹具体的结构

夹具体是将夹具上的各种装置和元件组合成一个整体的最大、最复杂的基础件。夹具体的形状和尺寸取决于夹具上各种装置的布置以及夹具与机床的连接,而且在零件的加工过程中,夹具还要承受夹紧力、切削力以及由此产生的冲击和振动,因此夹具体必须具有

必要的强度和刚度。切削加工过程中产生的切屑有一部分会落在夹具体上，切屑积聚过多会影响工件可靠定位和夹紧，因此设计夹具体时，必须考虑其结构应便于排屑。此外，夹具体结构的工艺性、经济性以及操作和装拆的便捷性等，在设计时也都必须认真加以考虑。

根据夹具的要求，夹具体可用铸件结构，也可用钢件或焊件结构。结构形式可采用底座形或箱形。

2. 夹具体的设计

1）夹具体设计的基本要求

（1）有适当的精度和尺寸稳定性。夹具体上的重要表面，如安装定位元件的表面、安装对刀或导向元件的表面以及夹具体的安装基面等，应有适当的尺寸精度和形状精度，且它们之间应有适当的位置精度。为使夹具体的尺寸保持稳定，铸造夹具体要进行时效处理，焊接和锻造夹具体要进行退火处理。

（2）有足够的强度和刚度。为了保证在加工过程中不因夹紧力、切削力等外力的作用而产生不允许的变形和振动，夹具体应有足够的壁厚，刚性不足处可适当增设加强筋。近年来许多工厂采用框形薄壁结构的夹具体，不仅减轻了重量，而且可以进一步提高其刚度和强度。

（3）有良好的结构工艺性和使用性。夹具体一般外形尺寸较大，结构比较复杂，而且各表面间的相互位置精度要求较高，因此应特别注意其结构工艺性，应做到装卸工件方便、夹具维修方便。在满足刚度和强度的前提下，应尽可能减轻重量、缩小体积、力求简单，特别是对于手动、移动或翻转夹具，其总重量应不超过 10kg。

（4）便于排除切屑。机械加工过程中，切屑会不断地积聚在夹具体周围，如不及时排除，切削热量的积累会破坏夹具的定位精度，切屑的抛甩可能缠绕定位元件，也会破坏定位精度，甚至发生安全事故。因此，对于加工过程中切屑产生不多的情况，可适当加大定位元件工作表面与夹具体之间的距离，以增大容屑空间；对于加工过程中切屑产生较多的情况，一般应在夹具体上设置排屑槽，如图 12-27 所示，以利于切屑自动排出夹具体外。

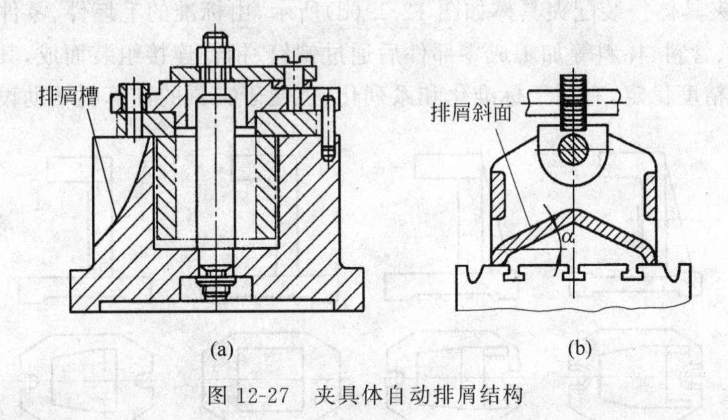

图 12-27 夹具体自动排屑结构

（5）在机床上的安装应稳定可靠。夹具在机床上的安装都是通过夹具体上的安装基面与机床上相应表面的接触或配合实现的。当夹具在机床工作台上安装时，夹具的重心应尽量低，支承面积应足够大，安装基面应有较高的配合精度，保证安装稳定可靠；夹具体底部一般应中空,大型夹具还应设置吊环或起重孔。

2) 夹具体毛坯的类型

由于各类夹具结构形态各异,使夹具难以标准化,但其基本结构形式不外乎开式结构(见图 12-28(a))、半开式结构(见图 12-28(b))和框式结构(见图 12-28(c)三大类。

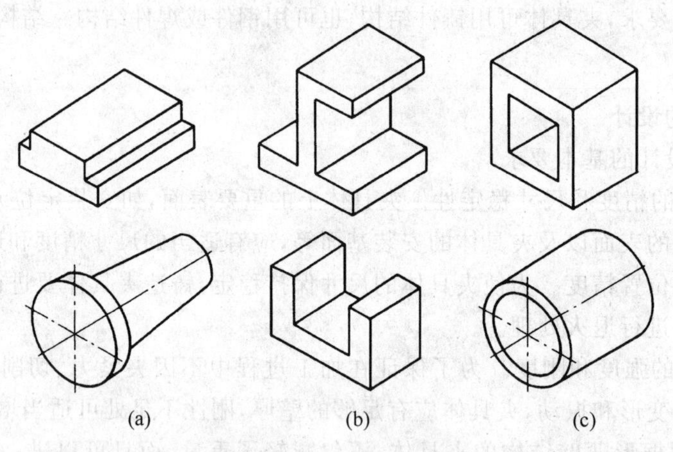

图 12-28 夹具体的结构类型

选择夹具体毛坯的制造方法,通常根据夹具体的结构形式以及工厂的生产条件决定。根据制造方法的不同,夹具体毛坯可分为以下四类。

(1) 铸造夹具体。铸造夹具体如图 12-29(a)所示,其优点是可铸出各种复杂形状,其工艺性好,并且具有较好的抗压强度、刚度和抗震性;缺点是其生产周期较长,且需经时效处理,因此成本较高。

(2) 焊接夹具体。焊接夹具体如图 12-29(b)所示,其优点是容易制造、生产周期短,成本低,重量较轻;缺点是焊接后需经退火处理,且难获得复杂形状。

(3) 锻造夹具体。锻造夹具体如图 12-29(c)所示,适用于形状简单、尺寸不大、要求强度和刚度较大的场合;缺点是锻造后需经退火处理。

(4) 装配夹具体。装配夹具体如图 12-29(d)所示,由标准的毛坯件、零件及个别非标准件或者用型材、管料、棒料等加工成零部件后通过螺钉、销钉连接组装而成,其优点是制造成本低、周期短、精度稳定,有利于标准化和系列化,也便于夹具的计算机辅助设计。

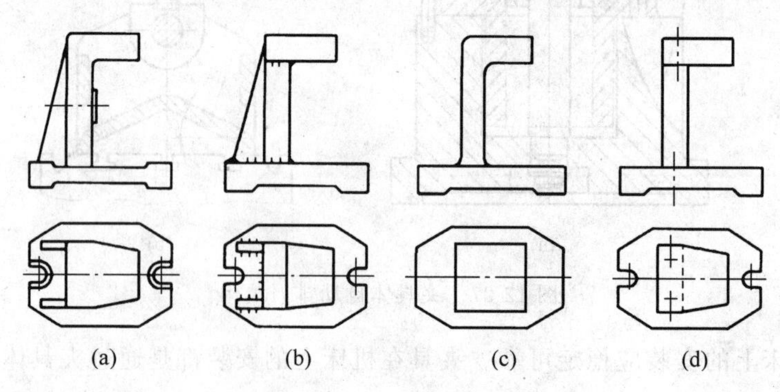

图 12-29 夹具体毛坯的类型

3）夹具体的技术要求

夹具体与各元件配合表面的尺寸精度和配合精度要求较高，常用的夹具元件间配合的选择请查阅相关手册。

有时为了夹具在机床上找正方便，常在夹具体侧面或圆周上加工出一个专用于找正的基面，用来代替对元件定位基面的直接测量，这时对该找正基面与元件定位基面之间必须有严格的位置精度要求。

4）夹具体设计实例

现仍以某车床开合螺母铣槽夹具为例，其夹具体设计如图 12-30 所示。

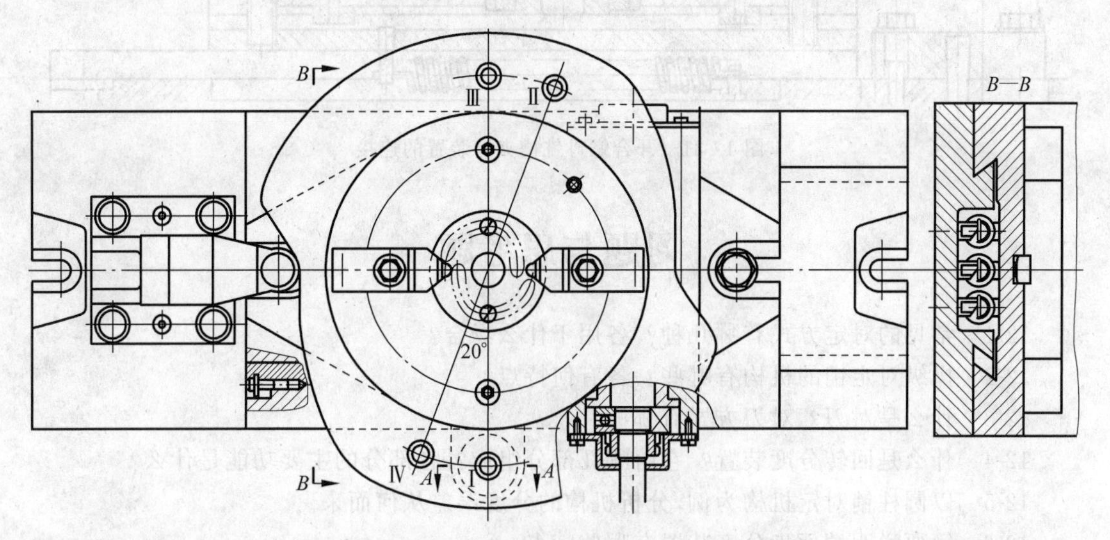

图 12-30　开合螺母铣槽夹具的底座

12.5.2　夹具连接元件及其设计

1. 夹具的连接元件

根据加工的需要，有些夹具上设有分度装置、靠模装置、上下料装置、工件顶出机构、电动扳手、平衡块等，这些都必须采用适当的连接元件将其与夹具体牢固，可靠地连接起来，使之组成一个动作协调、结构稳定、具有一定刚性的整体。

夹具的连接元件有的可采用标准件，有的需要根据具体情况加以设计制造。无论是选择标准件，还是自行设计，都必须保证连接元件的刚度，还要注意方便拆卸、更换以及清除切屑。

2. 夹具连接元件的设计

夹具与机床连接的元件，如导向键、定位键等，必须按国家标准设计，并注意安装位置应合理。此外还可能需要设计如安装滚动轴承的支架、承载靠模板和转动机构的拖板以及一些插销等。

某车床开合螺母铣槽夹具各装置的连接及其元件设计如图 12-31 所示。

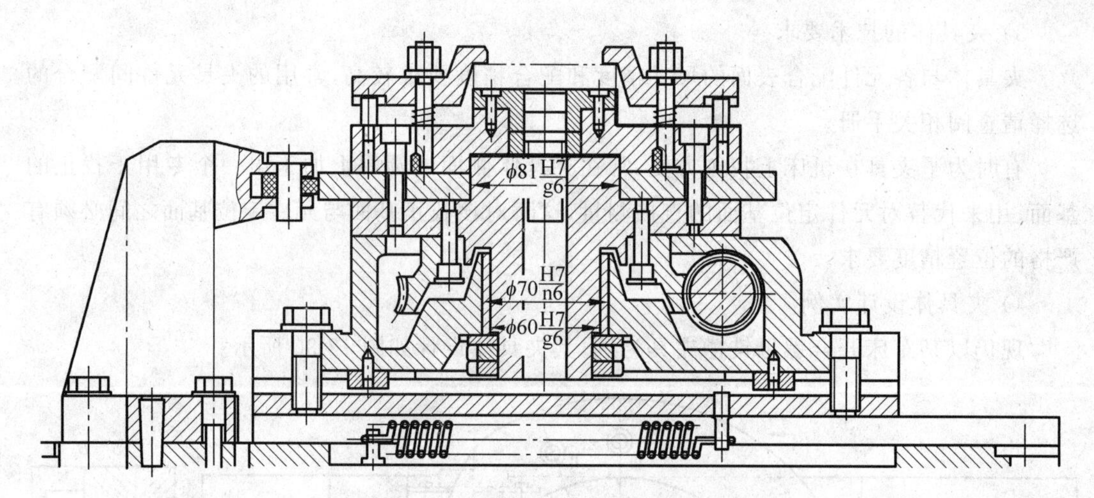

图 12-31　开合螺母铣槽夹具装置的连接

习题与思考题

12-1　常见的对定方式有哪几种？各用于什么场合？

12-2　操纵对定销的机构有哪些？各有何特点？

12-3　什么是对刀？对刀方式有哪些？

12-4　什么是回转分度装置？它由哪几部分组成？各部分的主要功能是什么？

12-5　以圆柱销对定机构为例，分析机构的分度误差从何而来。

12-6　简要说明端面齿分度装置有哪些特点。

12-7　简要说明靠模的类型及其工作原理。

12-8　简要说明靠模工作型面的绘制过程。

12-9　设计夹具体时有哪些基本要求？

12-10　常见的夹具体毛坯有哪几种？

12-11　夹具体与各元件之间在精度方面有哪些技术要求？

参考文献

[1] 吴拓. 机械制造工程[M]. 4 版. 北京：机械工业出版社，2021.
[2] 吴拓. 金属切削加工及装备[M]. 3 版. 北京：机械工业出版社，2017.
[3] 吴拓. 机械加工工艺与机床夹具[M]. 4 版. 北京：机械工业出版社，2024.
[4] 李华. 机械制造技术[M]. 北京：机械工业出版社，2000.
[5] 徐嘉元，曾家驹. 机械制造工艺学[M]. 北京：机械工业出版社，2004.
[6] 张建华. 精密与特种加工[M]. 北京：机械工业出版社，2003.
[7] 朱淑萍. 机械加工工艺及装备[M]. 北京：机械工业出版社，2005.
[8] 金捷. 机械制造技术[M]. 北京：清华大学出版社，2006.
[9] 刘晋春，赵家齐，赵万生. 特种加工[M]. 4 版. 北京：机械工业出版社，2004.
[10] 陈日曜. 金属切削原理[M]. 北京：机械工业出版社，1993.
[11] 朱正心. 机械制造技术[M]. 北京：机械工业出版社，1999.
[12] 孙学强. 机械加工技术[M]. 北京：机械工业出版社，1999.
[13] 吴桓文. 机械加工工艺基础[M]. 北京：高等教育出版社，1998.
[14] 顾维邦. 金属切削机床概论[M]. 北京：机械工业出版社，1992.
[15] 冯之敬. 机械制造工程原理[M]. 北京：清华大学出版社，1999.
[16] 李伟. 先进制造技术[M]. 北京：机械工业出版社，2005.